大学生数学
竞赛教程

熊春光　袁明志　◎编著

北京大学出版社
PEKING UNIVERSITY PRESS

图书在版编目(CIP)数据

大学生数学竞赛教程 / 熊春光, 袁明志编著.
北京：北京大学出版社, 2025.7. -- ISBN 978-7-301-36477-2

Ⅰ.O13

中国国家版本馆CIP数据核字第202508U3K3号

书　　　　名	大学生数学竞赛教程 DAXUESHENG SHUXUE JINGSAI JIAOCHENG
著作责任者	熊春光　袁明志　编著
责任编辑	潘丽娜
标准书号	ISBN 978-7-301-36477-2
出版发行	北京大学出版社
地　　　　址	北京市海淀区成府路205号　100871
网　　　　址	http://www.pup.cn　新浪微博：@北京大学出版社
电子邮箱	zpup@pup.cn
电　　　　话	邮购部 010-62752015　发行部 010-62750672　编辑部 010-62752021
印　刷　者	北京圣夫亚美印刷有限公司
经　销　者	新华书店
	787毫米×1092毫米　16开本　21.75印张　546千字 2025年7月第1版　2025年7月第1次印刷
定　　　　价	78.00元

未经许可，不得以任何方式复制或抄袭本书之部分或全部内容。
版权所有，侵权必究
举报电话：010-62752024　电子邮箱：fd@pup.cn
图书如有印装质量问题，请与出版部联系，电话：010-62756370

前　言

在全国大学生数学竞赛开展之前，国内存在以省市为单位的大学生数学竞赛，比如，北京市微积分竞赛、江苏省大学生高等数学竞赛等. 2009 年，在整合各省市大学生数学竞赛的基础上，中国数学会开展了全国性的大学生数学竞赛，参赛人数逐年上升，2024 年达到了 30 万. 由此可见，数学竞赛在学生中具有广泛的影响力. 数学竞赛在大学生中的开展，不仅激发了学生学习数学的热情，提高了学生分析解决问题的能力以及数学修养，而且也促进了大学数学教学质量的提高，对我国高校人才培养起到了十分积极的作用.

我们编写《大学生数学竞赛教程》，旨在帮助微积分爱好者在较短的时间内融会贯通微积分的知识和理论，学会分析问题和解决问题，全面提高数学素养. 同时，本书对有意参加全国大学生数学竞赛的学生提高数学解题能力具有重要帮助，对准备研究生入学考试的学生复习微积分也有很好的指导作用. 书中各章节内容与现行微积分教材内容有所出入，这样编排是基于读者已经具备微积分相关基础知识，以及竞赛题的特点. 又因为竞赛题的综合性与解题方法的多样性，书中少量地方的内容略超出课程范围.

本书结合作者二十余年的微积分竞赛教学实践编写而成. 在教学或学习过程中，我们经常遇到一种现象——学生说："这道题您在课堂上讲过，但现在我不会做了"，或者"这道题我明明以前看过解答，但现在还是不会做". 这种现象频繁出现的原因无非有二：一是听课时，学生的关注力不够，未能理解逻辑关键点，导致不会；二是看解答时，没有真正理清问题的痛点，导致依然不会. 因此，本书的主要特点是：强调对问题的分析，对问题进行全面的梳理和解剖，最后水到渠成地给出解决方案，而不是简单几句分析后直接呈现解答过程. 在编写例题时，我们特别注重分析部分，从题干或结论出发，逐步剖析解题的关键点，最终形成完整的解答思路. 有些题目的分析篇幅甚至比解答过程更长，目的是让读者在阅读时，能像在课堂上听老师讲解一样，循序渐进地理解每一步的思考过程. 因此，希望读者能耐心阅读分析部分，而不是直接跳到解答.

全书共分 8 章，袁明志编写了第 3、第 4 和第 5 章，其余章节由熊春光编写. 每章由以下三部分组成：

一、核心内容. 简要列出全章的核心要点（注意：不是全部内容）.

二、典型例题精解. 这是全章的主要部分，例题主要选自国内外数学竞赛以及各大高校硕士研究生入学试题，也有来自作者长期数学教学积累的问题. 这些题目具有较强的综合性和技巧性，注重对基本概念的理解和应用. 每道例题都配有详细分析，这是本书区别于其他竞赛书的最显著特色. 分析部分不厌其烦地展现每一个细节，详细讲述每一种思路的来龙去脉. 随后本书提供完整的解答.

三、练习题. 这些题目经过精心挑选和编排，尽量与例题的解法相匹配，帮助读者进一步提高分析问题和解决问题的能力. 为控制本书篇幅，练习题仅提供关键解题提示.

需要说明的是，本书的编写目标是将篇幅控制在 300 页左右，原因有二：一是 300 页足以涵盖竞赛所需的核心内容和题型;二是减轻读者的阅读压力和经济负担.因此,本书未附往年竞赛真题,这些资料读者可在网上自行查找.

最后,感谢北京理工大学朱国庆老师、李春辉老师和马秀玲老师的校稿,以及北京理工大学黄松毅、杜伟超和史清宇等同学对初稿例题的验证.同时感谢北京大学出版社潘丽娜编辑的辛勤工作,使本书得以高质量出版.

由于编写时间仓促,书中难免存在疏漏,恳请读者和同人批评指正.

编者

2025 年 4 月

目 录

第 1 章 极限的求法 1
  1.1 利用重要极限求极限 1
  1.2 利用等价无穷小求极限 2
  1.3 利用 L'Hospital 法则求极限 4
  1.4 Taylor 公式法 7
  1.5 等价无穷小和 L'Hospital 法则结合法 9
  1.6 Lagrange 中值定理法 10
  1.7 利用 Stolz 定理求极限 12
  1.8 利用单调有界准则求极限 15
  1.9 利用夹逼准则求极限 18
  1.10 利用定积分的定义求极限 26
  1.11 利用数列或者函数极限的定义求极限 29
  1.12 利用导数定义求极限 33
  1.13 利用级数求和求极限 34
  1.14 综合运用 36
  第 1 章习题 51

第 2 章 中值定理的应用 55
  2.1 介值定理 56
  2.2 Rolle 中值定理 59
  2.3 Lagrange 中值定理 67
  2.4 Cauchy 中值定理 77
  2.5 Taylor 公式 79
  2.6 积分中值定理 91
  2.7 综合运用 96
  第 2 章习题 102

第 3 章 函数性质与微分 106
  3.1 函数的光滑性 106
  3.2 函数的单调性及其应用 111
  3.3 方程(函数)的根 115
  3.4 微分方程 123
  3.5 多元函数的链式法则 134
  3.6 函数的极值 143

- 3.7 几何应用 ··· 153
- 3.8 几何应用中的最值问题 ··· 156
- 第 3 章习题 ··· 161

第 4 章 空间解析几何 ··· **165**
- 第 4 章习题 ··· 171

第 5 章 定积分与重积分 ··· **173**
- 5.1 不定积分 ··· 174
- 5.2 定积分 ·· 177
- 5.3 广义积分 ··· 183
- 5.4 多重积分 ··· 187
- 5.5 积分的几何与物理应用 ··· 194
- 第 5 章习题 ··· 202

第 6 章 线面积分 ··· **206**
- 6.1 线积分的计算方法 ·· 207
- 6.2 Green 公式的应用 ··· 216
- 6.3 曲面积分的计算方法 ·· 223
- 6.4 Gauss 公式的应用 ··· 234
- 6.5 物理应用 ··· 241
- 第 6 章习题 ··· 246

第 7 章 积分不等式 ··· **251**
- 7.1 计算积分法 ·· 251
- 7.2 微分法 ·· 259
- 7.3 将定积分变为变限积分辅助函数法 ···································· 266
- 7.4 定积分的性质 ·· 270
- 7.5 定积分转化重积分法 ·· 273
- 7.6 利用重要不等式法 ·· 277
- 7.7 其他 ··· 286
- 7.8 一题多法或多法一题 ·· 287
- 第 7 章习题 ··· 290

第 8 章 级数 ·· **294**
- 8.1 幂级数求和与收敛区间 ··· 295
- 8.2 常数项级数的收敛性 ·· 301
- 8.3 一般级数敛散性证明 ·· 307
- 8.4 Fourier 级数 ·· 328
- 8.5 级数的应用 ·· 333
- 第 8 章习题 ··· 338

第1章 极限的求法

"极限"作为微积分的基础,无论是在日常学习时,还是在各类数学竞赛中,都占据着无与伦比的地位.极限作为现代数学的基石应用广泛,几乎贯穿了大学微积分课程中的全部内容,不论是从连续的概念开始,还是到级数收敛等概念的结束都是通过极限定义的.因此,"如何求极限"一定是无可避免且必须解决的问题.由此,这一章我们就极限的各种求法进行学习和总结.极限的计算方法总结下来比较常用的有如下 11 种:(1) 利用重要极限;(2) 利用等价无穷小;(3) 利用 L'Hospital 法则;(4) 利用 Taylor 公式;(5) 利用等价无穷小和 L'Hospital 法则相结合;(6) 利用 Lagrange 中值定理;(7) 利用 Stolz 定理;(8) 利用单调有界准则;(9) 利用夹逼准则;(10) 利用定积分定义;(11) 利用数列或函数极限定义;(12) 利用导数定义;(13) 利用级数求和.

1.1 利用重要极限求极限

重要极限的公式:$\lim_{x \to 0}(1+x)^{\frac{1}{x}} = e$,$\lim_{x \to 0}\frac{\sin x}{x} = 1$,其中第一个公式还可以变形为数列极限形式 $\lim_{n \to \infty}\left(1+\frac{1}{n}\right)^n = e$.

例1 计算 $\lim_{x \to 0}\left(\frac{2\sqrt{1+x}-2}{x}\right)^{\frac{1}{\tan x}}$.

【分析】 利用重要极限求极限,首先要判断是否是 1^∞ 型.算式中比较容易得到 $\frac{2\sqrt{1+x}-2}{x}$ 的极限是 1,即达成所求的极限是 1^∞ 型.后面就可以通过拼凑的方式将极限化为重要极限形式.

解
$$\lim_{x \to 0}\left(\frac{2\sqrt{1+x}-2}{x}\right)^{\frac{1}{\tan x}} = \lim_{x \to 0}\left(1+\frac{2\sqrt{1+x}-2}{x}-1\right)^{\frac{x}{2\sqrt{1+x}-2-x} \cdot \frac{2\sqrt{1+x}-2-x}{x} \cdot \frac{1}{\tan x}}$$
$$= \lim_{x \to 0}\left[\left(1+\frac{2\sqrt{1+x}-2}{x}-1\right)^{\frac{x}{2\sqrt{1+x}-2-x}}\right]^{\lim_{x \to 0}\frac{2\sqrt{1+x}-2-x}{x} \cdot \frac{1}{\tan x}}$$
$$= e^{\lim_{x \to 0}\frac{2\sqrt{1+x}-2-x}{x} \cdot \frac{1}{\tan x}} = e^{-\frac{1}{4}},$$

其中最后一个等式左边指数部分的极限通过两次分子有理化和重要极限可得,过程如下:

$$\lim_{x\to 0}\frac{2\sqrt{1+x}-2-x}{x}\cdot\frac{1}{\tan x}=\lim_{x\to 0}\left(\frac{2}{\sqrt{1+x}+1}-1\right)\cdot\frac{1}{\tan x}$$

$$=\lim_{x\to 0}\frac{1-\sqrt{1+x}}{\sqrt{1+x}+1}\cdot\frac{\cos x}{\sin x}$$

$$=\lim_{x\to 0}\frac{-x}{(\sqrt{1+x}+1)^2}\cdot\frac{\cos x}{\sin x}$$

$$=\lim_{x\to 0}\frac{-\cos x}{(\sqrt{1+x}+1)^2}\cdot\frac{x}{\sin x}$$

$$=-\frac{1}{4}.$$

例 2 计算 $\lim\limits_{x\to 0}\dfrac{\sqrt{\cos x}-\sqrt[3]{\cos x}}{x^2+\tan^2 x}$.

【分析】 所求极限函数中含有相应的三角函数 $\cos x$,$\tan x$ 以及 x^2,它提示我们应该使用 $\lim\limits_{x\to 0}\dfrac{\sin x}{x}=1$. 所以本题关键是如何恒等变形所求函数,使其出现 $\dfrac{\sin x}{x}$ 或 $\dfrac{\tan x}{x}$ 的形式.

解 通过恒等变形的方式进行解答.

$$\lim_{x\to 0}\frac{\sqrt{\cos x}-\sqrt[3]{\cos x}}{x^2+\tan^2 x}=\lim_{x\to 0}\frac{\sqrt[3]{\cos x}(\sqrt[6]{\cos x}-1)}{x^2\left(1+\dfrac{\tan^2 x}{x^2}\right)}=\lim_{x\to 0}\frac{\sqrt[3]{\cos x}}{1+\dfrac{\tan^2 x}{x^2}}\cdot\frac{\sqrt[6]{\cos x}-1}{x^2}$$

$$=\lim_{x\to 0}\frac{1}{2}\frac{\sqrt[6]{\cos x}-1}{x^2}$$

$$=\frac{1}{2}\lim_{x\to 0}\frac{(\sqrt[6]{\cos x}-1)(\sqrt[6]{\cos^5 x}+\sqrt[6]{\cos^4 x}+\cdots+\sqrt[6]{\cos x}+1)}{x^2(\sqrt[6]{\cos^5 x}+\sqrt[6]{\cos^4 x}+\cdots+\sqrt[6]{\cos x}+1)}$$

$$=\frac{1}{2}\lim_{x\to 0}\frac{\cos x-1}{x^2(\sqrt[6]{\cos^5 x}+\sqrt[6]{\cos^4 x}+\cdots+\sqrt[6]{\cos x}+1)}$$

$$=\frac{1}{12}\lim_{x\to 0}\frac{-2\sin^2\dfrac{x}{2}}{x^2}=-\frac{1}{24}.$$

总结:(1) 使用重要极限公式求极限的方法,关键点不在于如何使用重要极限,而在于使用各种恒等变形,最终变形出重要极限的形式.

(2) 当然,这些例题也可以使用其他方法求极限,比如,例 1 可以使用等价无穷小进行解答,例 2 在解答过程中第四个等号可以使用 L'Hospital 法则,解题过程可能会简单一些.

1.2 利用等价无穷小求极限

常用的等价无穷小需牢记:

第1章 极限的求法

(1) $\sin x \sim x$； (2) $\tan x \sim x$； (3) $\ln(1+x) \sim x$； (4) $e^x - 1 \sim x$.

上面4种等价无穷小还可以诱导出下面5种等价无穷小：

(5) $\arcsin x \sim x$， (6) $\arctan x \sim x$， (7) $1 - \cos x \sim \dfrac{x^2}{2}$，

(8) $a^x - 1 \sim x \ln a$， (9) $(1+x)^\alpha - 1 \sim \alpha x$.

例3 （**浙江大学 2022**）计算 $\displaystyle\lim_{x \to 0} \dfrac{(1 + \sin^2 x)^{2022} - (\cos x)^{2022}}{\ln(1 + x^2)}$.

【分析】 此题给人第一眼的印象好像是利用重要极限求解,如果不仔细观察的话,就会掉进出题者设置好的陷阱里了.可当看到题中的指数是2022(虽然有点大,但也是有限的,不是无穷大)的时候,就会发现使用重要极限就不合适了.那用什么方法呢? 是不是忽略了一些细节? 我们回到题中再仔细观察,不难发现题中的分母就如"司马昭之心路人皆知"一样昭告天下 —— 正确解题的思路是采用"等价无穷小".思路明确了,下面的任务就是开动大脑,将题目中的函数转化为可以使用的等价无穷小,这里提供两种途径:一种是初中所学的因式分解,小伙伴不要看不起,虽然初等,但却能解决大问题; 另一种是幂函数(或者指数函数或者幂指函数),最常用的方法是通过取对数,进行幂指函数互换(也就是幂函数转换为指数函数,指数函数转换为幂函数),然后再具体问题具体分析,结合使用无穷小等各种求极限的技巧.

方法一 对分子进行因式分解可得

$(1 + \sin^2 x)^{2022} - (\cos x)^{2022}$

$= (1 + \sin^2 x - \cos x)[(1 + \sin^2 x)^{2021} + \cdots + (1 + \sin^2 x)^{2021-k}(\cos x)^k + \cdots + (\cos x)^{2021}]$

$= \left(2\sin^2 \dfrac{x}{2} + \sin^2 x\right)[(1 + \sin^2 x)^{2021} + \cdots + (1 + \sin^2 x)^{2021-k}(\cos x)^k + \cdots + (\cos x)^{2021}]$,

于是问题转化为

$\displaystyle\lim_{x \to 0} \dfrac{\left(2\sin^2 \dfrac{x}{2} + \sin^2 x\right)[(1 + \sin^2 x)^{2021} + \cdots + (1 + \sin^2 x)^{2021-k}(\cos x)^k + \cdots + (\cos x)^{2021}]}{\ln(1 + x^2)}$

$\xlongequal{\ln(1+x^2) \sim x^2, \sin x \sim x} \displaystyle\lim_{x \to 0} \dfrac{\left(2\sin^2 \dfrac{x}{2} + \sin^2 x\right) \times 2022}{x^2}$

$= 2022 \left(\displaystyle\lim_{x \to 0} \dfrac{2\sin^2 \dfrac{x}{2}}{x^2} + \lim_{x \to 0} \dfrac{\sin^2 x}{x^2}\right) = 2022 \times \left(\dfrac{1}{2} + 1\right)$

$= 3033$.

说明：倒数第二步可以通过等价无穷小完成,也可以运用重要极限来解决,这两种方法在形式比较简单的情况下都可以使用,选择哪一种都可以.

方法二 通过幂指函数互换可得

$\displaystyle\lim_{x \to 0} \dfrac{(1 + \sin^2 x)^{2022} - (\cos x)^{2022}}{\ln(1 + x^2)} = \lim_{x \to 0} \dfrac{e^{2022\ln(1+\sin^2 x)} - e^{2022\ln(\cos x)}}{\ln(1 + x^2)}$

$= \displaystyle\lim_{x \to 0} \dfrac{e^{2022\ln(\cos x)}(e^{2022[\ln(1+\sin^2 x) - \ln(\cos x)]} - 1)}{\ln(1 + x^2)}$

$$= \lim_{x \to 0} \frac{2022[\ln(1+\sin^2 x) - \ln(\cos x)]}{\ln(1+x^2)}$$

$$= \lim_{x \to 0} \frac{2022\left[\ln(1+\sin^2 x) - \ln\left(1 - 2\sin^2 \frac{x}{2}\right)\right]}{x^2}$$

$$= \lim_{x \to 0} \frac{2022\left(\sin^2 x + 2\sin^2 \frac{x}{2}\right)}{x^2} = 3033.$$

注：幂函数或者幂指函数通过取对数进行变形是惯有的套路.

例 4 （陕西 2023）设函数 $f(x)$ 和 $g(x)$ 在去心邻域 $U_0(0,\delta)(\delta > 0)$ 内有定义，且 $f(x) > 0$，$\lim\limits_{x \to 0+} f(x) = \lim\limits_{x \to 0+} g(x) = 0$，试讨论极限 $\lim\limits_{x \to 0+} [f(x)]^{g(x)}$：

(1) 是否必定为 1；

(2) 是否可能为 0；

(3) 是否可能为 ∞；

(4) 是否可能不存在，但不是 ∞.

（给出结论，并通过反例说明.）

【分析】 出题人通过本题想考察的知识点是什么？做题之前，需要花一些时间好好思考一下. 本题考察的知识点相当于大海中夜航船的指示灯塔，找到了知识点就找到了解题的关键. 该题的知识点考察对无穷小的理解，不同无穷小趋近于 0 的速度不同. 当底数和指数作为无穷小趋近 0 的速度或者方式不同时，得到的结果有巨大的区别，所以本题考察的内容就是无穷小趋近 0 的速度，或者说无穷小的阶. 当然，本题也可以理解为典型例题 $\lim\limits_{x \to 0+} x^x$ 的扩展.

解 (1) 极限式可能是 1，也可能不是 1. 比如取 $f(x) = e^{-\frac{1}{x}}$，$g_1(x) = x$，$g_2(x) = x^2$，则

$$\lim_{x \to 0+} [f(x)]^{g_1(x)} = \frac{1}{e}, \quad \lim_{x \to 0+} [f(x)]^{g_2(x)} = 1.$$

(2) 有可能为 0. 比如取 $g_3(x) = \sqrt{x}$，则 $\lim\limits_{x \to 0+} [f(x)]^{g_3(x)} = \lim\limits_{x \to 0+} e^{-\frac{1}{\sqrt{x}}} = 0.$

(3) 有可能为 ∞. 比如取 $g_4(x) = -\sqrt{x}$，则 $\lim\limits_{x \to 0+} [f(x)]^{g_4(x)} = \lim\limits_{x \to 0+} e^{\frac{1}{\sqrt{x}}} = \infty.$

(4) 有可能不存在，但不是 ∞. 比如取 $g_5(x) = x\sin\frac{1}{x}$，则

$$\lim_{x \to 0+} [f(x)]^{g_5(x)} = \lim_{x \to 0+} e^{-\sin\frac{1}{x}}.$$

$x = 0$ 是无穷振荡间断点，故极限不存在且不为 ∞.

1.3 利用 L'Hospital 法则求极限

L'Hospital 法则 (1) 当 $x \to a$ 时，$f(x)$ 和 $g(x)$ 的极限同时无穷小或者无穷大，

(2) 在点 a 的某去心邻域内，$f(x)$ 和 $g(x)$ 都是可导的，且 $g'(x) \neq 0$，

(3) $\lim\limits_{x \to a} \dfrac{f'(x)}{g'(x)}$ 存在或者无穷大,

则 $\lim\limits_{x \to a} \dfrac{f(x)}{g(x)} = \lim\limits_{x \to a} \dfrac{f'(x)}{g'(x)}$.

例 5 (**北京 1992**) 计算 $\lim\limits_{x \to 0} \dfrac{\mathrm{e}^{-\frac{1}{x^2}}}{x^{80}}$.

【分析】 很容易判断这是一道 $\dfrac{0}{0}$ 型的题,但为了求导简单,必须使用倒代换将其转化为 $\dfrac{\infty}{\infty}$ 型.

解 $\lim\limits_{x \to 0} \dfrac{\mathrm{e}^{-\frac{1}{x^2}}}{x^{80}} \xlongequal{x^2 = \frac{1}{t}} \lim\limits_{t \to \infty} \dfrac{t^{40}}{\mathrm{e}^t} = \cdots = \lim\limits_{t \to \infty} \dfrac{40!}{\mathrm{e}^t} = 0.$

一般来说,一道求极限的题很少只使用 L'Hospital 法则就可以求出极限的. 常常会和其他方法结合起来使用,特别是重要极限和等价无穷小两种方法与其结合使用最多,比如下一道例题.

例 6 计算 $\lim\limits_{x \to 0} \dfrac{\arcsin x - \sin x}{\arctan x - \tan x}$.

【分析】 这是一道基本初等函数通过减法和除法简单拼凑在一起的 $\dfrac{0}{0}$ 型极限题. 看见题,我们马上就会想到 L'Hospital 法则可能是最佳选择了. 尽管求导后,函数变复杂了,但也要勇敢地往下走.

解 $\lim\limits_{x \to 0} \dfrac{\arcsin x - \sin x}{\arctan x - \tan x} = \lim\limits_{x \to 0} \dfrac{\dfrac{1}{\sqrt{1-x^2}} - \cos x}{\dfrac{1}{1+x^2} - \sec^2 x}$

$= \lim\limits_{x \to 0} \dfrac{(1+x^2)\cos^2 x}{\sqrt{1-x^2}} \cdot \dfrac{1 - \sqrt{1-x^2}\cos x}{\cos^2 x - (1+x^2)}$

$= \lim\limits_{x \to 0} \dfrac{1 - \sqrt{1-x^2}\cos x}{\cos^2 x - (1+x^2)} = \lim\limits_{x \to 0} \dfrac{\sqrt{1-x^2}\sin x + \dfrac{x\cos x}{\sqrt{1-x^2}}}{-\sin 2x - 2x}$

$= \lim\limits_{x \to 0} \dfrac{\sqrt{1-x^2}\,\dfrac{\sin x}{x} + \dfrac{\cos x}{\sqrt{1-x^2}}}{-\dfrac{\sin 2x}{x} - 2} = -\dfrac{1}{2}.$

注:(1) 在计算的过程中,需要时刻关注是否有"确定式"能从极限中脱离出来,而且它的极限是非常容易求出来的,比如此题的 $\dfrac{(1+x^2)\cos^2 x}{\sqrt{1-x^2}}$,这是能大大减少计算量的.

(2) 在倒数第二个等号中,如果不使用重要极限的话,几乎无法找到简单的方法来求解此题了. 结合重要极限是最佳选择.

此外，除了 $\dfrac{0}{0}$ 型和 $\dfrac{\infty}{\infty}$ 型两种标准的未定型外，还有其他几种非标准的未定型，如 $\infty-\infty$，$0\times\infty$，1^∞，0^0 和 ∞^0 五种. 它们都需要初等数学的变换技巧，比如，通分、取倒数和取对数等. 将其恒等变形为标准型，再使用 L'Hospital 法则.

例 7 (国赛 2011) 计算 $\lim\limits_{x\to 0}\left(\dfrac{\sin x}{x}\right)^{\frac{1}{1-\cos x}}$.

【分析】 很容易看出它是 1^∞ 型，也是幂指函数形式. 通过取对数方法，即 $\left(\dfrac{\sin x}{x}\right)^{\frac{1}{1-\cos x}}=\mathrm{e}^{\frac{\ln\frac{\sin x}{x}}{1-\cos x}}$，将指数变形为 $\dfrac{0}{0}$ 型.

解 $\lim\limits_{x\to 0}\left(\dfrac{\sin x}{x}\right)^{\frac{1}{1-\cos x}}=\lim\limits_{x\to 0}\mathrm{e}^{\frac{\ln\frac{\sin x}{x}}{1-\cos x}}=\mathrm{e}^{\lim\limits_{x\to 0}\frac{\ln\frac{\sin x}{x}}{1-\cos x}}$. 于是只要计算 $\lim\limits_{x\to 0}\dfrac{\ln\frac{\sin x}{x}}{1-\cos x}$ 就可以了.

$$\lim_{x\to 0}\frac{\ln\frac{\sin x}{x}}{1-\cos x}=\lim_{x\to 0}\frac{\frac{\cos x}{\sin x}-\frac{1}{x}}{\sin x}=\lim_{x\to 0}\frac{x\cos x-\sin x}{x\sin^2 x}$$
$$=\lim_{x\to 0}\frac{x\cos x-\sin x}{x^3}=\lim_{x\to 0}\frac{-x\sin x}{3x^2}=-\frac{1}{3}.$$

由此可得 $\lim\limits_{x\to 0}\left(\dfrac{\sin x}{x}\right)^{\frac{1}{1-\cos x}}=\mathrm{e}^{-\frac{1}{3}}$.

注：在计算式中的第三个等号使用了等价无穷小方法，否则后面使用 L'Hospital 法则的话，会导致分母变得复杂，不仅会增加计算量，还会增加犯错的概率. 此外，在计算式中的第一个等号中，使用等价无穷小可能计算量更少，即 $\ln\dfrac{\sin x}{x}=\ln\left(\dfrac{\sin x}{x}-1+1\right)\sim\dfrac{\sin x}{x}-1$.

例 8 (华南理工大学 2020) 若 $\alpha>0$，求极限 $\lim\limits_{x\to+\infty}((x+1)^\alpha-x^\alpha)$.

【分析】 这是典型的 $\infty-\infty$ 型的未定式，使用大家非常熟悉的 L'Hospital 法则是自然的选择. 关键是如何化为 $\dfrac{0}{0}$ 型或者 $\dfrac{\infty}{\infty}$ 型，对于幂函数相减来说，倒代换是常用的选择.

解 使用倒代换和 L'Hospital 法则，有

$$\lim_{x\to+\infty}((x+1)^\alpha-x^\alpha)\xrightarrow{u=\frac{1}{x},u\to 0+}\lim_{u\to 0+}\left(\left(\frac{1}{u}+1\right)^\alpha-\frac{1}{u^\alpha}\right)$$
$$=\lim_{u\to 0+}\frac{(1+u)^\alpha-1}{u^\alpha}=\lim_{u\to 0+}\frac{\alpha(1+u)^{\alpha-1}}{\alpha u^{\alpha-1}}.$$

(1) 当 $\alpha\in(0,1)$ 时，$(1+u)^{\alpha-1}\xrightarrow{u\to 0}1$，$\dfrac{1}{u^{\alpha-1}}=u^{1-\alpha}\xrightarrow{u\to 0}0$，于是有

$$\lim_{x\to+\infty}((x+1)^\alpha - x^\alpha) = \lim_{u\to 0+}\frac{\alpha(1+u)^{\alpha-1}}{\alpha u^{\alpha-1}} = \lim_{u\to 0+}(1+u)^{\alpha-1}u^{1-\alpha} = 0.$$

(2) 当 $\alpha = 1$ 时,显然有 $\lim\limits_{x\to+\infty}((x+1)^\alpha - x^\alpha) = 1$.

(3) 当 $\alpha > 1$ 时,$(1+u)^{\alpha-1} \xrightarrow{u\to 0+} 1$,$\dfrac{1}{u^{\alpha-1}} \xrightarrow{u\to 0+} \infty$,于是有

$$\lim_{x\to+\infty}((x+1)^\alpha - x^\alpha) = \lim_{u\to 0+}\frac{\alpha(1+u)^{\alpha-1}}{\alpha u^{\alpha-1}} = \infty.$$

1.4　Taylor 公式法

假设我们已经对 5 个基本初等函数的 Taylor 公式比较熟悉,这里就不一一列举它们了. 本质上来说,等价无穷小实际上只是 Taylor 公式的特殊情形,一般情况下,等价无穷小项是 Taylor 展开式的第一项或者前两项.通常情况下,使用等价无穷小后,虽然马上就能得到问题的答案,但是感觉使用等价无穷小的理由不够充分.此时,就可以考虑使用 Taylor 公式了. 在此类型题中会有极高的概率出现两个无穷小相减这样的情况.

例 9　(莫斯科大学) 求极限 $\lim\limits_{x\to 0}\dfrac{\tan(\tan x) - \sin(\sin x)}{\tan x - \sin x}$.

【分析】　初看此题,是不是感觉既简单也复杂呢?感觉简单的原因是被求极限的函数看着简单,感到复杂的原因是复合的函数有点"诡异",感觉常用的方法,比如 L'Hospital 法则、等价无穷小等,好像都直接用不上.其实,这类看似简单,但实际麻烦的复合函数题可以考虑 Taylor 公式,同时,分子与分母都是无穷小减去无穷小,这可以说是使用 Taylor 公式的标签.当想到它时,问题也就迎刃而解了,对复合函数连续使用两次 Taylor 公式就搞定了.

解　由 Taylor 公式可得

$$\tan x = x + \frac{1}{3}x^3 + o(x^3), \quad \sin x = x - \frac{1}{6}x^3 + o(x^3).$$

再次使用 Taylor 公式可得

$$\begin{aligned}
\tan(\tan x) &= \tan\left(x + \frac{1}{3}x^3 + o(x^3)\right) \\
&= \left(x + \frac{1}{3}x^3 + o(x^3)\right) + \frac{1}{3}(x + x^3 + o(x^3))^3 + o(x^3) \\
&= x + \frac{2}{3}x^3 + o(x^3), \\
\sin(\sin x) &= \sin\left(x - \frac{1}{6}x^3 + o(x^3)\right) \\
&= \left(x - \frac{1}{6}x^3 + o(x^3)\right) - \frac{1}{6}(x - x^3 + o(x^3))^3 + o(x^3) \\
&= x - \frac{1}{3}x^3 + o(x^3).
\end{aligned}$$

将上述两式代入问题中可得

$$\lim_{x\to 0}\frac{\tan(\tan x)-\sin(\sin x)}{\tan x-\sin x}=\lim_{x\to 0}\frac{x^3+o(x^3)}{\frac{1}{2}x^3+o(x^3)}=2.$$

例10 (莫斯科大学) 求极限 $I=\lim\limits_{x\to 0}\dfrac{\cos(\sin x)-\cos(\sin(\tan x))}{x^4}$.

解 和例9的特征类似,可以继续使用 Taylor 公式法.由于所求极限的分母是 x 的4次方,因此 Taylor 展开只要展开到4次方即可,于是有

$$\cos x=1-\frac{1}{2}x^2+\frac{1}{4!}x^4+\cdots,\quad \sin x=x-\frac{1}{3!}x^3+\cdots.$$

再次使用 $\sin x$ 和 $\cos x$ 的展开式,可得复合函数的 Taylor 公式:

$$\sin(\tan x)=\tan x-\frac{1}{3!}\tan^3 x+\cdots,$$

$$\cos(\sin x)=1-\frac{1}{2}\left(x-\frac{1}{3!}x^3\right)^2+\frac{1}{4!}\left(x-\frac{1}{3!}x^3\right)^4+\cdots.$$

再次使用 $\cos x$ 和 $\sin(\tan x)$ 的展开式,可得

$$\cos(\sin(\tan x))=1-\frac{1}{2}\left(\tan x-\frac{1}{3!}\tan^3 x\right)^2+\frac{1}{4!}\left(\tan x-\frac{1}{3!}\tan^3 x\right)^4+\cdots.$$

将上面的式子代入可得

$$\begin{aligned}\cos(\sin x)-\cos(\sin(\tan x))&=\frac{1}{2}\left(\tan x-\frac{1}{3!}\tan^3 x\right)^2-\frac{1}{2}\left(x-\frac{1}{3!}x^3\right)^2+\cdots\\&=\frac{1}{2}\left(\tan^2 x-\frac{1}{3}\tan^4 x-x^2+\frac{1}{3}x^4+\cdots\right)\\&=\frac{1}{2}\left[\left(x+\frac{1}{3}x^3\right)^2-\frac{1}{3}\tan^4 x-x^2+\frac{1}{3}x^4+\cdots\right]\\&=\frac{1}{3}x^4+\cdots.\end{aligned}$$

于是,所求极限为

$$I=\lim_{x\to 0}\frac{\cos(\sin x)-\cos(\sin(\tan x))}{x^4}=\frac{1}{3}.$$

巩固练习 求极限 $\lim\limits_{x\to 0}\dfrac{\sin(e^x-1)-(e^{\sin x}-1)}{\sin^4 3x}$. (答案:$-\dfrac{1}{972}$).

例11 (南开大学2016) 求极限 $\lim\limits_{x\to +\infty}x^2\left[\left(1+\dfrac{1}{x+1}\right)^{x+1}-\left(1+\dfrac{1}{x}\right)^x\right]$.

【分析】 本题是 $0\cdot\infty$ 型的极限.由于所求极限的函数包含 $u(x)^{v(x)}$ 型函数,一般通过幂指函数互换进行变形,即 $e^{v(x)\ln u(x)}$.变形完毕后,通过求极限的方法,如等价无穷小、Taylor 公式和 L'Hospital 法则等进行求解.对于此题来说,出现了 $(x+1)\ln\left(1+\dfrac{1}{x+1}\right)$ 这种类型的函数,可以从等价无穷小和 Taylor 公式中二选一.由于这里存在两个类似函数相减的情况,等价无穷小不符合条件被舍弃,也只有 Taylor 公式是唯一的选择了.

解 考虑下面两个展开式：

$$(x+1)\ln\left(1+\frac{1}{x+1}\right) = 1 - \frac{1}{2(x+1)} + \frac{1}{3(x+1)^2} + \cdots,$$

$$x\ln\left(1+\frac{1}{x}\right) = 1 - \frac{1}{2x} + \frac{1}{3x^2} + \cdots.$$

对于所求极限中的函数变形为

$$\lim_{x\to+\infty} x^2\left[\left(1+\frac{1}{x+1}\right)^{x+1} - \left(1+\frac{1}{x}\right)^x\right] = \lim_{x\to+\infty} x^2\left[e^{(x+1)\ln\left(1+\frac{1}{x+1}\right)} - e^{x\ln\left(1+\frac{1}{x}\right)}\right]$$

$$= \lim_{x\to+\infty} x^2\left[e^{1-\frac{1}{2(x+1)}+\frac{1}{3(x+1)^2}+\cdots} - e^{1-\frac{1}{2x}+\frac{1}{3x^2}+\cdots}\right]$$

$$= e\lim_{x\to+\infty} x^2\left[e^{-\frac{1}{2(x+1)}+O\left(\frac{1}{(x+1)^2}\right)} - e^{-\frac{1}{2x}+O\left(\frac{1}{x^2}\right)}\right]$$

$$= e\lim_{x\to+\infty} x^2\left[e^{-\frac{1}{2(x+1)}+\frac{1}{2x}+O\left(\frac{1}{x^2}\right)} - 1\right]e^{-\frac{1}{2x}+O\left(\frac{1}{x^2}\right)}$$

$$\xrightarrow{\text{等价无穷小}} e\lim_{x\to+\infty} x^2\left(-\frac{1}{2(x+1)} + \frac{1}{2x} + O\left(\frac{1}{x^2}\right)\right) \cdot \lim_{x\to+\infty} e^{-\frac{1}{2x}+O\left(\frac{1}{x^2}\right)} = \frac{e}{2}.$$

1.5 等价无穷小和 L'Hospital 法则结合法

例12 (武汉大学) 求极限 $\lim\limits_{x\to 0}\int_0^x \dfrac{\int_0^{u^2}\arctan(1+t)\mathrm{d}t}{x(1-\mathrm{e}^{-x^2})}\mathrm{d}u$.

【分析】 此题有"混淆视听"的嫌疑，注意到此题是关于变量 u 的积分，并且被积函数的分母与 u 完全无关．因此，它可以从积分号里拿出来．

解 由于积分变量为 u，将函数恒等变形为分式函数，然后由等价无穷小与 L'Hospital 法则得

$$\lim_{x\to 0}\int_0^x \frac{\int_0^{u^2}\arctan(1+t)\mathrm{d}t}{x(1-\mathrm{e}^{-x^2})}\mathrm{d}u = \lim_{x\to 0}\frac{\mathrm{e}^{x^2}\int_0^x\left(\int_0^{u^2}\arctan(1+t)\mathrm{d}t\right)\mathrm{d}u}{x(\mathrm{e}^{x^2}-1)}$$

$$= \lim_{x\to 0}\frac{\int_0^x\left(\int_0^{u^2}\arctan(1+t)\mathrm{d}t\right)\mathrm{d}u}{x^3}$$

$$= \lim_{x\to 0}\frac{\int_0^{x^2}\arctan(1+t)\mathrm{d}t}{3x^2}$$

$$= \lim_{x\to 0}\frac{2x\arctan(1+x^2)}{6x} = \frac{\pi}{12}.$$

例13 (莫斯科大学) 求极限 $I = \lim\limits_{x\to 0}\dfrac{\cos(\sin x) - \cos(\sin(\tan x))}{x^4}$.

【分析】 在例10中，用 Taylor 公式法求解本题，虽然思路直接简单，但是计算量明显很大，稍不留神，展开式的系数就容易计算错了．能否找到更合适、更简单的解法？这就需

要多观察题干,从中找规律了.此题的画龙点睛的地方在于如何去认识问题中的分子,如果不能从合适的角度去认识它,就无法简化计算.仔细观察题中的分子,有没有似曾相识的感觉?对,它就是余弦三角函数相减,中学数学中经常用到的知识——和差化积.通过和差化积将减法变成乘法,这样就可以直接使用等价无穷小了.切记,在求极限的题中,函数的乘除法就是利用等价无穷小的代名词.

解 由和差化积公式

$$\cos a - \cos b = -2\sin\frac{a+b}{2}\sin\frac{a-b}{2} \quad \text{和} \quad \sin a - \sin b = 2\cos\frac{a+b}{2}\sin\frac{a-b}{2},$$

有

$$\cos(\sin x) - \cos(\sin(\tan x)) = -2\sin\frac{\sin x - \sin(\tan x)}{2}\sin\frac{\sin x + \sin(\tan x)}{2},$$

$$\sin x - \sin(\tan x) = 2\cos\frac{x+\tan x}{2}\sin\frac{x-\tan x}{2}.$$

将上面的式子代入所求极限,并使用等价无穷小 $\sin x \sim x$ 和 L'Hospital 法则得

$$I = -\lim_{x \to 0}\frac{2\sin\dfrac{\sin x - \sin(\tan x)}{2}\sin\dfrac{\sin x + \sin(\tan x)}{2}}{x^4}$$

$$= -\lim_{x \to 0}\frac{(\sin x - \sin(\tan x))}{x^3} \cdot \frac{(\sin x + \sin(\tan x))}{2x}$$

$$= -\lim_{x \to 0}\frac{\sin x - \sin(\tan x)}{x^3}$$

$$= -\lim_{x \to 0}\frac{2\cos\dfrac{x+\tan x}{2}\sin\dfrac{x-\tan x}{2}}{x^3}$$

$$= -\lim_{x \to 0}\frac{x-\tan x}{x^3} = \frac{1}{3}.$$

说明:上面式子中的最后一个等号,既可以使用 L'Hospital 法则,也可以使用 Taylor 公式,但可能大部分同学对 $\tan x$ 的 Taylor 展开式不熟悉,还是建议使用 L'Hospital 法则,这样计算量也很小.

1.6 Lagrange 中值定理法

例14 (莫斯科大学) 求极限 $I = \lim\limits_{x \to 0}\dfrac{\cos(\sin x) - \cos(\sin(\tan x))}{x^4}$.

【分析】 Taylor 公式的缺点是展开式计算量大,和差化积公式也有可能想不起来,还有没有更好的方法解题吗?当然有,不过解题的关键还是如何认识问题中的分子,必须换个角度去看.如果我们看到的是余弦三角函数相减,那会想到中学所学的和差化积公式;如果我们看到的是同名函数(余弦函数)在不同点的函数值的差,那会不会想到 Lagrange 中值定理呢?切记,同名函数的差几乎是 Lagrange 中值定理的代名词.

解 由 Lagrange 中值定理有

$$\cos(\sin x) - \cos(\sin(\tan x)) = -\sin\eta(\sin x - \sin(\tan x)) = -\sin\eta\cos\theta \cdot (x - \tan x),$$

其中 $\eta \in (\sin x, \sin(\tan x)), \theta \in (x, \tan x)$. 于是

$$I = \lim_{x \to 0} \frac{-\sin\eta\cos\theta \cdot (x - \tan x)}{x^4} = \lim_{x \to 0} \frac{-(x - \tan x)}{x^3} = \frac{1}{3}.$$

例15 (南开大学 2016) 求极限 $\lim\limits_{x \to +\infty} x^2 \left[\left(1 + \dfrac{1}{x+1}\right)^{x+1} - \left(1 + \dfrac{1}{x}\right)^x \right]$.

【分析】 极限中出现了同类型的两个函数相减, 即 $\left[\left(1 + \dfrac{1}{x+1}\right)^{x+1} - \left(1 + \dfrac{1}{x}\right)^x \right]$, 千万不能选择性地无视. 如果换个角度来看问题, 我们就会发现它的真实面目: 函数 $f(t) = \left(1 + \dfrac{1}{t}\right)^t$ 在两个点 x 和 $x+1$ 的函数值相减, 即 $f(x+1) - f(x)$. 那么 Lagrange 中值定理的使用就顺理成章了. 为什么? 因为函数值的差是运用 Lagrange 中值定理的标配.

解 设 $f(x) = \left(1 + \dfrac{1}{x}\right)^x$, 则

$$f'(x) = \left(1 + \frac{1}{x}\right)^x \left(\ln\left(1 + \frac{1}{x}\right) - \frac{1}{x+1} \right).$$

由 Lagrange 中值定理, 所求极限可以改写为

$$\lim_{x \to +\infty} x^2 \left[\left(1 + \frac{1}{x+1}\right)^{x+1} - \left(1 + \frac{1}{x}\right)^x \right] \xrightarrow{\xi \in (x, x+1)} \lim_{x \to +\infty} x^2 \left(1 + \frac{1}{\xi}\right)^{\xi} \left(\ln\left(1 + \frac{1}{\xi}\right) - \frac{1}{\xi+1} \right)$$

$$\xrightarrow{\text{Taylor 公式}} \lim_{x \to +\infty} x^2 \left(\frac{1}{\xi} - \frac{1}{2\xi^2} + O\left(\frac{1}{\xi^3}\right) - \frac{1}{\xi+1} \right) \cdot \lim_{\xi \to +\infty} \left(1 + \frac{1}{\xi}\right)^{\xi}$$

$$= e \lim_{x \to +\infty} x^2 \left(\frac{1}{\xi(\xi+1)} - \frac{1}{2\xi^2} + O\left(\frac{1}{\xi^3}\right) \right) \xrightarrow{\xi \in (x, x+1)} \frac{e}{2}.$$

例16 (华南理工大学 2020) 若 $\alpha > 0$, 求极限 $\lim\limits_{x \to +\infty} ((x+1)^\alpha - x^\alpha)$.

【分析】 同名函数 (幂函数 x^α) 的差, 是运用 Lagrange 中值定理的标配.

解 因函数 $f(x) = x^\alpha$ 在 $[1, +\infty]$ 上连续可微, 由 Lagrange 中值定理, 对每个 x, 存在 $\xi \in (x, x+1)$, 使得 $(x+1)^\alpha - x^\alpha = \alpha \xi^{\alpha-1}$. 于是有

(1) 当 $\alpha \in (0,1)$ 时, $0 < (x+1)^\alpha - x^\alpha = \alpha \xi^{\alpha-1} < \dfrac{\alpha}{x^{1-\alpha}}$. 又因为 $\lim\limits_{x \to +\infty} \dfrac{\alpha}{x^{\alpha-1}} = 0$. 由此, 由夹逼准则可得, $\lim\limits_{x \to +\infty} ((x+1)^\alpha - x^\alpha) = 0$.

(2) 当 $\alpha = 1$ 时, 显然有 $\lim\limits_{x \to +\infty} ((x+1)^\alpha - x^\alpha) = 1$.

(3) 当 $\alpha > 1$ 时, $0 < (x+1)^\alpha - x^\alpha = \alpha \xi^{\alpha-1} > \alpha x^{\alpha-1}$. 显然有 $\lim\limits_{x \to +\infty} \alpha x^{\alpha-1} = \infty$. 因此,

$$\lim_{x \to +\infty} ((x+1)^\alpha - x^\alpha) = \infty.$$

例17 （江苏 2022）求极限 $\lim\limits_{x\to 0}\dfrac{\sec(\tan x)-\sec(\sin x)}{\cos x^2-1}$.

【分析】 同名函数（正割函数 $\sec x$）的差，是运用 Lagrange 中值定理的标配.

解 由 Lagrange 中值定理和等价无穷小 $\sin x \sim x$，$1-\cos x \sim \dfrac{x^2}{2}$，有

$$\lim_{x\to 0}\frac{\sec(\tan x)-\sec(\sin x)}{\cos x^2-1}=\lim_{x\to 0}\frac{\sec\xi\tan\xi(\tan x-\sin x)}{-\dfrac{x^4}{2}}=\lim_{x\to 0}\frac{x\cdot\dfrac{x^3}{2}}{-\dfrac{x^4}{2}}=-1.$$

1.7 利用 Stolz 定理求极限

Stolz 第一公式 $\left(\dfrac{\cdot}{\infty}\text{型}\right)$ 设 $\{x_n\}$ 和 $\{y_n\}$ 是数列，数列 $\{x_n\}$ 严格单调递增到无穷大，且 $\lim\limits_{n\to\infty}\dfrac{y_{n+1}-y_n}{x_{n+1}-x_n}=a$，则 $\lim\limits_{n\to\infty}\dfrac{y_n}{x_n}=a$.

Stolz 第二公式 $\left(\dfrac{0}{0}\text{型}\right)$ 设 $\{x_n\}$ 和 $\{y_n\}$ 是数列，$\{x_n\}$ 严格单调递减收敛到 0，$\{y_n\}$ 也收敛到 0，且 $\lim\limits_{n\to\infty}\dfrac{y_{n+1}-y_n}{x_{n+1}-x_n}=a$，则 $\lim\limits_{n\to\infty}\dfrac{y_n}{x_n}=a$.

例18 （东南大学 2018）求极限 $I=\lim\limits_{n\to\infty}\dfrac{1+\sqrt{2}+\sqrt{3}+\cdots+\sqrt{n}}{\sqrt{1+2^2+3^2+\cdots+n^2}}$.

【分析】 这是一个分式数列求极限，分子、分母都是数列前 n 项的和，它们都单调递增到无穷大，且分子无法利用公式求和，使用 Stolz 定理是意料之中的事情.

解 由 Stolz 定理 $\lim\limits_{n\to\infty}\dfrac{a_n}{b_n}=\lim\limits_{n\to\infty}\dfrac{a_n-a_{n-1}}{b_n-b_{n-1}}$ 和 $1+2^2+3^2+\cdots+n^2=\dfrac{1}{6}n(n+1)(2n+1)$，有

$$I=\lim_{n\to\infty}\frac{(1+\sqrt{2}+\sqrt{3}+\cdots+\sqrt{n})-(1+\sqrt{2}+\sqrt{3}+\cdots+\sqrt{n-1})}{\sqrt{1+2^2+3^2+\cdots+n^2}-\sqrt{1+2^2+3^2+\cdots+(n-1)^2}}$$

$$=\lim_{n\to\infty}\frac{\sqrt{n}}{\sqrt{\dfrac{1}{6}n(n+1)(2n+1)}-\sqrt{\dfrac{1}{6}n(n-1)(2n-1)}}$$

$$=\lim_{n\to\infty}\frac{\sqrt{6}\left(\sqrt{(n+1)(2n+1)}+\sqrt{(n-1)(2n-1)}\right)}{(n+1)(2n+1)-(n-1)(2n-1)}$$

$$=\lim_{n\to\infty}\frac{\sqrt{6}\left(\sqrt{(n+1)(2n+1)}+\sqrt{(n-1)(2n-1)}\right)}{6n}=\frac{2\sqrt{3}}{3}.$$

例19 设 $\{a_n\}$ 满足 $a_1 > 1$, $a_{n+1}(a_n^2 - 1) = a_n^3$. 求: $(1) A = \lim\limits_{n \to \infty} \dfrac{a_n}{\sqrt{n}}$; $(2) \lim\limits_{n \to \infty} \dfrac{n}{\ln n}\left(\dfrac{a_n}{\sqrt{n}} - A\right)$.

【分析】 对于此题,很多人的第一反应应该是利用递推式求出通项公式,然后求极限. 尝试一下未尝不可,但如果十头牛也无法将你从此"思路"(陷阱)中拉回现实,那可能真的需要换个思路了. 稍加尝试我们就会发现求通项公式是不可能完成的任务. 既然递推式不能提供思路,那就在所要求的对象中寻找,所求是分式极限,分母单调递增到无穷大,这不就是 Stolz 定理的标配吗? 该如何运用它呢? 运用它的目的是什么? 如果我们漫无目的直接使用,还是需要去寻找数列与 n 之间的关系,本质上还是求通项. 直接运用 Stolz 定理激发我们这样的想法:能不能通过 Stolz 定理将 n 从所求极限数列中消失,只剩下数列 $\{a_n\}$? 回答是肯定的,只要将所求极限平方,再运用 Stolz 定理,目的就达到了. 第二问也是如此操作.

解 (1) 由已知递推式可得 $a_{n+1} = \dfrac{a_n^3}{a_n^2 - 1}$. 于是,

$$a_{n+1} - a_n = \dfrac{a_n^3}{a_n^2 - 1} - a_n = \dfrac{a_n}{a_n^2 - 1} \quad \text{且} \quad a_2 - a_1 = \dfrac{a_1}{a_1^2 - 1} > 0, \quad a_2 > 1.$$

利用数学归纳法和反证法很容易证明

$$a_{n+1} - a_n > 0, \quad a_n \to +\infty (n \to \infty, \text{发散}).$$

运用 Stolz 定理可得

$$A^2 = \lim_{n \to \infty} \dfrac{a_{n+1}^2 - a_n^2}{n+1-n} = \lim_{n \to \infty}(a_{n+1}^2 - a_n^2) = \lim_{n \to \infty}\left(\left(\dfrac{a_n^3}{a_n^2-1}\right)^2 - a_n^2\right)$$

$$= \lim_{n \to \infty} \dfrac{a_n^6 - a_n^2(a_n^2-1)^2}{(a_n^2-1)^2} \stackrel{*}{=} \lim_{n \to \infty} \dfrac{a_n^2}{a_n^2 - 1} \cdot \dfrac{2a_n^2 - 1}{a_n^2 - 1} = 2.$$

于是可得 $A = \sqrt{2}$.

(2) 将上式代入所求结果,整理可得

$$\lim_{n \to \infty} \dfrac{n}{\ln n}\left(\dfrac{a_n}{\sqrt{n}} - A\right) = \lim_{n \to \infty} \dfrac{n}{\ln n}\left(\dfrac{a_n}{\sqrt{n}} - \sqrt{2}\right) = \lim_{n \to \infty} \dfrac{n}{\ln n} \dfrac{\left(\dfrac{a_n^2}{n} - 2\right)}{\dfrac{a_n}{\sqrt{n}} + \sqrt{2}}$$

$$= \dfrac{1}{2\sqrt{2}} \lim_{n \to \infty} \dfrac{n}{\ln n}\left(\dfrac{a_n^2}{n} - 2\right)$$

$$= \dfrac{1}{2\sqrt{2}} \lim_{n \to \infty} \dfrac{a_n^2 - 2n}{\ln n}.$$

对上式右端运用 Stolz 定理可得

$$\lim_{n \to \infty} \dfrac{n}{\ln n}\left(\dfrac{a_n}{\sqrt{n}} - A\right) = \dfrac{1}{2\sqrt{2}} \lim_{n \to \infty} \dfrac{a_{n+1}^2 - 2(n+1) - (a_n^2 - 2n)}{\ln(n+1) - \ln n}$$

$$\stackrel{**}{=} \dfrac{1}{2\sqrt{2}} \lim_{n \to \infty} \dfrac{a_{n+1}^2 - a_n^2 - 2}{\ln\left(1 + \dfrac{1}{n}\right)} = \dfrac{1}{2\sqrt{2}} \lim_{n \to \infty} n\left(\left(\dfrac{a_n^3}{a_n^2 - 1}\right)^2 - a_n^2 - 2\right)$$

$$= \frac{1}{2\sqrt{2}} \lim_{n\to\infty} \frac{1}{\dfrac{a_n^2}{n} - \dfrac{1}{n}} \cdot \frac{3a_n^2 - 2}{a_n^2 - 1}$$

$$= \frac{1}{2\sqrt{2}} \lim_{n\to\infty} \frac{1}{\dfrac{a_n^2}{n} - \dfrac{1}{n}} \cdot \lim_{n\to\infty} \frac{3a_n^2 - 2}{a_n^2 - 1}$$

$$= \frac{1}{2\sqrt{2}} \cdot \frac{1}{2} \cdot 3 = \frac{3}{4\sqrt{2}}.$$

注:在 *,** 这两个等号处,都是解决极限的关键.它们都是将一个复杂的表达式转化为两个已知极限的表达式.这是一个非常关键的解题技巧.

例20 (华中科技大学2022) 设数列 $\{x_n\}$ 由 $x_{n+1} = f(x_n)$ 定义,函数 $f(x)$ 满足:$f(x) = x - x^2 + 2x^3 + o(x^3), x \to 0$. 若 $x_1 > 0$, 且 $\lim\limits_{n\to\infty} x_n = 0$.

(1) 求极限 $\lim\limits_{n\to\infty} nx_n$.

(2) 证明:$nx_n - 1 \sim \dfrac{\ln n}{n}, n \to \infty$.

【分析】 第一问从表面上看,所求数列极限是两个数列相乘得到的,一个数列的极限是无穷大,另外一个数列的极限是0.对于这样的 $0 \cdot \infty$ 型的数列极限,经常被转化为 $\dfrac{0}{0}$ 型或者 $\dfrac{\infty}{\infty}$ 型.这是为了使用 L'Hospital 法则,或者使用 Stolz 定理.选择哪一种方法呢? 一般来说,使用 Stolz 定理,可让其中一数列消失,于是此题自然是选择变为 $\dfrac{\infty}{\infty}$ 型.剩下就是根据题干条件使用等价无穷小求极限了.

第二问要证明两个无穷小相互等价,利用等价无穷小的定义:求这两个无穷小的比值的极限是否等于1,也是数列极限,可继续使用 Stolz 定理.

解 (1) 由 Stolz 定理和递推公式有

$$\lim_{n\to\infty} \frac{1}{nx_n} = \lim_{n\to\infty} \frac{\dfrac{1}{x_n}}{n} = \lim_{n\to\infty} \frac{\dfrac{1}{x_n} - \dfrac{1}{x_{n-1}}}{n - (n-1)} = \lim_{n\to\infty} \frac{x_{n-1} - f(x_{n-1})}{x_{n-1} \cdot f(x_{n-1})}$$

$$= \lim_{n\to\infty} \frac{x_{n-1} - \left(x_{n-1} - x_{n-1}^2 + 2x_{n-1}^3 + o(x_{n-1}^3)\right)}{x_{n-1}^2}$$

$$= \lim_{n\to\infty} \frac{x_{n-1} - 2x_{n-1}^2 + o(x_{n-1}^2)}{x_{n-1}} = 1.$$

(2) 要证明两者等价,实际上是求两者之比的极限为1,也即计算 $\lim\limits_{n\to\infty} \dfrac{nx_n - 1}{\dfrac{\ln n}{n}} = 1$. 由第一问,化简可得

$$\lim_{n\to\infty}\frac{nx_n-1}{\frac{\ln n}{n}}=\lim_{n\to\infty}\frac{n(nx_n-1)}{\ln n}=\lim_{n\to\infty}\frac{nx_n\left(n-\frac{1}{x_n}\right)}{\ln n}=\lim_{n\to\infty}\frac{n-\frac{1}{x_n}}{\ln n}.$$

再由 Stolz 定理和递推公式有

$$\lim_{n\to\infty}\frac{n-\frac{1}{x_n}}{\ln n}=\lim_{n\to\infty}\frac{\left(n+1-\frac{1}{x_{n+1}}\right)-\left(n-\frac{1}{x_n}\right)}{\ln(n+1)-\ln n}$$

$$=\lim_{n\to\infty}n\frac{x_n x_{n+1}+x_{n+1}-x_n}{x_n x_{n+1}}=\lim_{n\to\infty}\frac{x_n x_{n+1}+x_{n+1}-x_n}{x_n^2 x_{n+1}}$$

$$=\lim_{n\to\infty}\frac{\left(x_n^2-x_n^3+2x_n^4+o(x_n^4)\right)+x_n-x_n^2+2x_n^3+o(x_n^3)-x_n}{x_n^3}$$

$$=\lim_{n\to\infty}\frac{2x_n^4+x_n^3+o(x_n^3)}{x_n^3}=\lim_{x\to 0}\frac{2x^4+x^3+o(x^3)}{x^3}=1.$$

例21 （**武汉大学 2018**）已知 $x_{n+1}=\ln(1+x_n)$，且 $x_1>0$，计算 $\lim_{n\to\infty} nx_n$。

【**分析**】 此题是例 20 的具体形式。

解 由 $x_1>0$ 以及递推式可得数列 $\{x_n\}$ 是非负的。另外一方面，由 $x_{n+1}=\ln(1+x_n)<x_n$ 可知数列 $\{x_n\}$ 是单调递减的。于是可得数列 $\{x_n\}$ 极限存在，并且 $\lim_{n\to\infty} x_n=0$。

由 Stolz 定理有

$$\lim_{n\to\infty} nx_n=\lim_{n\to\infty}\frac{n-(n-1)}{\frac{1}{x_n}-\frac{1}{x_{n-1}}}=\lim_{n\to\infty}\frac{x_{n-1}x_n}{x_{n-1}-x_n}=\lim_{n\to\infty}\frac{x_{n-1}\ln(1+x_{n-1})}{x_{n-1}-\ln(1+x_{n-1})}.$$

通过 Taylor 公式和等价无穷小有

$$\lim_{n\to\infty} nx_n=\lim_{n\to\infty}\frac{x_{n-1}\ln(1+x_{n-1})}{x_{n-1}-\ln(1+x_{n-1})}=\lim_{n\to\infty}\frac{x_{n-1}x_{n-1}}{\frac{1}{2}x_{n-1}^2}=2.$$

1.8 利用单调有界准则求极限

单调有界准则 单调递增（递减）且有上（下）界的数列必有极限。

单调有界准则是极限理论中的一个根本性的定理，也可以认为是一个公理。也就是假设此准则成立的前提下，去得到数列极限中的其他定理，比如 Cauchy 收敛原理等。该准则也是数列求极限的重要手段之一。它一般有三个步骤：

(1) 证明数列的单调性；(2) 证明数列的有界性；(3) 通过递推式求极限。

一般来说，这三个步骤中，前两个步骤至少有一个步骤比较难以证明，需要花点精力。

例22 （武汉理工大学 2023）已知 $x_0 > 0$，当 $n \geqslant 1$ 时，$x_n = \arctan x_{n-1}$. 证明：$\lim\limits_{n \to \infty} x_n = 0$.

证明 因为 $\tan x > x, \forall x \in \left(0, \dfrac{\pi}{2}\right)$，可得 $x > \arctan x > 0$. 因此数列 $\{x_n\}$ 是单调递减数列，且非负. 由单调有界准则可得：必存在极限，设 $\lim\limits_{n \to \infty} x_n = l$，则

$$\lim_{n \to \infty} x_n = \lim_{n \to \infty} \arctan x_{n-1} = \arctan\left(\lim_{n \to \infty} x_n\right) \Rightarrow l = \arctan l,$$

即 $\lim\limits_{n \to \infty} x_n = 0$.

例23 （北京 1991）设数列 $x_0 > 0, x_n = \dfrac{2(1 + x_{n-1})}{2 + x_{n-1}}, n = 1, 2, \cdots$. 证明数列极限存在，并求之.

【分析】 题干给了数列的递推式，那么第一反应就是试试单调有界准则能否解决此题. 按照常规，验证 $x_{n+1} - x_n = \dfrac{2(1 + x_n)}{2 + x_n} - x_n$ 的正负号，就需要验证 $2 - x_n^2$ 的正负号. 但题干中并没有任何关于数列的数值，因为数列第一项只是虚幻的字母 x_0. 故这样探讨单调性显然不合适. 是不是单调有界准则不能用了呢？不是. 需要我们调整策略，除了常规的验证方法——判断相邻两项的大小关系之外，还可以这样来进行验证：判断 $x_{n+1} - x_n$ 与 $x_n - x_{n-1}$ 是否有相同的正负号，由此验证 $x_{n+1} - x_n = \dfrac{2(1 + x_n)}{2 + x_n} - \dfrac{2(1 + x_{n-1})}{2 + x_{n-1}}$. 有界性的验证就简单很多，符合常规.

解 步骤一 证明单调性. 利用递推式有

$$x_n - x_{n-1} = \dfrac{2(1 + x_{n-1})}{2 + x_{n-1}} - \dfrac{2(1 + x_{n-2})}{2 + x_{n-2}} = \dfrac{2(x_{n-1} - x_{n-2})}{(2 + x_{n-1})(2 + x_{n-2})}.$$

如此类推可以得到

$$x_{j-1} - x_{j-2} = \dfrac{2(x_{j-2} - x_{j-3})}{(2 + x_{j-2})(2 + x_{j-3})}, \quad j = 2, 3, \cdots, n.$$

由于是正数列，根据上面的等式得到 $x_n - x_{n-1}$ 与 $x_1 - x_0$ 同号，由此可以知道数列是单调递减的（当 $x_1 < x_0$ 时）或者递增的（当 $x_1 > x_0$ 时）.

步骤二 证明有界性. 适当地化简递推式，很快可以得到

$$x_n = \dfrac{2(1 + x_{n-1})}{2 + x_{n-1}} = 2 - \dfrac{2}{2 + x_{n-1}} < 2 \quad \text{和} \quad x_n = \dfrac{2(1 + x_{n-1})}{2 + x_{n-1}} = 1 + \dfrac{x_{n-1}}{2 + x_{n-1}} > 1.$$

由此证明了数列的有界性.

步骤三 求极限. 假设数列极限为 $\lim\limits_{n \to \infty} x_n = a$. 对递推式两边取极限可得方程

$$a = \dfrac{2(1 + a)}{2 + a}.$$

求解得 $a = \sqrt{2}$.

例24 （北京航空航天大学 1996）证明：$x^n + x^{n-1} + \cdots + x - 1 = 0 \, (n > 1)$ 在 $(0, 1)$ 内有唯一实数根 x_n. 并求 $\lim\limits_{n \to \infty} x_n$.

【分析】 方程根的存在性通常可以由介值定理给出；而根的唯一性,通常可以由函数的单调性推导出来.

证明 设函数 $f_n(x) = x^n + x^{n-1} + \cdots + x - 1$. 显然它在 $[0,1]$ 上连续,单调增加,且
$$f_n(0) = -1 < 0, \quad f_n(1) = n - 1 > 0.$$
由介值定理可知,在 $(0,1)$ 内 $f_n(x)$ 存在根.由严格单调递增可知,此根是唯一的.

设 x_n, x_{n+1} 分别是方程 $f_n(x) = 0$ 和 $f_{n+1}(x) = 0$ 的根,也即
$$f_n(x_n) = x_n^n + x_n^{n-1} + \cdots + x_n - 1 = 0,$$
$$f_{n+1}(x_{n+1}) = x_{n+1}^{n+1} + x_{n+1}^n + \cdots + x_{n+1} - 1 = 0.$$
两式相减可得
$$x_n^n + x_n^{n-1} + \cdots + x_n - (x_{n+1}^{n+1} + x_{n+1}^n + \cdots + x_{n+1}) = 0$$
$$\Rightarrow x_n^n + x_n^{n-1} + \cdots + x_n - (x_{n+1}^n + \cdots + x_{n+1}) = x_{n+1}^{n+1} > 0.$$
于是可得数列 $\{x_n\}$ 是单调递减数列,根据第一问可知数列 $\{x_n\}$ 还是有界的.故根据单调有界准则可知所求极限存在.下面求极限,记 $\lim_{n \to \infty} x_n = a$,等比数列求和有
$$x_n^n + x_n^{n-1} + \cdots + x_n - 1 = 0 \Rightarrow \frac{x_n(1 - x_n^n)}{1 - x_n} = 1.$$
两边取极限得到方程 $\dfrac{a}{1-a} = 1 \Rightarrow a = \dfrac{1}{2}$.

例25 设连续函数 $f(x)$ 在 $[1, +\infty)$ 上单调减少,且 $f(x) > 0$,定义数列:
$$u_n = \sum_{k=1}^n f(k) - \int_1^n f(x) \mathrm{d}x, \quad n = 1, 2, \cdots.$$
证明:数列 $\{u_n\}$ 的极限在 $n \to \infty$ 时存在.

【分析】 尽管题干已经给出了数列的通项,但此通项是一个雾里看花不见花的样子.那我们该使用什么方法呢？题干的条件中不是有单调减少和非负的字眼吗？由此猜测可以使用单调有界准则吧.于是,按照三个步骤来证明即可.

证明 **步骤一** 证明数列的单调性.由积分中值定理可得
$$u_n - u_{n-1} = \sum_{k=1}^n f(k) - \int_1^n f(x)\mathrm{d}x - \left(\sum_{k=1}^{n-1} f(k) - \int_1^{n-1} f(x)\mathrm{d}x\right)$$
$$= f(n) - \int_{n-1}^n f(x)\mathrm{d}x = f(n) - f(\xi), \quad \xi \in (n-1, n).$$
函数 $f(x)$ 在 $[1, +\infty)$ 上单调减少,则 $f(n) \leqslant f(\xi)$,也即 $f(n) - f(\xi) < 0$.根据上式有
$$u_n - u_{n-1} < 0.$$
故数列 $\{u_n\}$ 是单调递减数列.

步骤二 证明数列的有界性.运用恒等式 $f(k) = \int_k^{k+1} f(k)\mathrm{d}x$,可得
$$u_n = \sum_{k=1}^n f(k) - \int_1^n f(x)\mathrm{d}x = \sum_{k=1}^n f(k) - \sum_{k=1}^{n-1} \int_k^{k+1} f(x)\mathrm{d}x$$
$$= \sum_{k=1}^{n-1} \int_k^{k+1} (f(k) - f(x))\mathrm{d}x + f(n) \geqslant f(n) > 0.$$

运用函数 $f(x)$ 在 $[1,+\infty)$ 上单调减少可以得到不等号成立. 因为 $x \in (k, k+1)$ 时, 有 $f(k) > f(x)$.

最后, 总结上面的证明可以知道数列 $\{u_n\}$ 是单调减少并有下界的, 因此极限存在.

例26 (合肥工程大学) 设非负数列 $\{a_n\}, n = 1, 2, 3, \cdots$,
$$x_n = \frac{a_1}{1+a_1} + \frac{a_2}{(1+a_1)(1+a_2)} + \cdots + \frac{a_n}{(1+a_1)(1+a_2)\cdots(1+a_n)},$$
证明: $\lim\limits_{n \to \infty} x_n$ 存在.

【分析】 分数求和的套路就是我们中学中非常熟知的裂项法, 然后进行错位相消.

解 由于数列 $\{x_n\}$ 是由其他数列或者级数求和表示的, 于是需要分析求和中的每一项, 即
$$\frac{a_n}{(1+a_1)(1+a_2)\cdots(1+a_n)} = \frac{1+a_n-1}{(1+a_1)(1+a_2)\cdots(1+a_n)}$$
$$= \frac{1}{(1+a_1)(1+a_2)\cdots(1+a_{n-1})} - \frac{1}{(1+a_1)(1+a_2)\cdots(1+a_n)}.$$

于是
$$x_n = \left(1 - \frac{1}{1+a_1}\right) + \left(\frac{1}{1+a_1} - \frac{1}{(1+a_1)(1+a_2)}\right) + \cdots$$
$$+ \left(\frac{1}{(1+a_1)(1+a_2)\cdots(1+a_{n-1})} - \frac{1}{(1+a_1)(1+a_2)\cdots(1+a_n)}\right)$$
$$= 1 - \frac{1}{(1+a_1)(1+a_2)\cdots(1+a_n)}.$$

由于 $a_n \geqslant 0$, 于是 $(1+a_1)(1+a_2)\cdots(1+a_n) \geqslant (1+a_1)(1+a_2)\cdots(1+a_{n-1}) \geqslant 1$, 则 $\{x_n\}$ 是单调递增且有界的数列, 即
$$0 \leqslant x_n = 1 - \frac{1}{(1+a_1)(1+a_2)\cdots(1+a_n)} < 1.$$

故 $\lim\limits_{n \to \infty} x_n$ 存在.

1.9 利用夹逼准则求极限

夹逼准则 设有正整数 N, 当 $n \geqslant N$ 时, $z_n \leqslant x_n \leqslant y_n$, 且 $\lim\limits_{n \to \infty} y_n = \lim\limits_{n \to \infty} z_n = a$, 则
$$\lim_{n \to \infty} x_n = a.$$

利用夹逼准则的关键是, 如何通过题干中给出的数列进行适当地放大和缩小来构造出另外两个数列, 并且这两个数列的极限相同.

例27 已知 $p > \dfrac{1}{2}$, 求极限 $\lim\limits_{n \to \infty} \left(\sum\limits_{k=1}^{n} \dfrac{1}{(C_n^k)^p}\right)^{n^p}$.

【分析】 本题属于纸老虎类型,底数看着吓人,仔细看其实有规律可循.既然是纸老虎,那就找找规律在哪里.很简单,将底数的类似二项式系数的组合数逐项写出来,如下:

$$\sum_{k=1}^{n}\frac{1}{(C_n^k)^p}=\frac{1}{(C_n^1)^p}+\frac{1}{(C_n^2)^p}+\cdots+\frac{1}{(C_n^{n-1})^p}+\frac{1}{(C_n^n)^p}=\frac{1}{n^p}+\frac{1}{(C_n^2)^p}+\cdots+\frac{1}{n^p}+1.$$

你发现展开后的式子是 1 加上无穷小了吗?是不是会有想使用重要极限公式求极限的冲动?为了能够利用重要极限公式求极限,要把过多的求和项简化,需要忽略大部分无穷小项,即适当地放大和缩小.于是,夹逼准则是不是就此应运而生了呢?

解 通过适当放大和缩小有

$$\sum_{k=1}^{n}\frac{1}{(C_n^k)^p}=\frac{1}{(C_n^1)^p}+\frac{1}{(C_n^2)^p}+\cdots+\frac{1}{(C_n^{n-1})^p}+\frac{1}{(C_n^n)^p}$$

$$\geqslant 1+\frac{1}{(C_n^1)^p}+\frac{1}{(C_n^{n-1})^p}\geqslant 1+\frac{2}{n^p},$$

$$\sum_{k=1}^{n}\frac{1}{(C_n^k)^p}=\frac{1}{(C_n^1)^p}+\frac{1}{(C_n^2)^p}+\cdots+\frac{1}{(C_n^{n-1})^p}+\frac{1}{(C_n^n)^p}$$

$$=1+\left(\frac{1}{(C_n^1)^p}+\frac{1}{(C_n^{n-1})^p}\right)+\left(\frac{1}{(C_n^2)^p}+\frac{1}{(C_n^{n-2})^p}\right)+\left(\frac{1}{(C_n^3)^p}+\frac{1}{(C_n^{n-3})^p}\right)+\cdots$$

$$\leqslant 1+\frac{2}{n^p}+\frac{2^{p+1}}{n^p(n-1)^p}+\frac{n-5}{(C_n^3)^p}.$$

对上面两式右边的 n^p 次方分别求极限有

$$\lim_{n\to\infty}\left(1+\frac{2}{n^p}\right)^{n^p}=e^2,$$

$$\lim_{n\to\infty}\left(1+\frac{2}{n^p}+\frac{2^{p+1}}{n^p(n-1)^p}+\frac{n-5}{(C_n^3)^p}\right)^{n^p}=\exp\left(\lim_{n\to\infty}n^p\left(\frac{2}{n^p}+\frac{2^{p+1}}{n^p(n-1)^p}+\frac{n-5}{(C_n^3)^p}\right)\right)=e^2.$$

于是,由夹逼准则得到极限.

例28 求极限 $\lim\limits_{n\to\infty}\dfrac{1+\sqrt{2}+\sqrt{3}+\cdots+\sqrt{n}}{\sqrt{1+2^2+3^2+\cdots+n^2}}$.

【分析】 我们知道所求极限的分母与 $\sqrt{n^3}$ 同阶无穷大,并注意到 $\sqrt{x^3}$ 的导函数是 $\dfrac{3}{2}\sqrt{x}$. 由此想到 Lagrange 中值定理:$\sqrt{n^3}-\sqrt{(n-1)^3}=\dfrac{3}{2}\sqrt{\xi}$,再由此适当地放大和缩小,得到两个数列,夹逼准则就呼之欲出啦.

解 由 Lagrange 中值定理,存在 $\xi\in(n-1,n)$,

$$\sqrt{n^3}-\sqrt{(n-1)^3}=\frac{3}{2}\sqrt{\xi}\Rightarrow\frac{3}{2}\sqrt{n-1}\leqslant\sqrt{n^3}-\sqrt{(n-1)^3}\leqslant\frac{3}{2}\sqrt{n}.$$

于是上式对 n 求和可得

$$\frac{3}{2}(1+\sqrt{2}+\cdots+\sqrt{n-1})\leqslant\sqrt{n^3}\leqslant\frac{3}{2}(1+\sqrt{2}+\cdots+\sqrt{n-1}+\sqrt{n}).$$

上面不等式变形为

$$\frac{2}{3}+\frac{\sqrt{n}}{\sqrt{n^3}} \geqslant \frac{1+\sqrt{2}+\cdots+\sqrt{n-1}}{\sqrt{n^3}}+\frac{\sqrt{n}}{\sqrt{n^3}}, \quad \frac{1+\sqrt{2}+\cdots+\sqrt{n-1}+\sqrt{n}}{\sqrt{n^3}} \geqslant \frac{2}{3}.$$

由夹逼准则可得

$$\lim_{n\to\infty}\frac{1+\sqrt{2}+\cdots+\sqrt{n}}{\sqrt{n^3}}=\frac{2}{3}.$$

又因为

$$\sqrt{1+2^2+3^2+\cdots+n^2}=\sqrt{\frac{1}{6}n(n+1)(2n+1)}=\sqrt{\frac{1}{3}n^3\left(\frac{1}{n}+1\right)\left(\frac{1}{2n}+1\right)},$$

于是

$$\lim_{n\to\infty}\frac{1+\sqrt{2}+\sqrt{3}+\cdots+\sqrt{n}}{\sqrt{1+2^2+3^2+\cdots+n^2}}=\frac{2\sqrt{3}}{3}.$$

例29 (武汉大学 2018) 求极限 $\lim\limits_{n\to\infty}\sum\limits_{k=n^2}^{(n+1)^2}\dfrac{1}{\sqrt{k}}$.

【分析】 很多同学可能会被所求数列的通项的复杂程度给吓唬住了,这也正是出题人的目的.实际上,只要抱有"咬定青山不放松"的心态,仔细剖析,寻找规律,还是可以轻松愉悦地得到正确答案.那么此题的切入点在哪里呢? 需要我们认真看看数列通项中有多少项求和,以及每一项的具体内容是什么? 解题的关键点是什么? 二次根式求和肯定不现实,基于第一步切入点的情况,那就是放缩了,关键点就是夹逼准则.

解 因为 $n^2 \leqslant k \leqslant (n+1)^2$,所以 $\dfrac{1}{n+1} \leqslant \dfrac{1}{\sqrt{k}} \leqslant \dfrac{1}{n}$,则

$$\frac{2n+1}{n+1}=\sum_{k=n^2}^{(n+1)^2}\frac{1}{n+1}\leqslant\sum_{k=n^2}^{(n+1)^2}\frac{1}{\sqrt{k}}\leqslant\sum_{k=n^2}^{(n+1)^2}\frac{1}{n}=\frac{2n+2}{n}.$$

由夹逼准则可得 $\lim\limits_{n\to\infty}\sum\limits_{k=n^2}^{(n+1)^2}\dfrac{1}{\sqrt{k}}=2$.

例30 (北京) 设 $f(x)$ 在闭区间 $[a,b]$ 上是非负的连续函数,且严格单调增加,由积分中值定理可知,对任意的正整数 n,存在唯一的 $x_n \in (a,b)$,使

$$[f(x_n)]^n=\frac{1}{b-a}\int_a^b[f(x)]^n\mathrm{d}x.$$

试求极限 $\lim\limits_{n\to\infty}x_n$,并证明你的结论.

【分析】 本题是第2章中值定理的应用中的例54的"易容".不过这里提供另外一种比较特别的思路:夹逼准则和反证法.题干提到单调增加,考虑夹逼准则是理所当然的事情.需要解决两个问题:第一,x_n 如何从函数或者积分中分离或者独立出来,得到 x_n 的表达式或不等式;第二,既然利用夹逼准则,那么比较对象是谁? 还需要我们猜猜它的极限是谁,才知道和谁比较大小.要解决这两个问题,回到题干的条件——非负和单调增加.它们意味着放缩.要得到 x_n,由此缩小积分区间,而积分上下限中必须有一个含有 x_n.于是上面两个问题就得到解决.

解 由已知$[f(x_n)]^n = \dfrac{1}{b-a}\int_a^b [f(x)]^n \mathrm{d}x$,以及$f(x)$是非负的连续函数,且单增可得

$$1 = \frac{1}{b-a}\int_a^b \left[\frac{f(x)}{f(x_n)}\right]^n \mathrm{d}x \geqslant \frac{1}{b-a}\int_{\frac{x_n+b}{2}}^b \left[\frac{f(x)}{f(x_n)}\right]^n \mathrm{d}x \geqslant \frac{1}{2}\frac{b-x_n}{b-a}\left[\frac{f\left(\frac{x_n+b}{2}\right)}{f(x_n)}\right]^n.$$

求解上面的不等式,可以得到

$$b - x_n \leqslant 2(b-a)\left[\frac{f(x_n)}{f\left(\dfrac{x_n+b}{2}\right)}\right]^n \to \text{有界数}, \quad n \to \infty.$$

反设$b - x_n > p > 0$,则

$$1 = \frac{1}{b-a}\int_a^b \left[\frac{f(x)}{f(x_n)}\right]^n \mathrm{d}x \geqslant \frac{1}{b-a}\int_{b-\frac{p}{2}}^b \left[\frac{f(x)}{f(x_n)}\right]^n \mathrm{d}x$$

$$\geqslant \frac{1}{2}\frac{p}{b-a}\left[\frac{f\left(b-\dfrac{p}{2}\right)}{f(b-p)}\right]^n \to \infty, \quad n \to \infty.$$

矛盾,则$\lim\limits_{n\to\infty} x_n = b$.

例31 (**中国人民大学 2023**) 设$f(x), g(x)$为定义在$[a,b]$上的连续函数,$f(x) \geqslant 0$,$g(x) > 0$,记$M = \max\limits_{x \in [a,b]} f(x)$. 证明:$\lim\limits_{n \to \infty}\left[\int_a^b f^n(x)g(x)\mathrm{d}x\right]^{\frac{1}{n}} = M$.

【分析】 此题可以认为是例30的推广,将原来的常函数1变为非负函数$g(x)$.因此证明方法一样,解决问题的核心思路也是如何使用夹逼准则.但是细节的处理完全不同于例30,而是更接近第2章例54的处理方式.同学们可以先看第2章的例54,然后再来分析此题.为什么细节处理存在差异,主要是由于所证明的结论侧重点不同.例30关注的是自变量的极限,而此题和第2章例54则是探讨因变量,即函数的极限.尽管如此,例30的证明方法同样可以借鉴给此题和第2章例54,然后通过求出积分值开n次方后的极限,再利用函数的单调性和连续性来推导变量的极限.

证明 令$a_n = \left[\int_a^b f^n(x)g(x)\mathrm{d}x\right]^{\frac{1}{n}}$,则显然有$a_n \leqslant M\left[\int_a^b g(x)\mathrm{d}x\right]^{\frac{1}{n}}$,其中$M = \max\limits_{x \in [a,b]} f(x) = f(x_0), x_0 \in [a,b]$,则$\forall \varepsilon > 0$,一定存在$[c,d] \subseteq [a,b]$,使得$f(x) > M - \varepsilon, x \in [c,d]$,于是,

$$a_n = \left[\int_a^b f^n(x)g(x)\mathrm{d}x\right]^{\frac{1}{n}} \geqslant \left[\int_c^d f^n(x)g(x)\mathrm{d}x\right]^{\frac{1}{n}} \geqslant (M-\varepsilon)\left[\int_c^d g(x)\mathrm{d}x\right]^{\frac{1}{n}}.$$

另一方面,显然有

$$\lim_{n\to\infty} M\left[\int_a^b g(x)\mathrm{d}x\right]^{\frac{1}{n}} = M, \quad \lim_{\varepsilon \to 0}\lim_{n\to\infty}(M-\varepsilon)\left[\int_c^d g(x)\mathrm{d}x\right]^{\frac{1}{n}} = M.$$

再由夹逼准则可得结论成立.

例32 （东北师范大学）设 $f(x)$ 是定义在 $\mathbf{R}$ 上、以 T 为周期的连续函数，试证明：
$$\lim_{n\to\infty} n\int_n^\infty \frac{f(x)}{x^2}\mathrm{d}x = \frac{1}{T}\int_0^T f(x)\mathrm{d}x.$$

【分析】 本题的关键点：如何处理广义积分中积分限的无穷，如何利用周期性，以及这两者之间如何建立联系.当回答了这些问题，也就成功了一半，剩下一半也就水到渠成了.积分限的无穷一般是利用极限手段：$\int_a^\infty = \lim_{n\to\infty}\int_a^n$.结合周期性有 $\int_n^\infty = \lim_{m\to\infty}\int_n^{n+mT}$.为了得到要证明的等式的右边项，我们自然而然会放缩等式左边被积函数的分母，由此夹逼准则在向我们招手啦.

证明 不妨设 $f(x)$ 是正值函数，则有
$$\lim_{n\to\infty} n\int_n^\infty \frac{f(x)}{x^2}\mathrm{d}x = \lim_{n\to\infty}\lim_{m\to\infty} n\int_n^{n+mT}\frac{f(x)}{x^2}\mathrm{d}x.$$

考虑积分
$$L = n\int_n^{n+mT}\frac{f(x)}{x^2}\mathrm{d}x = \sum_{k=0}^{m-1} n\int_{n+kT}^{n+(k+1)T}\frac{f(x)}{x^2}\mathrm{d}x,$$

$$n\sum_{k=1}^{m-1}\int_{n+kT}^{n+(k+1)T}\frac{f(x)}{[n+(k+1)T]^2}\mathrm{d}x \leqslant L \leqslant n\sum_{k=1}^{m-1}\int_{n+kT}^{n+(k+1)T}\frac{f(x)}{(n+kT)^2}\mathrm{d}x$$

$$\Rightarrow n\sum_{k=1}^{m-1}\frac{1}{[n+(k+1)T]^2}\int_{n+kT}^{n+(k+1)T} f(x)\mathrm{d}x \leqslant L \leqslant n\sum_{k=1}^{m-1}\frac{1}{(n+kT)^2}\int_{n+kT}^{n+(k+1)T} f(x)\mathrm{d}x.$$

如果有 $\lim_{n\to\infty}\lim_{m\to\infty} n\sum_{k=1}^{m-1}\frac{1}{(n+kT)^2} = \frac{1}{T}$，于是由夹逼准则可得结论.

当函数 $f(x)$ 不恒正的时候，考虑辅助函数 $g(x) = f(x) - \min_{x\in\mathbf{R}} f(x)$ 即可.

下面证明结论 $\lim_{n\to\infty}\lim_{m\to\infty} n\sum_{k=1}^{m-1}\frac{1}{(n+kT)^2} = \frac{1}{T}$.因为

$$n\sum_{k=1}^{m-1}\frac{1}{(n+kT)^2} \geqslant n\sum_{k=1}^{m-1}\int_k^{k+1}\frac{1}{(n+xT)^2}\mathrm{d}x = \frac{m}{mT+n},$$

$$n\sum_{k=1}^{m-1}\frac{1}{(n+kT)^2} \leqslant n\sum_{k=1}^{m-1}\int_{k-1}^k \frac{1}{(n+xT)^2}\mathrm{d}x + \frac{n}{n^2} = \frac{m-1}{(m-1)T+n} + \frac{1}{n}.$$

又因为
$$\lim_{n\to\infty}\lim_{m\to\infty}\frac{m}{mT+n} = \frac{1}{T}, \qquad \lim_{n\to\infty}\lim_{m\to\infty}\left(\frac{m-1}{(m-1)T+n} + \frac{1}{n}\right) = \frac{1}{T}.$$

再由夹逼准则就可得到所希望的结论.

例33 （中国科学技术大学 2012）设 $f:(0,+\infty)\to(0,+\infty)$ 是单调递增函数，如果 $\lim_{t\to\infty}\frac{f(2t)}{f(t)} = 1$，证明：对任意的 $m > 0$，都有 $\lim_{t\to\infty}\frac{f(mt)}{f(t)} = 1$.

【分析】 这种类型的题目可以从两个角度进行思考：一个角度是从结论进行思考，另外一个角度是从条件 $\lim_{t\to\infty}\frac{f(2t)}{f(t)} = 1$ 进行思考.

先从结论这个角度切入考虑,因为从特殊到一般,结论中要求的是"对任意的 $m>0$",这表示 m 是一般的常数.那是不是可以从特殊的 m 推测一下呢?我们可以先试试奇数,比如 $m=3$.我们能推导出 $\lim\limits_{t\to\infty}\dfrac{f(3t)}{f(t)}=1$ 吗?根据已知条件,显然不容易得到结果.由此推测所有奇数也不容易推导出结果.那么,m 是偶数的时候,容易得到结果吗?比如 $m=6$,能明显地推出 $\lim\limits_{t\to\infty}\dfrac{f(6t)}{f(t)}=1$ 吗?此时,如果要回答这个问题,我们会根据已知条件尝试推导后,可能会发现 $\lim\limits_{t\to\infty}\dfrac{f(6t)}{f(3t)}=1$.与此同时,我们就会意识到什么样的 m 是特殊的,答案是 2 的指数次方,也即 2^{n+1}.由此注意到 $\lim\limits_{t\to\infty}\dfrac{f(2^{n+1}t)}{f(2^n t)}=1$.进而递推得到 $\lim\limits_{t\to\infty}\dfrac{f(2^n t)}{f(t)}=1$.再通过此结果,推广到任意的非负 m.结合单调性和 m 具体所在范围 $2^n\leqslant m\leqslant 2^{n+1}$,夹逼准则自然进入我们的视野中了,到此本题也就证明结束了.

再从条件这个角度切入考虑,需要我们对变量有深度理解,也即 $t\to 2t, 2t\to 4t, 4t\to 8t,\cdots$.这个点很容易被大部分人选择性地忽视.一旦注意到这个点,此题的证明也就完成了一半,后半程和前面处理的角度一样——采用夹逼准则.

证明 由已知条件 $\lim\limits_{t\to\infty}\dfrac{f(2t)}{f(t)}=1$ 可得

$$\lim_{t\to\infty}\dfrac{f(4t)}{f(2t)}=1,\quad \lim_{t\to\infty}\dfrac{f(8t)}{f(4t)}=1,\quad \cdots,\quad \lim_{t\to\infty}\dfrac{f(2^{n+1}t)}{f(2^n t)}=1.$$

于是得到

$$\lim_{t\to\infty}\dfrac{f(2^n t)}{f(t)}=1.$$

又由 $f:(0,+\infty)\to(0,+\infty)$ 是单调递增函数有,对任意 $m>1$,存在 n,使得 $2^n\leqslant m\leqslant 2^{n+1}$,于是

$$\dfrac{f(2^n t)}{f(t)}\leqslant \dfrac{f(mt)}{f(t)}\leqslant \dfrac{f(2^{n+1}t)}{f(t)}.$$

由夹逼准则得证结论.

当 $0<m<1$ 时,同理可证.

例34 (中国科学院大学 2023) 设函数 $f(x)$ 在 $[a,b]$ 上连续,且对任何 $x\in[a,b]$,存在 $y\in[a,b]$,使得 $|f(y)|\leqslant\dfrac{1}{2}|f(x)|$,证明:存在 $\xi\in[a,b]$,使得 $f(\xi)=0$.

【分析】 方法一,此题从证明的结论进行解读:证明方程在闭区间上有根.而证明方程有根最重要的手段就是介值定理.在此题的题干中无任何关于函数 $f(x)$ 在闭区间两个端点的函数值信息,除了常见的在闭区间连续外,只有一个不等式信息,此不等式显然无法提供端点函数值的异号性.由此,介值定理自然被放弃.既然如此,和前面有些例题一样,题目要求证明根的存在性,那么,反证法是自然的选择.所以方法一就是反证法.剩下的任务就是如何

寻找矛盾了.题干中的不等式肯定是在进行逻辑推导过程中使用的,一般不会是矛盾的来源,那么矛盾的来源就是闭区间上的连续函数了.因此,我们只要能找到与闭区间上的连续函数所能推导的结论相矛盾就可以了.比如,闭区间上的连续函数一定存在最值.不妨从这方面入手.

方法二,从题干中最吸引眼球的条件出发.题干中最吸引眼球的是哪个部分?一定是题干中的不等式:$|f(y)| \leqslant \frac{1}{2}|f(x)|$.同学们可能会问,从这个不等式我们能获取什么信息呢?很普通的不等式啊.此不等式可不普通,它说的是,任何一点的函数值都小于另外一个点函数值的一半.那么,对不等式中的 x,一定存在这样的 z,使得 $|f(y)| \leqslant \frac{1}{2}|f(x)| \leqslant \frac{1}{4}f(z)$.我们可以一直这样递推下去,这样前面的系数按照2的指数次方下降到0,结论中的0不就完美呈现在面前了吗?

证明 **方法一** 反证法.假设结论不成立,即函数在闭区间 $[a,b]$ 上恒大于0或者恒小于0.不妨设函数恒大于0,即 $f(x)>0$.设 $f(c)=\min\limits_{x\in[a,b]}f(x)>0, c\in[a,b]$.由已知条件,存在 $y\in[a,b]$,使得 $|f(y)|\leqslant\frac{1}{2}|f(c)|$,有 $|f(y)|\leqslant\frac{1}{2}|f(c)|<f(c)$.于是与 c 是最小值点矛盾,假设不成立.

方法二 任取 $x_0\in[a,b]$,由已知条件可得:

存在 $x_1\in[a,b]$,使得 $|f(x_1)|\leqslant\frac{1}{2}|f(x_0)|$;

存在 $x_2\in[a,b]$,使得 $|f(x_2)|\leqslant\frac{1}{2}|f(x_1)|\leqslant\frac{1}{2^2}|f(x_0)|$;

……

存在 $x_n\in[a,b]$,使得 $|f(x_n)|\leqslant\frac{1}{2}|f(x_{n-1})|\leqslant\frac{1}{2^n}|f(x_0)|$.

于是由夹逼准则可得
$$\lim_{n\to\infty}f(x_n)=0.$$
又因为数列 $\{x_n\}\subset[a,b]$,有界数列必有收敛子列 $\{x_{n_k}\}$,$\lim\limits_{k\to\infty}x_{n_k}=\xi, \xi\in[a,b]$.又因为函数 $f(x)$ 在 $[a,b]$ 上连续,$\lim\limits_{k\to\infty}f(x_{n_k})=f(\xi)=0$,则结论得证.

例35 (厦门大学、武汉大学) 设函数 $f(x)$ 在 $[a,b]$ 上连续且恒正,证明:
$$\lim_{p\to 0+}\left(\frac{1}{b-a}\int_a^b f^p(x)\mathrm{d}x\right)^{\frac{1}{p}}=\exp\left(\frac{1}{b-a}\int_a^b \ln f(x)\mathrm{d}x\right).$$

【分析】 方法一,如果我们没有被题目看似超级复杂证明的结论唬住的话,就成功了一大半.为什么这么说,因为这是典型的利用重要极限求极限的题.按照常规重要极限 $(1+x)^{\frac{1}{x}}\xrightarrow{x\to 0}e$ 求极限的方法,兢兢业业、勤勤恳恳做好老黄牛,就肯定能求出来,因为答案已经给出了.

方法二,夹逼准则法.为什么会使用此方法,原因在于当我们将左边的函数取对数后,也即
$$\left(\frac{1}{b-a}\int_a^b f^p(x)\mathrm{d}x\right)^{\frac{1}{p}}=\exp\left[\frac{1}{p}\ln\left(\frac{1}{b-a}\int_a^b f^p(x)\mathrm{d}x\right)\right]$$
出现后,要证明的结论很可能会诱使我们将对数 ln 从积分号外面挪到积分号里面,能随便挪吗？答案是否定的.想挪进去没有问题,不过要将等号变成不等号（大于等于）,这个时候,会使用到著名的 Jessen 不等式.既然如此,夹逼准则自然而然地被使用了,只是还需要寻找夹逼准则的另外一边.此时不等式 $\ln(1+x)<x$ 就会发挥出作用了.

证明 **方法一** 利用重要极限 $\lim\limits_{p\to 0}(1+p)^{\frac{1}{p}}=\mathrm{e}$ 有

$$\lim_{p\to 0+}\left(\frac{1}{b-a}\int_a^b f^p(x)\mathrm{d}x\right)^{\frac{1}{p}}=\lim_{p\to 0+}\left(1+\frac{1}{b-a}\int_a^b f^p(x)\mathrm{d}x-1\right)^{\frac{1}{\frac{1}{b-a}\int_a^b f^p(x)\mathrm{d}x-1}\cdot\frac{\frac{1}{b-a}\int_a^b f^p(x)\mathrm{d}x-1}{p}}$$

$$=\lim_{p\to 0+}\left[\left(1+\frac{1}{b-a}\int_a^b f^p(x)\mathrm{d}x-1\right)^{\frac{1}{\frac{1}{b-a}\int_a^b f^p(x)\mathrm{d}x-1}}\right]^{\lim\limits_{p\to 0+}\frac{\frac{1}{b-a}\int_a^b f^p(x)\mathrm{d}x-1}{p}}$$

$$=\exp\left(\lim_{p\to 0+}\frac{\frac{1}{b-a}\int_a^b f^p(x)\mathrm{d}x-1}{p}\right)=\exp\left(\frac{1}{b-a}\lim_{p\to 0+}\int_a^b\frac{f^p(x)-1}{p}\mathrm{d}x\right)$$

$$=\exp\left(\frac{1}{b-a}\int_a^b\lim_{p\to 0+}\frac{f^p(x)-1}{p}\mathrm{d}x\right)=\exp\left(\frac{1}{b-a}\int_a^b\ln f(x)\mathrm{d}x\right).$$

方法二 利用夹逼准则.由 Jessen 不等式有

$$\left(\frac{1}{b-a}\int_a^b f^p(x)\mathrm{d}x\right)^{\frac{1}{p}}=\exp\left[\frac{1}{p}\ln\left(\frac{1}{b-a}\int_a^b f^p(x)\mathrm{d}x\right)\right]$$
$$\geqslant\exp\left[\frac{1}{p}\left(\frac{1}{b-a}\int_a^b\ln f^p(x)\mathrm{d}x\right)\right]$$
$$=\exp\left[\left(\frac{1}{b-a}\int_a^b\ln f(x)\mathrm{d}x\right)\right]. \tag{1}$$

另一方面,易证明 $\dfrac{x}{1+x}<\ln(1+x)<x,\forall x>-1,x\neq 0$. 利用此不等式有

$$\exp\left[\frac{1}{p}\ln\left(\frac{1}{b-a}\int_a^b f^p(x)\mathrm{d}x\right)\right]\leqslant\exp\left[\frac{1}{p}\left(\frac{1}{b-a}\int_a^b f^p(x)\mathrm{d}x-1\right)\right]$$
$$=\exp\left(\frac{1}{b-a}\int_a^b\frac{f^p(x)-1}{p}\mathrm{d}x\right).$$

利用 L'Hospital 法则有

$$\lim_{p\to 0+}\frac{f^p(x)-1}{p}=\ln f(x).$$

由此可得

$$\lim_{p\to 0+}\left(\frac{1}{b-a}\int_a^b f^p(x)\mathrm{d}x\right)^{\frac{1}{p}}=\lim_{p\to 0+}\exp\left[\frac{1}{p}\ln\left(\frac{1}{b-a}\int_a^b f^p(x)\mathrm{d}x\right)\right]$$
$$\leqslant\lim_{p\to 0+}\exp\left(\frac{1}{b-a}\int_a^b\frac{f^p(x)-1}{p}\mathrm{d}x\right)=\exp\left(\frac{1}{b-a}\int_a^b\ln f(x)\mathrm{d}x\right). \tag{2}$$

利用夹逼准则和(1),(2)两式可得结论.

例36 (武汉大学) 设 $f(0)>0$,在区间$[0,1]$上连续,试证:
$$\lim_{n\to\infty}\sqrt[n]{\sum_{i=1}^{n}\left(f\left(\frac{i}{n}\right)\right)^n\cdot\frac{1}{n}}=\max_{0\leqslant x\leqslant 1}f(x).$$

【分析】 此题即熟悉又陌生,熟悉来自哪里呢？来自大家都非常熟悉的题：
$$\lim_{n\to\infty}(a_1^n+a_2^n+\cdots+a_{10}^n)^{\frac{1}{n}},\quad \text{其中 } a_i>0,i=1,2,\cdots,10.$$
它的解题思路是什么,那么本题的解题思路也是一样的.答案就是夹逼准则.唯一需要处理的函数的最大值不一定是这里的节点 $\frac{i}{n}$,但当 n 充分大的时候,最大值点一定位于某个节点的邻域.利用最大值的定义解决即可.

解 记 $M=\max\limits_{0\leqslant x\leqslant 1}f(x)$,则
$$x_n=\sqrt[n]{\sum_{i=1}^{n}\left(f\left(\frac{i}{n}\right)\right)^n\cdot\frac{1}{n}}\leqslant M. \tag{1}$$

剩下的问题是将 x_n 缩小,使缩小所得到的量以 M 为极限,或者虽然不等于 M,但与 M 只相差一个任意小.

因为 $f(x)$ 连续,由闭区间上连续函数的性质可知：$\exists x_0\in[0,1]$,使得 $f(x_0)=M$.于是,$\forall \varepsilon>0,\exists \delta>0$,当 $|x-x_0|<\delta,x\in[0,1]$ 时,有 $M-\varepsilon<f(x)<M+\varepsilon$.当 n 充分大时,有 $\frac{1}{n}<\delta$,即分点 $\frac{i}{n}$ 间的距离小于 δ,则 $\exists i_0$,使得
$$\left|\frac{i_0}{n}-x_0\right|<\delta,\quad f\left(\frac{i_0}{n}\right)>M-\varepsilon,$$
故有
$$x_n=\sqrt[n]{\sum_{i=1}^{n}\left(f\left(\frac{i}{n}\right)\right)^n\cdot\frac{1}{n}}\geqslant \sqrt[n]{\left(f\left(\frac{i_0}{n}\right)\right)^n\cdot\frac{1}{n}}\geqslant (M-\varepsilon)\frac{1}{\sqrt[n]{n}}. \tag{2}$$

由(1),(2)得
$$M\geqslant x_n\geqslant (M-\varepsilon)\frac{1}{\sqrt[n]{n}},$$
故有
$$\lim_{n\to\infty}\sqrt[n]{\sum_{i=1}^{n}\left(f\left(\frac{i}{n}\right)\right)^n\cdot\frac{1}{n}}=\max_{0\leqslant x\leqslant 1}f(x).$$

1.10 利用定积分的定义求极限

定积分的定义：设函数 $f(x)$ 在区间$[a,b]$上连续,对区间$[a,b]$进行任意剖分：$a=x_0<x_1<\cdots<x_n=b$ 以及任意取点 $\xi_i\in(x_i,x_{i+1})$,都有

$$\int_a^b f(x)\,\mathrm{d}x = \lim_{\delta \to 0} \sum_{i=0}^{n-1} f(\xi_i)(x_{i+1} - x_i),$$

其中 $\delta = \max\limits_{0 \leqslant i \leqslant n-1} \{x_{i+1} - x_i\}$.

定积分有三个标签:求和取极限、任意点和区间长度. 一般来说, 第一个标签 —— 求和取极限, 题目中一般都会显含; 第二个标签 —— 任意点, 需要观察所给的数列表达式, 判断是否含有这样的点; 第三个标签 —— 区间长度, 大部分题目中给出的数列里不含有, 需要恒等变形变出来此项.

注: (1) 绝大多数题中的区间长度是相等的, 也即 $\dfrac{1}{n}$. (2) 绝大多数题中的任意点一般是区间的左端点或者是右端点(此时, 区间端点叫节点).

例37 求极限 $\lim\limits_{n \to \infty} \dfrac{1 + \sqrt{2} + \sqrt{3} + \cdots + \sqrt{n}}{\sqrt{1 + 2^2 + 3^2 + \cdots + n^2}}$.

【分析】 求和再求极限, 一般来说, 有六成以上的概率会用定积分的定义来求极限, 剩下的不到四成的概率是用级数求和的方法来求极限. 两者的区别在于所求极限的函数中能否像孙悟空的72变一样, 恒等变形变出区间长度. 如果能, 那就是用定积分定义求极限, 否则可能就是级数求和的方法了. 那么这道题能变出区间长度吗? 根据题设, 容易看出区间上的点是 $\dfrac{i}{n}$, 那么区间长度就是 $\dfrac{1}{n}$. 以此为目标, 变形所求数列如下:

$$\dfrac{1 + \sqrt{2} + \sqrt{3} + \cdots + \sqrt{n}}{\sqrt{1 + 2^2 + 3^2 + \cdots + n^2}} = \dfrac{\left(\sqrt{\dfrac{1}{n}} + \sqrt{\dfrac{2}{n}} + \sqrt{\dfrac{3}{n}} + \cdots + \sqrt{\dfrac{n}{n}}\right)\sqrt{n}}{n\sqrt{1 + \left(\dfrac{2}{n}\right)^2 + \left(\dfrac{3}{n}\right)^2 + \cdots + \left(\dfrac{n}{n}\right)^2}}$$

$$= \dfrac{\left(\sqrt{\dfrac{1}{n}} + \sqrt{\dfrac{2}{n}} + \sqrt{\dfrac{3}{n}} + \cdots + \sqrt{\dfrac{n}{n}}\right)\dfrac{1}{n}}{\dfrac{1}{\sqrt{n}}\sqrt{\left(\dfrac{1}{n}\right)^2 + \left(\dfrac{2}{n}\right)^2 + \left(\dfrac{3}{n}\right)^2 + \cdots + \left(\dfrac{n}{n}\right)^2}}.$$

解 根据上面的分析有: 取节点为 $\dfrac{i}{n}$, 区间长度为 $\dfrac{1}{n}$, 由定积分定义有

$$\lim_{n \to \infty} \dfrac{1 + \sqrt{2} + \sqrt{3} + \cdots + \sqrt{n}}{\sqrt{1 + 2^2 + 3^2 + \cdots + n^2}} = \lim_{n \to \infty} \dfrac{\dfrac{1}{n}\sum_{i=1}^{n}\sqrt{\dfrac{i}{n}}}{\sqrt{\dfrac{1}{n}\sum_{i=1}^{n}\left(\dfrac{i}{n}\right)^2}} = \dfrac{\lim\limits_{n \to \infty} \dfrac{1}{n}\sum_{i=1}^{n}\sqrt{\dfrac{i}{n}}}{\sqrt{\lim\limits_{n \to \infty}\dfrac{1}{n}\sum_{i=1}^{n}\left(\dfrac{i}{n}\right)^2}}$$

$$= \dfrac{\int_0^1 \sqrt{x}\,\mathrm{d}x}{\sqrt{\int_0^1 x^2\,\mathrm{d}x}} = \dfrac{2\sqrt{3}}{3}.$$

例38 求极限 $\lim\limits_{n\to\infty}\dfrac{1}{n}\sum\limits_{i=1}^{n}\sum\limits_{j=1}^{n}\dfrac{i+j}{i^2+j^2}$.

【分析】 两个求和表明应该运用二重积分的定义：$\iint_D f(x,y)\mathrm{d}x=\lim\limits_{\delta\to 0}\sum\limits_{i=1}^{n}f(\xi_i,\eta_i)\Delta S_i$. 于是下面的任务就是判断能否找到任意点和区域面积. 此时, 你要像孙悟空一样, 具有火眼金睛, 能从求和表达式中甄别出它们. 如何甄别——变形求和表达式：

$$\dfrac{1}{n}\sum_{i=1}^{n}\sum_{j=1}^{n}\dfrac{i+j}{i^2+j^2}=\sum_{i=1}^{n}\sum_{j=1}^{n}\dfrac{\dfrac{i}{n}+\dfrac{j}{n}}{\dfrac{i^2}{n^2}+\dfrac{j^2}{n^2}}\cdot\dfrac{1}{n^2}.$$

由上面式子可得节点是 $\left(\dfrac{i}{n},\dfrac{j}{n}\right)$, 区域面积是 $\dfrac{1}{n^2}$.

解 恒等变形所求序列表示式, 然后利用重积分定义可得

$$\lim_{n\to\infty}\dfrac{1}{n}\sum_{i=1}^{n}\sum_{j=1}^{n}\dfrac{i+j}{i^2+j^2}=\lim_{n\to\infty}\sum_{i=1}^{n}\sum_{j=1}^{n}\dfrac{\dfrac{i}{n}+\dfrac{j}{n}}{\dfrac{i^2}{n^2}+\dfrac{j^2}{n^2}}\cdot\dfrac{1}{n^2}=\int_0^1\mathrm{d}x\int_0^1\dfrac{x+y}{x^2+y^2}\mathrm{d}y$$

$$=\dfrac{\pi}{2}+\ln 2.$$

例39 (辽宁 2022) 设 $f(x)$ 在 $[0,1]$ 上有连续的导函数, 证明：

$$\lim_{n\to\infty}\sum_{k=1}^{n}\left[f\left(\dfrac{k}{n}\right)-f\left(\dfrac{2k-1}{2n}\right)\right]=\dfrac{1}{2}[f(1)-f(0)].$$

【分析】 一看到此题, 很多同学就会说, 用定积分求解此题. 这个思路完全正确. 为什么? 因为所证明的结论中, 除了没有划分的区间长度外, 其他定积分定义的标签都具有. 由此, 本题不能直接使用定积分的定义, 需要我们恒等变形出区间长度. 此外, 大家脑海中可能还会有这样一个意识：函数值相减意味着区间长度——Lagrange 中值定理. 此定理不是能诱导出所需要的区间长度吗?

解 由题可知 $f(x)$ 在 $[0,1]$ 上有连续的导函数, 由 Lagrange 中值定理, 有

$$f(y)-f(x)=f'(\xi)(y-x),\quad \xi\in(x,y).$$

所以有

$$f\left(\dfrac{k}{n}\right)-f\left(\dfrac{2k-1}{2n}\right)=f'(\xi_k)\left(\dfrac{k}{n}-\dfrac{2k-1}{2n}\right)=f'(\xi_k)\cdot\dfrac{1}{2n},$$

其中, $\xi_k\in\left(\dfrac{2k-1}{2n},\dfrac{k}{n}\right)$. 所以,

$$\lim_{n\to\infty}\sum_{k=1}^{n}\left[f\left(\dfrac{k}{n}\right)-f\left(\dfrac{2k-1}{2n}\right)\right]=\lim_{n\to\infty}\sum_{k=1}^{n}f'(\xi_k)\cdot\dfrac{1}{2n}=\dfrac{1}{2}\lim_{n\to\infty}\sum_{k=1}^{n}f'(\xi_k)\cdot\dfrac{1}{n}$$

$$=\dfrac{1}{2}\int_0^1 f'(x)\mathrm{d}x=\dfrac{f(1)-f(0)}{2}.$$

1.11 利用数列或者函数极限的定义求极限

数列极限的定义：$\forall \varepsilon > 0$，存在 N，使得 $n \geqslant N$ 时，$|x_n - a| < \varepsilon$ 成立，则 $\lim\limits_{n \to \infty} x_n = a$.

利用数列极限的定义求极限的关键点是：根据题意找到任意小的 ε 即可，寻找它的过程也就是证明定义中的不等式.

例40 (北京 1990) 设数列满足 $x_1 = 2, x_2 = 2 + \dfrac{1}{x_1}, \cdots, x_{n+1} = 2 + \dfrac{1}{x_n}, \cdots$，求数列极限.

【分析】 在已知数列的递推式或者通项时，我们会很容易掉入陷阱，迷失在单调有界准则和夹逼准则中，找不到解题的正确方向. 现在我们认真思考和判断，此题能否选择它们？

当证明单调性的时候，会发现无法证明它. 此时，我们应该简单地计算数列的前几项是否满足单调性. 当计算后，发现此数列不满足单调性，好像围绕极限上下振荡. 由此排除了单调有界准则.

既然单调有界准则的路行不通，可能我们会很快调头到夹逼准则，它能用吗？递推式非常简单，无法通过放大和缩小得到另外两个数列，由此，夹逼准则也需要放弃. 也不能通过递推式求出通项. 那该使用什么方法呢？别忘了——极限定义. 如何使用呢？

具体步骤分为两步. 步骤一：通过递推式求出数列极限；步骤二：用极限定义证明极限的存在. 步骤二的关键在于：如何寻找任意小的 ε？一般来说，寻找技巧是通过证明 $|x_n - a|$ 类似等比数列减小，也即证明 $|x_{n+1} - a| \leqslant q |x_n - a|$，其中 $q < 1$.

解 步骤一 假设极限存在，求出极限. 令 $\lim\limits_{n \to \infty} x_n = a$. 我们对递推式两边同时取极限，即

$$\lim_{n \to \infty} x_{n+1} = 2 + \lim_{n \to \infty} \frac{1}{x_n} \Rightarrow a = 2 + \frac{1}{a}.$$

求解上述关于 a 的方程，可得 $a = 1 \pm \sqrt{2}$. 根据递推式可以得到此数列是正数列，所以其极限应该是非负的，所以舍掉 $1 - \sqrt{2}$. 于是极限是 $1 + \sqrt{2}$.

步骤二 运用数列极限的定义证明此极限的存在性. 对任意的 $\varepsilon > 0$，

$$|x_n - a| = \left| 2 + \frac{1}{x_{n-1}} - 2 - \frac{1}{a} \right| = \left| \frac{1}{x_{n-1}} - \frac{1}{a} \right| = \left| \frac{a - x_{n-1}}{a x_{n-1}} \right|$$

$$< \frac{|a - x_{n-1}|}{4} < \frac{|a - x_{n-2}|}{4^2} < \cdots < \frac{|a - x_1|}{4^{n-1}}$$

$$= \frac{\sqrt{2} - 1}{4^{n-1}} < \varepsilon.$$

只要 n 充分大，就可以选取到任意的常数 ε. 由极限的定义可知，此极限存在. 即有 $\lim\limits_{n \to \infty} x_n = 1 + \sqrt{2}$.

例41 (北京科技大学 2023) 设函数 $f(x)$ 在 $[0, \infty)$ 上有定义，对任意的 $b > 0$，函数 $f(x)$

在 $[0,b]$ 上可积,且 $\lim\limits_{x\to\infty}f(x)=a$. 若 $\varphi(t)$ 在 $[0,\infty)$ 上非负连续,且 $\int_0^\infty \varphi(t)dt=1$,证明:
$$\lim\limits_{t\to 0+}t\int_0^\infty \varphi(tx)f(x)dx=a.$$

【分析】 这样的题首先应该确定使用什么方法进行讨论这个大方向,如果方向错误,只会南辕北辙,不可能证明出来.下面首先分析,该走什么方向,单调准则、夹逼原理还是其他.根据题干给出的条件,这是一道非常典型的利用极限的定义求极限的题.可能很多同学会问,为什么是使用极限的定义,而不能用其他的方法.这主要是由题干中的条件决定的,在题干的条件中,有函数的极限 $\lim\limits_{x\to\infty}f(x)=a$. 在很多情况下,只有使用极限的定义,才能利用这个条件.这种题目的解题思路就是将积分区间分成多个部分(一般两部分居多),然后通过题干所提供的条件,证明每部分的积分都小于任意给定的数.此题的关键点在于如何将所证等式右边的极限值转化为积分,从而可以与左边进行融合相减.

证明 由 $\int_0^\infty \varphi(t)dt=1$ 可得 $\int_0^\infty t\varphi(tx)dx=1$, $a=\int_0^\infty at\varphi(tx)dx$,则有
$$\left|t\int_0^\infty \varphi(tx)f(x)dx-a\right|=\left|t\int_0^\infty \varphi(tx)(f(x)-a)dx\right|$$
$$\leqslant \int_0^\infty t\varphi(tx)|f(x)-a|dx.$$

下面给出上述公式右端的一个上界.由 $\lim\limits_{x\to\infty}f(x)=a$ 可得,$\forall \varepsilon>0, \exists A>0$,当 $x>A$ 时,有
$$|f(x)-a|<\varepsilon.$$
又因为 $f(x)$ 在 $[0,A]$ 上有界,所以 $\exists M>0$,使得
$$|f(x)|+a\leqslant M.$$
因此,
$$\int_0^\infty t\varphi(tx)|f(x)-a|dx=\int_0^A t\varphi(tx)|f(x)-a|dx+\int_A^\infty t\varphi(tx)|f(x)-a|dx$$
$$\leqslant M\int_0^A t\varphi(tx)dx+\varepsilon\int_A^\infty t\varphi(tx)dx$$
$$\leqslant M\int_0^{tA}\varphi(u)du+\varepsilon.$$

当 $t\to 0+$ 时,$\int_0^{tA}\varphi(u)du\to 0$,于是 $\forall \varepsilon>0,\exists \delta>0, \delta>t>0$,使得 $M\int_0^{tA}\varphi(u)du<\varepsilon$,所以,
$$\int_0^\infty t\varphi(tx)|f(x)-a|dx<2\varepsilon.$$

于是结论得证.

例42 (北京大学 2020) 设函数 $f(x)$ 在 $[1,\infty)$ 上连续,$f(x)>0$ 及 $f(x+y)\leqslant f(x)+f(y), \forall x,y\in[1,\infty)$,问 $\lim\limits_{x\to\infty}\dfrac{f(x)}{x}$ 是否存在?证明你的结论或者举出反例.

【分析】 由已知条件 $f(x+y) \leqslant f(x)+f(y)$ 很容易得到 $\dfrac{f(2x)}{2x} \leqslant \dfrac{f(x)}{x}$，由此引发如下递推结论：$\dfrac{f(2^n x)}{2^n x} \leqslant \dfrac{f(2^{n-1} x)}{2^{n-1} x} \leqslant \cdots \leqslant \dfrac{f(2x)}{2x} \leqslant \dfrac{f(x)}{x}$. 于是猜想，如果将 $\dfrac{f(x)}{x}$ 看成数列的话，它是递减的，又因为函数是正值的，一定有下界，由此猜测极限一定存在，而且是最小值（当能取到最小值时，否则就是下确界）. 那如何证明呢？本题别无选择，一定是采用极限的定义. 又因为极限是下确界，下确界的定义也需要极限的定义. 如何使用极限的定义呢？也就是要证明不等式 $|f(x)/x - a| < \varepsilon$ 或者 $a - \varepsilon < f(x)/x < a + \varepsilon$，也即函数 $f(x)$ 的值域. 题干中的不等式条件不就派上用场了吗？关键是如何用这个不等式呢？结合要证明的不等式，我们必须把函数中的自变量 x 分拆成两部分的和，即 $x = x_1 + (x - x_1)$，其中 x_1 等于多少呢？它一定与最小值或者下确界所对应的自变量 x_0 有关. 另外，题干中的不等式很容易得到不等式 $f(nx) \leqslant nf(x)$，$\forall n \in \mathbf{N}^+, x \geqslant 1$. 由此，$x_1$ 也应该与整数有关. x 充分大，整数是否有可能是 $[x/x_0]$ 呢？如果我们走到了这一步，那么曙光就在眼前了.

解 猜想 $\lim\limits_{x \to \infty} \dfrac{f(x)}{x} = \inf\limits_{x \geqslant 1} \dfrac{f(x)}{x} = a$. 下面证明这个结论. 因为 $\inf\limits_{x \geqslant 1} \dfrac{f(x)}{x} = a \leqslant \dfrac{f(1)}{1}$. 于是 $a \in [0, f(1)]$. 由已知条件 $f(x+y) \leqslant f(x) + f(y), \forall x, y \in [1, \infty)$，很容易得到
$$f(nx) \leqslant nf(x), \quad \forall n \in \mathbf{N}^+, x \geqslant 1.$$
对任意 $\varepsilon > 0$，存在 $x_0 \geqslant 1$，使得 $\dfrac{f(x_0)}{x_0} < a + \dfrac{\varepsilon}{2}$. 记 $M = \max\limits_{x_0 \leqslant x \leqslant 2x_0} |f(x)|$，则
$$f(x) = f\left(x_0 \left(\left[\dfrac{x}{x_0}\right] + \left\{\dfrac{x}{x_0}\right\}\right)\right) \leqslant f\left(x_0\left(1 + \left\{\dfrac{x}{x_0}\right\}\right)\right) + f\left(x_0\left(\left[\dfrac{x}{x_0}\right] - 1\right)\right)$$
$$\leqslant M + \left(\left[\dfrac{x}{x_0}\right] - 1\right) f(x_0) \leqslant M + \left(\dfrac{x}{x_0} - 1\right) f(x_0),$$
$$\Rightarrow \dfrac{f(x)}{x} \leqslant \dfrac{M}{x} + \dfrac{f(x_0)}{x_0}.$$
其中 $[\cdot]$ 表示整数部分，$\{\cdot\}$ 表示小数部分. 又因为 $\lim\limits_{x \to \infty} \dfrac{M}{x} = 0$. 于是对上面的 $\varepsilon > 0$，存在 X，使得 $x > X$ 时，有 $\dfrac{M}{x} < \dfrac{\varepsilon}{2}$. 于是下面不等式成立：
$$a - \varepsilon < \dfrac{f(x)}{x} < \dfrac{\varepsilon}{2} + a + \dfrac{\varepsilon}{2} = a + \varepsilon.$$
于是猜想得证.

例43 (**厦门大学 2023**) 设 $0 < \lambda < 1$，且满足 $\lim\limits_{n \to \infty} a_n = a$，证明：
$$\lim\limits_{n \to \infty}(a_n + \lambda a_{n-1} + \lambda^2 a_{n-2} + \cdots + \lambda^n a_0) = \dfrac{a}{1 - \lambda}.$$

【分析】 方法一（Stolz 定理）. 对数列求极限来说，Stolz 定理是一个非常高效的解题神器. 同学们可能会说，这不是分式数列，如何使用 Stolz 定理呢？没有现成条件，那就人为创造一个. 被求极限的数列，本来就是两个数列对应项相乘再求和得到的，其中一个数列是等比数列，将公比倒代换即可得到所要的分式，也就可以应用 Stolz 定理了.

方法二. 题干中有极限的条件,基本预示可以用极限定义求极限了.此题条件中除了 $\lim\limits_{n\to\infty} a_n = a$ 这一条件外,实际上,还蕴含另外一个大家熟视无睹的极限条件 $\lim\limits_{n\to\infty}\lambda^n = 0$. 这两个条件完全是为用极限定义求极限来准备的.对于这样类似于级数求和的敛散性判断的求极限,标准化的方法就是,根据题干所给极限的情况将求和分成多个部分分别求和(一般两部分居多),然后分别利用题干给出的极限条件,用极限的定义证明每部分都小于任意小的常数.

证明 **方法一(Stolz 定理)** 令 $b = \dfrac{1}{\lambda}$,且 $b > 1$,则

$$a_n + \lambda a_{n-1} + \lambda^2 a_{n-2} + \cdots + \lambda^n a_0 = \frac{b^n a_n + b^{n-1} a_{n-1} + b^{n-2} a_{n-2} + \cdots + a_0}{b^n} = \frac{\sum\limits_{i=0}^{n} b^i a_i}{b^n}.$$

利用 Stolz 定理可知:

$$\lim_{n\to\infty}(a_n + \lambda a_{n-1} + \lambda^2 a_{n-2} + \cdots + \lambda^n a_0)$$

$$= \lim_{n\to\infty} \frac{\sum\limits_{i=1}^{n} b^i a_i}{b^n} = \lim_{n\to\infty} \frac{\sum\limits_{i=1}^{n} b^i a_i - \sum\limits_{i=1}^{n-1} b^i a_i}{b^n - b^{n-1}}$$

$$= \lim_{n\to\infty} \frac{b^n a_n}{b^n - b^{n-1}} = \lim_{n\to\infty} \frac{a_n}{1 - \dfrac{1}{b}} = \frac{a}{1 - \lambda}.$$

方法二(极限定义) 由于 $\lim\limits_{n\to\infty} a_n = a \Rightarrow \forall \varepsilon > 0, \exists N_1$,当 $n > N_1$ 时,有 $|a_n - a| < \varepsilon$. 令 $M = \max\limits_{0 < n < N_1}\{|a_n - a|\}$. 因为 $0 < \lambda < 1$,$\lim\limits_{n\to\infty}\lambda^n = 0 \Rightarrow \forall \varepsilon > 0, \exists N_2$,当 $n > N_2$ 时,有 $\lambda^n < \varepsilon$. 取 $N = \max\{N_1, N_2\}$. 因为

$$\lim_{n\to\infty} \frac{(1-\lambda^{n+1})a}{1-\lambda} = \frac{a}{1-\lambda},$$

则有

$$\left| a_n + \lambda a_{n-1} + \lambda^2 a_{n-2} + \cdots + \lambda^n a_0 - \frac{(1-\lambda^n)a}{1-\lambda} \right|$$

$$= |(a_n - a) + \lambda(a_{n-1} - a) + \lambda^2(a_{n-2} - a) + \cdots + \lambda^n(a_0 - a)|$$

$$\leqslant |(a_n - a)| + \lambda |a_{n-1} - a| + \lambda^2 |a_{n-2} - a| + \cdots + \lambda^n |a_0 - a|$$

$$\leqslant \sum_{i=0}^{N} \lambda^i |a_{n-i} - a| + \sum_{i=N+1}^{n} \lambda^i |a_{n-i} - a| \leqslant \sum_{i=0}^{N} \lambda^i \varepsilon + \sum_{i=N+1}^{n} \lambda^i M$$

$$= \varepsilon \frac{1 - \lambda^{N+1}}{1 - \lambda} + M \frac{\lambda^{N+1} - \lambda^{n+1}}{1 - \lambda} < \frac{2}{1-\lambda} \varepsilon.$$

于是

$$\lim_{n\to\infty}(a_n + \lambda a_{n-1} + \lambda^2 a_{n-2} + \cdots + \lambda^n a_0) = \lim_{n\to\infty} \frac{(1-\lambda^n)a}{1-\lambda} = \frac{a}{1-\lambda}.$$

注: 这两个方法进行比较,可能绝大多数的同学们都会说,方法一多简单啊,方法二有些烦琐.这个结论很明显,方法一相当于登山途中的近路和捷径,简洁高效;方法二相当于登山

过程的常规路,虽正规,但烦琐.不过我们可以这样认为,此题的简洁高效只是凑巧可以使用 Stolz 定理而已,不过这也正是数学的魅力所在,条条大路通罗马,途中的风景都很美.

1.12 利用导数定义求极限

例44 (**上海 1991**) 设函数 $f(x)$ 在 a 点可导,x_n,y_n 是两个趋近于 0 的正数列,求极限

$$\lim_{n\to\infty}\frac{f(a+x_n)-f(a-y_n)}{x_n+y_n}.$$

【分析】 如果此题是填空题,估计大部分同学都能填写出正确答案.如果是解答题呢? 估计除了能得到正确的答案分,绝大部分的分可能得不到.因为逻辑不对,凭空添加题目没有给的条件,比如在点 a 邻域的可导性.但题目中只说了在此点可导而已.此条件意味着我们别无选择——只能用导数的定义来求极限.可能同学们会问,能用 L'Hospital 法则吗? 回答是否定的.因为只要使用此法则,就意味着必须用邻域可导性.导数定义

$$\lim_{n\to\infty}\frac{f(a+x_n)-f(a)}{x_n}=f'(a)$$

如何使用呢? 注意,这是一个极限,所以使用极限的定义进行求解是理所当然的事情.这是方法一.除此之外,是否还有更简洁的方法么? 让我们开动大脑,回顾初学函数极限时,相关的基本结论吧.比如极限与无穷小的关系:$\lim\limits_{x\to a}f(x)=b$ 推出 $f(x)=b+o(x-a)$.这是方法二.

解 方法一 因为

$$\lim_{n\to\infty}\frac{f(a+x_n)-f(a)}{x_n}=f'(a)=\lim_{n\to\infty}\frac{f(a)-f(a-y_n)}{y_n},$$

则由极限定义有:

(1) $\forall \varepsilon,\exists N_1$,使得 $n>N_1$ 时,有

$$\left|\frac{f(a+x_n)-f(a)}{x_n}-f'(a)\right|<\varepsilon$$

成立;

(2) $\forall \varepsilon,\exists N_2$,使得 $n>N_2$ 时,有

$$\left|\frac{f(a)-f(a-y_n)}{y_n}-f'(a)\right|<\varepsilon$$

成立.

于是取 $N=\max\{N_1,N_2\}$,使上述两个不等式同时成立.

$$\left|\frac{f(a+x_n)-f(a-y_n)}{x_n+y_n}-f'(a)\right|=\left|\frac{f(a+x_n)-f(a)}{x_n+y_n}+\frac{f(a)-f(a-y_n)}{x_n+y_n}-f'(a)\right|$$

$$\leqslant\left|\frac{f(a+x_n)-f(a)}{x_n}\cdot\frac{x_n}{x_n+y_n}-\frac{x_n}{x_n+y_n}f'(a)\right|+\left|\frac{f(a)-f(a-y_n)}{y_n}\cdot\frac{y_n}{x_n+y_n}-\frac{y_n}{x_n+y_n}f'(a)\right|$$

$$=\frac{x_n}{x_n+y_n}\left|\frac{f(a+x_n)-f(a)}{x_n}-f'(a)\right|+\frac{y_n}{x_n+y_n}\left|\frac{f(a)-f(a-y_n)}{y_n}-f'(a)\right|$$

$$\leqslant \frac{x_n}{x_n+y_n}\cdot\varepsilon+\frac{y_n}{x_n+y_n}\cdot\varepsilon=\varepsilon,$$

其中 $\{x_n\},\{y_n\}$ 为正数列.故由极限定义有 $\lim\limits_{n\to\infty}\dfrac{f(a+x_n)-f(a-y_n)}{x_n+y_n}=f'(a).$

方法二 函数 $f(x)$ 在 a 点可导,则有

$$\lim_{n\to\infty}\frac{f(a+x_n)-f(a)}{x_n}=f'(a) \quad \text{和} \quad \lim_{n\to\infty}\frac{f(a)-f(a-y_n)}{y_n}=f'(a).$$

根据极限与无穷小的关系,可由上面两个极限可知:一定存在两个无穷小 δ_n,ε_n,使得

$$\frac{f(a+x_n)-f(a)}{x_n}=f'(a)+\delta_n \quad \text{和} \quad \frac{f(a)-f(a-y_n)}{y_n}=f'(a)+\varepsilon_n.$$

于是

$$\lim_{n\to\infty}\frac{f(a+x_n)-f(a-y_n)}{x_n+y_n}$$
$$=\lim_{n\to\infty}\left(\frac{f(a+x_n)-f(a)}{x_n}\cdot\frac{x_n}{x_n+y_n}+\frac{f(a)-f(a-y_n)}{y_n}\cdot\frac{y_n}{x_n+y_n}\right)$$
$$=\lim_{n\to\infty}\left[(f'(a)+\delta_n)\frac{x_n}{x_n+y_n}+(f'(a)+\varepsilon_n)\frac{y_n}{x_n+y_n}\right]$$
$$=f'(a)+\lim_{n\to\infty}\frac{\delta_n x_n+\varepsilon_n y_n}{x_n+y_n}=f'(a),$$

其中 $\left|\dfrac{\delta_n x_n+\varepsilon_n y_n}{x_n+y_n}\right|\leqslant|\delta_n|+|\varepsilon_n|.$

1.13 利用级数求和求极限

例45 求极限 $\lim\limits_{n\to\infty}\sum\limits_{k=1}^{n}\dfrac{k+2}{k!+(k+1)!+(k+2)!}.$

【分析】 这样的题与利用定积分定义求极限非常类似,但无法给出节点和区间长度,所以不能用定积分定义的方法.实质上,这是一道正项级数求和的题,只是表面上是求数列极限,需要将其转化为幂级数求和.

解 首先,化简通项

$$\frac{k+2}{k!+(k+1)!+(k+2)!}=\frac{k+2}{(k+2)k!+(k+2)!}=\frac{1}{k!+(k+1)!}$$
$$=\frac{1}{(k+2)k!}.$$

于是问题转化为求下面的幂级数求和问题:

$$\sum_{k=0}^{\infty}\frac{x^{k+2}}{k!(k+2)}=s(x).$$

如果求出和函数 $s(x)$,只要令 $x=1$,我们就可以得到极限为 $s(1)-\dfrac{1}{2}$.可求得和函数为

$$s(x)=x\mathrm{e}^x-\mathrm{e}^x+1.$$

因此，
$$\lim_{n\to\infty}\sum_{k=1}^{n}\frac{k+2}{k!+(k+1)!+(k+2)!}=\frac{1}{2}.$$

例46 求极限 $\lim\limits_{m,n\to\infty}\sum\limits_{i=1}^{m}\sum\limits_{j=1}^{n}\dfrac{(-1)^{i+j}}{i+j}$.

【**分析**】 此题表面上看起来非常类似1.10节利用定积分的定义求极限中的例38.区别就在于,这里好像少了$\dfrac{1}{n}$.实际上,远非如此,这个题,无论如何恒等变形,都不会变形出点和区域面积.它们是利用重积分定义进行计算的关键指标,所以此题不能使用重积分定义进行求解.正确的解题思路应是幂级数求和.此题的幂级数是$\sum\limits_{i=1}^{\infty}\sum\limits_{j=1}^{\infty}\dfrac{x^{i+j}}{i+j}$.

解 令 $s_{m,n}(x)=\sum\limits_{i=1}^{m}\sum\limits_{j=1}^{n}\dfrac{x^{i+j}}{i+j}$.下面对此部分和进行求和.两边同时求导可得

$$s'_{m,n}(x)=\sum_{i=1}^{m}\sum_{j=1}^{n}x^{i+j-1}=\sum_{i=1}^{m}(x^{i}+x^{i+1}+\cdots+x^{i+n-1})$$
$$=\sum_{i=1}^{m}\frac{x^{i}(1-x^{n})}{1-x}=\frac{1-x^{n}}{1-x}\sum_{i=1}^{m}x^{i}=\frac{1-x^{n}}{1-x}\cdot\frac{x-x^{m+1}}{1-x}$$
$$=\frac{x-x^{n+1}-x^{m+1}+x^{m+n+1}}{(1-x)^{2}}.$$

对上式两边同时在区间$(-1,0)$上进行积分,可得
$$s_{m,n}(-1)-s_{m,n}(0)=s_{m,n}(-1)=\int_{-1}^{0}\frac{x-x^{n+1}-x^{m+1}+x^{m+n+1}}{(1-x)^{2}}\mathrm{d}x.$$

下面分别求上式被积函数中的带参数m,n的3个极限:
$$\lim_{n\to\infty}\left|\int_{-1}^{0}\frac{x^{n+1}}{(1-x)^{2}}\mathrm{d}x\right|\leqslant\lim_{n\to\infty}\left|\int_{-1}^{0}x^{n+1}\mathrm{d}x\right|=\lim_{n\to\infty}\left|\frac{(-1)^{n+2}}{n+2}\right|=0,$$

于是有
$$\lim_{n\to\infty}\int_{-1}^{0}\frac{x^{n+1}}{(1-x)^{2}}\mathrm{d}x=0;$$

同理可得
$$\lim_{m\to\infty}\int_{-1}^{0}\frac{x^{m+1}}{(1-x)^{2}}\mathrm{d}x=0,\quad \lim_{m,n\to\infty}\int_{-1}^{0}\frac{x^{m+n+1}}{(1-x)^{2}}\mathrm{d}x=0.$$

再求不带参数的积分
$$\int_{-1}^{0}\frac{x}{(1-x)^{2}}\mathrm{d}x=\int_{-1}^{0}\frac{1}{(1-x)^{2}}\mathrm{d}x-\int_{-1}^{0}\frac{1}{1-x}\mathrm{d}x=\ln 2-\frac{1}{2}.$$

综合上面几个公式可以得到最后的结果:
$$\lim_{m,n\to\infty}\sum_{i=1}^{m}\sum_{j=1}^{n}\frac{(-1)^{i+j}}{i+j}=\ln 2-\frac{1}{2}.$$

例47 （武汉大学）设 $F(x,y) = \dfrac{\varphi(y-x)}{2x}$, $F(1,y) = \dfrac{y^2}{2} - y + 5$. $x_0 > 0$, $x_{n+1} = F(x_n, 2x_n)$, $n \geq 0$, 求 $\lim\limits_{n \to \infty} x_n$.

【分析】 这是一道常规题，套用了中学的知识点：如何求函数表达式. 由函数表达式得到数列递推式，可以考虑单调有界准则来求极限. 在这里，我们提供另外一种更简洁的方法，充分利用函数的性质（导函数有界，且小于 1，即 $0 \leq f'(x) = \dfrac{1}{2} - \dfrac{9}{2x^2} < \dfrac{1}{2}$），可以得到 $\left|\dfrac{x_{n+1}-x_n}{x_n-x_{n-1}}\right| = \left|\dfrac{f(x_n)-f(x_{n-1})}{x_n-x_{n-1}}\right| \leq \dfrac{1}{2} < 1$，由此利用级数的收敛性证明数列的收敛性.

证明 由 $F(x,y) = \dfrac{\varphi(y-x)}{2x}$ 得 $F(1,y) = \dfrac{1}{2}\varphi(y-1)$，而

$$F(1,y) = \dfrac{y^2}{2} - y + 5 = \dfrac{1}{2}[(y-1)^2 + 9],$$

故 $\varphi(y-1) = (y-1)^2 + 9$，得 $\varphi(y) = y^2 + 9$，因此有

$$x_{n+1} = F(x_n, 2x_n) = \dfrac{\varphi(2x_n - x_n)}{2x_n} = \dfrac{\varphi(x_n)}{2x_n} = \dfrac{x_n^2 + 9}{2x_n}.$$

令 $f(x) = F(x, 2x) = \dfrac{\varphi(x)}{2x} = \dfrac{x^2+9}{2x} = \dfrac{x}{2} + \dfrac{9}{2x}$，则

$$f(x) = \dfrac{x}{2} + \dfrac{9}{2x} \geq 2\sqrt{\dfrac{x}{2} \cdot \dfrac{9}{2x}} = 3.$$

由 $x_{n+1} = f(x_n)$ 可知 $x_n \geq 3$. 当 $x \geq 3$ 时，

$$0 \leq f'(x) = \dfrac{1}{2} - \dfrac{9}{2x^2} < \dfrac{1}{2}.$$

由微分中值定理得

$$\left|\dfrac{x_{n+1}-x_n}{x_n-x_{n-1}}\right| = \left|\dfrac{f(x_n)-f(x_{n-1})}{x_n-x_{n-1}}\right| \leq \dfrac{1}{2} < 1.$$

根据比值判别法，$\sum\limits_{n=1}^{\infty}|x_{n+1}-x_n|$ 收敛，从而 $\{x_n\}$ 收敛，即 $\lim\limits_{n\to\infty} x_n$ 存在.

再令 $\lim\limits_{n\to\infty} x_n = a$，代入下列递推式：

$$x_{n+1} = F(x_n, 2x_n) = \dfrac{x_n}{2} + \dfrac{9}{2x_n},$$

得 $a = \dfrac{a}{2} + \dfrac{9}{2a}$，解得 $a = 3$，故 $\lim\limits_{n\to\infty} x_n = 3$.

1.14 综合运用

在求极限的题目中，很少只用一种方法就可以解题的，一般涉及多种方法的综合运用.

例48 求极限 $I = \lim\limits_{n\to\infty} n^2\left(1 - \dfrac{\pi}{2n}\sum\limits_{k=1}^{n}\sin\dfrac{2k-1}{4n}\pi\right)$.

【方法一的分析】 求和、极限、节点值和区间长度,这完全是定积分定义的标配,本题是否可以用定积分的定义? 肯定能用,但不能直接用,因为有 n^2 的存在. 既然认知到此项 $\dfrac{\pi}{2n}\sum\limits_{k=1}^{n}\sin\dfrac{2k-1}{4n}\pi$ 是 Darboux 和,即定积分定义中的一部分. 那认知到题中的 1 了吗? 或者说,知道这个 1 是怎么来的吗? 实际上对 $\dfrac{\pi}{2n}\sum\limits_{k=1}^{n}\sin\dfrac{2k-1}{4n}\pi$ 求极限,我们猜测,极限一定是 1. 即使不求极限,从题目来看,它也应该是 1,否则,此题极限就是无穷大了. 分析过程说了这么多,就是为了让我们对这个 1 印象深刻,这个 1 只是化妆后的表象,那么化妆前的真实面貌是什么? 一定跟后面的项 $\dfrac{\pi}{2n}\sum\limits_{k=1}^{n}\sin\dfrac{2k-1}{4n}\pi$ 有关,它添加上极限符号,就是定积分 $\int_{0}^{\frac{\pi}{2}}\sin x\,\mathrm{d}x = 1$.

所以本题探讨的是定积分与 Darboux 和之间的差距到底有多大. 因此,本题可化为
$$I = \lim\limits_{n\to\infty} n^2\left(\int_{0}^{\frac{\pi}{2}}\sin x\,\mathrm{d}x - \dfrac{\pi}{2n}\sum\limits_{k=1}^{n}\sin x_{2k-1}\right).$$
这个题就转化成与第 2 章综合 2.7 运用小节中例 58 的特殊形式了,那么采用相同的方法即可.

解 记 $S_n = 1 - \dfrac{\pi}{2n}\sum\limits_{k=1}^{n}\sin\dfrac{2k-1}{4n}\pi$,$x_k = \dfrac{k\pi}{4n}$,$k = 0,1,2,\cdots$,则和式可以写为

$$S_n = \int_{0}^{\frac{\pi}{2}}\sin x\,\mathrm{d}x - \dfrac{\pi}{2n}\sum\limits_{k=1}^{n}\sin x_{2k-1}$$

$$= \int_{0}^{\frac{\pi}{2}}\sin x\,\mathrm{d}x - \sum\limits_{k=1}^{n}\int_{x_{2k-2}}^{x_{2k}}\sin x_{2k-1}\,\mathrm{d}x$$

$$= \sum\limits_{k=1}^{n}\int_{x_{2k-2}}^{x_{2k}}(\sin x - \sin x_{2k-1})\,\mathrm{d}x.$$

由 Taylor 公式有
$$\sin x - \sin x_{2k-1} = \cos x_{2k-1}\cdot(x - x_{2k-1}) - \dfrac{1}{2}\sin\xi_k\cdot(x - x_{2k-1})^2,$$
于是将上式代入 S_n 中有

$$S_n = \sum\limits_{k=1}^{n}\int_{x_{2k-2}}^{x_{2k}} -\dfrac{1}{2}\sin\xi_k\cdot(x - x_{2k-1})^2\,\mathrm{d}x$$

$$\leqslant -\dfrac{1}{2}\sin x_{2k-2}\sum\limits_{k=1}^{n}\int_{x_{2k-2}}^{x_{2k}}(x - x_{2k-1})^2\,\mathrm{d}x$$

$$= -\dfrac{\pi^3}{192n^3}\sum\limits_{k=1}^{n}\sin x_{2k-2},$$

则

$$I \leqslant \lim\limits_{n\to\infty} n^2\dfrac{-\pi^3}{192n^3}\sum\limits_{k=1}^{n}\sin x_{2k-2} = -\dfrac{\pi^2}{96}\lim\limits_{n\to\infty}\sum\limits_{k=1}^{n}\dfrac{\pi}{2n}\sin x_{2k-2} = -\dfrac{\pi^2}{96}\int_{0}^{\frac{\pi}{2}}\sin x\,\mathrm{d}x = -\dfrac{\pi^2}{96}.$$

类似可得
$$S_n = \sum_{k=1}^{n} \int_{x_{2k-2}}^{x_{2k}} -\frac{1}{2}\sin\xi_k \cdot (x - x_{2k-1})^2 \, dx$$
$$\geqslant -\frac{1}{2}\sin x_{2k} \sum_{k=1}^{n} \int_{x_{2k-2}}^{x_{2k}} (x - x_{2k-1})^2 \, dx$$
$$\geqslant -\frac{\pi^3}{192n^3} \sum_{k=1}^{n} \sin x_{2k}.$$

同理可得
$$I \geqslant \lim_{n\to\infty} n^2 \cdot \frac{-\pi^3}{192n^3} \sum_{k=1}^{n} \sin x_{2k} = -\frac{\pi^2}{96} \lim_{n\to\infty} \sum_{k=1}^{n} \frac{\pi}{2n} \sin x_{2k}$$
$$= -\frac{\pi^2}{96} \int_0^{\frac{\pi}{2}} \sin x \, dx = -\frac{\pi^2}{96}.$$

由夹逼准则可得出极限.

【**方法二的分析**】 方法一的解法使用了太多知识,能否简单一些呢?因为被积或者被求和的函数是 $\sin x$,它有很多优秀的性质,估计不少同学在中学的时候应该做过此题:化简 $\sin\theta + \sin 2\theta + \sin 3\theta + \cdots + \sin n\theta$. 那就能说明这个 Darboux 和是可以求出来的,可以用初等知识搞定此题的初步结果,然后再根据此结果,问题就能转化为非常熟悉的问题了.

解 记 $\theta = \dfrac{\pi}{4n}$. 通过和差化积公式有
$$\sum_{k=1}^{n} \sin\frac{2k-1}{4n}\pi = \sum_{k=1}^{n} \sin(2k-1)\theta = \sum_{k=1}^{n} \frac{2\sin(2k-1)\theta \sin\theta}{2\sin\theta}$$
$$= \frac{\sum_{k=2}^{n} 2\sin(2k-1)\theta \sin\theta + 2\sin^2\theta}{2\sin\theta}$$
$$= \frac{\sum_{k=2}^{n} (\cos(2k-2)\theta - \cos 2k\theta) + 1 - \cos 2\theta}{2\sin\theta}$$
$$= \frac{1 - \cos 2n\theta}{2\sin\theta} = \frac{\sin^2 n\theta}{\sin\theta}.$$

将它代入所求极限可得
$$I = \lim_{n\to\infty} n^2 \left(1 - \frac{\pi}{2n} \frac{\sin^2 n\theta}{\sin\theta}\right) = \lim_{n\to\infty} n^2 \left(1 - \frac{\pi}{2n} \frac{\sin^2\left(n \cdot \frac{\pi}{4n}\right)}{\sin\theta}\right)$$
$$= \lim_{n\to\infty} n^2 \left(1 - \frac{\theta}{\sin\theta}\right) = \frac{\pi^2}{16} \lim_{\theta\to 0} \frac{1}{\theta^2} \left(\frac{\sin\theta - \theta}{\sin\theta}\right) = \frac{\pi^2}{16} \lim_{\theta\to 0} \frac{\sin\theta - \theta}{\theta^2 \sin\theta}$$
$$= \frac{\pi^2}{16} \lim_{\theta\to 0} \frac{-\frac{\theta^3}{6} + o(\theta^3)}{\theta^3} = -\frac{\pi^2}{96},$$

其中倒数第二个等号使用了 Taylor 公式和等价无穷小代换.

【方法三的分析】 方法二中使用的和差化积的公式太难记住了,还有其他方法可以求和吗?当然有,利用复数的几种表示方法之间的关系——著名的 Euler 公式 $e^{i\theta} = \cos\theta + i\sin\theta$,利用此公式可以轻松地求出 Darboux 和.

解 考虑 Euler 公式 $e^{i\theta} = \cos\theta + i\sin\theta$. θ 是方法二中给出的记号. 于是 $\sum_{k=1}^{n} \sin\frac{2k-1}{4n}\pi$ 是 $\sum_{k=1}^{n} e^{(2k-1)i\theta}$ 虚部. 于是求和得

$$\sum_{k=1}^{n} e^{i(2k-1)\theta} = e^{-i\theta} \frac{e^{2i\theta}(1-e^{2in\theta})}{1-e^{2i\theta}} = \frac{1-\cos(2n\theta)-i\sin(2n\theta)}{-2i\sin\theta}$$

$$= \frac{\sin(2n\theta)}{2\sin\theta} + i\frac{\sin^2 n\theta}{\sin\theta}.$$

于是可得

$$\sum_{k=1}^{n} \sin\frac{2k-1}{4n}\pi = \frac{\sin^2 n\theta}{\sin\theta}.$$

剩下的计算同方法二后面的计算过程,可得到结果.

总结:尽管此题提供了三种解法,第一种解法使用了夹逼准则,第二种和第三种使用了 Taylor 公式和等价无穷小. 但我们可以看到,此题求解的关键不在于我们使用了什么样的求极限的方法,而是在于如何处理数列或者级数中的通项 $1-\frac{\pi}{2n}\sum_{k=1}^{n}\sin\frac{2k-1}{4n}\pi$. 为此,不管使用哪种方法,解决此通项,这才是本题的关键所在.

例49 (**武汉大学 2018**) 求极限 $\lim_{n\to\infty} \dfrac{\int_0^{\pi} \sin^n x \cos^6 x \, dx}{\int_0^{\pi} \sin^n x \, dx}$.

【方法一的分析】 相信准备竞赛的同学,应该对 $\int_0^{\pi} \sin^n x \, dx$ 都有印象. 因为几乎在每一本微积分的教材中,它作为分部积分的典型例题都讲过,即有

$$\int_0^{\pi} \sin^n x \, dx = 2\int_0^{\frac{\pi}{2}} \sin^n x \, dx = \begin{cases} 2 \cdot \dfrac{n-1}{n} \cdot \dfrac{n-3}{n-2} \cdots \dfrac{1}{2} \cdot \dfrac{\pi}{2}, & n \text{ 为偶数}, \\ 2 \cdot \dfrac{n-1}{n} \cdot \dfrac{n-3}{n-2} \cdots \dfrac{2}{3} \cdot 1, & n \text{ 为奇数}. \end{cases}$$

利用 $\cos^6 x = 1 - 3\sin^2 x + 3\sin^4 x - \sin^6 x$,可以将被积函数转化为上述公式中被积函数的形式,即

$$\sin^n x \cos^6 x = \sin^n x - 3\sin^{n+2} x + 3\sin^{n+4} x - \sin^{n+6} x.$$

由此可得分子的积分值,求极限就水到渠成了. 这就是方法一.

解 不妨设 n 为偶数,由分析中的公式可得

$$\int_0^{\pi} \sin^n x \cos^6 x \, dx = \int_0^{\pi} (\sin^n x - 3\sin^{n+2} x + 3\sin^{n+4} x - \sin^{n+6} x) dx$$

$$= \frac{n-1}{n} \cdot \frac{n-3}{n-2} \cdots \frac{1}{2} \cdot \frac{\pi}{2}\left[1 - \frac{3(n+1)}{n+2} + \frac{3(n+3)(n+1)}{(n+4)(n+2)} - \frac{(n+5)(n+3)(n+1)}{(n+6)(n+4)(n+2)}\right].$$

于是有

$$\lim_{n\to\infty}\frac{\int_0^\pi \sin^n x\ \cos^6 x\,dx}{\int_0^\pi \sin^n x\,dx}=\lim_{n\to\infty}\left[1-\frac{3(n+1)}{n+2}+\frac{3(n+3)(n+1)}{(n+4)(n+2)}-\frac{(n+5)(n+3)(n+1)}{(n+6)(n+4)(n+2)}\right]=0.$$

当 n 为奇数时,同理可得.

【方法二的分析】 从方法一来看,尽管解题思路很简单明了,但是需要大家记住公式. 如果不记得公式就得老老实实地通过烦琐的分部积分进行推导,计算量不小. 尽管我们是求分数的极限,并不需要把分子分母都计算出来. 从方法一中发现一个非常重要的节点:好像从分子的积分中单独拿出来 $\int_0^\pi \sin^n x\,dx$ 的感觉,然后约分约掉了共同部分(注意这是错误的). 这就提醒我们,应该不需要计算积分,分子的积分通过合理的放缩,表达成分母的形式即可. 既然是放缩,那么很自然想到降低 $\cos x$ 次数. 然后按照方法一中的公式的推导过程——分部积分.

解 利用 $\cos^6 x \leqslant \cos^2 x$,可以得到

$$\int_0^\pi \sin^n x\ \cos^6 x\,dx \leqslant \int_0^\pi \sin^n x\ \cos^2 x\,dx = \int_0^\pi \sin^n x\,dx - \int_0^\pi \sin^{n+2} x\,dx.$$

由分部积分可得

$$\int_0^\pi \sin^{n+2} x\,dx = -\cos x\ \sin^{n+1} x\Big|_0^\pi + (n+1)\int_0^\pi \sin^n x\ \cos^2 x\,dx$$

$$= (n+1)\int_0^\pi \sin^n x\ \cos^2 x\,dx.$$

于是

$$\int_0^\pi \sin^n x\ \cos^2 x\,dx = \frac{1}{n+2}\int_0^\pi \sin^n x\,dx. \tag{1}$$

因此由夹逼准则,有

$$0 \leqslant \lim_{n\to\infty}\frac{\int_0^\pi \sin^n x\ \cos^6 x\,dx}{\int_0^\pi \sin^n x\,dx} \leqslant \lim_{n\to\infty}\frac{\frac{1}{n+2}\int_0^\pi \sin^n x\,dx}{\int_0^\pi \sin^n x\,dx}=\lim_{n\to\infty}\frac{1}{n+2}=0.$$

【方法三的分析】 基于方法一和方法二的推导过程,可以看出一些端倪,即

$$\int_0^\pi \sin^n x\ \cos^6 x\,dx = \frac{1}{p_3(n)}\int_0^\pi \sin^n x\,dx,$$

其中 $p_3(n)$ 是关于 n 的三次多项式.利用这一关键点,就可以得到极限.

解 基于方法二中的等式(1)和方法一的推导过程,我们可以得到

$$\int_0^\pi \sin^n x\ \cos^6 x\,dx = \frac{1}{p_3(n)}\int_0^\pi \sin^n x\,dx,$$

其中 $p_3(n)$ 是关于 n 的三次多项式.于是可得

$$\lim_{n\to\infty}\frac{\int_0^\pi \sin^n x\ \cos^6 x\,dx}{\int_0^\pi \sin^n x\,dx}=\lim_{n\to\infty}\frac{\frac{1}{p_3(n)}\int_0^\pi \sin^n x\,dx}{\int_0^\pi \sin^n x\,dx}=\lim_{n\to\infty}\frac{1}{p_3(n)}=0.$$

总结：和例 48 的情况类似，尽管提供了三种解法，但重点都不在于求极限的方法，而在于分子和分母的积分如何求，或者说，分子和分母之间的关系是什么．反而求极限的方法非常简单．所以此题重点考察的是如何求定积分．

例50 已知 α 为正数，求极限 $\lim\limits_{n\to\infty}\sum\limits_{k=1}^{n}\dfrac{1}{n+k^{\alpha}}$.

【**分析**】 此题带有参数 α，需要进行分类讨论，α 的取值范围不一样，使用的方法完全不同，这也是此题的精妙绝伦之处．当 $\alpha=1$ 或 $0<\alpha<1$ 时是常见题型，比较简单．分别用定积分定义、夹逼准则就可以求出极限．主要是 $\alpha>1$ 时，该如何处理，还需要使用定积分定义吗？很容易判断出，此情况并不是定积分定义可以解决的（节点和区间长度都没有）．那是否可以使用 Stolz 定理？首先，收敛性的判断还是很容易的，同 $\alpha\leqslant 1$ 时一样，比较大小，通过比较判别法就可以得到收敛性．然后，还需要猜出极限是多少，才能采取合适方法．我们可以采取特例的方式来猜猜，令 $\alpha=2$，很容易得到 $\sum\limits_{k=1}^{n}\dfrac{1}{n+k^{2}}\leqslant\sum\limits_{k=1}^{n}\dfrac{1}{k^{2}}$. 此不等式右边是收敛有界的，而且我们放大，忽略每项中的 $n\to\infty$，那么我们有充分的理由猜测极限等于 0．虽然此猜测只能作为对结果的猜测，不可以作为数学上的逻辑推理，但是这个猜测作用，除了可以提供答案极限外，还有一个非常重要的点，就是告诉我们所使用的逻辑推理的数学方法——夹逼准则．由此我们得知，应该使用合适的技巧放大 $\dfrac{1}{n+k^{\alpha}}$. 前面猜测使用的方法肯定不合适，因为放大后的极限不为 0．考虑到我们打算使用 Stolz 定理来求极限，那么必须将 n 与 k 进行分离，并且最好将 n 从求和符号中提取出来．如何操作呢？最好的办法就是把分母中的加法变成乘法，不就可以了吗？那么，根据中学所学的重要不等式，于是转化为 $\sum\limits_{k=1}^{n}\dfrac{1}{2\sqrt{nk^{\alpha}}}$ 的极限，要求此数列的极限，使用 Stolz 定理即可．

解 当 $\alpha=1$ 时，$\lim\limits_{n\to\infty}\sum\limits_{k=1}^{n}\dfrac{1}{n+k}=\lim\limits_{n\to\infty}\dfrac{1}{n}\sum\limits_{k=1}^{n}\dfrac{1}{1+\frac{k}{n}}=\int_{0}^{1}\dfrac{1}{1+x}\mathrm{d}x=\ln 2$.

当 $0<\alpha<1$ 时，于是有

$$\dfrac{1}{n+n^{\alpha}}<\dfrac{1}{n+k^{\alpha}}<\dfrac{1}{n+1}\Rightarrow\sum_{k=1}^{n}\dfrac{1}{n+n^{\alpha}}<\sum_{k=1}^{n}\dfrac{1}{n+k^{\alpha}}<\sum_{k=1}^{n}\dfrac{1}{n+1},$$

则

$$1=\lim_{n\to\infty}\dfrac{n}{n+n^{\alpha}}=\lim_{n\to\infty}\sum_{k=1}^{n}\dfrac{1}{n+n^{\alpha}}\leqslant\lim_{n\to\infty}\sum_{k=1}^{n}\dfrac{1}{n+k^{\alpha}}\leqslant\lim_{n\to\infty}\sum_{k=1}^{n}\dfrac{1}{n+1}$$

$$=\lim_{n\to\infty}\dfrac{n}{n+1}=1.$$

于是有 $\lim\limits_{n\to\infty}\sum\limits_{k=1}^{n}\dfrac{1}{n+k^{\alpha}}=1$.

当 $\alpha>1$ 时，由重要不等式，$n+k^{\alpha}\geqslant 2\sqrt{nk^{\alpha}}$. 于是，

$$0 < \sum_{k=1}^{n} \frac{1}{n+k^{\alpha}} \leqslant \sum_{k=1}^{n} \frac{1}{2\sqrt{nk^{\alpha}}} = \frac{\sum_{k=1}^{n} \frac{1}{\sqrt{k^{\alpha}}}}{2\sqrt{n}}.$$

对不等式左边求极限,使用 Stolz 定理,

$$\lim_{n\to\infty} \frac{\sum_{k=1}^{n} \frac{1}{\sqrt{k^{\alpha}}}}{2\sqrt{n}} = \lim_{n\to\infty} \frac{\sum_{k=1}^{n} \frac{1}{\sqrt{k^{\alpha}}} - \sum_{k=1}^{n-1} \frac{1}{\sqrt{k^{\alpha}}}}{2(\sqrt{n}-\sqrt{n-1})} = \lim_{n\to\infty} \frac{\sqrt{n}+\sqrt{n-1}}{2\sqrt{n^{\alpha}}} = 0.$$

于是,由夹逼准则可得,所求极限为 0.

注:此外,针对 $\alpha > 1$ 的情况,这里再提供另外一种非常有意思的思路.此题对大部分同学来说是既熟悉又陌生,"熟悉"来自平时练习中的"似曾相识","陌生"来自让人不适的 k^{α},并且还在求和以及分母中.中国有句俗语"富贵险中求",它告诉我们,这里的陌生是风险也是机遇,也可能是我们的解题思路的开始.根据课堂所学的内容,我们知道当 $\alpha > 1$ 时,由积分判别法可知级数 $\sum_{k=1}^{\infty} \frac{1}{k^{\alpha}}$ 是收敛的.此外 $\frac{1}{n}$ 单调递减有界.题目中的级数是由这两个级数构成的,由此可以考虑常见的解题方法.利用级数的收敛性,将级数分成两部分:前面若干有限项和 $\sum_{k=1}^{N} \frac{1}{n+k^{\alpha}}$,以及后面的无限项 $\sum_{k=N+1}^{n} \frac{1}{n+k^{\alpha}}$.分别讨论它们的极限,显然有,在 N 给定的前提下,当 $n \to \infty$ 时,前者有限和的极限是 0.后半部分呢?利用收敛性,也应该得到是 0,这也是此方法的思路.下面给出具体解题步骤.

已知当 $\alpha > 1$ 时,由积分判别法可知级数 $\sum_{k=1}^{\infty} \frac{1}{k^{\alpha}}$ 是收敛的.因此,由 Cauchy 收敛准则可知:$\forall \varepsilon > 0, \exists N$,使得

$$\sum_{k=N+1}^{\infty} \frac{1}{k^{\alpha}} < \frac{\varepsilon}{2}.$$

取 n 充分大,使得 $\sum_{k=1}^{N} \frac{1}{n+k^{\alpha}} < \frac{N}{n} < \frac{\varepsilon}{2}$,所以

$$\sum_{k=1}^{n} \frac{1}{n+k^{\alpha}} = \sum_{k=1}^{N} \frac{1}{n+k^{\alpha}} + \sum_{k=N+1}^{n} \frac{1}{n+k^{\alpha}} < \frac{N}{n} + \sum_{k=N+1}^{n} \frac{1}{n+k^{\alpha}} < \frac{\varepsilon}{2} + \frac{\varepsilon}{2} = \varepsilon.$$

所以,当 $\alpha > 1$ 时,$\lim_{n\to\infty} \sum_{k=1}^{n} \frac{1}{n+k^{\alpha}} = 0$.

例51 求极限 $\lim_{n\to\infty} \left\{ (n!)^{\frac{1}{n^2}} \cdot \left[\sum_{k=n^2}^{(n+1)^2} \frac{1}{\sqrt{k}} + \sum_{k=1}^{n} \left((n^k+1)^{-\frac{1}{k}} + (n^k-1)^{-\frac{1}{k}} \right) \right] \right\}$.

【**分析**】 同学们是不是觉得此题太过于"吓人",数列表达式非常不友好.其实这个题就是通过非常复杂的表达式来吓唬我们,只要静下心来稍加观察,就会发现,本题实质上是几个数列极限的题"生拼硬凑"而已.数列如下:

$$(n!)^{\frac{1}{n^2}}, \quad \sum_{k=n^2}^{(n+1)^2} \frac{1}{\sqrt{k}} \quad \text{和} \quad \sum_{k=1}^{n} \left[(n^k+1)^{-\frac{1}{k}} + (n^k-1)^{-\frac{1}{k}} \right].$$

这三个极限分别使用不同的方法进行计算. 很显然, 这三个数列极限都可以用夹逼准则进行求解. 但它们都有属于自己的方法. 比如, 第一个数列, 由于含有 $n!$, 可以考虑用 Stirling 公式进行求解, 又因为它是幂指"函数"类型, 考虑取对数后, 变成分数数列, 再利用 Stolz 定理求解. 对于第二个数列, 如何得到夹逼准则中的两个上下界的数列, 也有不同的处理技巧, 比如, 利用积分或者 Lagrange 中值定理等. 当然, 这种作法可能会让一些同学感到不适应, 可能会认为它们只是为了显得高深莫测, 但实际上, 这些方法有时反而会使问题变得更加复杂. 在这里, 我们的主要目的是为大家开拓思路, 并顺带复习之前学过的相关方法.

解 将其分成 3 个极限:

$$I_1 = \lim_{n\to\infty}(n!)^{\frac{1}{n^2}}, \quad I_2 = \lim_{n\to\infty}\sum_{k=n^2}^{(n+1)^2}\frac{1}{\sqrt{k}}, \quad I_3 = \lim_{n\to\infty}\sum_{k=1}^{n}\left[(n^k+1)^{-\frac{1}{k}} + (n^k-1)^{-\frac{1}{k}}\right].$$

(1) 计算 $I_1 = \lim\limits_{n\to\infty}(n!)^{\frac{1}{n^2}}$.

方法一 由 Stirling 公式, 当 $n \to \infty$ 时, $n! \approx \sqrt{2n\pi}\left(\dfrac{n}{e}\right)^n$, 则

$$I_1 = \lim_{n\to\infty}(n!)^{\frac{1}{n^2}} = \lim_{n\to\infty}\left(\sqrt{2n\pi}\left(\frac{n}{e}\right)^n\right)^{\frac{1}{n^2}} = \lim_{n\to\infty}\sqrt[2n^2]{2n\pi}\left(\frac{n}{e}\right)^{\frac{1}{n}} = 1.$$

方法二 $1 < (n!)^{\frac{1}{n^2}} < (n^n)^{\frac{1}{n^2}} = n^{\frac{1}{n}}$, 而 $\lim\limits_{n\to\infty}n^{\frac{1}{n}} = 1$. 由夹逼准则可得 $I_1 = 1$.

方法三 利用 Stolz 定理.

$$I_1 = \lim_{n\to\infty}(n!)^{\frac{1}{n^2}} = \exp\left(\lim_{n\to\infty}\frac{\ln(n!)}{n^2}\right) = \exp\left(\lim_{n\to\infty}\frac{\ln(n!) - \ln((n-1)!)}{n^2 - (n-1)^2}\right)$$

$$= \exp\left(\lim_{n\to\infty}\frac{\ln n}{2n-1}\right) = 1.$$

(2) 计算 $I_2 = \lim\limits_{n\to\infty}\sum\limits_{k=n^2}^{(n+1)^2}\dfrac{1}{\sqrt{k}}$.

方法一 因为 $\dfrac{2n+2}{n+1} < \sum\limits_{k=n^2}^{(n+1)^2}\dfrac{1}{\sqrt{k}} < \dfrac{2n+2}{n}$, 于是, 由夹逼准则有 $I_2 = 2$.

方法二 由 Lagrange 中值定理可得

$$2\sqrt{k+1} - 2\sqrt{k} = \frac{1}{\sqrt{\xi}} < \frac{1}{\sqrt{k}}, \quad k < \xi < k+1,$$

$$2\sqrt{k} - 2\sqrt{k-1} = \frac{1}{\sqrt{\eta}} > \frac{1}{\sqrt{k}}, \quad k-1 < \eta < k,$$

可推得

$$2\sqrt{k} - 2\sqrt{k-1} > \frac{1}{\sqrt{k}} > 2\sqrt{k+1} - 2\sqrt{k},$$

则有

$$\lim_{n\to\infty}\sum_{k=n^2}^{(n+1)^2}(2\sqrt{k} - 2\sqrt{k-1}) > \lim_{n\to\infty}\sum_{k=n^2}^{(n+1)^2}\frac{1}{\sqrt{k}} > \lim_{n\to\infty}\sum_{k=n^2}^{(n+1)^2}(2\sqrt{k+1} - 2\sqrt{k}).$$

计算上式两边:

$$\lim_{n\to\infty}\sum_{k=n^2}^{(n+1)^2}(2\sqrt{k+1}-2\sqrt{k})=\lim_{n\to\infty}(2\sqrt{(n+1)^2+1}-2\sqrt{n^2})$$
$$=\lim_{n\to\infty}\frac{2[(n+1)^2+1-n^2]}{\sqrt{(n+1)^2+1}+\sqrt{n^2}}$$
$$=2\lim_{n\to\infty}\frac{2n+2}{(\sqrt{(n+1)^2+1}+\sqrt{n^2})}=2.$$

同理可得 $\lim\limits_{n\to\infty}\sum\limits_{k=n^2}^{(n+1)^2}(2\sqrt{k}-2\sqrt{k-1})=2.$ 于是,由夹逼准则可得 $I_2=2.$

方法三 因为
$$\int_k^{k+1}\frac{1}{\sqrt{x}}\mathrm{d}x\leqslant\frac{1}{\sqrt{k}}\leqslant\int_{k-1}^k\frac{1}{\sqrt{x}}\mathrm{d}x,\qquad k=n^2,\cdots,(n+1)^2.$$

于是对上述不等式两边求和可得
$$2\left(\sqrt{(n+1)^2+1}-n\right)=\sum_{k=n^2}^{(n+1)^2}\int_k^{k+1}\frac{1}{\sqrt{x}}\mathrm{d}x\leqslant\sum_{k=n^2}^{(n+1)^2}\frac{1}{\sqrt{k}}$$
$$\leqslant\sum_{k=n^2}^{(n+1)^2}\int_{k-1}^k\frac{1}{\sqrt{x}}\mathrm{d}x=2(n+1-\sqrt{n^2-1}).$$

由夹逼准则可得 $I_2=2.$

(3) 计算 $I_3=\lim\limits_{n\to\infty}\sum\limits_{k=1}^n\left[(n^k+1)^{-\frac{1}{k}}+(n^k-1)^{-\frac{1}{k}}\right].$

$$\frac{1}{n+1}\leqslant(n^k+1)^{-\frac{1}{k}}\leqslant\frac{1}{n}\Rightarrow\frac{n}{n+1}\leqslant\sum_{k=1}^n(n^k+1)^{-\frac{1}{k}}\leqslant\frac{n}{n}=1.$$

于是由夹逼准则可得 $\lim\limits_{n\to\infty}\sum\limits_{k=1}^n(n^k+1)^{-\frac{1}{k}}=1.$

同理可得
$$\lim_{n\to\infty}\sum_{k=1}^n(n^k-1)^{-\frac{1}{k}}=1.$$

于是 $I_3=2.$

综上所述,我们有
$$\lim_{n\to\infty}\left\{(n!)^{\frac{1}{n^2}}\cdot\left[\sum_{k=n^2}^{(n+1)^2}\frac{1}{\sqrt{k}}+\sum_{k=1}^n\left((n^k+1)^{-\frac{1}{k}}+(n^k-1)^{-\frac{1}{k}}\right)\right]\right\}=4.$$

例52 (南京理工大学 2020) 证明:数列 $\{\tan n\}$ 的极限不存在.

【分析】 虽然证明或者求极限的方法很多,但是讨论极限不存在的方法主要有两种: (1) 找两个子数列,使其极限不相等;(2) 使用反证法.

证明 **方法一** 找两个子列使其极限不相等.对任何自然数 k,有
$$k\pi+\frac{\pi}{2}-\left(k\pi+\frac{\pi}{6}\right)=\frac{\pi}{3}>1.$$

于是一定存在正整数

$$n_k \in \left(2k\pi + \frac{\pi}{6}, 2k\pi + \frac{\pi}{2}\right).$$

于是 $\tan n_k > \frac{\sqrt{3}}{3}$.

同理,一定存在正整数

$$n_k \in \left((2k+1)\pi - \frac{\pi}{2}, (2k+1)\pi - \frac{\pi}{6}\right).$$

于是 $\tan n_k < -\frac{\sqrt{3}}{3}$. 于是数列不收敛.

方法二 反证法.假设极限存在,且 $\lim\limits_{n\to\infty}\tan n = a$. 由求和公式有

$$\tan(n+1) = \frac{\tan n + \tan 1}{1 - \tan n \tan 1}$$

$$\Rightarrow \lim_{n\to\infty}\tan(n+1) = \frac{\lim\limits_{n\to\infty}\tan n + \tan 1}{1 - \lim\limits_{n\to\infty}\tan n \tan 1}$$

$$\Rightarrow a = \frac{a + \tan 1}{1 - a\tan 1}.$$

求解上述方程可得 $a^2 = -1$,显然此解不满足题意,因为 $\tan x$ 的值域是全体实数,而此解是虚数.矛盾,假设不成立.

例53 (合肥工业大学) 求极限 $\lim\limits_{m\to\infty}\lim\limits_{n\to\infty}(\cos(m!\pi x))^n$.

【分析】 很多同学拿到此题的时候,可能即使不会做,也会盲猜答案不是0就是1.结果呢?说对也对,说不对也不对,说对有对的道理,说不对也有不对的理由.这取决于数列极限中的参数 x 取什么值.尽管盲猜错了,不表示不会找到正确的思路,毕竟失败是成功之母.盲猜也是有线索的盲猜.我们可以从最简单的整数开始,很快就可以得到极限是1,估计这也是同学们猜1的理由.整数是不是太特殊一点了呢?不是整数,那就是小数了,但小数分有理数和无理数.所以呢,我们必须分成两类进行讨论.

解 当 x 为有理数时,只要 m 充分大,就可以得到 $m!x$ 是偶整数,于是 $\cos(m!\pi x) = 1$. 因此,

$$\lim_{m\to\infty}\lim_{n\to\infty}(\cos(m!\pi x))^n = 1.$$

当 x 为无理数时,无论 m 取什么整数,$m!x$ 都不可能是整数,于是 $|\cos(m!\pi x)| < 1$.因此,

$$\lim_{m\to\infty}\lim_{n\to\infty}(\cos(m!\pi x))^n = 0.$$

例54 (北京1993) 设函数 $f(x)$ 在 $[0,1]$ 上有二阶连续导数,且 $f(0) = 0, f'(0) = 0, f''(0) > 0$. 在曲线 $y = f(x)$ 上任取一点 $(x, f(x))(x \neq 0)$ 作曲线的切线,此切线在 x 轴上的截距记作 c,

求极限 $\lim\limits_{x\to 0}\dfrac{xf(c)}{cf(x)}$.

【分析】 大部分同学看完此题后的感受是什么？是不是有无从入手的感觉？遇到这样的情况，最好的办法就是先冷静下来，不要先入为主地告诉自己"我不会做"。分析题中有哪些关键因素？哪些是给自己造成"无从入手"的困惑的？为什么会有这种困惑？绝大多数同学盲猜也知道解决此题的关键因素是题干中的 $f(0)=0, f'(0)=0, f''(0)>0$. 困惑应该来自所求极限的表达式中的一问三不知：函数 $f(x)$ 表达式未知，c 和 $f(c)$ 未知，x 与 c 的关系未知。那该如何确定这些未知呢？需要关键因素来确定，而如何使用这些关键因素呢？这些关键因素是函数值、一阶导数值和二阶导数值等信息，联系这些值的公式唯此一家，它就是 Taylor 公式，而且 0 点肯定是展开点，那么被展开点是谁？当然是藏在云雾中的 x 与 c 啊，这样 $f(x)$ 和 $f(c)$ 不就知道了吗？至于 x 与 c 的关系，根据题干的已知条件很轻松就可以求出来了。这就是解决此题的入手方法。

此外，再次重申题干中给出的在闭区间上的二阶连续可导以及在 0 点如此丰富的信息，相当于直接告诉你 —— 用 Taylor 公式。

解 曲线 $y=f(x)$ 在点 $(x, f(x))(x\neq 0)$ 的切线方程为 $Y-f(x)=f'(x)(X-x)$. 由此方程可求得切线在 x 轴上的截距 $c=x-\dfrac{f(x)}{f'(x)}$.

由 $f(0)=0, f'(0)=0, f''(0)>0$ 可知
$$x\to 0, \quad f(x)\sim o(x^2), \quad f'(x)\sim o(x).$$
于是
$$\lim_{x\to 0}c=\lim_{x\to 0}\left(x-\dfrac{f(x)}{f'(x)}\right)=\lim_{x\to 0}x-\lim_{x\to 0}\dfrac{f(x)}{f'(x)}=0.$$
利用 Taylor 公式将 $f(x)$ 和 $f(c)$ 在 $x=0$ 处展开，得到
$$f(x)=f(0)+f'(0)x+\dfrac{x^2}{2}f''(\xi)=\dfrac{x^2}{2}f''(\xi), \quad \xi\in(0,x);$$
$$f(c)=f(0)+f'(0)c+\dfrac{c^2}{2}f''(\eta)=\dfrac{c^2}{2}f''(\eta), \quad \eta\in(0,c).$$

将上两式代入所要求的极限，并运用导数的定义和已知条件 $f'(0)=0$ 可得

$$\lim_{x\to 0}\dfrac{xf(c)}{cf(x)}=\lim_{x\to 0}\dfrac{x}{c}\cdot\dfrac{\dfrac{c^2}{2}f''(\eta)}{\dfrac{x^2}{2}f''(\xi)}=\lim_{x\to 0}\dfrac{x-\dfrac{f(x)}{f'(x)}}{x}\cdot\dfrac{f''(\eta)}{f''(\xi)}=\lim_{x\to 0}\dfrac{xf'(x)-f(x)}{xf'(x)}$$

$$=\lim_{x\to 0}\dfrac{xf''(x)}{f'(x)+xf''(x)}=\lim_{x\to 0}\dfrac{f''(x)}{\dfrac{f'(x)}{x}+f''(x)}$$

$$=\dfrac{f''(0)}{f''(0)+f''(0)}=\dfrac{1}{2}.$$

例55 （莫斯科大学）求 $f(x)=\lim\limits_{n\to\infty}\sqrt[n]{1+x^n+\left(\dfrac{x^2}{2}\right)^n}$ 的表达式。

【分析】 只需要注意这是数列极限,变量 x 是参数.既然 x 贵为参数,就需要进行分类讨论了.具体分多少种情况进行讨论由等比数列以及所求数列的表达式决定.

解 当 $0 \leqslant |x| \leqslant 1$ 时,$f(x) = (1+0+0)^0 = 1$.

当 $x = 1$ 时,$f(x) = (2+0)^0 = 1$.

当 $x = -1$ 时,由于

$$f(x) = \lim_{n \to \infty} \sqrt[2n]{1 + (-1)^{2n} + \left(\frac{1}{2}\right)^{2n}} = 2^0 = 1,$$

$$f(x) = \lim_{n \to \infty} \sqrt[2n+1]{1 + (-1)^{2n+1} + \left(\frac{1}{2}\right)^{2n+1}} = \frac{1}{2},$$

于是当 $x = -1$ 时,$f(x)$ 无定义.

当 $1 \leqslant x \leqslant 2$ 时,

$$f(x) = \lim_{n \to \infty} \sqrt[n]{1 + x^n + \left(\frac{x^2}{2}\right)^n} = \lim_{n \to \infty} x \cdot \sqrt[n]{1 + \left(\frac{1}{x}\right)^n + \left(\frac{x}{2}\right)^n} = x.$$

当 $x = 2$ 时,

$$f(x) = \lim_{n \to \infty} \sqrt[n]{1 + 2 \cdot 2^n} = 2.$$

当 $|x| > 2$ 时,

$$f(x) = \lim_{n \to \infty} \sqrt[n]{1 + x^n + \left(\frac{x^2}{2}\right)^n} = \lim_{n \to \infty} \frac{x^2}{2} \cdot \sqrt[n]{\left(\frac{2}{x^2}\right)^n + \left(\frac{2}{x}\right)^n + 1} = \frac{x^2}{2}.$$

当 $-2 < x < -1$ 时,由于

$$f(x) = \lim_{n \to \infty} \sqrt[2n]{1 + x^{2n} + \left(\frac{x^2}{2}\right)^{2n}} = \lim_{n \to \infty} (-x) \cdot \sqrt[2n]{1 + \left(\frac{1}{x}\right)^{2n} + \left(\frac{x}{2}\right)^{2n}} = -x,$$

$$f(x) = \lim_{n \to \infty} \sqrt[2n+1]{1 + x^{2n+1} + \left(\frac{x^2}{2}\right)^{2n+1}} = \lim_{n \to \infty} x \cdot \sqrt[2n+1]{1 + \left(\frac{1}{x}\right)^{2n+1} + \left(\frac{x}{2}\right)^{2n+1}} = x,$$

于是当 $-2 < x < -1$ 时,$f(x)$ 无定义.

当 $x = -2$ 时,由于

$$f(x) = \lim_{n \to \infty} \sqrt[2n]{1 + 2 \cdot 2^{2n}} = 2, \quad f(x) = \lim_{n \to \infty} \sqrt[2n+1]{1 + 2^{2n+1} - 2^{2n+1}} = 1,$$

于是当 $x = -2$ 时,$f(x)$ 无定义.

例56 (华中科技大学 2023) 求解下面问题.

(1) 证明:方程 $(x+1)^{x+1} = \mathrm{e} x^x$ 有唯一实根.

(2) 设 $p(x) = x - x^2$,记 $[x]$ 为取整函数,即不超过 x 的最大整数,又设 $f(x)$ 为二阶连续可微函数,对任意非负整数 k,证明:

$$\int_k^{k+1} f(x) \mathrm{d}x = \frac{f(k+1) + f(k)}{2} - \frac{1}{2} \int_k^{k+1} f''(x) p(x - [x]) \mathrm{d}x.$$

(3) 若 β 是(1)中方程的根,计算极限

$$\lim_{n \to \infty} \left(\beta + \frac{1}{n}\right)\left(\beta + \frac{2}{n}\right)\left(\beta + \frac{3}{n}\right) \cdots \left(\beta + \frac{n}{n}\right).$$

【分析】 第一问属于中学里常见的问题,只是将所讨论的函数复杂化,本质上并不影响常规的解题思路 —— 介值定理和函数的单调性.

第二问外强中干,表面上很复杂,但本质上却很简单.可能很多同学会被所要求证明的等式右端吓唬住,那么这也说明你成功进入此题预设的陷阱中.其实,如果从左到右的证明不容易,那就试试从右到左进行证明,就可以迅速搞定.

第三问,如果只看此问:无穷多项的乘积求极限.常规的解题方法是:先取对数转化为求和,然后利用定积分的定义求极限,但是此题无法使用定积分的定义,因为题中没有区间长度.注意到已经是第三问,肯定要使用前两问的结论.特别是第二问,不能直接使用定积分定义来解决此题,但第二问提供了积分,也就是间接地使用定积分来解决此题,那么剩下的任务就是,如何将已经转换成的求和项通过变形手术使其成为第二问中的项.这个问题就变成显而易见的了.如下:

$$\ln\left[\left(\beta+\frac{1}{n}\right)\left(\beta+\frac{2}{n}\right)\left(\beta+\frac{3}{n}\right)\cdots\left(\beta+\frac{n}{n}\right)\right]=\ln\left(\beta+\frac{1}{n}\right)+\cdots+\ln\left(\beta+\frac{n}{n}\right)$$
$$=\frac{1}{2}\ln\left(\beta+\frac{1}{n}\right)+\frac{1}{2}\sum_{k=1}^{n-1}\left[\ln\left(\beta+\frac{k}{n}\right)+\ln\left(\beta+\frac{k+1}{n}\right)\right]+\frac{1}{2}\ln\left(\beta+\frac{n}{n}\right).$$

于是剩下的就是计算了.

解 (1) 设 $F(x)=(x+1)^{x+1}-ex^x$,则 $F(x)$ 在 $(0,\infty)$ 上连续可导.另外,由

$$\lim_{x\to 0+}x^x=1$$

可知 $\lim_{x\to 0+}F(x)=1-e<0$. 显然有 $F(1)=4-e$. 所以由介值定理, $F(x)$ 在区间 $(0,1)$ 上至少存在一个根,从而得到原方程至少有一个根.在 $(0,\infty)$ 上,方程 $(x+1)^{x+1}=ex^x$ 与方程 $(1+x)\left(1+\frac{1}{x}\right)^x=e$ 是同解方程.令 $G(x)=(1+x)\left(1+\frac{1}{x}\right)^x-e$,则

$$G'(x)=(1+x)\left(1+\frac{1}{x}\right)^x\ln\left(1+\frac{1}{x}\right)>0,\quad\forall x\in(0,\infty),$$

可知 $G(x)$ 在 $(0,\infty)$ 上单调递增,从而原方程有唯一实根,且在 $(0,1)$ 上.

(2) 当 $k\leqslant x\leqslant k+1$ 时, $[x]=k$. 于是通过分部积分可得

$$\int_k^{k+1}f''(x)p(x-[x])\mathrm{d}x=\int_k^{k+1}f''(x)[x-k-(x-k)^2]\mathrm{d}x$$
$$=f'(x)(x-k)\Big|_k^{k+1}-f(k+1)+f(k)-f'(x)(x-k)^2\Big|_k^{k+1}$$
$$\quad+2\int_k^{k+1}f'(x)(x-k)\mathrm{d}x$$
$$=f(k+1)+f(k)-2\int_k^{k+1}f(x)\mathrm{d}x.$$

整理可得第二问结论.

(3) β 是(1)中方程的根,即 $(\beta+1)^{\beta+1}=e\beta^\beta$,记 $l_n(x)=\ln\left(\beta+\frac{x}{n}\right)$, $n=1,2,3,\cdots$,则由第二问可得

$$(l_n(0)+l_n(1))+(l_n(1)+l_n(2))+\cdots+(l_n(n-1)+l_n(n))$$
$$=2\int_0^n l_n(x)\mathrm{d}x+\int_0^n l_n''(x)p(x-[x])\mathrm{d}x. \tag{1}$$

注意到 $0 \leqslant p(x) \leqslant \dfrac{1}{4}$,且 $l_n''(x) = -\dfrac{1}{(n\beta+x)^2}$,于是有

$$\left|\int_0^n l_n''(x)p(x-[x])\mathrm{d}x\right| \leqslant \int_0^n \dfrac{1}{4(n\beta+x)^2}\mathrm{d}x < \dfrac{1}{4n\beta^2}.$$

通过对 $l_n(x)$ 积分以及 β 是(1)中方程的根,可得

$$\int_0^n l_n(x)\mathrm{d}x = n[(\beta+1)\ln(\beta+1) - \beta\ln\beta - 1] = 0.$$

由公式(1)以及上面的结果可得

$$\sum_{k=1}^n l_n(k) = \int_0^n l_n(x)\mathrm{d}x + \dfrac{1}{2}\int_0^n l_n''(x)p(x-[x])\mathrm{d}x + \dfrac{1}{2}(l_n(n) - l_n(0))$$

$$= \dfrac{1}{2}\int_0^n l_n''(x)p(x-[x])\mathrm{d}x + \dfrac{1}{2}(\ln(\beta+1) - \ln\beta)$$

$$\to \dfrac{1}{2}\ln\left(1 + \dfrac{1}{\beta}\right), \quad n \to \infty.$$

因此可求极限

$$\lim_{n\to\infty}\left(\beta + \dfrac{1}{n}\right)\left(\beta + \dfrac{2}{n}\right)\left(\beta + \dfrac{3}{n}\right)\cdots\left(\beta + \dfrac{n}{n}\right) = \lim_{n\to\infty} \mathrm{e}^{\sum_{k=1}^n l_n(k)} = \sqrt{1 + \dfrac{1}{\beta}}.$$

例57 (**武汉大学**) 设函数 $f(x)$ 在区间 $(a, +\infty)$ 内可导(其中常数 $a > 0$),且 $\lim\limits_{x\to+\infty}(2f(x) + f'(x)) = 1$,求证:(1) $\lim\limits_{x\to+\infty}\mathrm{e}^{2x}f(x) = +\infty$;(2) $\lim\limits_{x\to+\infty}f'(x) = 0$.

【分析】 这是一道非常少见的题,证明一个函数的极限是无穷大.看见这样的类型 $(2f(x) + f'(x))$,基本就是构造辅助函数的套路吧.结合题中的结论,辅助函数毫无疑问是 $\mathrm{e}^{2x}f(x)$.同时有 $(\mathrm{e}^{2x}f(x))' = \mathrm{e}^{2x}(2f(x) + f'(x))$,基于已知条件,很快得到辅助函数的导函数的极限是正无穷大.说明辅助函数 $\mathrm{e}^{2x}f(x)$ 在 x 充分大后,是单调递增的,且到无穷大.这些直观上的感受,要如何证明呢?有哪些方法呢?可能我们的第一反应就是证明它的倒数是无穷小,但题干中无任何关于无穷小的信息,所以此思路被否决.反证法呢?假设结论不成立,那么 $\mathrm{e}^{2x}f(x)$ 的极限要么存在且为有界数,要么不存在(比如,存在很多不同的值).如果是前者,可以得到矛盾;但如果是后者,由于信息完全不清楚,无法推出任何矛盾信息,所以反证法也不行.那还有什么方法呢?我们千万别忽略了等价无穷大,寻找一个与它等价的无穷大函数,此函数是谁呢?显而易见,就是 e^{2x}.

证明 (1) 由 $(\mathrm{e}^{2x}f(x))' = \mathrm{e}^{2x}(2f(x) + f'(x))$,故 $\dfrac{(\mathrm{e}^{2x}f(x))'}{\mathrm{e}^{2x}} = 2f(x) + f'(x)$.

而 $\lim\limits_{x\to+\infty}(2f(x) + f'(x)) = 1$,故 $\lim\limits_{x\to+\infty}\dfrac{(\mathrm{e}^{2x}f(x))'}{\mathrm{e}^{2x}} = 1$,即

$$\lim_{x\to+\infty}\dfrac{\mathrm{e}^{2x}f(x)}{\dfrac{1}{2}\mathrm{e}^{2x}} = \lim_{x\to+\infty}\dfrac{(\mathrm{e}^{2x}f(x))'}{\left(\dfrac{1}{2}\mathrm{e}^{2x}\right)'} = 1.$$

又 $\lim\limits_{x\to+\infty}\dfrac{1}{2}\mathrm{e}^{2x} = +\infty$,所以 $\mathrm{e}^{2x}f(x)$ 与 $\dfrac{1}{2}\mathrm{e}^{2x}$ 为等价无穷大,故

$$\lim_{x \to +\infty} e^{2x} f(x) = +\infty.$$

(2) 由 $\lim_{x \to +\infty}(2f(x) + f'(x)) = 1$, 且

$$\lim_{x \to +\infty} f(x) = \lim_{x \to +\infty} \frac{e^{2x} f(x)}{e^{2x}} = \lim_{x \to +\infty} \frac{2f(x) + f'(x)}{2} = \frac{1}{2},$$

可知 $\lim_{x \to +\infty} f'(x)$ 存在, 且有 $\lim_{x \to +\infty} 2f(x) + \lim_{x \to +\infty} f'(x) = 1$. 故 $\lim_{x \to +\infty} f'(x) = 0$.

例58 (**武汉大学**) 若有 $x_n = \frac{3}{2} \cdot \frac{5}{4} \cdot \frac{17}{16} \cdots \cdot \frac{2^{2^n}+1}{2^{2^n}}$, 求极限 $\lim_{n \to \infty} x_n$.

解 由 $x_n = \left(1 + \frac{1}{2}\right)\left(1 + \frac{1}{2^2}\right)\left(1 + \frac{1}{2^{2^2}}\right)\cdots\left(1 + \frac{1}{2^{2^n}}\right)$, 在式子右端乘以 $\dfrac{1-\frac{1}{2}}{1-\frac{1}{2}}$, 再对分子反复运用平方差公式, 得

$$x_n = \left(1 + \frac{1}{2}\right)\left(1 + \frac{1}{2^2}\right)\left(1 + \frac{1}{2^{2^2}}\right)\cdots\left(1 + \frac{1}{2^{2^n}}\right) = \frac{1 - \left(\frac{1}{2^{2^n}}\right)^2}{1 - \frac{1}{2}},$$

从而得 $\lim_{n \to \infty} x_n = 2$.

例59 (**南开大学 2013**) 设 $\{a_n\}$ 是一个数列, 且 $S_n = \sum_{i=1}^{n} a_i$ 为其部分和.

(1) 若 $\lim_{n \to \infty} a_n = 0$ 时, 证明: $\lim_{n \to \infty} \frac{S_n}{n} = 0$.

(2) 设 $\{S_n\}$ 有界, 若 $\lim_{n \to \infty}(a_{n+1} - a_n) = 0$, 证明: $\lim_{n \to \infty} a_n = 0$.

(3) 当 $\lim_{n \to \infty} \frac{S_n}{n} = 0$ 且 $\lim_{n \to \infty}(a_{n+1} - a_n) = 0$ 时, 能否推出 $\lim_{n \to \infty} a_n = 0$?

【**分析**】 第一问实际上可以看作一个结论: 数列的极限等于此数列平均值的极限. 最常见的处理方法是使用 Stolz 定理 (因为是数列的分式求极限), 这是一种理所当然的选择. 此外, 没有数列通项表达, 但它的极限已知, 这是使用数列极限定义的标识符, 由此, 数列极限的定义也是方法之一.

第二问是不是有种看似很简单, 但就是不知道如何下手的感觉? 如果直接证明行不通, 那就用间接的证明方法——反证法. 俗话说, 退一步海阔天空. 当假设极限不等于 0 时, 就可以得到数列之和不是有界的矛盾了.

第三问, 满足这样条件的数列一般应是跳跃型的数列, 数列值一会儿为正, 一会儿为负, 这样的数列是如何构造出来的? 当我们想到常见的函数——三角函数时, 就会明白能满足一会儿正、一会儿负, 可以正负交替出现的条件是什么了. 解题思路是, 数列围绕 $\sin n$ 或者 $\cos n$ 进行调整.

解 (1) **方法一** 由 Stolz 定理可知

$$\lim_{n\to\infty}\frac{S_n}{n}=\lim_{n\to\infty}\frac{S_n-S_{n-1}}{n-(n-1)}=\lim_{n\to\infty} a_n=0.$$

方法二 因为 $\lim_{n\to\infty} a_n=0$，由极限的定义可知 $\forall \varepsilon>0$, $\exists N_1>0$, 当 $n>N_1$ 时，恒有 $|a_n|<\dfrac{\varepsilon}{2}$. 因此，当 $n>N_1$ 时，

$$\left|\frac{S_n}{n}\right|=\left|\frac{a_1+a_2+\cdots+a_{N_1}}{n}+\frac{a_{N_1+1}+a_{N_1+2}+\cdots+a_n}{n}\right|$$

$$\leqslant\frac{|a_1+a_2+\cdots+a_{N_1}|}{n}+\frac{|a_{N_1+1}+a_{N_1+2}+\cdots+a_n|}{n}$$

$$<\frac{|a_1+a_2+\cdots+a_{N_1}|}{n}+\frac{(n-N_1)\varepsilon}{2n}$$

$$<\frac{|a_1+a_2+\cdots+a_{N_1}|}{n}+\frac{\varepsilon}{2}.$$

另外，存在 $N>N_1$，当 $n>N$ 时，有 $\dfrac{|a_1+a_2+\cdots+a_{N_1}|}{n}<\dfrac{\varepsilon}{2}$. 所以 $\left|\dfrac{S_n}{n}\right|<\dfrac{\varepsilon}{2}+\dfrac{\varepsilon}{2}=\varepsilon$，即证出 $\lim_{n\to\infty}\dfrac{S_n}{n}=0$.

(2) 反证法，不妨设 $\lim_{n\to\infty} a_n=A\neq 0$. 由 $\lim_{n\to\infty}(a_{n+1}-a_n)=0$，且 $\{S_n\}$ 有界，易推出 $\{a_n\}$ 收敛. 而 $S_n=S_N+a_{N+1}+\cdots+a_n\to\infty$，矛盾！所以假设不成立，即有 $\lim_{n\to\infty} a_n=0$.

(3) 不能. 反例：$a_n=\cos\sqrt{n}$.

第1章习题

1. 求极限 $\lim\limits_{x\to 0}\dfrac{\ln(e^{\sin x}+\sqrt[3]{1-\cos x})-\sin x}{\arcsin(2024\cdot\sqrt[3]{1-\cos x})}$.

提示：运用等价无穷小. 答案：$\dfrac{1}{2024}$.

2. (四川大学 2022) 求极限 $\lim\limits_{x\to 0}\dfrac{1-\cos x\sqrt{\cos 2x}\sqrt[3]{\cos 3x}\cdots\sqrt[2022]{\cos 2022x}}{x^2}$.

提示：取对数，并运用三次等价无穷小. 答案：$\dfrac{1}{2}\times 2023\times 1011$.

3. (电子科技大学) 设二元函数 $f(x,y)$ 可微，$f'_x(x,y)=-f(x,y)$，$f\left(0,\dfrac{\pi}{2}\right)=1$，且满足 $\lim\limits_{n\to\infty}\left[\dfrac{f\left(0,y+\dfrac{1}{n}\right)}{f(0,y)}\right]^n=e^{\cot y}$. 求 $f(x,y)$.

提示：利用重要极限求极限的方法，并解常微分方程. 答案：$f(x,y)=e^{-x}\sin y$.

4. (武汉大学) 设函数 $f(x)$ 可导，且

$$f(0)=0, \quad F(x)=\int_0^x t^{n-1}f(x^n-t^n)\mathrm{d}t,$$

求极限 $\lim\limits_{x\to 0}\dfrac{F(x)}{x^{2n}}$.

提示:运用换元法、L'Hospital 法则和导数定义.答案: $\dfrac{1}{2n}f'(0)$.

5. (四川大学 2022) 设 $F(x)=\int_0^x \dfrac{1-\cos t}{t}\mathrm{d}t$, $G(x)=\int_0^x \dfrac{t-\sin t}{t}\mathrm{d}t$, 求 $\lim\limits_{x\to 0}\dfrac{F(G(x))}{G(F(x))}$.

提示:运用 L'Hospital 法则或者等价无穷小, $\lim\limits_{x\to 0}\dfrac{F(x)}{x^2}=\dfrac{1}{4}$, $\lim\limits_{x\to 0}\dfrac{G(x)}{x^3}=\dfrac{1}{18}$.答案: $\dfrac{8}{9}$.

6. (南京航空航天大学 2023) 求极限 $\lim\limits_{x\to 0}\dfrac{\dfrac{1}{\mathrm{e}}(1+x)^{\frac{1}{x}}-1+\dfrac{x}{2}}{x^2}$.

提示:运用 Taylor 公式和取对数.答案: $\dfrac{11}{24}$.

7. (北京交通大学 2016) 设函数 $f(x)$ 在 x_0 附近二阶可导,且 $f''(x_0)\neq 0$, 对 $\forall h\in \mathbf{R}$,
$$f(x_0+h)=f(x_0)+f'(x_0+\theta h)h, \quad \theta\in(0,11)$$

成立,证明: $\lim\limits_{h\to 0}\theta=\dfrac{1}{2}$.

提示:用 Taylor 公式与已知条件进行对比.

8. (电子科技大学) 求 $I=\lim\limits_{x\to 0}\dfrac{1}{x}\int_0^x[1+f(t-\sin t+1,\sqrt{1+t^3}+1)]^{\frac{1}{\ln(1+t^3)}}\mathrm{d}t$, 其中二元函数 $f(x,y)$ 具有连续偏导数,且 $\forall t\in(-\infty,+\infty)$ 均有 $f(tu,tv)=t^2 f(u,v)$, $f(1,2)=0$, $f'_u(1,2)=3$.

提示:运用 L'Hospital 法则、取对数、Taylor 公式、链式法则和等价无穷小.答案: $\mathrm{e}^{-\frac{1}{4}}$.

9. (四川大学 2021) 设函数 $f(x)$ 在 $(-1,1)$ 上 2021 阶可导,且 $f^{(2021)}(0)\neq 0$. 当 $|x|<1$ 时,若
$$f(x)=f(0)+\sum_{n=1}^{2019}\dfrac{f^{(n)}(0)}{n!}x^n+\dfrac{f^{(2020)}(\theta x)}{2020!}x^{2020},$$

求极限 $\lim\limits_{x\to 0}\theta$.

提示:运用 Taylor 公式.答案: $\dfrac{1}{2021}$.

10. (安徽工业大学 2023) 求极限 $\lim\limits_{n\to\infty}n\left(\dfrac{\sin\dfrac{\pi}{n}}{n^2+1}+\dfrac{\sin\dfrac{2\pi}{n}}{n^2+2}+\cdots+\dfrac{\sin\pi}{n^2+n}\right)$.

提示:运用定积分的定义.答案: $\dfrac{2}{\pi}$.

11. (北京交通大学 2016) 求极限 $\lim\limits_{n\to\infty}n\left\{\dfrac{\cos\dfrac{\pi}{2n}}{n^2+1}+\dfrac{\cos\dfrac{2\pi}{2n}}{n^2+2}+\cdots+\dfrac{\cos\dfrac{n\pi}{2n}}{n^2+n}\right\}$.

提示:采用定积分的定义.答案:$\dfrac{2}{\pi}$.

12.（四川大学 2021）求极限 $\lim\limits_{n\to\infty}\left[\ln\left(1+\dfrac{1}{n^2}\right)+\ln\left(1+\dfrac{2}{n^2}\right)+\cdots+\ln\left(1+\dfrac{n}{n^2}\right)\right]$.

提示:采用夹逼准则和定积分的定义.答案:$\dfrac{1}{2}$.

13.（四川大学 2021）求极限 $\lim\limits_{n\to\infty}\sum\limits_{k=1}^{n}\left(k^{2019}\int_{k}^{n}\dfrac{\mathrm{d}x}{x^{2021}+n^{2021}}\right)$.

提示:令 $t=\dfrac{x}{n}$,采用定积分的定义.答案:$\dfrac{\ln 2}{2020\times 2021}$.

14. 求极限 $\lim\limits_{n\to\infty}\left(1+\sqrt{\dfrac{1}{n}}\right)^{\frac{1}{\sqrt{n}}}\cdot\left(1+\sqrt{\dfrac{2}{n}}\right)^{\frac{1}{\sqrt{2n}}}\cdot\cdots\cdot\left(1+\sqrt{\dfrac{n}{n}}\right)^{\frac{1}{\sqrt{n^2}}}$.

提示:取对数,并运用定积分的定义.答案:$\dfrac{16}{\mathrm{e}^2}$.

15.（四川大学 2023）已知 $x_1=\dfrac{\pi}{2023}$,$y_1=\dfrac{\pi}{2022}$,且 $x_{n+1}=\sin x_n$,$y_{n+1}=\sin y_n$,其中 $n=1,2,\cdots$. 求极限 $\lim\limits_{n\to+\infty}\dfrac{x_n}{y_n}$.

提示:证明 $x_n^2\sim\dfrac{3}{n}$,由 Stolz 定理有

$$\lim_{n\to\infty}\dfrac{n}{\left(\dfrac{1}{x_n}\right)^2}=\lim_{n\to\infty}\dfrac{n-(n-1)}{\left(\dfrac{1}{x_n}\right)^2-\left(\dfrac{1}{x_{n-1}}\right)^2}=\lim_{n\to\infty}\dfrac{x_n^2 x_{n-1}^2}{x_{n-1}^2-x_n^2}=\lim_{n\to\infty}\dfrac{x_n^2 x_{n-1}^2}{(x_{n-1}+x_n)(x_{n-1}-x_n)}$$

$$=\lim_{n\to\infty}\dfrac{(\sin x_{n-1})^2 x_{n-1}^2}{(x_{n-1}+\sin x_{n-1})\cdot(x_{n-1}-\sin x_{n-1})}=\lim_{n\to\infty}\dfrac{x_{n-1}^4}{2x_{n-1}\cdot\dfrac{1}{6}x_{n-1}^3}=3.$$

16.（电子科技大学）设函数 $f(x)$ 在 $[a,b]$ 上连续,证明:

$$\lim_{h\to 0^+}\int_0^1\dfrac{h}{h^2+x^2}f(x)\mathrm{d}x=\dfrac{\pi}{2}f(0).$$

提示:注意到 $\lim\limits_{h\to 0^+}\int_0^1\dfrac{h}{h^2+x^2}f(0)\mathrm{d}x=\dfrac{\pi}{2}f(0)$. 再利用极限的定义进行证明.

17.（安徽 2021）设函数 $f(x)$ 在 $[0,1]$ 上连续且 $f(x)>0$,证明:

(1) 存在唯一的 $a\in(0,1)$,使得 $\int_0^a f(t)\mathrm{d}t=\int_a^1\dfrac{1}{f(t)}\mathrm{d}t$.

(2) 对任意的正整数 n,存在唯一的 $x_n\in(0,1)$,使得 $\int_{\frac{1}{n}}^{x_n}f(t)\mathrm{d}t=\int_{x_n}^1\dfrac{1}{f(t)}\mathrm{d}t$,并且 $\lim\limits_{n\to\infty}x_n=a$.

提示:(1) 作辅助函数 $F(x)=\int_0^x f(t)\mathrm{d}t-\int_x^1\dfrac{1}{f(t)}\mathrm{d}t$,$x\in[0,1]$,运用零点存在定理.

(2) 作辅助函数 $F_n(x)=\int_{\frac{1}{n}}^x f(t)\mathrm{d}t-\int_x^1\dfrac{1}{f(t)}\mathrm{d}t$,$x\in[0,1]$,运用单调有界准则.

18.（安徽 2021）求极限
$$\lim_{x\to+\infty}\frac{\int_0^x \frac{\sin^2 t}{1+\cos^2 t}\,\mathrm{d}t}{\int_0^x \frac{1}{1+\cos^2 t}\,\mathrm{d}t}.$$

提示：使用例 32 的证明技巧．或者先证明一个关键结论：设 $f(x)$ 是以 T 为周期的连续函数，则 $\lim_{x\to\infty}\frac{1}{x}\int_0^x f(x)\,\mathrm{d}t = \frac{1}{T}\int_0^T f(x)\,\mathrm{d}x$．有了这个结论就可以计算极限，此时，转化为求两个定积分的商．而证明上述结论需要构造辅助函数：
$$g(x) = \int_0^x f(t)\,\mathrm{d}t - \frac{x}{T}\int_0^T f(x)\,\mathrm{d}x.$$

19.（安徽大学 2022）求极限 $\lim_{n\to\infty} n^2 \cdot \left[\left(1+\frac{1}{n+1}\right)^{n+1} - \left(1+\frac{1}{n}\right)^n\right]$．

提示：采用 Lagrange 中值定理较为简单，或者采用等价无穷小等，都能计算．答案：$\dfrac{\mathrm{e}}{2}$．

20. 设 $f(x,y)$ 连续，$f(0,0)=0$，$f(x,y)$ 在 $(0,0)$ 可微且 $f_y'(0,0)=1$，求极限
$$\lim_{x\to 0}\frac{\int_0^{x^3}\mathrm{d}t\int_{\sqrt[3]{t}}^x f(t,u)\,\mathrm{d}u}{1-\sqrt[3]{1-x^5}}.$$

提示：交换积分顺序，并运用 L'Hospital 法则和可微定义．答案：$\dfrac{9}{20}$．

21.（武汉大学 2018）设 $f(x)$ 连续可微，如果极限 $\lim_{n\to\infty} n\left(A - \sum_{k=1}^n f\left(\dfrac{k}{n}\right)\right) = B$，求 A 和 B．

提示：参见例 48 的方法一或者第 2 章的例 58．

第2章 中值定理的应用

中值定理是一系列定理的统称,主要讨论在开区间上存在一点使得某等式成立的问题,其中包括介值定理(最值定理、零点存在定理)、Fermat 定理,Rolle 中值定理,Lagrange 中值定理,Cauchy 中值定理,Taylor 公式和积分中值定理.在这里,我们将最值定理和零点存在定理看成介值定理的特殊情况.

最值定理 闭区间上的连续函数一定存在最大值和最小值.

介值定理 闭区间上的连续函数可以取得介于区间端点的两个不同函数值之间的任何值.

零点存在定理 如果闭区间上的连续函数在两个端点处的函数值异号,则在开区间上至少存在一个零点.

Fermat 定理 如果函数 $f(x)$ 在 a 点处取极值,且 $f'(a)$ 存在,则 $f'(a)=0$.

Rolle 中值定理 如果函数 $f(x)$ 在 $[a,b]$ 上连续,在 (a,b) 上可导,且 $f(a)=f(b)$,那么至少存在一点 $\xi \in (a,b)$,使得 $f'(\xi)=0$.

Lagrange 中值定理 如果函数 $f(x)$ 在 $[a,b]$ 上连续,在 (a,b) 上可导,那么至少存在一点 $\xi \in (a,b)$,使得 $f'(\xi)=\dfrac{f(b)-f(a)}{b-a}$.

Cauchy 中值定理 如果函数 $f(x),g(x)$ 在 $[a,b]$ 上连续,在 (a,b) 上可导,$g'(x)\neq 0$.那么至少存在一点 $\xi \in (a,b)$,使得 $\dfrac{f'(\xi)}{g'(\xi)}=\dfrac{f(b)-f(a)}{g(b)-g(a)}$.

Taylor 公式 如果函数 $f(x)$ 在 (a,b) 上具有 $n+1$ 阶导数,那么对任何 $x_0,x \in (a,b)$,都有

$$f(x)=f(x_0)+f'(x_0)(x-x_0)+\frac{f''(x_0)}{2!}(x-x_0)^2+\cdots$$
$$+\frac{f^{(n)}(x_0)}{n!}(x-x_0)^n+\frac{f^{(n+1)}(\xi)}{(n+1)!}(x-x_0)^{n+1}, \quad \xi \in (x,x_0).$$

积分中值定理 如果函数 $f(x)$ 在 $[a,b]$ 上连续,则存在 $\xi \in [a,b]$,使得

$$\int_a^b f(x)\mathrm{d}x = f(\xi)(b-a)$$

成立.

2.1 介值定理

例1 (北京1990) 证明:方程 $x^{2n}+a_1x^{2n-1}+\cdots+a_{2n-1}x-1=0, n\in \mathbf{Z}^+$ 至少有两个实根.

【分析】 很容易发现方程的左边 $f(x)=x^{2n}+a_1x^{2n-1}+\cdots+a_{2n-1}x-1$,在 $x=0$ 时,函数值 $f(0)=-1$,以及 $x\to\pm\infty$ 时,函数值也趋近正无穷大,由此得到异号.这可以说明存在以及至少存在两个根,但问题是介值定理的条件是闭区间.因此,这样的逻辑推导是有问题的.由此,想达成介值定理中闭区间的条件则需要通过合适的方式构造出闭区间.如何构造呢? 可以利用 $\lim_{x\to\infty}f(x)=+\infty$ 的定义.

证明 设 $f(x)=x^{2n}+a_1x^{2n-1}+\cdots+a_{2n-1}x-1$ 是多项式函数,在全体实数上连续,且
$$f(0)=-1, \quad \lim_{x\to\infty}f(x)=+\infty.$$

由上面公式的极限和极限的定义可知:

(1) 在 x 的正方向上必存在充分大的 $x_1>0$,使得 $f(x_1)>0$.由零点存在定理可知,至少有一点 $\xi_1\in(0,x_1)$,使得 $f(\xi_1)=0$.

(2) 在 x 的负方向上必存在绝对值充分大的 $x_2<0$,使得 $f(x_2)>0$.由零点存在定理可知,至少有一点 $\xi_2\in(x_2,0)$,使得 $f(\xi_2)=0$.

综合上述可得,至少有两个实数根.

例2 (北京1991) 设 $f_n(x)=C_n^1\cos x-C_n^2\cos^2 x+\cdots+(-1)^{n-1}C_n^n\cos^n x$,求证:

(1) 对于任何自然数 n,方程 $f_n(x)=\dfrac{1}{2}$ 在区间 $\left(0,\dfrac{\pi}{2}\right)$ 内只有一根.

(2) 设 $x_n\in\left(0,\dfrac{\pi}{2}\right)$ 满足 $f_n(x_n)=\dfrac{1}{2}$,则 $\lim_{n\to\infty}x_n=\dfrac{\pi}{2}$.

【分析】 此题的思路是只要发现了二项展开式,就没有任何难度了.

证明 (1) 运用二项式展开定理可得
$$f_n(x)=C_n^1\cos x-C_n^2\cos^2 x+\cdots+(-1)^{n-1}C_n^n\cos^n x=1-(1-\cos x)^n.$$

显然有函数 $f_n(x)$ 在区间 $\left[0,\dfrac{\pi}{2}\right]$ 上连续,又 $f_n(0)=1, f_n\left(\dfrac{\pi}{2}\right)=0$,所以由介值定理可知,存在 $x_n\in\left(0,\dfrac{\pi}{2}\right)$,使得 $f_n(x_n)=\dfrac{1}{2}$.又
$$f_n'(x)=-n(1-\cos x)^{n-1}\sin x<0, \quad x\in\left(0,\dfrac{\pi}{2}\right).$$

函数 $f_n(x)$ 在区间 $\left(0,\dfrac{\pi}{2}\right)$ 上严格单调递减,所以根唯一.

(2) 由方程 $f_n(x_n)=1-(1-\cos x_n)^n=\dfrac{1}{2}$,可解得 $x_n=\arccos\left(1-\sqrt[n]{\dfrac{1}{2}}\right)$,则

$$\lim_{n\to\infty} x_n = \lim_{n\to\infty} \arccos\left(1-\sqrt[n]{\frac{1}{2}}\right) = \arccos 0 = \frac{\pi}{2}.$$

例3 (北京 1991) 设 $f(x), g(x)$ 为有界闭区间 I 上的连续函数,且有数列 $\{x_n\} \subset I$,使 $f(x_{n+1}) = g(x_n)$. 证明:至少存在一点 $x_0 \in I$,使 $f(x_0) = g(x_0)$.

【分析】 方法一. 看到此题,可能我们会感觉 x_0 应该是数列的极限,如果继续跟着感觉走,自然而然地会对 $f(x_{n+1}) = g(x_n)$ 两边取极限,即 $\lim_{n\to\infty} f(x_{n+1}) = \lim_{n\to\infty} g(x_n)$,也就顺理成章得到 $f(\lim_{n\to\infty} x_{n+1}) = g(\lim_{n\to\infty} x_n)$,从而得出结论.这样的感觉对吗? 回答是既对又不对,对的是整体思路框架正确,不对的是还有两方面的细节需要解决:两个数列 $\{f(x_{n+1})\}$ 和 $\{g(x_n)\}$ 的极限的存在性和 $\{x_n\}$ 的极限存在性. 数列 $\{f(x_{n+1})\}$ 和 $\{g(x_n)\}$ 极限的存在性会导致 $\{x_n\}$ 极限的存在性,所以关键是证明两个数列 $\{f(x_{n+1})\}$ 和 $\{g(x_n)\}$ 的极限的存在性. 如何证明就是如何认知题干中几乎唯一的条件 $f(x_{n+1}) = g(x_n)$. 此等式是否可以判断出 $f(x_n)$ 与 $g(x_n)$ 的大小关系? 答案是肯定的. 若相等,则结论得到证明; 若不等,也即 $f(x_n) > g(x_n)$ 或者 $f(x_n) < g(x_n)$,再结合 $f(x_{n+1}) = g(x_n)$,是不是单调数列就出现了.

方法二. 对于证明"至少存在一点"这样的题,反证法也是非常不错的选择. 反设之后,会有一种海阔天空的感觉. 因为反设不存在这样的点,马上就可得到 $f(x) - g(x) > \delta > 0$ 或者 $f(x) - g(x) < \delta < 0$ 这样非常精妙的条件,然后再结合题干中的条件去寻找矛盾,就得到想要的结论.

证明 **方法一** 为了讨论方便,不妨假设 $f(x_1) < g(x_1)$. 如果相等,那么 x_1 就是我们要找的根 x_0.

(1) 假设存在某个正整数 n_0,使得 $f(x_{n_0}) > g(x_{n_0})$,那么由函数的连续性和介值定理,我们可以得到:至少存在一点 $x_0 \in (\min\{x_1, x_{n_0}\}, \max\{x_1, x_{n_0}\}) \subset I$,使得 $f(x_0) = g(x_0)$ 成立.

(2) 如果上述假设不成立,那么就有:对任何正整数 n,使得 $f(x_n) < g(x_n)$.由已知条件和上面的不等式可得
$$f(x_{n+1}) = g(x_n) > f(x_n) = g(x_{n-1}).$$
因此数列 $\{f(x_n)\}$ 和 $\{g(x_n)\}$ 是单调增加的.

因为 $f(x), g(x)$ 为有界闭区间 I 上的连续函数,则数列 $\{f(x_n)\}$ 和 $\{g(x_n)\}$ 是有界的,由单调有界数列必有极限可知
$$\lim_{n\to\infty} f(x_n) = \lim_{n\to\infty} g(x_n) = a.$$
根据上面的极限以及函数的连续性,我们可以选取数列 $\{x_n\}$ 的一个收敛子列 $\{x_{n_k}\}$,使得
$$f(x_0) = f(\lim_{k\to\infty} x_{n_k}) = g(\lim_{k\to\infty} x_{n_k}) = g(x_0) = a.$$

方法二 反证法. 假设不存在这样的根 $x_0 \in I$,使 $f(x_0) = g(x_0)$. 根据函数闭区间上的连续性,那么必然有如下的结论:在闭区间上必有 $f(x) - g(x) > 0$ 或者 $f(x) - g(x) < 0$.

不妨假设前者成立,则存在常数 $\delta > 0$,使得对于任何 $x \in I$,都有
$$f(x) - g(x) > \delta.$$
由已知条件,对任何自然数有

$$f(x_{n+1}) = g(x_n) = g(x_n) - f(x_n) + f(x_n) = g(x_n) - f(x_n) + g(x_{n-1})$$
$$= [g(x_n) - f(x_n)] + [g(x_{n-1}) - f(x_{n-1})] + f(x_{n-1})$$
$$= [g(x_n) - f(x_n)] + [g(x_{n-1}) - f(x_{n-1})] + g(x_{n-2})$$
$$= [g(x_n) - f(x_n)] + [g(x_{n-1}) - f(x_{n-1})] + [g(x_{n-2}) - f(x_{n-2})]$$
$$+ \cdots + [g(x_2) - f(x_2)] + g(x_1).$$

综合上面两个公式可得
$$f(x_{n+1}) = [g(x_n) - f(x_n)] + [g(x_{n-1}) - f(x_{n-1})] + [g(x_{n-2}) - f(x_{n-2})]$$
$$+ \cdots + [g(x_2) - f(x_2)] + g(x_1)$$
$$< -(n-1)\delta + g(x_1).$$

从上面的不等式可以推出,当 $n \to \infty$ 时,$f(x_{n+1}) \to -\infty$,也即无界.这与有界闭区间上的连续函数是有界的相矛盾,因此,命题成立.

例 4 设对任意 $x, y \in [a, b]$ 有
$$a \leqslant f(x) \leqslant b, \quad |f(x) - f(y)| \leqslant k|x-y|,$$
其中常数 $k \in (0,1)$. 证明:存在唯一的 $\xi \in [a,b]$,使得 $\xi = f(\xi)$.

【分析】 这是一道"赤裸裸"的"送分"题,为什么这么说呢?看结论,明显应该运用介值定理.根据介值定理的三要素(闭区间、有界性和连续性),可从已知条件中找到"闭区间"和"有界性",就差"连续性"这个条件了,因此只需要证明欠缺的"连续性"即可.如何证明呢?对于只学习过微积分的同学来说,毫无疑问,就用"连续性"的定义啊.

证明 (1) 连续性:设 $x_0 \in [a,b]$,则对任给的 $\varepsilon > 0$,存在 $\delta \in (0, \varepsilon)$,当 $|x - x_0| < \delta$ 时,
$$|f(x) - f(x_0)| \leqslant k|x - x_0| < |x - x_0| < \delta < \varepsilon.$$
所以 $f(x)$ 在点 x_0 处连续.于是,由 x_0 是 $[a,b]$ 中的任一点知:$f(x)$ 在 $[a,b]$ 上连续.

(2) 存在性:记 $F(x) = f(x) - x$,则 $F(x)$ 在 $[a,b]$ 上连续,且
$$F(a)F(b) = [f(a) - a][f(b) - b] \leqslant 0.$$
于是由连续函数的零点定理(推广形式)知,方程 $F(x) = 0$ 有实根,即存在 $\xi \in [a,b]$,使得 $\xi = f(\xi)$.

(3) 唯一性:设另有满足 $\alpha = f(\alpha)$ 的 $\alpha \in [a,b]$,则
$$|\xi - \alpha| = |f(\xi) - f(\alpha)| \leqslant k|\xi - \alpha| < |\xi - \alpha|.$$
这是矛盾的,由此知,满足 $\xi = f(\xi)$ 的 ξ 是唯一的.

例 5 (莫斯科大学) 记 $p(x) = x^3 + ax^2 + bx + c$. 设方程 $p(x) = 0$ 有三个相异的实根 x_1,x_2,x_3(其中,$x_1 < x_2 < x_3$). 证明:

(1) $p'(x_1) > 0$,$p'(x_2) < 0$,$p'(x_3) > 0$;

(2) 如果 $\int_{x_1}^{x_3} p(x) \mathrm{d}x > 0$,则存在 $\xi \in (x_1, x_2)$,使得 $\int_{\xi}^{x_3} p(x) \mathrm{d}x = 0$.

【分析】 貌似非常简单的"小儿科"题,实际上却是困难重重的题."小儿科"来自第一问,高中基础知识扎实的同学基本都能轻松解决.困难来自第二问,乍一看,用什么方法来解

决呢？可能是眼前一黑,茫然无头绪,可能还会有疑问"怎么还含有定积分呢？"遇到这样的问题,必须"冷静".仔细观察,我们就会注意到条件中的积分和结论中的积分是几乎完全相同的,区别来自下限.结论中的下限是证明存在的点,套路是可以换成变量 x ,它就是构造的辅助函数 $F(x)=\int_x^{x_3} p(t)\mathrm{d}t$,再加上已知条件: $\int_{x_1}^{x_3} p(x)\mathrm{d}x>0$.到了这里,本题的解决方案就呼之欲出了——零点存在定理.如何证明 $\int_{x_2}^{x_3} p(x)\mathrm{d}x<0$ 呢？来自函数 $p(x)$ 是首系数大于 0 且具有三个实根的三次多项式.此题的精妙全在其中.

证明 (1) 由题设知
$$p(x)=(x-x_1)(x-x_2)(x-x_3),$$
所以
$$p'(x)=(x-x_2)(x-x_3)+(x-x_1)(x-x_3)+(x-x_1)(x-x_2),$$
其中 $x_1<x_2<x_3$.由此可得
$$p'(x_1)=(x_1-x_2)(x_1-x_3)>0,$$
$$p'(x_2)=(x_2-x_1)(x_2-x_3)<0,$$
$$p'(x_3)=(x_3-x_1)(x_3-x_2)>0.$$

(2) 由于 $\lim_{x\to-\infty}p(x)=-\infty$, $\lim_{x\to+\infty}p(x)=+\infty$.记 $F(x)=\int_x^{x_3}p(t)\mathrm{d}t$,则它是连续函数,且由题设知
$$F(x_1)=\int_{x_1}^{x_3}p(t)\mathrm{d}t>0.$$
此外, x_1,x_2,x_3 是三次多项式的根,则 $p(x)<0,x\in(x_2,x_3)$,故
$$F(x_2)=\int_{x_2}^{x_3}p(t)\mathrm{d}t<0.$$
所以,由连续函数的零点定理知,存在 $\xi\in(x_1,x_2)$,使得 $F(\xi)=0$,即
$$F(\xi)=\int_{\xi}^{x_3}p(t)\mathrm{d}t=0.$$

2.2 Rolle 中值定理

例 6 (北京 1990) 设函数 $f(x)$ 在 $(a,+\infty)$ 内有二阶导数,且 $f(a+1)=0$, $\lim_{x\to a+}f(x)=0$, $\lim_{x\to+\infty}f(x)=0$,求证:在 $(a,+\infty)$ 内至少有一点 ξ ,满足 $f''(\xi)=0$.

【分析】 此例题是不是与 2.1 节中的例 1 很类似,都是开区间(无界区域),却要用 Rolle 中值定理.因此,本题的重点仍然是如何在这个无界的开区间中寻找闭区间,以及闭区间端点的函数值相等.基于前面的经验,解决方案当然是题干中的条件——无穷远处的极限,即利用此极限的定义.至于闭区间两个端点的函数值相等,还是利用题干中的条件——特殊的极限值:0 和函数值.结合上面两个方面,就可以同时得到满足闭区间上的 Rolle 中值定理的条件.

证明 假设函数 $f(x)$ 在 $[a+1,+\infty)$ 上恒等于 0,那么 ξ 显然存在.

如果函数 $f(x)$ 在 $[a+1,+\infty)$ 上不恒等于 0,那么至少存在 $x_1 \in (a+1,+\infty)$,使得 $f(x_1) \neq 0$,不妨假设 $f(x_1) > 0$,选取充分小的 $2\varepsilon \ll f(x_1)$.

因为 $\lim\limits_{x \to +\infty} f(x) = 0$,根据极限的定义,选取 ε,$2\varepsilon \ll f(x_1)$,对充分大的 $X > x_1 > 0$,当 $x > X$ 时,有 $|f(x)| < \varepsilon$.故:

在闭区间 $[x_1, X]$ 上存在这样的 ξ_2,使得 $f(\xi_2) = 2\varepsilon$;

在闭区间 $[a+1, x_1]$ 上由介值定理可知,存在 $\xi_1 \in (a+1, x_1)$,使得 $f(\xi_1) = 2\varepsilon$;

在闭区间 $[a, a+1]$ 上应用 Rolle 中值定理可得 $f'(\zeta_1) = 0$;

在闭区间 $[\xi_1, \xi_2]$ 上应用 Rolle 中值定理可得 $f'(\zeta_2) = 0$;

在闭区间 $[\zeta_1, \zeta_2]$ 上应用 Rolle 中值定理可得 $f''(\xi) = 0$.

例 7 (北京 1991) 设函数 $f(x)$ 在区间 $[0, \pi]$ 上连续,在 $(0, \pi)$ 内可导,且
$$\int_0^\pi f(x)\cos x \, dx = \int_0^\pi f(x)\sin x \, dx = 0.$$
求证:在 $(0, \pi)$ 内至少有一点 ξ,满足 $f'(\xi) = 0$.

【分析】 很容易确定,只要得到两个零点,然后运用 Rolle 中值定理就能证明结论.但这两个零点容易得到吗?虽然直接得到两个零点有些难度,但是至少有一个零点是相当容易得到的,因为题干中已知两个积分等于 0,利用 $\sin x$ 在区间 $[0, \pi]$ 上的非负性,即 $\sin x > 0$,然后通过 $\int_0^\pi f(x)\sin x \, dx = 0$,很快得到一个零点.很多同学由此跟着感觉走,认为利用 $\int_0^\pi f(x)\cos x \, dx = 0$ 可以得到另外一个零点.能得到吗?通过简单分析,我们很快就会发现 $\cos x$ 在区间 $[0, \pi]$ 上不具有非负性,由此不可能得到另外一个零点.另外,再退一万步讲,即使通过 $\int_0^\pi f(x)\cos x \, dx = 0$ 得到一个零点,我们能确保这两个零点是不同的吗?要回答此问题更难.在我们想证明它们是异同时,可能会冒出这样的想法:"万一它们是同一个点"会得到什么呢?从而可能慢慢进化出——假设函数只有一个零点的反证法.当想到反设只有一个零点 $c_1 \in (0, \pi)$ 时,立刻会得到一个结论:函数 $f(x)$ 在区间 $(0, c_1)$ 和 (c_1, π) 上异号,由此可以构造出恒正或者恒负的函数 $\sin(x - c_1)f(x)$.这样就可以利用此结论和题干中的两个积分"等于 0"去制造出矛盾.

证明 在 $(0, \pi)$ 内,$\sin x > 0$,又因为 $\int_0^\pi f(x)\sin x \, dx = 0$,由此得到函数 $f(x)$ 在 $[0, \pi]$ 上有零点 $f(c_1) = 0$,$c_1 \in (0, \pi)$.因为函数 $f(x)$ 恒正或者恒负都会与 $\int_0^\pi f(x)\sin x \, dx = 0$ 矛盾.

反证法.假设函数 $f(x)$ 在 $[0, \pi]$ 上只有唯一的零点 $c_1 \in (0, \pi)$,则在区间 $(0, c_1)$ 和区间 (c_1, π) 上 $f(x)$ 异号.

一方面,不妨假设 $x \in (0, c_1)$,$f(x) > 0$;$x \in (c_1, \pi)$,$f(x) < 0$,则有
$$\sin(x - c_1)f(x) < 0.$$
否则 $\sin(x - c_1)f(x) > 0$.综合上述,$\sin(x - c_1)f(x)$ 在 $[0, \pi]$ 上不变号,即恒为正或者恒

为负.由此可得,$\int_0^\pi f(x)\sin(x-c_1)\mathrm{d}x$ 恒正或者恒负.

另外一方面,根据已知条件可得
$$0 = \int_0^\pi f(x)\cos x \sin c_1 \mathrm{d}x - \int_0^\pi f(x)\sin x \cos c_1 \mathrm{d}x = \int_0^\pi f(x)\sin(x-c_1)\mathrm{d}x.$$
综合两方面可得矛盾,即假设不成立.故函数 $f(x)$ 在 $[0,\pi]$ 上有另外一个不同于 c_1 的零点 c_2,使得 $f(c_2)=0,c_2\neq c_1$.于是由 Rolle 中值定理证明结论.

例 8 (江苏) 设 $f(x)$ 在 $[a,b]$ 上连续,$\int_a^b f(x)\mathrm{d}x = \int_a^b f(x)\mathrm{e}^x \mathrm{d}x = 0$,求证:$f(x)$ 在 (a,b) 内至少有两个零点.

【分析】 本题与上面的例 7 有异曲同工之妙,但要简单一些.

证明 **方法一** 令 $F(x)=\int_a^x f(t)\mathrm{d}t, a\leqslant x\leqslant b$,则 $F(a)=F(b)=0$ 且 $F'(x)=f(x)$.应用分部积分和积分中值定理,有
$$\int_a^b f(x)\mathrm{e}^x \mathrm{d}x = \int_a^b \mathrm{e}^x \mathrm{d}F(x) = \mathrm{e}^x F(x)\Big|_a^b - \int_a^b F(x)\mathrm{e}^x \mathrm{d}x = 0 - F(c)\mathrm{e}^c(b-a),$$
这里 $c\in(a,b)$,于是 $F(c)=0$.在 $[a,c]$ 和 $[c,b]$ 上分别应用 Rolle 中值定理,$\exists\xi_1\in(a,c)$,$\xi_2\in(c,b)$,使得 $F'(\xi_1)=F'(\xi_2)=0$,即 $f(\xi_1)=f(\xi_2)=0$,于是 $f(x)$ 在 (a,b) 内至少有两个零点.

方法二 由积分中值定理,有 $\int_a^b f(t)\mathrm{d}t = f(\xi_1)(b-a), a<\xi_1<b$,可得 $f(\xi_1)=0$.反证法.设 $f(x)$ 在 (a,b) 内仅有一个零点 ξ_1.不妨设 $a<x<\xi_1$ 时,$f(x)>0$;$\xi_1<x<b$ 时,$f(x)<0$.由条件得
$$\int_a^b \left(\mathrm{e}^{\xi_1} - \mathrm{e}^x\right) f(x)\mathrm{d}x = 0.$$
又由于
$$\int_a^b \left(\mathrm{e}^{\xi_1}-\mathrm{e}^x\right)f(x)\mathrm{d}x = \int_a^{\xi_1}\left(\mathrm{e}^{\xi_1}-\mathrm{e}^x\right)f(x)\mathrm{d}x + \int_{\xi_1}^b\left(\mathrm{e}^{\xi_1}-\mathrm{e}^x\right)f(x)\mathrm{d}x > 0+0 = 0.$$
从而导出矛盾,故 $f(x)$ 在 (a,b) 内至少有两个零点.

在 Rolle 中值定理的应用中,有这样的一类题:证明在区间上存在一点,使得某个等式成立.这一般会涉及辅助函数的构造.如何构造辅助函数呢?绝大多数情况下,它的源头在要证明的结论中.基本宗旨是,将结论中存在的点换为变量 x,并通过恒等变形,将函数放在方程的左边,然后判断出此函数的原函数或者是某个函数求导后的一部分.辅助函数一般有 $\mathrm{e}^x f(x)$ 和 $x^n f(x)$ (n 可以为任意实数) 两种类型.大部分题都是基于这两种类型的变形.下面通过一些例题展示如何构造辅助函数.

例 9 (北京 1991) 设 $f(x)$ 在 $[0,1]$ 上有二阶导数,且 $f(0)=f(1)=f'(0)=f'(1)=0$,证明:在 $[0,1]$ 上存在一点 ξ,使得 $f''(\xi)=f(\xi)$.

【分析】 从结论来看,它应该是化简后(加减相互抵消或者乘除相互抵消)的结果.结论给的是二阶导数和函数值之间的关系.没有一阶导数,说明一阶导数被化简掉了,需要补充上去.如何补充呢? 一般是通过加减或者乘除补充,从简单开始,先用加法开始试试吧.结论两边同时加一阶导数,即 $f''(x)+f'(x)=f(x)+f'(x)$.然后移项变形为

$$[f'(x)+f(x)]'-[f(x)+f'(x)]=0 \xrightarrow{f(x)+f'(x)=g(x)} g'(x)-g(x)=0.$$

最后判断上式左边是某一函数求导或者是求导的一部分得到.两种类型中的 $\mathrm{e}^{-x}g(x)$ 可以得到.

证明 构造辅助函数 $F(x)=[f(x)+f'(x)]\mathrm{e}^{-x}$.根据已知条件
$$F(0)=[f(0)+f'(0)]\mathrm{e}^{-x}=0,$$
$$F(1)=[f(1)+f'(1)]\mathrm{e}^{-x}=0.$$

由 Rolle 中值定理可得 $F'(\xi)=0$,也即 $f''(\xi)=f(\xi),\xi\in[0,1]$.

例10 (北京) 设 $f(x)$ 在 $[a,b]$ 上连续,在 (a,b) 内可导,其中 $a>0$,且 $f(a)=0$.证明:在 (a,b) 内必有一点 ξ,使 $f(\xi)=\dfrac{b-\xi}{a}f'(\xi)$.

【分析】 结论变形为 $af(x)-(b-x)f'(x)=0$.由于变形后的式子中含有多项式 $b-x$,由此有理由判断出,辅助函数的构造类型应该是 $x^n f(x)$.结合所含多项式,那么此题的辅助函数是 $(b-x)^n f(x)$. n 是多少,对辅助函数求导,就会发现是 a.

证明 构造辅助函数 $F(x)=(b-x)^a f(x)$.显然 $F(x)$ 在 $[a,b]$ 上连续,在 (a,b) 内可导,且 $F(a)=F(b)=0$.根据 Rolle 中值定理有:在 (a,b) 内必有一点 ξ,使 $F'(\xi)=0$,即
$$(b-\xi)^a f'(\xi)-a(b-\xi)^{a-1}f(\xi)=0.$$
于是有
$$f(\xi)=\dfrac{b-\xi}{a}f'(\xi).$$

例11 (北京) 设 $f(x),g(x)$ 在 $[a,b]$ 上连续,在 (a,b) 内可导,且 $g'(x)\neq 0$.证明:在区间 (a,b) 内必有一点 ξ,使 $\dfrac{f'(\xi)}{g'(\xi)}=\dfrac{f(\xi)-f(a)}{g(b)-g(\xi)}$.

【分析】 结论恒等变形为 $f'(x)[g(b)-g(x)]-g'(x)[f(x)-f(a)]=0$.再次变形
$$f'(x)[g(x)-g(b)]+g'(x)[f(x)-f(a)]=0$$
$$\Rightarrow [f(x)-f(a)]'[g(x)-g(b)]+[g(x)-g(b)]'[f(x)-f(a)]=0$$
$$\Rightarrow [(f(x)-f(a))(g(x)-g(b))]'=0.$$

证明 设函数 $F(x)=f(x)g(b)-f(x)g(x)+g(x)f(a)$.显然 $F(x)$ 在 $[a,b]$ 上连续,在 (a,b) 内可导,且 $F(a)=F(b)=f(a)g(b)$ 或 0.根据 Rolle 中值定理有:在 (a,b) 内必有一点 ξ,使 $F'(\xi)=0$,即
$$[f'(x)g(b)-(f(x)g(x))'+g'(x)f(a)]\Big|_{x=\xi}=0,$$
也即 $\dfrac{f'(\xi)}{g'(\xi)}=\dfrac{f(\xi)-f(a)}{g(b)-g(\xi)}$.

注：本题还可以设另外一种辅助函数 $F(x)=[f(x)-f(a)][g(x)-g(b)]$.

例12 （北京）设 $f(x)$ 在 $[0,+\infty)$ 上可导，且 $0 \leqslant f(x) \leqslant \dfrac{x}{1+x^2}$，证明：存在 $\xi>0$，使 $f'(\xi)=\dfrac{1-\xi^2}{(1+\xi^2)^2}$.

【分析】 观察题干中的 $\dfrac{x}{1+x^2}$，试试对它求导，就找到了证明的"钥匙". 它的导函数就是结论的右边.

证明 设函数 $F(x)=f(x)-\dfrac{x}{1+x^2}$. 因为 $0 \leqslant f(x) \leqslant \dfrac{x}{1+x^2}$，于是 $f(0)=0$，故 $F(0)=0$. 另外，

$$0 \leqslant \lim_{x \to +\infty} f(x) \leqslant \lim_{x \to +\infty} \dfrac{x}{1+x^2},$$

于是有 $\lim\limits_{x \to +\infty} f(x)=0$. 故 $\lim\limits_{x \to +\infty} F(x)=0$.

由广义 Rolle 中值定理有：必有一点 $\xi>0$，使 $F'(\xi)=0$，即存在 $\xi>0$，使

$$f'(\xi)=\dfrac{1-\xi^2}{(1+\xi^2)^2}.$$

例13 （江苏）设函数 $f(x)$ 在 $[0,1]$ 上连续，$f(0)=0$，$\int_0^1 f(x)\mathrm{d}x=0$，求证：存在 $\xi \in (0,1)$，使 $\int_0^\xi f(x)\mathrm{d}x=\xi f(\xi)$.

【分析】 由结构中的积分，再结合题干中的积分，大致可以猜测此题原函数非 $f(x)$，而是与它的积分 $\int_0^x f(t)\mathrm{d}t=g(x)$ 有关. 于是结论可以变形为 $g(\xi)=\xi g'(\xi)$. 再次变形为 $g(x)-xg'(x)=0$. 等式右边为 $\dfrac{g(x)}{x}$ 求导后的分子，所以本题辅助函数为 $F(x)=\dfrac{1}{x}\int_0^x f(t)\mathrm{d}t$. 又因为 $x \neq 0$，故而补充 $x=0$ 的定义：$F(0)=0$.

证明 令

$$F(x)=\begin{cases} \dfrac{1}{x}\int_0^x f(t)\mathrm{d}t, & x>0, \\ 0, & x=0. \end{cases}$$

由于

$$\lim_{x \to 0^+} F(x)=\lim_{x \to 0^+} \dfrac{1}{x}\int_0^x f(t)\mathrm{d}t=\lim_{x \to 0^+} f(x)=f(0)=F(0),$$

且 $f(x)$ 在 $[0,1]$ 上连续，故 $F(x)$ 在 $[0,1]$ 上连续，且在 $(0,1)$ 上可导. 又 $F(1)=\int_0^1 f(x)\mathrm{d}x=0$，$F(0)=0$，应用 Rolle 中值定理，$\exists \xi \in (0,1)$，使得 $F'(\xi)=0$，而

$$F'(x)=\dfrac{xf(x)-\int_0^x f(t)\mathrm{d}t}{x^2},$$

故 $\xi f(\xi) = \int_0^\xi f(t)\,\mathrm{d}t$.

例14 (**四川大学 2023**) 设 $f(x), g(x)$ 在 (a,b) 上连续可导,且
$$f'(x)g(x) - f(x)g'(x) > 0.$$
证明: $f(x)$ 的相邻两个零点之间必有 $g(x)$ 的零点.

【分析】 看见 $f'(x)g(x) - f(x)g'(x)$,自然而然就会想到 $\dfrac{f(x)}{g(x)}$ 或者 $\dfrac{g(x)}{f(x)}$,是哪个呢? 关键是看分母是否为 0,于是反证法就呼之欲出了.

证明 假设结论不成立,则存在 $a < x_1 < x_2 < b$,使得 $f(x_1) = f(x_2) = 0$,但 $g(x)$ 在 $[x_1, x_2]$ 上无零点. 设辅助函数 $\varphi(x) = \dfrac{f(x)}{g(x)}$, $\varphi(x_1) = \varphi(x_2) = 0$. 由 Rolle 中值定理可知:存在 $\xi \in (x_1, x_2)$,使得 $\varphi'(\xi) = 0$,即
$$f'(\xi)g(\xi) - f(\xi)g'(\xi) = 0.$$
这与已知条件矛盾,所以假设不成立,原结论成立.

例15 (**江苏**) 设 $f(x)$ 在 $[a,b]$ 上连续,在 (a,b) 内二阶可导,且 $f(a) = f(b) = 0$, $\int_a^b f(x)\,\mathrm{d}x = 0$. 证明:

(1) 在 (a,b) 内至少有一点 ξ,使 $f(\xi) = f'(\xi)$.

(2) 在 (a,b) 内至少有一点 η, $\eta \neq \xi$,使 $f(\eta) = f''(\eta)$.

【分析】 本题看起来和上面的例14几乎相同,相信大部分同学阅读到此题时,能快速解决第一问,而且只需要条件 $f(a) = f(b) = 0$ 就可以证明. 此题的关键在第二问,但不是等式部分,因为等式部分和例9完全相同. 它的关键在于"$\eta \neq \xi$",它是解决此题的关键,也是解决思路的源头. 寻找一个不同于第一问的点,怎样才能找到呢? 一般有两条途径: 一条是两点位于不相交的两个区间;另一条是其中一点是区间的端点,另外一个点是区间内部的点. 对于此题来说,属于两点不同的问题,因此点 "ξ" 应该是区间端点. 于是,第一问应该是至少存在两个点(形成区间的端点). 这说明仅用 $f(a) = f(b) = 0$ 证明第一问是不合适的,这也是第一问的一个隐藏的陷阱,千万要留神,否则第二问就无法证明了. 因此也需要使用 $\int_a^b f(x)\,\mathrm{d}x = 0$ 的条件,得到两个不同的点.

证明 (1) 设辅助函数 $F(x) = \mathrm{e}^{-x} f(x)$. 由积分中值定理有:在 (a,b) 内至少有一点 c,使得
$$\int_a^b f(x)\,\mathrm{d}x = f(c)(b-a) = 0 \Rightarrow f(c) = 0.$$
根据已知条件和上面的结论,$F(x)$ 显然满足 Rolle 中值定理的条件. 由 Rolle 中值定理:分别在 (a,c) 和 (c,b) 内至少有一点 ξ_1 和 ξ_2,使 $F'(\xi_i) = 0$, $i = 1, 2$,即
$$\mathrm{e}^{-\xi_i} f'(\xi_i) - \mathrm{e}^{-\xi_i} f(\xi_i) = 0, \quad i = 1, 2.$$

故 $f(\xi_i) = f'(\xi_i), i = 1, 2$.

(2) 设辅助函数 $G(x) = e^x(f(x) - f'(x))$，$G(x)$ 显然满足 Rolle 中值定理的条件. 由 Rolle 中值定理: 在 (ξ_1, ξ_2) 内至少有一点 η，使 $G'(\eta) = 0$，即

$$G'(x)\Big|_{x=\eta} = e^x(f(x) - f'(x) + f'(x) - f''(x))\Big|_{x=\eta}$$
$$= e^x(f(x) - f''(x))\Big|_{x=\eta} = 0.$$

于是可得 $f(\eta) = f''(\eta)$.

例16 设有实数 $a_1, a_2, \cdots, a_n$，其中 $a_1 < a_2 < \cdots < a_n$，函数 $f(x)$ 在 $[a_1, a_n]$ 上有 n 阶导数，并满足 $f(a_1) = f(a_2) = \cdots = f(a_n) = 0$. 证明: 对任意 $c \in [a_1, a_n]$，都相应地存在 $\xi \in [a_1, a_n]$，使得

$$f(c) = \frac{(c-a_1)(c-a_2)\cdots(c-a_n)}{n!} f^{(n)}(\xi).$$

【分析】 这个题的解题方法是显而易见的: Rolle 中值定理，关键在于如何合理运用它. 直接用已知函数肯定不行，那么就意味着需要构造辅助函数，如何构造，要看要证明的结论. 从结论看，$n!$ 肯定是求 n 阶导得到的，那是谁求导得到的呢? x^n 吗? 应该不是，还是基于结论 $(c-a_1)\cdots(c-a_n)$. 如果将 c 换成 x，得到 $(x-a_1)\cdots(x-a_n)$ 这样的函数，对其求 n 阶导后得到的也是 $n!$，是不是更合理一些呢? 由此结论合理变形如下: $n! f(c) - (c-a_1)\cdots(c-a_n) f^{(n)}(\xi)$. 基于求导规则和上述变形，可大致猜到辅助函数是 $F(x) = f(x)g(c) - f(c)g(x)$，其中 $g(x) = (x-a_1)(x-a_2)\cdots(x-a_n)$.

证明 首先考虑特殊情况. 当 $c = a_i$（某个 $i, i = 1, 2, \cdots, n$）时，由 $f(c) = \frac{1}{n!}(c-a_1)(c-a_2)\cdots(c-a_n) f^{(n)}(\xi)$ 显然有 $f(c) = 0$，此时可取 $[a_1, a_n]$ 上任一点 ξ，都有

$$f(c) = \frac{(c-a_1)(c-a_2)\cdots(c-a_n)}{n!} f^{(n)}(\xi) = 0.$$

再考虑一般情况. 当 $c \neq a_i (i = 1, 2, \cdots, n)$ 时，记 $g(x) = (x-x_1)(x-a_2)\cdots(x-a_n)$ 及 $F(x) = f(x)g(c) - f(c)g(x)$，则 $F(x)$ 在 $[a_1, a_n]$ 上 n 阶可导，且 $F(a_1) = F(a_2) = \cdots = F(a_n) = F(c)(=0)$. 所以存在 $\xi \in (a_1, a_n)$，使得 $F^{(n)}(\xi) = 0$，即

$$f^{(n)}(\xi)g(c) = f(c)g^{(n)}(\xi).$$

由 $g^{(n)}(x) = n!$，所以由上式可证，存在 $\xi \in (a_1, a_n)$，使得

$$f(c) = \frac{(c-a_1)(c-a_2)\cdots(c-a_n)}{n!} f^{(n)}(\xi).$$

例17（浙江 2022）设函数 $f(x)$ 在 $[-1, 1]$ 上三阶连续可导，$f(-1) = 0, f(1) = 1, f'(0) = 0$. 求证: 存在一点 $\zeta \in (-1, 1)$，使得 $|f'''(\zeta)| = 3$.

【分析】 尽管本题常用的解决方案是 Taylor 公式(在后面 2.5 节 Taylor 公式中介绍),但这里提供 Rolle 中值定理的解决方案.题干中的三个条件是用来构造满足 Rolle 中值定理条件的辅助函数的.辅助函数一般为题干中的函数减去某多项式,题目讨论的是关于三阶导数值,由此可以判断此时的多项式应该是三次多项式.此三次多项式应该满足题干中的条件.完全确定此三次多项式,需要四个条件,但现在只有三个条件,所以需要添加一个条件.既然题干没给 $f(0)$ 的函数值,而 0 刚好是区间的中点,也是我们喜欢讨论的点,更是计算简单的点,于是假设 $f(0)$ 已知,这样就可以计算得到三次多项式 $\frac{1}{2}x^3 - \left(f(0) - \frac{1}{2}\right)x^2 + f(0)$.

解 设 $F(x) = f(x) - \frac{1}{2}x^3 + \left(f(0) - \frac{1}{2}\right)x^2 - f(0)$. 由 $f(x)$ 在 $[-1,1]$ 上有定义,故 $f(0)$ 必存在,$F(x) \in C[-1,1]$ 且三阶可导,所以

$$F(-1) = f(-1) + \frac{1}{2} + \left(f(0) - \frac{1}{2}\right) - f(0) = f(-1) = 0,$$

$$F(0) = f(0) - f(0) = 0,$$

$$F(1) = f(1) - \frac{1}{2} + \left(f(0) - \frac{1}{2}\right) - f(0) = f(1) - 1 = 0.$$

因为 $F'(x) = f'(x) - \frac{3}{2}x^2 + 2\left(f(0) - \frac{1}{2}\right)x$,所以由 Rolle 中值定理可知:$\exists \xi_1 \in (-1,0)$, $\xi_2 \in (0,1)$,使得

$$F'(\xi_1) = F'(\xi_2) = f'(0) = 0.$$

又因为 $F''(x) = f''(x) - 3x + 2\left(f(0) - \frac{1}{2}\right)$,所以再次由 Rolle 中值定理可知:$\exists \eta_1 \in (\xi_1, 0)$, $\eta_2 \in (0, \xi_2)$,使得

$$F''(\eta_1) = F''(\eta_2) = 0.$$

因为 $F'''(x) = f'''(x) - 3$,再次由 Rolle 中值定理可知:存在 $\zeta \in (\eta_1, \eta_2)$,使得

$$F'''(\zeta) = f'''(\zeta) - 3 = 0, \quad \text{即}\ f'''(\zeta) = 3.$$

例18 (浙江 2022) 设 $f(x)$ 在区间 $[0, \sqrt{3}]$ 上二阶可导,$f(0) = 0, f(1) = \frac{\pi}{4}, f(\sqrt{3}) = \frac{\pi}{3}$. 证明:存在 $\xi \in (0, \sqrt{3})$,使得

$$f''(\xi) = -\frac{2\xi}{1+\xi^2}f'(\xi).$$

【分析】 根据题干中的条件 $f(0) = 0, f(1) = \frac{\pi}{4}, f(\sqrt{3}) = \frac{\pi}{3}$,需要我们寻找满足此条件的函数.很容易得到此函数就是 $\arctan x$,至此辅助函数可以获得,即 $h(x) = f(x) - \arctan x$.由此 Rolle 中值定理的使用条件就可以满足了.题目的结论意味着我们需要求两次导数,变形题目的结论为 $(1+\xi^2)f''(\xi) + 2\xi f'(\xi) = 0$,很容易看出它是函数 $(1+x^2)f'(x)$ 求导得到的,结合 $\arctan x$ 的导函数和上面的表述,可以看出再次使用 Rolle 中值定理.

解 令 $h(x) = f(x) - \arctan x$,则有
$$h(0) = h(1) = h(\sqrt{3}) = 0,$$
从而存在 $\xi_1 \in (0,1), \xi_2 \in (1,\sqrt{3})$,使得 $h'(\xi_1) = h'(\xi_2) = 0$,即
$$(1+\xi_1^2)f'(\xi_1) = (1+\xi_2^2)f'(\xi_2) = 1.$$
又令 $g(x) = (1+x^2)f'(x)$,则有 $g(\xi_1) = g(\xi_2)$,从而存在 $\xi \in (\xi_1,\xi_2)$,使得 $g'(\xi) = 0$,得
$$(1+\xi^2)f''(\xi) + 2\xi f'(\xi) = 0, \quad 即 \quad f''(\xi) = -\frac{2\xi}{1+\xi^2}f'(\xi).$$

例19 设函数 $f \in C[a,b]$,在 $[a,b]$ 上二次可微,证明:对 $c \in (a,b)$,存在 $\xi \in (a,b)$,使得
$$\frac{1}{2}f''(\xi) = \frac{f(a)}{(a-b)(a-c)} + \frac{f(b)}{(b-a)(b-c)} + \frac{f(c)}{(c-a)(c-b)}.$$

【分析】 从结论来看,去掉纷纷扰扰的干扰,结论简化后就是:存在 $\xi \in (a,b)$,使得 $f''(\xi) =$ 某数. 此题的本质就是二阶导函数求根,某数是三个点的函数值的组合. 结合上面两点(二阶导和三个点),想到 Lagrange 中值定理的结论是两个点的函数值的线性组合,结论与此非常类似,由此想推广 Lagrange 中值定理的证明过程,此过程的重点是构造辅助函数:$f(x) - l(x)$,其中 $l(x)$ 是过曲线两个端点 $(a,f(a))$ 和 $(b,f(b))$ 的直线方程. 由此引导,需要我们构造一个二次函数,此二次函数是过 $(a,f(a))$,$(b,f(b))$ 和 $(c,f(c))$ 三点的抛物线.

证明 构造辅助函数
$$F(x) = f(x) - f(a)\frac{(x-b)(x-c)}{(a-b)(a-c)} - f(b)\frac{(x-a)(x-c)}{(b-a)(b-c)} - f(c)\frac{(x-a)(x-c)}{(c-a)(c-b)}.$$
显然有 $F(a) = F(b) = F(c) = 0$. 由 Rolle 中值定理可知:存在 $\xi_1 \in (a,c), \xi_2 \in (c,b)$,使得
$$F'(\xi_1) = F'(\xi_2) = 0.$$
再次使用 Rolle 中值定理可知:存在 $\xi \in (\xi_1,\xi_2)$,使得 $F''(\xi) = 0$,于是
$$F''(x) = f''(x) - \frac{2f(a)}{(a-b)(a-c)} - \frac{2f(b)}{(b-a)(b-c)} - \frac{2f(c)}{(c-a)(c-b)}.$$
结论得证.

2.3 Lagrange 中值定理

例20 设函数 $f(x)$ 在 $[a,b]$ 上二阶可导,证明:对 $x \in [a,b]$,存在 $\xi \in (a,b)$,使得
$$\frac{1}{x-b}\left[\frac{f(x)-f(a)}{x-a} - \frac{f(b)-f(a)}{b-a}\right] = \frac{1}{2}f''(\xi).$$

【分析】 初看结果,很多同学可能一头雾水,感觉"似曾相识"却又"未曾谋面",熟悉是因为看起来像 Lagrange 中值定理,像的原因是对这样的"分数" $\dfrac{f(x)-f(a)}{x-a}$ 和 $\dfrac{f(b)-f(a)}{b-a}$

太熟悉;陌生的原因是结论中有二阶导数值.这导致同学们一时找不到解题思路,不知该如何是好,这时需要我们静下心来,好好琢磨,研究其特点并寻找规律.仔细研究会发现,本质上它还是Lagrange中值定理,原因何在呢? 我们要换个角度来看要证明的结论的左边,首先,将左边改写为

$$\frac{\dfrac{f(x)-f(a)}{x-a}-\dfrac{f(b)-f(a)}{b-a}}{x-b}.$$

其次,来认识改写后的分式中的分子部分: $\dfrac{f(x)-f(a)}{x-a}$ 和 $\dfrac{f(b)-f(a)}{b-a}$. 如果我们将 $\dfrac{f(x)-f(a)}{x-a}$ 看成 $f'(x)$,并将 $\dfrac{f(b)-f(a)}{b-a}$ 看成 $f'(b)$. 最后,这样是不是变成了Lagrange中值定理? 变异升级版而已.同学们可能有些不耐烦了,啰唆了半天,该如何证明呢? 既然一阶导数的Lagrange中值定理通过构造一次函数作为辅助函数来证明,那么,这里是二阶导数的Lagrange中值定理,当然是构造二次函数作为辅助函数.一次函数的构造依赖Lagrange中值定理中闭区间的两个端点.而二次函数(抛物线)的确定需要三个点.那我们看看结果中是否有三个点,确实有,它们分别是:

$$(a,f(a)),\quad (x,f(x)),x\in(a,b),\quad (b,f(b)).$$

证明 过点 $(a,f(a)),(x,f(x))(x\in(a,b)),(b,f(b))$ 的二次抛物线方程为

$$g(t)=\frac{(t-x)(t-b)}{(a-x)(a-b)}f(a)+\frac{(t-a)(t-b)}{(x-a)(x-b)}f(x)+\frac{(t-a)(t-x)}{(b-a)(b-x)}f(b).$$

作辅助函数

$$F(t)=f(t)-g(t),$$

则 $F(t)$ 在 $[a,b]$ 上二阶可导,且 $F(a)=F(x)=F(b)(=0)$,所以应用两次Rolle中值定理可得,存在 $\xi\in(a,b)$,使得 $F''(\xi)=0$,即

$$f''(\xi)=g''(\xi)=\frac{2}{(a-x)(a-b)}f(a)+\frac{2}{(x-a)(x-b)}f(x)+\frac{2}{(b-a)(b-x)}f(b).$$

由此得证

$$\frac{1}{x-b}\left[\frac{f(x)-f(a)}{x-a}-\frac{f(b)-f(a)}{b-a}\right]=\frac{1}{2}f''(\xi).$$

注:此题和上面Rolle中值定理的题(例19)是一样的,仅仅是分析问题角度的区别.所以就再次给出此题,并且放在一起,让读者好好对比.此外,在2.5节Taylor公式部分,我们会再次提供另外一个角度来观察此题.

例21 (北京)设函数 $f(x)$ 在闭区间 $[0,c]$ 上连续,其导函数在开区间 $(0,c)$ 内存在且单调减少;$f(0)=0$.试应用Lagrange中值定理证明不等式:$f(a+b)\leqslant f(a)+f(b)$,其中常数 a,b 满足条件 $0\leqslant a\leqslant b\leqslant a+b\leqslant c$.

【分析】 题目明确要求使用 Lagrange 中值定理进行证明，那么，我们应该做的就是选择好 Lagrange 中值定理应用所在的区间就可以了.结合要证明的结论，区间应该是$[0,a]$和$[b,a+b]$,分别运用 Lagrange 中值定理即可.这是方法一.

从结论出发，将结论变形为$f(a+b)-f(b) \leqslant f(a) = f(a)-f(0)$.由此构造辅助函数$F(x) = f(a+x) - f(x)$.利用条件中的导函数的单调递减就可以证明结论了.这是方法二.

证明　方法一 当$a=0$时,结论显然成立.

当$a>0$时,在$[0,a]$和$[b,a+b]$上分别应用 Lagrange 中值定理,有
$$f(a)-f(0) = f(a) = af'(\xi), \quad 0 < \xi < a,$$
$$f(b+a)-f(b) = af'(\eta), \quad b < \eta < b+a.$$

于是
$$f'(\xi) = \frac{f(a)}{a}, \quad f'(\eta) = \frac{f(b+a)-f(b)}{a}.$$

再由导函数f'在开区间$(0,c)$内存在且单调减少,即有$f'(\xi) \geqslant f'(\eta)$,故
$$\frac{f(a)}{a} \geqslant \frac{f(b-a)-f(b)}{a} \Rightarrow f(a)+f(b) \geqslant f(b+a).$$

方法二 构造辅助函数$F(x) = f(a+x) - f(x)$.由导函数的单调减少可得
$$F'(x) = f'(a+x) - f'(x) \leqslant 0, \quad 0 < x < b.$$

由 Lagrange 中值定理,存在$\xi \in (0,b)$,使得
$$F(b) - F(0) = F'(\xi)b \leqslant 0, \quad \text{即} \quad f(a+b) \leqslant f(a) + f(b).$$

例22　(北京) 设函数$f(x)$在$[0,1]$上连续,在$(0,1)$内二阶可导,过点$A(0,f(0))$与$B(1,f(1))$的直线与曲线$y=f(x)$相交于点$C(c,f(c))$,其中$0<x<1$.证明:在$(0,1)$内至少存在一点ζ,使得$f''(\zeta)=0$.

【分析】 根据题意,通过画图就可以发现和教材中 Lagrange 中值定理的证明完全类似.

证明　方法一 在区间$[0,c]$上应用 Lagrange 中值定理:存在$\xi \in (0,c)$,使得
$$f'(\xi) = \frac{f(c)-f(0)}{c}.$$

由于点C位于弦AB上,故有
$$k_{AC} = k_{AB} \Rightarrow \frac{f(c)-f(0)}{c-0} = \frac{f(1)-f(0)}{1} = f(1)-f(0). \tag{1}$$

综合上面两式可得
$$f'(\xi) = f(1)-f(0). \tag{2}$$

在区间$[c,1]$上应用 Lagrange 中值定理:存在$\eta \in (c,1)$,使得
$$f'(\eta) = \frac{f(1)-f(c)}{1-c}.$$

由于点C位于弦AB上,故有
$$k_{BC} = k_{AB} \Rightarrow \frac{f(1)-f(c)}{1-c} = \frac{f(1)-f(0)}{1} = f(1)-f(0).$$

综合上面两式可得
$$f'(\eta) = f(1) - f(0). \tag{3}$$

根据(2)式和(3)式,以及已知条件可知,函数$f(x)$在$[\xi,\eta]$上满足Rolle中值定理,即存在点$\zeta \in (\xi,\eta)$,使得$f''(\zeta) = 0$.

方法二 过A,B两点的直线方程为:$y = [f(1)-f(0)]x + f(0)$.构造辅助函数$F(x) = f(x) - [f(1)-f(0)]x - f(0)$,显然有$F(0) = F(1) = 0$.另外,点$C(c,f(c))$位于弦$AB$上,则(1)式成立,则
$$F(c) = f(c) - [f(1)-f(0)]c - f(0)$$
$$= [f(1)-f(0)]c + f(0) - [f(1)-f(0)]c - f(0) = 0.$$

由此可得辅助函数$F(x)$在$0,c,1$三点的函数值为零,因此,连续三次运用Rolle中值定理:存在点$\zeta \in (\xi,\eta)$,使得$f''(\zeta) = 0$.

例23 设函数$f(x)$在$[a,b]$上连续,在(a,b)内可导,且$f(x)$不为线性函数.证明:存在$\xi \in (a,b)$,使得$|f'(\xi)| > \left|\dfrac{f(b)-f(a)}{b-a}\right|$.

【分析】 这是Lagrange中值定理吗? 不是,只能说相似,可以说是山寨版的.这应该怎么做呢? 既然是山寨版,那么我们能用模仿的思路吗? 那是必需的,模仿Lagrange中值定理的一切:证明过程中的辅助函数的构造,以及Lagrange中值定理的几何意义.为什么要模仿其几何意义呢? 当然是为了解题,不然我们怎么解决如何将等号变成不等号呢? 如图2.1所示,连接AC和BC,会发现AC或者BC中至少有一条线的斜率大于AB的斜率.再由Lagrange中值定理得到结论.

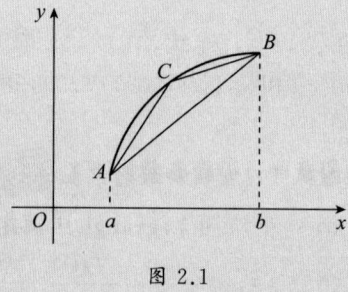

图2.1

证明 记$F(x) = f(x) - \dfrac{f(b)-f(a)}{b-a}(x-a)$,则$F(x)$在$[a,b]$上连续,在$(a,b)$内可导,且$F(a) = F(b) = f(a)$.由于$f(x)$不是线性函数,所以$F(x)$不可能为常数函数,从而存在$c \in (a,b)$,使得$F(c) \neq F(a) = F(b)$,不妨设$F(c) < F(a) = F(b)$.

如果$f(b) - f(a) \geqslant 0$,则对$F(x)$在$[c,b]$上应用Lagrange中值定理知,存在$\xi_1 \in (c,b)$,使得$F'(\xi_1) = \dfrac{F(b)-F(c)}{b-c} > 0$,即$f'(\xi_1) > \dfrac{f(b)-f(a)}{b-a}$,如图2.2所示.取$\xi = \xi_1$,证得:存在$\xi \in (a,b)$,使得
$$|f'(\xi)| > \left|\dfrac{f(b)-f(a)}{b-a}\right|.$$

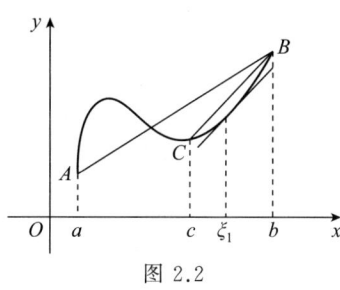
图 2.2

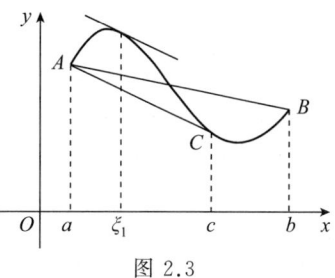
图 2.3

如图 2.3 所示,如果 $f(b)-f(a)<0$,则对 $F(x)$ 在 $[a,c]$ 上应用 Lagrange 中值定理知,存在 $\xi_2\in(a,c)$,使得 $F'(\xi_2)=\dfrac{F(c)-F(a)}{c-a}<0$,即 $f'(\xi_2)<\dfrac{f(b)-f(a)}{b-a}<0$. 取 $\xi=\xi_2$,由此得到,存在 $\xi\in(a,b)$,使得
$$|f'(\xi)|>\left|\dfrac{f(b)-f(a)}{b-a}\right|.$$

例24 (**厦门大学 2023**) 设函数 $f(x)$ 在 $[0,1]$ 上二阶连续可微,$|f''(x)|\leqslant M$,函数 $f(x)$ 在 $(0,1)$ 内取到最大值,证明:$|f'(0)|+|f'(1)|\leqslant M$.

【**分析**】 尽管我们曾说过,高阶导数的信息是使用 Taylor 公式的标签,当题干给出高阶导数的信息时,优先考虑 Taylor 公式.但这不表示一定就可以使用 Taylor 公式,还需要快速预判使用 Taylor 公式的合理性.题干中只给了二阶导函数的信息,没有函数值的信息,而要求的是一阶导数值的信息,且是两个点的一阶导数值的信息.由此,Taylor 公式不足以得到如此多的信息,即使用它不合理,需要另寻他法.再看要证明的结论,结论表明要探讨一阶导和二阶导之间的关系.另外,注意到题干中还有个很不起眼的条件:函数 $f(x)$ 在 $(0,1)$ 内取到最大值.这意味着什么? 这是解题的关键,内部取最大值,意味着最大值点的导函数值为 0. 综合以上两点,Lagrange 中值定理就浮出水面了,使用它水到渠成.

证明 函数 $f(x)$ 在 $[0,1]$ 上二阶连续可微,且在区间内取到最大值,于是存在 $c\in(0,1)$,使得 $f'(c)=0$. 由 Lagrange 中值定理有:存在 $\xi_1\in(0,c),\xi_2\in(c,1)$,使得
$$f'(c)-f'(0)=f''(\xi_1)(c-0),$$
$$f'(1)-f'(c)=f''(\xi_2)(1-c).$$
又因为 $f'(c)=0$,所以
$$|f'(0)|=|cf''(\xi_1)|,$$
$$|f'(1)|=|f''(\xi_1)(1-c)|.$$
于是
$$|f'(0)|+|f'(1)|=|f''(\xi_2)(1-c)|+|cf''(\xi_1)|\leqslant M(1-c)+Mc=M.$$

例25 (**武汉大学**) 设函数 $f(x)$ 在 $(-1,1)$ 内可导,且 $f'(x)>0$.
(1) 证明:对区间 $(-1,1)$ 内的任意不为零的 x,存在唯一的 $\theta(x)\in(0,1)$,使得
$$\int_0^x f(t)\mathrm{d}t+\int_0^{-x}f(t)\mathrm{d}t=x[f(\theta(x)x)-f(-\theta(x)x)]. \tag{1}$$

(2) 求极限 $\lim\limits_{x\to 0}\theta(x)$.

【分析】 当我们看完此题时,脑海中第一反应是不是第一问是为第二问准备的,关键是第二问?第一问通过简单地去"妆容"分析可以得到,运用 Lagrange 中值定理可得到存在性,通过反证法可得到唯一性(非常常规的).如何去"妆容"呢?或者说为什么运用 Lagrange 中值定理.(1) 式的左边是变上限积分——意味着原函数,重要的话说三遍,积分就是原函数,被积函数就成了原函数的导函数.由此,我们就知道(1)式的右边是导函数了.这不是 Lagrange 中值定理的表象吗?由此,"妆容"是不是卸掉了呢?

第二问既然是求函数 $\theta(x)$ 的极限,那么关键点就是如何将此函数从第一问的结论中"提炼"出来.根据第一问的结论"强迫"自己使用 Lagrange 中值定理提炼出第二问所要的函数 $\theta(x)$.如何提炼呢?既然是求极限,我们想对(1)式两边求极限.对不对呢?至少不能说错,大框架思路没有问题,但我们很快会发现,左右两边的极限都等于 0,我们什么也没有得到.难道是空欢喜一场吗?不是,极限为 0,意味着两边都是无穷小,那么就回到"细微见真知"的境界了.我们要从无穷小中寻找真理,这样的真理怎么得到呢?还是惯用的手段——用放大镜进行放大,两边同时除以所需要的无穷小即可.至此,第二问就完成一大半了,剩下的就是根据需求进行增减就会提炼出所要的函数.

证明 (1) 存在性.记 $F(u)=\int_0^u f(t)\mathrm{d}t+\int_0^{-u}f(t)\mathrm{d}t$,则 $F(u)$ 在 $[0,x]$ 或 $[x,0]$(其中 $x\in(-1,0)\bigcup(0,1)$)上可导,所以由 Lagrange 中值定理知,存在 $\theta(x)\in(0,1)$,使得
$$F(x)-F(0)=F'(\theta(x)x)x,$$
即
$$\int_0^x f(t)\mathrm{d}t+\int_0^{-x}f(t)\mathrm{d}t=x[f(\theta(x)x)-f(-\theta(x)x)]. \tag{2}$$

唯一性.下面证明对 $x\in(-1,0)\bigcup(0,1)$,$\theta(x)$ 是唯一的.设另有 $\eta(x)\in(0,1)$ 使(2)式成立,即有
$$\int_0^x f(t)\mathrm{d}t+\int_0^{-x}f(t)\mathrm{d}t=x[f(\eta(x)x)-f(-\eta(x)x)]. \tag{3}$$

由(2)式和(3)式得
$$f(\theta(x)x)-f(-\theta(x)x)=f(\eta(x)x)-f(-\eta(x)x),$$
整理得
$$f(\theta(x)x)-f(\eta(x)x)=f(-\theta(x)x)-f(-\eta(x)x).$$
对上式两边同时应用 Lagrange 中值定理,可得:存在 $\xi_1(x)\in[\theta(x)x,\eta(x)x]$,且 $[\eta(x)x,\theta(x)x]\subset(-1,1)$,以及 $\xi_2(x)\in[-\theta(x)x,-\eta(x)x]$,且 $[-\eta(x)x,-\theta(x)x]\subset(-1,1)$,使得
$$f'(\xi_1)[\theta(x)-\eta(x)]x=f'(\xi_2)[\eta(x)-\theta(x)]x,$$
即
$$f'(\xi_1)+f'(\xi_2)=0.$$
显然它与假定 $f'(x)>0(x\in(-1,1))$ 矛盾.因此,满足(2)式的 $\theta(x)$ 对 x 是唯一的.

(2) 在(2)式的两边同除以 x^2,并令 $x\to 0$ 取极限得

$$\lim_{x\to 0}\frac{\int_0^x f(t)\mathrm{d}t+\int_0^{-x}f(t)\mathrm{d}t}{x^2}=\lim_{x\to 0}\left[\frac{f(\theta(x)x)-f(-\theta(x)x)}{\theta(x)x}\cdot\theta(x)\right]. \quad (4)$$

对(4)式两边分别求极限.首先,求左边极限,有

$$\lim_{x\to 0}\frac{\int_0^x f(t)\mathrm{d}t+\int_0^{-x}f(t)\mathrm{d}t}{x^2}\xrightarrow{\text{L'Hospital 法则}}\lim_{x\to 0}\frac{f(x)-f(-x)}{2x}$$

$$=\frac{1}{2}\left[\lim_{x\to 0}\frac{f(x)-f(0)}{x}+\lim_{x\to 0}\frac{f(-x)-f(0)}{-x}\right]=f'(0).$$

然后,求右边方括号中的极限,有

$$\lim_{x\to 0}\frac{f(\theta(x)x)-f(-\theta(x)x)}{\theta(x)x}$$

$$=\lim_{x\to 0}\frac{f(\theta(x)x)-f(0)}{\theta(x)x}+\lim_{x\to 0}\frac{f(-\theta(x)x)-f(0)}{-\theta(x)x}=2f'(0).$$

所以,由(4)式知 $\lim_{x\to 0}\theta(x)$ 存在,且满足

$$f'(0)=2f'(0)\cdot\lim_{x\to 0}\theta(x).$$

因此, $\lim_{x\to 0}\theta(x)=\frac{1}{2}$ (这里利用 $f'(0)>0$).

例26 (北京) 设函数 $f(x)$ 在 $(-\infty,+\infty)$ 内连续可微,且满足 $f(0)=0$, $|f'(x)|\leqslant p|f(x)|$,其中 $0<p<1$.证明: $f(x)\equiv 0, x\in\mathbf{R}$.

【分析】 证明函数恒为0的方法有两种.一种是大家很容易想到的,证明导函数为0,再利用特殊点的值为0,得到函数恒为0.对于此题来说,根据题干的条件证明导函数恒为0,实际上就是证明函数值恒为0,由此陷入逻辑循环,此方法不可取.另外一种是证明函数绝对值的最大值为0,从而得到所有点的函数值为0.如何证明函数的最大值为0呢?证明最大值小于等于任何一点的函数值即可.既然说到最大值,那一定是在闭区间上讨论,什么样的闭区间呢?题干中有暗示吗?有,就是不等式中的 p,它决定了闭区间的大小.为什么是 p 呢?因为我们讨论的是函数值的最大值,然而不等式描述的是函数与导数之间的关系.此关系提示我们需要使用 Lagrange 中值定理,而 Lagrange 中值定理的应用也需闭区间的区间长度.因此 p 决定了闭区间的大小.

证明 根据已知条件,函数 $f(x)$ 在 $[0,1]$ 内连续可导.由最值定理,可设点 $x_0\in[0,1]$ 是最大值点,即 $|f(x_0)|=M=\max\limits_{0\leqslant x\leqslant 1}|f(x)|$.由 Lagrange 中值定理可得

$$M=|f(x_0)|=|f(x_0)-f(0)|=|f'(\xi)(x_0-0)|=|f'(\xi)x_0|,$$

其中 $\xi_1\in(0,x_0)\subset[0,1]$.由已知条件 $|f'(x)|\leqslant p|f(x)|$ 可得

$$M=|f'(\xi)x_0|\leqslant|f'(\xi)|\leqslant p|f(\xi)|\leqslant pM.$$

又因为 $0<p<1$,从而可得,在区间 $[0,1]$ 上有 $M=0$.故函数 $f(x)$ 在 $[0,1]$ 上恒为零,也即 $f(1)=0$.

现在以 $x=1$ 和 $f(1)=0$ 为出发点.采用上述相同的办法证明函数 $f(x)$ 在 $[1,2]$ 上恒为零,以此类推,可得函数在正半轴恒为0.利用相同的办法证明函数在负半轴上恒为0,由此

可以证明结论.

例27 (北京)设函数 $f(x)$ 在 $[0,1]$ 上可导,且 $f(0)=0, f(1)=1$.证明:在区间 $(0,1)$ 上存在两点 x_1 和 x_2,使

$$\frac{1}{f'(x_1)} + \frac{1}{f'(x_2)} = 2.$$

【分析】 前面的例题中出现过类似的题,寻找不同的点.对于这样的题关键在于"不同"两个字上,如何能保证不同至关重要.由于两点同时选取,为了保证不同,最简单的方法是,让此两点位于不相交的区间中.又因为结论含有导数,由此需要运用 Lagrange 中值定理.剩下问题的关键就是在区间 $[0,1]$ 上选择哪个点将区间分成两部分,答案就在结论中的 2,此处的 2 可能来自倒数 $\frac{1}{2}$.难道选区间 $[0,1]$ 的中点 $\frac{1}{2}$ 作为剖分点吗?那就必须回答 $f\left(\frac{1}{2}\right)=$?题干中无任何信息,于是,剖分点肯定就不是它了.既然需要 $\frac{1}{2}$,难道不能是函数值吗?它所对应的自变量取值就是剖分点.

注: 证明题中出现的常数,不是凭空捏造出来的,一定是通过特殊方式得到的.处理这样的证明题,里面的常数来源就是题目的求解思路.

证明 函数 $f(x)$ 在 $[0,1]$ 上连续可导,且 $f(0)=0, f(1)=1$.由介值定理,存在点 $c \in (0,1)$,使得 $f(c) = \frac{1}{2}$.分别在区间 $[0,c]$ 和 $[c,1]$ 上运用 Lagrange 中值定理,即存在 $x_1 \in (0,c)$ 和 $x_2 \in (c,1)$,使得

$$f'(x_1) = \frac{f(c)-f(0)}{c-0} = \frac{1}{2c},$$
$$f'(x_2) = \frac{f(1)-f(c)}{1-c} = \frac{1}{2(1-c)}.$$

由此可得

$$\frac{1}{f'(x_1)} + \frac{1}{f'(x_2)} = \frac{2c}{1} + \frac{2(1-c)}{1} = 2.$$

例28 设函数 $f(x)$ 在闭区间 $[0,1]$ 上连续,在开区间 $(0,1)$ 内可导,且 $f(0)=0, f(1)=1$.证明:对于任意给定的正数 a 和 b,在开区间 $(0,1)$ 内存在不同的 ξ 和 η,使得

$$\frac{a}{f'(\xi)} + \frac{b}{f'(\eta)} = a+b.$$

【分析】 此题可以认为是例27的一般形式,证明的思路基本相同,但它能更加清晰地告诉我们如何处理证明结论中的常数.基于例27的分析可得,闭区间 $[0,1]$ 一定被分成两个不相交的区间,关键在剖分点的选取,如何选呢?我们通过一般形式的解法来选——类似待定系数法.

证明 任取 $C \in (0,1)$.可导函数 $f(x)$ 分别在区间 $[0,C]$ 和 $[C,1]$ 上运用 Lagrange 中

值定理,得到
$$f(C) - f(0) = f'(\xi)C, \quad 0 < \xi < C,$$
$$f(1) - f(C) = f'(\eta)(1-C), \quad C < \eta < 1,$$
则
$$f'(\xi) = \frac{f(C)}{C}, \quad f'(\eta) = \frac{1-f(C)}{1-C}.$$
于是
$$\frac{a}{f'(\xi)} + \frac{b}{f'(\eta)} = \frac{aC}{f(C)} + \frac{b(1-C)}{1-f(C)} = \frac{bf(C) + C[a - bf(C) - af(C)]}{(1-f(C))f(C)}. \tag{1}$$

为了证明所需要的结论,将选取适当的 C,使得所证明的结论成立.根据(1)式右边分式的分子,选择这样的 C,消除此项 $C[a - bf(C) - af(C)]$,也即 $a - bf(C) - af(C) = 0$.由此可以解得
$$f(C) = \frac{a}{a+b}. \tag{2}$$

将(2)式代入(1)式得到
$$\frac{a}{f'(\xi)} + \frac{b}{f'(\eta)} = \frac{bf(C) + C[a - bf(C) - af(C)]}{(1-f(C))f(C)} = \frac{\dfrac{ab}{a+b}}{\dfrac{ab}{(a+b)^2}} = a+b.$$

下面说明这样要求的 C 是否能选取到.由于选取的 C 使得 $f(C) = \dfrac{a}{a+b}$,由此可得 $0 < f(C) < 1$.另外由已知条件 $f(0) = 0, f(1) = 1$,根据介值定理可得,这样的 C 是存在的.

例29 (北京 1991) 设 $f(x)$ 在 $[a,b]$ 上恒不为零,且其导数 $f'(x)$ 连续,并有 $f(a) = f(b) = 0$. 证明:存在点 $\xi \in [a,b]$,使得 $|f'(\xi)| > \dfrac{1}{(b-a)^2} \int_a^b f(x) dx$.

【分析】 由于结论中的不等式含有常数 $\dfrac{1}{(b-a)^2}$,那么自然要考虑它从何而来,如果想清楚了它的来源,解答方法也就找到了.既然有定积分,自然地考虑到它是否是某个简单函数积分得到的,根据经验有 $\int_a^b (x-a) dx = \dfrac{(b-a)^2}{2} = \int_a^b (b-x) dx$.这个等式中的两个被积函数强烈提醒我们要用到 Lagrange 中值定理,因为我们必须构造出 $x-a$ 或者 $b-x$.另外一方面,结论中的 ξ 到底是谁呢?这可能是许多人都感到困惑的问题.只要我们静下心来,仔细阅读结论:存在点 ξ,使得不等式成立(或者 $|f'(\xi)|$ 大于某数).这里的目标不是证明等式,而是找到这样的点.在一般情况下,这样的点应该很多,构成一个解集.但现在,我们只要找到一个这样的点就可以,那就找特殊的.结合不等式,谁最特殊,毫无疑问,当然是函数取最大值的那个点啊.如果在这个点上不等式都不成立,那么结论就不成立了.那么,函数会有最大值吗?回去看题干条件,灯火阑珊处,它在向你招手——导函数在闭区间上连续.

证明 若 $\int_a^b f(x) dx \leq 0$,结论显然成立.下面讨论 $\int_a^b f(x) dx > 0$ 的情况.

因为 $f'(x)$ 在 $[a,b]$ 上连续，设 $M = \max\limits_{a \leqslant x \leqslant b} |f'(x)|$，由 Lagrange 中值定理：当 $a \leqslant x \leqslant \dfrac{a+b}{2}$，有

$$f(x) = f(a) + f'(t)(x-a) \leqslant M(x-a), \quad a < t < x;$$

当 $\dfrac{a+b}{2} \leqslant x \leqslant b$，有

$$f(x) = f(b) + f'(s)(x-b) \leqslant M(b-x), \quad x < s < b.$$

且知 $f(a) = f(b) = 0$，所以

$$\int_a^b f(x)\,\mathrm{d}x = \int_a^{\frac{a+b}{2}} f(x)\,\mathrm{d}x + \int_{\frac{a+b}{2}}^b f(x)\,\mathrm{d}x$$

$$\leqslant M \int_a^{\frac{a+b}{2}} (x-a)\,\mathrm{d}x + M \int_{\frac{a+b}{2}}^b (b-x)\,\mathrm{d}x = \frac{M}{4}(b-a)^2.$$

于是有

$$M \geqslant \frac{4}{(b-a)^2} \int_a^b f(x)\,\mathrm{d}x > \frac{1}{(b-a)^2} \int_a^b f(x)\,\mathrm{d}x.$$

因为 $M = \max\limits_{a \leqslant x \leqslant b} |f'(x)|$，$f'$ 在 $[a,b]$ 上连续，故最大值点在闭区间 $[a,b]$ 上可以取到，也即存在点 $\xi \in [a,b]$，使得 $M = \max\limits_{a \leqslant x \leqslant b} |f'(x)| = f'(\xi)$。由此结论成立。

例30 （北京）设函数 $f(x)$ 在 $[0,1]$ 上有二阶导数，且 $f(0) = f(1) = 0$，$f(x) \neq 0$，$x \in (0,1)$，证明：

$$\int_0^1 \left|\frac{f''(x)}{f(x)}\right| \mathrm{d}x \geqslant 4.$$

【分析】 从结论出发进行分析，由于函数 $f(x)$ 位于被积函数的分母上，一般来说，无法直接积分出来，那么只能通过放大到最大值或者缩小到最小值的技术手段除掉它。是最大值还是最小值，就要看结论中不等号的方向了。本题是大于号，由此取最大值进行缩小。这样就只剩下分子需要进行处理了。分子是 $|f''(x)|$，自然会想到，将绝对值移到积分号外进行缩小。但直接这样做，很快会需要 $f'(1)$，$f'(0)$ 的信息，题干中没有给出。由此说明，直接放缩应该不合适。该如何继续呢？不等式证明中，常数不是随便拼凑的，一定是通过特殊方式得到，那么，需要我们思考这里的 4 是如何得到的。大家对 4 并不陌生，因为在我们中学所学的不等式中，经常会出现关于 4 的重要不等式，比如，对于正数 a,b，$a+b=1 \Rightarrow ab \leqslant \dfrac{1}{4}$。由此需要我们构造出这样的 a 和 $b = 1-a$。如何得到呢？结合前面分析不能出现 $f'(1)$，$f'(0)$，那当然是使用 Lagrange 中值定理了，而且需要使用两次。

证明 设 $f(a) = \max\limits_{0 < x < 1} f(x) = M$，$a \in (0,1)$。分别在区间 $[0,a]$ 和 $[a,1]$ 上应用 Lagrange 中值定理可得

$$f(a) - f(0) = f(a) = af'(\xi), \quad 0 < \xi < a,$$
$$f(1) - f(a) = -f(a) = f'(\eta)(1-a), \quad a < \eta < 1.$$

由此可得

$$f'(\xi) = \frac{M}{a}, \quad f'(\eta) = -\frac{M}{1-a}.$$

根据上式以及放缩法可得

$$\int_0^1 \left| \frac{f''(x)}{f(x)} \right| dx \geq \int_0^1 \left| \frac{f''(x)}{M} \right| dx \geq \frac{1}{|M|} \left| \int_\xi^\eta f''(x) dx \right|$$

$$\geq \frac{1}{|M|} \left| \int_\xi^\eta f''(x) dx \right| = \frac{1}{|M|} |f'(\xi) - f'(\eta)|$$

$$= \frac{1}{|M|} \left| \frac{M}{a} + \frac{M}{1-a} \right| = \frac{1}{|a(1-a)|} \geq 4.$$

2.4 Cauchy 中值定理

例31 求极限 $\lim\limits_{x \to e} \dfrac{\sin x^x - \sin e^x}{e^{x^x} - e^{e^x}}$.

【分析】 分子和分母都是同型函数作差，这是 Cauchy 中值定理的标配，使用此定理求极限理所当然是极好的.

解 令辅助函数 $f(t) = \sin t, g(t) = e^t$，故 $f'(t) = \cos t, g'(t) = e^t$. 于是由 Cauchy 中值定理有：存在 $\xi \in (x^x, e^x)$ 或 (e^x, x^x)，使得

$$\lim_{x \to e} \frac{\sin x^x - \sin e^x}{e^{x^x} - e^{e^x}} = \lim_{x \to e} \frac{\cos \xi}{e^\xi} = \frac{\cos e^e}{e^{e^e}}.$$

例32 (**北京 1996**) 设函数 $f(x)$ 在 $[0,1]$ 上连续可微，且对于 $x \in [0,1]$ 时，有 $0 < f'(x) < 1$，$f(0) = 0$. 证明：

$$\int_0^1 f^2(x) dx > \left[\int_0^1 f(x) dx \right]^2 > \int_0^1 f^3(x) dx.$$

【分析】 此题貌似很复杂，实际上是常规题型.结论中的左边不等式是很显然的方法：Cauchy 不等式.对于右边不等式，题干中的已知条件 $0 < f'(x) < 1$ 暗示我们考虑利用 Cauchy 中值定理或者函数的单调性来证明.由此需要构造函数，函数构造的套路就是将积分的上限或者下限改为变上(下)限 x. 如果用 Cauchy 中值定理，构造两个函数

$$F(x) = \left[\int_0^x f(t) dt \right]^2 \quad \text{和} \quad G(x) = \int_0^x f^3(t) dt.$$

利用函数单调性就需要设辅助函数

$$F(x) = \left[\int_0^x f(t) dt \right]^2 - \int_0^x f^3(t) dt.$$

证明 由 Cauchy 不等式，

$$\int_a^b f^2(x) dx \int_a^b g^2(x) dx \geq \left(\int_a^b f(x) g(x) dx \right)^2.$$

只要令 $g(x) = 1$，可得左边不等式.下面证明右边不等式.

方法一 设辅助函数 $F(x)=\left[\int_0^x f(t)\mathrm{d}t\right]^2-\int_0^x f^3(t)\mathrm{d}t$,显然有 $F(0)=0$.求导可得

$$F'(x)=2f(x)\int_0^x f(t)\mathrm{d}t-f^3(x)=f(x)\left[2\int_0^x f(t)\mathrm{d}t-f^2(x)\right]. \quad (1)$$

再设辅助函数 $G(x)=2\int_0^x f(t)\mathrm{d}t-f^2(x)$,显然有 $G(0)=0$.求导可得

$$G'(x)=2f(x)-2f(x)f'(x)=2f(x)[1-f'(x)].$$

由已知条件,当 $x\in[0,1]$ 时,由 $0<f'(x)<1,f(0)=0$ 可得,函数 $f(x)$ 在$[0,1]$上非负单增,并由此可得 $G'(x)$ 在$[0,1]$上大于零,也即 $G'(x)>0$,于是辅助函数 $G(x)$ 非负单增.再由(1)式可得 $F'(x)>0$,即辅助函数 $F(x)$ 非负单增,也即 $F(x)>0,x\in(0,1)$.由此可得到结论.

方法二 运用 Cauchy 中值定理.设辅助函数 $F(x)=\left[\int_0^x f(t)\mathrm{d}t\right]^2,G(x)=\int_0^x f^3(t)\mathrm{d}t$,显然有 $F(0)=0$ 和 $G(0)=0$.由 Cauchy 中值定理有

$$\frac{F(x)}{G(x)}=\frac{F(x)-F(0)}{G(x)-G(0)}=\frac{F'(\xi)}{G'(\xi)}=\frac{2f(\xi)\int_0^\xi f(t)\mathrm{d}t}{f^3(\xi)}=\frac{2\int_0^\xi f(t)\mathrm{d}t}{f^2(\xi)}=\frac{S(\xi)}{T(\xi)}. \quad (2)$$

再设辅助函数 $S(\xi)=2\int_0^\xi f(t)\mathrm{d}t,T(\xi)=f^2(\xi)$,显然有 $S(0)=0$ 和 $T(0)=0$.再次由 Cauchy 中值定理有

$$\frac{S(\xi)}{T(\xi)}=\frac{S(\xi)-S(0)}{T(\xi)-T(0)}=\frac{S'(\eta)}{T'(\eta)}=\frac{2f(\eta)}{2f(\eta)f'(\eta)}=\frac{1}{f'(\eta)}>1. \quad (3)$$

综合(2)式和(3)式可得到结论成立.

例33 (北京)设函数 $f(x)$ 在$[a,b]$上连续,在(a,b)内可导,$0\leqslant a<b\leqslant\dfrac{\pi}{2}$.证明:在$(a,b)$内至少存在两点 ξ 和 ζ,使

$$f'(\zeta)\tan\frac{a+b}{2}=f'(\xi)\frac{\sin\zeta}{\cos\xi}.$$

【分析】 这是一道典型的从结论出发寻找思路的题.结论变形为

$$\frac{f'(\zeta)}{\sin\zeta}\tan\frac{a+b}{2}=\frac{f'(\xi)}{\cos\xi}\Rightarrow\left.\frac{f'(x)}{-(\cos x)'}\right|_{x=\zeta}\tan\frac{a+b}{2}=\left.\frac{f'(x)}{(\sin x)'}\right|_{x=\xi}.$$

变形后的式子 $\left.\dfrac{f'(x)}{-(\cos x)'}\right|_{x=\zeta}$ 和 $\left.\dfrac{f'(x)}{(\sin x)'}\right|_{x=\xi}$ 告诉我们必须运用两次 Cauchy 中值定理.

证明 设 $g_1(x)=\sin x$,在$[a,b]$上运用 Cauchy 中值定理得

$$\frac{f(b)-f(a)}{\sin b-\sin a}=\frac{f'(\xi)}{\cos\xi}. \quad (1)$$

设 $g_2(x)=\cos x$,在$[a,b]$上运用 Cauchy 中值定理得

$$\frac{f(b)-f(a)}{\cos b-\cos a}=\frac{f'(\zeta)}{-\sin\zeta}. \quad (2)$$

(1)式除以(2)式得

$$\frac{\cos b - \cos a}{\sin b - \sin a} = -\frac{f'(\xi)\sin\zeta}{f'(\zeta)\cos\xi}.$$

再由和差化积可得

$$f'(\zeta)\tan\frac{a+b}{2} = f'(\xi)\frac{\sin\zeta}{\cos\xi}.$$

例34 (河南 2022) 设 $a>0$,函数 $f(x)$ 在闭区间 $[a,b]$ 上连续,在开区间 (a,b) 内可导,$f(a) \neq f(b)$. 证明:存在 $\xi, \eta \in (a,b)$,使得

$$ab(a+b)f'(\xi) = 2\xi\eta^2 f'(\eta).$$

【分析】 利用中值定理解决的题,那么解题思路一定要定位于所要证明的结论. 由于此题是要证明存在两个量 ξ, η,使得等式成立,这时一般首先要将两个量分离开来,使它们位于等式两边,也即结论变形为

$$ab(a+b)\frac{f'(\xi)}{\xi} = 2\eta^2 f'(\eta).$$

观察此变形公式的左边,应该立刻意识到此公式的右边应该是化简后的结果,它的原始形式应该和左边一样,即 $\dfrac{f'(\eta)}{1/\eta^2}$,右边的系数"2"也要转移到左边,得到 $ab(a+b)\dfrac{f'(\xi)}{2\xi} = \dfrac{f'(\eta)}{1/\eta^2}$,原因在于此公式中的分子是导函数值,分母自然也应该是导函数值,所以"2"一定是函数求导后得到的,分别是函数 $x^2, \dfrac{1}{x}$ 求导得到的. 根据变形公式可以看出,应该使用两次 Cauchy 中值定理以及两个辅助函数 $x^2, \dfrac{1}{x}$.

证明 假设有函数 $f(x), x^2, \dfrac{1}{x}$,由 Cauchy 中值定理:存在 $\xi, \eta \in (a,b)$,使得

$$\frac{f(b)-f(a)}{b^2-a^2} = \frac{f'(\xi)}{2\xi}, \quad \frac{f(b)-f(a)}{\dfrac{1}{b}-\dfrac{1}{a}} = \frac{f'(\eta)}{-\dfrac{1}{\eta^2}}.$$

整理后,得 $ab(a+b)f'(\xi) = 2\xi\eta^2 f'(\eta)$,即证得结论.

2.5 Taylor 公式

例35 (北京 1998) 设函数 $f(x)$ 具有二阶导数,且 $f''(x) \geq 0, x \in \mathbf{R}$,函数 $g(x)$ 在区间 $[0,a]$ 上连续,证明: $\dfrac{1}{a}\displaystyle\int_0^a f[g(x)]dx \geq f\left[\dfrac{1}{a}\displaystyle\int_0^a g(t)dt\right]$.

【分析】 初看此题,第一感觉是结论好复杂啊,有复合函数的定积分,还有定积分在自变量的位置上. 题干中除了很常见的条件 $f''(x) \geq 0, x \in \mathbf{R}$ 外,没有其他任何有利用价值的条件了. 而这个条件却是经常被用来判断函数的凸凹性,这样导致我们完全没有思路,同学们

是不是有此等感受? 不过有个俗语告诉我们,再狡猾的狐狸也有露出自己尾巴的时候. 那么此题的"狐狸的尾巴"是什么呢? 还得从这个常见条件 $f''(x) \geqslant 0, x \in \mathbf{R}$ 下手,其本质还是判断函数的凸凹性,即函数的平均值大于自变量取平均值的函数值. 大家回想看看,我们是如何来证明函数的凸凹性的? 是不是运用了 Taylor 公式? 另一方面,我们还可以给出如下结论:如果题干给出了函数的高阶可导性,我们还得考虑 Taylor 公式,只有它能将所有导数包含进去. 综上所述,解决本题的灵丹妙药就出现了——Taylor 公式. 下面就是在哪里展开,在哪里被展开的问题了,这些问题可以从结论中找到,被展开的点为 $g(t)$,展开的点是 $\frac{1}{a}\int_0^a g(t)\mathrm{d}t$.

证明 由 Taylor 公式,

$$f(x) = f(x_0) + f'(x_0)(x-x_0) + \frac{1}{2}f''(\xi)(x-x_0)^2, \quad \xi \in (x, x_0).$$

由 $f''(x) \geqslant 0, x \in \mathbf{R}$ 可知 $f(x) \geqslant f(x_0) + f'(x_0)(x-x_0)$. 令 $x = g(t), x_0 = \frac{1}{a}\int_0^a g(t)\mathrm{d}t$,则

$$f(g(t)) \geqslant f(x_0) + f'(x_0)(g(t) - x_0)$$

$$\Rightarrow \int_0^a f[g(t)]\mathrm{d}t \geqslant \int_0^a f(x_0)\mathrm{d}t + \int_0^a f'(x_0)(g(t) - x_0)\mathrm{d}t$$

$$= af(x_0) + f'(x_0)\int_0^a g(t)\mathrm{d}t - ax_0 f'(x_0) = af(x_0).$$

于是有 $\frac{1}{a}\int_0^a f[g(x)]\mathrm{d}x \geqslant f\left[\frac{1}{a}\int_0^a g(t)\mathrm{d}t\right]$.

例36 (**天津 2008**) 设函数 $f(x)$ 在闭区间 $[0,1]$ 上连续,在开区间 $(0,1)$ 内具有二阶导数,且 $f''(x) > 0$. 证明:$\int_0^1 f(x^n)\mathrm{d}x \geqslant f\left(\frac{1}{n+1}\right), n$ 为正整数.

【分析】 已知条件中的函数二阶可导,而且还有二阶导函数恒正的信息. 那这些信息不就是 Taylor 公式的标配吗? 因此,现在剩下的问题就是在哪个点展开和哪个点被展开的问题了,此答案由谁决定呢? 题目的结论就差点直接告诉我们在 $x_0 = \frac{1}{n+1}$ 展开,$t = x^n$ 被展开了.

证明 设 $x_0 \in (0,1), t \in [0,1]$,有 Taylor 展开式:

$$f(t) = f(x_0) + f'(x_0)(t-x_0) + \frac{1}{2}f''(\xi)(t-x_0)^2,$$

其中 ξ 位于 t 与 x_0 之间. 令 $t = x^n$,得

$$f(x^n) = f(x_0) + f'(x_0)(x^n - x_0) + \frac{1}{2}f''(\xi)(x^n - x_0)^2.$$

注意到:当 $x \in (0,1)$ 时,$f''(x) > 0$,所以

$$f(x^n) \geqslant f(x_0) + f'(x_0)(x^n - x_0).$$

对上式两边积分,得

$$\int_0^1 f(x^n)\mathrm{d}x \geqslant f(x_0) + f'(x_0)\int_0^1 (x^n - x_0)\mathrm{d}x = f(x_0) + f'(x_0)\left(\frac{1}{n+1} - x_0\right).$$

取 $x_0 = \dfrac{1}{n+1}$，得到 $\displaystyle\int_0^1 f(x^n)\mathrm{d}x \geq f\left(\dfrac{1}{n+1}\right)$.

注：此题是例35的特殊情形，这里函数 $g(x)=x^n$. 于是，例35可以作很多推广，可将函数 $f(x), g(x)$ 取很多满足条件的特殊函数.

例37 （浙江2022）$f(x)$ 在 $[-1,1]$ 上三阶可导，且 $f(-1)=0, f(1)=1, f'(0)=0$. 求证：存在一点 $\zeta \in (-1,1)$，使得 $|f'''(\zeta)| \geq 3$.

【分析】 已知条件中的函数三阶可导，是运用 Taylor 公式的典型标签. 根据已知条件，肯定在 $x=0$ 展开，被展开点肯定是 1 和 -1 两点.

证明 将 $f(x)$ 在 $x=0$ 处进行 Taylor 展开：
$$f(x) = f(0) + f'(0)x + \frac{f''(0)}{2!}x^2 + \frac{f'''(\theta)}{3!}x^3,$$

其中 $\theta \in (0,x)$. 令 $x=-1,1$，得

$$f(-1) = f(0) - f'(0) + \frac{f''(0)}{2} - \frac{f'''(\theta_1)}{6}$$
$$= f(0) + \frac{f''(0)}{2} - \frac{f'''(\theta_1)}{6}, \quad \text{其中}\theta_1 \in (-1,0),$$

$$f(1) = f(0) + f'(0) + \frac{f''(0)}{2} + \frac{f'''(\theta_2)}{6}$$
$$= f(0) + \frac{f''(0)}{2} + \frac{f'''(\theta_2)}{6}, \quad \text{其中}\theta_2 \in (0,1).$$

两式相减得
$$f(1) - f(-1) = \left[f(0) + \frac{f''(0)}{2} + \frac{f'''(\theta_2)}{6}\right] - \left[f(0) + \frac{f''(0)}{2} - \frac{f'''(\theta_1)}{6}\right]$$
$$= \frac{1}{6}[f'''(\theta_1) + f'''(\theta_2)],$$

由已知条件，
$$\frac{1}{6}[f'''(\theta_1) + f'''(\theta_2)] = 1, \quad \text{即} \quad f'''(\theta_1) + f'''(\theta_2) = 6,$$

则 $2\max\{f'''(\theta_1), f'''(\theta_2)\} = 2f'''(\xi_1) \geq f'''(\theta_1) + f'''(\theta_2) = 6$，即有 $|f'''(\xi_1)| \geq 3$.

例38 设 $f(x)$ 在区间 $[0,2]$ 上的二阶导函数连续，$f(0)=f(2)=0$. 证明：
$$\left|\int_0^2 f(x)\mathrm{d}x\right| \leq \frac{2M}{3}, \quad \text{其中} M = \max_{0 \leq x \leq 2}|f''(x)|.$$

【分析】 根据已知条件以及结论的相关信息，使用 Taylor 公式. 题干中的条件已经非常明确，无须过多说明. 那么，结论中隐藏了哪些关键信息呢？注意到不等式的右边是函数的积分，而左边是二阶导数的最大值. 这些信息暗示了什么呢？最大值不仅是产生不等号的原因，它同时也是一个常数，可以"温和"地从积分符号中提取出来. 这意味着，这个最大值原本

是包含在积分符号内的.因此,结论实际上就变成了函数与其二阶导数之间的关系.一阶导数可能通过适当的技巧被"消除"在我们的分析中.因此,使用 Taylor 公式来解决这个问题可以说是顺理成章的.至于在哪个点展开和哪个点被展开的问题? 答案依旧在已知条件和结论中找.由于结论中有函数被积分,由此展开点应该为区间上的任意点.条件中已知两点的函数值,那么它就应该是被展开点了.

证明 选择在任意点 $t \in [0,2]$ 处展开,有

$$f(t) = f(x) + f'(x)(t-x) + \frac{f''(\xi)}{2}(t-x)^2.$$

代入 $t=0$,

$$0 = f(x) - f'(x)x + \frac{f''(\xi)}{2}x^2.$$

两侧同时积分并移项,得

$$\int_0^2 f(x)\,dx = \int_0^2 f'(x)x\,dx - \frac{1}{2}\int_0^2 f''(\xi)x^2\,dx,$$

其中

$$\int_0^2 f'(x)x\,dx = \int_0^2 x\,df(x) = xf(x)\Big|_0^2 - \int_0^2 f(x)\,dx = -\int_0^2 f(x)\,dx.$$

整理得 $\int_0^2 f(x)\,dx = -\frac{1}{4}\int_0^2 f''(\xi)x^2\,dx$.取绝对值后放大积分,有

$$\left|\int_0^2 f(x)\,dx\right| \leq \frac{1}{4}M\int_0^2 x^2\,dx = \frac{2}{3}M.$$

例39 (1) 设 $f(x)$ 在区间 $[a,b]$ 上有连续的二阶导数,且 $f''(x)<0$,证明:
$$\int_a^b f(x)\,dx \leq f\left(\frac{a+b}{2}\right)(b-a).$$

(2) 设 $f(x)$ 在区间 $[a,b]$ 上是单调递减的连续函数,证明:
$$\int_a^b (x-a)^3 f(x)\,dx \leq \frac{(b-a)^3}{4}\int_a^b f(x)\,dx.$$

【分析】 对于第一问,根据已知条件以及结论的相关信息,当然可以使用 Taylor 公式,这是方法一.除了此方法外,这样的问题还有另外一种思路,类似于例32,利用变上(下)限构造辅助函数,然后利用函数的单调性求极值.根据要证的结论,将结论中的常量 b 改为变量,并设置辅助函数 $\int_a^t f(x)\,dx - f\left(\frac{a+t}{2}\right)(t-a)$,然后讨论辅助函数的单调性,也即方法二.第二问延续第一问方法二的思路.

证明 (1) **方法一** 记 $c = \frac{a+b}{2}$,因 $f''(x)<0$,则

$$f(x) = f(c) + f'(c)(x-c) + \frac{1}{2}f''(\xi)(x-c)^2 \leq f(c) + f'(c)(x-c).$$

故

$$\int_a^b f(x)\,\mathrm{d}x \leqslant \int_a^b [f(c)+f'(c)(x-c)]\,\mathrm{d}x = f(c)(b-a).$$

方法二 令 $F(t)=\int_a^t f(x)\,\mathrm{d}x - f\left(\dfrac{a+t}{2}\right)(t-a)$,则 $F(a)=0$. 当 $t>a$ 时,

$$\begin{aligned}F'(t)&=f(t)-f\left(\dfrac{a+t}{2}\right)-f'\left(\dfrac{a+t}{2}\right)\dfrac{t-a}{2}\\ &=\left[f'(\xi)-f'\left(\dfrac{a+t}{2}\right)\right]\dfrac{t-a}{2},\quad \xi\in\left(\dfrac{a+t}{2},t\right).\end{aligned}$$

因 $f''(x)<0$,故 $f'(x)$ 单调递减,所以 $f'(\xi)<f'\left(\dfrac{a+t}{2}\right)$. 故 $F'(t)<0$,所以 $F(t)$ 单调递减,则 $F(b)\leqslant F(a)$.

(2) 设 $F(t)=\dfrac{(t-a)^3}{4}\int_a^t f(x)\,\mathrm{d}x - \int_a^t (x-a)^3 f(x)\,\mathrm{d}x$,求导可得

$$\begin{aligned}F'(t)&=\dfrac{3}{4}(t-a)^2\int_a^t f(x)\,\mathrm{d}x+\dfrac{(t-a)^3}{4}f(t)-(t-a)^3 f(t)\\ &=\dfrac{3(t-a)^2}{4}\left[\int_a^t f(x)\,\mathrm{d}x-(t-a)f(t)\right]\\ &=\dfrac{3}{4}(t-a)^3[f(\xi)-f(t)]\geqslant 0,\quad \xi\in(a,t).\end{aligned}$$

故 $F(b)\geqslant F(a)=0$.

例40 (莫斯科大学) 设 $f(x)$ 在 $(0,+\infty)$ 上二阶可导,$\lim\limits_{x\to+\infty}f(x)$ 存在,当 $0<x<+\infty$ 时,$|f''(x)|\leqslant 1$,求证:$\lim\limits_{x\to+\infty}f'(x)=0$.

【分析】 根据已知条件,结论显然成立,为什么?因为 $\lim\limits_{x\to+\infty}f(x)$ 存在,从几何上看,就表明函数 $f(x)$ 具有水平的渐近线,也即 $f(x)$ 接近某一常数,而常数的导数不就是 0 吗?所以,题目的结论就是 $f(x)$ 的极限也应该为 0. 既然问题如此明显,那我们应该怎么证明呢?本题有一个很显著的特征,就是已知高阶导数,知道其中若干导数信息,求未知导数信息. 满足所有条件的只有 Taylor 公式,它包含所有导数的值,所以本题就是利用 Taylor 公式.

证明 $\forall\varepsilon>0$,应用 Taylor 公式,有

$$f(x+\varepsilon)=f(x)+f'(x)\varepsilon+\dfrac{\varepsilon^2}{2}f''(\xi).$$

由此可得

$$\begin{aligned}|f'(x)|&=\left|\dfrac{f(x+\varepsilon)-f(x)}{\varepsilon}+\dfrac{\varepsilon}{2}f''(\xi)\right|\\ &\leqslant\dfrac{1}{\varepsilon}|f(x+\varepsilon)-f(x)|+\dfrac{\varepsilon}{2}|f''(\xi)|\\ &\leqslant\dfrac{1}{\varepsilon}|f(x+\varepsilon)-f(x)|+\dfrac{\varepsilon}{2}.\end{aligned}$$

令 $x\to+\infty$,得

$$\lim_{x \to +\infty} |f'(x)| \leqslant \frac{1}{\varepsilon} \cdot 0 + \frac{1}{2}\varepsilon.$$

由 ε 的任意性得到 $\lim\limits_{x \to +\infty} |f'(x)| = 0$，也即 $\lim\limits_{x \to +\infty} f'(x) = 0$.

例41 (莫斯科大学) 设 $f(x)$ 在 $(-1, 1)$ 上任意阶可导，且 $f^{(n)}(0) \neq 0, n = 1, 2, 3, \cdots$，又设对 $0 < |x| < 1$ 和 $n \in \mathbf{N}$，有 Taylor 公式

$$f(x) = f(0) + f'(0)x + \frac{x^2}{2}f''(0) + \cdots + \frac{f^{(n-1)}(0)}{(n-1)!}x^{n-1} + \frac{f^{(n)}(\theta x)}{n!}x^n.$$

试求 $\lim\limits_{x \to 0} \theta$.

【分析】 要求 θ 的极限，而 θ 是 Taylor 公式诱导出来的，那就要考虑如何将它从 Taylor 公式中分离出来. θ 虽然在变量中无法求解，但是却可以通过复合函数求导的方法将它从变量中导出，由此就可以求极限了. 由于 θ 位于 n 阶导数中，即 $f^{(n)}(\theta x)$，于是，只能对 n 阶导数再次求导. 为此讨论 $n+1$ 阶导数是理所当然的事情了. 为了求 θ，必须分两种不同的方式得到 $n+1$ 阶导数值. 导数定义一般是优先级最高的方法，再根据题干条件（函数任意阶可导）以及题干给出的 Taylor 公式，第二种方式自然是利用 Taylor 公式展开.

证明 由条件得

$$f^{(n)}(\theta x) = \frac{n!\left[f(x) - \left(f(0) + f'(0)x + \frac{x^2}{2}f''(0) + \cdots + \frac{f^{(n-1)}(0)}{(n-1)!}x^{n-1}\right)\right]}{x^n}.$$

于是

$$\frac{f^{(n)}(\theta x) - f^{(n)}(0)}{\theta x} \cdot \theta$$
$$= \frac{n!\left[f(x) - \left(f(0) + f'(0)x + \frac{x^2}{2}f''(0) + \cdots + \frac{f^{(n-1)}(0)}{(n-1)!}x^{n-1}\right)\right] - f^{(n)}(0)x^n}{x^{n+1}}.$$

利用导数定义求上式左边的极限，有

$$\lim_{x \to 0} \frac{f^{(n)}(\theta x) - f^{(n)}(0)}{\theta x} \cdot \theta = f^{(n+1)}(0) \lim_{x \to 0} \theta \neq 0;$$

再利用 L'Hospital 法则求右边的极限，有

$$\lim_{x \to 0} \frac{n!\left[f(x) - \left(f(0) + f'(0)x + \frac{x^2}{2}f''(0) + \cdots + \frac{f^{(n-1)}(0)}{(n-1)!}x^{n-1}\right)\right] - f^{(n)}(0)x^n}{x^{n+1}}$$
$$= \cdots = \lim_{x \to 0} \frac{n! f^{(n)}(x) - n! f^{(n)}(0)}{(n+1)! x} = \lim_{x \to 0} \frac{n! f^{(n+1)}(x)}{(n+1)!}$$
$$= \frac{1}{n+1} f^{(n+1)}(0).$$

比较上面三式可得

$$f^{(n+1)}(0) \lim_{x \to 0} \theta = \frac{1}{n+1} f^{(n+1)}(0) \Rightarrow \lim_{x \to 0} \theta = \frac{1}{n+1}.$$

例42 (武汉大学 2019) 设 $f(x)$ 具有 $n+1$ 阶连续导数, $f(0)$ 不为 0, 其中 Taylor 公式:
$$f(x) = f(0) + f'(0)x + \frac{f''(0)}{2}x^2 + \cdots + \frac{f^{(n)}(0)}{n!}x^n + \frac{f^{(n+1)}(\theta x)}{n!}(1-\theta)^n x^{n+1}.$$

证明: $\lim\limits_{x \to 0} \theta = 1 - \sqrt[n]{\dfrac{1}{n+1}}$.

【分析】 此题是例 41 的变形, 所以解题思路基本相同.

证明 由带 Peano 余项的 Taylor 公式:
$$f(x) = f(0) + f'(0)x + \frac{f''(0)}{2}x^2 + \cdots + \frac{f^{(n)}(0)}{n!}x^n + \frac{f^{(n+1)}(0)}{(n+1)!}x^{n+1} + o(x^{n+1}).$$

比较已知条件可得
$$\frac{f^{(n+1)}(\theta x)}{n!}(1-\theta)^n x^{n+1} = \frac{f^{(n+1)}(0)}{(n+1)!}x^{n+1} + o(x^{n+1})$$

$$\Rightarrow \lim_{x \to 0} \frac{f^{(n+1)}(\theta x)}{n!}(1-\theta)^n = \lim_{x \to 0}\left(\frac{f^{(n+1)}(0)}{(n+1)!} + o(1)\right)$$

$$\Rightarrow (1-\theta)^n = \frac{1}{n+1}$$

$$\Rightarrow \theta = 1 - \sqrt[n]{\frac{1}{n+1}}.$$

例43 (天津大学 2022) 设 $f(x)$ 在 $(-1,1)$ 上有任意阶导数, $f(0)=0$, 且 $\forall n \in \mathbf{N}^*$, $f^{(n)}(0)=0$, 设存在 $C>0$, 使得对任意的正整数 n 和 $x \in (-1,1)$, 有 $|f^{(n)}(x)| \leqslant n! C^n$.
证明: $f(x) = 0, x \in (-1,1)$.

【分析】 由题干条件, 任意阶可导说明 Taylor 公式是求解此题的唯一的选择. 要证明函数恒为常数, 最常用的手段是证明导数值等于 0. 如何证明导数值为 0? 当然是利用已知条件中的不等式 $|f^{(n)}(x)| \leqslant n! C^n$, 问题就转化为如何证明上述不等式的右端在 n 趋近无穷大时, 极限为 0.

证明 $\forall |x| \in \left[0, \min\left\{1, \dfrac{1}{C}\right\}\right)$, 由 Taylor 公式知

$$|f^{(m)}(x)| = \left|\frac{f^{(n)}(\xi_x)}{(n-m)!}x^{n-m}\right| \leqslant \frac{n!}{(n-m)!}(Cx)^{n-m}C^m \longrightarrow 0, \quad n \to \infty.$$

于是 $f^{(m)}(x) = 0, m = 0, 1, 2, \cdots, |x| \in \left[0, \min\left\{1, \dfrac{1}{C}\right\}\right)$.

如果 $C \leqslant 1$, 则结论证明完.

如果 $C > 1$, 则考虑区间 $\left[\dfrac{1}{C}, \min\left\{1, \dfrac{2}{C}\right\}\right]$, 在 $x = \pm \dfrac{1}{C}$ 处 Taylor 展开, 同理可得

$$f^{(m)}(x) = 0, \quad m = 0, 1, 2, \cdots, |x| \in \left[\dfrac{1}{C}, \min\left\{1, \dfrac{2}{C}\right\}\right].$$

于是, 重复上面有限步骤后即可证明结论.

例44 设函数 $f \in C[a,b]$ 在 $[a,b]$ 上二次可微,证明:对 $c \in (a,b)$,存在 $\xi \in (a,b)$,使得
$$\frac{1}{2}f''(\xi) = \frac{f(a)}{(a-b)(a-c)} + \frac{f(b)}{(b-a)(b-c)} + \frac{f(c)}{(c-a)(c-b)}.$$

【分析】 题干中的条件"二次可微"以及结论中的二阶导数值与函数值之间的关系,是使用 Taylor 公式的强烈信号.既然使用 Taylor 公式,展开点和被展开点在哪里寻觅呢?当然是从结论中寻觅,点 $\xi \in (a,b)$ 是我们要寻找的点,被排除了.那么,只剩下 a,b,c 三点了,展开和被展开的点都在其中.由于结论中不含一阶导,也就是说一阶导应该被"消元"掉了.这就需要我们使用两次 Taylor 展开,不同的是在同一点进行 Taylor 展开.至于展开点如何选,三点选其一即可,剩下就是被展开点了.

证明 由 Taylor 公式有
$$f(a) = f(c) + f'(c)(a-c) + \frac{1}{2}f''(\xi_1)(a-c)^2, \qquad (1)$$
$$f(b) = f(c) + f'(c)(b-c) + \frac{1}{2}f''(\xi_2)(b-c)^2. \qquad (2)$$

由 $(1) \times (b-c) - (2) \times (a-c)$ 消除 $f'(c)$ 可得
$$(b-c)f(a) - (a-c)f(b) - (b-a)f(c)$$
$$= \frac{1}{2}f''(\xi_1)(a-c)^2(b-c) - \frac{1}{2}f''(\xi_2)(b-c)^2(a-c)$$
$$= \frac{1}{2}(a-c)(b-c)[f''(\xi_1)(a-c) - f''(\xi_2)(b-c)].$$

上式两边同时除以 $(a-b)(a-c)(b-c)$ 并整理可得
$$\frac{f(a)}{(a-b)(a-c)} + \frac{f(b)}{(b-a)(b-c)} + \frac{f(c)}{(c-a)(c-b)} = \frac{f''(\xi_1)(a-c) - f''(\xi_2)(b-c)}{a-b}.$$

下面化简上式的右边
$$\frac{f''(\xi_1)(a-c) - f''(\xi_2)(b-c)}{a-b} = f''(\xi_1)\frac{a-c}{a-b} + f''(\xi_2)\frac{c-b}{a-b}.$$

另一方面,$\frac{a-c}{a-b} + \frac{c-b}{a-b} = 1, f \in C[a,b]$,在 $[a,b]$ 上二次可微,由连续函数的介值定理可知,存在 $\xi \in (a,b)$,使得 $f''(\xi_1)\frac{a-c}{a-b} + f''(\xi_2)\frac{c-b}{a-b} = f''(\xi).$ 于是结论得证.

例45 (北京) 设函数 $f(x)$ 在闭区间 $[a,b]$ 上二阶可导,且 $f'(a) = f'(b) = 0$,则在区间 (a,b) 内至少存在一点 ζ,使
$$|f''(\zeta)| \geq 4\frac{|f(b) - f(a)|}{(b-a)^2}.$$

【分析】 二阶可导以及两个点的一阶导数值等于 0,这些信息告诉我们必须运用两次 Taylor 公式.展开点是题目中已知导数值的点,那么被展开点呢,来自结论中的 $\left(\frac{b-a}{2}\right)^2$,想得到此项,被展开点一定是区间的中点 $\frac{a+b}{2}$.

证明 由 Taylor 展开公式

$$f\left(\frac{a+b}{2}\right) = f(a) + \frac{1}{2}f''(\xi)\left(\frac{a-b}{2}\right)^2, \quad a \leqslant \xi \leqslant \frac{a+b}{2},$$

$$f\left(\frac{a+b}{2}\right) = f(b) + \frac{1}{2}f''(\eta)\left(\frac{a-b}{2}\right)^2, \quad \frac{a+b}{2} \leqslant \eta \leqslant b.$$

上面两式相减得

$$|f(b) - f(a)| = \frac{1}{2}|f''(\xi) - f''(\eta)|\left(\frac{a-b}{2}\right)^2$$

$$\leqslant \frac{1}{2}(|f''(\xi)| + |f''(\eta)|)\left(\frac{a-b}{2}\right)^2$$

$$\leqslant |f''(\zeta)|\left(\frac{a-b}{2}\right)^2,$$

其中 $f''(\zeta) = \max\{f''(\xi), f''(\eta)\}$.

例46 (北京) 设 $f(x)$ 是定义在长度不小于 2 的闭区间 I 上的实函数,满足 $|f(x)| \leqslant 1$,$|f''(x)| \leqslant 1$. 对于 $x \in I$,证明: $|f'(x)| \leqslant 2$,对于 $x \in I$,且有函数使得等式成立.

【分析】 表面看起来不像是运用 Taylor 公式的题,实际上却是非常典型的 Taylor 公式题,为什么这样讲呢? 让我们来分析分析,已知条件有函数值的信息,还有二阶导数值的信息,而我们要讨论的是一阶导数值的信息. 要将这三者的信息关联在一起的公式,有且只有 Taylor 公式. 也即通过此公式以及函数值和导数值的信息估计一阶导数值的范围. 既然使用 Taylor 公式,那么就涉及展开点和被展开点,在哪里展开呢? 要证明的结论告诉我们必须在任意点 x 处展开. 被展开点呢? 当然是区间的端点了. 还要充分利用区间长度为 2 的信息.

证明 取闭区间 $I = [a, a+2]$. 在此区间上考虑函数 $f(x)$ 的 Taylor 公式展开

$$f(a+2) = f(x) + f'(x)(a+2-x) + \frac{1}{2}f''(\xi)(a+2-x)^2, \quad \xi \in (x, a+2);$$

$$f(a) = f(x) + f'(x)(a-x) + \frac{1}{2}f''(\eta)(a-x)^2, \quad \eta \in (a, x).$$

上面两式相减得

$$f(a+2) - f(a) = 2f'(x) + \frac{1}{2}f''(\xi)(a+2-x)^2 - \frac{1}{2}f''(\eta)(a-x)^2,$$

也即

$$2f'(x) = f(a+2) - f(a) - \frac{1}{2}f''(\xi)(a+2-x)^2 + \frac{1}{2}f''(\eta)(a-x)^2.$$

由此可得

$$2|f'(x)| \leqslant |f(a+2)| + |f(a)| + \frac{1}{2}|f''(\xi)|(a+2-x)^2 + \frac{1}{2}|f''(\eta)|(a-x)^2$$

$$\leqslant 2 + \frac{1}{2}(a+2-x)^2 + \frac{1}{2}(a-x)^2 = 2 + (a^2 + x^2 - 2ax + 2 + 2a - 2x)$$

$$= 4 - (x-a)(a+2-x) \leqslant 4. \quad (\text{因为 } a \leqslant x \leqslant a+2)$$

故 $|f'(x)| \leqslant 2$, 对于 $x \in I = [a, a+2]$.

例47 （北京）设函数 $f(x)$ 在闭区间 $[a,b]$ 上连续, 在 (a,b) 内二阶可导, 且对 $x \in (a,b)$, 满足 $|f''(x)| \geqslant 1$. 证明: 在曲线 $y = f(x), a \leqslant x \leqslant b$ 上, 存在三个点 A, B, C, 使得
$$\triangle ABC \text{ 的面积} \geqslant \frac{(b-a)^3}{16}.$$

【分析】 初看此题, 可能很多同学都是一头雾水, 不知道怎么下手. 要证明的结论中到底暗藏了什么玄机? 仔细考虑考虑, 关键点在于证明最大三角形的面积 $\geqslant \frac{(b-a)^3}{16}$. 那什么样的三角形可能有最大的面积呢? 画图会告诉我们很多信息 (尽管大学不能使用数形结合, 但并不能阻止我们通过画图提供解题思路), 如图 2.4 所示, 极有可能是这样的三角形, 即三角形其中的一条边是通过曲线段的两个端点 A, B 的弦 (可能是所有三角形中最大的边了), 然后再在曲线段上找一点 C, 此点到弦的距离最大. 如果此三角形的面积 $\geqslant \frac{(b-a)^3}{16}$, 那么就可以得到结论了.

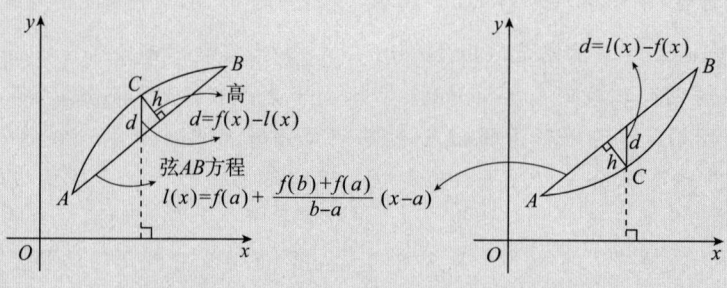

图 2.4

从上面的分析可知, 如果曲线段给定, 那么过端点的弦长就是可求出来的定值了. 但"最大"的高如何求? 按照点到直线的距离公式进行求极值非常困难. 转化一下思路, 高最大的地方实际上是弦和曲线纵向距离最大的地方, 也即 $g(x) = f(x) - \frac{f(b)-f(a)}{b-a}(x-a) - f(a)$ 的最大值. 所以问题就转化为求此函数的最大值. 这是方法一. 基于方法一的讨论, 可以知道主要是如何通过坐标来表示面积, 既然如此, 何不直接利用线性代数中的行列式的几何意义来表示面积呢? 这就是方法二.

证明 **方法一** 构造辅助函数 $g(x) = f(x) - \frac{f(b)-f(a)}{b-a}(x-a) - f(a)$. 显然有: 辅助函数 $g(x)$ 在闭区间 $[a,b]$ 上连续, 在 (a,b) 内二阶可导, 且 $g(a) = g(b) = 0$ 和 $f''(x) = g''(x)$.

下面讨论辅助函数 $g(x)$ 的一个结论:
$$|g(x_0)| = \max_{a \leqslant x \leqslant b} |g(x)| \geqslant \frac{m}{8}(b-a)^2, \quad \text{其中 } g''(x) \geqslant m.$$

由于函数 $g(x)$ 在闭区间 $[a,b]$ 上连续, 且 $g(a) = g(b) = 0$, 则存在 $x_0 \in (a,b)$, 使得

$|g(x_0)| = \max\limits_{a \leqslant x \leqslant b} |g(x)|$. 由此可得 $x_0 \in (a,b)$ 是极值点,因此,
$$g'(x_0) = 0.$$
由 Taylor 公式得
$$g(x) = g(x_0) + \frac{1}{2} g''(\eta)(x-x_0)^2, \quad \eta \in (x_0, x).$$
由此公式以及 $f''(x) = g''(x)$ 和 $|f''(x)| \geqslant 1$ 可得
$$|g(x) - g(x_0)| \geqslant \frac{1}{2}(x-x_0)^2.$$
取 $x = a, b$ 和 $g(a) = g(b) = 0$ 有
$$|g(x_0)| \geqslant \frac{1}{2}(a-x_0)^2, \quad |g(x_0)| \geqslant \frac{1}{2}(b-x_0)^2.$$
于是
$$|g(x_0)| \geqslant \max\left\{\frac{1}{2}(a-x_0)^2, \frac{1}{2}(b-x_0)^2\right\} \geqslant \frac{1}{8}(b-a)^2.$$

取 $\triangle ABC$ 的三个顶点 $A(a, f(a)), B(b, f(b)), C(x_0, f(x_0))$. 设直线 AB 与 x 轴正向的夹角为 θ,则点 C 到直线 AB 的距离为
$$h = |g(x_0)| \cos\theta \geqslant \frac{b-a}{|AB|} \cdot \frac{(b-a)^2}{8}.$$
故 $\triangle ABC$ 的面积 $= \frac{1}{2}|AB| \cdot h \geqslant \frac{(b-a)^3}{16}.$

方法二 设 $\triangle ABC$ 的三个顶点的坐标 $A(a, f(a)), B(b, f(b)), C(x, f(x))$,则三角形的面积由顶点坐标表示为
$$S_{\triangle ABC} = F(x) = \frac{1}{2} \begin{vmatrix} 1 & 1 & 1 \\ a & b & x \\ f(a) & f(b) & f(x) \end{vmatrix}, \quad a < x < b.$$
因此,有
$$F(a) = F(b) = 0, \quad |F''(x)| = \left|\frac{1}{2}(b-a)f''(x)\right| \geqslant \frac{1}{2}(b-a).$$
由方法一的证明可知:
$$|F(x_0)| = \max\limits_{a \leqslant x \leqslant b} |F(x)| \geqslant \frac{b-a}{2} \cdot \frac{(b-a)^2}{8} = \frac{(b-a)^3}{16}.$$

在第 1 章和这里说明了 Taylor 公式的应用,在大部分情况下是用于证明题和求极限的题,但它还有一个非常重要的功能,虽然在平时的练习或者竞赛中不常见,但是并不表示这个功能不重要,它就是求近似值.

例48 (莫斯科大学) 不查表,求方程 $x^2 \sin\dfrac{1}{x} = 2x - 1997$ 的近似解,精确到 0.001.

【分析】 同学们能估计到近似解是 1997,但如何"编"个正确的理由给出来呢?在微积分中,求近似的手段有三种:微分、各个中值定理和 Taylor 公式.微分好像对此题没什么用;中值定理是 Taylor 公式的特殊形式;Taylor 公式好像还不错,就用它试试吧.假设解为 1997,那么

$$\sin\frac{1}{1997} \approx \frac{1}{1997}.$$

代入方程,近似相等.因此 Taylor 公式是不错的选择.

解 当 $x \neq 0, x \to \infty$ 时,令 $u = \frac{1}{x} \to 0$,应用 $\sin u$ 的一阶 Taylor 公式

$$\sin u = u - \frac{1}{2}\sin(\theta u)u^2,$$

其中 $0 < \theta < 1$,即有

$$\sin\frac{1}{x} = \frac{1}{x} - \frac{1}{2}\left(\frac{1}{x}\right)^2 \sin\left(\frac{\theta}{x}\right).$$

由此可得

$$x = 1997 - \frac{1}{2}\sin\frac{\theta}{x}.$$

从上式以及正弦函数的取值范围可得: $x > 1996$.于是

$$0 < \frac{\theta}{x} < \frac{1}{1996}.$$

从而可得

$$\left|\frac{1}{2}\sin\frac{\theta}{x}\right| \leq \frac{1}{2} \cdot \frac{\theta}{x} < \frac{1}{2 \times 1996} < 0.0002 < 0.001.$$

所以方程的近似解为 1997.

例49 (中国科技大学 2023) 设 $f(x)$ 在 $[0, +\infty)$ 上 n 阶可微,极限 $\lim\limits_{x \to \infty} f(x)$ 和 $\lim\limits_{x \to \infty} f^{(n)}(x)$ 存在且有限.证明:对每个 $1 \leq k \leq n-1$,

$$\lim_{x \to \infty} f^{(k)}(x) = 0.$$

【分析】 根据题目的已知条件以及我们的直观感受,虽然认为此题应该是一个显然的结论,但就是不知道如何证明,有点"小尴尬".那么解决"小尴尬"的思路在哪里呢? 本题所要证的结论,不就是同时证明若干个导数值的极限为 0 吗? 实际上,就是求解带这些导数值的线性方程组.那方程组从何而来呢? 高阶导数的已知条件不就是 Taylor 公式的标配吗? 本题从而得证.

证明 不妨设 $\lim\limits_{x \to \infty} f(x) = 0$,否则令

$$f(x) = f(x) - \lim_{x \to \infty} f(x).$$

(1) 设 $\lim\limits_{x \to \infty} f^{(n)}(x) = A$,首先证明 $A = 0$.否则,可设 $A > 0$.对 $\varepsilon = \frac{A}{2}$,$\exists M > 0$,使得当 $x > M$ 时,$\frac{A}{2} < f^{(n)}(x) < \frac{3A}{2}$,在 $[M, x]$ 上对其积分 n 次,可得 $f(x) > \frac{A}{2}x^n + g(x)$,其中 $g(x)$ 为 $n-1$ 次多项式.这与 $\lim\limits_{x \to \infty} f(x) = 0$ 矛盾.

(2) 对任意 $x, h_i > 0$,由 Taylor 展开式

$$f(x+h_i) = f(x) + f'(x)h_i + \cdots + \frac{f^{(n-1)}(x)}{(n-1)!}h_i^{n-1} + \frac{f^{(n)}(\xi_i)}{n!}h_i^n.$$

对 $1 \leqslant i \leqslant n-1$ 可得方程组

$$\begin{pmatrix} f(x+h_1) \\ f(x+h_2) \\ \vdots \\ f(x+h_{n-1}) \end{pmatrix} = \begin{pmatrix} f(x) \\ f(x) \\ \vdots \\ f(x) \end{pmatrix} + \begin{pmatrix} h_1 & \cdots & h_1^{n-1} \\ \vdots & \ddots & \vdots \\ h_{n-1} & \cdots & h_{n-1}^{n-1} \end{pmatrix} \begin{pmatrix} f'(x) \\ \frac{f''(x)}{2} \\ \vdots \\ \frac{f^{(n-1)}(x)}{(n-1)!} \end{pmatrix} + \begin{pmatrix} \frac{f^{(n)}(\xi_1)h_1^n}{n!} \\ \frac{f^{(n)}(\xi_2)h_2^n}{n!} \\ \vdots \\ \frac{f^{(n)}(\xi_{n-1})h_{n-1}^n}{n!} \end{pmatrix}.$$

从而解线性方程组可得

$$\frac{f^{(k)}(x)}{k!} = a_{k,1}(H)\left[f(x+h_1) - f(x) - \frac{f^{(n)}(\xi_1)}{n!}h_1^n\right] + $$
$$\cdots + a_{k,n-1}(H)\left[f(x+h_{n-1}) - f(x) - \frac{f^{(n)}(\xi_{n-1})}{n!}h_{n-1}^n\right],$$

其中 $a_{k,i}(H)$ 是矩阵 $H = \begin{pmatrix} h_1 & \cdots & h_1^{n-1} \\ \vdots & \ddots & \vdots \\ h_{n-1} & \cdots & h_{n-1}^{n-1} \end{pmatrix}$ 的逆矩阵中的元素. 固定 h_i, 并令 $x \to \infty$ (注意到此时 $\xi_i \to \infty$), 可得

$$\lim_{x \to \infty} f^{(k)}(x) = 0.$$

2.6 积分中值定理

例50 (北京) 设函数 $f(x)$ 在 $[0,1]$ 上是非负、单调递减和连续的, 且 $0 < a < b < 1$. 求证:
$$\int_0^a f(x)\mathrm{d}x \geqslant \frac{a}{b}\int_a^b f(x)\mathrm{d}x.$$

【分析】 结论变形为

$$\frac{\int_0^a f(x)\mathrm{d}x}{a} \geqslant \frac{\int_a^b f(x)\mathrm{d}x}{b}.$$

不等式中的左边是函数 $f(x)$ 在 $[0,a]$ 上的均值, 基于均值的提示, 不等式的右边进行适当地放大, 即

$$\frac{\int_a^b f(x)\mathrm{d}x}{b} < \frac{\int_a^b f(x)\mathrm{d}x}{b-a}.$$

此不等式的右边是函数 $f(x)$ 在 $[a,b]$ 上的均值. 直观上, 函数的非负单调递减性质可得: 函数值大的地方, 均值大; 而函数值小的地方, 均值小. 如何描述这个直观呢? 当然是用积分中值定理了.

证明 由积分中值定理可得

$$\int_0^a f(x)\,dx = af(\xi) \geqslant af(a), \quad 0 < \xi < a;$$

$$\int_a^b f(x)\,dx = (b-a)f(\eta) \leqslant (b-a)f(a), \quad a < \eta < b.$$

于是从上面两式可得

$$\frac{1}{a}\int_0^a f(x)\,dx \geqslant f(a) \geqslant \frac{1}{b-a}\int_a^b f(x)\,dx \geqslant \frac{1}{b}\int_a^b f(x)\,dx,$$

即得

$$\int_0^a f(x)\,dx \geqslant \frac{a}{b}\int_a^b f(x)\,dx.$$

例51 (天津 2005) 证明: $\int_0^{\frac{\pi}{2}} \frac{\sin x}{1+x^2}\,dx \leqslant \int_0^{\frac{\pi}{2}} \frac{\cos x}{1+x^2}\,dx.$

【分析】 通过三角函数的性质,我们很容易得到,在区间 $\left[0,\frac{\pi}{4}\right]$ 上,$\frac{\cos x - \sin x}{1+x^2} \geqslant 0$,而在 $\left[\frac{\pi}{4},\frac{\pi}{2}\right]$ 上,$\frac{\cos x - \sin x}{1+x^2} \leqslant 0$.但是否注意到 $\cos x - \sin x$ 是关于点 $\left(\frac{\pi}{4},0\right)$ 对称呢? 相信绝大多数同学都知道这个结论,但是否会注意到呢? 是否也注意到 $\frac{1}{1+x^2}$ 的值在 $\left[0,\frac{\pi}{4}\right]$ 上大于在 $\left[\frac{\pi}{4},\frac{\pi}{2}\right]$ 上的值? 如果有了这些不经意的"注意",当然结论就很明显了,再结合函数的积分的特点,就可以通过严谨的数学表述呈现出来(积分中值定理)了.

证明 **方法一**(利用积分中值定理) 令

$$I = \int_0^{\frac{\pi}{2}} \frac{\sin x - \cos x}{1+x^2}\,dx = \int_0^{\frac{\pi}{4}} \frac{\sin x - \cos x}{1+x^2}\,dx + \int_{\frac{\pi}{4}}^{\frac{\pi}{2}} \frac{\sin x - \cos x}{1+x^2}\,dx.$$

由积分中值定理,并在区间 $\left[\frac{\pi}{4},\frac{\pi}{2}\right]$ 上取变换 $t = \frac{\pi}{2} - x$,同时注意到 $\xi_1 < \xi_2$,得

$$I = \frac{1}{1+\xi_1^2}\int_0^{\frac{\pi}{4}}(\sin x - \cos x)\,dx + \frac{1}{1+\xi_2^2}\int_{\frac{\pi}{4}}^{\frac{\pi}{2}}(\sin x - \cos x)\,dx$$

$$= \frac{1}{1+\xi_1^2}\int_0^{\frac{\pi}{4}}(\sin x - \cos x)\,dx + \frac{1}{1+\xi_2^2}\int_0^{\frac{\pi}{4}}(\cos t - \sin t)\,dt$$

$$= \left(\frac{1}{1+\xi_2^2} - \frac{1}{1+\xi_1^2}\right)\int_0^{\frac{\pi}{4}}(\cos x - \sin x)\,dx \leqslant 0.$$

当然,有些同学可能将积分中值定理忘记了,也没有关系的,通过换元法将 "$\frac{1}{1+x^2}$ 在 $\left[0,\frac{\pi}{4}\right]$ 上的值大于在 $\left[\frac{\pi}{4},\frac{\pi}{2}\right]$ 上的值" 体现出来,把在两个区间上的值合并到一个区间上就体现出来了.

方法二(利用积分估值定理) 令

$$I = \int_0^{\frac{\pi}{2}} \frac{\sin x - \cos x}{1+x^2} dx = \int_0^{\frac{\pi}{4}} \frac{\sin x - \cos x}{1+x^2} dx + \int_{\frac{\pi}{4}}^{\frac{\pi}{2}} \frac{\sin x - \cos x}{1+x^2} dx.$$

对上式右端的第二个积分取变换 $t = \frac{\pi}{2} - x$,则 $dx = -dt$.于是

$$\begin{aligned}
I &= \int_0^{\frac{\pi}{4}} \frac{\sin x - \cos x}{1+x^2} dx + \int_{\frac{\pi}{4}}^{\frac{\pi}{2}} \frac{\sin x - \cos x}{1+x^2} dx \\
&= \int_0^{\frac{\pi}{4}} \frac{\sin x - \cos x}{1+x^2} dx + \int_0^{\frac{\pi}{4}} \frac{\cos t - \sin t}{1+\left(t-\frac{\pi}{2}\right)^2} dt \\
&= \int_0^{\frac{\pi}{4}} (\sin x - \cos x) \left[\frac{1}{1+x^2} - \frac{1}{1+\left(x-\frac{\pi}{2}\right)^2} \right] dx \\
&= \int_0^{\frac{\pi}{4}} (\sin x - \cos x) \cdot \frac{\frac{\pi^2}{4} - \pi x}{(1+x^2)\left[1+\left(x-\frac{\pi}{2}\right)^2\right]} dx
\end{aligned}$$

注意到,被积函数的两个因子在区间 $\left[0, \frac{\pi}{4}\right]$ 上异号,即

$$\sin x - \cos x \leqslant 0, \quad \frac{\frac{\pi^2}{4} - \pi x}{(1+x^2)\left[1+\left(x-\frac{\pi}{2}\right)^2\right]} \geqslant 0.$$

由积分估值定理得知必有 $I \leqslant 0$,即知原不等式成立.

例52 设 $f(x) \in C[a,b]$,若 $\forall g(x) \in C[a,b]$ 且 $\int_a^b g(x) dx = 0$,有 $\int_a^b f(x) g(x) dx = 0$.证明:

(1) 存在 $c \in [a,b]$,使得 $\int_a^b f^2(x) dx = f(c) \int_a^b f(x) dx$;

(2) 函数 $f(x)$ 在 $[a,b]$ 上为常值函数.

【分析】 本题结论非常像广义积分中值定理,很容易就可以想到使用积分中值定理.结合已知条件,很明显地提醒我们要构造特殊的 $g(x)$,必须与函数 $f(x)$ 有关,而且其均值为 0.那么此函数就呼之欲出了,它就是 $f(x)$ 与它的均值之差,也即 $f(x) - \frac{1}{b-a} \int_a^b f(x) dx$.至于第二问,证明函数是常值,常用的方法是证明它的导函数为 0,但本题没有函数可导的条件,所以排除此方法.题干中的已知条件都是关于积分的,那如何证明函数恒为常数呢?需要我们结合第一问的结论,努力证明 $\int_a^b [f(x) - f(c)]^2 dx = 0$.这也是证明函数恒为常数的重要手段之一.

证明 (1) 由积分中值定理可得,存在 $c \in (a,b)$,使得 $\frac{1}{b-a} \int_a^b f(x) dx = f(c)$.设 $g(x) =$

$$f(x) - \frac{1}{b-a}\int_a^b f(x)\,\mathrm{d}x = f(x) - f(c),\text{易证}\int_a^b g(x)\,\mathrm{d}x = 0.\text{ 由题意可得}$$

$$0 = \int_a^b f(x)g(x)\,\mathrm{d}x = \int_a^b f(x)[f(x) - f(c)]\,\mathrm{d}x$$

$$= \int_a^b f^2(x)\,\mathrm{d}x - f(c)\int_a^b f(x)\,\mathrm{d}x.$$

于是第一问得证.

(2) 由第一问结论以及证明过程有

$$\int_a^b f^2(x)\,\mathrm{d}x = f(c)\int_a^b f(x)\,\mathrm{d}x = f^2(c)(b-a) = \int_a^b f^2(c)\,\mathrm{d}x.$$

于是有

$$\int_a^b f^2(x)\,\mathrm{d}x - 2f(c)\int_a^b f(x)\,\mathrm{d}x + \int_a^b f^2(c)\,\mathrm{d}x = 0,$$

化简可得

$$\int_a^b [f(x) - f(c)]^2\,\mathrm{d}x = 0.$$

由函数 $f(x)$ 的连续性可得 $f(x) - f(c) = 0$,即函数 $f(x)$ 在 $[a,b]$ 上为常值函数.

例53 (厦门大学 2023) 设函数 $f(x)$ 在 $[0,\infty)$ 上连续可导,且广义积分 $\int_0^\infty f^2(x)\,\mathrm{d}x$, $\int_0^\infty (f'(x))^2\,\mathrm{d}x$ 都收敛,证明: $\lim\limits_{x \to \infty} f(x) = 0$.

【分析】 这是一个看似明显的结论,但是要证明好像有那么一点难度.同学们的困难来自两个方面:一方面,该如何处理这两个收敛的广义积分(收敛的广义积分会提供什么样的等价结论——$\int_X^\infty f^2(x)\,\mathrm{d}x < \frac{\varepsilon}{2}, \int_X^\infty (f'(x))^2\,\mathrm{d}x < \frac{\varepsilon}{2}$);另外一方面,该如何使用被处理后的收敛的广义积分(等价结论).大家可能会想当然地认为,第一方面是简单的,不费力,第二方面才是关键.这样认为是对的吗?答案是否定的.因为如果我们真正认识了等价结论,后面如何使用等价结论就应该是水到渠成的.为什么这么说呢?看题目,需要我们求的结论——求无穷远处的函数值(这里不用高大上的极限,方便大家更好理解),无穷远处的函数值都是通过有限点的函数值去逼近的,也就是所谓的极限.那么我们的关键点就是如何表达出有限点处的函数值.此时的积分这么多,又需要函数值,非常符合积分中值定理的特点,它自然而然就出马了.此时就用到等价的结论.

证明 由于 $\int_0^\infty f^2(x)\,\mathrm{d}x, \int_0^\infty (f'(x))^2\,\mathrm{d}x$ 都收敛,因此 $\forall \varepsilon > 0, \exists X > 0$,当 $x > X$ 时,有

$$\int_X^\infty f^2(x)\,\mathrm{d}x < \frac{\varepsilon}{2}, \quad \int_X^\infty (f'(x))^2\,\mathrm{d}x < \frac{\varepsilon}{2},$$

则当 $b > a > X$ 时,有

$$\int_a^b f^2(x)\,\mathrm{d}x < \frac{\varepsilon}{2}, \quad \int_a^b (f'(x))^2\,\mathrm{d}x < \frac{\varepsilon}{2}.$$

而

$$f^2(b) - f^2(a) = \int_a^b \mathrm{d}f^2(x) = 2\int_a^b f(x)f'(x)\mathrm{d}x$$

$$\leqslant 2\left(\int_a^b f^2(x)\mathrm{d}x\right)^{\frac{1}{2}}\left(\int_a^b (f'(x))^2\mathrm{d}x\right)^{\frac{1}{2}} < \varepsilon.$$

于是由 Cauchy 收敛准则可得：$\lim_{x\to\infty} f^2(x) = A$. 另外一方面,由积分中值定理有

$$A = \lim_{x\to\infty} f^2(\xi_x) = \lim_{x\to\infty}\int_x^{x+1} f^2(t)\mathrm{d}t = 0, \quad x < \xi_x < x+1.$$

结论得证.

例54 (北京) 设函数 $f(x)$ 在 $[a,b]$ 上连续且非负, M 是函数 $f(x)$ 在 $[a,b]$ 上的最大值, 求证：

$$\lim_{n\to\infty}\sqrt[n]{\int_a^b [f(x)]^n \mathrm{d}x} = M.$$

【分析】 初看此题,很多同学可能感到无从下手,觉得明显是这样,但就是不知道怎么办.出现这样的状况,我们最需要做的就是告诉自己别紧张,耐心观察并思考,问问自己这个"明显"来自何方? 为什么觉得"明显"? 回答了这些问题,思路就可能会浮现在我们的脑海里了."明显"应该是来自我们的认知——积分就是求和,求和就是积分的基本观念,明白这个道理此题就不难解决了.既然积分是求和,那么下面这道题同学们会吗? 已知 $a_i > 0 (i = 1, \cdots, m)$, 求 $\lim_{n\to\infty}(a_1^n + a_2^n + \cdots + a_m^n)^{\frac{1}{n}}$. 此题同学们都会,因为它是在学习微积分的夹逼准则过程中最经典的一道题.这两道题是不是像一对"双胞胎"? 解题方法当然完全一样.

证明 设 $f(c) = \max_{a\leqslant x\leqslant b} f(x), c \in [a,b]$. 如果 $c \in (a,b)$, 则当 n 充分大时, $\left[c - \frac{1}{n}, c + \frac{1}{n}\right] \subset [a,b]$. 由积分中值定理,存在 $c_n \in \left[c - \frac{1}{n}, c + \frac{1}{n}\right]$, 使

$$\sqrt[n]{\int_{c-\frac{1}{n}}^{c+\frac{1}{n}} [f(x)]^n \mathrm{d}x} = \left(\frac{2}{n}\right)^{\frac{1}{n}} f(c_n) \leqslant \sqrt[n]{\int_a^b [f(x)]^n \mathrm{d}x} \leqslant M(b-a)^{\frac{1}{n}}.$$

由 $f(x)$ 连续, $\lim_{n\to\infty} c_n = c$ 以及

$$\lim_{n\to\infty}\left(\frac{2}{n}\right)^{\frac{1}{n}} = 1, \quad \lim_{n\to\infty}(b-a)^{\frac{1}{n}} = 1,$$

可得

$$\lim_{n\to\infty}\left(\frac{2}{n}\right)^{\frac{1}{n}} f(c_n) = M, \quad \lim_{n\to\infty} M(b-a)^{\frac{1}{n}} = M.$$

例55 (莫斯科大学) 设 $\varphi_i(x)$ 是 $[a,b]$ 上的连续函数, $i = 1,2,3,\cdots$, 且 $\int_a^b |\varphi_i(x)|^2 \mathrm{d}x = 1$, 求证：存在 $n \in \mathbf{N}$ 及常数 $c_i, i = 1,2,3,\cdots,n$, 使得

$$\sum_{i=1}^n c_i^2 = 1, \quad \max_{x\in[a,b]}\left|\sum_{i=1}^n c_i\varphi_i(x)\right| > 100.$$

【分析】 此题是构造性的证明题,选择合适数列 $\{c_i\}$ 并且满足条件.如何构造呢? 首先,从最简单、最理想的状态出发,何为最理想状态? 不妨先看结论,那就是使得若干个数的线性组合的值尽可能大,而且组合系数由我们确定.怎么才能尽可能大? 显然,当所有函数值同正或同负时,这就是最理想的状态.为了使函数组合尽可能大,组合系数自然应当同正或者同负.题干中并未提及这组函数的正负性,因此,我们需要选择一组数作为组合系数,使得这组数的正负号与函数的正负号要么完全相同,要么完全相反.由此,$\{c_i\}$ 应该与 $\varphi_i(x)$ 相关.根据要证明的结论——等式和不等式,可以理解 c_i 是加权系数,需要构造出来.如何构造呢? 由已知条件 $\int_a^b |\varphi_i(x)|^2 dx = 1$,以及结论中的平方和为1,即 $\sum_{i=1}^n c_i^2 = 1$,可以构造出

$$c_i = \frac{\varphi_i(x_0)}{\sqrt{\sum_{i=1}^n \varphi_i^2(x_0)}}, \quad i = 1,2,3,\cdots,n.$$

证明 由已知条件有 $\sum_{i=1}^n \int_a^b |\varphi_i(x)|^2 dx = n$.运用积分中值定理可得:存在 $\xi \in (a,b)$,使得

$$\sum_{i=1}^n \int_a^b |\varphi_i(x)|^2 dx = \sum_{i=1}^n \varphi_i^2(\xi)(b-a).$$

令

$$c_i = \frac{\varphi_i(\xi)}{\sqrt{\sum_{i=1}^n \varphi_i^2(\xi)}}, \quad i=1,2,3,\cdots,n, \quad \sum_{i=1}^n c_i \varphi_i(\xi) = \sqrt{\sum_{i=1}^n \varphi_i^2(\xi)} = \sqrt{\frac{n}{b-a}}.$$

取 $n > 10000(b-a)$,于是 $\max_{x \in [a,b]} \left| \sum_{i=1}^n c_i \varphi_i \right| > 100$.

2.7 综合运用

有些题,如果我们看问题的角度不同,或者我们的认知不同,就会使用不同的定理进行求解.另外,有些题,不是单独一个定理能解决的,有时候会涉及好几个定理,需要综合运用并合理搭配进行求解.下面给出例题来说明这种情况.

例56 设函数 $f(x)$ 在闭区间 $[a,b]$ 上具有连续的二阶导数,证明:存在 $\xi \in (a,b)$,使得

$$\frac{4}{(b-a)^2}\left[f(a) - 2f\left(\frac{a+b}{2}\right) + f(b)\right] = f''(\xi).$$

【分析】 这道题非常有意思,根据不同的观察角度,首先得到不同的认知,由此给出数种不同的证明方法,它的解题方法几乎可以囊括几大中值定理.

打头阵的当然是 Taylor 公式,因为题目的条件和结论有 Taylor 公式的标签:高阶导、函数值和高阶导数值之间的关系.这是从整体角度来看的.

其次是 Lagrange 中值定理.可能同学们会问,怎么能用它呢?怎么看都不能用啊.实际上,我们一直强调证明题的思路大部分是从结论提示给大家的.从结论左边的角度出发,若干个点的函数值的组合,刚好两个"+"和两个"−".只需要适当改写它为

$$f(a)-2f\left(\frac{a+b}{2}\right)+f(b)=\left[f(a)-f\left(\frac{a+b}{2}\right)\right]+\left[f(b)-f\left(\frac{a+b}{2}\right)\right].$$

Lagrange 中值定理的标签是不是出来了,用三次它就可得

$$f(a)-f\left(\frac{a+b}{2}\right)=f'(\xi_1)\frac{b-a}{2},\quad f(b)-f\left(\frac{a+b}{2}\right)=f'(\xi_2)\frac{b-a}{2},$$

其中 $\xi_1\in\left(a,\frac{a+b}{2}\right),\xi_2\in\left(\frac{a+b}{2},b\right)$.因此,

$$f(a)-2f\left(\frac{a+b}{2}\right)+f(b)=(f'(\xi_2)-f'(\xi_1))\frac{b-a}{2}=f''(\zeta)(\xi_2-\xi_1)\frac{b-a}{2}.$$

但 $\xi_2-\xi_1$ 不一定等于 $\frac{b-a}{2}$.这不是错的吗?没有证明出来是不是就没有可取之处?思路框架正确,但细节需要调整,调整到 $\xi_2-\xi_1=\frac{b-a}{2}$ 或 $\xi_2=\xi_1+\frac{b-a}{2}$.基于此点,必须在使用中值定理的时候,函数值的差 $f(b)-f\left(\frac{a+b}{2}\right)$ 和 $f(a)-f\left(\frac{a+b}{2}\right)$ 这两项中同时出现 $\frac{b-a}{2}$.由此需要改写 $f\left(\frac{a+b}{2}\right),f(b)$,则有

$$f(b)=f\left(\frac{a+b}{2}+\frac{b-a}{2}\right),\quad f\left(\frac{a+b}{2}\right)=f\left(a+\frac{b-a}{2}\right).$$

于是,结论的左边可以修改为

$$f(a)-2f\left(\frac{a+b}{2}\right)+f(b)=\left[f\left(\frac{a+b}{2}+\frac{b-a}{2}\right)-f\left(\frac{a+b}{2}\right)\right]-\left[f\left(a+\frac{b-a}{2}\right)-f(a)\right].$$

根据上式的右端两个方括号中的共同点,构造辅助函数 $\varphi(x)=f\left(x+\frac{b-a}{2}\right)-f(x)$.于是右端改写成 $\varphi\left(\frac{a+b}{2}\right)-\varphi(a)$.

再次是 Cauchy 中值定理的运用.出发的角度还是结论的左边,左边改写为

$$\frac{f(a)-2f\left(\frac{a+b}{2}\right)+f(b)}{\frac{(b-a)^2}{4}}.$$

这是 Cauchy 中值定理的标签.由此,构造 Cauchy 中值定理所需要的两个辅助函数:

$$F(x)=f(x)-2f\left(\frac{x+a}{2}\right)+f(a),\quad G(x)=\frac{(x-a)^2}{4}.$$

最后是 Rolle 中值定理.出发的角度是结论中的在某点的二阶导函数值.我们将此值看成待求的未知量,于是,结论变形为

$$f(b)-2f\left(\frac{a+b}{2}\right)+f(a)=\frac{K}{4}(b-a)^2,\quad \text{其中 } K \text{ 为待定常数}.$$

由此引导出辅助函数 $F(x)=f(x)-2f\left(\dfrac{a+x}{2}\right)+f(a)-\dfrac{K}{4}(x-a)^2$. 很容易发现, $x=a$, b 时, $F(a)=F(b)=0$.

证明 **方法一** 采用 Taylor 公式法. 由 Taylor 公式有

$$f(a)=f\left(\frac{a+b}{2}\right)+f'\left(\frac{a+b}{2}\right)\left(a-\frac{a+b}{2}\right)+\frac{1}{2}f''(\xi_1)\left(a-\frac{a+b}{2}\right)^2,$$

$$f(b)=f\left(\frac{a+b}{2}\right)+f'\left(\frac{a+b}{2}\right)\left(b-\frac{a+b}{2}\right)+\frac{1}{2}f''(\xi_2)\left(b-\frac{a+b}{2}\right)^2.$$

上面两式相加并化简得

$$f(a)-2f\left(\frac{a+b}{2}\right)+f(b)=\frac{1}{2}(f''(\xi_1)+f''(\xi_2))\frac{(b-a)^2}{4}.$$

又因为连续的二阶导数,由介值定理可得:存在 $\xi\in(\xi_1,\xi_2)$,使得

$$\frac{1}{2}(f''(\xi_1)+f''(\xi_2))=f''(\xi).$$

于是结论得证.

方法二 采用 Lagrange 中值定理.

$$f(a)-2f\left(\frac{a+b}{2}\right)+f(b)=\left[f\left(\frac{a+b}{2}+\frac{b-a}{2}\right)-f\left(\frac{a+b}{2}\right)\right]$$
$$-\left[f\left(a+\frac{b-a}{2}\right)-f(a)\right].$$

令 $\varphi(x)=f\left(x+\dfrac{b-a}{2}\right)-f(x)$. 于是

$$f(a)-2f\left(\frac{a+b}{2}\right)+f(b)=\varphi\left(\frac{a+b}{2}\right)-\varphi(a).$$

对上式右边使用 Lagrange 中值定理,并使用 $\varphi(x)$ 可得

$$f(a)-2f\left(\frac{a+b}{2}\right)+f(b)=\varphi'(\xi_1)\frac{b-a}{2}=\frac{b-a}{2}\left[f'\left(\xi_1+\frac{b-a}{2}\right)-f'(\xi_1)\right].$$

对上式右边再次使用 Lagrange 中值定理可得:存在 $\xi\in\left(\xi_1,\xi_1+\dfrac{b-a}{2}\right)$,使得

$$f'\left(\xi_1+\frac{b-a}{2}\right)-f'(\xi_1)=f''(\xi)\cdot\frac{b-a}{2}.$$

综合上述两个等式即可得到结论.

方法三 采用 Cauchy 中值定理. 设辅助函数

$$F(x)=f(x)-2f\left(\frac{x+a}{2}\right)+f(a),\quad G(x)=\frac{(x-a)^2}{4}.$$

显然上述辅助函数满足 Cauchy 中值定理的条件,于是存在 $\xi_1\in(a,b)$,使得

$$\frac{F(b)-F(a)}{G(b)-G(a)}=\frac{f(a)-2f\left(\dfrac{a+b}{2}\right)+f(b)}{\dfrac{(b-a)^2}{4}}.$$

同时

$$\frac{F(b)-F(a)}{G(b)-G(a)} = \frac{f'(\xi_1) - f'\left(\frac{\xi_1+a}{2}\right)}{\frac{\xi_1-a}{2}}.$$

对上式的右边使用 Lagrange 中值定理可得:存在 $\xi \in \left(\frac{\xi_1+a}{2}, \xi_1\right)$,使得

$$\frac{F(b)-F(a)}{G(b)-G(a)} = \frac{f'(\xi_1) - f'\left(\frac{\xi_1+a}{2}\right)}{\frac{\xi_1-a}{2}} = f''(\xi).$$

于是结论得证.

方法四 采用 Rolle 中值定理.设

$$f(x) - 2f\left(\frac{a+x}{2}\right) + f(a) = \frac{K}{4}(b-a)^2,$$

其中 K 为待定常数.设辅助函数

$$F(x) = f(x) - 2f\left(\frac{a+x}{2}\right) + f(a) - \frac{K}{4}(x-a)^2,$$

很显然有 $F(a) = F(b) = 0$. 由 Rolle 中值定理,存在 $\xi_1 \in (a,b)$,使得 $F'(\xi_1) = 0$,也即

$$f'(\xi_1) - f'\left(\frac{\xi_1+a}{2}\right) - \frac{K}{2}(\xi_1-a) = 0.$$

于是可得

$$K = \frac{f'(\xi_1) - f'\left(\frac{\xi_1+a}{2}\right)}{\frac{\xi_1-a}{2}}.$$

对上式右边使用 Lagrange 中值定理可得:存在 $\xi \in \left(\frac{\xi_1+a}{2}, \xi_1\right)$,使得

$$K = \frac{f'(\xi_1) - f'\left(\frac{\xi_1+a}{2}\right)}{\frac{\xi_1-a}{2}} = f''(\xi).$$

例57 (北京)设函数 $f(x)$ 在闭区间 $[-2,2]$ 上有二阶导数,且 $|f(x)| \leqslant 1$,又 $f^2(0) + [f'(0)]^2 = 4$.证明:在 $(-2,2)$ 内至少存在一点 ζ,使得 $f(\zeta) + f''(\zeta) = 0$.

【分析】 此题非常经典.结合题干中的条件和结论,很容易得到此题的辅助函数为 $F(x) = f^2(x) + f'^2(x)$.根据结论,同学们很容易陷入使用 Rolle 中值定理的大坑中.运用此定理的三大要素已经具备了两个:闭区间连续和开区间可导,而且辅助函数的导函数确实也含有要证明的结论.由此可知,第三个要素——两个端点的函数值相等,需要根据条件推导出来,但是题目的已知条件几乎没有任何关于两个端点函数值的信息,因此想通过 Rolle 中值定理证明此题的幻想就破灭了.既然不能通过它进行证明,那么还有其他方法证明导函

数值等于 0 的吗?在回答此问题之前,想问同学们一系列问题:这个条件 $f^2(0)+[f'(0)]^2=4$ 有什么用?数字 4 很特殊吗?可以换成其他数字吗?为什么给的是 0 点的函数值信息,而不是其他点,作用是什么?先尝试回答最后一个问题,区间的中点(内部点),是不是准备将区间分成两部分.前面几个问题:4 是用来比较大小的吗?和谁比较?端点的函数值吗?这些是不是告诉我们闭区间内取最大或者最小值呢?当提出这些问题后,心中的思路应该会逐渐清晰——这与闭区间上的最值问题有关.结合要证明的结论,大家千万别忘了还有一个重要的定理:Fermat 定理,它也是证明导数值等于 0 的方法.

证明 构造辅助函数 $F(x)=f^2(x)+f'^2(x)$.由已知条件可得辅助函数 $F(x)$ 在闭区间 $[-2,2]$ 上有一阶导数.分别在区间 $[-2,0]$ 和 $[0,2]$ 上应用 Lagrange 定理可得
$$f(0)-f(-2)=2f'(\xi), \quad -2<\xi<0,$$
$$f(2)-f(0)=2f'(\eta), \quad 0<\eta<2.$$
由条件 $|f(x)|\leqslant 1$ 可得
$$|f'(\xi)|\leqslant 1, \quad |f'(\eta)|\leqslant 1.$$
于是我们有
$$F(\xi)=f^2(\xi)+f'^2(\xi)\leqslant 2, \quad F(\eta)=f^2(\eta)+f'^2(\eta)\leqslant 2, \tag{1}$$
$$F(0)=f^2(0)+f'^2(0)=4. \tag{2}$$
由函数的连续性以及(1)式和(2)式可得,辅助函数 $F(x)$ 在区间 $[\xi,\eta]$ 上的最大值在开区间 (ξ,η) 中的点 ζ 取得,即 $f(\zeta)=\max\limits_{\xi<x<\eta}f(x)$.由函数连续可导和 Fermat 定理可得 $F'(\zeta)=0$,即
$$F'(\zeta)=2f'(\zeta)[f(\zeta)+f''(\zeta)]=0. \tag{3}$$
另外 $F(\zeta)=f(\zeta)+f'(\zeta)\geqslant 4$ 和 $f(\zeta)\leqslant 1$,由此可得 $f'(\zeta)\neq 0$.由(3)式得到 $f(\zeta)+f''(\zeta)=0$.

例58 (北京) 设函数 $f(x)$ 在闭区间 $[a,b]$ 上连续导数,证明:
$$\lim_{n\to\infty}n\left[\int_a^b f(x)\mathrm{d}x-\frac{b-a}{n}\sum_{k=1}^n f\left(a+\frac{k(b-a)}{n}\right)\right]=\frac{b-a}{2}[f(a)-f(b)].$$

【分析】 估计绝大多数同学在考场看到此题的时候,估计一笔也不写就直接放弃了.放弃不是个好习惯,只要我们还有一点点的想法,还是可以写几步的,说不定因为开始的几步,我们就能顺畅做下去了.这道题就能够完美地验证一句老话:"良好的开端是成功的一半".我们可以从放弃的理由进行分析,放弃的理由是不是因为积分和求和是两种运算,根本不知道如何处理?其实放弃的理由也可能是良好开端的理由,看起来完全不同物种的"两张皮",真的不能"粘贴"在一起吗?并非如此,把握求同存异的理念即可,为了把它们"粘"在一起,让积分和求和相互进行妥协,也即让积分中出现求和,让求和中出现积分.积分中出现求和,那一定是将积分区间拆成多个区间进行积分求和;求和中出现积分,那一定是将求和中的每一项看成某个区间上的常函数而已,这就得到积分了.这样就成了"你中有我,我中有你",可以合成一个整体(可以相减了)了.当出现了同型函数相减,意味着某中值定理会被使用;为了解决积分符号,积分中值定理也会派上用场.由此一步一步走向胜利的终点.

证明 将区间 $[a,b]$ 进行 n 等分,等分点为 $a=x_0<x_1<\cdots<x_{n-1}<x_n=b$,其中

分点 $x_k = a + \dfrac{k(b-a)}{n}, k = 0, 1, \cdots, n$. 运用积分中值定理、Lagrange 中值定理、定积分的定义和定积分的性质可得

$$\lim_{n\to\infty} n\left[\int_a^b f(x)\mathrm{d}x - \frac{b-a}{n}\sum_{k=1}^n f\left(a + \frac{k(b-a)}{n}\right)\right]$$

$$= \lim_{n\to\infty} n\left[\sum_{k=1}^n \int_{x_{k-1}}^{x_k} f(x)\mathrm{d}x - \frac{b-a}{n}\sum_{k=1}^n f(x_k)\right]$$

$$= \lim_{n\to\infty} n\left[\sum_{k=1}^n \int_{x_{k-1}}^{x_k} (f(x) - f(x_k))\mathrm{d}x\right]$$

$$= \lim_{n\to\infty} n\left[\sum_{k=1}^n \int_{x_{k-1}}^{x_k} \frac{f(x) - f(x_k)}{x - x_k}(x - x_k)\mathrm{d}x\right]$$

$$= \lim_{n\to\infty} n\left[\sum_{k=1}^n \frac{f(\xi_k) - f(x_k)}{\xi_k - x_k}\int_{x_{k-1}}^{x_k}(x - x_k)\mathrm{d}x\right] \quad (\text{采用积分中值定理})$$

$$= \lim_{n\to\infty} n\left[\sum_{k=1}^n f'(\eta_k)\left(-\frac{1}{2}\right)(x_k - x_{k-1})^2\right] \quad (\text{采用 Lagrange 中值定理})$$

$$= -\frac{b-a}{2}\lim_{n\to\infty}\left[\sum_{k=1}^n f'(\eta_k)\frac{b-a}{n}\right] = -\frac{b-a}{2}\int_a^b f'(x)\mathrm{d}x = \frac{b-a}{2}[f(a) - f(b)].$$

巩固练习 （**武汉大学2018**）设 $f(x)$ 连续可微,如果极限 $\lim\limits_{n\to\infty} n\left(A - \dfrac{1}{n}\sum\limits_{k=1}^n f\left(\dfrac{k}{n}\right)\right) = B$, 求 A 和 B.

例59 （**苏州大学2023**）设函数 $f(x)$ 在区间 $[0,1]$ 上二阶连续可微,且 $f'(0) = 0, f''(0) \neq 0$. 证明：对 $\forall x \in (0,1), \exists \xi(x) \in (0,x)$,使得 $\int_0^x f(t)\mathrm{d}t = f(\xi(x)) \cdot x$,且 $\lim\limits_{x\to 0+}\dfrac{\xi(x)}{x} = \dfrac{1}{\sqrt{3}}$.

【分析】 结论的第一部分就是积分中值定理,这部分明显可得,关键是第二部分如何证明.在证明前问自己几个问题:为什么是数字 $\sqrt{3}$ 或者 $\dfrac{1}{\sqrt{3}}$,而不是其他数? 它从何而来? 还有一个问题,如何得到独立的 $\xi(x)$? 大部分同学肯定想,数字肯定是求极限出现的.如果我们这样想,可能很快迷失方向,最终"缴械投降".下面来看看正确的思路,带着前面的两个问题,再结合题干,就会诱导回答这两个问题.如何诱导呢？题干给了高阶导(二阶或以上),这不是我们一直反复在强调的——运用 Taylor 公式的标签吗？ Taylor 公式中不就有3吗？同学们可能又会拿题干中的条件来说,只有已知的二阶导,哪来的三阶导？这提示走不通啊.我们耐心把题目看完,题干中有隐藏的三阶可导吗？当然有,重新审视下积分——原函数 $\int_0^x f(t)\mathrm{d}t$,它不就是三阶导吗？拨开迷雾见明月,此时证明思路已清晰可见,辅助函数的构造及两次 Taylor 公式的使用开始拼凑出证明的结论.这里为什么用两次 Taylor 公式呢？因为根据题目结论必须把已知条件中的函数"拽"出来,不然怎么求极限？

证明 设 $F(x) = \int_0^x f(t)\mathrm{d}t \Rightarrow F'(x) = f(x), F(0) = 0$,于是,

$$\int_0^x f(t)\mathrm{d}t = F(x) - F(0).$$

使用 Lagrange 中值定理可得

$$F(x) = F(x) - F(0) = F'(\xi(x)) \cdot x = f(\xi(x)) \cdot x, \quad \xi(x) \in (0, x).$$

为了求极限,分别对函数 $F(x)$ 和 $f(x)$ 使用 Taylor 公式,有

$$F(x) = F(0) + F'(0)x + \frac{F''(0)}{2}x^2 + \frac{F'''(0)}{3!}x^3 + o(x^3)$$

$$= f(0)x + \frac{f''(0)}{3!}x^3 + o(x^3),$$

$$f(\xi(x)) \cdot x = f(0)x + f'(0)\xi(x) \cdot x + \frac{f''(0)}{2!}\xi^2(x) \cdot x + o(x^3)$$

$$= f(0)x + \frac{f''(0)}{2!}\xi^2(x) \cdot x + o(x^3).$$

综合上面三个等式可得

$$\frac{f''(0)}{3!}x^3 + o(x^3) = \frac{f''(0)}{2!}\xi^2(x) \cdot x + o(x^3)$$

$$\Rightarrow \frac{f''(0)}{3!}x^2 + o(x^2) = \frac{f''(0)}{2!}\xi^2(x) + o(x^2).$$

求极限有

$$1 = \lim_{x \to 0+} \frac{\frac{f''(0)}{2!}\xi^2(x) + o(x^2)}{\frac{f''(0)}{3!}x^2 + o(x^2)} = \lim_{x \to 0+} \frac{\frac{f''(0)}{2!} \frac{\xi^2(x)}{x^2}}{\frac{f''(0)}{3!}} = 3 \lim_{x \to 0+} \frac{\xi^2(x)}{x^2}$$

$$\Rightarrow \lim_{x \to 0+} \frac{\xi^2(x)}{x^2} = \frac{1}{3}.$$

由上式,结论得证.

第 2 章习题

1.(安徽工业大学 2023) 设函数 $f(x)$ 在 $(-\infty, +\infty)$ 上具有二阶导数,

$$f''(x) > 0, \quad \lim_{x \to +\infty} f'(x) = \alpha > 0, \quad \lim_{x \to -\infty} f'(x) = \beta < 0,$$

且存在一点 x_0,使得 $f(x_0) < 0$. 证明:方程 $f(x) = 0$ 在 $(-\infty, +\infty)$ 上恰有两个实根.

提示:利用函数的凸凹性的定义、极限的定义、介值定理和 Rolle 中值定理.

2.(南京航空航天大学 2023) 设函数 $f(x)$ 在 $[0,1]$ 上连续,$(0,1)$ 内可微,$f(0) = 0, f(1) = 1$,常数 $k > 0$. 证明:

(1) 存在 $c \in (0,1)$,使得 $f(c) = k(1-c)$;

(2) 存在 $\xi, \eta \in (0,1), \xi \neq \eta$,使得 $f'(\xi) \cdot (f'(\eta) + k - 1) = k$.

3.(电子科技大学) 设函数 $f(x)$ 在 $[a,b]$ 上连续,(a,b) 内可微,且存在 $c \in (a,b)$,使得 $f'(c) = 0$. 证明:存在 $\xi \in (a,b)$,使得 $f'(\xi) = \dfrac{f(\xi) - f(a)}{b - a}$.

提示：构造辅助函数 $F(x) = e^{-\frac{x}{b-a}}(f(x) - f(a))$.

4.（湖南大学 2022）设函数 $f(x)$ 在 $(-\infty, +\infty)$ 上可导，且 $|f'(x)| \leqslant a$，其中常数 $a < 1$，任取 $x_1 \in (-\infty, +\infty)$，有 $x_{n+1} = f(x_n), n = 1, 2, \cdots$. 证明：极限 $\lim\limits_{n \to \infty} x_n$ 存在，且不依赖初值 x_1.

提示：利用 Lagrange 中值定理和级数收敛.

5. 设函数 $f(x)$ 在 $[a, b]$ 上连续，在开区间 (a, b) 内二阶可导，且存在 $\eta \in (a, b)$，有 $f''(\eta) \neq 0$. 证明：存在 $\xi_1, \xi_2 \in (a, b)$，使得 $f'(\eta) = \dfrac{f(\xi_2) - f(\xi_1)}{\xi_2 - \xi_1}$.

提示：分 $f'(\eta)$ 是否为 0 进行讨论证明. $f'(\eta)$ 等于 0 时，利用极值点定义和 Rolle 中值定理；$f'(\eta)$ 不等于 0 时，构造辅助函数将其转化为 0 的情况进行证明.

6.（厦门大学 2021）设函数 $f(x)$ 一阶可导，证明：存在 $\varepsilon \in \left(-\dfrac{\pi}{2}, \dfrac{\pi}{2}\right)$，使得
$$f'(\varepsilon) = (1 + 2\tan^2 \varepsilon) \int_0^\varepsilon f(x) \, dx.$$

提示：构造辅助函数 $F(x) = \int_0^x f(t) \, dt$，结论可以改写为 $\dfrac{F''(x)}{(\sec x)''} = \dfrac{F(x)}{\sec x}$. 再构造辅助函数 $G(x) = \dfrac{F(x)}{\sec x}$，然后运用 Rolle 中值定理.

7.（重庆大学 2022）设非负函数 $f(x)$ 在 $[-1, 2]$ 上具有三阶导数，且
$$f(-1) = 1, \quad f(0) = 4, \quad f'(-1) = 8, \quad f'(1) = 24.$$
证明：存在 $\xi \in (-1, 2)$，使得 $f'''(\xi) = 24\xi + 30$.

提示：由结论反推得到一辅助函数 $F(x) = x^4 + 5x^3 + 2x^2 + x + 4$，且满足已知条件. 再构造辅助函数 $G(x) = f(x) - F(x), x \in [-1, 2]$. 然后多次利用 Rolle 中值定理.

8.（厦门大学）设函数 $f(x), g(x)$ 在 $[a, b]$ 上连续，在 (a, b) 内可导，且 $2b > 3a$，$a + b > 0$，$f(a) = 0$，$f\left(\dfrac{2a + 2b}{5}\right) + f\left(\dfrac{3a + 3b}{5}\right) = 0$. 证明：存在一点 $\xi \in (a, b)$，使得
$$f'(\xi) + f(\xi) g'(\xi) = 0.$$

提示：构造辅助函数 $\Phi(x) = f(x) e^{g(x)}$. 利用 Rolle 中值定理.

9.（华中科技大学）设曲线 $y = f(x)$ 有渐近线，且 $f''(x) > 0$. 证明：函数 $y = f(x)$ 的图像从上方趋近于此渐近线.

提示：构造辅助函数 $F(x) = f(x) - ax - b$. 利用渐近线的定义及 Lagrange 中值定理.

10.（江苏）设函数 $f(x)$ 在 $[0, 1]$ 上连续，$(0, 1)$ 内可微，$f(0) = 0, f(1) = 1$. 证明：存在 $\eta, \zeta \in (0, 1), \eta \neq \zeta$，使得 $[1 + f'(\eta)][2021 + f'(\zeta)] = 4044$.

提示：构造辅助函数 $F(x) = f(x) + 2023x - 2022, \xi \in (0, 1), F(\xi) = 0$. 利用 Lagrange 中值定理.

11.（大连 2023）设函数 $f(x)$ 在 $[0, 1]$ 上连续可微，且 $f'(x) \geqslant M > 0$. 证明：存在 $[0, 1]$ 的一个子区间，其长度为 $\dfrac{1}{4}$，对于此子区间上的任意点 x，都有 $|f(x)| \geqslant \dfrac{1}{4}M$.

提示：在特定长度为 $\dfrac{1}{4}$ 的区间上运用 Lagrange 中值定理.

12.(合肥工业大学)设函数 $f(x)$ 在 $[0,1]$ 上连续,$(0,1)$ 内可微,$f(0)=f(1)$.证明:对于任意正整数 n,必存在 $x_n \in (0,1)$ 及 $\xi_n \in \left[x_n, x_n+\dfrac{1}{n}\right]$,使得 $f'(\xi_n)=0$.

提示:运用类似例题的证明技巧得到结论 $f(x_n)=f\left(x_n+\dfrac{1}{n}\right)$,$x_n \in \left[0, 1-\dfrac{1}{n}\right] \subset [0,1)$.利用 Rolle 中值定理得到结论.

13.(四川大学 2023)设函数 $f(x)$ 在 $(-1,1)$ 内二阶连续可导,且
$$|f''(x)| \leqslant |f(x)|+|f'(x)|, \quad f(0)=0, \quad f'(0)=0.$$
求证:函数 $f(x)$ 在 $(-1,1)$ 内恒为零.

提示:$f(x_0)=f(0)+f'(0)x_0+\dfrac{f''(\xi_0)}{2!}x_0^2=\dfrac{x_0^2}{2}f''(\xi_0)$,$f'(x_0)=f'(0)+f''(\eta_0)x_0=x_0 f''(\eta_0)$.考虑函数 $|f(x)|+|f'(x)|$ 在 $\left[-\dfrac{1}{4},\dfrac{1}{4}\right]$ 上的最大值为 M.

$$M=|f(x_0)|+|f'(x_0)|=\left|\dfrac{1}{2}f''(\xi_0)x_0^2\right|+|f''(\eta_0)x_0|$$
$$=\dfrac{1}{2}|f''(\xi_0)|x_0^2+|f''(\eta_0)x_0| \leqslant \dfrac{1}{2}|f''(\xi_0)|\dfrac{1}{16}+\left|f''(\eta_0)\dfrac{1}{4}\right|$$
$$\leqslant \dfrac{1}{4}|f''(\xi_0)|+\dfrac{1}{4}|f''(\eta_0)|=\dfrac{1}{4}(|f''(\xi_0)|+|f''(\eta_0)|)$$
$$\leqslant \dfrac{1}{4}\left[(|f(\xi_0)|+|f'(\xi_0)|)+(|f(\eta_0)|+|f'(\eta_0)|)\right] \leqslant \dfrac{M}{2}.$$

仅当 $M=0$ 时,上式才成立.由此 $|f(x)|+|f'(x)|$ 在 $\left[-\dfrac{1}{4},\dfrac{1}{4}\right]$ 上恒为零.构造辅助函数 $g(x)=f\left(x+\dfrac{1}{4}\right)$,考虑它在 $\left[-\dfrac{3}{4},\dfrac{3}{4}\right]$ 上的最大值.重复上面的步骤证明 $g(x)$ 在 $\left[-\dfrac{1}{4},\dfrac{1}{4}\right]$ 上恒为零,则得到 $|f(x)|+|f'(x)|$ 在 $\left[\dfrac{1}{4},\dfrac{1}{2}\right]$ 上恒为零,再重复上面的步骤,可得 $|f(x)|+|f'(x)|$ 在 $[0,1)$ 上恒为零.$(-1,0]$ 同理可得.

14.(北京交通大学 2016)设函数 $f(x)$ 在 x_0 附近二阶可导,且 $f''(x_0) \neq 0$,对 $\forall h \in \mathbf{R}$,$f(x_0+h)=f(x_0)+f'(x_0+\theta h)h$ 成立,证明:$\lim\limits_{h \to 0}\theta=\dfrac{1}{2}$.

提示:用 Taylor 公式与已知条件进行对比.

15.(河南 2023)设函数 $f(x)$ 在 $[-1,1]$ 上连续,$(-1,1)$ 内三阶可导,证明:存在 $\xi \in (-1,1)$,使得 $f'''(\xi)=3(f(1)-f(-1)-2f'(0))$.

提示:运用两次 Taylor 公式及介值定理.

16.(华中科技大学)设函数 $f(x)$ 在 $[0,1]$ 上二阶连续可导.证明:当 $n \to \infty$ 时,有
$$\int_0^1 x^n f(x)\mathrm{d}x = \dfrac{f(1)}{n}-\dfrac{f(1)+f'(1)}{n^2}+o\left(\dfrac{1}{n^2}\right).$$

提示:方法一,反复运用分部积分法;方法二,采用 Taylor 公式.

17.(华中科技大学)设函数 $f(x)$ 在 $[a,b]$ 上三阶可导,$f(a)=f'(a)=f(b)=0$.证明:对 $x \in (a,b)$,存在 $\xi \in (a,b)$,使得 $f(x)=\dfrac{f'''(\xi)}{3!}(x-a)^2(x-b)$.

提示：利用 Taylor 公式或者参见例题.

18. 设 $f(x)$ 在 $[-1,1]$ 上有二阶连续导数，证明：存在 $\xi \in [-1,1]$，使得
$$\int_{-1}^{1} x f(x) \mathrm{d}x = \frac{2}{3} f'(\xi) + \frac{1}{3} \xi f''(\xi).$$

提示：构造辅助函数 $F(x) = xf(x)$. 利用最值定理、Taylor 公式和介值定理.

19. (武汉大学) 设函数 $f(x)$ 在 $[a,b]$ 上可导 $(a>0, b>0)$，且满足方程
$$2\int_a^{\frac{a+b}{2}} \mathrm{e}^{\lambda(x-b)(x+b)} f(x) \mathrm{d}x = (b-a) f(b).$$

证明：存在 $\xi \in (a,b)$，使 $2\lambda \xi f(\xi) + f'(\xi) = 0$ 成立.

提示：利用积分中值定理 $\mathrm{e}^{\lambda b^2} f(b) = \dfrac{2}{b-a} \int_a^{\frac{a+b}{2}} \mathrm{e}^{\lambda x^2} f(x) \mathrm{d}x = \mathrm{e}^{\lambda \eta^2} f(\eta)$ 和 Rolle 中值定理.

20. (华中科技大学) 设函数 $f(x) = \begin{cases} \dfrac{\sin x}{x}, & x \in (0,1], \\ 1, & x = 0. \end{cases}$ 证明：

(1) 对任意的自然数 $n \geqslant 2$，存在唯一 $x_n \in (0,1)$，使 $\int_{\frac{1}{n}}^{x_n} \dfrac{\sin x}{x} \mathrm{d}x = \int_{x_n}^{1} \dfrac{x}{\sin x} \mathrm{d}x$；

(2) $\lim\limits_{n \to \infty} x_n$ 存在.

提示：(1) 利用介值定理和单调性. (2) 证明数列是 Cauchy 列.

21. (武汉大学) 设 $f(x) = \sum\limits_{k=1}^{n} a_k \sin kx$，且 $|f(x)| \leqslant |\sin x|$，又 $a_i (i=1,2,\cdots,n)$ 为常数，证明：$\left| \sum\limits_{k=1}^{n} k a_k \right| \leqslant 1$.

提示：由 $f(x) = \sum\limits_{k=1}^{n} a_k \sin kx$ 知 $f(0) = 0$，故 $\left| \sum\limits_{k=1}^{n} k a_k \right| = |f'(0)|$. 令
$$a_n = \frac{1}{2} \int_0^1 f(x) \cos(2n\pi x) \mathrm{d}x, \quad b_n = \frac{1}{2} \int_0^1 f(x) \cdot \sin(2n\pi x) \mathrm{d}x.$$

$$2^k a_{2^k n} = 2^k \cdot \frac{1}{2} \int_0^1 f(x) \cos(2 \cdot 2^k n \pi x) \mathrm{d}x$$

$$= \frac{1}{4n\pi} \int_0^1 f(x) \mathrm{d} \sin(2^k n \pi x)$$

$$= \frac{1}{4n\pi} f(x) \sin(2 \cdot 2^k n \pi x) \Big|_0^1 - \int_0^1 f'(x) \sin(2 \cdot 2^k n \pi x) \mathrm{d}x$$

$$= -\frac{1}{4n\pi} \int_0^1 f'(x) \sin(2 \cdot 2^k n \pi x) \mathrm{d}x$$

$$= -\frac{1}{2n\pi} \cdot b'_{2^k n},$$

其中 $b'_{2^k n}$ 为 $f'(x)$ 的 Fourier 系数，若 $b'_{2^k n} \to 0 (k \to \infty)$，则必有 $2^k a_{2^k n} \to 0 (k \to \infty)$.

第3章

函数性质与微分

本章涉及的内容多、杂,且非常重要.从教学的角度来看,考核题型数量少、考察知识点明显、直接;但是从竞赛的角度来看,就与平时教学有着很大差异,考核题型数量庞大、考察知识点隐蔽、复杂.就拿"运用单调性来证明不等式"这个知识点来说,它不仅是平时教学的重点,也是竞赛场的"常客",其题型外在表现差异巨大.平时的教学非常直接,绝大多数题型只需要直接证明两个函数的大小关系;而作为竞赛题来说,考察知识点就非常隐蔽了,例如某题型要求将几个数字进行比较,这导致我们首先得想方设法地将其转化为函数,然后才能利用函数的单调性进行比较.再次重申,本教程对平时教学中的计算题或者计算技巧不作过多关注,平时教学中的题型需要同学们在备赛或者平时学习过程中多加练习.这里我们更多关注的是在备赛中容易忽略的地方.本章内容包括:一元函数的性质及其应用,多元函数的性质及其应用和微分方程.

3.1 函数的光滑性

例 1 设 $a>0$,且 $f(x)$ 在 $[a,+\infty)$ 上满足:$\forall x,y\in[a,+\infty)$,有
$$|f(x)-f(y)|\leqslant K|x-y|, \quad K\geqslant 0 \text{ 为常数}.$$
证明:$\dfrac{f(x)}{x}$ 在 $[a,+\infty)$ 上有界.

【分析】 如果证明题对我们不是"天生血脉压制",那么这就是一道简单题.运用有界的定义和已知条件——不等式,这道题基本就完成了.

证明 由条件知,$\forall x\in[a,+\infty)$,有
$$|f(x)-f(a)|\leqslant K|x-a|,$$
则
$$|f(x)|\leqslant|f(x)-f(a)|+|f(a)|\leqslant K|x-a|+|f(a)|,$$
从而
$$\left|\frac{f(x)}{x}\right|\leqslant K\frac{|x-a|}{|x|}+\frac{|f(a)|}{|x|}=K\frac{x-a}{x}+\frac{|f(a)|}{x}\leqslant K+\frac{|f(a)|}{a},$$
故 $\dfrac{f(x)}{x}$ 在 $[a,+\infty)$ 上有界.

例 2 设函数
$$f(x)=\begin{cases} e^x, & x<0, \\ ax^2+bx+c, & x\geq 0, \end{cases}$$
且 $f''(0)$ 存在,试确定常数 a,b,c.

【分析】 这是一个分段函数,分段函数在分段点的导数要用定义来求.

解 由条件可知函数 $f(x)$ 在 $x=0$ 处连续,故 $c=f(0)=1$. 由条件可知 $f'(x)$ 在 $x=0$ 处连续,且
$$f'(x)=\begin{cases} e^x, & x<0, \\ 2ax+b, & x>0, \end{cases}$$
故 $b=f'(0)=1$. 因此,
$$f'(x)=\begin{cases} e^x, & x<0, \\ 2ax+1, & x\geq 0, \end{cases} \quad \text{从而} \quad f''(x)=\begin{cases} e^x, & x<0, \\ 2a, & x\geq 0, \end{cases}$$
故 $2a=f''(0)=1$,则 $a=\dfrac{1}{2}$.

例 3 设函数 $f(x)$ 具有一阶连续导数, $f''(0)$ 存在,且 $f'(0)=0, f(0)=0$,
$$g(x)=\begin{cases} \dfrac{f(x)}{x}, & x\neq 0, \\ a, & x=0. \end{cases}$$
(1) 确定 a,使 $g(x)$ 处处连续.
(2) 对以上所确定的 a,证明: $g(x)$ 具有一阶连续导数.

【分析】 分段函数的连续性和导数,一般用定义来求分段点的导数.导函数的连续性也是通过连续的定义进行证明.

解 (1) 因为若 $g(x)$ 处处连续,则 $g(x)$ 在 $x=0$ 处连续. 于是
$$a=\lim_{x\to 0}\frac{f(x)}{x}=\lim_{x\to 0}\frac{f(x)-f(0)}{x}=f'(0)=0.$$
(2) 对分段函数 $g(x)$ 在分段点 $x=0$ 处求导,得
$$g'(0)=\lim_{x\to 0}\frac{g(x)-g(0)}{x}=\lim_{x\to 0}\frac{\dfrac{f(x)}{x}-0}{x}=\lim_{x\to 0}\frac{f(x)}{x^2}$$
$$=\lim_{x\to 0}\frac{f'(x)}{2x}=\frac{1}{2}\lim_{x\to 0}\frac{f'(x)-f'(0)}{x}=\frac{1}{2}f''(0).$$
于是
$$g'(x)=\begin{cases} \dfrac{xf'(x)-f(x)}{x^2}, & x\neq 0, \\ \dfrac{1}{2}f''(0), & x=0. \end{cases}$$

显然,当 $x\neq 0$ 时, $g'(x)$ 连续;当 $x=0$ 时,因为

$$\lim_{x\to 0}g'(x)=\lim_{x\to 0}\frac{xf'(x)-f(x)}{x^2}=\lim_{x\to 0}\left(\frac{f'(x)}{x}-\frac{f(x)}{x^2}\right)$$

$$=\lim_{x\to 0}\frac{f'(x)-f'(0)}{x-0}-\lim_{x\to 0}\frac{f(x)}{x^2}$$

$$=f''(0)-\frac{1}{2}f''(0)=\frac{1}{2}f''(0)=g'(0),$$

所以 $g'(x)$ 在 $x=0$ 处连续,故 $g(x)$ 具有一阶连续导数.

例 4 (四川大学 2023)设 $f(x)$ 在 $[a,b]$ 上只有第一类间断点,证明: $f(x)$ 在 $[a,b]$ 上有界.

【分析】 本题属于结论显然易见,但要证明却很难.当我们证明时,是不是有种全力一击,却打在棉花上的感觉?有劲使不上,不知道如何下手.如果正面解决问题遇到困难,可不可以反其道而行之?想到这一点时,反证法就像荆轲刺秦王那样,"图穷匕首见"了.

证明 反证法.假设 $f(x)$ 在 $[a,b]$ 上无界,则由函数无界的定义可知:对任何 $M>0$,存在 $x_0\in(a,b)$,使得 $f(x_0)>M$.

特别地,对 $M=1$,存在 $x_1\in(a,b)$,使得 $f(x_1)>1$;

对 $M=2$,存在 $x_2\in(a,b)$,使得 $f(x_2)>2$;

……

对 $M=n$,存在 $x_n\in(a,b)$,使得 $f(x_n)>n$.

由此可得数列 $\{x_n\}\subset[a,b]$, $f(x_n)>n, n\in \mathbf{N}^*$.

由于数列 $\{x_n\}$ 有界,则一定存在收敛子数列 $\{x_{n_k}\}$,即 $\lim_{k\to\infty}x_{n_k}=c\in[a,b]$. 一方面,由题设中的条件, $f(x)$ 只有第一类间断点,则 $\lim_{k\to\infty}f(x_{n_k})$ 小于无穷;另外一方面,对任何 $n_k\in \mathbf{N}^*$,有 $f(x_{n_k})>n_k$,则 $\lim_{k\to\infty}f(x_{n_k})=\infty$.于是产生矛盾,则假设不成立,原结论成立.

例 5 (江苏 2002)设

$$f(x,y)=\begin{cases}y\arctan\dfrac{1}{\sqrt{x^2+y^2}}, & (x,y)\neq(0,0),\\ 0, & (x,y)=(0,0),\end{cases}$$

试讨论函数 $f(x,y)$ 在点 $(0,0)$ 的连续性、可导性与可微性.

【分析】 本题是常见题型,考察连续性、可导性和可微性的定义.连续性和可导性的定义大家都很清楚,可微性的定义可能有些陌生了.

解 因为 $\left|\arctan\dfrac{1}{\sqrt{x^2+y^2}}\right|<\dfrac{\pi}{2}$,也即反三角函数有界,所以

$$\lim_{\substack{x\to 0\\y\to 0}}f(x,y)=\lim_{\substack{x\to 0\\y\to 0}}y\arctan\dfrac{1}{\sqrt{x^2+y^2}}=0=f(0,0).$$

由此可得函数 $f(x,y)$ 在点 $(0,0)$ 连续.因为

$$f'_x(0,0)=\lim_{x\to 0}\frac{f(x,0)-0}{x}=\lim_{x\to 0}\frac{0}{x}=0, \quad f'_y(0,0)=\lim_{y\to 0}\frac{f(0,y)-0}{y}=\lim_{y\to 0}\arctan\frac{1}{\sqrt{y^2}}=\frac{\pi}{2},$$

于是 $f(x,y)$ 在点 $(0,0)$ 的偏导数存在.

下面讨论可微性,

$$\lim_{\substack{x\to 0\\y\to 0}}\frac{f(x,y)-f(0,0)-f'_x(0,0)x-f'_y(0,0)y}{\sqrt{x^2+y^2}}=\lim_{\substack{x\to 0\\y\to 0}}\frac{y}{\sqrt{x^2+y^2}}\left(\arctan\frac{1}{\sqrt{x^2+y^2}}-\frac{\pi}{2}\right)=0.$$

由此可得函数 $f(x,y)$ 在点 $(0,0)$ 可微.

例 6 (哈尔滨工业大学 2023) 设 $f(x,y)=\varphi(|xy|)$，其中 $\varphi(0)=0$，且存在 $\delta>0$，当 $|u|<\delta$ 时，有 $|\varphi(u)|\leqslant u^2$. 证明：$f(x,y)$ 在点 $(0,0)$ 可微.

【分析】 本题对学习过微积分的同学来说，可能有些蒙. 原因有二：一是很少做此类型的题，二是找不到证明此题的"突破口". 其实只要我们不紧张，就会发现此题很简单. 回想初学可导可微的时刻，用定义解决即可. 分两步走：第一步，利用偏导数定义或者求导规则求所在点的偏导数值；第二步，利用可微定义求极限，完美搞定.

证明 由偏导数定义有

$$f'_x(0,0)=\lim_{x\to 0}\frac{f(x,0)-f(0,0)}{x}=\lim_{x\to 0}\frac{0}{x}=0,$$

$$f'_y(0,0)=\lim_{y\to 0}\frac{f(0,y)-f(0,0)}{y}=\lim_{y\to 0}\frac{0}{y}=0.$$

由可微定义进行计算：

$$\lim_{(x,y)\to(0,0)}\left|\frac{f(x,y)-f(0,0)-f'_x(0,0)x-f'_y(0,0)y}{\sqrt{x^2+y^2}}\right|=\lim_{(x,y)\to(0,0)}\left|\frac{\varphi(|xy|)}{\sqrt{x^2+y^2}}\right|$$

$$\leqslant \lim_{(x,y)\to(0,0)}\frac{x^2y^2}{\sqrt{x^2+y^2}}\leqslant \lim_{(x,y)\to(0,0)}\max\{xy^2,x^2y\}=0.$$

于是结论得证.

例 7 (北京 2007) 设二元函数 $f(x,y)=|x-y|\varphi(x,y)$，其中 $\varphi(x,y)$ 在点 $(0,0)$ 的一个邻域内连续. 证明：函数 $f(x,y)$ 在 $(0,0)$ 点处可微的充要条件是 $\varphi(0,0)=0$.

【分析】 这是一道常规题，考察可微、偏导数的定义以及可微与偏导数之间的关系. 对同学们而言，"证明题"非常难，一直都有着恐怖的威慑力. 事实上，"证明题"也不是全部如此，比如计算性证明，即通过我们常规的计算就可以解答的题. 本题本质上是考察可微的定义，可微不就是求极限吗？它只是"乔装打扮"，伪装成了证明题，同学们可迅速启动存储在自己大脑"硬盘"中的可微定义，从而解决它.

证 必要性 设 $f(x,y)$ 在 $(0,0)$ 点处可微，则 $f'_x(0,0), f'_y(0,0)$ 存在. 由于

$$f'_x(0,0)=\lim_{x\to 0}\frac{f(x,0)-f(0,0)}{x}=\lim_{x\to 0}\frac{|x|\varphi(x,0)}{x},$$

且

$$\lim_{x \to 0+} \frac{|x|\varphi(x,0)}{x} = \varphi(0,0), \quad \lim_{x \to 0-} \frac{|x|\varphi(x,0)}{x} = -\varphi(0,0),$$

故有 $\varphi(0,0) = 0$.

充分性 若 $\varphi(0,0) = 0$，则可知 $f'_x(0,0) = 0$, $f'_y(0,0) = 0$. 由可微的定义，计算

$$\frac{f(x,y) - f(0,0) - f'_x(0,0)x - f'_y(0,0)y}{\sqrt{x^2 + y^2}} = \frac{|x-y|\varphi(x,y)}{\sqrt{x^2 + y^2}},$$

由此只需证 $\lim\limits_{\substack{x \to 0 \\ y \to 0}} \dfrac{|x-y|\varphi(x,y)}{\sqrt{x^2+y^2}} = 0$. 又

$$\frac{|x-y|}{\sqrt{x^2+y^2}} \leqslant \frac{|x|}{\sqrt{x^2+y^2}} + \frac{|y|}{\sqrt{x^2+y^2}} \leqslant 2,$$

所以由夹逼准则知，$\lim\limits_{\substack{x \to 0 \\ y \to 0}} \dfrac{|x-y|\varphi(x,y)}{\sqrt{x^2+y^2}} = 0$. 由可微定义知 $f(x,y)$ 在 $(0,0)$ 处可微.

例 8 （北京 2008）设 $\lim\limits_{\substack{x \to 0 \\ y \to 0}} \dfrac{f(x,y) + 3x - 4y}{x^2 + y^2} = 2$，则 $2f'_x(0,0) + f'_y(0,0) = ?$

【分析】 这样的求极限在一元微分中很常见，虽然现在是二元微分，但是解题方法可以类比一元微分的情况. 一元微分可以使用 Taylor 公式，那么二元微分也可以使用 Taylor 公式.

解 由题干中给出的极限可得

$$f(x,y) = f(0,0) - 3x + 4y + O(x^2 + y^2).$$

由二元 Taylor 公式，有 $f'_x(0,0) = -3$, $f'_y(0,0) = 4$. 于是，$2f'_x(0,0) + f'_y(0,0) = -2$.

例 9 （中国科技大学 2022）设 $u(x,y,z) = \sqrt{x^2 + y^2 + z^2}$. 证明：二阶微分 $d^2 u \geqslant 0$.

【分析】 首先需要知道二阶微分的定义，涉及所有的二阶导数（6 个），所以是计算性证明.

证明 通过烦琐的计算可得

$$u_{xx} = \frac{u^2 - x^2}{u^3}, \quad u_{yy} = \frac{u^2 - y^2}{u^3}, \quad u_{zz} = \frac{u^2 - z^2}{u^3},$$

$$u_{xy} = -\frac{2xy}{u^3}, \quad u_{xz} = -\frac{2xz}{u^3}, \quad u_{yz} = -\frac{2yz}{u^3}.$$

二阶微分的定义有

$$\begin{aligned}
d^2 u &= u_{xx} dx^2 + u_{yy} dy^2 + u_{zz} dz^2 + u_{xy} dx dy + u_{xz} dx dz + u_{yz} dy dz \\
&= \frac{1}{u^3} \big[(y^2 + z^2) dx^2 + (x^2 + z^2) dy^2 + (x^2 + y^2) dz^2 \\
&\quad - 2xy dx dy - 2xz dx dz - 2yz dy dz \big] \\
&= \frac{1}{u^3} \big[(x dy - y dx)^2 + (x dz - z dx)^2 + (z dy - y dz)^2 \big] \geqslant 0.
\end{aligned}$$

例10 （天津大学 2022）设函数 u 在 $\mathbf{R}^n$ 上是连续的正值函数，且存在常数 $C_0>0$，使得
$$\lim_{|\vec{x}|\to\infty}|\vec{x}\cdot\nabla u|\geqslant C_0,\quad 其中\nabla=\left(\frac{\partial}{\partial x_1},\cdots,\frac{\partial}{\partial x_n}\right).$$

证明：(1) $\lim\limits_{|\vec{x}|\to\infty}u(\vec{x})=\infty$；(2) 存在 $\vec{\xi}\in\mathbf{R}^n$，使用 $\nabla u(\vec{\xi})=\vec{0}$.

证明 (1) 因为 $\lim\limits_{|\vec{x}|\to\infty}|\vec{x}\cdot\nabla u|\geqslant C_0$，则存在 $R>0$，$\forall\ |\vec{x}|>R$，有 $|\vec{x}\cdot\nabla u|\geqslant C_0$. 现在令 $f(t)=t\vec{x}\cdot\nabla u(t\vec{x})$，于是有：当 $|t|>\dfrac{R}{|\vec{x}|}$ 时，$|f(t)|\geqslant C_0$. 根据连续函数的介值定理，当 $t\geqslant\dfrac{R}{|\vec{x}|}$ 时，$f(t)$ 恒正或恒负，也即不改变符号. 这里不妨假设 $f(t)>0$. 于是有

$$|u(\vec{x})|=\left|u(\vec{x})-u\left(\frac{\vec{x}R}{|\vec{x}|}\right)+u\left(\frac{\vec{x}R}{|\vec{x}|}\right)\right|\geqslant\left|u(\vec{x})-u\left(\frac{\vec{x}R}{|\vec{x}|}\right)\right|-\left|u\left(\frac{\vec{x}R}{|\vec{x}|}\right)\right|$$

$$=\left|\int_{\frac{R}{|\vec{x}|}}^1\vec{x}\cdot\nabla u(t\vec{x})\mathrm{d}t\right|-\left|u\left(\frac{\vec{x}R}{|\vec{x}|}\right)\right|=\left|\int_{\frac{R}{|\vec{x}|}}^1\frac{f(t)}{t}\mathrm{d}t\right|-\left|u\left(\frac{\vec{x}R}{|\vec{x}|}\right)\right|$$

$$\geqslant C_0\left|\int_{\frac{R}{|\vec{x}|}}^1\frac{1}{t}\mathrm{d}t\right|-\left|u\left(\frac{\vec{x}R}{|\vec{x}|}\right)\right|$$

$$=C_0(\ln|\vec{x}|-\ln R)-\left|u\left(\frac{\vec{x}R}{|\vec{x}|}\right)\right|\to\infty,\quad |\vec{x}|\to\infty.$$

(2) 由第一问有：$\exists R>0,\forall\ |\vec{x}|\geqslant R$，$u(\vec{x})\geqslant u(\vec{0})+1$. 于是由闭区域上的函数连续性，$u(\vec{x})$ 在 $|\vec{x}|\leqslant R$ 内取得极小值. 于是由 Fermat 定理，存在 $\vec{\xi}\in\mathbf{R}^n$，使得 $\nabla u(\vec{\xi})=\vec{0}$.

3.2 函数的单调性及其应用

与函数的单调性相关的问题主要是最值问题和方程根的个数问题. 因此，着重关注这两方面的应用.

例11 （南京大学 2013）设 $f(x)$ 在 $[a,b]$ 上可导，$f(a)=0$. 如果 $f'(x)\geqslant f(x)$，证明：函数 $f(x)$ 为单调递增函数.

【分析】 对同学们来说，都知道要证明什么：导函数非负，即 $f'(x)\geqslant 0$，但仍有部分同学不知道如何利用题干中的已知条件. 如果是这样的话，我们应该有这样的想法：既然是不等式的证明，那么题干中的条件——不等式 $f'(x)\geqslant f(x)$，自然是"唯二"的存在了. 如何用它呢？很简单，它表面是不等式，实际上是等式，当将不等号换成等号的时候，我们是不是应该构造一个大家熟悉到不能再熟悉的辅助函数呢？它就是 $\mathrm{e}^{-x}(f'(x)-f(x))$，利用此辅助函数来证明 $f'(x)\geqslant 0$.

证明 由 $f'(x)\geqslant f(x)$，推出 $\mathrm{e}^{-x}(f'(x)-f(x))\geqslant 0$，且函数 $f(x)$ 在 $[a,b]$ 上可导，故

$$(e^{-x}f(x))' = e^{-x}(f(x) - f(x)) \geqslant 0.$$

所以 $F(x) = e^{-x}f(x)$ 在 $[a,b]$ 上是单调递增的,因 $f(a) = 0$,所以
$$F(x) = e^{-x}f(x) \geqslant F(a) = e^{-a}f(a) = 0,$$
即 $e^{-x}f(x) \geqslant 0$. 又因为 $e^{-x} > 0$,故 $f(x) \geqslant 0, x \in [a,b]$. 又因为 $f'(x) \geqslant f(x)$,所以 $f'(x) \geqslant 0$,即证得 $f(x)$ 为单调递增函数.

例12 (莫斯科大学) 对于一切正整数 n,求使得不等式
$$\left(1 + \frac{1}{n}\right)^{n+\alpha} \leqslant e \leqslant \left(1 + \frac{1}{n}\right)^{n+\beta}$$
成立的最大的常数 α 和最小的常数 β.

【分析】 看此题时,不要被题干的表象迷惑.题干的表象 $\left(1 + \frac{1}{n}\right)^n$ 是单调递增数列,它的极限就是常数 e,这是众所周知的结论.可能很多同学会从这个如此熟悉的结论开始我们的冒险旅程.然而,事实上远非如此,同学们还是来看题目要求吧,题目是求最大的值和最小的值,很明显是求极值或者最值,基本与数列无关.既然是求极值,那么就需要函数.题干无函数,那么就需要根据已知条件构造合适的函数,这才是本题解题旅程的真正起点.所以本题的关键是同学们用自己的"火眼金睛"看清事情的真相,而真相就是函数求极值的思想.既然如此,那么,函数从何而来.从题目的要求来,求使函数 $\left(1 + \frac{1}{n}\right)^{n+y} = e$ 的最大和最小的 y,自变量自然是自然数 n 了,为了利用微积分的知识,自然不希望变量是离散的自然数,而是连续的实数,所以,辅助函数的构造就顺理成章了,即 $\left(1 + \frac{1}{x}\right)^{x+y} = e, x \geqslant 1$.有了辅助函数,但如何求最值呢? 这个表达式是隐函数表达式,而且无法显化它.那么,参数表示此函数是最合适的选择了.

解 在 (x,y) 平面上,取曲线
$$\left(1 + \frac{1}{x}\right)^{x+y} = e, \quad x \geqslant 1,$$
则此曲线的参数方程可以取为
$$\begin{cases} x = \dfrac{1}{t}, \\ y = \dfrac{1}{\ln(1+t)} - \dfrac{1}{t}, \end{cases} \quad 0 < t \leqslant 1,$$
则
$$\frac{dy}{dx} = \frac{t^2 - (1+t)\ln^2(1+t)}{(1+t)\ln^2(1+t)}.$$

令 $f(t) = t^2 - (1+t)\ln^2(1+t)$,则
$$f'(t) = 2t - \ln^2(1+t) - 2\ln(1+t), \quad f''(t) = \frac{2}{1+t}[t - \ln(1+t)].$$

由于 $0 < t \leqslant 1$,则 $f''(t) \geqslant 0$,由此可得 $f'(t)$ 单调递增.于是,

$$f'(t) \geq f'(0+) = 0 \Rightarrow f(t) \text{ 单调递增} \Rightarrow \frac{dy}{dx} > 0 \Rightarrow y(x) \text{ 单调递增},$$

则

$$\max y(x) = \lim_{x \to \infty} \left(\frac{1}{\ln\left(1 + \frac{1}{x}\right)} - x \right) = \frac{1}{2},$$

$$\min y(x) = \lim_{x \to 1} \left(\frac{1}{\ln\left(1 + \frac{1}{x}\right)} - x \right) = \frac{1}{\ln 2} - 1.$$

例13 (莫斯科大学) 求实数 α 的取值范围,使得不等式 $x \leq \frac{\alpha-1}{\alpha} y + \frac{1}{\alpha} x^\alpha y^{1-\alpha}$ 对一切的正数 x 与 y 成立.

【分析】 此题犹如"变色龙"一样,伪装得非常好,不仔细研究的话,解题就会陷入困境无法挣脱.第一层伪装:字母 x, y 为自变量的习惯性心理,本题 y 还确实是自变量;第二层伪装:不等式的右端貌似很对称,会诱导使用重要不等式之类的进行证明;第三层伪装:转移注意力,本题要求 α 的取值范围,我们的绝大部分注意力会集中在它那里,但是它却提供不了任何有价值的信息.当我们能够揭开这些"伪装"时,自然就会"柳暗花明"——一元函数求极值(y 是自变量,x, α 都是固定的参数),即在什么样的条件下,函数 $\frac{\alpha-1}{\alpha} y + \frac{1}{\alpha} x^\alpha y^{1-\alpha}$ 的极小值是 x.

解 当 $\alpha = 1$ 时,不等式自然成立.下面考虑 $\alpha \neq 1$ 的情况.

设辅助函数 $f(y) = \frac{\alpha-1}{\alpha} y + \frac{1}{\alpha} x^\alpha y^{1-\alpha}$,则辅助函数的导数 $f'(y) = \frac{\alpha-1}{\alpha}\left(1 - \frac{x^\alpha}{y^\alpha}\right)$.很显然有 $f'(x) = 0$,则 x 可能是函数 $f(y)$ 的极值点.下面讨论之.

若 $0 < \alpha < 1$,则有:

(1) 当 $y < x$ 时,$f'(y) > 0$,则函数 $f(y)$ 单调上升;

(2) 当 $y > x$ 时,$f'(y) < 0$,则函数 $f(y)$ 单调下降.

综合上述可以得到,此时 x 是函数 $f(y)$ 的极大值点,也即 $f(y) \leq f(x) = x$.于是原不等式不成立.

若 $\alpha < 0$,通过上面类似的分析可以得到:x 是函数 $f(y)$ 的极大值点,也即 $f(y) \leq f(x) = x$,原不等式不成立.

若 $\alpha > 1$,则有:

(1) 当 $y < x$ 时,$f'(y) < 0$,则函数 $f(y)$ 单调下降;

(2) 当 $y > x$ 时,$f'(y) > 0$,则函数 $f(y)$ 单调上升.

综合上述可以得到,此时 x 是函数 $f(y)$ 的极小值点,也即 $f(y) \geq f(x) = x$.于是原不等式成立.所以实数 α 的取值范围是 $[1, +\infty)$.

例14 (莫斯科大学) 就参数 a 讨论方程 $e^x = ax^2$ 实根的个数.

【分析】 这两个函数都是同学们再熟悉不过的基本函数,大家对它们的性质很熟悉,函数图像也能很好勾勒出来.同学们的第一反应就是高中的"数形结合",虽然数形结合的思路不错,但却无法给出定量的分析.数形结合只能用于定性分析或者很容易看出参数的情形,所以它并不适合此题,因此我们要开辟新的路径.既然通过两个基本函数无法求解,那么我们试试构造新的函数,讨论新函数的性质.很显然,可以构造函数 $f(x) = x^{-2}e^x$,将参数 a 作为自变量 x 的函数即可,这样很快将讨论方程根的个数问题转化为求函数极值的问题了.

解 当 $a < 0$ 时,方程的左边恒大于 0,而方程的右端小于 0,矛盾,所以原方程无根.下面只讨论 $a > 0$ 的情况.设 $f(x) = x^{-2}e^x$,显然有

$$\lim_{x \to 0} f(x) = +\infty, \quad \lim_{x \to +\infty} f(x) = +\infty, \quad \lim_{x \to -\infty} f(x) = 0.$$

由 $f(x)$ 的导函数 $f'(x) = e^x x^{-3}(x-2)$,分区间讨论 $f(x)$ 的单调性:

当 $x \in (-\infty, 0)$ 时,有 $f'(x) > 0$,则函数 $f(x)$ 在区间 $(-\infty, 0)$ 上单调递增.

当 $x \in (0, 2)$ 时,有 $f'(x) < 0$,则函数 $f(x)$ 在区间 $(0, 2)$ 上单调递减.

当 $x \in (2, +\infty)$ 时,有 $f'(x) > 0$,则函数 $f(x)$ 在区间 $(2, +\infty)$ 上单调递增.

由此可得 $\min f(x) = \dfrac{1}{4}e^2$.于是有如下结论:

当 $a \in (-\infty, \dfrac{1}{4}e^2)$ 时,方程无根,因为参数 a 小于辅助函数的最小值.

当 $a = \dfrac{1}{4}e^2$ 时,方程有两个根,其中一根位于 $(-\infty, 0)$ 中,另外一根是 2.

当 $a > \dfrac{1}{4}e^2$ 时,方程有三个根,其中一根位于 $(-\infty, 0)$ 中,另外一根位于 $(0, 2)$ 中,第三个根位于 $(2, +\infty)$ 中.

巩固练习 (莫斯科大学)方程 $x = \ln a^x$ 有实根,求正数 a 的取值范围.(答案: $a \leqslant e^{\frac{1}{e}}$.)

例 15 (**清华大学 2019 年期末**) 设 $f(x)$ 是 $[0,1]$ 上的连续可微函数,并满足

$$f^2(x) \leqslant 1 + 2\int_0^x f(t)\,dt.$$

证明: $f(x) \leqslant 1 + x$.

【分析】 大部分同学肯定想从已知条件中的不等式求出函数 $f(x)$,然后证明结论.但已知条件是不等式,还带有积分,如果我们用常用的手段(求导方式)除掉积分的话,会发现求导不能用于不等式,因此,此路行不通.换个思路,我们试试从结论出发,就会发现只需要将结论作一个小小的恒等变形,就变成了中学时大家非常熟悉的题型,即 $f(x) - x \leqslant 1$.因此问题就转化为函数求最大值了.又由已知条件 $f(x) \leqslant \sqrt{1 + 2\int_0^x f(t)\,dt}$,于是,只要证明 $\sqrt{1 + 2\int_0^x f(t)\,dt} - x$ 的最大值是 1 即可.故自然有辅助函数 $g(x) = 1 + 2\int_0^x f(t)\,dt$ 和辅助函数 $h(x) = \sqrt{g(x)} - x$.

证明 设 $g(x) = 1 + 2\int_0^x f(t)\,dt$,于是

$$g'(x) = 2f(x) \leqslant 2\sqrt{g(x)}.$$

设 $h(x) = \sqrt{g(x)} - x$,于是

$$h'(x) = \frac{g'(x)}{2\sqrt{g(x)}} - 1 = \frac{g'(x) - 2\sqrt{g(x)}}{2\sqrt{g(x)}} \leqslant 0.$$

故 $h(x)$ 单调递减,$h(x) \leqslant h(0) = \sqrt{g(0)} = 1$,则

$$f(x) \leqslant \sqrt{g(x)} = h(x) + x \leqslant 1 + x.$$

例16 (**莫斯科大学**) 试求出在 $x=1$ 取极大值 6,在 $x=3$ 取极小值 2 的次数最低的多项式.

【分析】 此题的目标非常明确——求多项式.我们只要意识到,多项式的导函数是低一次的多项式,那么此题基本已经完成了一大半了.由题目的已知条件可以得到导函数有两个根,又由次数最低的多项式可知,导函数就是二次多项式,即所求函数为三次多项式.

解 因为在 $x=1$ 取极大值 6,在 $x=3$ 取极小值 2,也即是函数的驻点,则可设

$$f'(x) = A(x-1)(x-3) = A(x^2 - 4x + 3).$$

于是通过不定积分可得

$$f(x) = A\left(\frac{x^3}{3} - 2x^2 + 3x\right) + B,$$

则

$$f(1) = A\left(\frac{1}{3} - 2 + 3\right) + B = 6, \quad f(3) = A \cdot 0 + B = 2.$$

求得 $A=3, B=2$.于是所求多项式为

$$f(x) = x^3 - 6x^2 + 9x + 2.$$

3.3 方程(函数)的根

例17 (**天津 2002**) 设方程 $x^4 + ax + b = 0$.

(1) 当常数 a,b 满足何种关系时,方程有唯一实根?

(2) 当常数 a,b 满足何种关系时,方程无实根?

【分析】 虽然单调性是有唯一实根的代名词,但是这种情况也有例外的时候,因为函数在整个有根区间不满足单调性.不满足单调性,是否也有唯一实根呢? 大家脑海里应该会出现各种有唯一根的图像画面,找一种最简单的图像处理即可,如图 3.1 所示.函数曲线与 x 轴的交点(根)附近不满足单调性的画面是什么呢? 应该是在交点两边的单调性不同,单调性不同又是啥画面,不就是极大值或者极小值吗? 而且函数曲线与 x 轴是相切的关系.

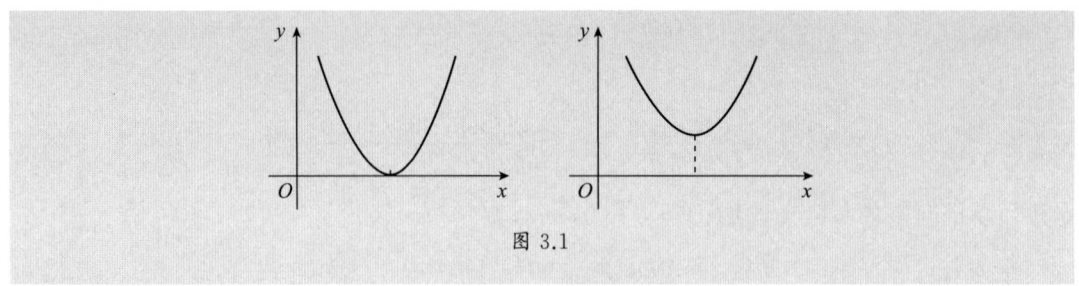

图 3.1

解 设 $y=x^4+ax+b, -\infty<x<+\infty$，求导得
$$y'=4x^3+a.$$

命 $y'=0$ 得唯一驻点 $x=\sqrt[3]{-\dfrac{a}{4}}$. 又 $y''=12x^2\geqslant 0$，故当 $x=\sqrt[3]{-\dfrac{a}{4}}$ 时，y 有最小值，且最小值为
$$y\Big|_{x=\sqrt[3]{-\frac{a}{4}}}=\left(-\dfrac{a}{4}\right)^{\frac{4}{3}}+a\left(-\dfrac{a}{4}\right)^{\frac{1}{3}}+b.$$

又当 $x\to -\infty$ 时，$y\to +\infty$；当 $x\to +\infty$ 时，$y\to +\infty$，因此，

(1) 当且仅当 $\left(-\dfrac{a}{4}\right)^{\frac{4}{3}}+a\left(-\dfrac{a}{4}\right)^{\frac{1}{3}}+b=0$ 时，方程有唯一实根；

(2) 当 $\left(-\dfrac{a}{4}\right)^{\frac{4}{3}}+a\left(-\dfrac{a}{4}\right)^{\frac{1}{3}}+b>0$ 时，方程无实根．

例18 （天津 2003）设 $F(x)=-\dfrac{1}{2}(1+\mathrm{e}^{-1})+\displaystyle\int_{-1}^{1}|x-t|\mathrm{e}^{-t^2}\mathrm{d}t$，试证明在区间 $[-1,1]$ 上 $F(x)$ 有且仅有两个实根．

【分析】 这是一道典型的"挂羊头卖狗肉"的题，表面上考察的是函数的根，实际上考察的是定积分，还是相对简单的定积分．去掉绝对值后，进行积分就能得到一个简单的偶函数．

证明 去掉绝对值进行积分有
$$F(x)=-\dfrac{1}{2}(1+\mathrm{e}^{-1})+\int_{-1}^{x}(x-t)\mathrm{e}^{-t^2}\mathrm{d}t+\int_{x}^{1}(t-x)\mathrm{e}^{-t^2}\mathrm{d}t$$
$$=-\dfrac{1}{2}(1+\mathrm{e}^{-1})+x\int_{-1}^{x}\mathrm{e}^{-t^2}\mathrm{d}t-\int_{-1}^{x}t\mathrm{e}^{-t^2}\mathrm{d}t+\int_{x}^{1}t\mathrm{e}^{-t^2}\mathrm{d}t-x\int_{x}^{1}\mathrm{e}^{-t^2}\mathrm{d}t$$
$$=-\dfrac{1}{2}(1+\mathrm{e}^{-1})+x\int_{-1}^{0}\mathrm{e}^{-t^2}\mathrm{d}t+x\int_{0}^{x}\mathrm{e}^{-t^2}\mathrm{d}t+\dfrac{1}{2}\mathrm{e}^{-t^2}\Big|_{-1}^{x}-\dfrac{1}{2}\mathrm{e}^{-t^2}\Big|_{x}^{1}+x\int_{1}^{0}\mathrm{e}^{-t^2}\mathrm{d}t$$
$$\quad +x\int_{0}^{x}\mathrm{e}^{-t^2}\mathrm{d}t$$
$$=-\dfrac{1}{2}-\dfrac{3}{2}\mathrm{e}^{-1}+\mathrm{e}^{-x^2}+x\int_{-1}^{0}\mathrm{e}^{-t^2}\mathrm{d}t+x\int_{1}^{0}\mathrm{e}^{-t^2}\mathrm{d}t+2x\int_{0}^{x}\mathrm{e}^{-t^2}\mathrm{d}t$$
$$=-\dfrac{1}{2}-\dfrac{3}{2}\mathrm{e}^{-1}+\mathrm{e}^{-x^2}+x\int_{-1}^{0}\mathrm{e}^{-t^2}\mathrm{d}t-x\int_{0}^{1}\mathrm{e}^{-t^2}\mathrm{d}t+2x\int_{0}^{x}\mathrm{e}^{-t^2}\mathrm{d}t$$
$$=-\dfrac{1}{2}-\dfrac{3}{2}\mathrm{e}^{-1}+\mathrm{e}^{-x^2}+2x\int_{0}^{x}\mathrm{e}^{-t^2}\mathrm{d}t.$$

由于 e^{-x^2} 是偶函数，所以 $\displaystyle\int_{0}^{x}\mathrm{e}^{-t^2}\mathrm{d}t$ 是奇函数，$2x\displaystyle\int_{0}^{x}\mathrm{e}^{-t^2}\mathrm{d}t$ 是偶函数，于是知 $F(x)$ 为偶函数．注意到，

$$F(0) = \frac{1}{2} - \frac{3}{2}\mathrm{e}^{-1} = \frac{\mathrm{e}-3}{2\mathrm{e}} < 0,$$

$$F(1) = -\left(\frac{1}{2} + \frac{1}{2\mathrm{e}}\right) + 2\int_0^1 \mathrm{e}^{-t^2}\,\mathrm{d}t > -\left(\frac{1}{2} + \frac{1}{2\mathrm{e}}\right) + 2\int_0^1 \mathrm{e}^{-t}\,\mathrm{d}t = \frac{3}{2} - \frac{5}{2\mathrm{e}} > 0.$$

对 $F(x)$ 求导,

$$F'(x) = -2x\mathrm{e}^{-x^2} + 2x\mathrm{e}^{-x^2} + 2\int_0^x \mathrm{e}^{-t^2}\,\mathrm{d}t = 2\int_0^x \mathrm{e}^{-t^2}\,\mathrm{d}t > 0, \quad \text{当}\ x > 0\ \text{时}.$$

因此,函数 $F(x)$ 在闭区间 $[0,1]$ 上有且仅有唯一实根;又 $F(x)$ 为偶函数,所以 $F(x)$ 在闭区间 $[-1,0]$ 上同样有且仅有唯一实根.于是可知函数 $F(x)$ 在闭区间 $[-1,1]$ 上有且仅有两个实根.

例19 (**天津 2010**) 对 k 的不同取值,分别讨论方程 $x^3 - 3kx^2 + 1 = 0$ 在区间 $(0, +\infty)$ 上根的个数.

【**分析**】 此类题是高中知识中相对较难的题,主要是考察单调性和极值的正负号,这是方法一.当然不用微积分知识反而更简单,参变量分离,利用重要不等式即可.

解 方法一 设 $f(x) = x^3 - 3kx^2 + 1, 0 \leqslant x < +\infty$,求导有

$$f'(x) = 3x(x - 2k).$$

k 取不同值时,函数图像如图 3.2 所示.

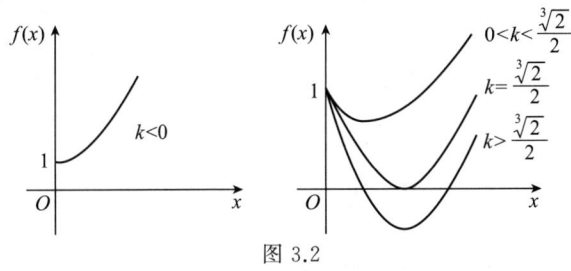

图 3.2

(1) 当 $k \leqslant 0$ 时,$f'(x) > 0$,即 $f(x)$ 在 $[0, +\infty)$ 上单调增加,又 $f(0) = 1$,故原方程在区间 $(0, +\infty)$ 上无根;

(2) 当 $k > 0$ 时,又可分为:$0 < x < 2k, f'(x) < 0, f(x)$ 单调减少;$x > 2k, f'(x) > 0$,$f(x)$ 单调增加.所以 $x = 2k$ 是 $f(x)$ 的极小值点,极小值 $f(2k) = 1 - 4k^3$.于是,

当 $1 - 4k^3 > 0$,即 $0 < k < \dfrac{\sqrt[3]{2}}{2}$ 时,原方程在区间 $(0, +\infty)$ 上无根;

当 $1 - 4k^3 = 0$,即 $k = \dfrac{\sqrt[3]{2}}{2}$ 时,原方程在区间 $(0, +\infty)$ 上有唯一的根;

当 $1 - 4k^3 < 0$,即 $k > \dfrac{\sqrt[3]{2}}{2}$ 时,原方程在区间 $(0, +\infty)$ 上有两个根.

方法二 $x^3 - 3kx^2 + 1 = 0$ 可以变形为

$$k = \frac{1}{3}\left(x + \frac{1}{x^2}\right) = \frac{1}{3}\left(\frac{x}{2} + \frac{x}{2} + \frac{1}{x^2}\right).$$

它的图像如图 3.3 所示.利用重要不等式可得

$$k = \frac{1}{3}\left(\frac{x}{2} + \frac{x}{2} + \frac{1}{x^2}\right) \geqslant \sqrt[3]{\frac{1}{4}} = \frac{\sqrt[3]{2}}{2},$$

且 $x=\sqrt[3]{2}$ 时，不等式取等号，则有方法一的结论．

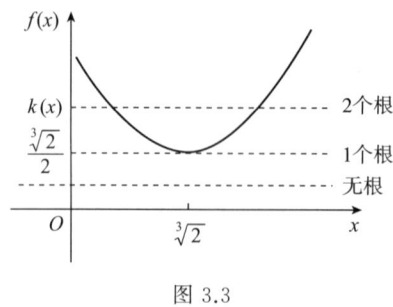

图 3.3

例20 （北京 1998）证明：若 $q(x)<0$，则方程 $y''+q(x)y=0$ 的任意非零解至多有一个零点．

【分析】 当看见"至多"或"至少"的时候，第一反应是不是"多余一个咋办"或者"一个都没有咋办"，这就是反证法．所以当我们看见这些字眼的时候，脑海中要很快出现反证法．反设之后，总会给我们海阔天空的感觉，得到一些美妙的结论或者性质．比如此题，假设有两个零点，那么，我们会立即得到极好的结论：在两个零点之间，函数值同号，要么正，要么负．它就是我们解题开始的起点．

证明 反证法．假设存在多个解，设 $x_1<x_2$ 是两个相邻的非零解，且在区间 (x_1,x_2) 上有 $y(x)>0$，则由导数的定义可得
$$y'(x_1)=\lim_{x\to x_1^+}\frac{y(x)-y(x_1)}{x-x_1}\geqslant 0,$$
$$y'(x_2)=\lim_{x\to x_2^+}\frac{y(x)-y(x_2)}{x-x_2}\leqslant 0.$$
从上面两式可得导函数 $y'(x)$ 在区间 (x_1,x_2) 上非单调．

然而，由方程 $y''+q(x)y=0$ 有 $y''(x)=-q(x)y>0$，则导函数 $y'(x)$ 在区间 (x_1,x_2) 上严格单调，矛盾，故至多只有一根．

例21 （北京 2000）设 $f(x)=a_nx^n+\cdots+a_1x+a_0$ 是实系数多项式，$n\geqslant 2$，且某个 $a_k=0$，$n>k\geqslant 1$，当 $i\neq k$ 时，$a_i\neq 0$．证明：若 $f(x)$ 有 n 个相异实根，则 $a_{k+1}a_{k-1}<0$．

【分析】 看完题后，可能很多同学会从 n 个相异实根 $x_i(i=1,\cdots,n)$ 出发，设多项式 $f(x)=a(x-x_1)\cdots(x-x_n)$，然后用根表达系数，结合已知条件证明结论．这思路看起来很好，简单直接，但却掉进了一个巨大的坑中，非常不可取．因为这个讨论，涉及方程未知的 n 个相异实根，是将一个一元问题变成多元函数的问题，很多一元函数的结论无法使用，反而是搬起石头砸自己的脚，将问题复杂化了．看到根，我们的第一反应除了上述的多项式表达式，还可以想起来什么呢？是不是 Rolle 中值定理呢？这么多根，反反复复地使用此定理，得到 $n-1$ 个一阶导数值为 0 的点，$n-2$ 个二阶导数值为 0 的点，$\cdots$，1 个 $n-1$ 阶导数值为 0 的点．这么多阶导数，这么多零点，有哪些是我们需要的呢？也即所谓的"弱水三千，只取自己

需要的那一瓢".这一瓢从哪里找呢?答案显而易见,从题干中的条件找,题干告诉我们 $a_k=0, n > k \geqslant 1$,那就说明我们只需要 k 阶导函数或者它附近的导函数就可以,关键看谁是那特殊的"一瓢".当我们对函数求 k 阶导后,基于 $a_k=0$ 的条件,很快会发现 0 点就是我们要的"那一瓢",$f^{(k)}(0)=0$.既然是驻点,那自然要讨论它是否是极大(小)值点,极大与极小不是随机的,而是由 a_{k-1}, a_{k+1} 决定,思路问题已解决,证明过程就简单多了.

证明 不妨假设 $a_1=0$,也即 $f(x)=a_n x^n + \cdots + a_2 x^2 + a_0$,于是
$$f'(x) = n a_n x^{n-1} + \cdots + 2 a_2 x.$$
显然 0 是导函数 $f'(x)$ 的根,即 $f'(0)=0$.由于 $f(x)$ 有 n 个相异的实根,由 Rolle 中值定理可得,0 必须位于两个相邻的根之间,即 $0 \in (a,b)$,其中 a,b 分别是 $f(x)$ 的两个相邻的根,也即区间 (a,b) 没有其他的根.

不妨设 $a_2 < 0$,显然有:

当 $x \to 0^-$ 时,$f'(x) = n a_n x^{n-1} + \cdots + 2 a_2 x > 0$,也即函数 $f(x)$ 在 0 的左边单调上升;

当 $x \to 0^-$ 时,$f'(x) = n a_n x^{n-1} + \cdots + 2 a_2 x < 0$,也即函数 $f(x)$ 在 0 的右边单调下降.

综合上述可得,0 是函数 $f(x)$ 的极大值点.因为在区间 (a,b) 内没有其他的根,所以 $f(0) = a_0 > 0$.于是结论得证,也即 $a_0 a_2 < 0$.

其他系数类似可以证明.

例22 (中国人民大学 2023)设函数 $f(x)$ 在区间 $[0,1]$ 上连续,且 $f(0)=0, f(1)=1$.证明:对任意 $n \in \mathbf{N}$,存在 $x_n \in [0,1]$,使得 $f\left(x_n + \dfrac{1}{n}\right) = f(x_n) + \dfrac{1}{n}$.

【分析】 初眼一看,感觉本题应该属于介值定理的题.根据所证明的结论构造相应的辅助函数 $F(x) = f\left(x + \dfrac{1}{n}\right) - f(x) - \dfrac{1}{n}$.但是这样可行吗?这里需要验证介值定理在端点的异号性.此时我们会发现,这个异号性的验证并非想象得那么"简单",甚至根本验证不出来.从题干所给条件再分析,可知得到此辅助函数在端点的异号性不可能,因为题干的条件中无任何关于内部点函数值的信息,所以介值定理在题中的运用被否掉了.转换思路,除了介值定理这个武器外,还有没有其他办法?反证法此时"应运而生".反证法就是在我们解题中遇到困惑、"走投无路"时最好的依靠,总给人一种"众里寻他千百度,蓦然回首,那人却在,灯火阑珊处"的感觉.

假设 $F(x) = f\left(x + \dfrac{1}{n}\right) - f(x) - \dfrac{1}{n}$ 无根,那么意味着辅助函数大于 0(或者小于 0).更进一步变形可得到 $F(x) = \left[f\left(x + \dfrac{1}{n}\right) - \left(x + \dfrac{1}{n}\right)\right] - (f(x) - x) > 0 (或 < 0)$,即 $f\left(x + \dfrac{1}{n}\right) - \left(x + \dfrac{1}{n}\right) > (或 <) f(x) - x$.得到的这些结果是不是就"柳暗花明"了呢?取 $x_k = \dfrac{k}{n}$,利用错位相消可以得到矛盾.

证明 设辅助函数 $F(x) = f\left(x + \dfrac{1}{n}\right) - f(x) - \dfrac{1}{n}$. 如果对任意 $n \in \mathbf{N}$, 此辅助函数在区间 $[0,1]$ 上有根, 则此根就是所求 x_n. 如果无根, 即辅助函数 $F(x)$ 不变号, 不妨假设 $F(x) > 0$. 现在将区间 $[0,1]$ 等分, 即

$$0 < x_1 < x_2 < \cdots < x_n = 1, \quad x_k = \frac{k}{n}, \quad k = 1, 2, \cdots, n.$$

由题设条件,

$$0 = f(1) - 1 = f(0) - 0 + \sum_{k=1}^{n}\left[(f(x_k) - x_k) - [f(x_{k-1}) - x_{k-1}]\right]$$

$$= \sum_{k=1}^{n} F\left(\frac{k-1}{n}\right) > 0,$$

矛盾. 于是假设不成立. 题目结论得证.

例23 (北京 2004) 已知方程 $\ln a^x = x^b$ 有实根, 常数 $a > 1, b > 0$, 求 a, b 满足的条件.

【分析】 这是一道"直抒胸臆"的题, 判断有根的常用方法就是介值定理(零点存在定理), 主要是寻找有根区间, 在区间端点的函数值异号即可. 一般来说, 这样有根判断的题, 大概率会夹带着"私货"—— 单调性和极值或者最值的讨论是必不可少的.

解 设辅助函数 $f(x) = \ln a^x - x^b$, 则 $f'(x) = \dfrac{1 - bx^b \ln a}{x \ln a}$, 求得驻点 $p = \left(\dfrac{1}{b\ln a}\right)^{\frac{1}{b}}$. 显然有:

当 $0 < x < p$ 时, $f'(x) > 0$, 则函数 $f(x)$ 单增;

当 $p < x < +\infty$ 时, $f'(x) < 0$, 则函数 $f(x)$ 单减.

综合上述, 可知点 p 是极大值点. 此外, 又因为 $f(0) = f(+\infty) = -\infty$, 要使辅助函数有零点, 也即最大值必须大于零, 即

$$-\frac{\ln(b\ln a)}{b\ln a} - \frac{1}{b\ln a} \geq 0 \Leftrightarrow \ln(b\ln a) \leq -1.$$

所以 a, b 满足的条件: $0 < \ln a \leq \dfrac{1}{b\mathrm{e}}$.

巩固练习 (北京 2005) 证明: 方程 $2^x = x^2 + 1$ 有且仅有三个实根.

例24 (北京 2008) 设 $f(x)$ 在 $[a, +\infty)$ 上二阶可导, 且 $f(a) > 0, f'(a) < 0$, 而当 $x > a$ 时, $f''(x) \leq 0$. 证明: 在 $(a, +\infty)$ 内, 方程 $f(x) = 0$ 有且仅有一个实根.

【分析】 有根的潜台词意味着可以运用介值定理, 那仅有一根的潜台词是什么呢? 是不是马上可以想到单调性? 好了, 现在我们可以开始"干活"了: 寻找有根区间, 证明区间端点的函数值异号, 导函数恒正或恒负.

证明 由于当 $x > a$ 时, $f''(x) \leq 0$, 因此 $f'(x)$ 单调减, 从而 $f'(x) \leq f'(a) < 0$, 于是又有 $f(x)$ 严格单调减. 再由 $f(a) > 0$ 知, $f(x)$ 最多只有一个实根.

下面证明 $f(x)=0$ 必有一实根. 当 $x>a$ 时,
$$f(x)-f(a)=f'(\xi)(x-a)\leqslant f'(a)(x-a),$$
即
$$f(x)\leqslant f(a)+f'(a)(x-a).$$
当 $x\to+\infty$ 时,上式右端趋于 $-\infty$,因此当 x 充分大时,$f(x)<0$,于是存在 $b>a$,使得 $f(b)<0$,由介值定理,存在 $\eta(a<\eta<b)$,使得 $f(\eta)=0$.

综上所述,可知 $f(x)=0$ 在 $(a,+\infty)$ 内有且只有一个实根.

例25 (东北师范大学 2023) 设函数 $y=y(x)$ 是方程 $y^2-x+\sin y=0, x\geqslant 1$ 所确定的隐函数,且 $y=y(x)$ 经过点 (π^2,π),讨论函数 $y=y(x)$ 在 $(1,+\infty)$ 上的零点个数,并求极限 $\lim\limits_{x\to\infty}\dfrac{y(x)}{x}$.

【分析】 按照传统的思维方式:x 是自变量,y 是因变量,那么此题就是隐函数的问题.需要通过所给的隐函数方程来确定函数的相关性质:解的个数和函数的渐近线,因此求导数是必不可少的,这也是本题的解题起点.因为解的个数与单调性或者极值点紧密相关,所以判断函数的正负号或者等于 0 也是必需的.

解 方法一 对方程 $y^2-x+\sin y=0$ 两边求导可得:$y'=\dfrac{1}{2y+\cos y}$,显然 $y'\neq 0$. 假设 y' 可能小于 0,即 $2y+\cos y<0$,也即 $y<-\dfrac{1}{2}\cos y$ 有解,于是
$$x=y^2+\sin y<\left(-\dfrac{1}{2}\cos y\right)^2+\sin y$$
有解. 另外一方面,设
$$h(y)=\left(-\dfrac{1}{2}\cos y\right)^2+\sin y=-\dfrac{1}{4}\sin^2 y+\sin y+\dfrac{1}{4}=-\dfrac{1}{4}(\sin y-2)^2+\dfrac{5}{4}.$$
因为 $y<-\dfrac{1}{2}\cos y\leqslant\dfrac{1}{2}$,于是 $\sin y-2<-1$,则有 $h(y)=-\dfrac{1}{4}(\sin y-2)^2+\dfrac{5}{4}<1$,也即 $x<1$. 与已知条件 $x\geqslant 1$ 矛盾,于是 y' 只能大于 0. 从而函数 $y(x)$ 在 $x\geqslant 1$ 单调递增,显然 $y(1)>0$,于是函数 $y=y(x)$ 在 $(1,+\infty)$ 上的零点的个数为 0.

由 $y^2-x+\sin y=0$ 可得 $y=\sqrt{x-\sin y}$,于是
$$\lim_{x\to\infty}\dfrac{y(x)}{x}=\lim_{x\to\infty}\dfrac{\sqrt{x-\sin y}}{x}=\lim_{x\to\infty}\sqrt{\dfrac{1}{x}-\dfrac{\sin y}{x^2}}=0.$$

方法二 为什么不能叛逆一下呢?跳出传统思维,为什么不能 y 是自变量,x 是因变量呢?因为方程中变量 x 是很孤单的,完全有资格成为因变量. 由此函数是 $x=y^2+\sin y$. 为了传统的习惯,调换自、因变量的字母,即 $y=x^2+\sin x$. 问题就转化为:当 $y\geqslant 1$ 时,图形与 y 轴的交点个数.

将 y 看成自变量,x 看成因变量,则函数表达式为 $x=y^2+\sin y$. 为了思维习惯的方便,交换自变量和因变量的字母,即 $y=x^2+\sin x$. 显然有,当 $x=0$ 时,$y=0$. 于是当 $y\geqslant 1$ 时,图像与 y 轴无交点,即交点个数为 0.

由 $x = y^2 + \sin y$ 求导可得: $y'(x) = \dfrac{1}{2y + \cos y}$. 显然有,当 $x \to \infty$ 时,$y \to \infty$. 由 L'Hospital 法则,有

$$\lim_{x \to \infty} \frac{y(x)}{x} = \lim_{x \to \infty} y'(x) = \lim_{y \to \infty} \frac{1 - \cos y}{2y} = 0.$$

例26 (莫斯科大学) 设函数 $f(x)$ 在 $[a, b]$ 上连续,且

$$\int_a^b f(x)\mathrm{d}x = \int_a^b x f(x)\mathrm{d}x = \int_a^b x^2 f(x)\mathrm{d}x = 0.$$

求证:$f(x)$ 在 $[a, b]$ 上至少有三个零点.

【分析】 根据题干的三个等式,运用积分中值定理很快得到三个零点,但是我们要证明这三个零点是不同的.由积分中值定理是无法给出零点的异同,而且题干中的条件也已经使用过,那么此时该怎么办呢?试试"反"方向考虑 —— 反证法.假设只有一个零点,假设只有两个零点,当我们想到它时就会发现题干中的条件又可以用了.用它们来反驳我们假设的错误性,得证.

证明 根据微分中值定理可得:存在 $\xi_1 \in (a, b)$,使得

$$\int_a^b f(x)\mathrm{d}x = f(\xi_1)(b - a) = 0.$$

于是有 $f(\xi_1) = 0$,即 ξ_1 是 $f(x)$ 的一个零点.

反证法.假设 ξ_1 是 $f(x)$ 的唯一的一个零点,则 $f(x)$ 在区间 (a, ξ_1) 和 (ξ_1, b) 上异号.

情况 1 当 $x \in (a, \xi_1)$ 时,$f(x) > 0$;当 $x \in (\xi_1, b)$ 时,$f(x) < 0$.于是,可得如下结论:当 $x \in (a, b)$ 时,$(x - \xi_1)f(x) < 0$ 恒成立,也即

$$\int_a^b (x - \xi_1) f(x)\mathrm{d}x < 0$$

恒成立.但考虑积分

$$\int_a^b (x - \xi_1) f(x)\mathrm{d}x = \int_a^b x f(x)\mathrm{d}x - \xi_1 \int_a^b f(x)\mathrm{d}x = 0 - 0 = 0.$$

由此可得矛盾.

情况 2 当 $x \in (a, \xi_1)$ 时,$f(x) < 0$;当 $x \in (\xi_1, b)$ 时,$f(x) > 0$.采用相同的方法也可以证明假设不成立.

综合两种情况得到假设不成立,由此至少有两个不同的零点.

再次用反证法.假设只有两个零点,设另外一个零点为 ξ_2,且 $\xi_2 > \xi_1$.于是函数的取值情况只有如下六种情况:

情况	函数	(a, ξ_1)	ξ_1	(ξ_1, ξ_2)	ξ_2	(ξ_2, b)
1	$f(x)$	正	0	负	0	正
2		正	0	正	0	负
3		正	0	负	0	负
4		负	0	正	0	负
5		负	0	负	0	正
6		负	0	正	0	正

情况 1：取 $p(x)=(x-\xi_1)(x-\xi_2), p(x)f(x)>0$.
情况 2：取 $p(x)=\xi_2-x, p(x)f(x)>0$.
情况 3：取 $p(x)=\xi_1-x, p(x)f(x)>0$.
情况 4：取 $p(x)=(\xi_1-x)(\xi_2-x), p(x)f(x)>0$.
情况 5：取 $p(x)=x-\xi_2, p(x)f(x)>0$.
情况 6：取 $p(x)=x-\xi_1, p(x)f(x)>0$.

由此可得，上述六种情况下都有
$$\int_a^b p(x)f(x)>0.$$
然而，另外一方面却有：由已知条件可得，对于任何二次多项式 $p_2(x)$ 都有
$$\int_a^b p_2(x)f(x)=0.$$
于是，两者之间矛盾，也即假设只有两个零点不成立，则至少有三个零点．

3.4 微分方程

例27 （北京2005）令 $z=f(x,y), \dfrac{\partial^2 z}{\partial x \partial y}=x+y, f(x,0)=x^2, f(0,y)=y$，则 $f(x,y)=?$

【分析】 本题初看可能有些疑惑，不知道该怎么入手的原因在于平时这种类型的题目比较少见．稍加分析我们就会发现，它就是求不定积分的"马甲"（也即简单的微分方程）．核心点就是已知导函数，求原函数而已．

解 由题设有
$$\frac{\partial z}{\partial x}=xy+\frac{y^2}{2}+C_1(x) \Rightarrow z=\frac{1}{2}x^2y+\frac{1}{2}xy^2+\int_0^x C_1(x)\mathrm{d}x+C_2(y),$$
$$f(x,0)=x^2 \Rightarrow \int_0^x C_1(x)\mathrm{d}x+C_2(0)=x^2, \quad f(0,y)=y \Rightarrow C_2(y)=y, C_2(0)=0.$$
由此答案为 $\dfrac{1}{2}(x^2y+xy^2)+x^2+y$.

例28 （江苏）求满足下列条件的二阶可微函数 $f(x)$：对任意的 $x,y(x\neq y)$，有
$$\frac{f(y)-f(x)}{y-x}=f'(\alpha x+\beta y),$$
这里 $\alpha\geqslant 0, \beta\geqslant 0$，且 $\alpha+\beta=1$.

【分析】 绝大多数同学看见此题时，开始是老虎吃刺猬，无法下口，但肯定会去猜所求函数是某些特殊函数．当同学们开始猜的时候，说明开始进入正式角色了．从哪里猜起，当然是最简单的函数——基本初等函数．一个个函数类型去验证是否满足已知条件．通过验证会发现，一次多项式和二次多项式好像满足条件．那么，剩下的任务就是通过已知条件证明满足条件的函数确实是一次或者二次多项式．

实际上,也可以从条件出发,而不是像上面那样进行盲猜.条件等式的左边的几何意义对大家都不陌生,即过两点的直线的斜率,右边是区间$[x,y]$上任一点的导数.也就是说,$[x,y]$上任一点的导数恒为常数,哪个函数能做到这一点呢? 只有一次多项式能做到.此外,注意特例,那就是两个参数α,β取特殊值的时候,是否有例外的情况,比如$\alpha=\beta=\dfrac{1}{2}$时,曲线上任何两点的弦的斜率等于中点切线的斜率.满足这个结论的函数有哪些? 二次函数恰好满足.

为了证明这个结论,应该会问:一个函数满足哪些简单的条件,就可以立马得到它是一次或者二次函数呢? 由于这属于微积分的知识范围,以及题干中的条件与导数相关,本能想到:一阶导数恒为常数,或者二阶导数恒为0,或者二阶导数恒为常数时,函数就是一次多项式或者二次多项式. 到底用哪一个结论呢? 假设通过已知条件推导一阶导数恒为常数,基于第二种猜测方法,会发现陷入循环论证.由此排除了此种情况,那么,就剩下第二种情况,讨论二阶导数恒为0或者常数的情况.如何证明? 既然是二阶导,那么必然要对已知的恒等式两边求导,才能得到二阶导.直接求吗? 回答一定是否定的,因为无论对x还是对y求,好像越求越不靠谱,所以回头是岸,不能直接求,需要变形.那就分析不靠谱的原因,是因为$y-x$和$\alpha x+\beta y$这两项导致求导变复杂,而得不到任何信息.为了解决此问题,引入新的变量,将这两个变量看成一个整体,也即换元法$y-x=v,\alpha x+\beta y=u$.由此,$\dfrac{f(y)-f(x)}{y-x}=f'(\alpha x+\beta y)$变形为$f(u+\alpha v)-f(u-\beta v)=vf'(u)$.观察此式,对$u,v$中哪个变量求导后变得简单,就对谁求导.理所当然是对v求导,当我们发现它的时候,就已经完成证明的80%了.

解 令$x=u-\beta v,y=u+\alpha v$则$y-x=v,\alpha x+\beta y=u$.故有
$$f(y)-f(x)=f(u+\alpha v)-f(u-\beta v)=vf'(u).$$
对v求两次导得
$$\alpha^2 f''(u+\alpha v)=\beta^2 f''(u-\beta v),$$
则$\alpha^2 f''(y)=\beta^2 f''(x)$对一切$x,y$成立.

(1) 若$\alpha\neq\beta$,则$f''(x)=0$,积分得所求函数为
$$f(x)=C_1 x+C_2;$$

(2) 若$\alpha=\beta=\dfrac{1}{2}$,则$f''(x)=C_1$,积分得所求函数为
$$f(x)=\dfrac{C_1}{2}x^2+C_2 x+C_3.$$

以上两式中C_1,C_2,C_3为任意常数.

例29 (北京2005) 若$du=(x^2-2yz)dx+(y^2-2xz)dy+(z^2-2xy)dz$,则$u(x,y,z)=?$

【分析】 这是一道常见题型,已知全微分,求原函数.常规技巧,分组求.

解 由已知,
$$du=x^2 dx+y^2 dy+z^2 dz-2yz dx-2xz dy-2xy dz=d\left(\dfrac{x^3+y^3+z^3}{3}\right)-2d(xyz).$$

于是答案就是 $\dfrac{x^3+y^3+z^3}{3}-2xyz+C$.

例30 （武汉大学）设当 $x>-1$ 时,可微函数 $f(x)$ 满足条件
$$f'(x)+f(x)-\dfrac{1}{x+1}\int_0^x f(t)\mathrm{d}t=0, \quad 且 \quad f(0)=1.$$
试证明:当 $x\geqslant 0$ 时,成立 $\mathrm{e}^{-x}\leqslant f(x)\leqslant 1$.

【分析】 这是一道关于积分方程求解的题.积分方程的求解没有学过,但微分方程的求解对同学们来说不是问题,我们通过求导转化为熟悉的微分方程即可.在求解过程中需要注意的是,为了让得到的微分方程顺利求解,需要把原方程恒等变形.

解 由题设知 $f'(0)=-1$,故所给方程可变形为
$$(x+1)f'(x)+(x+1)f(x)-\int_0^x f(t)\mathrm{d}t=0.$$
两端对 x 求导并整理得
$$(x+1)f''(x)+(x+2)f'(x)=0.$$
这是一个可降阶的二阶微分方程,由分离变量法求得
$$f'(x)=\dfrac{C\mathrm{e}^{-x}}{1+x}.$$
由 $f'(0)=-1$ 得 $C=-1$,即 $f'(x)=-\dfrac{\mathrm{e}^{-x}}{1+x}<0$,故 $f(x)$ 单调递减,而 $f(0)=1$,当 $x\geqslant 0$ 时,有 $f(x)\leqslant 1$.对 $f'(t)=-\dfrac{\mathrm{e}^{-t}}{1+t}$ 在 $[0,x]$ 上进行积分得
$$f(x)=f(0)-\int_0^x \dfrac{\mathrm{e}^{-t}}{1+t}\mathrm{d}t\geqslant 1-\int_0^x \mathrm{e}^{-t}\mathrm{d}t=\mathrm{e}^{-x}.$$

例31 （江苏）设 $f(x)$ 在区间 $[0,+\infty)$ 上是导数连续的函数,$f(0)=0$,$|f(x)-f'(x)|\leqslant 1$,求证:$|f(x)|\leqslant \mathrm{e}^x-1, x\in[0,+\infty)$.

【分析】 表面上看,挂的是不等式的"羊头",实际上,卖的是微分方程的"狗肉".既然如此,就按解微分方程的思路去证明吧.$f(x)-f'(x)$ 意味着辅助函数 $\mathrm{e}^{-x}f(x)$,证明就是从它出发.

证明 **方法一** $\forall x>0$,因为 $[\mathrm{e}^{-x}f(x)]'=\mathrm{e}^{-x}[f'(x)-f(x)]$,于是两边从 0 到 x 积分得
$$\int_0^x [\mathrm{e}^{-t}f(t)]'\mathrm{d}t=\mathrm{e}^{-x}f(x)=\int_0^x \mathrm{e}^{-t}[f'(t)-f(t)]\mathrm{d}t.$$
从而有
$$\mathrm{e}^{-x}|f(x)|\leqslant \int_0^x \mathrm{e}^{-t}|f'(t)-f(t)|\mathrm{d}t\leqslant \int_0^x \mathrm{e}^{-t}\mathrm{d}t=1-\mathrm{e}^{-x},$$
即 $|f(x)|\leqslant \mathrm{e}^x-1$.

方法二 令 $F(x)=\mathrm{e}^{-x}[f(x)+1]$,则

$$F'(x) = \mathrm{e}^{-x}[f'(x) - f(x) - 1],$$

由于 $|f(x) - f'(x)| \leqslant 1$,所以 $f'(x) - f(x) - 1 \leqslant 0$,于是 $F'(x) \leqslant 0$,即 $F(x)$ 在 $[0, +\infty)$ 上单调递减,因此

$$F(x) \leqslant F(0) = f(0) + 1 = 1,$$

即

$$\mathrm{e}^{-x}[f(x) + 1] \leqslant 1 \Leftrightarrow f(x) \leqslant \mathrm{e}^x - 1.$$

令 $G(x) = \mathrm{e}^{-x}[1 - f(x)]$,则

$$G'(x) = \mathrm{e}^{-x}[-f'(x) + f(x) - 1].$$

由于 $|f(x) - f'(x)| \leqslant 1$,所以 $-f'(x) + f(x) - 1 \leqslant 0$,于是 $G'(x) \leqslant 0$,即 $G(x)$ 在 $[0, +\infty)$ 上单调递减,因此

$$G(x) \leqslant G(0) = 1 - f(0) = 1,$$

即

$$\mathrm{e}^{-x}[1 - f(x)] \leqslant 1 \Leftrightarrow f(x) \leqslant -(\mathrm{e}^x - 1).$$

于是 $\forall x \geqslant 0$,有

$$|f(x)| \leqslant \mathrm{e}^x - 1.$$

例32 (**武汉大学**) 在方程 $y'' + 3y' + 2y = f(x)$ 中,$f(x)$ 在 $[a, +\infty)$ 上连续,且 $\lim\limits_{x \to +\infty} f(x) = 0$,试证明:已知方程的任意一解 $y(x)$,均有 $\lim\limits_{x \to +\infty} y(x) = 0$.

【分析】 很多同学看到此题时,第一感觉应该是解方程,可一看方程,右端函数是未知的,就发现第一感觉不对了,因为函数都未知,不可能求解.如果这样想,可以说明同学们对非齐次的二阶常系数的常微分方程的求解过程没有真正理解,只是记住了如何套用公式.这里使用的是如何得到非齐次方程的求解公式——常数变易法进行求解,得到方程的解.

解 已知方程对应的齐次方程的通解为

$$y = c_1 \mathrm{e}^{-2x} + c_2 \mathrm{e}^{-x}.$$

现在利用常数变易法求已知方程 $y_1 = c_1(x)\mathrm{e}^{-2x} + c_2(x)\mathrm{e}^{-x}$ 的一个特解.对 y_1 求导得

$$y_1' = c_1'(x)\mathrm{e}^{-2x} + c_2'(x)\mathrm{e}^{-x} - 2c_1(x)\mathrm{e}^{-2x} - c_2(x)\mathrm{e}^{-x},$$

为求解方便,令

$$c_1'(x)\mathrm{e}^{-2x} + c_2'(x)\mathrm{e}^{-x} = 0, \tag{1}$$

则

$$y_1' = -2c_1(x)\mathrm{e}^{-2x} - c_2(x)\mathrm{e}^{-x},$$

再求导,得

$$y_1'' = -2c_1'(x)\mathrm{e}^{-2x} - c_2'(x)\mathrm{e}^{-x} + 4c_1(x)\mathrm{e}^{-2x} + c_2(x)\mathrm{e}^{-x}.$$

将 y_1, y_1', y_1'' 代入方程得

$$-2c_1'(x)\mathrm{e}^{-2x} - c_2'(x)\mathrm{e}^{-x} = f(x). \tag{2}$$

由(1),(2)式解得

$$c_1(x) = -\int_0^x \mathrm{e}^{2t} f(t) \mathrm{d}t, \quad c_2(x) = \int_0^x \mathrm{e}^t f(t) \mathrm{d}t.$$

故已知方程的通解为

$$y = c_1 \mathrm{e}^{-2x} + c_2 \mathrm{e}^{-x} - \mathrm{e}^{-2x}\int_0^x \mathrm{e}^{2t}f(t)\mathrm{d}t + \mathrm{e}^{-x}\int_0^x \mathrm{e}^{t}f(t)\mathrm{d}t. \tag{3}$$

由 $\lim\limits_{x\to +\infty} f(x) = 0$ 可得

$$\lim_{x\to +\infty} y = c_1 \lim_{x\to +\infty} \mathrm{e}^{-2x} + c_2 \lim_{x\to +\infty} \mathrm{e}^{-x} - \lim_{x\to +\infty} \mathrm{e}^{-2x}\int_0^x \mathrm{e}^{2t}f(t)\mathrm{d}t + \lim_{x\to +\infty} \mathrm{e}^{-x}\int_0^x \mathrm{e}^{t}f(t)\mathrm{d}t$$

$$= 0 - \lim_{x\to +\infty}\frac{\int_0^x \mathrm{e}^{2t}f(t)\mathrm{d}t}{\mathrm{e}^{2x}} + \lim_{x\to +\infty}\frac{\int_0^x \mathrm{e}^{t}f(t)\mathrm{d}t}{\mathrm{e}^{x}}$$

$$= 0 - \lim_{x\to +\infty} f(x) + \lim_{x\to +\infty} f(x) = 0,$$

即方程的任意一解 $y(x)$ 均有 $\lim\limits_{x\to +\infty} y(x) = 0$.

例33 （江苏）设可微函数 $f(x)$ 在 $x>0$ 上有定义，其反函数为 $g(x)$ 且满足

$$\int_1^{f(x)} g(t)\mathrm{d}t = \frac{1}{3}\left(x^{\frac{3}{2}} - 8\right).$$

试求 $f(x)$.

【分析】 初看方程的左边有些唬人，不要被已知条件中的反函数之流吓唬住。所给方程不就是变上限积分吗？就按照变上限积分进行讨论，按照变上限求导规则求导，会得到微分方程，然后解微分方程。另外一种方法，由于积分上限是函数，为了让上限简单一些，通过换元法进行计算也会得到微分方程。

解 方法一 对方程两边同时求导，以及由函数与反函数的关系可得

$$g(f(x))f'(x) = \frac{\sqrt{x}}{2} \Rightarrow xf'(x) = \frac{\sqrt{x}}{2} \Rightarrow f'(x) = \frac{1}{2\sqrt{x}}.$$

在原方程中，令 $f(x) = 1$ 得 $x^{\frac{3}{2}} - 8 = 0$，解得 $x = 4$，即 $f(4) = 1$。对上式积分得 $f(x) = \sqrt{x} + C$。由 $1 = 2 + C$ 解得 $C = -1$，于是所求函数为 $f(x) = \sqrt{x} - 1$.

方法二 由方法一所得和反函数为 $x = f^{-1}(t)$，即 $g(t) = f^{-1}(t)$，有

$$\int_1^{f(x)} g(t)\mathrm{d}t = \int_1^{f(x)} f^{-1}(t)\mathrm{d}t \xrightarrow{t = f(u)} \int_4^x uf'(u)\mathrm{d}u = uf(u)\Big|_4^x - \int_4^x f(u)\mathrm{d}u$$

$$= xf(x) - 4 - \int_4^x f(u)\mathrm{d}u.$$

于是

$$xf(x) - 4 - \int_4^x f(u)\mathrm{d}u = \frac{1}{3}(x^{\frac{3}{2}} - 8).$$

两端对 x 求导得

$$xf'(x) + f(x) - f(x) = \frac{1}{2}\sqrt{x},$$

即

$$f'(x) = \frac{1}{2\sqrt{x}}, \quad f(4) = 1.$$

积分得 $f(x) = \sqrt{x} + C$。由 $1 = 2 + C$ 解得 $C = -1$，于是所求函数为 $f(x) = \sqrt{x} - 1$.

例34 设函数 $f(x)$ 是连续的正值函数,求满足下面方程的所有函数:
$$\frac{1}{2}\int_0^x (f(t))^2 \mathrm{d}t = \frac{1}{x}\left(\int_0^x f(t)\mathrm{d}t\right)^2, \quad \forall x > 0.$$

【分析】 常见题型进一步扩展成难度稍大的题,但解题方法不变,依然是如何将积分方程转化为微分方程.第一步对积分方程两边同时求导,但是求导完后,我们会发现依然含有积分,即 $\left(\int_0^x f(t)\mathrm{d}t\right)^2 - 2xf(x)\int_0^x f(t)\mathrm{d}t + \frac{x^2(f(x))^2}{2} = 0$. 稍加观察就发现继续求导解决不了实质问题,反而导致问题复杂化而无法求解.此路不通就转换思路,再回到上面的式子进行观察,此时我们会发现它"竟然"是二次方程,那么试试求解二次方程,问题解决.

解 对方程两边求导可得
$$\frac{(f(x))^2}{2} = \frac{2xf(x)\int_0^x f(t)\mathrm{d}t - \left(\int_0^x f(t)\mathrm{d}t\right)^2}{x^2}.$$

整理为二次方程的形式:
$$\left(\int_0^x f(t)\mathrm{d}t\right)^2 - 2xf(x)\int_0^x f(t)\mathrm{d}t + \frac{x^2(f(t))^2}{2} = 0.$$

求解上述二次方程(也即因式分解),得
$$\left[\int_0^x f(t)\mathrm{d}t - \left(1 - \frac{1}{\sqrt{2}}\right)xf(x)\right]\left[\int_0^x f(t)\mathrm{d}t - \left(1 + \frac{1}{\sqrt{2}}\right)xf(x)\right] = 0.$$

求解上述方程可得
$$\int_0^x f(t)\mathrm{d}t - \left(1 - \frac{1}{\sqrt{2}}\right)xf(x) = 0,$$

或者
$$\int_0^x f(t)\mathrm{d}t - \left(1 + \frac{1}{\sqrt{2}}\right)xf(x) = 0.$$

求导上面两个方程并整理可得
$$f(x) - \left(1 - \frac{1}{\sqrt{2}}\right)(f(x) + xf'(x)) = 0 \Rightarrow f(x) + (1 + \sqrt{2})xf'(x) = 0,$$

或者
$$f(x) - \left(1 + \frac{1}{\sqrt{2}}\right)(f(x) + xf'(x)) = 0 \Rightarrow f(x) + (1 - \sqrt{2})xf'(x) = 0.$$

求解上面的方程可得
$$\ln f(x) = -\frac{1}{1 + \sqrt{2}}\ln x + C_1 = (1 - \sqrt{2})\ln x + C_1,$$

或者
$$\ln f(x) = \frac{1}{-1 + \sqrt{2}}\ln x + C_2 = (1 + \sqrt{2})\ln x + C_2.$$

求解可得
$$f(x) = C_1 x^{1-\sqrt{2}}, \quad C_1 > 0,$$

或者
$$f(x)=C_2 x^{1+\sqrt{2}}, \quad C_2>0.$$
但是,$f(x)=C_1 x^{1-\sqrt{2}}, C_1>0$ 在 $x=0$ 不连续,所以它不是解.

例35 (**苏州大学2023**) 设函数 $f(x)$ 在区间 $[0,+\infty)$ 上连续,且存在正数 a,使得 $f(x) \leqslant a \int_0^x f(t) \mathrm{d}t$.证明:对任意的 $x \geqslant 0$,有 $f(x) \leqslant 0$.

【分析】 题干条件很简单,结论也很简洁,但是大部分同学就是找不到"突破口",原因是没有正确认识或者理解条件.可能很多同学会说,这有啥好认识的,这么简单.果真如此吗?如果这样说的话,同学们没有找到关键点,没有正确认识不等式右边的积分,它是什么?同学们看到这儿的时候,请认真思考一下"此积分"代表着什么.当意识到它是左边的"原函数"的时候,证明思路就出来了——求解微分不等式(方程).同学们可能会说,求解微分不等式没有学过.实际上,不等号是为单调性作准备的.那么我们求什么样的微分方程呢?当然是由条件可得到的微分方程式 $F'(x)-aF(x)$,有什么函数是由求导或者是由求导的一部分可得到,自然是大家熟悉的 $\mathrm{e}^{-ax}F(x)$,由此得证.

证明 令 $F(x)=\int_0^x f(t)\mathrm{d}t$,两边求导得 $F'(x)=f(x),F(0)=0$.
$$f(x) \leqslant a\int_0^x f(t)\mathrm{d}t$$
$$\Rightarrow f(x) \leqslant aF(x)$$
$$\Rightarrow F'(x) \leqslant aF(x)$$
$$\Rightarrow F'(x)-aF(x) \leqslant 0$$
$$\Rightarrow \mathrm{e}^{-ax}F'(x)-a\,\mathrm{e}^{-ax}F(x) \leqslant 0$$
$$\Rightarrow (\mathrm{e}^{-ax}F(x))' \leqslant 0.$$
两边同时对 x 积分(或者利用函数的单调性),可得
$$\mathrm{e}^{-ax}F(x) \leqslant \mathrm{e}^{-a\cdot 0}F(0)=0 \Rightarrow F(x) \leqslant 0.$$
又因为
$$f(x) \leqslant aF(x) \Rightarrow F(x) \leqslant 0.$$

例36 (**辽宁**) 设函数 $f(x)$ 是 $[-1,1]$ 上的二次连续可微函数,且在定义域上满足 $2f'(x)+xf''(x) \geqslant 1$.证明: $\int_{-1}^1 xf(x)\mathrm{d}x \geqslant \dfrac{1}{3}$.

【分析】 本题看起来是不等式的证明,但实际上并非如此,题干中虽然包含一个看似不等式的条件,但其他条件都是普遍条件(例如光滑性的要求),因此一般无法直接提供证明思路.由此,本题的所有证明思路应该来自此不等式条件,只要同学们平时题目做得足够多,很快就会发现其特殊性,表面是不等式,实际上是解常微分方程,而且是常微分方程中的基本方法——凑微分法.很容易发现 $2f'(x)+xf''(x)$ 可以由 $x^2 f'(x)$ 求导得到,或者 $xf(x)$ 求导两次可得,然后利用积分的保序性求解微分不等式,得到微分不等式的解,最后证明结论.

证明　方法一　由于 $2f'(x)+xf''(x)\geqslant 1$，故当 $x\in[0,1]$，有
$$2xf'(x)+x^2f''(x)\geqslant x,\quad 即\quad (x^2f'(x))'\geqslant\left(\frac{1}{2}x^2\right)'.$$

由积分的保序性，在 $[0,x]$ 上对上式积分得 $f'(x)\geqslant\dfrac{1}{2}$，进一步可得
$$f(x)-f(0)\geqslant\frac{x}{2},$$

即
$$xf(x)\geqslant xf(0)+\frac{x^2}{2}.$$

同理可得，$x\in[-1,0]$ 时，有 $f'(x)\geqslant\dfrac{1}{2}$，进一步积分可得
$$f(0)-f(x)\geqslant-\frac{x}{2},\quad 即\quad f(x)\leqslant f(0)+\frac{x}{2},$$

也即 $xf(x)\geqslant xf(0)+\dfrac{x^2}{2}$. 故当 $x\in[-1,1]$ 都有
$$xf(x)\geqslant xf(0)+\frac{x^2}{2}.$$

因而由积分的保序性，有
$$\int_{-1}^{1}xf(x)\mathrm{d}x\geqslant\int_{-1}^{1}\left(xf(0)+\frac{x^2}{2}\right)\mathrm{d}x=\frac{1}{3}.$$

方法二　由于 $(xf(x))''=2f'(x)+xf''(x)$，故由题设可知
$$(xf(x))''\geqslant 1.$$

由积分的保序性，当 $x\in[0,1]$ 时，有
$$\int_0^x(tf(t))''\mathrm{d}t\geqslant\int_0^x 1\mathrm{d}x,\quad 即\quad (xf(x))'\geqslant x.$$

进一步对上式积分得，$xf(x)\geqslant\dfrac{x^2}{2}$，从而有
$$\int_0^1 xf(x)\mathrm{d}x\geqslant\frac{1}{2}\int_0^1 x^2\mathrm{d}x=\frac{1}{6}. \tag{1}$$

当 $x\in[-1,0]$ 时，有
$$\int_x^0(tf(t))''\mathrm{d}t\geqslant\int_x^0 1\mathrm{d}x,\quad 即\quad -(xf(x))'\geqslant-x.$$

进一步对上式积分得，$xf(x)\geqslant\dfrac{x^2}{2}$，从而有
$$\int_{-1}^0 xf(x)\mathrm{d}x\geqslant\frac{1}{2}\int_{-1}^0 x^2\mathrm{d}x=\frac{1}{6}. \tag{2}$$

将(1)式和(2)式相加，得
$$\int_0^1 xf(x)\mathrm{d}x+\int_{-1}^0 xf(x)\mathrm{d}x=\int_{-1}^1 xf(x)\mathrm{d}x\geqslant\frac{1}{6}+\frac{1}{6}=\frac{1}{3}.$$

方法三　令 $\varphi(x)=xf(x)$，则 $\varphi(0)=0$ 且在 $[-1,1]$ 上 $\varphi(x)$ 二次连续可微，其带 Lagrange 余项的 Maclaurin 公式为

$$\varphi(x) = \varphi'(0)x + \frac{\varphi''(\xi)}{2}x^2,$$

其中 ξ 位于 0 到 x 之间. 对上式两端积分得

$$\int_{-1}^{1} x f(x)\,\mathrm{d}x = \int_{-1}^{1}\varphi'(0)x\,\mathrm{d}x + \int_{-1}^{1}\frac{\varphi''(\xi)}{2}x^2\,\mathrm{d}x = \int_{-1}^{1}\frac{\varphi''(\xi)}{2}x^2\,\mathrm{d}x. \tag{3}$$

由于 $\varphi''(x)$ 在 $[-1,1]$ 上连续,故存在最小值 m 和最大值 M,使得

$$\frac{m}{2}\int_{-1}^{1}x^2\,\mathrm{d}x \leqslant \int_{-1}^{1}\frac{\varphi''(\xi)}{2}x^2\,\mathrm{d}x \leqslant \frac{M}{2}\int_{-1}^{1}x^2\,\mathrm{d}x.$$

整理即得 $m \leqslant 3\int_{-1}^{1}\frac{\varphi''(\xi)}{2}x^2\,\mathrm{d}x \leqslant M$. 故由介值定理,至少存在一点 $\eta \in [-1,1]$,使得

$$\varphi''(\eta) = 3\int_{-1}^{1}\frac{\varphi''(\xi)}{2}x^2\,\mathrm{d}x,$$

代入(3)式得

$$\int_{-1}^{1}xf(x)\,\mathrm{d}x = \frac{\varphi''(\eta)}{3}.$$

由于 $\varphi'(x) = f(x) + xf'(x)$,$\varphi''(x) = 2f'(x) + xf''(x) \geqslant 1$,故

$$\int_{-1}^{1}xf(x)\,\mathrm{d}x = \frac{\varphi''(\eta)}{3} \geqslant \frac{1}{3}.$$

例37 (北京 1990) 设函数 $u = f(\ln\sqrt{x^2+y^2})$,满足

$$\frac{\partial^2 u}{\partial x^2} + \frac{\partial^2 u}{\partial y^2} = \sqrt{(x^2+y^2)^3},$$

试求函数 f 的表达式.

【分析】 本题考察内容为链式法则以及高阶导数,到后面同学们就会发现,这是结合常微分方程解法的综合题.

解 设 $t = \ln\sqrt{x^2+y^2}$,则有 $2t = \ln(x^2+y^2)$,即 $\mathrm{e}^{2t} = x^2+y^2$. 对 u 求偏导,

$$\frac{\partial u}{\partial x} = f'(t) \cdot \frac{1}{\sqrt{x^2+y^2}} \cdot \frac{x}{\sqrt{x^2+y^2}} = \frac{xf'(t)}{x^2+y^2},$$

$$\frac{\partial u}{\partial y} = f'(t) \cdot \frac{1}{\sqrt{x^2+y^2}} \cdot \frac{y}{\sqrt{x^2+y^2}} = \frac{yf'(t)}{x^2+y^2},$$

$$\frac{\partial^2 u}{\partial x^2} = f''(t)\frac{x^2}{(x^2+y^2)^2} + f'(t)\frac{y^2-x^2}{(x^2+y^2)^2}, \tag{1}$$

$$\frac{\partial^2 u}{\partial y^2} = f''(t)\frac{y^2}{(x^2+y^2)^2} + f'(t)\frac{x^2-y^2}{(x^2+y^2)^2}. \tag{2}$$

(1)式和(2)式相加,再结合已知条件,可得

$$\frac{\partial^2 u}{\partial x^2} + \frac{\partial^2 u}{\partial y^2} = f''(t) \cdot \frac{1}{x^2+y^2} = \sqrt{(x^2+y^2)^3}$$

$$\Rightarrow f''(t) = \mathrm{e}^{5t}$$

$$\Rightarrow f(t) = \frac{1}{25}\mathrm{e}^{5t} + C_1 t + C_2,$$

其中 C_1 和 C_2 为任意常数.

例38 (**东华大学 2022**) 假设 $f(u)$ 在 $[0,\infty)$ 上有二阶连续导数, 且 $f(0)=f'(0)=0$, 令 $z=f(e^x\cos y)$, 满足
$$\frac{\partial^2 z}{\partial x^2}+\frac{\partial^2 z}{\partial y^2}=4(z+e^x\cos y)e^{2x},$$
求 $f(u)$.

【分析】 这是一道标准的计算题——复合函数求导. 此类题型一般套有常微分方程的求解. 根据题意计算该计算的项, 如 $\frac{\partial^2 z}{\partial x^2}$ 和 $\frac{\partial^2 z}{\partial y^2}$, 求出后, 根据题意化简就得到相应的常微分方程了.

解 由复合函数求导法则, 得
$$\frac{\partial z}{\partial x}=f'(e^x\cos y)e^x\cos y, \quad \frac{\partial z}{\partial y}=f'(e^x\cos y)(-e^x\sin y),$$
$$\frac{\partial^2 z}{\partial x^2}=f''(e^x\cos y)(e^x\cos y)^2+f'(e^x\cos y)e^x\cos y,$$
$$\frac{\partial^2 z}{\partial y^2}=f''(e^x\cos y)(-e^x\sin y)^2+f'(e^x\cos y)(-e^x\cos y),$$
则
$$\frac{\partial^2 z}{\partial x^2}+\frac{\partial^2 z}{\partial y^2}=f''(e^x\cos y)e^{2x}.$$
由已知条件,
$$\frac{\partial^2 z}{\partial x^2}+\frac{\partial^2 z}{\partial y^2}=4(z+e^x\cos y)e^{2x},$$
即 $f''(e^x\cos y)=4[f(e^x\cos y)+e^x\cos y]$. 问题转换为求
$$\begin{cases}f''(u)-4f(u)=4u,\\ f(0)=f'(0)=0.\end{cases}$$
故由非齐次线性微分方程求解方法, 通解为
$$f(u)=C_1 e^{2u}+C_2 e^{-2u}-u.$$
代入初值条件, 得
$$\begin{cases}C_1=\dfrac{1}{4},\\ C_2=-\dfrac{1}{4}.\end{cases}$$
故
$$f(u)=\frac{1}{4}(e^{2u}-e^{-2u})-u.$$

例39 (**北京 1992**) 设 $f(t)$ 在 $[1,+\infty)$ 上有连续二阶导数, $f(1)=0, f'(1)=1$, 且二元函数 $z=(x^2+y^2)f(x^2+y^2)$ 满足

$$\frac{\partial^2 z}{\partial x^2} + \frac{\partial^2 z}{\partial y^2} = 0.$$

求 $f(t)$ 在 $[1,+\infty)$ 上的最大值.

解 令 $r = \sqrt{x^2+y^2}$,则 $z = r^2 f(r^2)$.对 z 求偏导,得
$$\frac{\partial z}{\partial x} = \frac{\partial z}{\partial r} \cdot \frac{\partial r}{\partial x} = 2x[f(r^2) + r^2 f'(r^2)],$$
$$\frac{\partial^2 z}{\partial x^2} = 2f(r^2) + 2(r^2+4x^2)f'(r^2) + 4x^2 r^2 f''(r^2).$$

由对称性可得
$$\frac{\partial^2 z}{\partial y^2} = 2f(r^2) + 2(r^2+4y^2)f'(r^2) + 4y^2 r^2 f''(r^2).$$

将上面两式代入 $\frac{\partial^2 z}{\partial x^2} + \frac{\partial^2 z}{\partial y^2} = 0$,可得
$$r^4 f''(r^2) + 3r^2 f'(r^2) + f(r^2) = 0.$$

此方程为 Euler 方程,于是可作变量替换 $r^2 = \mathrm{e}^t$,并记 $\varphi(t) = f(\mathrm{e}^t)$,有二阶常系数方程
$$\varphi'' + 2\varphi' + \varphi = 0.$$

解此方程得到其通解 $\varphi(t) = (C_1 + C_2 t)\mathrm{e}^{-t}$,也即
$$f(r^2) = \frac{C_1 + C_2 \ln r^2}{r^2}.$$

由初始条件 $f(1) = 0, f'(1) = 1$ 可得
$$f(r^2) = \frac{\ln r^2}{r^2}, \quad 即 \quad f(t) = \frac{\ln t}{t}.$$

对函数 $f(t)$ 求导,得
$$f'(t) = \frac{1-\ln t}{t^2}.$$

显然有,当 $t = \mathrm{e}$ 时,函数 $f(t)$ 达到最大值 $f(\mathrm{e}) = \frac{1}{\mathrm{e}}$.

例40 (北京 1997) 若 $u = f(xyz), f(0) = 0, f'(1) = 1$,且 $\frac{\partial^3 u}{\partial x \partial y \partial z} = x^2 y^2 z^2 f'''(xyz)$,求 u.

解 由 $u = f(xyz)$,可得
$$u_x = yz f'(xyz), \quad u_{xy} = z f'(xyz) + xyz^2 f''(xyz),$$
$$u_{xyz} = f'(xyz) + xyz f''(xyz) + 2xyz f''(xyz) + x^2 y^2 z^2 f'''(xyz).$$

由已知条件可得
$$f'(xyz) + 3xyz f''(xyz) = 0.$$

令 $t = xyz$,则
$$f'(t) + 3t f''(t) = 0.$$

解方程可得 $f(t) = \frac{3}{2} t^{\frac{2}{3}} + C$,又由 $f(0) = 0$ 可得 $f(t) = \frac{3}{2} t^{\frac{2}{3}}$.从而
$$u = f(xyz) = \frac{3}{2} (xyz)^{\frac{2}{3}}.$$

例41 (北京 2004) 函数 $f(x,y)$ 二阶偏导数连续，满足 $\dfrac{\partial^2 f}{\partial x \partial y}=0$，且在极坐标系下可表示成 $f(x,y)=h(r)$，其中 $r=\sqrt{x^2+y^2}$，求 $f(x,y)$.

解 因为 $f(x,y)=h(r)=h(\sqrt{x^2+y^2})$，得到
$$\frac{\partial f}{\partial x}=h'(r)\frac{x}{\sqrt{x^2+y^2}},$$
$$\frac{\partial f}{\partial x \partial y}=h''(r)\frac{xy}{x^2+y^2}-h'(r)\frac{xy}{(x^2+y^2)^{\frac{3}{2}}}.$$

于是得到方程
$$\frac{\partial f}{\partial x \partial y}=h''(r)\frac{r^2\sin\theta\cos\theta}{r^2}-h'(r)\frac{r^2\sin\theta\cos\theta}{r^3}=0,$$

也即
$$h''(r)-h'(r)\frac{1}{r}=0.$$

解方程可得 $h(r)=C_1 r^2+C_2$，从而
$$f(x,y)=C_1(x^2+y^2)+C_2.$$

3.5 多元函数的链式法则

例42 (北京 2006) 当 $u>0$ 时，$f(u)$ 有一阶连续导数，且 $f(1)=0$，又二元函数 $z=f(e^x-e^y)$ 满足 $\dfrac{\partial z}{\partial x}+\dfrac{\partial z}{\partial y}=1$，求 $f(u)$.

【分析】 这是一道常规题，复合函数求导，也即链式法则，将偏微分方程转化为常微分方程，最后解常微分方程.

解 令 $u=e^x-e^y$. 由链式法则有
$$\frac{\partial z}{\partial x}+\frac{\partial z}{\partial y}=f'\cdot e^x-f'\cdot e^y=f'\cdot(e^x-e^y)=f'\cdot u=1.$$

于是有 $f'=\dfrac{1}{u} \Rightarrow f=\ln u+c$，由 $f(1)=0$，可得 $c=0$，即 $f(u)=\ln u$.

巩固练习 (北京 2008) 设函数 $\varphi(u)$ 可导且 $\varphi(0)=1$，二元函数 $z=\varphi(x+y)e^{xy}$ 满足 $\dfrac{\partial z}{\partial x}+\dfrac{\partial z}{\partial y}=0$，求 $\varphi(u)$. (答案：$\varphi(u)=e^{-\frac{u^2}{4}}$.)

例43 (江苏 1998) 设函数 $f(x,y)$ 的二阶偏导数全部连续，且
$$f''_{xy}(x,y)=f''_{yy}(x,y),\quad f(x,2x)=x^2,\quad f'_x(x,2x)=x,$$
试求 $f''_{xx}(x,2x)$ 和 $f''_{xy}(x,2x)$.

【分析】 这类问题属于常规题,没有什么特点可供大家去探究,需要大家注意的就是认真和仔细.

解 等式 $f(x,2x)=x^2$ 两边同时对 x 求全导数得
$$f'_x(x,2x)+2f'_y(x,2x)=2x.$$
两边再对 x 求全导数得
$$f''_{xx}(x,2x)+2f''_{xy}(x,2x)+2f''_{yx}(x,2x)+4f''_{yy}(x,2x)=2.$$
对等式 $f'_x(x,2x)=x$ 两边同时对 x 求全导数得
$$f''_{xx}(x,2x)+2f''_{xy}(x,2x)=1.$$
联立上面两式,求解方程组得
$$f''_{xx}(x,2x)=0,\quad f''_{xy}(x,2x)=\frac{1}{2}.$$

例44 (江苏 2000) 已知 $u=u(x,y)$ 由方程 $u=f(x,y,z,t),g(y,z,t)=0,h(y,t)=0$ 确定(三个函数都为可微函数),求 $\dfrac{\partial u}{\partial x},\dfrac{\partial u}{\partial y}$.

【分析】 此题是"打酱油"的竞赛题,考察的内容:链式法则和隐函数求导.

解 由 $g(y,z,t)=0,h(y,t)=0$ 可知 z,t 都是关于 y 的函数,方程对 y 求导可得
$$g'_y+g'_z\cdot z'(y)+g'_t\cdot t'(y)=0,\quad h'_y+h'_t\cdot t'(y)=0.$$
联立求解得
$$z'(y)=\frac{g'_t\cdot h'_y-g'_y\cdot h'_t}{g'_z\cdot h'_t},\quad h'(y)=\frac{-h'_y}{h'_t}.$$
应用复合函数求导可得
$$\frac{\partial u}{\partial x}=f'_x,\quad \frac{\partial u}{\partial y}=f'_y-\frac{f'_z\cdot g'_y\cdot h'_t-f'_z\cdot g'_t\cdot h'_y}{g'_z\cdot h'_t-g'_t\cdot h'_z}-\frac{f'_t\cdot h'_y}{h'_t}.$$

例45 (天津 2003) 设变换 $\begin{cases}u=x+a\sqrt{y},\\ v=x+2\sqrt{y},\end{cases}$ 把方程 $\dfrac{\partial^2 z}{\partial x^2}-y\dfrac{\partial^2 z}{\partial y^2}-\dfrac{1}{2}\cdot\dfrac{\partial z}{\partial y}=0$ 化为 $\dfrac{\partial^2 z}{\partial u\partial v}=0$,试确定 a.

【分析】 此题型比较少见,初次照面可能较为陌生,但稍加分析和研究,此题也不过"如此而已",还是多元函数求导的链式法则,需要大家注意的还是仔细、再仔细.

解 计算函数 z 的一、二阶偏导数:
$$\frac{\partial z}{\partial x}=\frac{\partial z}{\partial u}+\frac{\partial z}{\partial v},$$
$$\frac{\partial z}{\partial y}=\frac{\partial z}{\partial u}\cdot\frac{a}{2\sqrt{y}}+\frac{\partial z}{\partial v}\cdot\frac{1}{\sqrt{y}}=\frac{1}{\sqrt{y}}\left(\frac{a}{2}\cdot\frac{\partial z}{\partial u}+\frac{\partial z}{\partial v}\right),$$
$$\frac{\partial^2 z}{\partial x^2}=\frac{\partial^2 z}{\partial u^2}+2\frac{\partial^2 z}{\partial u\partial v}+\frac{\partial^2 z}{\partial v^2},$$
$$\frac{\partial^2 z}{\partial y^2}=-\frac{1}{2}y^{-\frac{3}{2}}\left(\frac{a}{2}\cdot\frac{\partial z}{\partial u}+\frac{\partial z}{\partial v}\right)+\frac{1}{\sqrt{y}}\left(\frac{\partial^2 z}{\partial u^2}\cdot\frac{a^2}{4\sqrt{y}}+\frac{\partial^2 z}{\partial u\partial v}\cdot\frac{a}{\sqrt{y}}+\frac{\partial^2 z}{\partial v^2}\cdot\frac{1}{\sqrt{y}}\right).$$

代入方程 $\dfrac{\partial^2 z}{\partial x^2} - y\dfrac{\partial^2 z}{\partial y^2} - \dfrac{1}{2}\cdot\dfrac{\partial z}{\partial y} = 0$,得到

$$\dfrac{\partial^2 z}{\partial x^2} - y\dfrac{\partial^2 z}{\partial y^2} - \dfrac{1}{2}\cdot\dfrac{\partial z}{\partial y} = \left(1 - \dfrac{a^2}{4}\right)\dfrac{\partial^2 z}{\partial u^2} + (2-a)\dfrac{\partial^2 z}{\partial u \partial v} = 0.$$

于是有 $\begin{cases} 1 - \dfrac{a^2}{4} = 0, \\ 2 - a \neq 0, \end{cases}$ 所以 $a = -2$.

例46 （北京 1991）设函数 $z = z(x,y)$ 由方程 $x^2 + y^2 + z^2 = xyf(z^2)$ 所确定，其中 f 为可微函数，试计算 $x\dfrac{\partial z}{\partial x} + y\dfrac{\partial z}{\partial y}$ 并化为最简形式.

解 方程两边对 x 求偏导可得

$$2x + 2z\dfrac{\partial z}{\partial x} = yf(z^2) + xyf'(z^2)\cdot 2z\dfrac{\partial z}{\partial x},$$

方程两边再对 y 求偏导可得

$$2y + 2z\dfrac{\partial z}{\partial y} = xf(z^2) + xyf'(z^2)\cdot 2z\dfrac{\partial z}{\partial y}.$$

求解上面的方程组可得

$$\dfrac{\partial z}{\partial x} = \dfrac{yf(z^2) - 2x}{2z[1 - xyf'(z^2)]}, \quad \dfrac{\partial z}{\partial y} = \dfrac{xf(z^2) - 2y}{2z[1 - xyf'(z^2)]},$$

则

$$\begin{aligned} x\dfrac{\partial z}{\partial x} + y\dfrac{\partial z}{\partial y} &= \dfrac{xyf(z^2) - 2x^2 + xyf(z^2) - 2y^2}{2z[1 - xyf'(z^2)]} \\ &= \dfrac{xyf(z^2) - x^2 - y^2}{z[1 - xyf'(z^2)]} = \dfrac{x^2 + y^2 + z^2 - x^2 - y^2}{z[1 - xyf'(z^2)]} \\ &= \dfrac{z}{1 - xyf'(z^2)}. \end{aligned}$$

例47 （北京 1995）已知函数 $z = z(x,y)$ 满足 $x^2\dfrac{\partial z}{\partial x} + y^2\dfrac{\partial z}{\partial y} = z^2$，设

$$\begin{cases} u = x, \\ v = \dfrac{1}{y} - \dfrac{1}{x}, \\ \varphi = \dfrac{1}{z} - \dfrac{1}{x}, \end{cases}$$

对 $\varphi = \varphi(u,v)$，求证：$\dfrac{\partial \varphi}{\partial u} = 0$.

解 由 $\begin{cases} u = x, \\ v = \dfrac{1}{y} - \dfrac{1}{x}, \end{cases}$ 解得 $\begin{cases} x = u, \\ y = \dfrac{u}{1 + uv}. \end{cases}$

于是 $\varphi = \dfrac{1}{z} - \dfrac{1}{x}$ 是变量 u, v 的复合函数，中间变量是 x, y, z，由此求偏导得

$$\dfrac{\partial \varphi}{\partial u} = -\dfrac{1}{z^2}\left(\dfrac{\partial z}{\partial x}\dfrac{\partial x}{\partial u} + \dfrac{\partial z}{\partial y}\dfrac{\partial y}{\partial u}\right) + \dfrac{1}{u^2} = \dfrac{1}{z^2}\left(\dfrac{\partial z}{\partial x} + \dfrac{\partial z}{\partial y}\dfrac{1}{(1+uv)^2}\right) + \dfrac{1}{u^2}.$$

再由 $\dfrac{y}{x} = \dfrac{1}{1+uv}$ 和已知条件的等式可得

$$\dfrac{\partial \varphi}{\partial u} = -\dfrac{1}{z^2 x^2}\left(x^2\dfrac{\partial z}{\partial x} + y^2\dfrac{\partial z}{\partial y}\right) + \dfrac{1}{u^2} = -\dfrac{1}{x^2} + \dfrac{1}{u^2} = 0.$$

例48 （北京工业大学1994）设 $z = z(u,v)$，满足 $\dfrac{\partial^2 z}{\partial u^2} + \dfrac{\partial^2 z}{\partial v^2} = 0$，令 $u = u(x,y), v = v(x,y)$，若 u, v 满足 $\dfrac{\partial u}{\partial x} = \dfrac{\partial v}{\partial y}, \dfrac{\partial u}{\partial y} = -\dfrac{\partial v}{\partial x}$. 证明: $\dfrac{\partial^2 z}{\partial x^2} + \dfrac{\partial^2 z}{\partial y^2} = 0$.

证明 由 $\dfrac{\partial u}{\partial x} = \dfrac{\partial v}{\partial y}, \dfrac{\partial u}{\partial y} = -\dfrac{\partial v}{\partial x}$ 可得

$$\dfrac{\partial^2 u}{\partial x \partial y} = \dfrac{\partial^2 v}{\partial y^2}, \quad \dfrac{\partial^2 u}{\partial x \partial y} = -\dfrac{\partial^2 v}{\partial x^2}, \quad 也即 \quad \dfrac{\partial^2 v}{\partial x^2} + \dfrac{\partial^2 v}{\partial y^2} = 0.$$

同理可得 $\dfrac{\partial^2 u}{\partial x^2} + \dfrac{\partial^2 u}{\partial y^2} = 0$.

由链式法则，

$$\dfrac{\partial z}{\partial x} = \dfrac{\partial z}{\partial u}\dfrac{\partial u}{\partial x} + \dfrac{\partial z}{\partial v}\dfrac{\partial v}{\partial x}, \quad \dfrac{\partial^2 z}{\partial x^2} = \dfrac{\partial^2 z}{\partial u^2}\left(\dfrac{\partial u}{\partial x}\right)^2 + \dfrac{\partial z}{\partial u}\dfrac{\partial^2 u}{\partial x^2} + \dfrac{\partial^2 z}{\partial v^2}\left(\dfrac{\partial v}{\partial x}\right)^2 + \dfrac{\partial z}{\partial v}\dfrac{\partial^2 v}{\partial x^2}.$$

同理可得

$$\dfrac{\partial^2 z}{\partial y^2} = \dfrac{\partial^2 z}{\partial u^2}\left(\dfrac{\partial u}{\partial y}\right)^2 + \dfrac{\partial z}{\partial u}\dfrac{\partial^2 u}{\partial y^2} + \dfrac{\partial^2 z}{\partial v^2}\left(\dfrac{\partial v}{\partial y}\right)^2 + \dfrac{\partial z}{\partial v}\dfrac{\partial^2 v}{\partial y^2}.$$

上面两式相加并由已知条件可得 $\dfrac{\partial^2 z}{\partial x^2} + \dfrac{\partial^2 z}{\partial y^2} = 0$.

例49 （北京理工大学1994）证明: 由方程组

$$\begin{cases} z = ux + y\varphi(u) + \varphi(u), \\ 0 = x + y\varphi'(u) + \varphi'(u) \end{cases}$$

所确定的函数 $z = z(x,y)$ 满足方程

$$\dfrac{\partial^2 z}{\partial x^2}\dfrac{\partial^2 z}{\partial y^2} - \left(\dfrac{\partial^2 z}{\partial x \partial y}\right)^2 = 0,$$

其中 $z = z(x,y)$ 存在二阶连续偏导数.

【分析】 本题是常规题型.复合函数求导,要很清晰地分辨出 u 也是变量 x, y 的函数.在化简的过程中注意借助方程组中的等式.

证明 由复合函数求导的链式法则和方程组中的第二个方程可得

$$\frac{\partial z}{\partial x} = u + x\frac{\partial u}{\partial x} + y\varphi'(u)\frac{\partial u}{\partial x} + \varphi'(u)\frac{\partial u}{\partial x}$$

$$= u + x\frac{\partial u}{\partial x} + [y\varphi'(u) + \varphi'(u)]\frac{\partial u}{\partial x}$$

$$= u + x\frac{\partial u}{\partial x} - x\frac{\partial u}{\partial x} = u,$$

$$\frac{\partial z}{\partial y} = x\frac{\partial u}{\partial y} + \varphi(u) + y\varphi'(u)\frac{\partial u}{\partial y} + \varphi'(u)\frac{\partial u}{\partial y}$$

$$= x\frac{\partial u}{\partial y} + \varphi(u) + [y\varphi'(u) + \varphi'(u)]\frac{\partial u}{\partial y}$$

$$= x\frac{\partial u}{\partial y} + \varphi(u) - x\frac{\partial u}{\partial y} = \varphi(u).$$

由上面两个式子可得

$$\frac{\partial^2 z}{\partial x^2} = \frac{\partial u}{\partial x}, \quad \frac{\partial^2 z}{\partial y^2} = \varphi'(u)\frac{\partial u}{\partial y}, \quad \frac{\partial^2 z}{\partial x \partial y} = \frac{\partial u}{\partial y} = \varphi'(u)\frac{\partial u}{\partial x}.$$

将上面的式子代入 $\frac{\partial^2 z}{\partial x^2} \cdot \frac{\partial^2 z}{\partial y^2} - \left(\frac{\partial^2 z}{\partial x \partial y}\right)^2$,经过简单计算即可得到结论.

例50 (北京 2000) 设 $u = f(x,y,z)$,f 是可微函数,若 $\frac{f'_x}{x} = \frac{f'_y}{y} = \frac{f'_z}{z}$,证明:$u = f(x,y,z)$ 仅为 r 的函数,其中 $r = \sqrt{x^2 + y^2 + z^2}$.

证明 由球坐标换元 $x = r\cos\theta\sin\varphi$,$y = r\sin\theta\sin\varphi$,$z = r\cos\varphi$ 有,$u = f(x,y,z) = f(r\cos\theta\sin\varphi, r\sin\theta\sin\varphi, r\cos\varphi)$. 令 $\frac{f'_x}{x} = \frac{f'_y}{y} = \frac{f'_z}{z} = t$. 对 u 求偏导,

$$\frac{\partial u}{\partial \theta} = f'_x r(-\sin\theta)\sin\varphi + f'_x r\cos\theta\sin\varphi$$

$$= -txr\sin\theta\sin\varphi + tyr\cos\theta\sin\varphi = -txy + txy = 0,$$

$$\frac{\partial u}{\partial \varphi} = f'_x r\cos\theta\cos\varphi + f'_y r\sin\theta\cos\varphi - f'_z r\sin\varphi$$

$$= -tr^2(\cos^2\theta\sin\varphi\cos\varphi + \sin^2\theta\sin\varphi\cos\varphi - \sin\varphi\cos\varphi) = 0.$$

由此可知 $u = f(x,y,z)$ 仅为 r 的函数.

例51 (天津 2008) 设二元函数 $z = z(x,y)$ 具有二阶连续偏导数,证明:$\frac{\partial^2 z}{\partial x^2} + 2\frac{\partial^2 z}{\partial x \partial y} + \frac{\partial^2 z}{\partial y^2} = 0$ 可经过变量替换 $u = x + y$,$v = x - y$,$w = xy - z$ 化为等式 $2\frac{\partial^2 w}{\partial u^2} - 1 = 0$.

证明 由题意可解得 $x = \frac{u+v}{2}$,$y = \frac{u-v}{2}$,从而 $w = \frac{u^2 - v^2}{4} - z\left(\frac{u+v}{2}, \frac{u-v}{2}\right)$. 对 w 求偏导,

$$\frac{\partial w}{\partial u} = \frac{1}{2}u - \frac{\partial z}{\partial x} \cdot \frac{1}{2} - \frac{\partial z}{\partial y} \cdot \frac{1}{2} = \frac{1}{2}\left(u - \frac{\partial z}{\partial x} - \frac{\partial z}{\partial y}\right),$$

$$\frac{\partial^2 w}{\partial u^2} = \frac{1}{2}\left(1 - \frac{\partial^2 z}{\partial x^2}\cdot\frac{1}{2} - \frac{\partial^2 z}{\partial x \partial y}\cdot\frac{1}{2} - \frac{\partial^2 z}{\partial y \partial x}\cdot\frac{1}{2} - \frac{\partial^2 z}{\partial y^2}\cdot\frac{1}{2}\right)$$
$$= \frac{1}{2}\left[1 - \frac{1}{2}\left(\frac{\partial^2 z}{\partial x^2} + 2\frac{\partial^2 z}{\partial x \partial y} + \frac{\partial^2 z}{\partial y^2}\right)\right],$$

故 $\dfrac{\partial^2 w}{\partial u^2} = \dfrac{1}{2}$，即 $2\dfrac{\partial^2 w}{\partial u^2} - 1 = 0$.

例52 （天津 2010）设 $z = z(x,y)$ 是由 $z + e^z = xy$ 所确定的二元函数，求：$\dfrac{\partial^2 z}{\partial x^2}, \dfrac{\partial^2 z}{\partial x \partial y}$.

【分析】 这是一道常规题，隐函数求高阶导数，在竞赛题中属于"打酱油"或者"跑龙套"的，唯一的要求就是大家要仔细、认真.

解 将等式 $z + e^z = xy$ 两边分别对 x, y 求偏导数：

$$\frac{\partial z}{\partial x} + e^z \frac{\partial z}{\partial x} = y, \quad 即 \quad \frac{\partial z}{\partial x} = \frac{y}{1+e^z},$$

$$\frac{\partial z}{\partial y} + e^z \frac{\partial z}{\partial y} = x, \quad 即 \quad \frac{\partial z}{\partial y} = \frac{x}{1+e^z}.$$

再求二阶偏导，可得

$$\frac{\partial^2 z}{\partial x^2} = \frac{-y e^z \frac{\partial z}{\partial x}}{(1+e^z)^2} = \frac{-y^2 e^z}{(1+e^z)^3},$$

$$\frac{\partial^2 z}{\partial x \partial y} = \frac{1 + e^z - y e^z \frac{\partial z}{\partial y}}{(1+e^z)^2} = \frac{1}{1+e^z} - \frac{-xy e^z}{(1+e^z)^3}.$$

例53 （北京 2002）设函数 $f(x,y)$ 具有二阶连续偏导数，且 $\dfrac{\partial f}{\partial y} \neq 0$，证明：对任意常数 C，$f(x,y) = C$ 为一直线的充要条件是 $(f'_y)^2 f''_{xx} - 2 f'_x f'_y f''_{xy} + f''_{yy}(f'_x)^2 = 0$.

【分析】 这是一道充要条件的证明，它的必要性如此明显，自不必多说，关键是充分性的证明. 当大部分同学看见结论中的公式的时候可能就已经头晕了，那么出题者的目的就达到了. 欲知如何证明，下面"娓娓道来"，本题本质不难也. 结论要证明函数的图像为直线. 直线者，一次函数也. 一次函数的等价条件是什么呢？题目的意思很明显，就是将大家往导数上"引"，结合之前的分析，结果也就顺理成章的来了. 二阶导数等于 0 也，也即我们所证明的最终目标. 由此，为了利用充分条件，必须对 $f(x,y) = C$ 关于 x 求二阶导.

证明 **必要性** 因为当 $f(x,y) = C$ 为直线时，$\dfrac{\partial f}{\partial x}, \dfrac{\partial f}{\partial y}$ 均为常数，故 $f''_{xx} = f''_{xy} = f''_{yy} = 0$. 从而等式成立.

充分性 因为 $\dfrac{\partial f}{\partial y} \neq 0$，故由隐函数求导公式得 $f'_x + f'_y \dfrac{\mathrm{d}y}{\mathrm{d}x} = 0$. 两边再次求导可得

$$f''_{xx} + f''_{xy}\frac{\mathrm{d}y}{\mathrm{d}x} + \left(f''_{xy} + f''_{yy}\frac{\mathrm{d}y}{\mathrm{d}x}\right)\frac{\mathrm{d}y}{\mathrm{d}x} + f'_y \frac{\mathrm{d}^2 y}{\mathrm{d}x^2} = 0.$$

将 $\dfrac{\mathrm{d}y}{\mathrm{d}x} = -\dfrac{f'_x}{f'_y}$ 代入上式，即有

$$f''_{xx} - \dfrac{2f'_x f''_{xy}}{f'_y} + \dfrac{(f'_x)^2 f''_{yy}}{(f'_y)^2} + f'_y \dfrac{\mathrm{d}^2 y}{\mathrm{d}x^2} = 0.$$

由题设可得，$\dfrac{\mathrm{d}^2 y}{\mathrm{d}x^2} = 0$，也即 $y = y(x)$ 为线性函数，故方程 $f(x,y) = C$ 为一直线.

例54 （广东 1991）设函数 $f(x,y)$ 具有一阶连续偏导数且满足方程 $x\dfrac{\partial f}{\partial x} + y\dfrac{\partial f}{\partial y} = 0$. 证明：$f(x,y)$ 在极坐标下与矢径 r 无关.

证明 函数 $f(x,y)$ 在极坐标下的表示为：$f(x,y) = f(r\cos\theta, r\sin\theta)$，则由链式法则

$$\dfrac{\partial f}{\partial r} = \dfrac{\partial f}{\partial x}\dfrac{\partial x}{\partial r} + \dfrac{\partial f}{\partial y}\dfrac{\partial y}{\partial r} = \dfrac{\partial f}{\partial x}\cos\theta + \dfrac{\partial f}{\partial y}\sin\theta = \dfrac{1}{r}\left(\dfrac{\partial f}{\partial x}r\cos\theta + \dfrac{\partial f}{\partial y}r\sin\theta\right)$$

$$= \dfrac{1}{r}\left(x\dfrac{\partial f}{\partial x} + y\dfrac{\partial f}{\partial y}\right) = 0.$$

由此可得，$f(x,y)$ 在极坐标下与矢径 r 无关.

例55 （武汉大学）设 $f(x,y)$ 有二阶连续偏导数，$u = \displaystyle\int_0^{2\pi} f(r\cos\theta, r\sin\theta)\mathrm{d}\theta$，且

$$\dfrac{\mathrm{d}u}{\mathrm{d}r} = \int_0^{2\pi} \dfrac{\partial}{\partial r} f(r\cos\theta, r\sin\theta)\mathrm{d}\theta, \quad \dfrac{\mathrm{d}^2 u}{\mathrm{d}r^2} = \int_0^{2\pi} \dfrac{\partial^2}{\partial r^2} f(r\cos\theta, r\sin\theta)\mathrm{d}\theta, \quad f''_{11} + f''_{22} = \dfrac{1}{r},$$

则

$$r\dfrac{\mathrm{d}^2 u}{\mathrm{d}r^2} + \dfrac{\mathrm{d}u}{\mathrm{d}r} = 2\pi.$$

【分析】 根据题干中的条件以及所求内容，很容易知道本题就是考察复合函数求导. 因为难度不大，唯一的要求就是仔细、认真.

解 由已知条件和链式法则有

$$\dfrac{\mathrm{d}u}{\mathrm{d}r} = \int_0^{2\pi} (f'_1 \cos\theta + f'_2 \sin\theta)\mathrm{d}\theta,$$

$$\dfrac{\mathrm{d}^2 u}{\mathrm{d}r^2} = \int_0^{2\pi} (f''_{11}\cos^2\theta + 2f''_{12}\cos\theta\sin\theta + f''_{22}\sin^2\theta)\mathrm{d}\theta.$$

另外一方面，对 $\dfrac{\mathrm{d}u}{\mathrm{d}r} = \displaystyle\int_0^{2\pi}(f'_1\cos\theta + f'_2\sin\theta)\mathrm{d}\theta$，进行分部积分有

$$\dfrac{\mathrm{d}u}{\mathrm{d}r} = \int_0^{2\pi}(f'_1\cos\theta + f'_2\sin\theta)\mathrm{d}\theta = \int_0^{2\pi} f'_1 \mathrm{d}\sin\theta - \int_0^{2\pi} f'_2 \mathrm{d}\cos\theta$$

$$= f'_1 \sin\theta \Big|_0^{2\pi} - \int_0^{2\pi}[f''_{11}(-r\sin\theta) + f''_{12}r\cos\theta]\sin\theta\, \mathrm{d}\theta$$

$$\quad - f'_2 \cos\theta \Big|_0^{2\pi} + \int_0^{2\pi}[f''_{21}(-r\sin\theta) + f''_{22}r\cos\theta]\cos\theta\, \mathrm{d}\theta$$

$$= \int_0^{2\pi} r(f''_{11}\sin^2\theta - 2f''_{12}\cos\theta\sin\theta + f''_{22}\cos^2\theta)\mathrm{d}\theta.$$

故
$$r\frac{d^2u}{dr^2}+\frac{du}{dr}=r\int_0^{2\pi}(f''_{11}+f''_{22})d\theta=\int_0^{2\pi}d\theta=2\pi.$$

例56 (四川大学 2023) 设 $f(x,y)$ 为开区域 $D\subseteq \mathbf{R}^2$ 上的连续可导函数,u,v 为 $\mathbf{R}^2$ 上夹角为 α 的单位向量,证明:

$$\left[\left(\frac{\partial f}{\partial x}\right)^2+\left(\frac{\partial f}{\partial y}\right)^2\right]\sin^2\alpha \leqslant 2\left[\left(\frac{\partial f}{\partial u}\right)^2+\left(\frac{\partial f}{\partial v}\right)^2\right].$$

【分析】 证明题的难度对绝大多数同学来说都是"血脉压制",令人"挠头".面对这个看似"人畜无害"、充满"美感"的结论,如何开始做,却使人茫然.还是从结论出发来寻找求证的思路.不等式的左边是关于 x,y 的偏导数,右边是关于 u,v 的方向导数.这说明了本题是在考察方向导数与偏导数之间的关系,那么不就是大家熟悉的方向导数如何求吗? 所以先求出方向导数,然后结论要我们干啥我们就干啥.

证明 设向量 u 的方向夹角为 θ,则 u 的方向余弦为 $(\cos\theta,\sin\theta)$,v 的方向余弦为 $(\cos(\theta+\alpha),\sin(\theta+\alpha))$. 由 $f(x,y)$ 在开区域 $D\subseteq \mathbf{R}^2$ 上连续可导有

$$\begin{cases}\dfrac{\partial f}{\partial u}=\dfrac{\partial f}{\partial x}\cos\theta+\dfrac{\partial f}{\partial y}\sin\theta,\\ \dfrac{\partial f}{\partial v}=\dfrac{\partial f}{\partial x}\cos(\theta+\alpha)+\dfrac{\partial f}{\partial y}\sin(\theta+\alpha).\end{cases}$$

求 $\dfrac{\partial f}{\partial x},\dfrac{\partial f}{\partial y}$ 得

$$\frac{\partial f}{\partial x}\sin\alpha=\frac{\partial f}{\partial u}\sin(\theta+\alpha)+\frac{\partial f}{\partial v}\sin\theta,$$

$$\frac{\partial f}{\partial y}\sin\alpha=-\frac{\partial f}{\partial u}\cos(\theta+\alpha)+\frac{\partial f}{\partial v}\cos\theta.$$

于是,

$$\begin{aligned}\left[\left(\frac{\partial f}{\partial x}\right)^2+\left(\frac{\partial f}{\partial y}\right)^2\right]\sin^2\alpha &\leqslant \left[\left(\frac{\partial f}{\partial u}\right)^2+\left(\frac{\partial f}{\partial v}\right)^2-2\frac{\partial f}{\partial u}\frac{\partial f}{\partial v}\cos\alpha\right]\\ &\leqslant \left[\left(\frac{\partial f}{\partial u}\right)^2+\left(\frac{\partial f}{\partial v}\right)^2+2\left|\frac{\partial f}{\partial u}\frac{\partial f}{\partial v}\right|\right]\\ &\leqslant \left[\left(\frac{\partial f}{\partial u}\right)^2+\left(\frac{\partial f}{\partial v}\right)^2+\left(\frac{\partial f}{\partial u}\right)^2+\left(\frac{\partial f}{\partial v}\right)^2\right]\\ &\leqslant 2\left[\left(\frac{\partial f}{\partial u}\right)^2+\left(\frac{\partial f}{\partial v}\right)^2\right].\end{aligned}$$

例57 (天津 2009) 设函数 $u(x,y)$ 二阶可导,证明:无零值函数 $u(x,y)$ 可分离变量($u(x,y)=f(x)g(y)$) 的充要条件是 $u\dfrac{\partial^2 u}{\partial x\partial y}=\dfrac{\partial u}{\partial x}\dfrac{\partial u}{\partial y}$.

【分析】 读者很容易被必要性的证明所诱导,觉得本题很简单,因为简单计算就可以证明. 但其实充分性是个难题,同学们要弄清楚此题是在考什么?它考的是凑微分,也即 $u\dfrac{\partial^2 u}{\partial x \partial y} - \dfrac{\partial u}{\partial x}\dfrac{\partial u}{\partial y}$ 是哪个函数求导给出来的或者是其求导的一部分. 当我们判断出所要考的是微分, 应该就会比较容易看出是函数 $\dfrac{1}{u}\dfrac{\partial u}{\partial x}$ 对 y 求导得到. 剩下的就是简单的积分了. 这是方法一.

如果我们没有被必要性证明所诱导,那该如何?还是方法一的思路:解微分方程或者凑微分. 只是需要我们火眼金睛,如何认知二阶导数——求完一阶导的基础上再求一次导数, 即 $\dfrac{\partial^2 u}{\partial x \partial y}=\dfrac{\partial}{\partial y}\left(\dfrac{\partial u}{\partial x}\right)$ 或者 $\dfrac{\partial}{\partial x}\left(\dfrac{\partial u}{\partial y}\right)$. 由此提示, 证明的思路在证明的结论中, 重要的话说三遍. 这是方法二.

证明 **必要性** 通过简单计算可得, 若 $u(x,y)=f(x)g(y)$, 则
$$\frac{\partial u}{\partial x}=f'(x)g(y), \quad \frac{\partial u}{\partial y}=f(x)g'(y), \quad \frac{\partial^2 u}{\partial x \partial y}=f'(x)g'(y).$$

显然有
$$u\frac{\partial^2 u}{\partial x \partial y}=\frac{\partial u}{\partial x}\frac{\partial u}{\partial y}.$$

充分性 **方法一** 因为 $\dfrac{\partial^2 u}{\partial x \partial y}=\dfrac{\partial}{\partial y}\left(\dfrac{\partial u}{\partial x}\right)$, 由题意和求导除法公式可得
$$u\frac{\partial^2 u}{\partial x \partial y}-\frac{\partial u}{\partial x}\frac{\partial u}{\partial y}=0 \Rightarrow u\frac{\partial}{\partial y}\left(\frac{\partial u}{\partial x}\right)-\frac{\partial u}{\partial x}\frac{\partial u}{\partial y}=0 \Rightarrow \frac{\partial}{\partial y}\left(\frac{1}{u}\frac{\partial u}{\partial x}\right)=0.$$

上式两边关于 y 积分可得
$$\frac{1}{u}\frac{\partial u}{\partial x}=C_1(x) \Rightarrow \frac{\mathrm{d}u}{u}=C_1(x)\mathrm{d}x,$$

其中 $C_1(x)$ 只是关于变量 x 的任意可微函数. 求解上面微分方程, 两边同时对 x 积分可得
$$\ln u=\int C_1(x)\mathrm{d}x+C_2(y)$$
$$\Rightarrow u=\exp\left(\int C_1(x)\mathrm{d}x+C_2(y)\right)=\exp\left(\int C_1(x)\mathrm{d}x\right)\exp C_2(y)=f(x)g(y),$$

其中, $C_2(y)$ 只是关于变量 y 的任意可微函数. 所以充分性成立.

方法二 因为 $\dfrac{\partial^2 u}{\partial x \partial y}=\dfrac{\partial}{\partial y}\left(\dfrac{\partial u}{\partial x}\right)$, 则改写所证明的结论有
$$u\frac{\partial^2 u}{\partial x \partial y}=\frac{\partial u}{\partial x}\frac{\partial u}{\partial y} \Leftrightarrow \frac{1}{\frac{\partial u}{\partial x}}\frac{\partial}{\partial y}\left(\frac{\partial u}{\partial x}\right)=\frac{1}{u}\frac{\partial u}{\partial y} \Leftrightarrow \frac{\partial}{\partial y}\left(\ln\frac{\partial u}{\partial x}\right)=\frac{\partial \ln u}{\partial y}$$
$$\Leftrightarrow \frac{\partial}{\partial y}\left(\ln\frac{\partial u}{\partial x}-\ln u\right)=0 \Leftrightarrow \frac{\partial}{\partial y}\left(\ln\left(\frac{1}{u}\frac{\partial u}{\partial x}\right)\right)=0$$
$$\Leftrightarrow \ln\left(\frac{1}{u}\frac{\partial u}{\partial x}\right)=\ln C_1(x) \Leftrightarrow \frac{1}{u}\frac{\partial u}{\partial x}=\frac{\partial \ln u}{\partial x}=C_1(x)$$
$$\Leftrightarrow \ln u=\mathrm{e}^{C_1(x)}+C_2(y)$$
$$\Leftrightarrow u=\mathrm{e}^{(\mathrm{e}^{C_1(x)}+C_2(y))}=\mathrm{e}^{\mathrm{e}^{C_1(x)}}\mathrm{e}^{C_2(y)}=f(x)g(y).$$

3.6 函数的极值

例58 (北京 2005) 设生产某产品必须投入三种要素,x,y,z 分别是三种要素的投入量,Q 为产量,$Q = x^\alpha y^\beta z^\gamma$,其中 α,β,γ 为正数,且 $\alpha+\beta+\gamma=1$.三种要素的价格分别是 P_1,P_2,P_3,当产量一定时,三种要素的适当投入可使总费用 P 最小.证明:最小投入总费用 P 与产量 Q 之比为常数,并且求此常数.

【分析】 这是一道关于条件极值的常规题,使用常规求法.

解 利用 Lagrange 方法,求 $P = P_1 x + P_2 y + P_3 z$ 在条件 $Q = x^\alpha y^\beta z^\gamma$ 下的最小值,得
$$\frac{P}{Q} = \left(\frac{P_1}{\alpha}\right)^\alpha \left(\frac{P_2}{\beta}\right)^\beta \left(\frac{P_3}{\gamma}\right)^\gamma.$$

例59 (北京 2005) 求常数 a,b,c 的值,使函数 $f(x,y,z) = axy^2 + byz + cx^3z^2$ 在点 $(1,2,-1)$ 处在 z 轴正向的方向导数有最大值 64.

【分析】 本题是一道常见题,重点考察的是函数的方向导数在什么方向最大,也即梯度方向最大.

解 在点 $(1,2,-1)$ 处,有
$$\nabla f = |\nabla f|(0,0,1) = (ay^2 + 3cx^2z^2, 2axy + bz, by + 2cx^3z)|_{(1,2,-1)}.$$
另外有
$$\nabla f \cdot (0,0,1) = (by + 2cx^3z)|_{(1,2,-1)} = 64,$$
得 $a = 6, b = 24, c = -8$.

例60 (苏州大学 2023) 求 $(x^2+y^2)^2 - x^2 + y^2 = 0$ 所确定的隐函数 $y = y(x)$ 的极值.

【分析】 此题为常规题.常规解法是:先用隐函数求导,然后解方程.需要注意的是,当我们进行到这里的时候一定不要随便放弃导数等于 0 的部分,可能这才是本题最重要的部分.

解 记 $f(x,y) = (x^2+y^2)^2 - x^2 + y^2$,根据隐函数求导规则,分别求偏导有
$$f'_x(x,y) = 2(x^2+y^2) \cdot 2x - 2x,$$
$$f'_y(x,y) = 2(x^2+y^2) \cdot 2y + 2y,$$
于是可得导数
$$\frac{dy}{dx} = -\frac{2(x^2+y^2) \cdot x - x}{2(x^2+y^2) \cdot y + y}.$$
令 $\dfrac{dy}{dx} = -\dfrac{2(x^2+y^2) \cdot x - x}{2(x^2+y^2) \cdot y + y} = 0$,则 $2(x^2+y^2) \cdot x - x = 0$,并联立
$$(x^2+y^2)^2 - x^2 + y^2 = 0.$$
求解方程组可得:

(1) 当 $x=0$ 时，$y=0$，于是得到驻点 $(x,y)=(0,0)$；

(2) 当 $x\neq 0$ 时，$x^2+y^2=\dfrac{1}{2}$，将其代入隐函数中可得 $-x^2+y^2=\dfrac{1}{4}$，联立方程求解得驻点 $(x,y)=\left(\pm\sqrt{\dfrac{3}{8}},\pm\sqrt{\dfrac{1}{8}}\right)$.

为了讨论驻点是否是极值点，求隐函数二阶导数

$$\dfrac{\mathrm{d}^2 y}{\mathrm{d}x^2}=-\dfrac{1-(y')^2-4(x+y')^2-2(x^2+y^2)\cdot(1+(y')^2)}{2(x^2+y^2)\cdot y+y}.$$

当 $y'=0,(x,y)=(0,0)$ 时，$\dfrac{\mathrm{d}^2 y}{\mathrm{d}x^2}$ 不存在，则驻点 $(0,0)$ 是非极值点.

当 $y'=0,(x,y)=\left(\pm\sqrt{\dfrac{3}{8}},\sqrt{\dfrac{1}{8}}\right)$ 时，$\dfrac{\mathrm{d}^2 y}{\mathrm{d}x^2}=-\dfrac{3}{\sqrt{2}}<0$，于是 $\left(\pm\sqrt{\dfrac{3}{8}},\sqrt{\dfrac{1}{8}}\right)$ 是极大值点，极大值为 $\sqrt{\dfrac{1}{8}}$.

当 $y'=0,(x,y)=\left(\pm\sqrt{\dfrac{3}{8}},-\sqrt{\dfrac{1}{8}}\right)$ 时，$\dfrac{\mathrm{d}^2 y}{\mathrm{d}x^2}=-\dfrac{3}{\sqrt{2}}<0$，于是 $\left(\pm\sqrt{\dfrac{3}{8}},-\sqrt{\dfrac{1}{8}}\right)$ 是极小值点，极小值为 $-\sqrt{\dfrac{1}{8}}$.

例61 (中山大学2020) 设 $z=z(x,y)$ 由 $x^2+y^2+z^2+zx+yz+xy=6$ 确定，求 z 的极值.

【分析】 此题依然遵循常规套路，按照求极值的标准步骤进行即可.然而，关键在于如何快速、简便地求出驻点和二阶导数，尽量减少计算量.这才是大家需要重点关注的地方.

解 隐函数方程分别对 x,y 求偏导有

$$2x+2zz_x+z+xz_x+yz_x+y=0,$$
$$2y+2zz_y+z+xz_y+yz_y+x=0.$$

将 $z_x=z_y=0$ 代入上述方程组可得

$$2x+z+y=0,\quad 2y+z+x=0.$$

于是可得 $x=y,z=-3x$. 将此关系代入隐函数方程得 $x^2=1$. 于是可得两个驻点 $(1,1,-3)$ 和 $(-1,-1,3)$. 上述方程组分别再次对 x,y 求偏导有

$$2+2(z_xz_x+zz_{xx})+z_x+z_x+xz_{xx}+yz_{xx}=0,$$
$$2+2(z_yz_y+zz_{yy})+z_y+xz_{yy}+z_y+yz_{yy}=0,$$
$$2(z_xz_y+zz_{xy})+z_y+xz_{xy}+z_x+yz_{xy}+1=0.$$

将 $z_x=z_y=0$ 代入上面的方程组得

$$2+(2z+x+y)z_{xx}=0,\quad 2+(2z+x+y)z_{yy}=0,\quad (2z+x+y)z_{xy}+1=0.$$

当驻点为 $(1,1,-3)$ 时，

$$A=z_{xx}=\dfrac{1}{2},\quad B=z_{xy}=\dfrac{1}{4},\quad C=z_{yy}=\dfrac{1}{2}.$$

$AC-B^2=\dfrac{3}{16}>0$，又 $A>0$，于是 $z=-3$ 是极小值.

当驻点为 $(-1,-1,3)$ 时,
$$A = z_{xx} = -\frac{1}{2}, \quad B = z_{xy} = -\frac{1}{4}, \quad C = z_{yy} = -\frac{1}{2}.$$
$AC - B^2 = \frac{3}{16} > 0$,又 $A < 0$,于是 $z = 3$ 是极大值.

例62 (江苏 2004) 已知点 $P(1,0,-1)$ 与 $Q(3,1,2)$,在平面 $x - 2y + z = 12$ 上求一点 M,使得 $|PM| + |QM|$ 最小.

【分析】 此题若是为了使用函数求极值而求解此题,思路是相当直接明了.根据题意,设在平面上任取一点 $P(x,y,12-x+2y)$,然后根据距离公式建立函数
$$|PM| + |PN| = \sqrt{(x-1)^2 + y^2 + (z+1)^2} + \sqrt{(x-3)^2 + (y-1)^2 + (z-2)^2}.$$
将 $z = 12 - x + 2y$ 代入上式得到新函数,最后分别对 x,y 求偏导,得到驻点方程,求解方程即可.

解 设平面上任取一点 $P(x,y,z) = P(x,y,12-x+2y)$,则
$$|PM| + |PN| = \sqrt{(x-1)^2 + y^2 + (z+1)^2} + \sqrt{(x-3)^2 + (y-1)^2 + (z-2)^2}$$
$$= f(x,y),$$
$$\frac{\partial f}{\partial x} = \frac{4x - 4y - 28}{2\sqrt{(x-1)^2 + y^2 + (13-x+2y)^2}} + \frac{4x - 4y - 26}{2\sqrt{(x-3)^2 + (y-1)^2 + (10-x+2y)^2}} = 0, \tag{1}$$
$$\frac{\partial f}{\partial y} = \frac{10y - 4x + 52}{2\sqrt{(x-1)^2 + y^2 + (13-x+2y)^2}} + \frac{10y - 4x + 38}{2\sqrt{(x-3)^2 + (y-1)^2 + (10-x+2y)^2}} = 0. \tag{2}$$
由 (1), (2) 式可得
$$4x - 3y - 24 = 0. \tag{3}$$
联立 (1), (3) 式或 (2), (3) 式,求解方程组可得 $x = \frac{27}{7}, y = -\frac{20}{7}, z = \frac{17}{7}.$

注:大家可以看见,此题使用的这个传统方法,计算量极大,几乎是不可求解的.既然此题是几何内容的题,应该使用几何的方法求解,会简单很多.具体方法见第 4 章的例 5.

例63 (江苏 1994) 求椭球面 $x^2 + 2y^2 + 4z^2 = 1$ 与平面 $x + y + z - \sqrt{7} = 0$ 之间的最短距离.

【分析】 这是一道基本题型,一般有两种解法,其本质都是求目标函数的极小值.一种解法是下面我们提供的,另一种解法是利用椭球的参数方程进行求解.两种方法的区别在于目标函数不同,一个是有条件极值,另一个是无条件极值.此外,还有一种几何解法,即求出与已知平面平行且与椭球面相切的平面,切平面与已知平面之间的距离即为最短距离.这一方法将在下一章详细讲解.

解 设椭球面上的任一点 $P(x,y,z)$ 到平面的距离为 d,则

$$f(x,y,z) = d^2 = \frac{(x+y+z-\sqrt{7})^2}{3}.$$

运用 Lagrange 乘数法,

$$F(x,y,z,\lambda) = \frac{(x+y+z-\sqrt{7})^2}{3} + \lambda(x^2+2y^2+4z^2-1).$$

于是可得

$$\begin{cases} F'_x(x,y,z,\lambda) = \dfrac{2(x+y+z-\sqrt{7})}{3} + 2\lambda x = 0, \\[4pt] F'_y(x,y,z,\lambda) = \dfrac{2(x+y+z-\sqrt{7})}{3} + 4\lambda y = 0, \\[4pt] F'_z(x,y,z,\lambda) = \dfrac{2(x+y+z-\sqrt{7})}{3} + 8\lambda z = 0, \\[4pt] F'_\lambda(x,y,z,\lambda) = x^2+2y^2+4z^2-1 = 0. \end{cases}$$

求解可得驻点 $\left(\dfrac{2}{7}\sqrt{7}, \dfrac{1}{7}\sqrt{7}, \dfrac{1}{14}\sqrt{7}\right)$ 和 $\left(-\dfrac{2}{7}\sqrt{7}, -\dfrac{1}{7}\sqrt{7}, -\dfrac{1}{14}\sqrt{7}\right)$. 此两点到平面的距离分别为 $\dfrac{1}{6}\sqrt{21}$ 和 $\dfrac{1}{2}\sqrt{21}$,即分别为最小值和最大值.

例64 (陕西2023) 设三棱锥 Ω 的高为 h,底面 $\triangle ABC$ 的边长分别为 a,b,c,求 Ω 的最小侧面积.

【分析】 三棱锥的底面和高的大小已知,要求侧面的面积大小.同学们发挥一下自己的空间想象很快就会发现,侧面积的大小与高的垂足紧密相关,根据这一特点并结合侧面积的计算,很快可以确定自变量是高的垂足到底面三角形三边的距离.

解 如图 3.4 所示. 记三棱锥的顶点为 H,它在底面上的正投影为点 O. 点 O 到 BC, CA, AB 的垂足分别为 D, E, F,垂线段的有向长度分别为 x, y, z,其符号约定为:当 O 与 $\triangle ABC$ 的内心在直线 BC 的同侧时,$x > 0$;异侧时,$x < 0$. 类似地规定 y, z 的符号. 当点 O 在 $\triangle ABC$ 的外部时,

$$S_{\triangle OBC} = \frac{1}{2}a|x| = -\frac{1}{2}ax, \quad S_{\triangle AOC} = \frac{1}{2}b|y| = -\frac{1}{2}by.$$

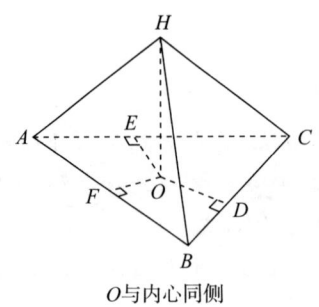
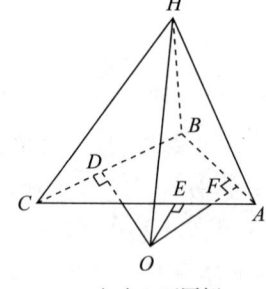

O 与内心同侧　　　　　O 与内心不同侧

图 3.4

可以验证，$\triangle ABC$ 的面积恒可以表示为

$$S_{\triangle ABC} = \frac{1}{2}(ax + by + cz),$$

即 x, y, z 满足 $ax + by + cz = 2S_{\triangle ABC}$，其中

$$S_{\triangle ABC} = \sqrt{p(p-a)(p-b)(p-c)}, \quad p = \frac{1}{2}(a+b+c).$$

由三垂线定理可知，HD, HE, HF 分别是三个侧面三角形的底边上的高，因此三棱锥的侧面的面积可表示为

$$S(x, y, z) = \frac{1}{2}\left(a\sqrt{x^2+h^2} + b\sqrt{y^2+h^2} + c\sqrt{z^2+h^2}\right).$$

作 Lagrange 辅助函数

$$F(x,y,z) = a\sqrt{x^2+h^2} + b\sqrt{y^2+h} + c\sqrt{z^2+h^2} - \lambda(ax+by+cz-2S_{\triangle ABC}),$$

则由 $F'_x = F'_y = F'_z = 0$，解得

$$\frac{x}{\sqrt{x^2+h^2}} + \frac{y}{\sqrt{y^2+h^2}} + \frac{z}{\sqrt{z^2+h^2}} = \lambda.$$

注意到 x, y, z 同号，故得 $x = y = z = \dfrac{2S_{\triangle ABC}}{a+b+c}$. 该问题必有最小值，因此在 $x = y = z = \dfrac{2S_{\triangle ABC}}{a+b+c}$，即点 O 是 $\triangle ABC$ 的内心时，三棱锥 Ω 的侧面积最小，且最小值为

$$S_{\min} = \frac{1}{2}(a+b+c)\sqrt{h^2+r^2},$$

其中 $r = \dfrac{2S_{\triangle ABC}}{a+b+c}$ 是 $\triangle ABC$ 的内切圆的半径.

例65 （河南2022）设三角形的三个内角分别为 A, B, C，求 $3\cos A + 4\cos B + 6\cos C$ 的最大值.

【分析】 很明显，这是一道函数的条件极值题. Lagrange 乘子法一定是它的求解方法之一，只是求解时需要运用一些技巧.

解 方法一 三角形内角和：$A + B + C = \pi$，设 Lagrange 函数

$$F(A,B,C,\lambda) = 3\cos A + 4\cos B + 6\cos C + \lambda(A+B+C-\pi).$$

令

$$\begin{cases} F'_A = -3\sin A + \lambda = 0, \\ F'_B = -4\sin B + \lambda = 0, \\ F'_C = -6\sin C + \lambda = 0, \\ F'_\lambda = A+B+C-\pi = 0, \end{cases} \quad \text{即} \quad \begin{cases} \dfrac{\lambda}{3} = \sin A, \\ \dfrac{\lambda}{4} = \sin B, \\ \dfrac{\lambda}{6} = \sin C, \\ A+B+C = \pi. \end{cases}$$

解得 $\cos A = -\dfrac{1}{4}, \cos B = \dfrac{11}{16}, \cos C = \dfrac{7}{8}$. 于是所求最大（极大）值为

$$3\cos A + 4\cos B + 6\cos C = \frac{29}{4}.$$

方法二 先证明引理 —— 著名的嵌入不等式:设 A,B,C 为三角形的三个内角,对任意实数 x,y,z 有

$$x^2+y^2+z^2 \geqslant 2xy\cos A + 2xz\cos B + 2yz\cos C.$$

设二次型 $f(x,y,z)=x^2+y^2+z^2-2xy\cos A-2xz\cos B-2yz\cos C$,则二次型矩阵为

$$\begin{pmatrix} 1 & -\cos A & -\cos B \\ -\cos A & 1 & -\cos C \\ -\cos B & -\cos C & 1 \end{pmatrix}.$$

计算顺序主子式 $D_1=1, D_2=\sin^2 A, D_3=0.$ 由此可知,二次型是半正定的,即 $f(x,y,z)\geqslant 0$,则引理成立.

本题这里取 $xy=\dfrac{3}{2}, xz=2, yz=3$,进而可得: $z=2, y=\dfrac{3}{2}, x=1$,即

$$3\cos A + 4\cos B + 6\cos C \leqslant 2^2 + \left(\dfrac{3}{2}\right)^2 + 1^2 = \dfrac{29}{4}.$$

例66 证明:函数 $f(u,v)=(u-v)^2+\left(\sqrt{2-u^2}-\dfrac{9}{v}\right)^2$ 在区域 $D=\{(u,v)\in \mathbf{R}^2 : 0<u<\sqrt{2}, v>0\}$ 中的最小值为 8.

【分析】 此题的难点在于求完偏导数后所得方程组如何求解.经典方法是,根据不能直接求解的特质,转换思路,观察函数的特点,最终利用特殊性得到方程组.另外一种方法,观察并找出所求函数的"平方和"特性,结合"平方和"在几何图形中的意义,即"两点间的距离",最后将所求函数转化为两个几何曲线(圆和双曲线)上的点之间的距离.

证明 **方法一** 采用微分法.先求函数的驻点,则

$$\begin{cases} f'_u = 2(u-v) + 2\left(\sqrt{2-u^2}-\dfrac{9}{v}\right)\dfrac{-u}{\sqrt{2-u^2}}=0, \\ f'_v = -2(u-v) + 2\left(\sqrt{2-u^2}-\dfrac{9}{v}\right)\dfrac{9}{v^2}=0. \end{cases}$$

化简易得

$$\dfrac{u}{\sqrt{2-u^2}} = \dfrac{9}{v^2}.$$

另外一方面,通过简单计算可得

$$2(u-v)+2\left(\sqrt{2-u^2}-\dfrac{9}{v}\right)\dfrac{-u}{\sqrt{2-u^2}}=0 \Rightarrow \dfrac{u}{\sqrt{2-u^2}}=\dfrac{v^2}{9}.$$

由上面两个等式可得 $u=1, v=3$. 显然函数无最大值,则 $(1,3)$ 是最小值点,且代入计算可得函数的最小值为 8.

方法二 采用几何法.利用函数的特殊形式,将函数看成两点 $P(u,\sqrt{2-u^2})$, $Q\left(v,\dfrac{9}{v}\right)$ 之间的距离.容易看出,点 $P(u,\sqrt{2-u^2})$ 是第一象限圆周 $x^2+y^2=2$ 上的点,而点 $Q\left(v,\dfrac{9}{v}\right)$ 是第一象限双曲线 $xy=9$ 上的点.根据函数图像可得,圆周与双曲线最近的距离是

圆周上的点 $(1,1)$ 与双曲线上的点 $(3,3)$ 之间的距离，此距离是 $2\sqrt{2}$，故函数 $f(u,v)$ 的最小值是 8.

例67 （武汉大学）求证：内切于一给定正方形的所有椭圆中，以圆的周长为最长.

【分析】 本题看起来"表面无害"，感觉非常简单，但当我们想完全求证时，却发现并非如此，不好入手，非常艰难.分析下思路：首先，不要选择性忽视"几何应用题求最值"的问题，既然是几何题，那么一定要结合几何图形，通过几何图形我们可得到如下结论：椭圆的轴应在正方形的对角线上，结合求最值的特点，就可以将几何题分析化，得到目标函数.思路出来了就好办了，先建立坐标系（坐标系是用来简化计算的），如何建坐标系呢？"羊毛总是来自羊身上"，从上面的结论中找，结论就是建立坐标系的依据.为什么？因为我们不想让椭圆斜放，而是平放，这样椭圆方程最简单——标准型.

解 显然椭圆的轴应在正方形的对角线上，设正方形四条边的方程为 $|x|+|y|=c$（c 为常数），椭圆方程为

$$\frac{x^2}{a^2}+\frac{y^2}{b^2}=1,\quad 0<b\leqslant a<c.$$

在第一象限，切点满足方程组：

$$\begin{cases}\dfrac{x^2}{a^2}+\dfrac{y^2}{b^2}=1,\\ x+y=c.\end{cases}$$

消去 y 得

$$\frac{x^2}{a^2}+\frac{(c-x)^2}{b^2}=1,$$

即

$$(a^2+b^2)x^2-2a^2cx+(a^2c^2-a^2b^2)=0.$$

由于解唯一，故

$$\begin{aligned}\Delta&=(-2a^2c)^2-4(a^2+b^2)(a^2c^2-a^2b^2)\\ &=4a^2b^2(a^2+b^2-c^2)=0\\ &\Rightarrow a^2+b^2=c^2.\end{aligned}$$

设椭圆参数方程为 $x=a\cos t, y=b\sin t$，椭圆弧长为 $4L$，则

$$\begin{aligned}L&=\int_0^{\frac{\pi}{2}}\sqrt{\left(\frac{\mathrm{d}x}{\mathrm{d}t}\right)^2+\left(\frac{\mathrm{d}y}{\mathrm{d}t}\right)^2}\,\mathrm{d}t=\int_0^{\frac{\pi}{2}}\sqrt{a^2\sin^2 t+b^2\cos^2 t}\,\mathrm{d}t\\ &=\int_0^{\frac{\pi}{2}}\sqrt{a^2\frac{1-\cos 2t}{2}+b^2\frac{1+\cos 2t}{2}}\,\mathrm{d}t\\ &=\frac{1}{\sqrt{2}}\int_0^{\frac{\pi}{2}}\sqrt{c^2-(a^2-b^2)\cos 2t}\,\mathrm{d}t\\ &=\frac{1}{\sqrt{2}}\int_0^{\frac{\pi}{4}}\sqrt{c^2-(a^2-b^2)\cos 2t}\,\mathrm{d}t+\frac{1}{\sqrt{2}}\int_{\frac{\pi}{4}}^{\frac{\pi}{2}}\sqrt{c^2-(a^2-b^2)\cos 2t}\,\mathrm{d}t.\end{aligned}$$

上式右边第二项作换元变换 $2t=\pi-2u$，得

$$L = \frac{1}{\sqrt{2}} \int_0^{\frac{\pi}{4}} \sqrt{c^2 - (a^2-b^2)\cos 2t}\, dt + \frac{1}{\sqrt{2}} \int_0^{\frac{\pi}{4}} \sqrt{c^2 + (a^2-b^2)\cos 2u}\, du$$

$$= \frac{1}{\sqrt{2}} \int_0^{\frac{\pi}{4}} \left[\sqrt{c^2 - (a^2-b^2)\cos 2t} + \sqrt{c^2 + (a^2-b^2)\cos 2t} \right] dt$$

令 $A = a^2 - b^2, A \geqslant 0$,则

$$f(A) = \sqrt{c^2 - A\cos 2t} + \sqrt{c^2 + A\cos 2t},$$

$$f'(A) = \frac{-\cos 2t}{2\sqrt{c^2 - A\cos 2t}} + \frac{\cos 2t}{2\sqrt{c^2 + A\cos 2t}}.$$

当 $t \in \left[0, \frac{\pi}{4}\right]$ 时, $\cos 2t \geqslant 0, f'(A) < 0$, 则 $f(A)$ 单调递减, 因此 $f(A)_{\max} = f(0)$, 所以当 $A = 0$ 时, 积分值最大, 即 L 最长, 所以当 $a^2 = b^2$, 即 $a = b$ 时, 也就是椭圆为圆时, 弧长 $4L$ 最大.

例68 (北京2008) 设 $f(x,y)$ 有二阶连续偏导数, $g(x,y) = f(e^{xy}, x^2+y^2)$, 且 $f(x,y) = 1 - x - y + o(\sqrt{(x-1)^2 + y^2})$, 证明 $g(x,y)$ 在 $(0,0)$ 点取得极值, 并判断此极值是极大值还是极小值, 再求出此极值.

【分析】 估计很多同学看完此题都是"一脸茫然"的感觉. 原因是题型极其少见. 其实只要静下心来会发现, "一脸茫然" 都属于"杞人忧天", 为什么? 理由一: 函数 $g(x,y)$ 的表达式是通过复合函数定义, 那么显然会考察链式法则求函数值和偏导数. 理由二: 函数 $f(x,y)$ 的表达式是通过标准的二元 Taylor 公式定义出来的. 只要我们理解了 Taylor 公式的含义, 就知道它所包含的信息是极其丰富的, 比如函数值的信息、导数值的信息等, 这些信息恰恰就是求极值所需要的.

解 已知 $f(x,y) = -(x-1) - y + o(\sqrt{(x-1)^2 + y^2})$, 则

$$f(1,0) = 0, \quad f'_x(1,0) = f'_y(1,0) = -1.$$

由全微分的定义知

$$g'_x = f'_1 \cdot e^{xy} y + f'_2 \cdot 2x, \quad g'_y = f'_1 \cdot e^{xy} x + f'_2 \cdot 2y, \quad g'_x(0,0) = 0, \quad g'_y(0,0) = 0.$$

$$g''_{xx} = (f''_{11} \cdot e^{xy} y + f''_{12} \cdot 2x)e^{xy} y + f'_1 \cdot e^{xy} y^2 + (f''_{21} \cdot e^{xy} y + f''_{22} \cdot 2x)2x + 2f'_2,$$

$$g''_{xy} = (f''_{11} \cdot e^{xy} x + f''_{12} \cdot 2y)e^{xy} y + f'_1 \cdot (e^{xy} xy + e^{xy}) + (f''_{21} \cdot e^{xy} x + f''_{22} \cdot 2y)2x,$$

$$g''_{yy} = (f''_{11} \cdot e^{xy} x + f''_{12} \cdot 2y)e^{xy} x + f'_1 \cdot e^{xy} x^2 + (f''_{21} \cdot e^{xy} x + f''_{22} \cdot 2y)2y + 2f'_2.$$

于是

$$A = g''_{xx}(0,0) = 2f'_2(1,0) = -2, \quad B = g''_{xy}(0,0) = f'_1(1,0) = -1,$$

$$C = g''_{yy}(0,0) = 2f'_2(1,0) = -2,$$

则 $AC - B^2 = 3 > 0$, 且 $A < 0$, 故 $g(0,0) = f(1,0) = 0$ 是极大值.

例69 (北京理工大学1994) 证明: 函数 $f(x,y) = Ax^2 + 2Bxy + Cy^2$ 在约束条件 $1 - \frac{x^2}{a^2} - $

$\frac{y^2}{b^2}=0$ 下有最大值和最小值,且它们是方程 $k^2-(Aa^2+Cb^2)k+(AC-B^2)a^2b^2=0$ 的根.

【分析】 很少见的题型.初看外观,此题很美,思路很直接.首先,判断出此题属于条件最值(极值);其次,求出最值点(也即驻点);再次,求最大值和最小值;最后,将最值代入方程验证为根.理想很美好,但现实很骨感,如果按照上述步骤,会发现计算量是极其的大,几乎不可能完成.此路不通,只能另寻他路.大家再回头看看题干的要求,其一,只是要求证明最大值和最小值是方程的根,并没有要求找到最值点;其二,验证根,不一定要代入方程,而是构造或者推导出方程.所以,此题的重点是如何表达出最大值和最小值,在本题中它们刚好对应着 Lagrang 乘子.在上面的基础上,由极值条件得到的方程组中去找满足乘子的方程.

证明 函数 $f(x,y)=Ax^2+2Bxy+Cy^2$ 是多项式,也即连续,在有界闭集 $1-\frac{x^2}{a^2}-\frac{y^2}{b^2}=0$ 上存在最值.设最值点分别为 (x_1,y_1) 和 (x_2,y_2).

设 Lagrange 乘子函数为
$$L(x,y)=Ax^2+2Bxy+Cy^2-\lambda\left(1-\frac{x^2}{a^2}-\frac{y^2}{b^2}\right),$$

则最值点 (x_1,y_1) 和 (x_2,y_2) 满足如下方程组:
$$\begin{cases}\frac{\partial L}{\partial x}=2\left[\left(A-\frac{\lambda}{a^2}\right)x+By\right]=0,\\ \frac{\partial L}{\partial y}=2\left[\left(C-\frac{\lambda}{b^2}\right)y+Bx\right]=0,\\ \frac{\partial L}{\partial \lambda}=1-\frac{x^2}{a^2}-\frac{y^2}{b^2}=0.\end{cases}$$

设最值点 (x_1,y_1) 和 (x_2,y_2) 分别对应的乘子为 λ_1 和 λ_2,则它们满足:
$$\left(A-\frac{\lambda_i}{a^2}\right)x_i+By_i=0,\quad \left(C-\frac{\lambda_i}{b^2}\right)y_i+Bx_i=0,\quad 1-\frac{x_i^2}{a^2}-\frac{y_i^2}{b^2}=0,\quad i=1,2.$$

上面第一个方程两边乘以 x_i,第二个方程两边乘以 y_i,然后两个方程相加并利用第三个方程可得:$\lambda_i=Ax_i^2+2Bx_iy_i+Cy_i^2, i=1,2.$ 于是它们分别为函数的最值.再由方程组
$$\begin{cases}\frac{\partial L}{\partial x}=2\left[\left(A-\frac{\lambda}{a^2}\right)x+By\right]=0,\\ \frac{\partial L}{\partial y}=2\left[\left(C-\frac{\lambda}{b^2}\right)y+Bx\right]=0\end{cases}$$

有非零解可知,系数矩阵的行列式为 0,也即
$$\left(A-\frac{\lambda}{a^2}\right)\left(C-\frac{\lambda}{b^2}\right)-B^2=0\Rightarrow k^2-(Aa^2+Cb^2)k+(AC-B^2)a^2b^2=0.$$

例70 (北京交通大学 1994) 设在区域 $D:|x|+|y|\leqslant 1$ 上,函数 $f(x,y)$ 连续,$\frac{\partial f}{\partial x},\frac{\partial f}{\partial y}$ 存在,且 $|f(x,y)|\leqslant 1$.证明:在区域 D 内存在一点 (x_0,y_0),使 $\left(\frac{\partial f}{\partial x}\right)^2+\left(\frac{\partial f}{\partial y}\right)^2\leqslant 8$.

证明 设辅助函数 $g(x,y)=f(x,y)-2(|x|+|y|)$. 在区域的边界 ∂D 上,辅助函数

$$g(x,y)\big|_{\partial D}=f(x,y)-2(|x|+|y|)=f(x,y)-2\leqslant -1,$$

而 $g(0,0)=f(0,0)\geqslant -1$. 由此可得,辅助函数 $g(x,y)$ 在区域内部取到最大值. 于是,

(1) 当最大值点 (x_0,y_0) 不在坐标轴上时,辅助函数的偏导数存在,且

$$\frac{\partial g(x_0,y_0)}{\partial x}=\frac{\partial g(x_0,y_0)}{\partial y}=0,$$

也即 $\dfrac{\partial f(x_0,y_0)}{\partial x}=\dfrac{\partial f(x_0,y_0)}{\partial y}=2$ 或者 -2,则结论成立.

(2) 当最大值点位于坐标轴时,辅助函数的可能情况:

$$g(x,y)=f(x,y)-2|x| \quad \text{或者} \quad g(x,y)=f(x,y)-2|y|,$$

则

$$\frac{\partial f}{\partial x}\bigg|_{(x_0,y_0)}=\pm 2, \quad \frac{\partial f}{\partial y}\bigg|_{(x_0,y_0)}=0,$$

或

$$\frac{\partial f}{\partial x}\bigg|_{(x_0,y_0)}=0, \quad \frac{\partial f}{\partial y}\bigg|_{(x_0,y_0)}=\pm 2.$$

故结论成立.

例71 (武汉大学) 已知 $u(x,y)$ 在 $D:x^2+y^2\leqslant 1$ 上连续,且在 $x^2+y^2<1$ 上满足:

$$\frac{\partial^2 u(x,y)}{\partial x^2}+\frac{\partial^2 u(x,y)}{\partial y^2}=u(x,y).$$

若 $u(x,y)$ 在 $x^2+y^2=1$ 上取正值,证明:

(1) 在 $x^2+y^2\leqslant 1$ 上也有 $u(x,y)\geqslant 0$;

(2) 在 $x^2+y^2\leqslant 1$ 上也有 $u(x,y)>0$.

【分析】 首先得搞清楚这题在考什么. 同学们可能会觉得,从题干到结论完全没线索,乍一看确实一头雾水,摸不着头脑. 结论要求证明函数在圆盘上非负,也就是说,单位圆盘上任意一点的函数值都大于0. 这么绝对的结论,正面直接证明可能较为困难,是否可以考虑从反面入手呢? 所以,这种绝对的结论往往对应着反证法——假设存在某点的函数值小于0,说不定会有意外收获. 再结合题干里的二阶导数信息,是不是可以考虑函数的最值,尤其是最小值? 想到这儿,证明其实已经完成一半. 根据题干给的等式,很快就能找到矛盾.

第二问的证明思路和第一问差不多,也可以用反证法. 只不过这次假设某点的函数值等于0,然后推出矛盾. 具体过程留给同学们自行探索. 下面再给出另一种方法,这种方法其实是延续第一问的思路. 既然第一问已经证明了函数值大于等于0,那我们只要证明 $u(x,y)-\varepsilon$(很小的正数)也大于等于0,结论就出来了. 这提醒我们得构造一个辅助函数,而且为了用上第一问的结论,辅助函数必须满足题干里的等式条件. 所以,我们可以构造这样一个辅助函数: $F(x,y)=u(x,y)-\varepsilon(e^x+e^y)$. 这么一来,证明就能继续推进了.

解 (1) 反证法. 假设 $f(P_0)=u(x_0,y_0)<0$,则不妨又假定 P_0 是 u 的最小值点. 注意

到 $x_0^2+y_0^2<1$，所以 $\dfrac{\partial u(x_0,y_0)}{\partial x}=0$，$\dfrac{\partial u(x_0,y_0)}{\partial y}=0$. 此外，由题干中的等式可知

$$\dfrac{\partial^2 u(x_0,y_0)}{\partial x^2}<0 \quad \text{或} \quad \dfrac{\partial^2 u(x_0,y_0)}{\partial y^2}<0.$$

记 $g(x)=u(x,y_0)$，则点 $x=x_0$ 为 $g(x)$ 的极小值点. 又因为 $g''(x)<0$，所以点 $x=x_0$ 是 $g(x)$ 的极大值点. 这与极小值矛盾.

注意到，在 $x^2+y^2=1-\delta_0$（$\exists\, 0<\delta_0<1$）上必有点 $P_1(x_1,y_1)$，使得 $u(P_1)>0$. 因此，在 $\overrightarrow{P_0P_1}$ 上有点 $P_2(x_2,y_2)$，使得 $u(P_2)=0$. 即证得：在 $x^2+y^2\leqslant 1$ 上，也有 $u(x,y)\geqslant 0$.

（2）考察函数 $F(x,y)=u(x,y)-\varepsilon(\mathrm{e}^x+\mathrm{e}^y)$，因此，有

$$F'_x(x,y)=u'_x(x,y)-\varepsilon\mathrm{e}^x, \quad F''_{xx}(x,y)=u''_{xx}(x,y)-\varepsilon\mathrm{e}^x,$$
$$F''_{yy}(x,y)=u''_{yy}(x,y)-\varepsilon\mathrm{e}^y.$$

所以

$$F''_{xx}(x,y)+F''_{yy}(x,y)=u''_{xx}(x,y)+u''_{yy}(x,y)-\varepsilon(\mathrm{e}^x+\mathrm{e}^y)$$
$$=u(x,y)-\varepsilon(\mathrm{e}^x+\mathrm{e}^y)=F(x,y).$$

取 ε 充分小，使得在圆周上 $F(x,y)>0$，有 $F(x,y)\geqslant 0$，即

$$u(x,y)\geqslant \varepsilon(\mathrm{e}^x+\mathrm{e}^y)>0.$$

因此，在 $x^2+y^2\leqslant 1$ 上，也有 $u(x,y)>0$.

3.7 几何应用

例72　**(武汉大学)** 求与曲面 $x^2-2y^2+z^2-4yz-8xz+4xy-2x+8y-4z-2=0$ 相交，且交线的对称中心在坐标原点的平面方程.

【分析】　空间曲线好想象，但根据方程表达式，想象它是什么曲线还是很难的，比如，不平行坐标面的圆方程可能很复杂，但曲线本身很好想象. 那我们该如何去简单地认识空间曲线呢？考虑它在坐标面的投影，是一个不错的想法，并且投影后有很多性质保持不变，比如，对称中心.

解　由题设知，所求平面为过原点的平面，故可设方程为 $x+By+Cz=0$，交线在 yOz 面上的投影柱面为

$$(By+Cz)^2-2y^2+z^2-4yz+8(By+Cz)z-4(By+Cz)y$$
$$+2(By+Cz)+8y-4z-2=0,$$

整理得

$$(B^2-4B-2)y^2+(C^2+8C+1)z^2+(BC+4B-2C-2)yz$$
$$+2(B+4)y+2(C-2)z-2=0.$$

该方程也就为 yOz 面上的投影曲线. 由于交线的投影曲线也以坐标原点为对称中心，故分别用 $-y,-z$ 替换 y,z，方程保持不变，从而可得

$$2(B+4)=0, \quad 2(C-2)=0, \quad \text{即} \quad B=-4, C=2.$$

故所求平面方程为 $x-4y+2z=0$.

例73 (**北京 2008**) 设 $f(x)$ 连续,在 $x=1$ 处可导,且满足
$$f(1+\sin x)-3f(1-\sin x)=8x+o(x), \quad x\to 0,$$
则曲线 $y=f(x)$ 在 $x=1$ 处的切线方程为 _____.

【**分析**】 本题主要考察无穷小定义以及导数定义的运用.

解 由已知等式条件以及令 $x=0$ 可得 $f(1)=0$.已知条件可恒等变形为
$$\frac{f(1+\sin x)-f(1)}{\sin x}\cdot\frac{\sin x}{x}-3\cdot\frac{f(1-\sin x)-f(1)}{-\sin x}\cdot\frac{-\sin x}{x}=8+o(1).$$
两边取极限,并由导数定义以及等价无穷小可得: $4f'(1)=8$,即 $f'(1)=2$,则切线方程为 $y=2x-2$.

例74 (**陕西 1999**) 设一礼堂的顶部是半椭球面,其方程为 $z=4\sqrt{1-\dfrac{x^2}{16}-\dfrac{y^2}{36}}$,求下雨时过房顶上面的点 $P(1,3,\sqrt{11})$ 处时雨水流下的路线方程.

【**分析**】 本题考察的是梯度的几何意义和物理意义.相信大家都知道此题的重点在于此,但如何求出路线方程,也就是空间曲线的方程呢? 我们的问题是,空间曲线的一般形式该怎么写呢? 肯定有不少同学会疑惑,这个我们肯定知道啊 —— 两个曲面方程联立就是空间曲线方程啊.没错,就是这样.我们是不是已经有了一个空间曲面方程 —— 半椭球面? 接下来只需要找到另外一个曲面方程就行了.虽然这个曲面有无数种可能,但如何简单地找到它呢? 发挥我们的空间想象力,最简单的那个曲面就是我们该追寻的目标 —— 投影曲面.投影曲面怎么求? 当然是通过求投影曲线来得到.那如何确定投影曲线呢? 这个时候,梯度的几何意义和物理意义就派上用场了.雨水下降的方向就是梯度的方向,而这个梯度方向恰好是投影曲线的切向.由此建立微分方程,求解微分方程得到投影曲线,进而得到投影曲面.

解 根据物理意义有:雨水沿下降最快的方向流下,此方向是 z 的梯度的反方向,即 $\nabla z=\left(\dfrac{\partial z}{\partial x},\dfrac{\partial z}{\partial y}\right)$ 的反方向.于是,雨水从椭球面上流下的路径曲线在坐标面 xOy 上的投影曲线 $f(x,y)=0$ 上任一点的切线方向 $(\mathrm{d}x,\mathrm{d}y)$ 与 $\nabla z=\left(\dfrac{\partial z}{\partial x},\dfrac{\partial z}{\partial y}\right)$ 平行,即
$$(\mathrm{d}x,\mathrm{d}y)/\!/\nabla z=\left(\frac{\partial z}{\partial x},\frac{\partial z}{\partial y}\right)=\left(-\frac{x}{z},-\frac{4y}{9z}\right),$$
则 $\dfrac{\mathrm{d}y}{\mathrm{d}x}=\dfrac{4y}{9x}$.解方程得 $y=Cx^{\frac{4}{9}}$.又因为过点 $P(1,3,\sqrt{11})$,可得 $C=3$.于是可得雨水的路线方程为
$$\begin{cases} z=4\sqrt{1-\dfrac{x^2}{16}-\dfrac{y^2}{36}}, \\ y=3x^{\frac{4}{9}}. \end{cases}$$

例75 (**北京化工大学 1991**) 过椭球 $ax^2+by^2+cz^2=1$ 外一定点 (α,β,γ) 作切平面,再过

椭球的球心作切平面的垂线,求垂足的轨迹方程.

解 设切点为(X,Y,Z),切平面方程为
$$lx+my+nz=p, \tag{1}$$
过球心作切平面的垂线为
$$\frac{x}{l}=\frac{y}{m}=\frac{z}{n}. \tag{2}$$

因为点(α,β,γ)在切平面上,则
$$l\alpha+m\beta+n\gamma=p. \tag{3}$$

又因为
$$\frac{aX}{l}=\frac{bY}{m}=\frac{cZ}{n}=\frac{aX^2+bY^2+cZ^2}{lX+mY+nZ}=\frac{1}{p}, \tag{4}$$
由(4)式可得
$$aX^2+bY^2+cZ^2=a\left(\frac{l}{ap}\right)^2+b\left(\frac{m}{bp}\right)^2+c\left(\frac{n}{cp}\right)^2=1,$$
化简得
$$\frac{l^2}{a}+\frac{m^2}{b}+\frac{n^2}{c}=1. \tag{5}$$

联立(1),(3),(4),(5)式,消除参数得
$$\begin{cases} x(x-\alpha)+y(y-\beta)+z(z-\gamma)=0, \\ \dfrac{x^2}{a}+\dfrac{y^2}{b}+\dfrac{z^2}{c}=1, \end{cases}$$
即为所求的轨迹方程.

例76（天津 2009）在椭球面$\dfrac{x^2}{a^2}+\dfrac{y^2}{b^2}+\dfrac{z^2}{c^2}=1$上求一切平面,它在坐标轴的正半轴截取相等的线段.

解 设$F(x,y,z)=\dfrac{x^2}{a^2}+\dfrac{y^2}{b^2}+\dfrac{z^2}{c^2}-1$,切点为$(x_0,y_0,z_0)$,故该点处切平面的法向量为
$$F'_x=\frac{2x_0}{a^2}, \quad F'_y=\frac{2y_0}{b^2}, \quad F'_z=\frac{2z_0}{c^2}.$$
切平面方程为$\dfrac{2x_0}{a^2}(x-x_0)+\dfrac{2y_0}{b^2}(y-y_0)+\dfrac{2z_0}{c^2}(z-z_0)=0$,即
$$\frac{x}{\dfrac{a^2}{x_0}}+\frac{y}{\dfrac{b^2}{y_0}}+\frac{z}{\dfrac{c^2}{z_0}}=1.$$

依题意,有截距$\dfrac{a^2}{x_0}=\dfrac{b^2}{y_0}=\dfrac{c^2}{z_0}=k(k>0)$,即$x_0=\dfrac{a^2}{k},y_0=\dfrac{b^2}{k},z_0=\dfrac{c^2}{k}$.由于切点在椭球面上,故有
$$\frac{\left(\dfrac{a^2}{k}\right)^2}{a^2}+\frac{\left(\dfrac{b^2}{k}\right)^2}{b^2}+\frac{\left(\dfrac{c^2}{k}\right)^2}{c^2}=1, \quad 即 \quad \frac{a^2}{k^2}+\frac{b^2}{k^2}+\frac{c^2}{k^2}=1,$$

从而解得 $k=\sqrt{a^2+b^2+c^2}$. 于是有
$$x_0=\frac{a^2}{\sqrt{a^2+b^2+c^2}}, \quad y_0=\frac{b^2}{\sqrt{a^2+b^2+c^2}}, \quad z_0=\frac{c^2}{\sqrt{a^2+b^2+c^2}}.$$
故切平面方程为 $x+y+z=\sqrt{a^2+b^2+c^2}$.

例77 (**天津 2008**) 求 λ 的值,使两曲面: $xyz=\lambda$ 与 $\dfrac{x^2}{a^2}+\dfrac{y^2}{b^2}+\dfrac{z^2}{c^2}=1$ 在第一卦限内相切,并求出在切点处两曲面的公共切平面方程.

解 曲面 $xyz=\lambda$ 在点 (x,y,z) 处切平面的法向量为
$$\vec{n_1}=(yz,zx,xy).$$
曲面 $\dfrac{x^2}{a^2}+\dfrac{y^2}{b^2}+\dfrac{z^2}{c^2}=1$ 在点 (x,y,z) 处切平面的法向量为
$$\vec{n_2}=\left(\frac{x}{a^2},\frac{y}{b^2},\frac{z}{c^2}\right).$$
欲使两曲面在点 (x,y,z) 处相切,必须 $\vec{n_1} \parallel \vec{n_2}$,即
$$\frac{x}{a^2 yz}=\frac{y}{b^2 zx}=\frac{z}{c^2 xy}=:t.$$
由 $x>0,y>0,z>0$,得
$$\frac{x^2}{a^2\lambda}+\frac{y^2}{b^2\lambda}+\frac{z^2}{c^2\lambda}=3t, \quad 即 \quad 3\lambda t=1.$$
于是有 $\dfrac{x^2}{a^2}=\dfrac{y^2}{b^2}=\dfrac{z^2}{c^2}=\dfrac{1}{3}$,解得
$$x=\frac{a}{\sqrt{3}}, \quad y=\frac{b}{\sqrt{3}}, \quad z=\frac{c}{\sqrt{3}}, \quad \lambda=\frac{abc}{3\sqrt{3}}.$$
公共切平面方程为
$$\frac{bc}{3}\left(x-\frac{a}{\sqrt{3}}\right)+\frac{ac}{3}\left(y-\frac{b}{\sqrt{3}}\right)+\frac{ab}{3}\left(z-\frac{c}{\sqrt{3}}\right)=0,$$
化简得
$$\frac{x}{a}+\frac{y}{b}+\frac{z}{c}=\sqrt{3}.$$

3.8 几何应用中的最值问题

例78 (**广东 1991**) 设曲面方程 $S: z=\sqrt{4+x^2+4y^2}$,平面 $\pi: x+2y+2z=2$,在曲面 S 上求一点,使得其与平面 π 的距离最短,并求出此距离.

解 方法一 设曲面 S 上的点为 $(x,y,\sqrt{4+x^2+4y^2})$,它到平面 π 的距离为
$$d=\frac{1}{3}(x+2y+2\sqrt{4+x^2+4y^2}-2).$$

于是

$$\begin{cases} \dfrac{\partial d}{\partial x} = \dfrac{1}{3}\left(1 + \dfrac{2x}{\sqrt{4+x^2+4y^2}}\right) = 0, \\ \dfrac{\partial d}{\partial x} = \dfrac{1}{3}\left(1 + \dfrac{4y}{\sqrt{4+x^2+4y^2}}\right) = 0. \end{cases}$$

解方程组得到唯一驻点：$x = -\sqrt{2}, y = -\dfrac{\sqrt{2}}{2}, z = 2\sqrt{2}$，则最小距离 $d = \dfrac{2}{3}(\sqrt{2}-1)$.

方法二 设曲面 S 上的点 $P(a,b,c)$ 的切平面与平面 π 平行，于是有

$$(-2a, -8b, 2c) \parallel (1,2,2), \quad 即 \quad a = \dfrac{-t}{2}, b = -\dfrac{t}{4}, c = t. \tag{1}$$

又因为 $P(a,b,c)$ 在曲面 S 上，即有

$$c = \sqrt{4+a^2+4b^2}. \tag{2}$$

由(1),(2)式可得

$$a = -\sqrt{2}, \quad b = -\dfrac{\sqrt{2}}{2}, \quad c = 2\sqrt{2}, \quad t = \sqrt{2},$$

则最小距离

$$d = \dfrac{2}{3}(\sqrt{2}-1).$$

方法三 设曲面 S 上的点 $P(a,b,c)$ 到平面 π 的距离为

$$d = \dfrac{1}{3}(a+2b+2c-2).$$

因为点 $P(a,b,c)$ 在曲面 S 上，即有 $c = \sqrt{4+a^2+4b^2}$. 根据条件极值，设 Lagrange 乘子函数为

$$L(a,b,c,\lambda) = \dfrac{1}{3}(a+2b+2c-2) - \lambda(c - \sqrt{4+a^2+4b^2}).$$

由此可得

$$\dfrac{\partial L}{\partial a} = 0, \quad \dfrac{\partial L}{\partial b} = 0, \quad \dfrac{\partial L}{\partial c} = 0, \quad \dfrac{\partial L}{\partial \lambda} = 0.$$

解方程组得

$$a = -\sqrt{2}, \quad b = -\dfrac{\sqrt{2}}{2}, \quad c = 2\sqrt{2},$$

则最小距离为 $d_{\min} = \dfrac{2}{3}(\sqrt{2}-1)$.

例79 （陕西 1999）求两直线 $L: \begin{cases} y = 2x \\ z = x+1 \end{cases}$ 与 $l: \begin{cases} y = x+3 \\ z = x \end{cases}$ 之间的最短距离.

【分析】 这是一道常规题.这样的题要充分利用几何知识去解决,好处就是计算量很小很小.如果不考虑几何特性,完全基于微积分的知识解决,计算量会大不少.本题是求两条异面直线之间的距离,将其转化为线面之间的距离.其中平面过两条直线中的一条,并与另一条直线平行.方法一就是此解法.方法二和方法三是微积分解法.

解 方法一 过直线 l 作平行于 L 的平面 π，则平面 π 到直线 L 的距离就是我们所求的距离，也即直线上一点到平面的距离．

设过直线 l 的平面族为
$$x - z + \lambda(x - y + 3) = 0,$$
即
$$(1+\lambda)x - \lambda y - z + 3\lambda = 0.$$
直线 l 的方向为
$$(2, -1, 0) \times (1, 0, -1) = (1, 2, 1).$$
由平面 π 平行直线 L 可得
$$(1+\lambda, -\lambda, -1) \cdot (1, 2, 1) = 0,$$
解得 $\lambda = 0$，则平面方程为 $x = z$．$(0, 0, 1)$ 是直线上的点，则最小距离为
$$d = \frac{|0-1|}{\sqrt{2}} = \frac{1}{\sqrt{2}}.$$

方法二 将两直线用参数方程表示出来，分别为
$$L: \begin{cases} x = t, \\ y = 2t, \\ z = t+1, \end{cases} \quad 与 \quad l: \begin{cases} x = u, \\ y = u+3, \\ z = u, \end{cases}$$
则两直线任意两点之间的距离为
$$d = \sqrt{(t-u)^2 + (2t-u-3)^2 + (t+1-u)^2},$$
则
$$d^2 = (t-u)^2 + (2t-u-3)^2 + (t+1-u)^2 = f(t, u).$$
由求极值的方法可得
$$\frac{\partial f}{\partial t} = \frac{\partial f}{\partial u} = 0 \Rightarrow t = \frac{7}{2}, u = 4,$$
则 $d = \frac{1}{\sqrt{2}}$．

方法三 设直线 L 上的点为 (a, b, c) 与 l 上的点为 (m, n, p)，则两直线任意两点之间的距离为
$$d = \sqrt{(a-m)^2 + (b-n)^2 + (c-p)^2}.$$
再利用点在直线上可将上述距离转化为方法二中的形式，也可以直接利用条件求极值，具体计算不再描述了．

例80 （天津 2004）在椭球面 $2x^2 + 2y^2 + z^2 = 1$ 上求一点，使函数 $f(x, y, z) = x^2 + y^2 + z^2$ 在该点沿方向 $\vec{l} = \vec{i} - \vec{j}$ 的方向导数最大．

解 函数 $f(x, y, z)$ 的方向导数的表达式为
$$\frac{\partial f}{\partial l} = \frac{\partial f}{\partial x}\cos\alpha + \frac{\partial f}{\partial y}\cos\beta + \frac{\partial f}{\partial z}\cos\gamma,$$
其中，$\cos\alpha = \frac{1}{\sqrt{2}}, \cos\beta = -\frac{1}{\sqrt{2}}, \cos\gamma = 0$ 为方向 $\vec{l}$ 的方向余弦．因此，

$$\frac{\partial f}{\partial l} = \sqrt{2}(x-y).$$

于是,按照题意,即求函数 $\sqrt{2}(x-y)$ 在条件 $2x^2 + 2y^2 + z^2 = 1$ 下的最大值. 设

$$F(x,y,z,\lambda) = \sqrt{2}(x-y) + \lambda(2x^2 + 2y^2 + z^2 - 1),$$

则由

$$\begin{cases} \dfrac{\partial f}{\partial x} = \sqrt{2} + 4\lambda x = 0, \\ \dfrac{\partial f}{\partial y} = -\sqrt{2} + 4\lambda y = 0, \\ \dfrac{\partial f}{\partial z} = 2\lambda z = 0, \\ \dfrac{\partial f}{\partial \lambda} = 2x^2 + 2y^2 + z^2 - 1 = 0, \end{cases}$$

得 $z=0$ 以及 $x = -y = \pm \dfrac{1}{2}$,即得驻点为

$$M_1 = \left(\frac{1}{2}, -\frac{1}{2}, 0\right) \quad \text{与} \quad M_2 = \left(-\frac{1}{2}, \frac{1}{2}, 0\right).$$

因最大值必存在,故只需比较

$$\frac{\partial f}{\partial l}\Big|_{M_1} = \sqrt{2}, \quad \frac{\partial f}{\partial l}\Big|_{M_2} = -\sqrt{2}$$

的大小,由此可知 $M_1 = \left(\dfrac{1}{2}, -\dfrac{1}{2}, 0\right)$ 为所求.

例81 (**天津 2007**) 求过第一卦限中的点 (a,b,c) 的平面,使之与三坐标平面所围成的四面体的体积最小.

解 设所求平面的截距式方程为

$$\frac{x}{\xi} + \frac{y}{\eta} + \frac{z}{\zeta} = 1, \quad \xi > 0, \eta > 0, \zeta > 0.$$

因平面过点 (a,b,c),故有

$$\frac{a}{\xi} + \frac{b}{\eta} + \frac{c}{\zeta} = 1.$$

四面体体积为

$$V = \frac{1}{6}\xi\eta\zeta.$$

应用 Lagrange 乘数法,设

$$F(\xi,\eta,\zeta,\lambda) = \frac{1}{6}\xi\eta\zeta + \lambda\left(\frac{a}{\xi} + \frac{b}{\eta} + \frac{c}{\zeta} - 1\right).$$

令

$$\begin{cases} \dfrac{\partial F}{\partial \xi} = \dfrac{1}{6}\eta\zeta - \dfrac{\lambda a}{\xi^2} = 0, & (1) \\[2mm] \dfrac{\partial F}{\partial \eta} = \dfrac{1}{6}\xi\zeta - \dfrac{\lambda b}{\eta^2} = 0, & (2) \\[2mm] \dfrac{\partial F}{\partial \zeta} = \dfrac{1}{6}\xi\eta - \dfrac{\lambda c}{\zeta^2} = 0, & (3) \\[2mm] \dfrac{a}{\xi} + \dfrac{b}{\eta} + \dfrac{c}{\zeta} - 1 = 0. & (4) \end{cases}$$

由(1),(2),(3) 式得到

$$\dfrac{a}{\xi} = \dfrac{1}{6\lambda}\xi\eta\zeta, \quad \dfrac{b}{\eta} = \dfrac{1}{6\lambda}\xi\eta\zeta, \quad \dfrac{c}{\zeta} = \dfrac{1}{6\lambda}\xi\eta\zeta. \tag{5}$$

显然 $\lambda \neq 0$,否则 $\xi\eta\zeta = 0$,这与题意不符.将(5) 式代入(4) 式,得到

$$\xi\eta\zeta = 2\lambda.$$

从而 $\xi = 3a, \eta = 3b, \zeta = 3c$ 是唯一驻点,也是唯一最小值点.故所求平面为

$$\dfrac{x}{3a} + \dfrac{y}{3b} + \dfrac{z}{3c} = 1.$$

例82 (**天津 2011**) 设圆 $x^2 + y^2 = 2y$ 含于椭圆 $\dfrac{x^2}{a^2} + \dfrac{y^2}{b^2} = 1$ 的内部,且圆与椭圆相切于两点,即在这两点处圆与椭圆都有公共切线.求:

(1) a 与 b 满足的等式;(2) a 与 b 的值,使椭圆的面积最小.

解 (1) 根据条件可知,切点不在 y 轴上,否则圆与椭圆只可能相切于一点.设圆与椭圆相切于点 (x_0, y_0),则 (x_0, y_0) 既满足椭圆方程又满足圆方程,且在 (x_0, y_0) 处椭圆的切线斜率等于圆的切线斜率,即 $-\dfrac{b^2 x_0}{a^2 y_0} = -\dfrac{x_0}{y_0 - 1}$.注意到 $x_0 \neq 0$,因此,点 (x_0, y_0) 应满足

$$\begin{cases} \dfrac{x_0^2}{a^2} + \dfrac{y_0^2}{b^2} = 1, & (1) \\[2mm] x_0^2 + y_0^2 = 2y_0, & (2) \\[2mm] \dfrac{b^2}{a^2 y_0} = \dfrac{1}{y_0 - 1}. & (3) \end{cases}$$

由(1),(2) 式,得

$$\dfrac{b^2 - a^2}{b^2} y_0^2 - 2y_0 + a^2 = 0. \tag{4}$$

由(3) 式得 $y_0 = \dfrac{b^2}{b^2 - a^2}$,代入(4) 式,得

$$\dfrac{b^2 - a^2}{b^2} \cdot \dfrac{b^4}{(b^2 - a^2)^2} - \dfrac{2b^2}{b^2 - a^2} + a^2 = 0,$$

化简得

$$a^2 = \dfrac{b^2}{b^2 - a^2}, \quad 即 \quad a^2 b^2 - a^4 - b^2 = 0. \tag{5}$$

(2) 按题意,需求椭圆面积 $S = \pi ab$ 在约束条件(5) 下的最小值.构造函数

$$L(a,b,\lambda) = ab + \lambda(a^2b^2 - a^4 - b^2).$$

令

$$\begin{cases} \dfrac{\partial L}{\partial a} = b + \lambda(2ab^2 - 4a^3) = 0, & (6) \\ \dfrac{\partial L}{\partial b} = a + \lambda(2a^2b - 2b) = 0, & (7) \\ \dfrac{\partial L}{\partial \lambda} = a^2b^2 - a^4 - b^2 = 0. & (8) \end{cases}$$

$(6) \cdot a - (7) \cdot b$,并注意到 $\lambda \neq 0$,可得 $b^2 = 2a^4$,代入(8)式得

$$2a^6 - a^4 - 2a^4 = 0,$$

故 $a = \dfrac{\sqrt{6}}{2}$. 从而 $b = \sqrt{2}a^2 = \dfrac{3\sqrt{2}}{2}$.

由此问题的实际可知,符合条件的椭圆面积的最小值存在,因此当 $a = \dfrac{\sqrt{6}}{2}, b = \dfrac{3\sqrt{2}}{2}$ 时,此椭圆的面积最小.

第 3 章习题

1. 设多项式 $P_m(x) = \dfrac{1}{2^m m!}[(x^2-1)^m]^{(m)}$, $m = 0, 1, 2, \cdots$,求 $P_m(-1)$.

提示:采用 Leibniz 公式.答案:$P_m(-1) = (-1)^m$.

2. (华南理工大学 2023) 设函数 $f(x)$ 是 $(0, +\infty)$ 上取正值的连续函数,$f(1) = 1$,且当 $x > 0$ 时,

$$\frac{1}{2}\int_0^x f^2(t)\mathrm{d}t = \frac{1}{x}\left(\int_0^x f(t)\mathrm{d}t\right)^2.$$

求函数 $f(x)$ 的表达式.

答案:$f(x) = x^{1 \pm \sqrt{2}}$.

3. (四川大学 2021) 设函数 $f(x)$ 在 $(-\infty, +\infty)$ 上连续,且满足 $f'(0) = 1$,$f(x+y) = f(x)f(y)$,求函数 $f(x)$ 的表达式.

提示:利用导数定义.答案:$f(x) = \mathrm{e}^x$.

4. (华中科技大学) 设 $u(x) = 1 + \lambda\int_x^1 u(y)u(y-x)\mathrm{d}y$ 为定义在 $[0,1]$ 上的实值函数.证明:若 $\lambda > \dfrac{1}{2}$,则不存在 $u(x)$,使得上述等式成立.

提示:采用反证法,将问题转化为带参数的二次方程推出矛盾.

5. (河南 2023) 设函数 $f(x)$ 在 $[0,1]$ 上连续,且 $|f(x)| \geqslant 1 + \dfrac{1}{2}\int_0^x t|f(t)|\mathrm{d}t$,$x \in [0,1]$.证明:

$$\ln|f(x)| \geqslant \frac{x^2}{4}, \quad x \in [0,1].$$

提示:方法一.设辅助函数 $g(x)=|f(x)|-\mathrm{e}^{\frac{x^2}{4}}, x\in[0,1]$，由已知可得 $g(x)\geqslant \frac{1}{2}\int_0^x tg(t)\mathrm{d}t$；然后设辅助函数 $G(x)=\int_0^x tg(t)\mathrm{d}t$.

方法二.设辅助函数 $g(x)=\int_0^x t|f(t)|\mathrm{d}t$，可得 $g'(x)=x|f(x)|\geqslant x+\frac{x}{2}g(x)$；然后设辅助函数 $G(x)=\mathrm{e}^{-\frac{x^2}{4}}(g(x)+2)$.

6.（电子科技大学）设当 $x>0$ 时，方程 $kx+\frac{1}{x^2}=1$ 有且有一个解，求 k 的取值范围.

提示：利用单调性和最值.

7.（武汉大学）设二阶常系数线性微分方程 $y''+py'+qy=l\,\mathrm{e}^x$ 的一个特解为 $y=\mathrm{e}^{2x}+(1+x)\mathrm{e}^x$，求常数 p,q,l，并求解该方程的通解.

提示：采用待定系数法.答案：$p=-3,q=2,l=-1$；$y=c_3\mathrm{e}^x+c_4\mathrm{e}^{2x}+x\mathrm{e}^x$.

8. 求微分方程 $x^3+(y')^3-3xy'=0$ 的通解.

提示：采用参数方程解法，令 $y'=tx$.答案：通解为 $x=\dfrac{3t}{1+t^3}$，$y=\dfrac{12t^3+3}{2(1+t^3)^2}+C$.

9.（湖南大学 2014）设在上半空间 $z>0$ 上，函数 $u(x,y,z)$ 具有二阶连续偏导数，且 $u'_x=2x+y+z+x\varphi(r)$，$u'_y=x+y\varphi(r)$，$u'_z=x+z+z\varphi(r)$，其中 $r=\sqrt{x^2+y^2+z^2}$，$\lim\limits_{r\to 0^+}\varphi(r)$ 存在，$\lim\limits_{(x,y,z)\to(0,0,0)}u(x,y,z)=0$，$\mathrm{div}(\mathrm{grad}u(x,y,z))=0$，求 $u(x,y,z)$ 的表达式.

提示：利用已知条件求得 $\varphi(r)=-1$. 由全微分定义以及凑微分法，
$$\mathrm{d}u=(x+y+z)\mathrm{d}x+(x-y)\mathrm{d}y+x\mathrm{d}z$$
$$=\mathrm{d}\left[\frac{1}{2}(x^2-y^2)+x(y+z)\right].$$

答案：$u(x,y,z)=\dfrac{1}{2}(x^2-y^2)+x(y+z)$.

10. 设函数 $u=f(\ln\sqrt{x^2+y^2})$，且满足 $\dfrac{\partial^2 u}{\partial x^2}+\dfrac{\partial^2 u}{\partial y^2}=(x^2+y^2)^{\frac{3}{2}}$，$f(0)=\dfrac{1}{25}$，$f'(0)=\dfrac{1}{5}$. 试求函数 $f(x)$ 的表达式.

提示：采用链式法则和微分方程.答案：$f(t)=\dfrac{1}{25}\mathrm{e}^{5t}$.

11. 设函数 $f(x)$ 在 $(0,\infty)$ 内具有二阶导数，且 $z=f(\sqrt{x^2+y^2})$ 满足关系式
$$\frac{\partial^2 z}{\partial x^2}+\frac{\partial^2 z}{\partial y^2}=0.$$

(1) 验证 $f''(u)+\dfrac{f'(u)}{u}=0$.

(2) 若 $f(1)=0,f'(1)=1$，求函数 $f(x)$ 的表达式.

提示：采用链式法则和凑微分法解方程.答案：(2) $f(x)=\ln x$.

12.（电子科技大学）设
$$\begin{cases} z=ux+y\varphi(u)+\psi(u), \\ 0=x+y\varphi'(u)+\psi'(u), \end{cases}$$

其中函数 $z=z(x,y)$ 具有二阶连续偏导数,证明:$\dfrac{\partial^2 z}{\partial x^2}\dfrac{\partial^2 z}{\partial y^2}-\left(\dfrac{\partial^2 z}{\partial x \partial y}\right)^2=0$.

13. 设二元函数 $f(x,y)$ 在点 $P_0(x_0,y_0)$ 可微,$\vec{l_1},\vec{l_2},\cdots,\vec{l_n}$ 为点 P_0 处的 n 个单位方向向量,相邻两个向量之间的夹角为 $\dfrac{2\pi}{n}$,证明:$\sum\limits_{j=1}^{n}\dfrac{\partial f(P_0)}{\partial l_j}=0$.

提示:采用方向导数的计算方法.$\sum\limits_{j=1}^{n}\dfrac{\partial f(P_0)}{\partial l_j}=f_x(P_0)\sum\limits_{j=1}^{n}\cos(\vec{l_j},x)+f_y(P_0)\sum\limits_{j=1}^{n}\cos(\vec{l_j},y)$.

14. (华中科技大学) 设二元函数 $f(x,y)$ 二阶连续可导,且 $f_x(0,0)=f_y(0,0)=f(0,0)=0$.证明:
$$f(x,y)=\int_0^1 (1-t)\left[x^2 f_{11}(tx,ty)+2xy f_{12}(tx,ty)+y^2 f_{22}(tx,ty)\right]\mathrm{d}t.$$

提示:设辅助函数 $F(s)=f(sx,sy)$.方法一,利用 Newton-Leibniz 公式,$f(x,y)=F(1)=\int_0^1 \dfrac{\mathrm{d}F(s)}{\mathrm{d}s}\mathrm{d}s$.方法二,利用链式法则.

15. (北京 2001) 从已知 $\triangle ABC$ 的内部的点 P 向三边作三条垂线,求使此三条垂线长的乘积为最大的点 P 的位置.

答案:$x=\dfrac{2S}{3a},y=\dfrac{2S}{3b},z=\dfrac{2S}{3c}$.

16. (北京交通大学 2016) 设 $f(x,y)=Ax^2+2Bxy+Cy^2+2Dx+2Eu+F$,其中 $AC-B^2>0$,A,B,C,D,E,F 常数,求证:函数 $f(x,y)$ 有唯一极值 $\dfrac{1}{AC-B^2}\begin{vmatrix} A & B & D \\ B & C & E \\ D & E & F \end{vmatrix}$.

提示:行列式按行展开.

17. (湖南大学 2014) 设函数 $f(x,y)$ 具有二阶连续偏导数,$g(x,y)=f(\mathrm{e}^{xy},x^2+y^2)$,且 $f(x,y)=1-x-y+o(\sqrt{(x-1)^2+y^2})$.证明 $g(x,y)$ 在原点处取得极值,判断其是极大值还是极小值,并求此值.

提示:利用多元函数求极值中的第二充分条件、极值点的求法和链式法则.

18. 设 $z=z(x,y)$ 是由 $x^2-6xy+10y^2-2yz-z^2+18=0$ 确定的函数,求 $z=z(x,y)$ 的极值点和极值.

答案:极大值 $z(-9,-3)=-3$,极小值 $z(9,3)=3$.

19. (北京交通大学 2016) 设单位圆的外切多边形 $A_1A_2\cdots A_n$ 的各边与圆分别相切于 $B_1,B_2,\cdots,B_n$,令 P_A,P_B 分别表示多边形 $A_1A_2\cdots A_n$ 与 $B_1B_2\cdots B_n$ 的周长,求证:$P_A^{\frac{1}{3}}P_B^{\frac{2}{3}}>2\pi$.

提示:$\alpha_i=\dfrac{1}{2}\angle B_iOB_{i+1}$,$P_A=2\sum\limits_{i=1}^{n}\tan\alpha_i$,$P_B=2\sum\limits_{i=1}^{n}\sin\alpha_i$,证明不等式 $\tan^3 x \sin^3 x > x$.

20. (重庆大学 1989) 试证曲面 $\sqrt{x}+\sqrt{y}+\sqrt{z}=a$ 在任意一点处的切平面在三个坐标轴上的截距之和等于常数 a.

21. (北京 2000) 设 $u=f(r)$ 当 $0<r<\infty$ 时有连续的二阶导数,且 $f(1)=0,f'(1)=1$,又 $u=f(\sqrt{x^2+y^2+z^2})$ 满足方程 $\dfrac{\partial^2 u}{\partial x^2}+\dfrac{\partial^2 u}{\partial y^2}+\dfrac{\partial^2 u}{\partial z^2}=0$.试求 $u=f(r)$ 的表达式.

答案：$u = f(r) = 1 - \dfrac{1}{r}$.

22. 设 $u = u(\sqrt{x^2+y^2})$ 具有连续二阶偏导数，且满足
$$\dfrac{\partial^2 u}{\partial x^2} + \dfrac{\partial^2 u}{\partial y^2} - \dfrac{1}{x}\dfrac{\partial u}{\partial x} + u = x^2 + y^2.$$
试求函数 u 的表达式.

答案：$u = C_1 \cos\sqrt{x^2+y^2} + C_2 \sin\sqrt{x^2+y^2} + x^2 + y^2 - 2$.

23. (陕西 1999) 求直线 $\begin{cases} y = 2x, \\ z = x+1 \end{cases}$ 和 $\begin{cases} y = x+3, \\ z = x \end{cases}$ 之间的最短距离.

24. (南京理工大学 1988) 已知 $z = f(\varphi(x) - y, xh(x))$，其中 f 具有二阶连续偏导数，φ, h 都是二阶可微函数，计算：$\dfrac{\partial^2 z}{\partial x \partial y}, \dfrac{\partial^2 z}{\partial y^2}$.

25. (上海 1991) 设函数 $f(x,y)$ 具有一阶连续偏导数且满足方程 $\lim\limits_{r \to \infty}\left(x\dfrac{\partial f}{\partial x} + y\dfrac{\partial f}{\partial y}\right) = 1$，其中 $r = \sqrt{x^2+y^2}$. 证明：$f(x,y)$ 有最小值.

26. (美国) 设在区域 $D: x^2 + y^2 \leqslant 1$ 上，函数 $f(x,y)$ 连续，$\dfrac{\partial f}{\partial x}, \dfrac{\partial f}{\partial y}$ 存在，且 $|f(x,y)| \leqslant 1$. 证明：在区域 D 内，存在一点 (x_0, y_0)，使 $\left(\dfrac{\partial f}{\partial x}\right)^2 + \left(\dfrac{\partial f}{\partial y}\right)^2 \leqslant 16$.

27. (陕西 1999) 设函数 $f(x,y)$ 的二阶偏导数全部连续，且 $f''_{xx}(x,y) - f''_{yy}(x,y) = 0$，$f(x,2x) = x$，$f'_x(x,2x) = x^2$. 试求 $f''_{xx}(x,2x)$，$f''_{yy}(x,2x)$ 和 $f''_{xy}(x,2x)$.

第4章

空间解析几何

例1 (**江苏1994**) 设 $\vec{a}$ 和 $\vec{b}$ 是非零向量, $|\vec{b}|=2, (\widehat{\vec{a},\vec{b}})=\dfrac{\pi}{3}$, 求 $\lim\limits_{x\to 0}\dfrac{|\vec{a}+x\vec{b}|-|\vec{a}|}{x}$.

【分析】 本题是基本题型,考察内容为内积与向量长度之间的关系,不要被类似导数定义的公式表象给迷惑了.

解 原式 $=\lim\limits_{x\to 0}\dfrac{(\vec{a}+x\vec{b},\vec{a}+x\vec{b})-(\vec{a},\vec{a})}{x(|\vec{a}+x\vec{b}|+|\vec{a}|)}=\lim\limits_{x\to 0}\dfrac{2x\vec{a}\cdot\vec{b}+x^2\,|\vec{b}|^2}{2\,|\vec{a}|\,x}$

$=\dfrac{\vec{a}\cdot\vec{b}}{|\vec{a}|}+0=|\vec{b}|\cos(\widehat{\vec{a},\vec{b}})=2\times\dfrac{1}{2}=1.$

例2 (**江苏1996**) 设直线 $\begin{cases}x+2y-3z=2,\\ 2x-y+z=3\end{cases}$ 在平面 $z=1$ 上的投影为直线 L, 求点 $(1,2,1)$ 到直线 L 的距离.

【分析】 这是一道基本题,考察内容为平面束的表示、空间想象(投影)以及平面之间的位置关系(垂直).空间想象就是空间曲线或者直线在平面上进行投影,此投影过程会形成投影柱面.此题的投影柱面就是垂直于投影面的平面.

解 取平面束 $x+2y-3z+\lambda(2x-y+z-3)=0$, 其法向量为 $\vec{n_1}=(1+2\lambda,2-\lambda,-3+\lambda)$. 平面 $z=1$ 的法向量为 $\vec{n_2}=(0,0,1)$. 投影平面的方程位于平面束中, 由此有 $\vec{n_1}\perp\vec{n_2}$, 即有 $-3+\lambda=0$, 故 $\lambda=3$. 于是投影平面的方程为

$$7x-y-11=0.$$

因此投影为直线 L 的方程为

$$\begin{cases}7x-y-11=0,\\ z=1.\end{cases}$$

L 的方向向量为 $\vec{l}=(7,-1,0)\times(0,0,1)=-(1,7,0)$. 点 $(1,-4,1)$ 在投影直线 L 上, 于是点 $(1,2,1)$ 到直线 L 的距离为

$$d=\dfrac{|((1,-4,1)-(1,2,1))\times\vec{l}|}{|\vec{l}|}=\dfrac{|(0,6,0)\times(1,7,0)|}{|(1,7,0)|}=\dfrac{3}{25}\sqrt{50}.$$

例 3 (**江苏 1998**) 已知直线 l 过点 $M(1,-2,0)$,且与两条直线

$$l_1:\begin{cases} 2x+z=1,\\ x-y+3z=5 \end{cases} \quad \text{和} \quad l_2:\begin{cases} x=-2+t,\\ y=1-4t,\\ z=3 \end{cases}$$

垂直,求直线 l 的参数方程.

【分析】 本题是基本题型,考察内容为直线的参数表示和直线之间的相互关系(垂直),以及因为垂直而构成的叉乘"×"的定义.

解 直线 l_1 的方向向量 $\vec{l_1}=(2,0,1)\times(1,-1,3)=(1,-5,-2)$,直线 l_2 的方向向量 $\vec{l_2}=(1,-4,0)$.由已知条件 $\vec{l_1}$ 与 $\vec{l_2}$ 垂直,可得直线 l 的方向向量 $\vec{l}=\vec{l_1}\times\vec{l_2}=-(8,2,-1)$,则所求直线的参数方程为

$$x=1+8t,\quad y=-2+2t,\quad z=-t.$$

例 4 (**江苏 1998**) 当 $k(>0)$ 取何值时,曲线 $\begin{cases} z=ky,\\ \dfrac{x^2}{2}+z^2=2y \end{cases}$ 是圆?并求此圆的圆心坐标以及该圆在 zOx 平面和 yOz 平面上的投影.

【分析】 同学们初拿到此题的第一感觉应该是"此题比较简单吧",感觉简单是因为问题很直接,但当仔细看并想上手做时,就会发现此题像是"防御全开"的刺猬,全身的刺让人无从下手.还是要回到此题考察的初衷上来,此题考察的内容是,对空间曲线在空间的直观想象力(投影)、空间曲线和曲面之间的关系以及圆最根本的性质——圆周上任意点到圆心的距离相等.既然考察投影,那么自然会涉及柱面.因此,解这类题目的第一步就是找出空间曲线所在的投影柱面;第二步是分析空间曲线在平面上的投影曲线;第三步是根据所求曲线方程找出曲线上的特殊点(原点)、特殊量(短半轴位置),以及空间曲线和投影曲线之间相同的量,也即投影不变的量(圆的某直径投影不变,也即投影后为长半轴).最后根据题目要求进行计算.

解 设所求圆的圆心坐标为 $A(a,b,c)$,则该圆的圆心在过曲线的椭圆柱面 $x^2+2k^2\left(y-\dfrac{1}{k^2}\right)^2=\dfrac{2}{k^2}$ 的中心轴上,即 $a=0,b=\dfrac{1}{k^2},c=kb=\dfrac{1}{k}$,并且曲线在 xOy 平面的投影方程为

$$\begin{cases} x^2+2k^2\left(y-\dfrac{1}{k^2}\right)^2=\dfrac{2}{k^2},\\ z=0. \end{cases}$$

很显然,此曲线是椭圆,并且它的长半轴在 x 轴上,长半轴长为 $\dfrac{2}{\sqrt{k}}$.根据所给方程,坐标原点 O 也在曲线上.根据投影可知,OA 在 xOy 平面上的投影是椭圆的短半轴,与 OA 垂直的直径在 xOy 平面上的投影是椭圆的长半轴,且直径长度等于长轴长,也即 $|OA|=\dfrac{2}{\sqrt{k}}$.由此可得

$$0+\frac{1}{k^4}+\frac{1}{k^2}=\frac{2}{k^2}\Rightarrow k=1.$$

故曲线方程为

$$\begin{cases} z=y, \\ \dfrac{x^2}{2}+z^2=2y. \end{cases}$$

要求在 zOx 平面上的投影,消除上述方程中的变量 y 即可,也即投影方程如下:

$$\begin{cases} y=0, \\ \dfrac{x^2}{2}+z^2=2z. \end{cases}$$

由于圆位于平面 $z=y$ 上,并且此平面垂直 yOz 平面,所以圆在 yOz 平面的投影是直线段,也即

$$\begin{cases} x=0, \\ z=y, \end{cases} \quad 0\leqslant z\leqslant 2.$$

例5 (**江苏 2004**) 已知点 $P(1,0,-1)$ 与 $Q(3,1,2)$,在平面 $x-2y+z=12$ 上求一点 M,使得 $|PM|+|QM|$ 最小.

【分析】 同学们看到此题是否有种"他乡遇故知",偶遇老朋友的感觉?没错,它就是我们中学时曾做过的一道题的扩展.中学题是"位于直线一侧的两点,在直线上找一点,使此点到两点的距离之和最小".这里进行了扩展,既为扩展,那么解题原理就基本相同了,原理是"三角形的两边之和大于第三边".这里需要同学们特别注意一点,不要按照微积分的方法来求解,否则就会"搬起石头砸自己的脚".当然,同学们可以按照微积分中求最值的方法进行求解,但会发现计算量相当大.感兴趣的同学可以自行尝试.

解 过 $P(1,0,-1)$ 作直线 l 垂直于平面,l 的方程为

$$x=1+t,\quad y=-2t,\quad z=-1+t.$$

将其代入平面方程中,求解得 $t=2$,则直线与平面的交点 N 的坐标为 $(3,-4,1)$.点 P 关于平面的对称点的坐标为 $(5,-8,3)$.连接 Q,N 两点,则它的直线方程为

$$x=3+2t,\quad y=1-9t,\quad z=2+t.$$

将其代入平面方程中,求解得 $t=\dfrac{3}{7}$,则直线 QN 与平面的交点坐标为 $\left(\dfrac{20}{7},-\dfrac{20}{7},\dfrac{17}{7}\right)$,也即点 M 的坐标.

例6 (**江苏 2006**) 设锥面 $z^2=3x^2+3y^2(z\geqslant 0)$ 被平面 $x-\sqrt{3}z+4=0$ 截下的有限部分为 Σ,用薄铁皮制作 Σ 的模型,$A(2,0,2\sqrt{3}),B(-1,0,\sqrt{3})$ 为 Σ 上的两点,O 为原点,将 Σ 沿线段 OB 剪开并展开成平面图形 D,以 OA 方向为极轴建立平面极坐标系,试求 D 的边界的极坐标方程.

【分析】 由于此题的图形还是很简单的,相信很多同学看见此题的时候,可以很快地画出大致立体图形和平面图形.但看见题目要求的时候,就有些不知所以了,看似很简单的题目,却难以上手.原因在于题目要求的是极坐标(这也是大部分同学的软肋).此题完美验证了"所问即所得,问题其实就是打开这扇门的金钥匙".钥匙就隐藏在问题中,也正如人们常说的,"最危险的地方,就是最安全的地方".这题让直接求直角坐标系下的方程,肯定是求不出的,只有求极坐标下的方程才简单.解决此题的关键性提示就是"极坐标".大家学习微积分时是否有这种熟悉的感觉,三维球坐标和柱坐标不就是平面二维极坐标的推广吗?当我们想到这些的时候,思路也就豁然开朗了,离解决此题的目标接近80%了.剩下的问题就是大家再熟悉不过的高中的"立体图形剪切展开",关注展开前后的变与不变.锥面与平面的交线上的点到原点的距离在展开前后是不变的,这决定了我们需要求出此交线的方程(球坐标或者柱坐标表示).变化的是由方向角(与xOy平面所成的角)变到了极角,需要找出它们之间的关系.如何建立它们之间的关系呢? 交线不是那么规则,两个角之间的关系与极径无关,所以这里可以放弃交线,寻找更规则的曲线,比如平行坐标轴的圆,平行于xOy坐标面的圆,它们是更好的选择.利用展开的弧长不变性得到两角之间的关系.这些关系如图4.1所示.

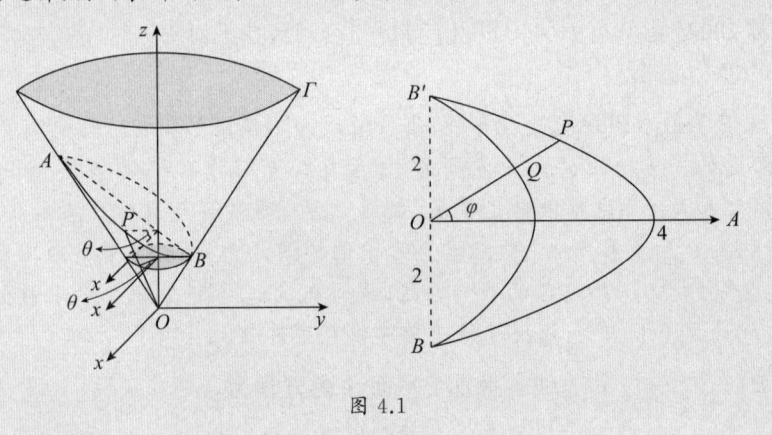

图4.1

解 方法一 设锥面$z^2=3x^2+3y^2(z\geqslant 0)$分别与平面$x-\sqrt{3}z+4=0$和平面$z=\sqrt{3}$的交线为$\Gamma$和$\gamma$.交线$\Gamma$的球坐标方程为

$$r=\frac{8}{3-\cos\theta},\quad \varphi=\frac{\pi}{6}.$$

交线γ是单位圆,并且上面的点到原点的距离都是2,也即$OB=2$,周长为π.沿线段OB剪开并展开,则交线γ展开后是以O为圆心、半径为2的半圆.

设P是交线Γ上的任意一点,它的球坐标为$\left(\dfrac{8}{3-\cos\theta_0},\theta_0,\dfrac{\pi}{6}\right)$.展开后,设$P$在平面上的极坐标为$(\rho,\varphi)$.很显然有$\rho=|OP|=\dfrac{8}{3-\cos\theta_0}$.

连接OP,OP与γ交于点Q,球坐标为$\left(2,\theta_0,\dfrac{\pi}{6}\right)$,在平面上的极坐标为$(2,\varphi)$.在展开前$AQ$的弧长为$\theta_0$,展开后在平面上的弧长为$2\varphi$,根据展开不变性有$\theta_0=2\varphi$.由此可得交线$\Gamma$在平面上的极坐标方程为

$$\rho = \frac{8}{3-\cos 2\varphi}.$$

由于 D 的边界还包含展开的两条边 OB 和 OB'，它们的极坐标为 $\varphi = \pm\frac{\pi}{2}$。

方法二 继续沿用方法一的记号。交线 Γ 的柱坐标方程为

$$r = \frac{4}{3-\cos\theta}, \quad z = \sqrt{3}r.$$

设 P 是交线 Γ 上的任意一点，它的柱坐标为 $\left(\frac{4}{3-\cos\theta_0}, \theta_0, \frac{4\sqrt{3}}{3-\cos\theta_0}\right)$。展开后，设 P 在平面上的极坐标为 (ρ, φ)。由柱坐标的定义，显然有

$$\rho = |OP| = \sqrt{r^2 + z^2} = 2r = \frac{8}{3-\cos\theta_0}.$$

其余部分同方法一，可得 $\theta_0 = 2\varphi$。于是交线 Γ 在平面上的极坐标方程为

$$\rho = \frac{8}{3-\cos 2\varphi}, \quad \varphi = \pm\frac{\pi}{2}.$$

例7 （南京大学 1993）求直线 $\dfrac{x}{2} = \dfrac{y-1}{1} = \dfrac{z+1}{1}$ 绕 x 轴旋转一周所得旋转曲面的方程。

【分析】 这是一道基本题型，考察的是旋转曲面的求法。解题的关键在于充分利用旋转曲面的特性：垂直于旋转轴的平面与旋转曲面的交线上，任意一点到旋转轴的距离都相等。

解 在所求曲面上任取一点 $P(x, y, z)$。过 P 点作垂直 x 轴的平面，该平面交直线于点 $Q(x_0, y_0, z_0)$，与 x 轴的交点为 $M(x, 0, 0)$，则 $|PM| = |QM|$，$x = x_0$，即

$$z^2 + y^2 = z_0^2 + y_0^2.$$

另外，$Q(x_0, y_0, z_0)$ 位于直线上，则 Q 的坐标满足直线方程

$$\frac{x_0}{2} = \frac{y_0-1}{1} = \frac{z_0+1}{1} \Rightarrow y_0 = \frac{x_0}{2}+1, z_0 = \frac{x_0}{2}-1.$$

由此得到旋转曲面的方程

$$z^2 + y^2 = \left(\frac{x}{2}+1\right)^2 + \left(\frac{x}{2}-1\right)^2 = \frac{x^2}{2}+2,$$

即 $2z^2 + 2y^2 - x^2 = 4$。

例8 （江苏 2022）设向量 $\vec{s} = (1, 1, -1)$，球面 Σ 为 $x^2 + y^2 + z^2 = 2z$，若 Σ 不透明，平行于向量 $\vec{s}$ 的平行光线从球面上方照射到球面上，此球面在 xOy 平面上留下的阴影区域为 D。求：
（1）D 的形心坐标；（2）D 的边界方程。

【分析】 这类题属于如何将空间想象的几何结构转化为用代数语言表述出来的题型。第一问所求实际上就是通过圆心的直线与坐标面的交点。第二问的几何结构图形就是斜放的圆柱体与坐标面的交线，故问题转化为：求已知母线方向 $\vec{s} = (1, 1, -1)$，并与已知球相切的圆柱体。那么"球"想告诉我们什么呢？它告诉我们圆柱体的准线。这样一来，就回到了圆柱

体的定义上了.由此通过圆柱体的定义求出第二问.但根据此题的已知条件,可以提供三种不同的计算柱面方程的方法.尽管方法不同,但万变不离其宗,离不开准线方程和母线,或者柱面上的点到轴线的距离恒为某个常数.

解 (1) 由于球心在 xOy 平面上的投影就是阴影区域的形心,也即直线与 xOy 平面的交点.直线方程是 $\dfrac{x}{1}=\dfrac{y}{1}=\dfrac{z-1}{-1}$,令 $z=0$,求解得 $x=y=1$.于是形心坐标为 $(1,1,0)$.

(2) **方法一** 投影柱面的准线方程为 $\begin{cases} x+y-z+1=0, \\ x^2+y^2+z^2=2z, \end{cases}$ 设 $P(x,y,z)$ 为所求柱面上的一点,它在母线对应准线上的点 $P_0(x_0,y_0,z_0)$,则

$$\frac{x-x_0}{1}=\frac{y-y_0}{1}=\frac{z-z_0}{-1}=t,$$

$$\begin{cases} x_0+y_0-z_0+1=0, \\ x_0^2+y_0^2+z_0^2=2z_0. \end{cases}$$

消除参数 (x_0,y_0,z_0) 和 t 可得投影柱面方程:

$$\left(\frac{2x-y+z-1}{3}\right)^2+\left(\frac{2y-x+z-1}{3}\right)^2-\left(\frac{x+y+2z+1}{3}\right)^2=2\,\frac{x+y+2z+1}{3}.$$

于是投影柱面和 xOy 平面的交线就是所求边界方程,即

$$\begin{cases} 2x^2+2y^2-2xy-2x-2y-1=0, \\ z=0. \end{cases}$$

方法二 直线 L 的方向向量为 $\vec{s}=(1,1,-1)$,球面 Σ 的方程为

$$x^2+y^2+(z-1)^2=1.$$

球心为 $P(0,0,1)$,过点 P 作垂直于 L 的平面 π,其方程为 $x+y-z+1=0$,于是平面 π 在球面 Σ 上截下的大圆的方程为

$$\Gamma:\begin{cases} x^2+y^2+(z-1)^2=1, \\ x+y-z+1=0. \end{cases}$$

以 Γ 为准线,作一个母线平行于直线 L 的柱面.设 $M(x,y,z)$ 是柱面上任意一点,过 M 作平行于母线 L 的直线交 Γ 于点 $M_0(x_0,y_0,z_0)$,则 $\overrightarrow{M_0M}=(x-x_0,y-y_0,z-z_0)$ 平行于直线的方向向量,从而有

$$\frac{x-x_0}{1}=\frac{y-y_0}{1}=\frac{z-z_0}{-1}=t.$$

点 $M_0(x_0,y_0,z_0)$ 的坐标用 x,y,z,t 表示并在准线上,所以有

$$\begin{cases} (x-t)^2+(y-t)^2+(z+t-1)^2=1, \\ (x-t)+(y-t)-(z+t)+1=0. \end{cases}$$

消去 t,得柱面方程为

$$x^2+y^2+z^2-xy+yz+xz-x-y-2z=\frac{1}{2}.$$

柱面与 xOy 平面的交线为所求阴影部分的边界曲线,其方程为

$$\begin{cases} x^2+y^2+z^2-xy+yz+xz-x-y-2z=\dfrac{1}{2}, \\ z=0, \end{cases}$$

即
$$\begin{cases} x^2 + y^2 - xy - x - y = \dfrac{1}{2}, \\ z = 0. \end{cases}$$

方法三 直线的方向向量为 $\vec{s} = (1,1,-1)$，球面 Σ 的方程为 $x^2 + y^2 + (z-1)^2 = 1$，球心坐标为 $P(0,0,1)$. 容易知道，以球面边界的阴影区域的边界曲面是圆柱面，该圆柱面为到直线距离等于球面半径 1 的点的集合. 球心 $P(0,0,1)$ 为圆柱面中心轴上的一点，所以根据点到直线的距离公式，设 $M(x,y,z)$ 是圆柱面上的任意点，则有

$$\frac{|\overrightarrow{PM} \times \vec{s}|}{|\vec{s}|} = \frac{\begin{vmatrix} \vec{i} & \vec{j} & \vec{k} \\ x & y & z-1 \\ 1 & 1 & -1 \end{vmatrix}}{\sqrt{3}} = 1.$$

求行列式并两端平方，得

$$(-y-z+1)^2 + (x+z-1)^2 + (x-y)^2 = 3.$$

柱面与 xOy 平面的交线为所求阴影部分的边界曲线，其方程为

$$\begin{cases} (-y-z+1)^2 + (x+z-1)^2 + (x-y)^2 = 3, \\ z = 0. \end{cases}$$

将 $z=0$ 代入第一个方程并化简，则得

$$\begin{cases} x^2 + y^2 - xy - x - y = \dfrac{1}{2}, \\ z = 0. \end{cases}$$

第 4 章习题

1. 求直线 $L_1: \dfrac{x-1}{1} = \dfrac{y}{2} = \dfrac{z+1}{-1}$ 与 $L_2: \dfrac{x}{2} = \dfrac{y+1}{3} = \dfrac{z+2}{-1}$ 在平面 $x+y+z+1=0$ 上投影交点的坐标.

提示：分别求过直线且与平面垂直的两个平面，三个平面的交点就是投影直线的交点.

答案：交点坐标为 $\left(\dfrac{2}{3}, -\dfrac{1}{3}, -\dfrac{4}{3}\right)$.

2. 设曲面 $S: (x-y)^2 - z^2 = 1$. (1) 求 S 在点 $M(1,0,0)$ 处的切平面 π 的方程. (2) 判断并验证：原点到 S 上点的最近距离是否等于原点到切平面 π 的距离.

提示：$\pi: x-y-1=0$. 利用条件极值.

3. (华中科技大学) 设直线 $L: \begin{cases} x+2y-3z=2, \\ 2x-y+z=3 \end{cases}$ 在平面 $z=1$ 上的投影为直线 l，求点 $P(1,2,1)$ 到 l 的距离.

提示：运用平面束方程求投影直线. 答案：$\dfrac{6}{\sqrt{50}}$.

4. 求曲线 $\begin{cases} x+y+2z=1, \\ y=x^2+z^2 \end{cases}$ 在平面 $\pi:x+y+z=0$ 上的投影曲线方程.

提示:求投影柱面的方程 $5x^2+y^2+4z^2-2xy-8xz+4x-8y+4z-1=0$,柱面上任意点与曲线上特殊点得到的直线就是母线.

5. 在空间直角坐标系中,过 x 轴和 y 轴分别作动平面,其夹角保持常数 α,求两平面交线的轨迹方程,并指出它是什么曲面.

提示:交线方程用参数表示,然后消参.答案:$(y^2+z^2)(x^2+z^2)\cos^2\alpha = x^2y^2$,它是过原点的锥面.

6. 已知锥面顶点为 $(3,-1,-2)$,准线为 $\begin{cases} x^2+y^2-z^2=1, \\ x-y+z=0. \end{cases}$ 求此锥面的方程.

提示:利用准线上任意点为参数求母线方程,然后消参.答案:$3x^2-5y^2+7z^2-6xy-2yz+10xz-4x+4y-4z+4=0$.

7. 求单叶双曲面 $\dfrac{x^2}{a^2}+\dfrac{y^2}{b^2}-\dfrac{z^2}{c^2}=1$ 上两条垂直母线的交点的轨迹.

提示:两族母线

$$\begin{cases} \dfrac{x}{a}+\dfrac{z}{c}=\lambda\left(1+\dfrac{y}{b}\right), \\ \dfrac{x}{a}-\dfrac{z}{c}=\dfrac{1}{\lambda}\left(1-\dfrac{y}{b}\right) \end{cases} \quad \text{和} \quad \begin{cases} \dfrac{x}{a}-\dfrac{z}{c}=\mu\left(1+\dfrac{y}{b}\right), \\ \dfrac{x}{a}+\dfrac{z}{c}=\dfrac{1}{\mu}\left(1-\dfrac{y}{b}\right). \end{cases}$$

由母线垂直可得

$$a^2\left(\lambda-\dfrac{1}{\lambda}\right)\left(\mu-\dfrac{1}{\mu}\right)+4b^2-c^2\left(\lambda+\dfrac{1}{\lambda}\right)\left(\mu+\dfrac{1}{\mu}\right)=0.$$

交点坐标为

$$x=\dfrac{a(\lambda+\mu)}{1+\lambda\mu},\quad y=\dfrac{b(1-\lambda\mu)}{1+\lambda\mu},\quad z=\dfrac{c(\lambda-\mu)}{1+\lambda\mu}$$

消参得轨迹:

$$\begin{cases} \dfrac{x^2}{a^2}+\dfrac{y^2}{b^2}-\dfrac{z^2}{c^2}=1, \\ x^2+y^2+z^2=a^2+b^2-c^2. \end{cases}$$

8. (江苏 2006) 设圆柱面 $x^2+y^2=1$ $(z\geqslant 0)$ 被柱面 $z=x^2+2x+2$ 截下的有限部分为 Σ,用薄铁皮制作 Σ 的模型.$A(1,0,5)$,$B(-1,0,1)$,$C(-1,0,0)$ 为 Σ 上的三点,将 Σ 沿线段 BC 剪开并展开成平面图形 D,建立平面直角坐标系,使 D 位于上半平面,点 A 的坐标为 $(0,5)$.试求 D 的边界的方程.

答案:$y=\cos^2 x+2\cos x+2$.

第5章

定积分与重积分

积分学包括不定积分、定积分、多重积分和线面积分四部分内容.其中不定积分是微分的逆运算,相对后面三部分内容,不定积分的内容比较单一,以计算为主,计算技巧多,要理解的概念、性质和定理几乎没有.在本书中,涉及不定积分的内容非常少,原因有二点:第一,它需要大家平时多算来积累技巧;第二,在竞赛中出现的频率相对较低.这里主要讲述的是平时练习中不常见的技巧.由于定积分、多重积分和线面积分这三部分内容太多,因此,分成两个部分进行讲述,其中定积分和重积分放在一起.因为,重积分不仅是以定积分为计算基础,而且很多时候重积分的计算技巧可以"反哺"定积分,甚至有时候它们的角色可以相互转换,这在竞赛中体现得尤为明显.因此将它们放在一起非常合适.另外一部分是线面积分,尽管很多时候它都是转化为重积分进行计算,但基本上都是重积分简单情况下的计算,这在平时的教学练习中很常见,但在竞赛中,线面积分则更多的是彰显出与平时教学不一样的、"特立独行"的特点,因此它单独为一章.竞赛中对此章定义的重视程度是按照用定义解题的题量多少来衡量的,以如下顺序呈指数递减:定积分、重积分、第一类线面积分和第二类线面积分.总体来说,定积分的定义是重中之重,重积分偶尔出现,线面积分的定义在解题中很少出现.定积分的定义大多出现在第1章中求极限的题集里,其他地方少量出现.重积分的定义大体也是如此.尽管线面积分的定义几乎不被使用,但本章还是将它们的定义表述出来,并将它们和定积分和重积分放在一起,让同学们体会各部分之间的异同之处.

定积分的定义 设函数 $f(x)$ 在区间 $[a,b]$ 上连续,对区间 $[a,b]$ 进行任意剖分: $a = x_0 < x_1 < \cdots < x_n = b$ 以及任意取点 $\xi_i \in [x_{i-1}, x_i], i = 1, \cdots, n$,都有

$$\int_a^b f(x)\mathrm{d}x = \lim_{\delta \to 0} \sum_{i=1}^n f(\xi_i)(x_i - x_{i-1}),$$

其中 $\delta = \max\limits_{1 \leqslant i \leqslant n} \{x_i - x_{i-1}\}$.

重积分的定义 设函数 $f(x)$ 在区域 Ω 上连续,对区域 Ω 进行任意剖分: $\Omega_1, \Omega_2, \cdots, \Omega_n$ 以及在每个区域上任意取点 $\xi_i \in \Omega_i, i = 1, \cdots, n$,都有

$$\int_\Omega f(x)\mathrm{d}x = \lim_{\delta \to 0} \sum_{i=1}^n f(\xi_i)\Delta\Omega_i,$$

其中 x 是二维或者三维向量, $\delta = \max\limits_{1 \leqslant i \leqslant n} \Delta\Omega_i$, $\Delta\Omega_i$ 表示面积或者体积.

第一类线(面)积分的定义 设函数 $f(x)$ 是定义在光滑或分段光滑曲线(曲面) S 上的有界函数,对 S 进行任意剖分: $\Omega_1, \Omega_2, \cdots, \Omega_n$ 以及任意取点 $\xi_i \in \Omega_i, i = 1, \cdots, n$,都有

$$\int_S f(x)\mathrm{d}s = \lim_{\delta \to 0} \sum_{i=1}^n f(\xi_i)\Delta\Omega_i,$$

其中 x 是二维或者三维向量,$\delta = \max\limits_{1\leqslant i\leqslant n}\Delta\Omega_i$,$\Delta\Omega_i$ 表示弧长或者面积.

第二类线(面)积分的定义 设函数 $f(x)$ 是定义在有向光滑或分段光滑曲线(曲面)S 上的有界向量函数,对 S 进行有向任意剖分:$\Omega_1,\Omega_2,\cdots,\Omega_n$ 以及任意取点 $\xi_i \in \Omega_i$,$i=1,\cdots,n$,它们的有向弧长(面积)记为 $\mathrm{d}s_i$,都有

$$\int_S f(x)\mathrm{d}s = \lim_{\delta\to 0}\sum_{i=1}^n f(\xi_i)\cdot\mathrm{d}s_i,$$

其中 x 是二维或者三维向量,$\delta = \max\limits_{1\leqslant i\leqslant n}\Delta\Omega_i$,$\Delta\Omega_i$ 表示弧长或者面积.

从上面的四个定义来看,内容基本"神似",都是两个任意(任意剖分、任意取点),乘积(函数值乘几何度量:弧长或者面积或者体积),求和,最后取极限.尽管如此,但每种积分都有它们各自独特的诉求,由此导致解题方法因其独特性而千变万化.

5.1 不定积分

换元法(凑微分法和第二换元法)和分部积分法是(不)定积分的计算中两种基本方法.在竞赛题中,更多的是这两种方法的综合运用,经常是"你中有我,我中有你".竞赛题中的换元法和平时的练习基本相同,不过,竞赛中使用凑微分法的题更难,需要做题者有着"孙悟空一样的火眼金睛"直接看出题的本质.但分部积分却和平时的练习有所区别,在竞赛题中,基本是通过运用分部积分后,得到的积分是原始积分中的一部分,然后再进行相消或者合并,最后得到结果.下面通过两个例题进行说明.

例 1 (江苏) 已知 $f''(x)$ 连续,$f'(x)\neq 0$,求 $\int\left[\dfrac{f(x)}{f'(x)} - \dfrac{f^2(x)f''(x)}{(f'(x))^3}\right]\mathrm{d}x$.

【分析】 看起来让人"不寒而栗"的不定积分,解题难度好像呈指数级增长,其实只要稍加观察,就会发现此题的重点在第二部分,不如先试试用凑微分法,再分部积分(因为分子含有二阶导数,分母含有一阶导数).此题就是把第二部分通过分部积分后,得到与第一部分相同的积分,相消掉,得到结果.

解 首先求第二部分,利用凑微分和分部积分有

$$\int\dfrac{f^2(x)f''(x)}{(f'(x))^3}\mathrm{d}x = \int\dfrac{f^2(x)}{(f'(x))^3}\mathrm{d}f'(x) = -\dfrac{1}{2}\int f^2(x)\mathrm{d}\dfrac{1}{[f'(x)]^2}$$

$$= -\dfrac{f^2(x)}{2[f'(x)]^2} + \int\dfrac{1}{2[f'(x)]^2}\mathrm{d}f^2(x) = -\dfrac{f^2(x)}{2[f'(x)]^2} + \int\dfrac{f(x)}{f'(x)}\mathrm{d}x,$$

所以

$$\int\left[\dfrac{f(x)}{f'(x)} - \dfrac{f^2(x)f''(x)}{(f'(x))^3}\right]\mathrm{d}x = \dfrac{f^2(x)}{2[f'(x)]^2} + C.$$

例 2 (北京 1990) 计算不定积分和定积分:

(1) $I = \int\dfrac{\mathrm{e}^{-\sin x}\sin 2x}{\sin^4\left(\dfrac{\pi}{4} - \dfrac{x}{2}\right)}\mathrm{d}x$; (2) $I = \int_{\mathrm{e}^{-2n\pi}}^1\left|\dfrac{\mathrm{d}}{\mathrm{d}x}\cos\left(\ln\dfrac{1}{x}\right)\right|\mathrm{d}x$.

解 （1）首先通过三角函数恒等式进行化简可得

$$I = \int \frac{e^{-\sin x}\sin 2x}{\sin^4\left(\frac{\pi}{4} - \frac{x}{2}\right)}dx \xrightarrow{\text{半角公式}} 4\int \frac{e^{-\sin x}\sin 2x}{(1-\sin x)^2}dx$$

$$= 8\int \frac{e^{-\sin x}\sin x}{(1-\sin x)^2}d\sin x \xrightarrow{v=-\sin x} 8\int \frac{ve^v}{(1+v)^2}dv$$

$$= 8\int \frac{e^v}{1+v}dv - 8\int \frac{e^v}{(1+v)^2}dv$$

$$= 8\int \frac{e^v}{1+v}dv + \frac{8e^v}{(1+v)^2} - 8\int \frac{e^v}{1+v}dv + C$$

$$= \frac{8e^{-\sin x}}{(1-\sin x)^2} + C.$$

（2）求导并凑微分可得

$$I = \int_{e^{-2n\pi}}^{1}\left|\frac{d}{dx}\cos\left(\ln\frac{1}{x}\right)\right|dx = \int_{e^{-2n\pi}}^{1}|\sin(\ln x)|\,d\ln x = \int_{-2n\pi}^{0}|\sin t|\,dt = 4n.$$

总结：上面两个例题都是凑微分法和分部积分法相结合的题，通过分部积分后，得到的积分和原始积分中的部分项相同，然后相消。

例 3（**辽宁 2022**）求不定积分 $\displaystyle\int \frac{x^{10}}{1 + x + \frac{x^2}{2!} + \frac{x^3}{3!} + \cdots + \frac{x^{10}}{10!}}dx$。

【分析】 被积函数是大家非常熟悉的有理函数，但看到此题却感觉无法找到"突破口"，因为分母有些"复杂"（这里的引号表示它其实并不复杂，很有规律，但对于积分来说，很不友好），感觉常见的被积函数是有理函数的不定积分的方法在这里完全无用。事实上是真的无用吗？仔细回想一下，有理函数的不定积分方法的基本思路是什么？即寻找分子与分母之间的关系。那么仔细观察被积函数的特点，琢磨琢磨如何得到分子与分母之间的关系？鉴于分母鲜明的特色，尝试用分母将分子表示出来，即

$$x^{10} = 10!\left[1 + x + \frac{x^2}{2!} + \cdots + \frac{x^{10}}{10!} - \left(1 + x + \frac{x^2}{2!} + \cdots + \frac{x^{10}}{10!}\right)'\right].$$

到这里，"凑微分"就呼之欲出了。

解 令 $p(x) = 1 + x + \frac{x^2}{2!} + \cdots + \frac{x^{10}}{10!}$，则

$$x^{10} = 10!\,[p(x) - p'(x)].$$

代入积分式，得

$$\text{原式} = \int \frac{x^{10}}{1 + x + \cdots + \frac{x^{10}}{10!}}dx = \int \frac{10!\,[p(x) - p'(x)]}{p(x)}dx$$

$$= \int 10!\left[1 - \frac{p'(x)}{p(x)}\right]dx = 10!\,[x - \ln p(x)] + C$$

$$= 10!\left[x - \ln\left(1 + x + \frac{x^2}{2!} + \cdots + \frac{x^{10}}{10!}\right)\right] + C.$$

例 4 （北京邮电大学 1997）设 $y(x-y)^2 = x$，求 $\displaystyle\int \frac{\mathrm{d}x}{x-3y}$.

【分析】 按照传统思路，要求不定积分，就必须把 y 用积分变量 x 表示出来.根据题目的条件，尽管能表示出来（也就是写出显函数表达式），但是这个表达式显然让人"很不愉快"，这是因为带有二次根式以及正负号等"让人头疼的"元素在其中.转换思路，回想下函数的三种形式（即显式表示、隐式表示和参数表示），答案就"水落石出"了.用参数表示，其形式繁多，选择的原则是结合隐函数方程，要尽量计算简单.比如此题，$y(x-y)^2 = x$ 变形为 $(x-y)^2 = \dfrac{x}{y}$.我们既可以将 $x-y$ 看成整体，设为参数 t，也可以将 $\dfrac{x}{y}$ 看成整体，设为参数 t，于是得到两个方法.

解 方法一 设 $y = tx$，可得隐函数方程 $y(x-y)^2 = x$ 的参数方程：

$$x = \frac{1}{\sqrt{t(1-t)^2}}, \quad y = \frac{t}{\sqrt{t(1-t)^2}}.$$

于是可得

$$\mathrm{d}x = \frac{1}{2} \frac{3t-1}{t(1-t)\sqrt{t(1-t)^2}} \mathrm{d}t.$$

将上面三个式子代入积分中，并化简可得

$$\int \frac{\mathrm{d}x}{x-3y} = \frac{1}{2} \int \left(\frac{1}{t-1} - \frac{1}{t} \right) \mathrm{d}t = \frac{1}{2} \ln \left| \frac{t-1}{t} \right| + C = \frac{1}{2} \ln \left| \frac{\frac{y}{x}-1}{\frac{y}{x}} \right| + C$$

$$= \frac{1}{2} \ln |(x-y)^2 - 1| + C.$$

方法二 设 $x - y = t$，可得隐函数方程 $y(x-y)^2 = x$ 的参数方程：

$$x = \frac{t^3}{t^2-1}, \quad y = \frac{t}{t^2-1}.$$

于是可得

$$\mathrm{d}x = \frac{t^4 - 3t^2}{(t^2-1)^2} \mathrm{d}t.$$

将上面三个式子代入积分中，并化简可得

$$\int \frac{\mathrm{d}x}{x-3y} = \frac{1}{2} \int \frac{t}{t^2-1} \mathrm{d}t = \frac{1}{2} \ln |t^2 - 1| + C$$

$$= \frac{1}{2} \ln |(x-y)^2 - 1| + C.$$

总结： 参数法在线面积分中非常常见，在定积分中也不少，但在不定积分中却很少见.它属于竞赛中一类比较常见的题型.

5.2 定积分

定积分的计算是以不定积分为基础的.因此,所有不定积分的计算方法都可以平移到定积分中,比如换元法和分部积分法.不过需要注意的是,定积分对这两种方法的运用在出题方式上存在很大的区别.除此之外,定积分还因被积函数独特的性质而产生大量的、不同于不定积分的独特方法,比如:对称性、周期性和幂级数求法.前面两种性质的运用是竞赛出题人的"心头好",非常常见.下面的例题都是以不同于常规计算技巧为主的例题.

例 5　(东北师范大学 2023) 计算定积分 $\int_0^1\left(\frac{1}{t}-\left[\frac{1}{t}\right]\right)dt$,其中[.]表示取整.

【分析】　本题不难,初次相遇可能会被取整函数吓唬住,因为被积函数比较独特.用中国人常说的"富贵险中求"来说,来自取整函数的危险也是解题的关键思路的提示 —— 倒代换.为了解决取整问题,倒代换是必需的.于是后面的各个步骤(积分区间的分割、级数求和等)就顺其自然了.

解　令 $x=\frac{1}{t}$,则

$$\int_0^1\left(\frac{1}{t}-\left[\frac{1}{t}\right]\right)dt = \int_1^\infty \frac{x-[x]}{x^2}dx = \lim_{n\to\infty}\sum_{k=1}^n \int_k^{k+1}\frac{x-k}{x^2}dx$$

$$= \lim_{n\to\infty}\sum_{k=1}^n\left(\ln x + \frac{k}{x}\right)\Big|_k^{k+1} = -\lim_{n\to\infty}\left(\sum_{k=1}^n\frac{1}{k+1}-\ln(1+n)\right)$$

$$= -\lim_{n\to\infty}\left(\sum_{k=1}^n\frac{1}{k}-\ln n + \ln n - \ln(1+n) - 1\right)$$

$$= -\lim_{n\to\infty}\left(\sum_{k=1}^n\frac{1}{k}-\ln n + \ln\frac{n}{1+n} - 1\right) = 1-\gamma,$$

其中 $\lim_{n\to\infty}\left(\sum_{k=1}^n\frac{1}{k}-\ln n\right)=\gamma$ 是 Euler 常数.

例 6　(江苏) 设 $F(a)=\int_0^\pi \ln(1-2a\cos x+a^2)dx$,求 $F(-a),F(a^2)$.

【分析】　这道题看起来非常简单,"人畜无害",但如果用中学的思维去解,很可能会掉入"陷阱" —— 试图把定积分的具体值求出来.只要做过足够多的定积分练习题,应该能很快判断出已知条件中的定积分是无法直接求值的.那么,本题到底要求做什么呢?实际上,它要求用 $F(a)$ 来表示结果.这是什么意思呢?其实就是换元法的应用.所以,这道题考察的核心就是换元法.

解　作定积分的变量代换,令 $x=\pi-t$,则

$$F(-a)=\int_0^\pi \ln(1+2a\cos x+a^2)dx = -\int_\pi^0 \ln(1-2a\cos t+a^2)dt = F(a),$$

再将 a^2 代入函数中，得
$$F(a^2) = \int_0^\pi \ln(1 - 2a^2\cos x + a^4)\,dx.$$

由于 $F(-a) = F(a)$，所以
$$2F(a) = F(a) + F(-a) = \int_0^\pi [\ln(1 - 2a\cos x + a^2) + \ln(1 + 2a\cos x + a^2)]\,dx$$
$$= \int_0^\pi \ln[(1+a^2)^2 - 4a^2\cos^2 x]\,dx$$
$$= \int_0^\pi \ln(1 - 2a^2\cos 2x + a^4)\,dx = \frac{1}{2}\int_0^{2\pi} \ln(1 - 2a^2\cos t + a^4)\,dt$$
$$= \frac{1}{2}\int_0^\pi \ln(1 - 2a^2\cos t + a^4)\,dt + \frac{1}{2}\int_\pi^{2\pi} \ln(1 - 2a^2\cos t + a^4)\,dt$$
$$= \frac{1}{2}\int_0^\pi \ln(1 - 2a^2\cos t + a^4)\,dt - \frac{1}{2}\int_\pi^0 \ln(1 - 2a^2\cos x + a^4)\,dx$$
$$= \int_0^\pi \ln(1 - 2a^2\cos t + a^4)\,dt = F(a^2).$$

所以 $F(a^2) = 2F(a).$

例7 计算定积分 $\int_0^{\frac{\pi}{2}} \sin 2x \ln\sin x \ln\cos x\,dx.$

【分析】 本题的关键在于"两凑"．初看题，大部分同学会被 $\ln\sin x \ln\cos x$ 恐吓住．我们要把重心放在 $\sin 2x$ 上，它肯定不是来打酱油的，试试能不能"凑数"——凑积分．注意到 $d\sin^2 x = \sin 2x\,dx$，这样就完成了"一凑"．同学们再结合"一凑"和 $\ln$ 的恒等变形，就完成了"二凑": $\ln\sin^2 x = 2\ln\sin x$．至此，刚开始把同学们"吓破胆"的函数 $\ln\sin x\ln\cos x$，就转化为大家熟悉的积分了，再用分部积分法或者幂级数展开法，此题就是我们的"开胃小菜"了．

解 方法一 由换元法和分部积分法可得
$$u = \sin^2 x, \quad du = \sin 2x\,dx,$$
$$\int_0^{\frac{\pi}{2}} \sin 2x \ln\sin x \ln\cos x\,dx = \frac{1}{4}\int_0^{\frac{\pi}{2}} 2\ln\sin x \cdot 2\ln\cos x\,d\sin^2 x = \frac{1}{4}\int_0^{\frac{\pi}{2}} \ln\sin^2 x \ln\cos^2 x\,d\sin^2 x$$
$$= \frac{1}{4}\int_0^{\frac{\pi}{2}} \ln\sin^2 x \ln(1 - \sin^2 x)\,d\sin^2 x$$
$$= \frac{1}{4}\int_0^1 \ln u \ln(1-u)\,du$$
$$= \frac{1}{4}u\ln u \ln(1-u)\Big|_0^1 - \frac{1}{4}\int_0^1 \left(\ln(1-u) + \ln u + \frac{\ln u}{u-1}\right)du$$
$$\xrightarrow{\text{分部积分}} \frac{1}{2} - \frac{\pi^2}{24}.$$

方法二 由换元法和幂级数展开法可得

$$\int_0^{\frac{\pi}{2}} \sin 2x \ln\sin x \ln\cos x \, dx = \frac{1}{4}\int_0^1 \ln u \ln(1-u) \, du = \frac{1}{4}\int_0^1 \ln u \sum_{n=1}^{\infty}\left(-\frac{u^n}{n}\right) du$$

$$= \frac{1}{4}\sum_{n=1}^{\infty}\left(-\frac{1}{n}\int_0^1 u^n \ln u \, du\right) = \frac{1}{4}\sum_{n=1}^{\infty}\left(-\frac{1}{n(n+1)}\int_0^1 \ln u \, du^{n+1}\right)$$

$$= \frac{1}{4}\sum_{n=1}^{\infty}\left[-\frac{1}{n(n+1)}\left(u^{n+1}\ln u \Big|_0^1 - \int_0^1 u^n \, du\right)\right]$$

$$= \frac{1}{4}\sum_{n=1}^{\infty}\frac{1}{n(n+1)(n+1)}$$

$$= \frac{1}{4}\sum_{n=1}^{\infty}\left[\frac{1}{n} - \frac{1}{n+1} - \frac{1}{(n+1)^2}\right] = \frac{1}{2} - \frac{\pi^2}{24}.$$

例 8 (江苏) 已知 $f(x) = \int_1^{x^2} \frac{\sin t}{t} dt$,求 $\int_0^1 x f(x) dx$.

解 因为
$$f'(x) = 2x \cdot \frac{\sin(x^2)}{x^2} = \frac{2\sin(x^2)}{x}.$$

应用分部积分法得(其中 $f(1) = 0$)

$$\int_0^1 x f(x) dx = \frac{1}{2}\int_0^1 f(x) dx^2 = \frac{1}{2}\left[x^2 f(x)\Big|_0^1 - \int_0^1 x^2 f'(x) dx\right]$$

$$= -\frac{1}{2}\int_0^1 2x\sin(x^2) dx$$

$$= \frac{1}{2}\cos(x^2)\Big|_0^1 = \frac{1}{2}\cos 1 - \frac{1}{2}.$$

例 9 (江苏 2022) 已知 $f(x)$ 的一个原函数为 $x\sqrt{1-x^2} + x^2 + \arcsin x$,求 $\int_0^1 \frac{x^4}{f(x)} dx$.

【分析】 本题不是很难的题,但考察的内容不少,首先运用原函数的定义,然后是换元法,最后运用类似轮换对称性或者再次换元法.

解 由题意可知
$$f(x) = \frac{-x^2+1}{\sqrt{1-x^2}} + \sqrt{1-x^2} + 2x = 2\sqrt{1-x^2} + 2x.$$

令 $x = \sin u$,于是 $f(x) = f(\sin u) = 2(\sin u + \cos u)$,则有

$$\int_0^1 \frac{x^4}{f(x)} dx = \int_0^{\frac{\pi}{2}} \frac{\sin^4 u \cos u}{2(\sin u + \cos u)} du \xrightarrow{\text{对称性}} \frac{1}{4}\int_0^{\frac{\pi}{2}}\left(\frac{\sin^4 u \cos u}{\sin u + \cos u} + \frac{\sin u \cos^4 u}{\sin u + \cos u}\right) du$$

$$= \frac{1}{4}\int_0^{\frac{\pi}{2}}\left[\sin u \cos u(\sin^2 u - \sin u \cos u + \cos^2 u)\right] du$$

$$= \frac{1}{4}\int_0^{\frac{\pi}{2}}(\sin u \cos u - \sin^2 u \cos^2 u) du = \frac{8-\pi}{64}.$$

例10 （江苏）求 $\int_0^{\frac{\pi}{2}} e^x \frac{1+\sin x}{1+\cos x} dx$.

【分析】 与不定积分的分部积分类似，在利用分部积分时，特别要注意"循环相消"的技巧，即使用分部积分后，得到的积分可以和原始积分中的某项积分相消. 另外，由于被积函数中含有三角函数，因此一般来说，运用中学所学的三角恒等式是必不可少的了.

解 由半角公式可得

$$\int_0^{\frac{\pi}{2}} e^x \frac{1+\sin x}{1+\cos x} dx = \int_0^{\frac{\pi}{2}} e^x \frac{\left(\sin \frac{x}{2} + \cos \frac{x}{2}\right)^2}{2\cos^2 \frac{x}{2}} dx$$

$$= \frac{1}{2} \int_0^{\frac{\pi}{2}} e^x \left(1 + \tan \frac{x}{2}\right)^2 dx = \frac{1}{2} \int_0^{\frac{\pi}{2}} e^x \sec^2 \frac{x}{2} dx + \int_0^{\frac{\pi}{2}} e^x \tan \frac{x}{2} dx$$

$$= \int_0^{\frac{\pi}{2}} e^x d\tan \frac{x}{2} + \int_0^{\frac{\pi}{2}} e^x \tan \frac{x}{2} dx = e^x \tan \frac{x}{2} \Big|_0^{\frac{\pi}{2}} = e^{\frac{\pi}{2}}.$$

例11 （江苏）已知 $g(x)$ 是以 T 为周期的连续函数，且

$$g(0) = 1, \quad f(x) = \int_0^{2x} |x-t| g(t) dt,$$

求 $f'(T)$.

【分析】 被积函数中含有绝对值，它意味着分段积分，所以第一步就是去掉它. 如何去掉绝对值符号呢？当然是分割积分区间进行讨论.

解 因为

$$f(x) = \int_0^x (x-t) g(t) dt + \int_x^{2x} (t-x) g(t) dt$$

$$= x \int_0^x g(t) dt - \int_0^x t g(t) dt + \int_x^{2x} t g(t) dt - x \int_x^{2x} g(t) dt,$$

$$f'(x) = \int_0^x g(t) dt + xg(x) - xg(x) + 4xg(2x) - xg(x)$$

$$\quad - \int_x^{2x} g(t) dt - 2xg(2x) + xg(x)$$

$$= \int_0^x g(t) dt - \int_x^{2x} g(t) dt + 2xg(2x),$$

所以

$$f'(T) = \int_0^T g(t) dt - \int_T^{2T} g(t) dt + 2Tg(2T).$$

因为 $g(t)$ 以 T 为周期，所以 $\int_0^T g(t) dt = \int_T^{2T} g(t) dt$，$g(2T) = g(0) = 1$，于是 $f'(T) = 2T$.

例12 （江苏）设 $f(x)$ 单调增加，$\forall T > 0, f(x)$ 在 $[0, T]$ 上可积，且 $\lim_{x \to +\infty} \frac{1}{x} \int_0^x f(t) dt = A$，求证：$\lim_{x \to +\infty} f(x) = A$.

【分析】 是不是非常有使用 L'Hospital 法则或者积分中值定理的冲动? 冲动是魔鬼, 所以不能冲动. 为什么不能使用它们呢? 下面我们逐个分析. 首先是 L'Hospital 法则, 注意它的使用条件, 除了可导外, 还有 $\lim\limits_{x\to +\infty}\dfrac{f'(x)}{g'(x)}$ 存在. 然而本题要求的就是它的存在性. 故只能考虑积分中值定理了. 因为 $\int_0^x f(t)\mathrm{d}t = f(\xi(x))x$ 中的 $\xi(x)$ 与 x 的关系不清晰, 需要当 $x\to +\infty$ 时, $\xi(x)\to +\infty$ 这个前提条件, 此条件成立吗? 这个结果目前未知. 由此, 在积分中值定理的运用上存在一定的障碍了. 那么本题该怎么办呢? 题干的已知条件是求极限, 证明的结论还是极限, 所以本题的解决方案: 一定是利用极限的定义、性质, 甚至极限的求法等. 那会使用哪个性质呢? 其实极限的性质并不多, 只是我们平时不怎么用它, 所以不熟悉. 课本里会有这样的性质:

$$\lim_{x\to x_0} f(x) = A \Rightarrow f(x) = A + o(x-x_0).$$

此外, 题干有函数的单调性, 应该与夹逼定理有关. 如何去构造夹逼准则中的两个比较对象呢? 当然是从题干中"唯二"的条件出发: 极限和单调性. 既然涉及积分, 又要比较大小, 那么缩放积分区间就是"老套路"了. 适当将积分区间缩小和放大一点, 比如: $x\to x-\varepsilon$ 和 $x\to x+\varepsilon$, 再结合前面所分析给出的极限性质, 那么本题的夹逼准则所要求的对象基本呼之欲出了. 最后运用极限定义得到本题的结论.

解 由 $\lim\limits_{x\to +\infty}\dfrac{1}{x}\int_0^x f(t)\mathrm{d}t = A$ 可得, 当 $0 < \varepsilon < 1$ 时,

$$\lim_{x\to +\infty}\frac{1}{(1+\varepsilon)x}\int_0^{(1+\varepsilon)x} f(t)\mathrm{d}t = A, \quad \lim_{x\to +\infty}\frac{1}{(1-\varepsilon)x}\int_0^{(1-\varepsilon)x} f(t)\mathrm{d}t = A.$$

利用极限性质可得

$$\int_0^x f(t)\mathrm{d}t = Ax + o(x),$$

$$\int_0^{(1+\varepsilon)x} f(t)\mathrm{d}t = A(1+\varepsilon)x + o(x),$$

$$\int_0^{(1-\varepsilon)x} f(t)\mathrm{d}t = A(1-\varepsilon)x + o(x).$$

由于 $f(x)$ 单调增加, 所以

$$\frac{1}{\varepsilon x}\int_{(1-\varepsilon)x}^x f(t)\mathrm{d}t \leqslant f(x) \leqslant \frac{1}{\varepsilon x}\int_x^{(1+\varepsilon)x} f(t)\mathrm{d}t. \tag{1}$$

又

$$\lim_{x\to +\infty}\frac{1}{\varepsilon x}\int_x^{(1+\varepsilon)x} f(t)\mathrm{d}t = \lim_{x\to +\infty}\frac{1}{\varepsilon x}\left[\int_0^{(1+\varepsilon)x} f(t)\mathrm{d}t - \int_0^x f(t)\mathrm{d}t\right]$$

$$= \lim_{x\to +\infty}\frac{1}{\varepsilon x}[A(1+\varepsilon)x - Ax + o(x)] = A,$$

$$\lim_{x\to +\infty}\frac{1}{\varepsilon x}\int_{(1-\varepsilon)x}^x f(t)\mathrm{d}t = \lim_{x\to +\infty}\frac{1}{\varepsilon x}\left[\int_0^x f(t)\mathrm{d}t - \int_0^{(1-\varepsilon)x} f(t)\mathrm{d}t\right]$$

$$= \lim_{x\to +\infty}\frac{1}{\varepsilon x}[Ax - A(1-\varepsilon)x + o(x)] = A.$$

对(1)式应用夹逼准则,得
$$\lim_{x \to +\infty} f(x) = A.$$

例13 证明:积分
$$I = \int_{-100}^{-10} \left(\frac{x^2-x}{x^3-3x+1}\right)^2 dx + \int_{\frac{1}{101}}^{\frac{1}{11}} \left(\frac{x^2-x}{x^3-3x+1}\right)^2 dx + \int_{\frac{101}{100}}^{\frac{11}{10}} \left(\frac{x^2-x}{x^3-3x+1}\right)^2 dx$$
是有理数.

【分析】 看到此题时,很多人都会感觉"小菜一碟",按照有理分式的计算方法求出来,不就证明了吗?但事实是这样吗?肯定不是这样.这里大家要记住,按照课堂讲授的方法进行计算,计算量会非常大,肯定不适合在考试中使用.分母的三个根是一个无理根、两个复数根(读者可以参考相关资料或教科书了解三次方程的求根公式).由此,可以说明每个积分值可能不是有理数.那么,该如何入手呢?还得回到题干上来,题干是相同的被积函数在不同区间上的积分之和.根据前面的分析,原函数很难求出来,因此,单独求每个积分不是正确的方向.于是,需要把三个积分"合理"地结合,作为一个整体.如何结合呢?

仔细观察积分区间的6个数字,它们实际上只涉及4个整数:$-10, 11, -100, 101$.基于这4个数字,我们会发现它们两组之间的共同点——$1-x$.再结合积分上下限数字 $\frac{1}{11}$ 和 $\frac{1}{101}$,很快就有 $\frac{1}{1-x}$.同理也可以发现第三个积分的上下限 $\frac{101}{100}, \frac{11}{10}$ 也符合前面的对应关系.由此,说明积分 I 中后面的两项需要作换元法,即 $u(x) = \frac{1}{1-x}$.此时,可能很多同学会觉得不妥,因为换元后,被积函数一般会发生改变,但是此函数比较奇特,当换元后,进行计算发现被积函数居然是不变的.由此,我们顺利将三个积分整合到一起了.

证明 设 $f(x) = \frac{x^2-x}{x^3-3x+1}$,$u(x) = \frac{1}{1-x}$,于是可得
$$u(-100) = \frac{1}{101}, \quad u(-10) = \frac{1}{11}, \quad u\left(\frac{1}{101}\right) = \frac{101}{100},$$
$$u\left(\frac{1}{11}\right) = \frac{11}{10}, \quad u\left(\frac{101}{100}\right) = -100, \quad u\left(\frac{11}{10}\right) = -10.$$

又有
$$\frac{1}{f(x)} = x + 1 - \frac{1}{x} - \frac{1}{1-x} = v(x).$$

另外也有恒等式
$$f(u(x)) = f(x), \quad f[u(u(x))] = f(u(x)) = f(x).$$

于是有
$$I = \int_{-100}^{-10} f^2(x) dx + \int_{\frac{1}{101}}^{\frac{1}{11}} f^2(x) dx + \int_{\frac{101}{100}}^{\frac{11}{10}} f^2(x) dx$$
$$= \int_{-100}^{-10} f^2(x) [1 + u'(x) + u'(u(x))] dx$$
$$= \int_{-100}^{-10} f^2(x) \left[1 + \frac{1}{x^2} + \frac{1}{(1-x)^2}\right] dx = \int_p^q v^{-2}(x) dv = \left. -v^{-1}(x) \right|_p^q,$$

其中 $p=-100+1+\dfrac{1}{100}+\dfrac{1}{101}$,$q=-10+1+\dfrac{1}{10}+\dfrac{1}{11}$. 因此结论成立.

5.3　广义积分

例14　(**辽宁 2022**) 求积分 $\displaystyle\int_0^{\frac{\pi}{2}} \dfrac{\sqrt[3]{\tan x}}{(\sin x+\cos x)^2}\mathrm{d}x$ 的值.

【分析】　本题表面看是一道有界区域上的定积分,实际上,却是广义积分,因为被积函数中含有 $\tan x$.仔细观察,很容易发现被积函数是三角型无理函数,首先进行凑微分法,然后再进行换元,就可以将被积函数转为常见的有理函数.

解　由三角恒等式变换关系,改写积分式,有

$$\int_0^{\frac{\pi}{2}} \dfrac{\sqrt[3]{\tan x}}{(\sin x+\cos x)^2}\mathrm{d}x = \int_0^{\frac{\pi}{2}} \dfrac{\sqrt[3]{\tan x}\,\sec^2 x}{(\tan x+1)^2}\mathrm{d}x = \int_0^{\frac{\pi}{2}} \dfrac{\sqrt[3]{\tan x}}{(1+\tan x)^2}\mathrm{d}\tan x$$

$$\xrightarrow{t=\tan x} 3\int_0^{+\infty} \dfrac{\sqrt[3]{t}}{(1+t)^2}\mathrm{d}t \xrightarrow{u=\sqrt[3]{t}} \int_0^{+\infty} \dfrac{u\cdot 3u^2}{(1+u^3)^2}\mathrm{d}u$$

$$=-\int_0^{+\infty} u\,\mathrm{d}\dfrac{1}{1+u^3} = -\dfrac{u}{1+u^3}\bigg|_0^{+\infty} + \int_0^{+\infty} \dfrac{1}{1+u^3}\mathrm{d}u$$

$$=\int_0^{+\infty}\left[-\dfrac{1}{6}\cdot\dfrac{2u-1}{u^2-u+1} + \dfrac{1}{2}\cdot\dfrac{1}{u^2-u+1} + \dfrac{1}{3(u+1)}\right]\mathrm{d}u$$

$$=\left(-\dfrac{1}{6}\ln(u^2-u+1) + \dfrac{1}{3}\ln(u+1) + \dfrac{\arctan\left(\dfrac{2u-1}{\sqrt{3}}\right)}{\sqrt{3}}\right)\bigg|_0^{+\infty}$$

$$=\dfrac{\pi}{2\sqrt{3}} - \left(-\dfrac{\pi}{6\sqrt{3}}\right) = \dfrac{2\pi}{3\sqrt{3}},$$

其中

$$\left(-\dfrac{1}{6}\ln(u^2-u+1) + \dfrac{1}{3}\ln(u+1)\right)\bigg|_0^{+\infty} = -\dfrac{1}{6}\left(\ln\dfrac{u^2-u+1}{(u+1)^2}\right)\bigg|_0^{+\infty}$$

$$=\lim_{R\to\infty}\ln\dfrac{R^2-R+1}{(R+1)^2} = \ln 1 = 0.$$

例15　(**华南理工大学 2020**) 计算 $\displaystyle\int_0^{+\infty}\dfrac{\sin(5x)-\sin(3x)}{x}\mathrm{e}^{-2x}\mathrm{d}x$.

【分析】　表面看这是一道考察广义积分知识的题,被积函数很简单,但同学们如果意识到或者想起老师当时讲不定积分时,说过的一个重要信息: $\dfrac{\sin x}{x}$ 的原函数不能通过初等函数表示出来,那么就会发现此题应该不可能通过求原函数方式得到结果.所以应该尽快调整思路,寻找其他方法.此时,同学们应该仔细观察被积函数每一部分出现的原因,因为是广义积

分,那么 e^{-2x} 的作用是在 ∞ 处让积分收敛,尽管 $\dfrac{\sin 5x - \sin 3x}{x}$ 在 $x=0$ 处的定义是不存在的,但众所周知 $x=0$ 是可去间断点.由此可知,$\dfrac{\sin 5x - \sin 3x}{x}$ 在任意有界闭区间上的积分都是存在的,但如何计算它的值呢?这也是本题需要处理的最关键的部分.首先关注到此分式的分子是同型函数相减,这意味着它可以由某函数的积分给出,那么,分母 x 只是因为凑积分所需要的部分,也即字母 x 不是积分变量,而是其他需要引入的新变量,而且它的区间是 $[3,5]$,于是"水到渠成",得到 $\dfrac{\sin 5x - \sin 3x}{x} = \int_3^5 \cos(xy)\,\mathrm{d}y$.

解 由上面的分析有

$$\int_0^{+\infty} \frac{\sin(5x) - \sin(3x)}{x} \mathrm{e}^{-2x}\,\mathrm{d}x = \int_0^{+\infty}\left(\int_3^5 \cos(xy)\,\mathrm{d}y\right)\mathrm{e}^{-2x}\,\mathrm{d}x = \int_3^5 \mathrm{d}y \int_0^{+\infty} \cos(xy)\mathrm{e}^{-2x}\,\mathrm{d}x$$

$$= \int_3^5 \frac{\mathrm{e}^{-2x}}{4+y^2}(-2\cos xy + y\sin xy)\bigg|_0^{+\infty}\mathrm{d}y = \int_3^5 \frac{2}{4+y^2}\,\mathrm{d}y$$

$$= \arctan\frac{y}{2}\bigg|_3^5 = \arctan\frac{5}{2} - \arctan\frac{3}{2}.$$

注:(1) 在第二个等号中使用了交换积分顺序,积分顺序的交换需要满足如下条件:$\int_3^5 \cos(xy)\mathrm{e}^{-2x}\,\mathrm{d}x$ 关于 y 一致收敛,且被积函数在 $[0,+\infty)\times[3,5]$ 上连续.

(2) 此题虽然稍微超出微积分的内容,需要一致收敛,但因为被积函数是基本初等函数的乘积,积分区域是有界闭区间,因此很容易验证一致收敛.

例16 (华南理工大学 2020) $f(x)$ 是 $[0,+\infty)$ 上单调递减、连续可导的函数,且 $\lim\limits_{x\to\infty}f(x)=0$,证明:$\int_0^{+\infty}f'(x)\sin^2 x\,\mathrm{d}x$ 收敛.

【分析】 一看就是"直来直去"的题.题干的条件大众化,应该是为了满足一些结论的运用而设置的.在广义积分中,Dirichlet 判别法的条件就是如此,此题恰好也是讨论广义积分的收敛性,所以直接从结论出发.中学时代老师就曾告诉我们,看见三角函数的高次幂就要降幂,然后进行分部积分,就可得证.

证明 $f(x)$ 在 $[0,+\infty)$ 上连续可导,则 $\int_0^{+\infty}f'(x)\,\mathrm{d}x = f(x)\bigg|_0^{+\infty} = -f(0)$,即收敛.

$$\int_0^{+\infty}f'(x)\sin^2 x\,\mathrm{d}x = \frac{1}{2}\int_0^{+\infty}f'(x)(1-\cos 2x)\,\mathrm{d}x = -\frac{1}{2}f(0) - \frac{1}{2}\int_0^{+\infty}f'(x)\cos 2x\,\mathrm{d}x$$

$$= -\frac{1}{2}f(0) + \frac{1}{2}f(0) - \int_0^{+\infty}f(x)\sin 2x\,\mathrm{d}x$$

$$= -\int_0^{+\infty}f(x)\sin 2x\,\mathrm{d}x.$$

又因为 $f(x)$ 在 $[0,+\infty)$ 上单调递减,且 $\lim\limits_{x\to\infty}f(x)=0$.同时对任意的实数 $M>0$,积分 $\int_0^M \sin 2x\,\mathrm{d}x$ 有界.由 Dirichlet 判别法可得 $\int_0^{+\infty}f(x)\sin 2x\,\mathrm{d}x$ 收敛,从而结论成立.

注:Dirichlet 广义积分判别法:

(1) 若 $F(x)=\int_a^x f(t)\mathrm{d}t$ 在 $[a,+\infty)$ 上有界,$g(x)$ 在 $[a,+\infty)$ 上单调,且 $\lim\limits_{x\to\infty}g(x)=0$,则 $\int_a^\infty f(x)g(x)\mathrm{d}x$ 收敛.

(2) 设 $\lim\limits_{x\to b-}f(x)=\infty$,若 $F(x)=\int_a^x f(t)\mathrm{d}t$ 在 $[a,b)$ 上有界,$g(x)$ 在 $[a,b)$ 上单调,且 $\lim\limits_{x\to b-}g(x)=0$,则 $\int_a^b f(x)g(x)\mathrm{d}x$ 收敛.

例17 (苏州大学 2023) 讨论广义积分 $I=\int_0^\infty \dfrac{\sin\left(x+\dfrac{1}{x}\right)}{x^a}\mathrm{d}x$ 的收敛性(条件收敛和绝对收敛).

【分析】 本题属于参数的分类讨论.分类讨论,一般是先解决容易的情况,即看一眼就能搞定的情况;再探讨较难解决的.本题涉及积分区间的广义积分和被积函数奇异的广义积分,所以第一步,必须分开这两种广义积分,要把它们单独隔离,各个击破.最后再来研究被积函数,但被积函数简单中透出挑衅——$\sin\left(x+\dfrac{1}{x}\right)$,别总关注它,它只是乘积的一部分,且用来吓唬人的,还有另外一部分哦,两部分相乘的广义积分,难道不是运用 Dirichlet 判别法的标志吗?现在是重点关注它的积分是否有界的时候了,为什么只提有界呢? 因为它肯定不单调,不符合常规判别法的要求,所以只能探讨它的有界性.如果我们想把它积分出来,那就按照需要勇敢地去凑,当然不能改变另外一部分的单调性,至此问题就顺利解决了一半.另外一半与已解决的这一半对称.

解 将广义积分分成两部分:
$$I=\int_0^1 \dfrac{\sin\left(x+\dfrac{1}{x}\right)}{x^a}\mathrm{d}x+\int_1^\infty \dfrac{\sin\left(x+\dfrac{1}{x}\right)}{x^a}\mathrm{d}x=I_1+I_2.$$

(1) 显然,当 $a\leqslant 0$ 时,I_2 发散;当 $a\geqslant 2$ 时,I_1 发散.

(2) 考虑 $0\leqslant a\leqslant 2$ 的情况,将积分 I 写成
$$I=\int_0^\infty \dfrac{\left(1-\dfrac{1}{x^2}\right)\sin\left(x+\dfrac{1}{x}\right)}{x^a\left(1-\dfrac{1}{x^2}\right)}\mathrm{d}x=\left(\int_0^1+\int_1^\infty\right)\dfrac{\left(1-\dfrac{1}{x^2}\right)\sin\left(x+\dfrac{1}{x}\right)}{x^a\left(1-\dfrac{1}{x^2}\right)}\mathrm{d}x$$
$$=I_3+I_4.$$

其中,对 $\forall A>1$,有
$$\left|\int_1^A \left(1-\dfrac{1}{x^2}\right)\sin\left(x+\dfrac{1}{x}\right)\mathrm{d}x\right|=\left|\int_1^A \sin\left(x+\dfrac{1}{x}\right)\mathrm{d}\left(x+\dfrac{1}{x}\right)\right|$$
$$=\left|-\cos\left(x+\dfrac{1}{x}\right)\Big|_1^A\right|\leqslant 2.$$

于是当 $A > 1$ 时,得到上式左边有界.另外一方面,当 $x > 1$ 时,$\dfrac{1}{x^a\left(1-\dfrac{1}{x^2}\right)}$ 单调递减并趋近于 0,于是由 Dirichlet 判别法可知:当 $0 \leqslant a \leqslant 2$ 时,I_4 收敛.对于 I_3,作倒代换 $x = \dfrac{1}{t}$,I_3 转化为类似 I_4 的形式,可知 I_3 也收敛,故当 $0 \leqslant a \leqslant 2$ 时,I 收敛.

(3) 广义积分当 $0 \leqslant a \leqslant 2$ 时条件收敛,非绝对收敛.注意到,

$$\left|\frac{\sin\left(x+\dfrac{1}{x}\right)}{x^a}\right| \geqslant \frac{\sin^2\left(x+\dfrac{1}{x}\right)}{x^a} = \frac{1}{2x^a} - \frac{\cos\left(2\left(x+\dfrac{1}{x}\right)\right)}{2x^a}.$$

类似(2)的讨论方法,可知当 $0 \leqslant a \leqslant 1$ 时,上面不等式右端第一项 $\dfrac{1}{2x^a}$ 在 $[1,+\infty)$ 上发散,第二项 $\dfrac{\cos\left(2\left(x+\dfrac{1}{x}\right)\right)}{2x^a}$ 在 $[1,+\infty)$ 上积分收敛,从而当 $0 \leqslant a \leqslant 1$ 时,$\left|\dfrac{\sin\left(x+\dfrac{1}{x}\right)}{x^a}\right|$ 在 $[1,+\infty)$ 上发散,故广义积分当 $0 \leqslant a \leqslant 1$ 时非绝对收敛.类似地可证当 $1 < a < 2$ 时,广义积分也非绝对收敛.

综上所述,广义积分 I 当且仅当 $0 \leqslant a \leqslant 2$ 时才条件收敛.

例18 计算广义积分 $\displaystyle\int_0^\infty \frac{1-\mathrm{e}^{ax}}{x}\cos x\,\mathrm{d}x$,$a > 0$.

【分析】 这类带参数的积分一般有两种方式来解决:一是将定积分转化为重积分,然后交换积分顺序进行计算,此方法类似例15;二是将参数看成变量,进行求导,推导出常微分方程,然后求解这个常微分方程.

解 方法一 注意到,

$$\frac{1-\mathrm{e}^{ax}}{x} = \frac{\mathrm{e}^{0\cdot x} - \mathrm{e}^{ax}}{x} = \int_0^a \mathrm{e}^{-yx}\,\mathrm{d}y.$$

代入广义积分可得

$$\int_0^\infty \frac{1-\mathrm{e}^{ax}}{x}\cos x\,\mathrm{d}x = \int_0^\infty\int_0^a \mathrm{e}^{-yx}\,\mathrm{d}y\cos x\,\mathrm{d}x = \int_0^a\mathrm{d}y\int_0^\infty \mathrm{e}^{-yx}\cos x\,\mathrm{d}x.$$

通过两次分部积分可得

$$\int_0^\infty \mathrm{e}^{-yx}\cos x\,\mathrm{d}x = \mathrm{e}^{-yx}\sin x\Big|_0^\infty + y\int_0^\infty \mathrm{e}^{-yx}\sin x\,\mathrm{d}x = y - y^2\int_0^\infty \mathrm{e}^{-yx}\cos x\,\mathrm{d}x = \frac{y}{1+y^2}.$$

于是

$$\int_0^a\mathrm{d}y\int_0^\infty \mathrm{e}^{-yx}\cos x\,\mathrm{d}x = \int_0^a \frac{y}{1+y^2}\mathrm{d}y = \frac{1}{2}\ln(1+y^2)\Big|_0^a = \frac{1}{2}\ln(1+a^2).$$

方法二 将参数看成变量,对它进行求导,再分部积分:

$$I(a) = \int_0^\infty \frac{1-e^{ax}}{x}\cos x\,dx,$$

$$I'(a) = \int_0^\infty \frac{\partial}{\partial a}\left(\frac{1-e^{ax}}{x}\right)\cos x\,dx$$

$$= \int_0^\infty e^{ax}\cos x\,dx = a - a^2\int_0^\infty e^{ax}\cos x\,dx = a - a^2 I'(a).$$

于是有

$$I'(a) = \frac{a}{1+a^2}, \quad I(0) = 0,$$

从而

$$I(a) = \int_0^a \frac{x}{1+x^2}dx = \frac{1}{2}\ln(1+a^2).$$

5.4 多重积分

例19 求重积分 $\iint_{y>x^2+1} \frac{dx\,dy}{x^4+y^2}$.

【**分析**】 对于重积分来说,很多同学见到的题大部分是有界区域上的重积分,本题是半无界区域上的,尽管如此,处理方法跟有界区域上的重积分方法也是一样的.方法无非有二:一是将重积分化为累次积分,二是采用坐标变换——极坐标法.

解 方法一 将重积分化为累次积分如下:

$$\iint_{y>x^2+1}\frac{dx\,dy}{x^4+y^2} = \int_{-\infty}^{+\infty}\left(\int_{x^2+1}^{+\infty}\frac{dy}{x^4+y^2}\right)dx = \int_{-\infty}^{+\infty}\frac{1}{x^2}\arctan\left(\frac{y}{x^2}\right)\bigg|_{y=x^2+1}^{+\infty}dx$$

$$= \int_{-\infty}^{+\infty}\left[\frac{\pi}{2x^2} - \frac{1}{x^2}\arctan\left(\frac{x^2+1}{x^2}\right)\right]dx = \int_{-\infty}^{+\infty} -\frac{1}{x^2}\arctan\left(1+\frac{1}{x^2}\right)dx$$

$$= 2\int_0^{+\infty}\arctan\left(1+\frac{1}{x^2}\right)d\left(\frac{1}{x}\right) = 4\int_0^{+\infty}\frac{1}{2x^4+2x^2+1}dx$$

$$= 2\int_0^{+\infty}\frac{d\left(\sqrt{2}x-\frac{1}{x}\right)}{\left(\sqrt{2}x-\frac{1}{x}\right)^2+2\sqrt{2}+2}dx = \frac{2}{\sqrt{2\sqrt{2}+2}}\arctan\frac{\sqrt{2}x-\frac{1}{x}}{\sqrt{2\sqrt{2}+2}}\bigg|_0^{+\infty}$$

$$= \sqrt{2\sqrt{2}-2}\,\pi.$$

方法二 $I = \iint_D \frac{dx\,dy}{x^4+y^2} = \iint_{D_1}\frac{dx\,dy}{x^4+y^2}$,其中 D_1 为 D 在第一象限的部分,见示意图 5.1.

令 $\begin{cases} x = \sqrt{\rho}\cos\theta \\ y = \rho\sin\theta \end{cases}$,其 Jacobi 行列式为

$$J = \frac{\partial(x,y)}{\partial(\rho,\theta)} = \begin{vmatrix} \dfrac{\cos\theta}{2\sqrt{\rho\cos\theta}} & \dfrac{-\rho\sin\theta}{2\sqrt{\rho\cos\theta}} \\ \sin\theta & \rho\cos\theta \end{vmatrix} = \frac{\rho}{2\sqrt{\rho\cos\theta}}.$$

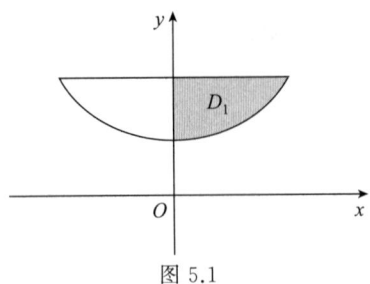

图 5.1

所以
$$I = 2\iint_{D'_1} \frac{1}{\rho^2} \cdot \frac{\rho}{2\sqrt{\rho\cos\theta}} \mathrm{d}\rho\,\mathrm{d}\theta,$$

其中 $D'_1: \dfrac{\pi}{4} \leqslant \theta \leqslant \dfrac{\pi}{2}, \rho \geqslant \dfrac{1}{\sin\theta - \cos\theta}$. 于是,

$$I = 2\int_{\frac{\pi}{4}}^{\frac{\pi}{2}} \frac{\mathrm{d}\theta}{\sqrt{\cos\theta}} \int_{\frac{1}{\sin\theta-\cos\theta}}^{+\infty} \frac{1}{2\rho\sqrt{\rho}}\mathrm{d}\rho = 2\int_{\frac{\pi}{4}}^{\frac{\pi}{2}} \left[\left(-\frac{1}{\sqrt{\rho}}\right)\bigg|_{\frac{1}{\sin\theta-\cos\theta}}^{+\infty}\right] \frac{1}{\sqrt{\cos\theta}}\mathrm{d}\theta = 2\int_{\frac{\pi}{4}}^{\frac{\pi}{2}} \sqrt{\tan\theta - 1}\,\mathrm{d}\theta$$

$$\xrightarrow{u=\tan\theta} 2\int_0^{+\infty} \frac{2u^2}{u^4+2u^2+2}\mathrm{d}u = 2\int_0^{+\infty} \frac{u^2+\sqrt{2}+u^2-\sqrt{2}}{u^4+2u^2+2}\mathrm{d}u$$

$$= 2\int_0^{+\infty} \frac{\mathrm{d}\left(u-\frac{\sqrt{2}}{u}\right)}{\left(u-\frac{\sqrt{2}}{u}\right)^2+2+2\sqrt{2}} + 2\int_0^{+\infty} \frac{\mathrm{d}\left(u+\frac{\sqrt{2}}{u}\right)}{\left(u+\frac{\sqrt{2}}{u}\right)^2+2-2\sqrt{2}}$$

$$= 2\,\frac{1}{\sqrt{2+2\sqrt{2}}}\arctan\frac{u-\frac{\sqrt{2}}{u}}{\sqrt{2+2\sqrt{2}}}\bigg|_0^{+\infty} + 2\,\frac{1}{2\sqrt{2\sqrt{2}-2}}\ln\left(\frac{u+\frac{\sqrt{2}}{u}-\sqrt{2\sqrt{2}-2}}{u+\frac{\sqrt{2}}{a}+\sqrt{2\sqrt{2}-2}}\right)\bigg|_0^{+\infty}$$

$$= \sqrt{2(2-2)}\,\pi.$$

例20 计算二重积分 $\displaystyle\iint_D \frac{x^2+y^2-2}{(x^2+y^2)^{\frac{5}{2}}}\mathrm{d}x\,\mathrm{d}y$, $D: x^2+y^2 \geqslant 2, x \leqslant 1$.

【分析】 本题是常规题,重点关注被积区域:一个半无界的区域.极坐标变换后的积分上下限由积分区域决定.

解 积分区域关于 x 轴对称,且被积函数是关于 y 的偶函数.令 $x = r\cos\theta, y = r\sin\theta$. 记 x 轴上半部分的积分区域为
$$D_1: \frac{\pi}{4} \leqslant \theta \leqslant \frac{\pi}{2}, \sqrt{2} \leqslant r \leqslant \sec\theta; \quad D_2: \frac{\pi}{2} \leqslant \theta \leqslant \pi, \sqrt{2} \leqslant r \leqslant \infty.$$

由二重积分的极坐标计算方法有
$$\iint_D \frac{x^2+y^2-2}{(x^2+y^2)^{\frac{5}{2}}}\mathrm{d}x\,\mathrm{d}y = 2\int_{\frac{\pi}{4}}^{\frac{\pi}{2}}\mathrm{d}\theta\int_{\sqrt{2}}^{\sec\theta} \frac{r^2-2}{r^5}r\,\mathrm{d}r + 2\int_{\frac{\pi}{2}}^{\pi}\mathrm{d}\theta\int_{\sqrt{2}}^{\infty} \frac{r^2-2}{r^5}r\,\mathrm{d}r$$

$$= 2\int_{\frac{\pi}{4}}^{\frac{\pi}{2}} \left(\frac{2}{3\,r^3} - \frac{1}{r}\right)\Big|_{\sqrt{2}}^{\sec\theta} \mathrm{d}\theta + 2\int_{\frac{\pi}{4}}^{\frac{\pi}{2}} \left(\frac{2}{3\,r^3} - \frac{1}{r}\right)\Big|_{\sqrt{2}}^{\infty} \mathrm{d}\theta$$

$$= 2\int_{\frac{\pi}{4}}^{\frac{\pi}{2}} \left(\frac{2\cos^3\theta}{3} - \cos\theta - \frac{\sqrt{2}}{3}\right)\mathrm{d}\theta + 2\int_{\frac{\pi}{4}}^{\frac{\pi}{2}} \frac{\sqrt{2}}{3}\mathrm{d}\theta$$

$$= \frac{4\sqrt{2}}{9} - \frac{10}{9} + \frac{\sqrt{2}}{2}\pi.$$

例21 (辽宁 2022) 计算 $I = \iint_D \frac{|xy|(1+\mathrm{e}^{x^2})}{2+\mathrm{e}^{x^2}+\mathrm{e}^{y^2}} \mathrm{d}x\mathrm{d}y$,其中积分区域 $D: x^2+y^2 \leqslant a^2$.

【分析】 很容易发现被积函数的奇偶性,以及积分区域的对称性,所以奇偶性的对称性自然会被用到.但轮换对称性却非常容易被忽略,如果忽略它,那么此题就无法做出来了.为什么要用轮换对称性? 因为要注意到分子和分母之间的差异性,同时无论是分子还是分母中的 e^{y^2},e^{x^2},都是定积分中无法求积的.

解 积分区域 D 关于 x,y 轴都对称,并且具有轮换对称性.记 $D_1: x^2+y^2 \leqslant a^2, x \geqslant 0, y \geqslant 0$,故由二重积分的极坐标计算方法,得

$$I = 4\iint_{D_1} \frac{xy \cdot (1+\mathrm{e}^{x^2})}{2+\mathrm{e}^{x^2}+\mathrm{e}^{y^2}} \mathrm{d}x\mathrm{d}y = 4\iint_{D_1} \frac{yx \cdot (1+\mathrm{e}^{y^2})}{2+\mathrm{e}^{y^2}+\mathrm{e}^{x^2}} \mathrm{d}x\mathrm{d}y$$

$$= 2\iint_{D_1} \left[\frac{xy \cdot (1+\mathrm{e}^{x^2})}{2+\mathrm{e}^{x^2}+\mathrm{e}^{y^2}} + \frac{yx \cdot (1+\mathrm{e}^{y^2})}{2+\mathrm{e}^{y^2}+\mathrm{e}^{x^2}}\right] \mathrm{d}x\mathrm{d}y$$

$$= 2\iint_{D_1} xy \,\mathrm{d}x\mathrm{d}y = 2\int_0^{\frac{\pi}{2}} \mathrm{d}\theta \int_0^a \rho\cos\theta \cdot \rho\sin\theta \cdot \rho\mathrm{d}\rho = \frac{a^4}{4}.$$

例22 (武汉大学 2018) 设 $u_i(x_1, x_2), i=1,2$ 关于每个变量均为周期为 1 的连续可微函数,求

$$\iint_{0 \leqslant x_1, x_2 \leqslant 1} \det(a_{ij})_{2\times 2} \,\mathrm{d}x_1\mathrm{d}x_2,$$

其中矩阵元素满足 $a_{ij} = \delta_{ij} + \frac{\partial u_i}{\partial x_j}, \delta_{ij} = \begin{cases} 1, & i=j, \\ 0, & i \neq j. \end{cases}$

解 首先计算被积函数中的行列式,有

$$\det(a_{ij})_{2\times 2} = 1 + \frac{\partial u_1}{\partial x_1} + \frac{\partial u_2}{\partial x_2} + \frac{\partial u_1}{\partial x_1}\frac{\partial u_2}{\partial x_2} - \frac{\partial u_1}{\partial x_2}\frac{\partial u_2}{\partial x_1}.$$

下面分别求上式右边各项积分:第一项,显然有

$$\iint_{0 \leqslant x_1, x_2 \leqslant 1} 1\mathrm{d}x_1\mathrm{d}x_2 = 1;$$

对于第二项,重积分化为累次积分,再由积分基本定理和周期性可得

$$\iint_{0 \leqslant x_1, x_2 \leqslant 1} \frac{\partial u_1}{\partial x_1}\mathrm{d}x_1\mathrm{d}x_2 = \int_0^1 \mathrm{d}x_2 \int_0^1 \frac{\partial u_1}{\partial x_1}\mathrm{d}x_1 = \int_0^1 (u_1(1,x_2) - u_1(0,x_2))\mathrm{d}x_2 = 0;$$

同理可得第三项为

$$\iint_{0 \leqslant x_1, x_2 \leqslant 1} \frac{\partial u_2}{\partial x_2} \mathrm{d}x_1 \mathrm{d}x_2 = 0;$$

由分部积分和周期性可得第四项为

$$\iint_{0 \leqslant x_1, x_2 \leqslant 1} \frac{\partial u_1}{\partial x_1} \frac{\partial u_2}{\partial x_2} \mathrm{d}x_1 \mathrm{d}x_2 = \int_0^1 \left(\frac{\partial u_2(1, x_2)}{\partial x_2} u_1(1, x_2) - \frac{\partial u_2(0, x_2)}{\partial x_2} u_1(0, x_2) \right) \mathrm{d}x_2 = 0;$$

同理可得第五项为

$$\iint_{0 \leqslant x_1, x_2 \leqslant 1} \frac{\partial u_1}{\partial x_2} \frac{\partial u_2}{\partial x_1} \mathrm{d}x_1 \mathrm{d}x_2 = 0.$$

于是有 $\iint_{0 \leqslant x_1, x_2 \leqslant 1} \det(a_{ij})_{2 \times 2} \mathrm{d}x_1 \mathrm{d}x_2 = 1.$

例23 (武汉大学) 设 $f(x,y)$ 在单位圆盘上有连续的偏导数,且在边界上取值为零,证明:

$$f(0,0) = \lim_{\varepsilon \to 0} \frac{-1}{2\pi} \iint_D \frac{x \frac{\partial f}{\partial x} + y \frac{\partial f}{\partial y}}{x^2 + y^2} \mathrm{d}x \mathrm{d}y,$$

其中 D 为圆环域: $\varepsilon^2 \leqslant x^2 + y^2 \leqslant 1.$

【分析】 可能很多同学一看见要证明的结论时,直接就放弃了.看起来是证明题,实际上是计算题.如果把结论的表达顺序交换一下,变成 $\lim\limits_{\varepsilon \to 0} \frac{-1}{2\pi} \iint_D \frac{x \frac{\partial f}{\partial x} + y \frac{\partial f}{\partial y}}{x^2 + y^2} \mathrm{d}x \mathrm{d}y = f(0,0)$,是不是觉得好像顺眼一些,为什么会有这样的感觉?这不就是先求二重积分再求极限的计算题吗? 在圆盘上求二重积分,极坐标是必需的,那就勇敢地按照极坐标换元法求下去吧.

证明 令 $x = r\cos\theta, y = r\sin\theta$,则

$$\frac{\partial f}{\partial r} = \frac{\partial f}{\partial x} \cdot \frac{\partial x}{\partial r} + \frac{\partial f}{\partial y} \cdot \frac{\partial y}{\partial r} = \frac{\partial f}{\partial x} \cdot \cos\theta + \frac{\partial f}{\partial y} \cdot \sin\theta,$$

$$r \frac{\partial f}{\partial r} = \frac{\partial f}{\partial x} \cdot r\cos\theta + \frac{\partial f}{\partial y} \cdot r\sin\theta = x \frac{\partial f}{\partial x} + y \frac{\partial f}{\partial y}.$$

代入积分式,得

$$I = \iint_D \frac{x \frac{\partial f}{\partial x} + y \frac{\partial f}{\partial y}}{x^2 + y^2} \mathrm{d}x \mathrm{d}y = \iint_D \frac{r \frac{\partial f}{\partial r}}{r^2} r \mathrm{d}r \mathrm{d}\theta$$

$$= \int_0^{2\pi} \mathrm{d}\theta \int_\varepsilon^1 \frac{\partial f}{\partial r} \mathrm{d}r = \int_0^{2\pi} f(r\cos\theta, r\sin\theta) \Big|_\varepsilon^1 \mathrm{d}\theta$$

$$= \int_0^{2\pi} f(\cos\theta, \sin\theta) \mathrm{d}\theta - \int_0^{2\pi} f(\varepsilon\cos\theta, \varepsilon\sin\theta) \mathrm{d}\theta.$$

因为 $f(x,y)$ 在单位圆的边界上取值为零,故 $f(\cos\theta, \sin\theta) = 0.$ 由定积分的中值定理,可得

$$I = -\int_0^{2\pi} f(\varepsilon\cos\theta, \varepsilon\sin\theta) \mathrm{d}\theta = -2\pi f(\varepsilon\cos\theta', \varepsilon\sin\theta'), \quad \theta' \in [0, 2\pi].$$

由于 $f(x,y)$ 有连续的偏导数,故其连续,于是可得

$$\lim_{\varepsilon \to 0} \frac{-1}{2\pi} \iint_D \frac{x \frac{\partial f}{\partial x} + y \frac{\partial f}{\partial y}}{x^2 + y^2} \mathrm{d}x \mathrm{d}y = \lim_{\varepsilon \to 0} f(\varepsilon\cos\theta', \varepsilon\sin\theta') = f(0,0).$$

例24 (华中科技大学 2022) 求 $(x^2+y^2+z^2)^2 = 4(x^2+y^2-z^2)$ 所围成的体积.

解 取球坐标
$$\begin{cases} x = r\sin\varphi\cos\theta, \\ y = r\sin\varphi\sin\theta, \\ z = r\cos\varphi, \end{cases}$$

代入方程可得
$$r^2 = -4\cos 2\varphi \Rightarrow r = \sqrt{-4\cos 2\varphi}, \quad \varphi \in \left[\frac{\pi}{4}, \frac{\pi}{2}\right].$$

由对称性有
$$\begin{aligned}
V &= 8\iiint_\Omega \mathrm{d}x\,\mathrm{d}y\,\mathrm{d}z = 8\int_{\frac{\pi}{4}}^{\frac{\pi}{2}} \mathrm{d}\varphi \int_0^{\frac{\pi}{2}} \mathrm{d}\theta \int_0^{\sqrt{-4\cos 2\varphi}} r^2\sin\varphi\,\mathrm{d}r \\
&= \frac{32\pi}{3}\int_{\frac{\pi}{4}}^{\frac{\pi}{2}}(-\cos 2\varphi)^{\frac{3}{2}}\sin\varphi\,\mathrm{d}\varphi \xrightarrow{t=\cos\varphi} \frac{32\pi}{3}\int_0^{\frac{\sqrt{2}}{2}}(1-2t^2)^{\frac{3}{2}}\mathrm{d}t \\
&\xrightarrow{p^2=1-2t^2} \frac{16\pi}{3\sqrt{2}}\int_0^{\frac{\sqrt{2}}{2}} \frac{p^4}{\sqrt{1-p^2}}\mathrm{d}p \xrightarrow{q=p^2} \frac{16\pi}{3\sqrt{2}}\int_0^{\frac{\sqrt{2}}{2}} q^{\frac{3}{2}}(1-q)^{-\frac{1}{2}}\mathrm{d}q \\
&= \frac{16\pi}{3\sqrt{2}} \cdot \frac{\frac{3}{4}\Gamma^2\left(\frac{1}{2}\right)}{2} = \sqrt{2}\pi^2.
\end{aligned}$$

例25 (北京科技大学 2023) 计算三重积分 $\iiint_{r<10}[r]\mathrm{d}x\,\mathrm{d}y\,\mathrm{d}z$, 其中 $r = \sqrt{x^2+y^2+z^2}$, $[r]$ 表示不超过 r 的最大整数.

【分析】 这是一道非常好玩的题,被积函数是令大家心有余悸的分段函数(相信准备参加竞赛的同学肯定见过被积函数是分段函数的情况),为什么说心有余悸呢? 这个函数让大家心理阴影面积有些大,感觉这样的取整函数都是难题. 但不要忘记基本点——分段的被积函数的作用是用来分割求积区域的. 只要有此"初心",这个题也就迎刃而解了.

解 $\iiint_{i-1 \leqslant r \leqslant i} \mathrm{d}x\,\mathrm{d}y\,\mathrm{d}z = \int_0^{2\pi}\mathrm{d}\theta\int_0^\pi \mathrm{d}\varphi \int_{i-1}^{i} r^2\sin\varphi\,\mathrm{d}r = \frac{4}{3}\pi[i^3-(i-1)^3].$

因为 $\iiint_{r=10}[r]\mathrm{d}x\,\mathrm{d}y\,\mathrm{d}z = 0$, 于是

$$\begin{aligned}
\iiint_{r<10}[r]\mathrm{d}x\,\mathrm{d}y\,\mathrm{d}z &= \iiint_{r\leqslant 10}[r]\mathrm{d}x\,\mathrm{d}y\,\mathrm{d}z = \sum_{i=1}^{10}\iiint_{i-1\leqslant r\leqslant i}[r]\mathrm{d}x\,\mathrm{d}y\,\mathrm{d}z \\
&= \sum_{i=1}^{10}\iiint_{i-1\leqslant r<i}(i-1)\mathrm{d}x\,\mathrm{d}y\,\mathrm{d}z = \sum_{i=1}^{10}(i-1)\frac{4}{3}\pi[i^3-(i-1)^3] \\
&= \frac{4\pi}{3}\sum_{i=1}^{10}(3i^3-6i^2+4i-1) = 9300\pi.
\end{aligned}$$

例26 (南京大学 2013) 在 $\mathbf{R}^4$ 中定义如下有界区域 Ω:
$$\Omega = \{(x,y,z,w) \in \mathbf{R}^4 : |x|+|y|+\sqrt{z^2+w^2} \leqslant 1\},$$
计算 Ω 的体积.

【分析】 大部分同学看见此题的时候,肯定很诧异,为什么是一个四维空间体,没有学过四维体的体积啊.但只要仔细回想积分的几何应用,从一维体的长度,二维体的面积到三维体的体积之间关系,很容易推广得到四维体的体积公式
$$V = \iint_{z^2+w^2\leqslant 1} dz\,dw \iint_{|x|+|y|\leqslant 1-\sqrt{z^2+w^2}} dx\,dy.$$
同样利用所学的三重积分的计算方法,很快将其转化为二重积分
$$V = \iint_{z^2+w^2\leqslant 1} 2(1-\sqrt{z^2+w^2})^2 dz\,dw,$$
剩下就是运用二重积分的极坐标法了.

解 方法一 记 Ω 的体积为 V,由体积公式可知
$$V = \iint_{z^2+w^2\leqslant 1} dz\,dw \iint_{|x|+|y|\leqslant 1-\sqrt{z^2+w^2}} dx\,dy = \iint_{z^2+w^2\leqslant 1} 2(1-\sqrt{z^2+w^2})^2 dz\,dw.$$

令 $z=r\cos\theta, w=r\sin\theta, dz\,dw = r\,dr\,d\theta$,则
$$\iint_{z^2+w^2\leqslant 1} 2(1-\sqrt{z^2+w^2})^2 dz\,dw = \int_0^{2\pi} d\theta \int_0^1 2(1-r)^2 r\,dr$$
$$= 2\pi \int_0^1 2(1-r)^2 r\,dr = 2\pi \int_0^1 2(r^2-2r+1) r\,dr$$
$$= 4\pi \int_0^1 (r^3 + 2r^2 + r) dr \text{ wait—}= 4\pi \int_0^1 (r^3 - 2r^2 + r) dr = 4\pi \left(\frac{1}{4} - \frac{2}{3} + \frac{1}{2}\right) = \frac{\pi}{3}.$$

注: $\iint_{|x|+|y|\leqslant 1-\sqrt{z^2+w^2}} dx\,dy$ 的几何意义为由 $|x|+|y|\leqslant 1-\sqrt{z^2+w^2}$ 所围成的面积.

方法二 由 x,y,z,w 的对称性可知, $V = 16V(\Omega_1)$,其中 Ω_1 为 Ω 在第一卦限围成的区域,即
$$\Omega_1 = \{(x,y,z,w) \in \mathbf{R}^4 : |x|+|y|+\sqrt{z^2+w^2} \leqslant 1, x,y,z,w \geqslant 0\}.$$
令 $z=r\cos\theta, w=r\sin\theta$,则
$$V(\Omega_1) = \int_0^{\frac{\pi}{2}} d\theta \iiint_{\Omega' = \{(x,y,r) \in \mathbf{R}^3 : x+y+r\leqslant 1, x,y,r\geqslant 0\}} r\,dv = \frac{\pi}{2} \int_0^1 dx \int_0^{1-x} dy \int_0^{1-x-y} r\,dr$$
$$= \frac{\pi}{2} \cdot V(\Omega') \cdot \bar{r} = \frac{\pi}{2} \cdot \frac{1}{6} \cdot \frac{1}{4} = \frac{\pi}{48},$$

这里 $\bar{r}$ 为质心处的极径,所以 $V = 16V(\Omega_1) = 16 \cdot \frac{\pi}{48} = \frac{\pi}{3}$.

例27 (南京大学) 计算三重积分 $I = \iiint_\Omega (x^2+y^2+z^2) dv$,其中
$$\Omega = \{(x,y,z) \in \mathbf{R}^3 : |x|+|y|+|z| \leqslant 1\}.$$

【分析】 不要一看见被积函数貌似很友好,心里就狂喜,觉得很简单,这不就是球坐标吗? 只要我们稍微看看积分区域,就会马上放弃球坐标.所以这里重要的话说三次,重积分重点关注积分区域,再兼顾被积函数.一般来说,积分区域比被积函数重要.本题显然是所有对称的"群英荟萃":偶函数的对称、轮换对称样样都有.

解 由于 Ω 关于三个坐标面对称,且具有轮换对称性,记其在第一卦限的部分为 Ω_1,则 $\Omega_1: x+y+z \leqslant 1, x \geqslant 0, y \geqslant 0, z \geqslant 0$,于是

$$I = 24 \iiint_{\Omega_1} z^2 \mathrm{d}v = 24 \int_0^1 \mathrm{d}x \int_0^{1-x} \mathrm{d}y \int_0^{1-x-y} z^2 \mathrm{d}z$$
$$= 8 \int_0^1 \mathrm{d}x \int_0^{1-x} (1-x-y)^3 \mathrm{d}y = 2 \int_0^1 (1-x)^4 \mathrm{d}x = \frac{2}{5}.$$

例28 (**武汉大学 2022**) 已知函数 $u(x,y,z)$ 是正方体 $\Omega = [0,1]^3$ 上的连续正值函数,令

$$I_p(u) = \left(\iiint_{\Omega} u^p \mathrm{d}x \mathrm{d}y \mathrm{d}z\right)^{\frac{1}{p}}.$$

证明:$\lim\limits_{p \to 0+} I_p(u) = \mathrm{e}^{\iiint_{\Omega} \ln u \mathrm{d}x \mathrm{d}y \mathrm{d}z}$.

【分析】 初看此题,以为是计算性的证明题.一般会直接求极限,然后取指对数,就像这样

$$\lim_{p \to 0+} I_p(u) = \lim_{p \to 0+} \left(\iiint_{\Omega} u^p \mathrm{d}x \mathrm{d}y \mathrm{d}z\right)^{\frac{1}{p}} = \lim_{p \to 0+} \mathrm{e}^{\frac{1}{p} \ln \iiint_{\Omega} u^p \mathrm{d}x \mathrm{d}y \mathrm{d}z}.$$

接下来,同学们肯定马上有将对数函数 ln 直接拽到积分号里的冲动,但千万要抑制住此冲动哦.当然,同学们应该也知道肯定不能随便拿进去的.但其实拿进去也没有问题,只是付出的代价就是等号变不等号了,这里应该用到 Jensen 不等式,于是夹逼准则就出场了.

证明 由 $\ln x$ 是凹函数或者 Jensen 不等式可得

$$I_p(u) = \left(\iiint_{\Omega} u^p \mathrm{d}x \mathrm{d}y \mathrm{d}z\right)^{\frac{1}{p}} = \exp\left(\frac{1}{p} \ln \iiint_{\Omega} u^p \mathrm{d}x \mathrm{d}y \mathrm{d}z\right)$$
$$\geqslant \exp\left(\frac{1}{p} \iiint_{\Omega} \ln u^p \mathrm{d}x \mathrm{d}y \mathrm{d}z\right) = \exp\left(\iiint_{\Omega} \ln u \mathrm{d}x \mathrm{d}y \mathrm{d}z\right).$$

另外一方面,由不等式 $\ln x \leqslant x-1$ 可得

$$I_p(u) = \exp\left(\frac{1}{p} \ln \iiint_{\Omega} u^p \mathrm{d}x \mathrm{d}y \mathrm{d}z\right) \leqslant \exp\left[\frac{1}{p}\left(\iiint_{\Omega} u^p \mathrm{d}x \mathrm{d}y \mathrm{d}z - 1\right)\right]$$
$$= \exp\left[\frac{1}{p}\left(\iiint_{\Omega} (u^p - 1) \mathrm{d}x \mathrm{d}y \mathrm{d}z\right)\right] = \exp\left(\iiint_{\Omega} \frac{u^p - 1}{p} \mathrm{d}x \mathrm{d}y \mathrm{d}z\right).$$

于是

$$\lim_{p \to 0+} I_p(u) \leqslant \lim_{p \to 0+} \exp\left(\iiint_{\Omega} \frac{u^p - 1}{p} \mathrm{d}x \mathrm{d}y \mathrm{d}z\right)$$
$$= \exp\left(\iiint_{\Omega} \lim_{p \to 0+} \frac{u^p - 1}{p} \mathrm{d}x \mathrm{d}y \mathrm{d}z\right) = \exp\left(\iiint_{\Omega} \ln u \mathrm{d}x \mathrm{d}y \mathrm{d}z\right).$$

由夹逼准则,可得结论.

例29 （武汉大学）极限 $\lim\limits_{n\to\infty}\int_0^1\int_0^1\cdots\int_0^1\cos^2\left[\dfrac{\pi}{2n}(x_1+x_2+\cdots+x_n)\right]\mathrm{d}x_1\mathrm{d}x_2\cdots\mathrm{d}x_n=\dfrac{1}{2}$.

【分析】尽管教材没有讲述 n 重积分，但根据从二重积分到三重积分的推广，很容易推广到更高维的重积分，这是一种方法，缺点是计算量有点大，以至于接近无法计算。还有另外一种方法，定积分恒等式的推广：

$$\int_0^1\cos^2\dfrac{\pi}{2}x\,\mathrm{d}x\xrightarrow{y=1-x}\int_0^1\cos^2\left(\dfrac{\pi}{2}-\dfrac{\pi}{2}y\right)\mathrm{d}y$$
$$=\int_0^1\sin^2\dfrac{\pi}{2}y\,\mathrm{d}y$$
$$=\int_0^1\sin^2\dfrac{\pi}{2}x\,\mathrm{d}x.$$

此题也可以按照此方式进行处理。

解 令 $x_k=1-y_k,k=1,2,\cdots,n$，则

$$\lim_{n\to\infty}\int_0^1\int_0^1\cdots\int_0^1\cos^2\left[\dfrac{\pi}{2n}(x_1+x_2+\cdots+x_n)\right]\mathrm{d}x_1\mathrm{d}x_2\cdots\mathrm{d}x_n$$
$$=\lim_{n\to\infty}\int_0^1\int_0^1\cdots\int_0^1\cos^2\left[\dfrac{\pi}{2n}(n-(y_1+y_2+\cdots+y_n))\right]\mathrm{d}y_1\mathrm{d}y_2\cdots\mathrm{d}y_n$$
$$=\lim_{n\to\infty}\int_0^1\int_0^1\cdots\int_0^1\sin^2\left[\dfrac{\pi}{2n}(y_1+y_2+\cdots+y_n)\right]\mathrm{d}y_1\mathrm{d}y_2\cdots\mathrm{d}y_n$$
$$=\lim_{n\to\infty}\int_0^1\int_0^1\cdots\int_0^1\sin^2\left[\dfrac{\pi}{2n}(x_1+x_2+\cdots+x_n)\right]\mathrm{d}x_1\mathrm{d}x_2\cdots\mathrm{d}x_n.$$

故

$$\lim_{n\to\infty}\int_0^1\int_0^1\cdots\int_0^1\cos^2\left[\dfrac{\pi}{2n}(x_1+x_2+\cdots+x_n)\right]\mathrm{d}x_1\mathrm{d}x_2\cdots\mathrm{d}x_n$$
$$=\dfrac{1}{2}\lim_{n\to\infty}\left[\int_0^1\int_0^1\cdots\int_0^1\cos^2\left[\dfrac{\pi}{2n}(x_1+x_2+\cdots+x_n)\right]\mathrm{d}x_1\mathrm{d}x_2\cdots\mathrm{d}x_n\right.$$
$$\left.+\int_0^1\int_0^1\cdots\int_0^1\sin^2\left[\dfrac{\pi}{2n}(x_1+x_2+\cdots+x_n)\right]\mathrm{d}x_1\mathrm{d}x_2\cdots\mathrm{d}x_n\right]$$
$$=\dfrac{1}{2}\lim_{n\to\infty}\int_0^1\int_0^1\cdots\int_0^1\mathrm{d}x_1\mathrm{d}x_2\cdots\mathrm{d}x_n=\dfrac{1}{2}.$$

5.5 积分的几何与物理应用

例30 （江苏）已知曲线 Γ 的极坐标方程：

$$\rho=1+\cos\theta,\quad 0\leqslant\theta\leqslant\dfrac{\pi}{2}.$$

求该曲线在 $\theta=\dfrac{\pi}{4}$ 所对应的点处的切线 L 的直角坐标方程，并求曲线 Γ、切线 L 与 x 轴所围图形的面积。

【分析】 这是一道常规题,只不过方程是极坐标下的.因此需要将其转化为直角坐标系下的方程(包括参数方程),因为我们只学过直角坐标系下导数的几何意义.

解 曲线的参数方程为
$$\begin{cases} x = \rho\cos\theta = (1+\cos\theta)\cos\theta, \\ y = \rho\sin\theta = (1+\cos\theta)\sin\theta. \end{cases}$$

求导得
$$\frac{dy}{dx} = \frac{y'(\theta)}{x'(\theta)} = \frac{\cos\theta + \cos2\theta}{-\sin\theta - \sin2\theta}, \quad \frac{dy}{dx}\bigg|_{\theta=\frac{\pi}{4}} = 1 - \sqrt{2}.$$

又 $\theta = \dfrac{\pi}{4}$ 时,$x = \dfrac{1+\sqrt{2}}{2}, y = \dfrac{1+\sqrt{2}}{2}$,故切线 L 的方程为

$$y - \frac{1+\sqrt{2}}{2} = (1-\sqrt{2})\left(x - \frac{1+\sqrt{2}}{2}\right),$$

即 $y = (1-\sqrt{2})x + 1 + \dfrac{\sqrt{2}}{2}$. 令 $y = 0$,得 $x = 2 + \dfrac{3}{2}\sqrt{2}$. 如图 5.2 所示,三角形 OPB 的面积为

$$S_1 = \frac{1}{2}\left(2 + \frac{3}{2}\sqrt{2}\right) \times \frac{1+\sqrt{2}}{2} = \frac{10 + 7+\sqrt{2}}{8}.$$

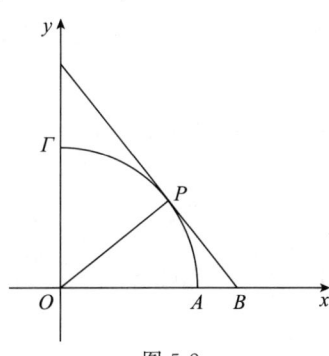

图 5.2

曲边三角形 OPA 的面积为

$$S_2 = \frac{1}{2}\int_0^{\frac{\pi}{4}} \rho^2 d\theta = \frac{1}{2}\int_0^{\frac{\pi}{4}} (1+\cos\theta)^2 d\theta$$

$$= \frac{1}{2}\int_0^{\frac{\pi}{4}} \left(\frac{3}{2} + 2\cos\theta + \frac{1}{2}\cos2\theta\right) d\theta = \frac{1}{2}\left(\frac{3}{2}\theta + 2\sin\theta + \frac{1}{4}\sin2\theta\right)\bigg|_0^{\frac{\pi}{4}}$$

$$= \frac{3}{16}\pi + \frac{\sqrt{2}}{2} + \frac{1}{8}.$$

于是所求图形的面积为

$$S = S_1 - S_2 = \frac{9}{8} + \frac{3}{8}\sqrt{2} - \frac{3}{16}\pi.$$

例31 (江苏) 设 A 位于半径为 a 的圆周内部,且离圆心的距离为 $b(0 \leqslant b < a)$,从点 A 向圆周上所有点的切线作垂线,求所有垂足所围成的图形的面积.

【分析】 本题的难点不在于求面积,而是在于求垂足的轨迹方程.如何求呢? 运用中学解析几何知识——参数方程即可,再利用定积分的面积公式.

解 设圆周的方程为 $x^2+y^2=a^2$,点 A 位于 $(b,0)$,在圆周上任取点 $P(x_0,y_0)$,过点 P 作圆的切线 L,则 L 的方程为 $x_0 x+y_0 y=a^2$,这里 (x,y) 为 L 上的点的流动坐标,过点 A 作 L 的垂线 AQ,则直线 AQ 的参数方程为

$$\begin{cases} x=b+x_0 t, \\ y=y_0 t. \end{cases}$$

将其代入 L 的方程,解得垂足 Q 所对应的参数为 $t=1-\dfrac{b}{a^2}x_0$,于是垂足 Q 的坐标 (x,y) 为

$$\begin{cases} x=b+x_0\left(1-\dfrac{b}{a^2}x_0\right), \\ y=y_0\left(1-\dfrac{b}{a^2}x_0\right). \end{cases}$$

令 $x_0=a\cos t, y_0=a\sin t$,代入上式,得垂足 Q 的坐标 (x,y) 为

$$\begin{cases} x=b+a\cos t\left(1-\dfrac{b}{a}\cos t\right)=b+a\cos t-b\cos^2 t, \\ y=a\sin t\left(1-\dfrac{b}{a}\cos t\right)=a\sin t-b\sin t\cos t. \end{cases}$$

垂足 Q 的轨迹显然关于 x 轴对称,它与 x 轴的交点为 $(-a,0)$ 与 $(a,0)$,于是所求图形的面积为

$$S=2\int_{-a}^{a}y\,dx=2\int_{\pi}^{0}(a\sin t-b\sin t\cos t)\,d(b+a\cos t-b\cos^2 t)$$

$$=2\int_{0}^{\pi}\sin^2 t\cdot(a^2-3ab\cos t+2b^2\cos^2 t)\,dt$$

$$=a^2\left(t-\dfrac{1}{2}\sin 2t\right)\Big|_{0}^{\pi}-2ab\sin^3 t\Big|_{0}^{\pi}+\dfrac{b^2}{2}\left(t-\dfrac{1}{4}\sin 4t\right)\Big|_{0}^{\pi}$$

$$=\left(a^2+\dfrac{b^2}{2}\right)\pi.$$

例32 (天津 2002) 过曲线 $y=x^2(x\geqslant 0)$ 上某点 A 作一切线,使之与曲线及 x 轴所围图形的面积为 $\dfrac{1}{12}$,试求:

(1) A 点的坐标;(2) 过切点 A 的切线方程;(3) 该图形绕 x 轴旋转一周所成旋转体的体积.

解 (1) 设 A 点坐标为 (x_0,y_0),则 $y_0=x_0^2$.于是可知切线方程为

$$y-x_0^2=2x_0(x-x_0), \quad 即 \quad x=\dfrac{y+x_0^2}{2x_0}.$$

由题设,有

$$\dfrac{1}{12}=\int_{0}^{x_0^2}\left(\dfrac{y+x_0^2}{2x_0}-\sqrt{y}\right)dy=\left[\dfrac{1}{2x_0}\left(\dfrac{1}{2}y^2+x_0^2 y\right)-\dfrac{2}{3}y^{\frac{3}{2}}\right]\Big|_{0}^{x_0^2}$$

$$=\dfrac{1}{2x_0}\left(\dfrac{1}{2}x_0^4+x_0^4\right)-\dfrac{2}{3}x_0^3=\dfrac{1}{12}x_0^3,$$

即 $x_0 = 1, y_0 = x_0^2 = 1$,得 $A(1,1)$.

(2) 切线方程为 $y - 1 = 2(x - 1)$,即 $y = 2x - 1$.

(3) 在上述切线方程中令 $y = 0$,得到 $x = x_1 = \dfrac{1}{2}$,故所求旋转体的体积为

$$V = \int_0^{x_0} \pi (x^2)^2 \mathrm{d}x - \int_{x_1}^{x_0} \pi (2x-1)^2 \mathrm{d}x = \pi \int_0^1 x^4 \mathrm{d}x - \pi \int_{\frac{1}{2}}^1 (2x-1)^2 \frac{1}{2} \mathrm{d}(2x-1)$$

$$= \frac{1}{5}\pi - \left[\frac{\pi}{2} \cdot \frac{1}{3}(2x-1)^3 \Big|_{\frac{1}{2}}^1\right] = \frac{\pi}{5} - \frac{\pi}{6} = \frac{\pi}{30}.$$

例33 (**天津 2005**) 设曲线 $y = ax^2 (a > 0, x \geqslant 0)$ 与 $y = 1 - x^2$ 交于点 A,过坐标原点 O 和点 A 的直线与曲线 $y = ax^2$ 围成一平面图形,试问:

(1) 当 a 为何值时,该图形绕 x 轴一周所得的旋转体体积最大?

(2) 最大体积为多少?

解 当 $x \geqslant 0$ 时,由 $\begin{cases} y = ax^2, \\ y = 1 - x^2, \end{cases}$ 解得 A 点的坐标为

$$\begin{cases} x = \dfrac{1}{\sqrt{1+a}}, \\ y = \dfrac{a}{1+a}, \end{cases}$$

故直线 OA 的方程为 $y = \dfrac{ax}{\sqrt{1+a}}$. 于是,平面图形绕 x 轴一周所得的旋转体体积为

$$V(a) = \pi \int_0^{\frac{1}{\sqrt{1+a}}} \left[\left(\frac{ax}{\sqrt{1+a}}\right)^2 - a^2 x^4\right] \mathrm{d}x = \pi \left[\frac{a^2 x^3}{3(1+a)} - \frac{a^2}{5}x^5\right]\Big|_0^{\frac{1}{\sqrt{1+a}}}$$

$$= \frac{2\pi a^2}{15(1+a)^{\frac{5}{2}}}.$$

上式两边对 a 求导,得

$$\frac{\mathrm{d}V(a)}{\mathrm{d}a} = \frac{2\pi}{15} \cdot \frac{2a(1+a)^{\frac{5}{2}} - a^2 \cdot \dfrac{5}{2}(1+a)^{\frac{3}{2}}}{(1+a)^5}$$

$$= \frac{\pi(4a - a^2)}{15(1+a)^{\frac{7}{2}}}, \quad a > 0.$$

令 $\dfrac{\mathrm{d}V(a)}{\mathrm{d}a} = 0$,得到 $a = 4$. 由于 $a = 4$ 是当 $a > 0$ 时 $V(a)$ 的唯一驻点,且由问题的实际意义可知存在最大体积,故 $V(a)$ 在 $a = 4$ 时取最大值,其最大体积为

$$V(4) = \frac{2\pi 4^2}{15(1+4)^{\frac{5}{2}}} = \frac{32\sqrt{5}\pi}{1875}.$$

例34 (**天津 2008**) 过曲线 $y = \sqrt[3]{x}$ ($x \geqslant 0$) 上点 A 作切线,使该切线与曲线 $y = \sqrt[3]{x}$ 及 x 轴所围平面图形 D 的面积 $S = \dfrac{3}{4}$. 求:

(1) 点 A 的坐标;(2) 平面图形 D 绕 x 轴旋转一周所得旋转体的体积.

解 (1) 设 A 点坐标为 $(t, \sqrt[3]{t})$,则切线方程为

$$y - \sqrt[3]{t} = \dfrac{1}{3\sqrt[3]{t^2}}(x - t), \quad \text{即} \quad y = \dfrac{x}{3\sqrt[3]{t^2}} + \dfrac{2}{3}\sqrt[3]{t}.$$

命 $y = 0$,得此切线与 x 轴的交点横坐标为 $x_0 = -2t$,从而图形 D 的面积为

$$S = \dfrac{1}{2} \cdot 2t \cdot \dfrac{2\sqrt[3]{t}}{3} + \int_0^t \left(\dfrac{x}{3\sqrt[3]{t^2}} + \dfrac{2}{3}\sqrt[3]{t} - \sqrt[3]{x} \right) dx$$

$$= \dfrac{2t \cdot \sqrt[3]{t}}{3} + \dfrac{x^2}{6\sqrt[3]{t^2}} \bigg|_0^t + \dfrac{2}{3}\sqrt[3]{t}\, x \bigg|_0^t - \dfrac{3}{4} x^{\frac{4}{3}} \bigg|_0^t$$

$$= \dfrac{3t \cdot \sqrt[3]{t}}{4} = \dfrac{3}{4} \Rightarrow t = 1.$$

即 A 点的坐标为 $(1, 1)$.

(2) 平面图形 D 绕 x 轴旋转一周所得旋转体的体积为

$$V = \dfrac{1}{3}\pi \left(\dfrac{2}{3}\right)^2 \cdot 2 + \pi \int_0^1 \left\{ \left[\dfrac{1}{3}(x+2)\right]^2 - (\sqrt[3]{x})^2 \right\} dx$$

$$= \dfrac{8}{27}\pi + \pi \left[\dfrac{1}{27}(x+2)^3 - \dfrac{3}{5}x^{\frac{5}{3}} \right] \bigg|_0^1$$

$$= \pi - \dfrac{3}{5}\pi = \dfrac{2}{5}\pi.$$

例35 (**武汉大学**) 求证:内切于一给定正方形的所有椭圆中,以圆的周长为最长.

【分析】 本题看起来"人畜无害",但当我们想上手时,却发现并非如此.首先,我们不要选择性忽视这是一道几何应用题——求最值.既然是几何题,那么一定要结合几何图形,得到如下结论:椭圆的轴应在正方形的对角线上.又因为求最值,一定要将几何题分析化,得到目标函数.要得到它,就必须建立坐标系,坐标系一定是用来简化计算的.如何建立呢? 题目的结论就是建立坐标系的依据.为什么? 因为我们不想让椭圆斜放,而是让椭圆平放,这样椭圆的方程最简单——标准型.

解 显然椭圆的轴应在正方形的对角线上,设正方形四条边的方程为 $|x| + |y| = c$, c 为常数,椭圆方程为

$$\dfrac{x^2}{a^2} + \dfrac{y^2}{b^2} = 1, \quad 0 < b \leqslant a < c,$$

在第一象限.切点满足方程组:$\begin{cases} \dfrac{x^2}{a^2} + \dfrac{y^2}{b^2} = 1, \\ x + y = c, \end{cases}$ 消去 y 得

$$\frac{x^2}{a^2}+\frac{(c-x)^2}{b^2}=1,$$

即

$$(a^2+b^2)x^2-2a^2cx+(a^2c^2-a^2b^2)=0.$$

由于解唯一,故

$$\Delta=(-2a^2c)^2-4(a^2+b^2)(a^2c^2-a^2b^2)=4a^2b^2(a^2+b^2-c^2)=0,$$

推得 $a^2+b^2=c^2$.

设椭圆参数方程为 $x=a\cos t, y=b\sin t$,椭圆弧长为 $4L$,则

$$L=\int_0^{\frac{\pi}{2}}\sqrt{\left(\frac{\mathrm{d}x}{\mathrm{d}t}\right)^2+\left(\frac{\mathrm{d}y}{\mathrm{d}t}\right)^2}\,\mathrm{d}t=\int_0^{\frac{\pi}{2}}\sqrt{a^2\sin^2 t+b^2\cos^2 t}\,\mathrm{d}t$$

$$=\int_0^{\frac{\pi}{2}}\sqrt{a^2\frac{1-\cos 2t}{2}+b^2\frac{1+\cos 2t}{2}}\,\mathrm{d}t$$

$$=\frac{1}{\sqrt{2}}\int_0^{\frac{\pi}{2}}\sqrt{c^2-(a^2-b^2)\cos 2t}\,\mathrm{d}t$$

$$=\frac{1}{\sqrt{2}}\int_0^{\frac{\pi}{4}}\sqrt{c^2-(a^2-b^2)\cos 2t}\,\mathrm{d}t+\frac{1}{\sqrt{2}}\int_{\frac{\pi}{4}}^{\frac{\pi}{2}}\sqrt{c^2-(a^2-b^2)\cos 2t}\,\mathrm{d}t.$$

上式右边第二项作换元变换 $2t=\pi-2u$,得

$$L=\frac{1}{\sqrt{2}}\int_0^{\frac{\pi}{4}}\sqrt{c^2-(a^2-b^2)\cos 2t}\,\mathrm{d}t+\frac{1}{\sqrt{2}}\int_0^{\frac{\pi}{4}}\sqrt{c^2+(a^2-b^2)\cos 2u}\,\mathrm{d}u$$

$$=\frac{1}{\sqrt{2}}\int_0^{\frac{\pi}{4}}\left[\sqrt{c^2-(a^2-b^2)\cos 2t}+\sqrt{c^2+(a^2-b^2)\cos 2t}\right]\mathrm{d}t.$$

令 $A=a^2-b^2, A\geqslant 0$,则

$$f(A)=\sqrt{c^2-A\cos 2t}+\sqrt{c^2+A\cos 2t},$$

$$f'(A)=\frac{-\cos 2t}{2\sqrt{c^2-A\cos 2t}}+\frac{\cos 2t}{2\sqrt{c^2+A\cos 2t}}.$$

当 $t\in\left[0,\frac{\pi}{4}\right]$ 时,$\cos 2t\geqslant 0$,则 $f(A)$ 单调递减,因此 $f(A)_{\max}=f(0)$,所以当 $A=0$ 时,积分值最大,即 L 最长,所以当 $a^2=b^2, a=b$ 时,即椭圆为圆时,弧长 $4L$ 最大.

例36 (江苏) 设均匀细杆 AB 的质量为 M,长度为 l,质量为 m 的质点 C 位于 AB 的延长线上,当质点 C 从距离 B 点 r_1 处移到距 B 点 r_2 处 $(r_2>r_1)$,求引力所做的功.

解 细杆位于 x 轴上区间 $[0,l]$,质点 C 从 x 轴上坐标为 $l+r_1$ 处移动到坐标为 $l+r_2$ 处,在细杆上取点 $x, x+\mathrm{d}x$,将细杆段 $[x, x+\mathrm{d}x]$ 看作质点 D,质量为 $\frac{M}{l}\mathrm{d}x$,位于 x 处,设质点 C 的坐标为 u,则质点 C 在质点 D 的引力作用下从 $l+r_1$ 处移动到 $l+r_2$ 处所做的功为

$$\mathrm{d}W=-\int_{l+r_1}^{l+r_2}k\frac{\frac{M}{l}\mathrm{d}x\cdot m}{(u-x)^2}\mathrm{d}u=\frac{k}{l}mM\left(\frac{1}{u-x}\right)\Big|_{l+r_1}^{l+r_2}\mathrm{d}x$$

$$=\frac{k}{l}mM\left(\frac{1}{l+r_2-x}-\frac{1}{l+r_1-x}\right)\mathrm{d}x.$$

于是质点 C 在细杆 AB 的引力作用下所做的功为
$$W = \int_0^l dW = \int_0^l \frac{k}{l} mM \left(\frac{1}{l+r_2-x} - \frac{1}{l+r_1-x} \right) dx$$
$$= \frac{k}{l} mM \ln \frac{l+r_2-x}{l+r_1-x} \Big|_0^l = \frac{k}{l} mM \ln \frac{r_1 \, r_2 + l \, r_2}{r_1 \, r_2 + l \, r_1}.$$

例37 （天津 2010）在曲面 $z = 4 + x^2 + y^2$ 上求一点 P，使该曲面在 P 点处的切平面与曲面之间，并被圆柱面 $(x-1)^2 + y^2 = 1$ 所围空间区域的体积最小.

解 因为 $V = V_1 - V_2$，其中 V_1 和 V_2 是以曲面 $z = 4 + x^2 + y^2$ 和 P 点处的切平面分别为顶，以 $z = 0$ 为底，以圆柱面 $(x-1)^2 + y^2 = 1$ 为侧面的区域的体积，且 V_1 是常数，所以求 V 的最小值可转化为求 V_2 的最大值.

设点 P 的坐标为 (ξ, η, ζ)，则曲面在该点处的法向量为 $(2\xi, 2\eta, -1)$，切平面方程为
$$2\xi(x - \xi) + 2\eta(y - \eta) - (z - \zeta) = 0.$$
又 $\zeta = 4 + \xi^2 + \eta^2$，故切平面方程为
$$z = 2\xi x + 2\eta y + 4 - \xi^2 - \eta^2.$$
于是
$$V_2 = \iint_D z \, dx \, dy = \iint_D (2\xi x + 2\eta y + 4 - \xi^2 - \eta^2) \, dx \, dy$$
$$= \pi(4 - \xi^2 - \eta^2) + 2\iint_D (\xi x + \eta y) \, dx \, dy,$$
其中 $D = \{(x, y) : (x-1)^2 + y^2 \leqslant 1\}$. 利用极坐标计算
$$\iint_D (\xi x + \eta y) \, dx \, dy = \int_{-\frac{\pi}{2}}^{\frac{\pi}{2}} d\theta \int_0^{2\cos\theta} (\xi \cos\theta + \eta \sin\theta) r^2 \, dr$$
$$= \int_{-\frac{\pi}{2}}^{\frac{\pi}{2}} (\xi \cos\theta + \eta \sin\theta) \frac{8}{3} \cos^3\theta \, d\theta$$
$$= 2 \cdot \frac{3}{4 \cdot 2} \cdot \frac{\pi}{2} \cdot \frac{8}{3} \cdot \xi = \pi \xi,$$
即 $V_2(\xi, \eta) = \pi(4 + 2\xi - \xi^2 - \eta^2)$. 由
$$\begin{cases} \dfrac{\partial V_2}{\partial \xi} = \pi(2 - 2\xi) = 0, \\ \dfrac{\partial V_2}{\partial y} = -2\pi\eta = 0, \end{cases}$$
解得唯一驻点为 $\xi = 1, \eta = 0$. 对应的 $V_2(1, 0) = 5\pi$. 又当 (ξ, η) 为区域 D 的边界上的点时，有
$$(\xi - 1)^2 + \eta^2 = 1, \quad \text{即} \quad \xi^2 - 2\xi + \eta^2 = 0,$$
所以 V_2 恒为常数 4π. 可知 $V_2(\xi, \eta)$ 只在区域 D 的内部取到最大值. 而点 $(1, 0)$ 是 D 内的唯一驻点，故 V_2 在此唯一驻点处的值 5π 是最大值. 此时切点 P 的坐标 $(1, 0, 5)$ 为所求. 切平面方程为 $2x - z + 3 = 0$，最小体积为
$$V = \iint_D (4 + x^2 + y^2) \, dx \, dy - 5\pi = \int_{-\frac{\pi}{2}}^{\frac{\pi}{2}} d\theta \int_0^{2\cos\theta} r^3 \, d\theta - \pi$$
$$= \frac{3}{2}\pi - \pi = \frac{\pi}{2}.$$

例38 （武汉大学）设一球面的方程为 $x^2+y^2+(z+1)^2=4$，从原点向球面任一点 Q 处的切平面作垂线，垂足为点 P，当点 Q 在球面上变动时，点 P 的轨迹形成一封闭曲面 S，求此封闭曲面 S 所围成的立体的体积.

【分析】 本题的重点在于求动点的轨迹方程.这类问题的基本思路就是,寻找未知动点 (P) "动"的原因,一般都是由已知动点(Q)引起的,那么我们根据题意,只需要找到这两点坐标之间的关系,把已知动点的坐标用未知动点的坐标表示出来即可（如果此过程计算量较大,可适当引入新的参变量简化计算量).此过程称之为消参.

由于所求方程是 $(x^2+y^2+z^2+z)^2=4(x^2+y^2+z^2)$，所以计算体积球坐标是自然的选择.

解 设点 Q 坐标为 (x_0,y_0,z_0)，则球面的切平面方程为
$$x_0(x-x_0)+y_0(y-y_0)+(z_0+1)(z-z_0)=0.$$
垂线方程为 $\dfrac{x}{x_0}=\dfrac{y}{y_0}=\dfrac{z}{z_0+1}$，得
$$x_0=tx,\quad y_0=ty,\quad z_0+1=tz.$$
代入方程 $x_0^2+y_0^2+(z_0+1)^2=4$ 及切平面方程中,得
$$x^2+y^2+z^2=\frac{4}{t^2},$$
$$x^2+y^2+z^2+z=t(x^2+y^2+z^2).$$
消去参数 t，得
$$(x^2+y^2+z^2+z)^2=4(x^2+y^2+z^2),$$
即点 P 的轨迹,化为球坐标方程为 $\rho=2-\cos\varphi$. 于是由三重积分的球坐标计算方法,得
$$V=\int_0^{2\pi}\mathrm{d}\theta\int_0^{\pi}\sin\varphi\,\mathrm{d}\varphi\int_0^{2-\cos\varphi}\rho^2\,\mathrm{d}\rho$$
$$=\frac{2\pi}{3}\int_0^{\pi}(2-\cos\varphi)^3\,\mathrm{d}(2-\cos\varphi)=\frac{40\pi}{3}.$$

例39 （武汉大学）半径为 a 的圆在内半径为 $3a$ 的一个圆环的内侧滚动,求在动圆周上一点生成的闭曲线所包含的面积.

解 如图5.3所示.取直角坐标系,原点在大圆心,点 P 生成的曲线与大圆接触于 $A(3a,0)$，在某时刻点 P 的坐标为 (x,y)，小圆与大圆接触于 C，小圆圆心为 O_1，过小圆心作 x 轴的平行线交小圆于 D. 由弧长公式 $S=r\theta$，所以
$$\overset{\frown}{AC}=\overset{\frown}{PC}=3a\theta,\quad \overset{\frown}{DC}=a\theta,\quad \overset{\frown}{PD}=2a\theta,\quad \angle PO_1D=2\theta.$$
因为 $\overrightarrow{OP}=\overrightarrow{OO_1}+\overrightarrow{O_1P}$，又因为
$$\overrightarrow{OO_1}=(2a\cos\theta,2a\sin\theta),\quad \overrightarrow{O_1P}=(a\cos2\theta,-a\sin2\theta),$$
故动点生成的闭曲线方程为
$$x=2a\cos\theta+a\cos2\theta,\quad y=2a\sin\theta-a\sin2\theta,$$

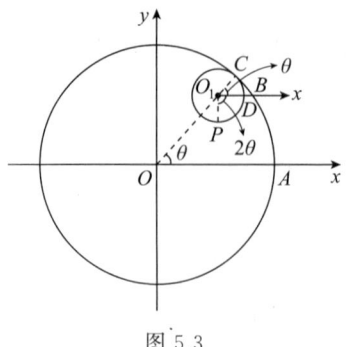

图 5.3

这是 P 点轨迹曲线的参数方程,于是面积为

$$A = \frac{1}{2}\oint_L (x\,dy - y\,dx)$$
$$= \frac{a^2}{2}\int_0^{2\pi}[(2\cos\theta + \cos 2\theta)(2\cos\theta - 2\cos 2\theta) - (2\sin\theta - \sin 2\theta)(-2\sin\theta - 2\sin 2\theta)]d\theta$$
$$= \frac{a^2}{2}\int_0^{2\pi}(2 - 2\cos 3\theta)x\,d\theta = 2\pi a^2.$$

第 5 章习题

1.(四川大学 2021) 求不定积分 $\displaystyle\int \frac{1+\ln(\sqrt{x+1}+\sqrt{x-1})}{\sqrt{x^2-1}(\sqrt{x+1}-\sqrt{x-1})}dx$.

提示:令 $u=\sqrt{x+1}+\sqrt{x-1}$. 答案: $(\sqrt{x+1}+\sqrt{x-1})\ln(\sqrt{x+1}+\sqrt{x-1})+C$.

2.(武汉大学) 已知 $\displaystyle\left(\int dx + \int y\,dx + \int y^2\,dx + \int y^3\,dx\right)\cdot\int \frac{1-y}{1-y^4}dx = -1$,求 $x=f(y)$.

提示: $\displaystyle\int dx + \int y\,dx + \int y^2\,dx + \int y^3\,dx = \int \frac{1-y^4}{1-y}dx, \frac{1-y^4}{1-y} = Y, \int \frac{1}{Y}dx = -\frac{1}{\int Y\,dx}$,求

导得到微分方程 $Y=Y', Y=-Y'$,求微分方程得 $x=\ln cY, x=\ln\dfrac{c}{Y}$,即 $x=\ln\dfrac{c(1-y^4)}{1-y}$,

$x=\ln\dfrac{c(1-y)}{1-y^4}$.

3.(电子科技大学) 设 $y_1(x)=(-1)^{n+1}\dfrac{1}{3(n+1)^2}, n\pi \leqslant x < (n+1)\pi, n=0,1,2,\cdots$.

$y_2(x)$ 是方程 $y''+2y'-y=e^{-x}\sin x$ 满足条件 $y(0)=0, y'(0)=-\dfrac{1}{3}$ 的特解,求广义积分

$\displaystyle\int_0^{+\infty}\min\{y_1(x),y_2(x)\}dx$.

提示: $y_2(x)=-\dfrac{1}{3}e^{-x}\sin x$, 当 n 为偶数时, $\min\{y_1(x),y_2(x)\}=y_1(x)$,否则

$\min\{y_1(x), y_2(x)\} = y_2(x)$. 答案：$-\dfrac{\pi^3}{24} + \dfrac{1}{6(e^\pi - 1)}$.

4.(中国石油大学 2019) 设函数 $f(x)$ 在 $(0, +\infty)$ 上连续，$f(1) = 1$，若对任意正数 a, b，积分 $\int_a^{ab} f(x)\,dx$ 与 a 无关，求不定积分 $\int f(e^x + 1)\,dx$.

提示：对变上下限函数求导. 答案：$-\ln(e^{-x} + 1) + C$.

5.(河海大学) 求定积分 $I = \int_0^1 \dfrac{\ln(1+x)}{1+x^2}\,dx$.

提示：方法一，运用凑微分法和换元法 $\left(x = \tan t,\ t = \dfrac{\pi}{4} - u\right)$.

方法二，运用换元法，$x = \tan t$ 恒等变形后再换元，即 $t = \dfrac{\pi}{4} - u$.

6.(华南理工大学 2023) 计算摆线 $\begin{cases} x = a(t - \sin t), \\ y = a(1 - \cos t), \end{cases} a > 0$ 的一拱，即 $0 \leqslant t \leqslant 2\pi$ 对应部分绕 y 轴旋转一周所得旋转体的体积.

答案：$V = \int_0^{2a\pi} 2\pi x y\,dx = 6a^3 \pi^3$.

7.已知 $D = \{(x,y): x^2 + y^2 \leqslant 4\}$，计算二重积分 $\iint_D |x^2 + y^2 - 2y|\,dx\,dy$.

提示：被积函数含有绝对值导致积分区域需要进行分割. 答案：9π.

8.已知 $\int_0^{+\infty} \dfrac{\sin x}{x}\,dx = \dfrac{\pi}{2}$，计算 $I = \int_0^{+\infty} \int_0^{+\infty} \dfrac{\sin^2 x \sin^2 y}{x^2(x^2 + y^2)}\,dx\,dy$.

提示：利用轮换对称性和分部积分. 答案：$\dfrac{\pi^2}{8}$.

9.已知 $a > 0, n \geqslant 2$ 且 $n \in \mathbf{N}^+$，记 $D = \{(x,y): x^{\frac{1}{n}} + y^{\frac{1}{n}} \leqslant 1, x > 0, y > 0\}$. 计算二重积分

$$I = \iint_D (x^{\frac{1}{n}} + y^{\frac{1}{n}})^a\,dx\,dy.$$

提示：运用换元法，令 $x^{\frac{1}{n}} = r\cos^2\theta, y^{\frac{1}{n}} = r\sin^2\theta$，则

$$I = 2n^2 \int_0^{\frac{\pi}{2}} \cos^{2n-1}\theta \sin^{2n-1}\theta\,d\theta \int_0^1 r^{2n-1+a}\,dr = \dfrac{n^2}{2n+a} \dfrac{[(n-1)!]^2}{(2n-1)!}.$$

10.设 $\Omega = \{(x,y,z) \in \mathbf{R}^3: x \in [0,1], y \in [0,1], z \in [0,1]\}$. 函数 $f(x,y,z)$ 在 Ω 上有三阶连续偏导数，且 $\iiint_\Omega (2x-1)(2y-1)(2z-1)f(x,y,z)\,dx\,dy\,dz = a$，求

$$I = \iiint_\Omega (x - x^2)(y - y^2)(z - z^2) f'''_{xyz}(x,y,z)\,dx\,dy\,dz.$$

提示：运用累次积分和分部积分. 答案：a.

11.(武汉大学) 设 $f(x)$ 在 $(-\infty, +\infty)$ 上是连续函数，且满足

$$f(t) = 3\iiint_{x^2+y^2+z^2 \leqslant t^2} f(\sqrt{x^2+y^2+z^2})\,dx\,dy\,dz + |t^3|,$$

其中 $t \in (-\infty, +\infty)$. 求 $f\left(\dfrac{1}{\sqrt[3]{4\pi}}\right)$ 与 $f\left(-\dfrac{1}{\sqrt[3]{2\pi}}\right)$ 的值.

提示:运用球坐标和一阶线性微分方程.答案:$f\left(\dfrac{1}{\sqrt[3]{4\pi}}\right)=\dfrac{1}{4\pi}(\mathrm{e}-1),f\left(-\dfrac{1}{\sqrt[3]{2\pi}}\right)=\dfrac{1}{4\pi}(\mathrm{e}^2-1)$.

12.(电子科技大学) 设球 $\Omega_1:x^2+y^2+z^2\leqslant R^2$ 和球 $\Omega_2:x^2+y^2+z^2\leqslant 2Rz(R>0)$ 的公共部分的体积为 $\dfrac{5\pi}{12}$,求 Ω_1 的表面位于 Ω_2 内的部分的面积.

提示:$R=1$.答案:π.

13.设 $f(x)\in C^1(\mathbf{R})$,并且满足方程
$$f(\rho)=\iiint_\Omega \sqrt{x^2+y^2+z^2}\cdot f(\sqrt{x^2+y^2+z^2})\mathrm{d}v+\rho^4,$$
其中 $x^2+y^2+z^2\leqslant\rho^2$.求函数 $f(x)$ 的表达式.

提示:利用球坐标,微分方程 $f'(\rho)-4\pi\rho^3 f(\rho)=4\rho^3$.答案:$f(x)=-\dfrac{1}{\pi}+\dfrac{1}{\pi}\mathrm{e}^{\pi x^4}$.

14.(四川大学 2021) 求重积分 $\iiint_\Omega(x+y+z)^{2021}\mathrm{d}x\mathrm{d}y\mathrm{d}z$,其中 $\Omega:x=0,y=0,z=0$ 和 $x+y+z=1$ 围成的立体区域.

答案:$\dfrac{1}{4048}$.

15.(安徽 2021) 设 $f(x)$ 是连续函数,证明:
$$\int_0^{\frac{\pi}{2}}\mathrm{d}x\int_0^{\frac{\pi}{2}}\sin x\cdot f(\sin x\cdot\sin y)\mathrm{d}y=\dfrac{\pi}{2}\int_0^{\frac{\pi}{2}}\sin u\cdot f(\cos u)\mathrm{d}u.$$

提示:方法一,运用累次积分和定积分的换元法,令
$$\sin x\cdot\sin y=\cos u,\quad y=\arcsin\left(\dfrac{\cos u}{\sin x}\right).$$

方法二,将恒等式左边看成球坐标系下的三重积分的累次积分表达式,即有
$$\text{左边}=\int_0^{\frac{\pi}{2}}\mathrm{d}\varphi\int_0^{\frac{\pi}{2}}\sin\varphi f(\sin\varphi\sin\theta)\mathrm{d}\theta=:I.$$

令 $I(\rho)=\int_0^{\frac{\pi}{2}}\mathrm{d}\varphi\int_0^{\frac{\pi}{2}}\rho^2\sin\varphi f(\rho\sin\varphi\sin\theta)\mathrm{d}\theta$,即 $I(1)=I$.求 $\int_0^r I(\rho)\mathrm{d}\rho$.

16.(安徽 2021) 设 $D=\mathbf{R}^2,a>0,ac-b^2>0$,计算二重积分
$$I=\iint_D\dfrac{\mathrm{d}x\mathrm{d}y}{(p+ax^2+2bxy+cy^2)^2},\quad p>0.$$

提示:利用线性代数知识将二次型 $ax^2+2bxy+cy^2$ 化为标准型 $\lambda_1 u^2+\lambda_2 v^2$,则有
$$I=\iint_{\mathbf{R}^2}\dfrac{\mathrm{d}u\mathrm{d}v}{(p+\lambda_1 u^2+\lambda_2 v^2)^2}\xlongequal[y=\sqrt{\lambda_2}v]{x=\sqrt{\lambda_1}u}\dfrac{1}{\sqrt{\lambda_1\lambda_2}}\iint_{\mathbf{R}^2}\dfrac{\mathrm{d}x\mathrm{d}y}{(p+x^2+y^2)^2}.$$

17.(安徽 2021) 计算积分 $I=\iiint_\Omega(x+2y+3z)\mathrm{d}v$,其中 Ω 为圆锥体,其顶点在 $(0,0,0)$,底面在平面 $x+y+z=3$ 上,且以 $(1,1,1)$ 为圆心、1 为半径的圆.

提示:方法一,采用轮换对称.$I=\iiint_\Omega(x+2y+3z)\mathrm{d}v=2\iiint_\Omega(x+y+z)\mathrm{d}v$. 定积分定义:两个平面
$$\Pi_u:x+y+z=u\quad\text{与}\quad\Pi_{u+\mathrm{d}u}:x+y+z=u+\mathrm{d}u$$

之间的体积为
$$dv = \pi\left(\frac{u}{\sqrt{3}}\right)^2 \cdot \frac{du}{\sqrt{3}} = \frac{\pi}{9}\frac{u^2}{\sqrt{3}}du.$$

方法二,利用坐标变换.
$$\begin{cases} u = \frac{1}{\sqrt{3}}(x+y+z), \\ v = a_{21}x + a_{22}y + a_{23}z, \\ w = a_{31}x + a_{32}y + a_{33}z. \end{cases}$$

将其变化为标准的圆锥方程 $u = \sqrt{3(v^2+w^2)}$.

18.(北京理工大学 1988)证明:过曲面 $z = x^2+y^2+a$ ($a>0$ 常数)上任意一点处的切平面与曲面 $z = x^2+y^2+a$ ($a>0$ 常数)所围成的空间体积为一常数.

提示:利用二重积分.答案:$\frac{\pi}{2}a^2$.

19.(北京 2001)设有一半径为 R 的球形物体,其内任意一点 P 处的体密度为 $\frac{1}{|PP_0|}$,其中 P_0 为一定点,且 P_0 到球心的距离 r_0 大于 R,求该物体的质量.

答案:$\frac{4\pi R^3}{3r_0}$.

20. 设 $f(x,y)$ 是 $D = \{(x,y) : x^2+y^2 \leqslant 1\}$ 上二次连续可微函数,满足 $\frac{\partial^2 f}{\partial x^2} + \frac{\partial^2 f}{\partial y^2} = x^2y^2$,计算二重积分
$$I = \iint_D \left(\frac{x}{\sqrt{x^2+y^2}}\frac{\partial f}{\partial x} + \frac{y}{\sqrt{x^2+y^2}}\frac{\partial f}{\partial y}\right)dxdy.$$

提示:运用累次积分和分部积分.答案:$\frac{\pi}{168}$.

21.(哈尔滨工程大学)过椭圆 $3x^2+2xy+3y^2=1$ 上任意点作椭圆的切线,试求切线与坐标轴所围三角形面积的最小值.

答案:$\frac{1}{4}$.

22.(南京理工大学 1988)已知 A 球的半径为 $a(>0)$,另有 B 球与 A 球相割,若 B 球的球心在 A 球球面上,问 B 球的半径为多大时,夹在 A 球内的 B 球表面积最大,并求最大的表面积.

答案:$\frac{4}{3}a$,$S = \frac{32}{27}\pi a^2$.

第6章

线面积分

线面积分的定义已在第 5 章表述,这里不再赘述.不过到目前为止,几乎还没有关于这些定义应用的题出现,因此,在这里也不会讨论它们.对大部分读者来说,本章的重点是三大公式:Green 公式、Gauss 公式和 Stokes 公式,特别是前两个公式在平时的练习中比较多见.这样的情景也会导致大部分同学只记得了三大公式的"桃花源",却忘记了其他的"精彩纷呈",就像忘记了基础——线面积分的基本计算方法:参数方程法、对称性和轮换对称性等.有时候,这些方法也是简化计算的"制胜武器".

除此之外,"两大类线(面)积分之间的关系"也在绝大多数读者的视线之外,甚至是直接被无视,而它们却恰恰是竞赛题的"挚爱",两类曲面积分之间的关系尤为关键.

最后,不同坐标轴或者坐标面积分之间的相互转换,也是竞赛题的"喜好"之一.这类题一旦出现了,可能会导致很大一部分人都"上不了手",因为它的两个或者三个被积函数经常长相"古怪",一看它们的原函数就有种"做不出来"的感觉.不过当同学们体会到这种感觉,解题方法极大可能采用的是利用不同坐标面或者坐标轴之间的关系进行计算,也就是很多书上提到的所谓的"投影法",而本书更喜欢说成不同坐标轴(面)之间的转换.

前面"不厌其烦"地说了许多容易被忽视的地方,当然我们也重点说说三大公式,对于 Stokes 公式来说,竞赛题型与平时练习题型的差距不是很大,竞赛题也就是函数变复杂一些或者积分曲线的表达式复杂一些.这里着重说说 Green 公式和 Gauss 公式,这两大公式在竞赛与平时练习中出现的题型出入很大,一般会在以下两方面制造障碍.

一是,竞赛更喜欢"稀奇古怪""难与偏"——积分曲线或者曲面包含被积函数的奇点(或者不可导点),也即不满足 Green 公式和 Gauss 公式的基本条件——一阶连续的偏导数.出题人比较喜欢在这个方面搞事情,为难同学们.

二是,在平时的练习中,大家习惯在证明或计算公式时从左到右,也即把线面积分转化为重积分.然而,竞赛喜欢"反其道而行之",从右到左,好多时候明明是重积分的计算题,却必须先完成重积分往线面积分转化,再进行计算,否则就算不出来.在讲本章例题之前,把三大公式列举在下面,注意它们的条件.

设闭区域 Ω 由分段光滑的曲线(面) S 围成,函数 P, Q 及 R 在区域 Ω 上具有一阶连续的偏导数,则有

Green 公式 $\oint_S P\,dx + Q\,dy = \iint_\Omega \left(\dfrac{\partial Q}{\partial x} - \dfrac{\partial P}{\partial y}\right) dx\,dy.$

Gauss 公式 $\oiint_S P\,dy\,dz + Q\,dx\,dz + R\,dx\,dy = \iiint_\Omega \left(\dfrac{\partial P}{\partial x} + \dfrac{\partial Q}{\partial y} + \dfrac{\partial R}{\partial z}\right) dx\,dy\,dz.$

设光滑曲面 Ω 的边界由分段光滑的曲线 S 组成,函数 P,Q 及 R 在曲面 Ω 到边界 S 具有一阶连续的偏导数,则有

Stokes 公式
$$\oint_S P\,\mathrm{d}x + Q\,\mathrm{d}y + R\,\mathrm{d}z$$
$$= \iint_\Omega \left(\frac{\partial R}{\partial y} - \frac{\partial Q}{\partial z}\right)\mathrm{d}y\,\mathrm{d}z + \left(\frac{\partial P}{\partial z} - \frac{\partial R}{\partial x}\right)\mathrm{d}x\,\mathrm{d}z + \left(\frac{\partial Q}{\partial x} - \frac{\partial P}{\partial y}\right)\mathrm{d}x\,\mathrm{d}y$$
$$= \iint_\Omega \left[\left(\frac{\partial R}{\partial y} - \frac{\partial Q}{\partial z}\right)\cos\alpha + \left(\frac{\partial P}{\partial z} - \frac{\partial R}{\partial x}\right)\cos\beta + \left(\frac{\partial Q}{\partial x} - \frac{\partial P}{\partial y}\right)\cos\gamma\right]\mathrm{d}s,$$

其中 $(\cos\alpha,\cos\beta,\cos\gamma)$ 是曲面上的单位外法向量.

注:在竞赛题中 Stokes 公式的第二个等号被应用的场景更多.

6.1 线积分的计算方法

在这里,线积分的内容不仅包括第一类和第二类的平面曲线积分,还包括空间曲线的积分.它们的计算方法除了曲线方程直接代入外,还有竞赛题更喜欢用的方法——利用各种对称性(奇偶对称和轮换对称,尤其偏好轮换对称),参数方程法以及 Green 公式法和 Stokes 公式法.

一般来说,直接使用 Green 公式来计算曲面积分的题并不是很常见(因为太简单),都是间接使用它,或者它只是求解问题中的一小部分.而 Stokes 公式直接用于空间区域的积分就相对比较常见了,原因是考察内容的多样性,既可以考察同学们的空间想象力,也可以考察对此公式的理解以及运用熟练程度,还可以考察一些空间解析几何的知识.所以这点是同学们要加强的,题并不一定多难,一旦出现就会有一定的杀伤力.出现这样的原因是,在平时的教学中,此公式出现在最后,同学们处于疲劳状态,或者教师若有若无地有些轻慢它,或者同学们平时的练习相较于前两个公式也有所欠缺,导致对 Stokes 公式不如 Green 公式和 Gauss 公式的计算那么熟练.

例 1 设曲线 $C: x^2 + xy + y^2 = a^2$ 的长度为 L,求
$$I = \int_C \frac{a\sin(\mathrm{e}^x) + b\sin(\mathrm{e}^y)}{\sin(\mathrm{e}^x) + \sin(\mathrm{e}^y)}\mathrm{d}s.$$

【分析】 虽然被积函数是基本初等函数的复合,但它们的原函数是求不出来的.另外,两个积分变量是分离的,而且是同名函数,满足轮换对称.最后,观察到积分区域满足轮换对称.综上三个因素,此题必须使用轮换对称进行计算.

解 积分曲线具有轮换对称性,所以轮换被积函数的变量积分值不变,即
$$I = \int_C \frac{a\sin(\mathrm{e}^x) + b\sin(\mathrm{e}^y)}{\sin(\mathrm{e}^x) + \sin(\mathrm{e}^y)}\mathrm{d}s = \int_C \frac{a\sin(\mathrm{e}^y) + b\sin(\mathrm{e}^x)}{\sin(\mathrm{e}^y) + \sin(\mathrm{e}^x)}\mathrm{d}s$$

把这两个积分相加,得

$$I = \frac{1}{2}\int_C \frac{a\sin e^x + b\sin e^y + a\sin e^y + b\sin e^x}{\sin(e^x) + \sin(e^y)}\,ds$$

$$= \frac{1}{2}\int_C \frac{(a+b)(\sin e^x + \sin e^y)}{\sin e^x + \sin e^y}\,ds$$

$$= \frac{1}{2}\int_C (a+b)\,ds = \frac{a+b}{2}\int_C ds = \frac{a+b}{2}L.$$

例 2 设 $f(x,t) = \oint_L \dfrac{y\,dx - x\,dy}{(x^2+y^2)^t}$, 其中 L 是 $x^2+xy+y^2 = r^2$ 正向,求极限 $\lim\limits_{r\to\infty} f(r,t)$.

【分析】 本题是下面比较常见的一道题的变形:计算曲线积分 $I = \oint_C \dfrac{y\,dx + x\,dy}{x^2+y^2}$. 本题在这道题的基础上,作了如下两方面的更新:积分曲线由熟悉的单位圆进化为非标准型的椭圆,被积函数的分母增加了指数次方.尽管作了变形,但实际上并没有改变此题求解思路的本质.因此,解题方法与原始题一致,但还需要增加一些细节.比如,原始题的解题思路利用了圆的参数方程,这里也需要利用椭圆的参数方程,但此题的椭圆是非标准型的,需要我们进行坐标变换,将其改写为标准型,这也增加了计算工作量.分母增加的指数次数这个参数,由于此参数会影响被积函数的基本性质,导致影响到积分的收敛性,所以也需要增加对其的讨论.

解 作坐标变换或者换元法:

$$\begin{cases} x = \dfrac{\sqrt{2}}{2}(u-v), \\ y = \dfrac{\sqrt{2}}{2}(u+v). \end{cases}$$

此变换为正交变换,它将 L 的曲线方程转化为 $\dfrac{3}{2}u^2 + \dfrac{1}{2}v^2 = 1$,取正向,且 $y\,dx - x\,dy = v\,du - u\,dv$,则

$$f(x,t) = \oint_L \frac{y\,dx - x\,dy}{(x^2+y^2)^t} = \oint_L \frac{v\,du - u\,dv}{(u^2+v^2)^t}.$$

再次使用坐标变换

$$\begin{cases} u = \sqrt{\dfrac{2}{3}}\,r\cos\theta, \\ v = \sqrt{2}\,r\sin\theta. \end{cases} \Rightarrow v\,du - u\,dv = -\frac{2}{\sqrt{3}}r^2\,d\theta.$$

于是

$$f(x,t) = \int_0^{2\pi} \frac{1}{\left(\dfrac{2}{3}r^2\cos^2\theta + 2r^2\sin^2\theta\right)^t}\cdot\left(-\frac{2}{\sqrt{3}}r^2\right)d\theta$$

$$= -\frac{2}{\sqrt{3}}r^{2-2t}\int_0^{2\pi}\frac{1}{\left(\dfrac{2}{3}\cos^2\theta + 2\sin^2\theta\right)^t}d\theta = -\frac{2}{\sqrt{3}}r^{2-2t}\int_0^{2\pi}\frac{1}{\left(2 - \dfrac{4}{3}\cos^2\theta\right)^t}d\theta.$$

因为 $\dfrac{2}{3} \leqslant 2 - \dfrac{4}{3}\cos^2\theta \leqslant 2$,所以 $\int_0^{2\pi}\dfrac{1}{\left(2-\dfrac{4}{3}\cos^2\theta\right)^t}d\theta$ 有界,记

$$\int_0^{2\pi} \frac{1}{\left(2-\dfrac{4}{3}\cos^2\theta\right)^t}\mathrm{d}\theta = M.$$

于是有

$$\lim_{r\to\infty}f(r,t) = \lim_{r\to\infty}-\frac{2M}{\sqrt{3}}r^{2-2t} = \begin{cases}-\infty, & t<1,\\ -\dfrac{2M}{\sqrt{3}}, & t=1,\\ 0, & t>1,\end{cases}$$

其中当 $t=1$ 时,

$$M = \int_0^{2\pi}\frac{1}{2-\dfrac{4}{3}\cos^2\theta}\mathrm{d}\theta = 4\int_0^{\frac{\pi}{2}}\frac{1}{\tan^2\theta+\dfrac{1}{3}}\mathrm{d}\tan\theta = \sqrt{3}\,\pi.$$

例 3 (北京大学 2020) 设 $f(x,y)$ 在 $\mathbf{R}^2$ 上有连续二阶偏导数,满足 $f(0,0)=0$ 及 $f_{xx}+f_{yy}=x^2+y^2$,用 C_r 表示中心在原点,半径为 r 的圆周,请求出 $f(x,y)$ 在 C_r 上的平均值

$$A(r) = \frac{1}{2\pi r}\int_{C_r}f(x,y)\mathrm{d}s,$$

其中积分为第一型曲线积分.

【分析】 既然积分区域是圆周,极坐标或者圆的参数方程是必需的.由此,第一步就是使用极坐标变换.因为已知条件中含有被积函数的二阶导数的等式.为了使用这个信息,就必须在积分中推导出二阶导.如何得到它呢?大家不要忘记了最基本的事实,二阶导是从一阶导数求导得到的.由此,为了得到二阶导,必须有一阶导,可现在只有函数本身,没有一阶导,同样别忘了最基本的事实,一阶导也是函数求导给出来的.所以在积分中需要我们人为地构造出一阶导.如何构造呢?那就是函数和一阶导之间的关联:Newton-Leibniz 公式.如果已经有了一阶导,如何得到二阶导呢? 当然是用 Green 公式了.

解 由圆周的参数方程以及 Newton-Leibniz 公式,有

$$A(r) = \frac{1}{2\pi r}\int_0^{2\pi}f(r\cos\theta,r\sin\theta)r\mathrm{d}\theta$$
$$= \frac{1}{2\pi}\int_0^{2\pi}\mathrm{d}\theta\int_0^r[f_x(u\cos\theta,u\sin\theta)\cos\theta + f_y(u\cos\theta,u\sin\theta)\sin\theta]\mathrm{d}u.$$

交换积分顺序有

$$A(r) = \frac{1}{2\pi}\int_0^r\mathrm{d}u\int_0^{2\pi}[f_x(u\cos\theta,u\sin\theta)\cos\theta + f_y(u\cos\theta,u\sin\theta)\sin\theta]\mathrm{d}\theta.$$

再由极坐标变换: $x=u\cos\theta,y=u\sin\theta$ 以及 $\mathrm{d}x = -u\sin\theta\mathrm{d}\theta, \mathrm{d}y = u\cos\theta\mathrm{d}\theta$,将上面的定积分转化为圆周上的第二类线积分,再由 Green 公式有

$$\frac{1}{2\pi}\int_0^r\frac{1}{u}\mathrm{d}u\int_{x^2+y^2=u^2}f_x\mathrm{d}y - f_y\mathrm{d}x = \frac{1}{2\pi}\int_0^r\frac{1}{u}\mathrm{d}u\iint_{x^2+y^2\leqslant u^2}(f_{xx}+f_{yy})\mathrm{d}x\mathrm{d}y.$$

代入已知条件,并进行极坐标变换求二重积分可得

$$\frac{1}{2\pi}\int_0^r\frac{1}{u}\mathrm{d}u\iint_{x^2+y^2\leqslant u^2}(x^2+y^2)\mathrm{d}x\mathrm{d}y = \frac{1}{2\pi}\int_0^r\frac{1}{u}\mathrm{d}u\int_0^{2\pi}\mathrm{d}\theta\int_0^u t^3\mathrm{d}t = \int_0^r\frac{u^3}{4}\mathrm{d}u = \frac{r^4}{16}.$$

例 4 （南开大学 2016）求曲线积分 $I = \int_L (x^2 - yz)\,ds$，曲线 L 是平面 $x + y + z = 0$ 和球面 $x^2 + y^2 + z^2 = 1$ 的交线.

【分析】 此题属于空间曲线第一类曲线积分的计算题型，在竞赛中，这样的题大概率出现在填空题中. 但其计算方法和平面曲线的第一类积分的计算方法无多大差异. 无论什么积分，首先看积分区域是否对称，对称包括关于坐标轴对称、关于坐标面对称和关于原点对称，以及轮换对称. 再看被积函数的奇偶性以及其他的特殊性. 对称性是简化积分计算的大利器. 在竞赛中需要我们打起一百个精神想到对称性，特别是轮换对称. 本题就是轮换对称的极致运用. 相较于参数法，计算量少了不少，为我们节约了大量时间. 本题提供对称法和参数法两种方法，同学们可以尝试动手算算，对比两者所花的时间.

解 方法一 由轮换对称和对称性有
$$\int_L x^2\,ds = \int_L y^2\,ds = \int_L z^2\,ds, \qquad \int_L xy\,ds = \int_L yz\,ds = \int_L xz\,ds.$$

此外
$$(x + y + z)^2 - x^2 + y^2 + z^2 = 2(xy + yz + xz).$$

于是
$$I = \frac{1}{3}\int_L (x^2 + y^2 + z^2 - xy - yz - xz)\,ds$$
$$= \frac{1}{3}\int_L \left[x^2 + y^2 + z^2 - \frac{1}{2}(x + y + z)^2 + \frac{1}{2}(x^2 + y^2 + z^2) \right] ds$$
$$= \frac{1}{2}\int_L (x^2 + y^2 + z^2)\,ds = \frac{1}{2}\int_L 1\,ds = \pi.$$

方法二 联立平面方程和球面方程
$$\begin{cases} x + y + z = 0, \\ x^2 + y^2 + z^2 = 1, \end{cases}$$
消去 z，得到 $\left(x + \dfrac{1}{2}y\right)^2 + \dfrac{3}{4}y^2 = \dfrac{1}{2}$. 从而得到参数方程
$$\begin{cases} x = \dfrac{\sqrt{2}}{2}\cos\theta - \dfrac{1}{\sqrt{6}}\sin\theta, \\ y = \dfrac{2}{\sqrt{6}}\sin\theta, \\ z = -\dfrac{\sqrt{2}}{2}\cos\theta - \dfrac{1}{\sqrt{6}}\sin\theta. \end{cases}$$

于是
$$I = \int_L (x^2 - yz)\,ds = \int_0^{2\pi} \left[\left(\dfrac{\sqrt{2}}{2}\cos\theta - \dfrac{1}{\sqrt{6}}\sin\theta\right)^2 + \dfrac{2}{\sqrt{6}}\sin\theta\left(\dfrac{\sqrt{2}}{2}\cos\theta + \dfrac{1}{\sqrt{6}}\sin\theta\right) \right] d\theta = \pi.$$

例 5 （北京）利用 Stokes 公式计算曲线积分

$$I = \oint_{\Gamma} (y^2 - z^2)dx + (z^2 - x^2)dy + (x^2 - y^2)dz,$$

其中 Γ 是用平面 $x + y + z = \dfrac{3}{2}$ 截立方体

$$\left\{(x,y,z) \,\middle|\, 0 \leqslant x \leqslant 1, 0 \leqslant y \leqslant 1, 0 \leqslant z \leqslant 1\right\}$$

的表面所得的截痕，若从 Ox 轴的正向看去，取逆时针方向.

【分析】 这是一道非常典型的使用 Stokes 公式的题,使用它是最简单的.其他方法,比如参数法,也能用,但复杂很多.唯一需要解决的就是曲线所在曲面的法向量,但此题的曲面是平面,对于平面来说是很简单的事情.

解 取 Σ 为平面 $x + y + z = \dfrac{3}{2}$ 的上侧被 Γ 所围成的部分,见图 6.1.

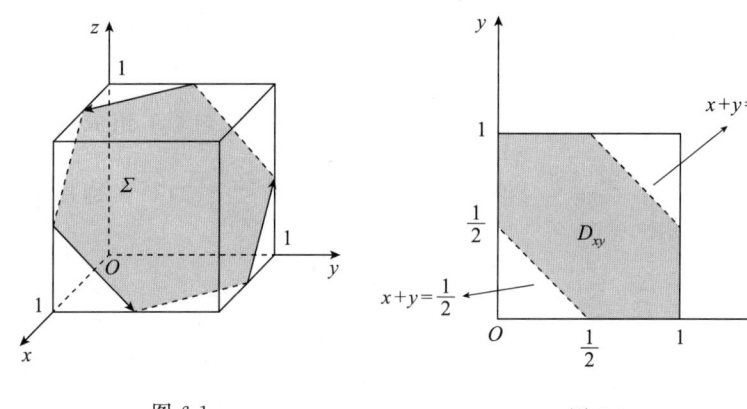

图 6.1 　　　　　　　　　图 6.2

Σ 的单位法向量 $\vec{n} = \dfrac{1}{\sqrt{3}}(1,1,1)$，即 $\cos\alpha = \cos\beta = \cos\gamma = \dfrac{1}{\sqrt{3}}$. 由 Stokes 公式,有

$$I = \iint_{\Sigma} \begin{vmatrix} \dfrac{1}{\sqrt{3}} & \dfrac{1}{\sqrt{3}} & \dfrac{1}{\sqrt{3}} \\ \dfrac{\partial}{\partial x} & \dfrac{\partial}{\partial y} & \dfrac{\partial}{\partial z} \\ y^2 - z^2 & z^2 - x^2 & x^2 - y^2 \end{vmatrix} ds = -\dfrac{4}{\sqrt{3}} \iint_{\Sigma} (x + y + z) ds.$$

因为在 Σ 上 $x + y + z = \dfrac{3}{2}$，故

$$I = -\dfrac{4}{\sqrt{3}} \cdot \dfrac{3}{2} \iint_{\Sigma} ds = -2\sqrt{3} \iint_{D_{xy}} \sqrt{3}\, dx\, dy = -6 S_{D_{xy}},$$

其中 D_{xy} 为 Σ 在 xOy 平面上的投影区域（见图 6.2），故

$$S_{D_{xy}} = 1 - 2 \times \dfrac{1}{8} = \dfrac{3}{4}.$$

所以 $I = -\dfrac{9}{2}$.

例 6 计算 $I = \int_\Gamma y\,\mathrm{d}x + z\,\mathrm{d}y + x\,\mathrm{d}z$，$\Gamma$ 是起点为 $A(a,0,0)$、终点为 $C(0,0,c)$ 的椭球面和平面相交的曲线段：

$$\frac{x^2}{a^2} + \frac{y^2}{b^2} + \frac{z^2}{c^2} = 1, \quad \frac{x}{a} + \frac{z}{c} = 1, \quad x \geqslant 0, y \geqslant 0, z \geqslant 0.$$

【分析】 尽管这是一道看起来与平时练习无异的求空间曲线积分的题目，但这个类型不多见。因为它的重点不在于积分本身，而是在于对积分的曲线的认知。题目明确告知，积分曲线只是部分曲线，需要补全为封闭曲线，才能用 Stokes 公式。积分无非就是关注两点：被积函数和积分区域。这里，被积函数很简单，我们完全不用理睬它。重点关注积分区域，展开丰富的空间想象力吧，它是平行于 y 轴的平面与椭球面的交线的一部分。由于椭球面和平面相交，得到的图形应该是椭圆，所以积分区域就是椭圆的一部分，并且起点和终点分别是椭圆的两个顶点，线段 CA 是椭圆的轴。由此，它是半个椭圆，非封闭曲线。于是，为了应用 Stokes 公式，补全为封闭曲线，可能很多同学习惯补全椭圆，补的部分好积分吗？补的部分应该与要求的原始积分相仿，一样难求。所以补成全椭圆不是正确的选择，那就补线段 CA，它是椭圆的长轴或者短轴，并且在 xOz 平面上，非常好积分。

解 添加辅助线 $CA: \frac{x}{a} + \frac{z}{c} = 1, y = 0, 0 \leqslant z \leqslant c$，则 Γ 与 CA 组成封闭曲线。它所围的平面图形 Σ 是平面 $\frac{x}{a} + \frac{z}{c} = 1$ 上的半椭圆，容易求出 Σ 的两个半轴长分别为 $\frac{b}{\sqrt{2}}$ 和 $\frac{\sqrt{a^2+c^2}}{2}$，面积为 $\frac{\pi b}{4\sqrt{2}}\sqrt{a^2+c^2}$。根据 Stokes 公式，得

$$I = \int_{\Gamma+CA} y\,\mathrm{d}x + z\,\mathrm{d}y + x\,\mathrm{d}z - \int_{CA} y\,\mathrm{d}x + z\,\mathrm{d}y + x\,\mathrm{d}z$$

$$= -\iint_\Sigma \frac{a+c}{\sqrt{a^2+c^2}}\,\mathrm{d}s - \int_{CA} y\,\mathrm{d}x + z\,\mathrm{d}y + x\,\mathrm{d}z$$

$$= -\frac{\pi b(a+c)}{4\sqrt{2}} - \int_c^0 a\left(1 - \frac{z}{c}\right)\mathrm{d}z$$

$$= \frac{1}{4\sqrt{2}}[2\sqrt{2}\,ac - \pi b(a+c)].$$

例 7 （四川大学 2023）计算 $\oint_L (x+z)\,\mathrm{d}x + x^4\,\mathrm{d}z$，其中曲线 L 为两曲面 $x^2+y^2+z^2=1$ 与 $x^2+y^2=3z^2(z\geqslant 0)$ 的交线，从 z 轴的正向看，是逆时针方向。

【分析】 这是一道常规题，很容易想到 Stokes 公式，这里主要提醒同学们别忘了参数方程法，在比较多的情况下，它比 Stokes 公式还简单一些。于是这里提供两种方法。

解 方法一 采用参数方程法。曲线 L 的方程可以化简为

$$\begin{cases} x^2 + y^2 = \dfrac{3}{4}, \\ z = \dfrac{1}{2}, \end{cases}$$

则其参数方程为

$$\begin{cases} x = \dfrac{\sqrt{3}}{2}\cos\theta, \\ y = \dfrac{\sqrt{3}}{2}\sin\theta, \quad \theta \in (0, 2\pi). \\ z = \dfrac{1}{2}, \end{cases}$$

将参数方程代入积分中可得

$$\oint_L (x+z)\mathrm{d}x + x^4 \mathrm{d}z = \int_0^{2\pi} \left(\dfrac{\sqrt{3}}{2}\cos\theta + \dfrac{1}{2}\right) \cdot \left(-\dfrac{\sqrt{3}}{2}\sin\theta\right)\mathrm{d}\theta = 0.$$

方法二 采用 Stokes 公式. 曲线 L 的方程可以化简为

$$\begin{cases} x^2 + y^2 = \dfrac{3}{4}, \\ z = \dfrac{1}{2}. \end{cases}$$

设 S 是 L 所围的平面 $z = \dfrac{1}{2}\left(x^2 + y^2 = \dfrac{3}{4}\right)$ 的部分，则平面的法向量为 $\vec{n} = (0,0,1)$，其方向余弦为 $\cos\alpha = 0, \cos\beta = 0, \cos\gamma = 1$，由 Stokes 公式可得

$$\oint_L (x+z)\mathrm{d}x + x^4 \mathrm{d}z = \iint_S \begin{vmatrix} \cos\alpha & \cos\beta & \cos\gamma \\ \dfrac{\partial}{\partial x} & \dfrac{\partial}{\partial y} & \dfrac{\partial}{\partial z} \\ x+z & 0 & x^4 \end{vmatrix} \mathrm{d}s = \iint_S 0\,\mathrm{d}s = 0.$$

例8 （南开大学 2016）设 $f(x,y)$ 在区域 $D = \{(x,y): x^2 + y^2 \leqslant 1\}$ 上存在二阶偏导数，且 $\dfrac{\partial^2 f}{\partial x^2} + \dfrac{\partial^2 f}{\partial y^2} = 1$，求证：$\displaystyle\iint_D \left(x\dfrac{\partial f}{\partial x} + y\dfrac{\partial f}{\partial y}\right) \mathrm{d}x\mathrm{d}y = \dfrac{\pi}{4}$.

【方法一的分析】 从结论来看，好像是求二重积分，实际上并非如此.可能很多同学在一看见题的时候，认为是不是应该先求出被积函数中的未知函数 f.可题干中的条件只有一个偏微分方程啊，大家根本就没有学过如何求解，所以此想法一定行不通.但我们这样想并非毫无好处，至少注意到了此偏微分方程，剩下的问题就是该如何正确使用它.一个可行的途径就是，通过恒等变形使得积分中出现偏微分方程中的项.仔细对比结论中的二重积分的被积函数和偏微分方程，想想它们之间的关联，被积函数中是 f 的一阶导数，微分方程中是 f 的二阶导数.有哪些知识可以让我们把结论中的一阶导数推导出微分方程中的二阶导数呢？需要大家稍微想想，结合积分问题，那一定是分部积分.所以本题关键的解决方案就是使用大家熟知的分部积分.

证明 **方法一** 采用分部积分法. 考虑积分中的第一项 $\displaystyle\iint_D x\dfrac{\partial f}{\partial x}\mathrm{d}x\mathrm{d}y$，先将二重积分转化成累次积分，再由分部积分有

$$\iint_D x\,\frac{\partial f}{\partial x}\mathrm{d}x\,\mathrm{d}y = \int_{-1}^{1}\mathrm{d}y\int_{-\sqrt{1-y^2}}^{\sqrt{1-y^2}} x\,\frac{\partial f}{\partial x}\mathrm{d}x = \frac{1}{2}\int_{-1}^{1}\mathrm{d}y\int_{-\sqrt{1-y^2}}^{\sqrt{1-y^2}}\frac{\partial f}{\partial x}\mathrm{d}(x^2+y^2)$$

$$= \frac{1}{2}\int_{-1}^{1}\left[(x^2+y^2)\frac{\partial f}{\partial x}\right]\bigg|_{-\sqrt{1-y^2}}^{\sqrt{1-y^2}}\mathrm{d}y - \frac{1}{2}\int_{-1}^{1}\mathrm{d}y\int_{-\sqrt{1-y^2}}^{\sqrt{1-y^2}}(x^2+y^2)\frac{\partial^2 f}{\partial x^2}\mathrm{d}x$$

$$= \frac{1}{2}\int_{-1}^{1}\left[\frac{\partial f}{\partial x}(\sqrt{1-y^2},y) - \frac{\partial f}{\partial x}(-\sqrt{1-y^2},y)\right]\mathrm{d}y - \frac{1}{2}\iint_D (x^2+y^2)\frac{\partial^2 f}{\partial x^2}\mathrm{d}x\,\mathrm{d}y$$

$$= \frac{1}{2}\oint_S \frac{\partial f}{\partial x}\mathrm{d}y - \frac{1}{2}\iint_D (x^2+y^2)\frac{\partial^2 f}{\partial x^2}\mathrm{d}x\,\mathrm{d}y.$$

注 1：$\dfrac{1}{2}\displaystyle\int_{-1}^{1}\left[\dfrac{\partial f}{\partial x}(\sqrt{1-y^2},y) - \dfrac{\partial f}{\partial x}(-\sqrt{1-y^2},y)\right]\mathrm{d}y$ 为什么等于 $\dfrac{1}{2}\displaystyle\oint_S \dfrac{\partial f}{\partial x}\mathrm{d}y$？这需要读者好好思考一下.在解答的最后会详细说明.

对积分的第二项 $\iint_D y\,\dfrac{\partial f}{\partial y}\mathrm{d}x\,\mathrm{d}y$，同理可得

$$\iint_D y\,\frac{\partial f}{\partial y}\mathrm{d}x\,\mathrm{d}y = -\frac{1}{2}\oint_S \frac{\partial f}{\partial y}\mathrm{d}x - \frac{1}{2}\iint_D (x^2+y^2)\frac{\partial^2 f}{\partial y^2}\mathrm{d}x\,\mathrm{d}y.$$

注 2：这里为什么会有一个负号"—".

综合上面两式有

$$\iint_D \left(x\,\frac{\partial f}{\partial x} + y\,\frac{\partial f}{\partial y}\right)\mathrm{d}x\,\mathrm{d}y = \frac{1}{2}\oint_S \left(\frac{\partial f}{\partial y}\mathrm{d}x - \frac{\partial f}{\partial x}\mathrm{d}y\right) - \frac{1}{2}\iint_D (x^2+y^2)\left(\frac{\partial^2 f}{\partial x^2}+\frac{\partial^2 f}{\partial y^2}\right)\mathrm{d}x\,\mathrm{d}y.$$

对上式右端的曲线积分使用 Green 公式可得

$$\frac{1}{2}\oint_S \left(\frac{\partial f}{\partial y}\mathrm{d}x - \frac{\partial f}{\partial x}\mathrm{d}y\right) = \frac{1}{2}\iint_D \left(\frac{\partial^2 f}{\partial y^2}+\frac{\partial^2 f}{\partial x^2}\right)\mathrm{d}x\,\mathrm{d}y = \frac{1}{2}\iint_D 1\,\mathrm{d}x\,\mathrm{d}y = \frac{\pi}{2}.$$

再对右端后面的重积分使用极坐标变换可得

$$\iint_D \frac{x^2+y^2}{2}\mathrm{d}x\,\mathrm{d}y = \iint_D \frac{r^2}{2}r\,\mathrm{d}r\,\mathrm{d}\theta = \int_0^{2\pi}\mathrm{d}\theta\int_0^1 \frac{r^3}{2}\mathrm{d}r = \frac{\pi}{4}.$$

综合上面三个等式可得所要证明的结论.

【方法二的分析】 相信大家在学习重积分的时候,老师肯定给大家说过,积分区域是圆盘的时候,一定要使用极坐标换元(变换)法.此题的积分区域就是单位圆盘,使用极坐标再合理不过了.可能有人担心极坐标之后怎么办？算起再说,根据计算的结果看下一步.用极坐标变换之后,重积分 $\iint_D \left(x\,\dfrac{\partial f}{\partial x} + y\,\dfrac{\partial f}{\partial y}\right)\mathrm{d}x\,\mathrm{d}y$ 就变为 $\iint_D \left(r\cos\theta\,\dfrac{\partial f}{\partial x} + r\sin\theta\,\dfrac{\partial f}{\partial y}\right)r\,\mathrm{d}r\,\mathrm{d}\theta$. 一般情况下,将重积分化为累次积分,是先对极径 r 积分,然后对极角积分.但本题相反,为什么？结合方法一的分析,为了得到二阶导,进行了分部积分,将重积分转化成边界上的积分,当 r 为固定常数时,极角就在圆周上变化.由此需要先积分极角,即

$$\iint_D \left(r\cos\theta\,\frac{\partial f}{\partial x} + r\sin\theta\,\frac{\partial f}{\partial y}\right)r\,\mathrm{d}r\,\mathrm{d}\theta = \int_0^1 r\,\mathrm{d}r\int_0^{2\pi}\left(r\cos\theta\,\frac{\partial f}{\partial x} + r\sin\theta\,\frac{\partial f}{\partial y}\right)\mathrm{d}\theta.$$

再由极坐标变换 $x=r\cos\theta, y=r\sin\theta$ 以及 $\mathrm{d}x = -r\sin\theta\,\mathrm{d}\theta, \mathrm{d}y = r\cos\theta\,\mathrm{d}\theta$，将上式的右端改变为 $\displaystyle\int_0^{2\pi}\left(r\cos\theta\,\dfrac{\partial f}{\partial x} + r\sin\theta\,\dfrac{\partial f}{\partial y}\right)\mathrm{d}\theta = \oint_{C_r}\dfrac{\partial f}{\partial x}\mathrm{d}y - \dfrac{\partial f}{\partial y}\mathrm{d}x$. 由此基本完成此题的计算了.

方法二 采用极坐标.对重积分进行极坐标变换,再化为累次积分,计算得

$$\iint_D \left(x\frac{\partial f}{\partial x} + y\frac{\partial f}{\partial y} \right) dxdy = \iint_D \left(r\cos\theta \frac{\partial f}{\partial x} + r\sin\theta \frac{\partial f}{\partial y} \right) r\,dr\,d\theta = \int_0^1 r\,dr \int_0^{2\pi} \left(r\cos\theta \frac{\partial f}{\partial x} + r\sin\theta \frac{\partial f}{\partial y} \right) d\theta$$

$$= \int_0^1 r\left[\oint_{C_r} \left(\frac{\partial f}{\partial x} dy - \frac{\partial f}{\partial y} dx \right) \right] dr = \int_0^1 r\left[\iint_{x^2+y^2 \leqslant r^2} \left(\frac{\partial^2 f}{\partial x^2} + \frac{\partial^2 f}{\partial y^2} \right) dx\,dy \right] dr$$

$$= \int_0^1 r \cdot \pi r^2 \,dr = \frac{\pi}{4},$$

其中倒数第二个等号使用 Green 公式.

注 3:因为定积分 $\int_{-1}^{1} \left[\frac{\partial f}{\partial x}(\sqrt{1-y^2},y) - \frac{\partial f}{\partial x}(-\sqrt{1-y^2},y) \right] dy$ 是对变量 y 的积分,根据被积函数含有 $\sqrt{1-y^2}$,此积分可以理解为在右半圆上的积分.又积分从 -1 到 1,于是积分是沿右半圆逆时针方向进行的,也就是正向,即

$$\int_{-1}^{1} \frac{\partial f}{\partial x}(\sqrt{1-y^2},y)\,dy = \int_{\text{右半圆}} \frac{\partial f}{\partial y}(x,y)\,dx.$$

第二项的积分是左半圆上的积分,由于前面有负号"$-$",将积分上下限进行交换,积分是从 1 到 -1 的,由此第二项的积分可以认为是沿左半圆逆时针进行的,即

$$-\int_{-1}^{1} \frac{\partial f}{\partial x}(-\sqrt{1-y^2},y)\,dy = \int_{1}^{-1} \frac{\partial f}{\partial x}(-\sqrt{1-y^2},y)\,dy = \int_{\text{左半圆}} \frac{\partial f}{\partial y}(x,y)\,dy.$$

于是,这两项积分合在一起,就是在整个圆周按照逆时针进行的积分.

注 4:同理可得 $\int_{-1}^{1} \left[\frac{\partial f}{\partial y}(x,\sqrt{1-x^2}) - \frac{\partial f}{\partial y}(x,-\sqrt{1-x^2}) \right] dx$,但和注 3 的区别是,这两个积分分别是沿上半圆和下半圆进行的.沿上半圆积分的时候,积分从 -1 到 1,此时积分的方向是顺时针的,也即是负方向积分,则定积分改写为曲线积分的时候,前面需要加一个负号"$-$",即 $\int_{-1}^{1} \frac{\partial f}{\partial y}(x,\sqrt{1-x^2})\,dx = -\int_{\text{上半圆}} \frac{\partial f}{\partial y}(x,y)\,dx$.当沿下半圆积分的时候,还是从 -1 到 1,但此时积分的方向是逆时针的,也即是正方向积分,于是定积分等于曲线积分,即

$$\int_{-1}^{1} \frac{\partial f}{\partial y}(x,-\sqrt{1-x^2})\,dx = \int_{\text{下半圆}} \frac{\partial f}{\partial y}(x,y)\,dx.$$

于是负号就出现了.

例 9 设函数 $f(x,y)$ 在区域 $D: x^2 + y^2 \leqslant 1$ 上有二阶连续偏导数,且

$$\frac{\partial^2 f}{\partial x^2} + \frac{\partial^2 f}{\partial y^2} = e^{-(x^2+y^2)}.$$

证明:

$$\iint_D \left(x\frac{\partial f}{\partial x} + y\frac{\partial f}{\partial y} \right) dx\,dy = \frac{\pi}{2e}.$$

证明 方法一 利用极坐标方法,考虑先 θ 后 r 的累次积分,记左侧积分为 I,得

$$I = \int_0^1 r\,dr \int_0^{2\pi} (r\cos\theta \cdot f_x' + r\sin\theta \cdot f_y')\,d\theta.$$

记 L_r 是半径为 r 的圆周,D_r 为 L_r 包围的区域,$r\cos\theta\,d\theta = dy$,$r\sin\theta\,d\theta = -dx$,于是上式

的内层积分可看作沿闭曲线 L_r(逆时针方向)的曲线积分 $\oint_{L_r} -f'_y\mathrm{d}x + f'_x\mathrm{d}y$,即

$$I = \int_0^1 r\left(\oint_{L_r} -f'_y\mathrm{d}x + f'_x\mathrm{d}y\right)\mathrm{d}r.$$

由于函数 f 有二阶连续偏导数,于是由 Green 公式,得

$$I = \int_0^1 r\left[\iint_{D_r}(f''_{xx} + f''_{yy})\mathrm{d}x\,\mathrm{d}y\right]\mathrm{d}r$$

$$= \int_0^1 r\left(\int_0^{2\pi}\mathrm{d}\theta\int_0^r \mathrm{e}^{-t^2}t\,\mathrm{d}t\right)\mathrm{d}r = \int_0^1 \pi r(1 - \mathrm{e}^{-r^2})\mathrm{d}r = \frac{\pi}{2\mathrm{e}}.$$

方法二 构造函数,视二重积分为边界为 ∂D 正向的曲线积分应用 Green 公式得到的结果,则可得二重积分为

$$I = \iint_D (xf'_x + yf'_y)\mathrm{d}x\,\mathrm{d}y = \iint_D\left[\frac{\partial}{\partial x}\left(\frac{x^2+y^2}{2}\right)\cdot f'_x + \frac{\partial}{\partial y}\left(\frac{x^2+y^2}{2}\right)\cdot f'_y\right]\mathrm{d}x\,\mathrm{d}y$$

$$= \oint_{\partial D}\left(\frac{x^2+y^2}{2}\cdot f'_x\mathrm{d}y - \frac{x^2+y^2}{2}\cdot f'_y\mathrm{d}x\right) - \iint_D \frac{x^2+y^2}{2}(f''_{xx} + f''_{yy})\mathrm{d}x\,\mathrm{d}y.$$

由于在边界 ∂D 上,$x^2 + y^2 = 1$,所以再次由 Green 公式,得

$$I = \frac{1}{2}\oint_{\partial D}(f'_x\mathrm{d}y - f'_y\mathrm{d}x) - \iint_D \frac{x^2+y^2}{2}\mathrm{e}^{-(x^2+y^2)}\mathrm{d}x\,\mathrm{d}y$$

$$= \frac{1}{2}\int_0^{2\pi}\mathrm{d}\theta\int_0^1 \mathrm{e}^{-r^2}r\,\mathrm{d}r - \frac{1}{2}\int_0^{2\pi}\mathrm{d}\theta\int_0^1 r^3\mathrm{e}^{-r^2}\mathrm{d}r$$

$$= -\frac{\pi}{2}\mathrm{e}^{-r^2}\Big|_0^1 - \frac{\pi}{2}(-r^2\mathrm{e}^{-r^2} - \mathrm{e}^{-r^2})\Big|_0^1 = \frac{\pi}{2\mathrm{e}}.$$

6.2 Green 公式的应用

例10 (南开大学 2016) 设 $f(x,y)$ 在区域 $D = \{(x,y): x^2 + y^2 \leqslant 1\}$ 上存在二阶偏导数,且 $\dfrac{\partial^2 f}{\partial x^2} + \dfrac{\partial^2 f}{\partial y^2} = 1$,求证:$\iint_D\left(x\dfrac{\partial f}{\partial x} + y\dfrac{\partial f}{\partial y}\right)\mathrm{d}x\,\mathrm{d}y = \dfrac{\pi}{4}$.

【分析】 本题实际上是 Green 第一公式的直接运用.在微积分的教学中并没有讲 Green 第一公式,但它通过 Green 公式可以很简单地推导出来.

证明 已知 Green 公式:$\oint_{\partial D} P\mathrm{d}x + Q\mathrm{d}y = \iint_D\left(\dfrac{\partial Q}{\partial x} - \dfrac{\partial P}{\partial y}\right)\mathrm{d}x\,\mathrm{d}y.$ 在 Green 公式中令

$$P = -v\frac{\partial f}{\partial y}, \quad Q = v\frac{\partial f}{\partial x},$$

于是 Green 公式转化为

$$\text{左边} = \oint_{\partial D}\left(-v\frac{\partial f}{\partial y}\mathrm{d}x + v\frac{\partial f}{\partial x}\mathrm{d}y\right) = \oint_{\partial D} v\frac{\partial f}{\partial n}\mathrm{d}s,$$

$$\text{右边} = \iint_D\left[\frac{\partial}{\partial x}\left(v\frac{\partial f}{\partial x}\right) + \frac{\partial}{\partial y}\left(v\frac{\partial f}{\partial y}\right)\right]\mathrm{d}x\,\mathrm{d}y = \iint_D\left[\nabla v\,\nabla f + v\left(\frac{\partial^2 f}{\partial x^2} + \frac{\partial^2 f}{\partial y^2}\right)\right]\mathrm{d}x\,\mathrm{d}y,$$

则有
$$\iint_D \nabla v \cdot \nabla f = \oint_{\partial D} v \frac{\partial f}{\partial \vec{n}} \mathrm{d}s - \iint_D v \left(\frac{\partial^2 f}{\partial x^2} + \frac{\partial^2 f}{\partial y^2}\right) \mathrm{d}x\,\mathrm{d}y. \quad \text{（Green 第一公式）}$$

在上面公式中取 $v = \dfrac{x^2 + y^2}{2}$，于是

$$\begin{aligned}
\iint_D \left(x \frac{\partial f}{\partial x} + y \frac{\partial f}{\partial y}\right) \mathrm{d}x\,\mathrm{d}y &= \iint_D \nabla \frac{x^2 + y^2}{2} \cdot \nabla f \,\mathrm{d}x\,\mathrm{d}y \\
&= \oint_{\partial D} \frac{x^2 + y^2}{2} \frac{\partial f}{\partial \vec{n}} \mathrm{d}s - \iint_D \frac{x^2 + y^2}{2}\left(\frac{\partial^2 f}{\partial x^2} + \frac{\partial^2 f}{\partial y^2}\right) \mathrm{d}x\,\mathrm{d}y \\
&= \frac{1}{2}\oint_{\partial D} \frac{\partial f}{\partial \vec{n}} \mathrm{d}s - \iint_D \frac{x^2 + y^2}{2} \mathrm{d}x\,\mathrm{d}y.
\end{aligned}$$

分别求上面等式右边的两项，对于第一项，再次使用 Green 第一公式，取 $v=1$，有

$$\begin{aligned}
\frac{1}{2}\oint_{\partial D} \frac{\partial f}{\partial \vec{n}} \mathrm{d}s &= \iint_D \nabla 1 \cdot \nabla f \,\mathrm{d}x\,\mathrm{d}y + \frac{1}{2}\iint_D \left(\frac{\partial^2 f}{\partial x^2} + \frac{\partial^2 f}{\partial y^2}\right) \mathrm{d}x\,\mathrm{d}y \\
&= \frac{1}{2}\iint_D 1\,\mathrm{d}x\,\mathrm{d}y = \frac{\pi}{2};
\end{aligned}$$

对于第二项，由极坐标变换有

$$\iint_D \frac{x^2 + y^2}{2} \mathrm{d}x\,\mathrm{d}y = \iint_D \frac{r^2}{2} r \,\mathrm{d}r\,\mathrm{d}\theta = \int_0^{2\pi} \mathrm{d}\theta \int_0^1 \frac{r^3}{2} \mathrm{d}r = \frac{\pi}{4}.$$

综合上面三个等式可得所要证明的结论.

例11（北京大学 2020）设曲面 S 由二阶连续可导函数 $z = f(x,y)$，$(x,y) \in D$ 给出，此处 D 为 xOy 平面上的单连通区域，其边界为连续可导简单闭曲线 $C: x=x(t), y=y(t)$，$t \in [\alpha, \beta]$，在承认平面 Green 公式的前提下，请给出如下特殊情形 Stokes 公式的证明：

$$\int_L R(x,y,z)\,\mathrm{d}z = \int_S \left(\frac{\partial R}{\partial y}\mathrm{d}y\,\mathrm{d}z - \frac{\partial R}{\partial x}\mathrm{d}z\,\mathrm{d}x\right),$$

其中 R 是一阶连续可导函数，$\vec{S}$ 的方向为曲面 S 的上侧，$\vec{L}$ 为 $\vec{S}$ 的边界曲线相应的方向.

【分析】 在看题完毕之后，我们要问自己一个问题，题中哪些字眼是尤其关键的？如果能找出来，至少说明我们会动手了，不至于空白一片.能找出来吗？我们认为关键的字眼就是"承认平面 Green 公式".为什么？因为它是动手的第一步，结论左边是空间曲线上的积分，既然要用平面 Green 公式进行证明，那必须将空间曲线的积分化为平面曲线的积分，这是最关键的一步，它是证明的开始.如何化？当然是往 xOy 平面投影，即消去变量 z，$\mathrm{d}z = \dfrac{\partial f}{\partial x}\mathrm{d}x + \dfrac{\partial f}{\partial y}\mathrm{d}y$，这样 Green 公式自然被用上了.由于是 xOy 平面的 Green 公式，只有面积元 $\mathrm{d}x\,\mathrm{d}y$，而结论中是其他两个坐标面上的面积元，于是顺理成章地就用到不同坐标面之间的面积元的关系了：$\mathrm{d}y\,\mathrm{d}z = \cos\alpha\,\mathrm{d}s$，$\mathrm{d}x\,\mathrm{d}z = \cos\beta\,\mathrm{d}s$，$\mathrm{d}x\,\mathrm{d}y = \cos\gamma\,\mathrm{d}s$，以及曲面上任何一点的外法向量

$$\cos\alpha = \frac{f_x}{\sqrt{1+f_x^2+f_y^2}}, \quad \cos\beta = \frac{f_y}{\sqrt{1+f_x^2+f_y^2}}, \quad \cos\gamma = \frac{-1}{\sqrt{1+f_x^2+f_y^2}}.$$

证明 先把三维空间中第二型曲线积分变为平面的第二型曲线积分，接着用 Green 公式，把第一型曲面积分变为第二型曲面积分．设 $\vec{n}$ 为曲面 $\vec{S}$ 的单位外法线，则 (α,β,γ) 为外法线的方向角，ds 是曲面上的面积元，则有 $dydz = \cos\alpha\, ds$，$dx\,dz = \cos\beta\, ds$，$dx\,dy = \cos\gamma\, ds$，且

$$\cos\alpha = \frac{f_x}{\sqrt{1+f_x^2+f_y^2}}, \quad \cos\beta = \frac{f_y}{\sqrt{1+f_x^2+f_y^2}}, \quad \cos\gamma = \frac{-1}{\sqrt{1+f_x^2+f_y^2}},$$

于是可得

$$dy\,dz = -f_x\,dx\,dy, \quad dx\,dz = -f_y\,dx\,dy.$$

因此，

$$\int_L R(x,y,z)dz = \int_{\partial D} R(x,y,f(x,y))\left(\frac{\partial f}{\partial x}dx + \frac{\partial f}{\partial y}dy\right)$$

$$= \int_{\partial D} R(x,y,f(x,y))\frac{\partial f}{\partial x}dx + R(x,y,f(x,y))\frac{\partial f}{\partial y}dy$$

$$= \iint_D \left[\frac{\partial R(x,y,f(x,y))}{\partial x}\frac{\partial f}{\partial y} - \frac{\partial R(x,y,f(x,y))}{\partial y}\frac{\partial f}{\partial x}\right]dx\,dy$$

$$= \iint_{\vec{S}} \frac{\partial R(x,y,z)}{\partial y}dy\,dz - \frac{\partial R(x,y,z)}{\partial x}dz\,dx.$$

例12 （东华大学 2022）计算曲线积分 $I = \oint_C \frac{\cos(\vec{r},\vec{n})}{|\vec{r}|}ds$，其中曲线 C 为椭圆 $\frac{x^2}{a^2} + \frac{y^2}{b^2} = 1$，$M$ 为曲线 C 上任意一点，$\vec{n}$ 为曲线 C 在点 M 处的单位外法方向向量，且 $\vec{r} = \overrightarrow{OM}$．

解 设点 M 坐标 $(x(\theta),y(\theta))$，则 $\vec{r} = \overrightarrow{OM} = (x,y)$ 和 $\vec{n} = \frac{(y',-x')}{\sqrt{(x')^2+(y')^2}}$．于是有

$$\cos(\vec{r},\vec{n}) = \frac{\vec{r}\cdot\vec{n}}{|\vec{r}|} = \frac{xy' - x'y}{|\vec{r}|\sqrt{(x')^2+(y')^2}}.$$

另一方面，

$$\frac{y'}{\sqrt{(x')^2+(y')^2}}ds = dy, \quad \frac{x'}{\sqrt{(x')^2+(y')^2}}ds = dx,$$

则

$$I = \oint_C \frac{\cos(\vec{r},\vec{n})}{|\vec{r}|}ds = \oint_C \frac{xy' - x'y}{|\vec{r}|^2\sqrt{(x')^2+(y')^2}}ds = \oint_C \frac{x\,dy - y\,dx}{x^2+y^2}.$$

取 $Q = \frac{x}{x^2+y^2}$，$P = \frac{y}{x^2+y^2}$，则 $\frac{\partial P}{\partial y} = \frac{\partial Q}{\partial x}$．积分与路径无关，于是

$$I = \oint_C \frac{x\,dy - y\,dx}{x^2+y^2} = \oint_{x^2+y^2\leqslant\varepsilon^2}\frac{x\,dy - y\,dx}{x^2+y^2} = \frac{1}{\varepsilon^2}\oint_{x^2+y^2\leqslant\varepsilon^2} x\,dy - y\,dx$$

$$= \frac{1}{\varepsilon^2}\iint_{x^2+y^2\leqslant\varepsilon^2} 2\,dx\,dy = 2\pi.$$

例13 设 L 为 $x^2+y^2 = 2x(y\geqslant 0)$ 上从 $O(0,0)$ 到 $A(2,0)$ 的一段弧，连续函数 $f(x)$ 满足

$$f(x) = x^2 + \int_L [y(f(x) + e^x)dx + (e^x - xy^2)]dy.$$

求 $f(x)$.

【分析】 这种类型的题目在定积分和重积分中比较常见,而在线面积分中还比较少见. 这类题的标签就是未知函数=已知函数+含有未知函数的积分(定积分或重积分或线面积分). 表面上看,这是求一个函数表达式,实际上,却是求一个积分的值,也就是某个待定的常数. 此类题的解题套路,就是使用待定系数法. 首先将题干中未知的积分设为待求的未知量常数;然后进行积分的求解,得到一个待定未知量的方程;最后求解方程,得到待定常数的值.

解 设 $\int_L [y(f(x)+e^x)dx+(e^x-xy^2)dy]=a$,则 $f(x)=x^2+a$. 添加辅助线 $\overrightarrow{AO}$: $y=0, x: 2 \to 0$,并记这两条曲线围成的半圆域为 D,则由 Green 公式及 $f(x)=x^2+a$,得

$$\int_{L+\overrightarrow{AO}} [y(f(x)+e^x)dx+(e^x-xy^2)dy] = -\iint_D \left(\frac{\partial Q}{\partial x} - \frac{\partial P}{\partial y}\right) dx\,dy$$

$$= -\iint_D (e^x - y^2 - x^2 - a - e^x) dx\,dy = \iint_D (x^2+y^2) dx\,dy + a\iint_D dx\,dy$$

$$= \int_0^{\frac{\pi}{2}} d\theta \int_0^{2\cos\theta} \rho^2 \cdot \rho\,d\rho + \frac{\pi}{2}a = \int_0^{\frac{\pi}{2}} 4\cos^4\theta\,d\theta + \frac{\pi}{2}a = \frac{3}{4}\pi + \frac{\pi}{2}a.$$

直接把 $\overrightarrow{AO}: y=0, x: 2 \to 0$ 代入被积表达式,得

$$\int_{\overrightarrow{AO}} [y(f(x)+e^x)dx+(e^x-xy^2)dy] = 0,$$

故得

$$a = \int_L [y(f(x)+e^x)dx+(e^x-xy^2)dy] = \frac{3}{4}\pi + \frac{\pi}{2}a,$$

解得 $a = \dfrac{3\pi}{2(2-\pi)}$,即

$$f(x) = x^2 + \frac{3\pi}{2(2-\pi)}.$$

例14 (中国科学院大学 2023) 计算 $\int_L \dfrac{\left(x-\dfrac{1}{2}-y\right)dx + \left(x-\dfrac{1}{2}+y\right)dy}{\left(x-\dfrac{1}{2}\right)^2 + y^2}$,其中 L 是连接 $(0,-1), (0,1)$ 的曲线,且位于 $\left(0, \dfrac{1}{2}\right)$ 的右侧.

【分析】 此题要提醒大家的是不要只看半截题,如果只看"其中"前半部,而选择性忽视后半部的话,就会掉到"Green 公式"的坑中,结果反而把题目复杂化. 本题的积分路径是一条"敞开的"曲线,并不是封闭曲线,由此,可能选择更简单的积分路径. 所以大家需要判断的是:题干中的积分是否依赖积分路径,如果不依赖,选择一条简单的积分路径即可.

解 设

$$P(x,y) = \frac{x-\dfrac{1}{2}-y}{\left(x-\dfrac{1}{2}\right)^2+y^2}, \quad Q(x,y) = \frac{x-\dfrac{1}{2}+y}{\left(x-\dfrac{1}{2}\right)^2+y^2},$$

通过计算可得 $\dfrac{\partial P}{\partial y} = \dfrac{\partial Q}{\partial x}$, 于是线积分与积分路径无关. 选择积分路径: $A = (0,-1) \to B(1,-1)$ $\to C(1,1) \to D(0,1)$ 的折线段, 则

$$\int_L \dfrac{\left(x-\dfrac{1}{2}-y\right)\mathrm{d}x + \left(x-\dfrac{1}{2}+y\right)\mathrm{d}y}{\left(x-\dfrac{1}{2}\right)^2+y^2} = \int_{\overrightarrow{AB}\cup\overrightarrow{BC}\cup\overrightarrow{CD}} \dfrac{\left(x-\dfrac{1}{2}-y\right)\mathrm{d}x + \left(x-\dfrac{1}{2}+y\right)\mathrm{d}y}{\left(x-\dfrac{1}{2}\right)^2+y^2}$$

$$= \int_{\overrightarrow{AB}} \dfrac{\left(x-\dfrac{1}{2}-y\right)\mathrm{d}x + \left(x-\dfrac{1}{2}+y\right)\mathrm{d}y}{\left(x-\dfrac{1}{2}\right)^2+y^2} + \int_{\overrightarrow{BC}} \dfrac{\left(x-\dfrac{1}{2}-y\right)\mathrm{d}x + \left(x-\dfrac{1}{2}+y\right)\mathrm{d}y}{\left(x-\dfrac{1}{2}\right)^2+y^2}$$

$$+ \int_{\overrightarrow{CD}} \dfrac{\left(x-\dfrac{1}{2}-y\right)\mathrm{d}x + \left(x-\dfrac{1}{2}+y\right)\mathrm{d}y}{\left(x-\dfrac{1}{2}\right)^2+y^2}$$

$$= \int_0^1 \dfrac{\left(x-\dfrac{1}{2}+1\right)\mathrm{d}x}{\left(x-\dfrac{1}{2}\right)^2+1} + \int_{-1}^1 \dfrac{\left(1-\dfrac{1}{2}+y\right)\mathrm{d}y}{\left(1-\dfrac{1}{2}\right)^2+y^2} + \int_1^0 \dfrac{\left(x-\dfrac{1}{2}-1\right)\mathrm{d}x}{\left(x-\dfrac{1}{2}\right)^2+1}$$

$$= 4\arctan\dfrac{1}{2} + 2\arctan 2 = 2\pi - 2\arctan 2.$$

例15 (中国科学院大学 2023) 设 $u(x,y)$ 在曲线 $L: x^2+y^2=1$ 所围成的区域 D 内具有二阶连续偏导, 且

$$\dfrac{\partial^2 u}{\partial x^2} + \dfrac{\partial^2 u}{\partial y^2} = \dfrac{x^2+y^2}{\mathrm{e}^x+\mathrm{e}^y}\mathrm{e}^x.$$

若 $\vec{n}$ 是 L 的外法向量, 求 $\oint_L \dfrac{\partial u}{\partial \vec{n}}\mathrm{d}s$.

【分析】 这是一道求封闭曲线上的第一类曲线积分的题, 结合已知条件, 那么一定会用到 Green 公式. 关键问题是, 微积分的教材中, 我们只讲了第二类曲线积分的 Green 公式. 由此可知, 一定会用到两类曲线积分之间的关系, 这是大家很容易忽视的地方, 但每一本微积分的教材都会讲到两者之间的关系.

证明 设曲线在 (x,y) 处的正向切向量为

$$\vec{T} = (\cos\alpha, \cos\beta),$$

则对应的外法向量为

$$(\cos\beta, -\cos\alpha) = (x,y) = \vec{n}.$$

于是由方向导数的计算公式、两类曲线积分之间的关系、格林公式与二重积分的积分区域 $D: x^2+y^2 \leqslant 1$ 的轮换对称性, 得

$$\oint_L \frac{\partial u}{\partial \vec{n}}\,\mathrm{d}s = \oint_L (u_x, u_y)\cdot(x, y)\,\mathrm{d}s = \oint_L (x u_x + y u_y)\,\mathrm{d}s$$

$$= \oint_L (u_x \cos\beta - u_y \cos\alpha)\,\mathrm{d}s = \oint_L (u_x\,\mathrm{d}y - u_y\,\mathrm{d}x)$$

$$= \iint_D (u_{xx} + u_{yy})\,\mathrm{d}x\,\mathrm{d}y = \iint_D \frac{x^2 + y^2}{\mathrm{e}^x + \mathrm{e}^y} \mathrm{e}^x\,\mathrm{d}x\,\mathrm{d}y$$

$$= \frac{1}{2}\iint_D \left(\frac{x^2+y^2}{\mathrm{e}^x+\mathrm{e}^y}\mathrm{e}^x + \frac{x^2+y^2}{\mathrm{e}^x+\mathrm{e}^y}\mathrm{e}^y\right)\mathrm{d}x\,\mathrm{d}y$$

$$= \frac{1}{2}\iint_D (x^2+y^2)\,\mathrm{d}x\,\mathrm{d}y = \frac{1}{2}\int_0^{2\pi}\mathrm{d}\theta \int_0^1 r^2\cdot r\,\mathrm{d}r = \frac{\pi}{4}.$$

例16 (武汉大学) 设 $u(x,y), v(x,y)$ 在全平面内有连续的偏导数，且满足 $\dfrac{\partial u}{\partial x} = \dfrac{\partial v}{\partial y}, \dfrac{\partial u}{\partial y} = -\dfrac{\partial v}{\partial x}$. 记 C 为包围原点的正向简单闭曲线，计算 $I = \oint_C \dfrac{(xv - yu)\mathrm{d}x + (xu + yv)\mathrm{d}y}{x^2 + y^2}$.

【分析】 本题是常规题 $I = \oint_C \dfrac{y\mathrm{d}x + x\mathrm{d}y}{x^2 + y^2}$ 的推广，尽管给人的感觉很复杂，但处理手法如出一辙. 被积函数在所围区域存在不可微点 $(0,0)$，很容易验证被积函数满足与积分路径无关的条件. 所以不能直接运用 Green 公式，需要挖掉不可微部分的区域，这样挖一般是根据被积函数的分母形式来决定的，此题挖去区域应该是一个小圆盘，将简单闭曲线上的积分转化到单位圆周上的积分了. 既然是单位圆周，自然会用到极坐标. 除了极坐标之外，还可以将圆周方程直接代入，消除分母的奇异性，可能计算更简洁一些.

解 记 $I = \oint_C P\mathrm{d}x + Q\mathrm{d}y$，其中 $P = \dfrac{xv - yu}{x^2 + y^2}, Q = \dfrac{xu + yv}{x^2 + y^2}$. 对 P, Q 分别计算偏导数，得

$$\frac{\partial P}{\partial y} = \frac{(xv_y - yu_y - u)(x^2 + y^2) - 2y(xv - yu)}{(x^2 + y^2)^2}$$

$$= \frac{(xv_y - yu_y)(x^2 + y^2) + (y^2 - x^2)u - 2xyv}{(x^2 + y^2)^2},$$

$$\frac{\partial Q}{\partial x} = \frac{(xu_x + yv_x)(x^2 + y^2) + (y^2 - x^2)u - 2xyv}{(x^2 + y^2)^2}.$$

由于 $\dfrac{\partial u}{\partial x} = \dfrac{\partial v}{\partial y}, \dfrac{\partial u}{\partial y} = -\dfrac{\partial v}{\partial x}$，即 $u_x = v_y, u_y = -v_x$，则当 $x^2 + y^2 \neq 0$ 时，$\dfrac{\partial P}{\partial y} = \dfrac{\partial Q}{\partial x}$.

任取 $r > 0$ 充分小，记 C_r 为圆周 $x^2 + y^2 = r^2$，并取顺时针方向，则

$$\oint_{C - C_r} P\mathrm{d}x + Q\mathrm{d}y = 0,$$

故 $I = \oint_{C_r} P\mathrm{d}x + Q\mathrm{d}y$. 下面计算它，提供两种计算方法：一种参数法，另外一种 Green 公式法.

方法一 采用参数法. 取 $\begin{cases} x = r\cos\theta, \\ y = r\sin\theta, \end{cases} \theta: 0 \to 2\pi$，则

$$I = \int_0^{2\pi} \frac{1}{r^2}[(r\cos\theta \cdot v - r\sin\theta \cdot u) \cdot (-\sin\theta)r + (r\cos\theta \cdot u + r\sin\theta \cdot v) \cdot r\cos\theta]d\theta$$

$$= \int_0^{2\pi} u(r\cos\theta, r\sin\theta)d\theta = 2\pi u(r\cos\xi, r\sin\xi), \quad 0 \leqslant \xi \leqslant 2\pi.$$

因 I 与 r 无关,令 $r \to 0+$,故得 $I = 2\pi u(0,0)$.

方法二 采用 Green 公式.

$$I = \oint_{C_r} Pdx + Qdy = \oint_{C_r} \frac{(xv - yu)dx + (xu + yv)dy}{x^2 + y^2}$$

$$= \frac{1}{r^2}\oint_{C_r}(xv - yu)dx + (xu + yv)dy$$

$$\xrightarrow{\text{Green 公式}} \frac{2}{r^2}\iint_{x^2+y^2 \leqslant r^2} u\,dx\,dy \xrightarrow{\text{积分中值定理}} 2\pi u(\rho\cos\theta, \rho\sin\theta),$$

其中 $\rho \in (0,r), \theta \in (0,2\pi)$. 因 I 与 r 无关,令 $r \to 0+$,故得 $I = 2\pi u(0,0)$.

例17 已知曲线积分 $\int_L F(x,y)(y\sin x\,dx - \cos x\,dy)$ 与路径无关,其中 F 有一阶连续偏导数,且 $F(0,1) = 0$,求由 $F(x,y) = 0$ 确定的隐函数 $y = f(x)$.

【分析】 本题的难点不在于积分路径,因为题干非常明确地告诉我们积分与路径无关.本题的难点是很多人的知识盲点——隐函数定理,很容易被大家忽略.这里要用到它,将问题转化成常微分方程进行解答,而常微分方程不难,所以本题不是难题.

解 因为积分与路径无关,故令

$$P = y\sin x F(x,y), \quad Q = -\cos x F(x,y),$$

有 $\dfrac{\partial P}{\partial y} = \dfrac{\partial Q}{\partial x}$,求导得

$$-F_x \cos x + F\sin x = F_y y\sin x + F\sin x.$$

整理得 $-\dfrac{F_x}{F_y} = y\tan x = \dfrac{dy}{dx}$,分离变量积分

$$\int \tan x\,dx = \int \frac{dy}{y} \Rightarrow -\ln|\cos x| = \ln|y| + C_1,$$

即 $y = C\sec x$. 又 $F(0,1) = 0$,即 $x = 0, y = 1$,得 $C = 1$,则 $y = \sec x$.

例18 已知曲线积分 $\oint_L \dfrac{1}{\varphi(x) + y^2}(x\,dy - y\,dx) = A$,其中,$A$ 为常数;$\varphi(x)$ 具有连续的导数,且 $\varphi(1) = 1$;L 是围绕原点 $O(0,0)$ 不经过原点的任意分段光滑简单正向闭曲线.

(1) 证明:对右半平面 $x > 0$ 内的任意分段光滑简单闭曲线 C,有

$$\oint_C \frac{1}{\varphi(x) + y^2}(x\,dy - y\,dx) = 0.$$

(2) 求函数 $\varphi(x)$ 的表达式及常数 A 的值.

【分析】 这是一道基本题,主要考察对条件 $\oint_L \dfrac{1}{\varphi(x) + y^2}(x\,dy - y\,dx) = A$ 的理解.对任意绕原点的闭曲线都成立,基本意味着与积分路径无关.然后考察了对曲线定向的理解.

解 （1）如图 6.3 所示.将曲线 C 分割为 $C=L_1+L_2$，再作另一条曲线 L_3，围绕原点且与 C 相接，则

$$\oint_C \frac{1}{\varphi(x)+y^2}(x\,dy-y\,dx)=\oint_{L_1+L_3}-\oint_{L_2+L_3}\frac{1}{\varphi(x)+y^2}(x\,dy-y\,dx)=A-A=0.$$

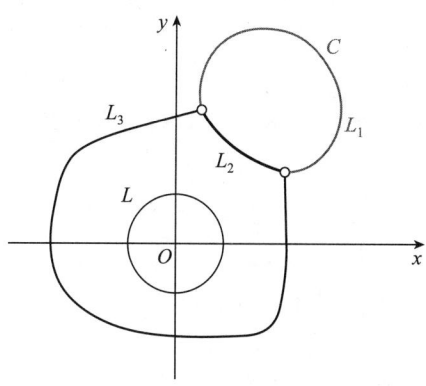

图 6.3

（2）设 $P(x,y)=\dfrac{-y}{\varphi(x)+y^2}$，$Q(x,y)=\dfrac{x}{\varphi(x)+y^2}$，且 P,Q 在单连通区域 $x>0$ 内具有连续的偏导数.由(1)知,曲线积分 $\oint_L \dfrac{1}{\varphi(x)+y^2}(x\,dy-y\,dx)$ 在该区域内与路径无关,故当 $x>0$ 时,总有 $\dfrac{\partial Q}{\partial x}=\dfrac{\partial P}{\partial y}$，即

$$\frac{\varphi(x)+y^2-x\varphi'(x)}{[\varphi(x)+y^2]^2}=\frac{y^2-\varphi(x)}{[\varphi(x)+y^2]^2},$$

得 $x\varphi'(x)=2\varphi(x)$.分离变量积分得 $\varphi(x)=Cx^2$.由条件 $\varphi(1)=1$，得 $C=1$，即 $\varphi(x)=x^2$.由于曲线积分与路径无关,故可取闭曲线 $L:x^2+y^2=1$.根据 Green 公式,得

$$A=\oint_L \frac{1}{\varphi(x)+y^2}(x\,dy-y\,dx)=\oint_L x\,dy-y\,dx=\iint_D 2\,dx\,dy=2\pi.$$

6.3 曲面积分的计算方法

(一) 代入法

将曲面方程 $z=f(x,y)$ 和面积元 $ds=\sqrt{1+\left(\dfrac{\partial z}{\partial x}\right)^2+\left(\dfrac{\partial z}{\partial y}\right)^2}\,dx\,dy$ 直接代入积分中进行计算.

例19 设 P 是椭球面 $\Sigma:x^2+y^2+z^2-yz=1$ 上的动点,若 Σ 在点 P 处的切平面与 xOy 平面垂直,求点 P 的轨迹 C，并计算曲面积分

$$I = \iint_{\Sigma_1} \frac{(x+\sqrt{3})|y-2z|}{\sqrt{4+y^2+z^2-4yz}} \mathrm{d}s,$$

其中Σ_1是椭球面Σ位于曲线C上方的部分.

【分析】 这是一道考研题,内容很丰富,涉及空间解析几何、隐函数的微分、微分的几何应用和第一类曲面积分.相对来说,在目前的竞赛几乎没有一道题考察了这么多的知识点,但不排除未来还会出现这种题目,特别是空间解析几何与重积分、线面积分的结合.虽然考察了这么多内容,但题目的难点并不多,按照题目的要求和条件按部就班地计算即可,只是计算量有些大.

解 令点P的坐标为(x,y,z),则Σ在点P处的切平面的法向量为
$$\vec{n} = (2x, 2y-z, 2z-y).$$
因为Σ在点P处的切平面与xOy平面垂直,即
$$\vec{n} \cdot \vec{k} = (2x, 2y-z, 2z-y) \cdot (0,0,1) = 0,$$
得$y = 2z$. 又P在曲面Σ上,所以其轨迹方程为
$$C: \begin{cases} x^2+y^2+z^2-yz=1, \\ y=2z. \end{cases}$$

Σ_1在xOy平面上的投影为
$$D_{xy}: x^2 + \frac{y^2}{\frac{4}{3}} \leqslant 1.$$

对方程$x^2+y^2+z^2-yz=1$两端分别关于x,y求导,得
$$2x + 2z\frac{\partial z}{\partial x} - y\frac{\partial z}{\partial x} = 0,$$
$$2y + 2z\frac{\partial z}{\partial y} - z - y\frac{\partial z}{\partial y} = 0.$$

从而解得
$$\frac{\partial z}{\partial x} = \frac{2x}{y-2z}, \quad \frac{\partial z}{\partial y} = \frac{z-2y}{y-2z},$$

故
$$\mathrm{d}s = \sqrt{1 + \left(\frac{\partial z}{\partial x}\right)^2 + \left(\frac{\partial z}{\partial y}\right)^2}\,\mathrm{d}x\,\mathrm{d}y = \frac{\sqrt{4+y^2+z^2-4yz}}{|y-2z|}\mathrm{d}x\,\mathrm{d}y.$$

所以曲面积分为
$$I = \iint_{\Sigma_1} \frac{(x+\sqrt{3})|y-2z|}{\sqrt{4+y^2+z^2-4yz}}\mathrm{d}s = \iint_{D_{xy}} (x+\sqrt{3})\mathrm{d}x\,\mathrm{d}y$$
$$= \sqrt{3}\iint_{D_{xy}} \mathrm{d}x\,\mathrm{d}y = \sqrt{3}\cdot\pi\cdot 1\cdot\frac{2}{\sqrt{3}} = 2\pi.$$

例20 设$\Sigma: \dfrac{x^2}{a^2} + \dfrac{y^2}{b^2} + \dfrac{z^2}{c^2} = 1$ 取外侧,计算

$$I = \oiint_{\Sigma} \frac{\mathrm{d}y\,\mathrm{d}z}{x} + \frac{\mathrm{d}z\,\mathrm{d}x}{y} + \frac{\mathrm{d}x\,\mathrm{d}y}{z}.$$

【分析】 熟悉的曲面和熟悉的被积函数等于熟悉的"味道":一代二投三定向,转化为二重积分后,运用广义极坐标计算即可.尽管不严格满足轮换对称,但接近,由此可以只算其中一个被积函数的积分,其他两个类推出来即可.

本题不适合使用 Gauss 公式,被积函数对 Gauss 公式很不友好,因为它求导后会变成 $\frac{1}{x^2} + \frac{1}{y^2} + \frac{1}{z^2}$,导致积分求不出来,将我们拒之门外.识时务者为俊杰,我们只能不使用这个高大上的 Gauss 公式,而是使用遗忘很久的"老家的味道"——两类曲面积分之间的关系或者直接的计算法.

解 方法一 由三个被积函数与椭球面方程的结构特征,只需要考察其中一个积分即可得到其余两个积分值. 记

$$I_1 = \oiint_{\Sigma} \frac{\mathrm{d}x\,\mathrm{d}y}{z}.$$

由于椭球面关于 xOy 平面对称, $\frac{1}{z}$ 关于 z 为奇函数,记

$$\Sigma_1 : z = c\sqrt{1 - \frac{x^2}{a^2} - \frac{y^2}{b^2}}, \quad (x,y) \in D_{xy},$$

方向上侧,其中 $D_{xy} : \frac{x^2}{a^2} + \frac{y^2}{b^2} \leqslant 1$. 由广义极坐标变换,令 $x = ar\cos\theta, y = br\sin\theta$,得

$$I_1 = \oiint_{\Sigma} \frac{\mathrm{d}x\,\mathrm{d}y}{z} = 2\iint_{\Sigma_1} \frac{\mathrm{d}x\,\mathrm{d}y}{z} = \frac{2}{c}\iint_{D_{xy}} \frac{\mathrm{d}x\,\mathrm{d}y}{\sqrt{1 - \frac{x^2}{a^2} - \frac{y^2}{b^2}}}$$

$$= \frac{2ab}{c}\int_0^{2\pi}\mathrm{d}\theta\int_0^1 \frac{\rho}{\sqrt{1-\rho^2}}\mathrm{d}\rho = \frac{4\pi}{c^2}abc.$$

由以上结果直接可得

$$\oiint_{\Sigma} \frac{\mathrm{d}y\,\mathrm{d}z}{x} = \frac{1}{a^2} \cdot 4\pi abc, \quad \oiint_{\Sigma} \frac{\mathrm{d}z\,\mathrm{d}x}{y} = \frac{1}{b^2} \cdot 4\pi abc,$$

所以

$$I = 4\pi abc\left(\frac{1}{a^2} + \frac{1}{b^2} + \frac{1}{c^2}\right).$$

方法二 椭球面上点 (x,y,z) 处的法向量为 $\vec{n} = \left(\frac{x}{a^2}, \frac{y}{b^2}, \frac{z}{c^2}\right)$,并记 $r = \sqrt{\frac{x^2}{a^4} + \frac{y^2}{b^4} + \frac{z^2}{c^4}}$,则法向量的方向余弦为

$$\cos\alpha = \frac{x}{a^2} \cdot \frac{1}{r}, \quad \cos\beta = \frac{y}{b^2} \cdot \frac{1}{r}, \quad \cos\gamma = \frac{z}{c^2} \cdot \frac{1}{r}.$$

于是由两类曲面积分之间的关系,有

$$I = \oiint_{\Sigma}\left(\frac{\cos\alpha}{x} + \frac{\cos\beta}{y} + \frac{\cos\gamma}{z}\right)\mathrm{d}s = \left(\frac{1}{a^2} + \frac{1}{b^2} + \frac{1}{c^2}\right)\oiint_{\Sigma} \frac{1}{r}\mathrm{d}s.$$

记 Σ_1 为上半椭球面，$\cos\gamma > 0$，由对称性以及 $ds = \dfrac{dx\,dy}{\cos\gamma}$，得

$$\iint_\Sigma \frac{ds}{r} = 2\iint_{\Sigma_1} \frac{ds}{r} = 2\iint_{\Sigma_1} \frac{1}{r}\frac{1}{\cos\gamma} dx\,dy$$

$$= 2\iint_{\Sigma_1} \frac{c^2}{z} dx\,dy = 2\iint_D \frac{c}{\sqrt{1-\left(\dfrac{x^2}{a^2}+\dfrac{y^2}{b^2}\right)}} dx\,dy$$

$$= 2\int_0^{2\pi} d\theta \int_0^1 \frac{abc\rho}{\sqrt{1-\rho^2}} d\rho = 4\pi abc.$$

从而

$$I = 4\pi abc\left(\frac{1}{a^2}+\frac{1}{b^2}+\frac{1}{c^2}\right).$$

注：对于此题来说，方法二并没有比方法一简单，反而使用的知识点更多，方法一要使用的，方法二全部都使用了。方法二反而多了对法向量的理解，以及坐标面上的面积元与曲面上的面积元之间的关系。所以方法二对于此题的求解是不合适的，但可以增加读者对几个面积元之间的关系和法向量如何建立起它们之间关系的理解，所以这里依然提供了方法二。此方法是在本小节后面所称为的坐标面转换法。

（二）对称性法

利用被积函数的奇偶性、积分区域的对称性以及它们的轮换对称性。

例21 （武汉大学 2018）已知 $(x_1,x_2,x_3) \in \mathbf{R}^3$，其中 $u = \dfrac{1}{r}$，$r = \sqrt{x_1^2+x_2^2+x_3^2}$，计算：

$$\oiint_S \frac{\partial^2 u}{\partial x_i \partial x_j} ds, \quad i,j = 1,2,3,\text{其中 } S: x_1^2+x_2^2+x_3^2 = R^2.$$

【分析】 看起来需要求 9 个曲面积分，实际上，只需要求两个而已，为什么呢？因为积分区域和被积函数既满足轮换对称性又满足奇偶对称性。两种对称性的运用导致只需要计算两个积分即可。尽管只需要求两个积分，是否仍需要进行大量的计算呢？也不需要，奇偶性也会帮我们解决计算量的问题。所以本题也是对称性的极致运用，展现了对称性的极致之美。

解 通过计算可得如下重要结论：

$$\frac{\partial^2 u}{\partial x_1^2}+\frac{\partial^2 u}{\partial x_2^2}+\frac{\partial^2 u}{\partial x_3^2} = 0.$$

首先考虑 $i = j$ 时，由对称性可知 $\oiint_S \dfrac{\partial^2 u}{\partial x_1^2} ds = \oiint_S \dfrac{\partial^2 u}{\partial x_2^2} ds = \oiint_S \dfrac{\partial^2 u}{\partial x_3^2} ds$。于是，

$$\oiint_S \frac{\partial^2 u}{\partial x_i^2} ds = \frac{1}{3} \oiint_S \left(\frac{\partial^2 u}{\partial x_1^2}+\frac{\partial^2 u}{\partial x_2^2}+\frac{\partial^2 u}{\partial x_3^2}\right) ds = 0.$$

当 $i \neq j$ 时，通过计算可得

$$\frac{\partial^2 u}{\partial x_1 \partial x_2} = \frac{x_1 x_2}{r^5}, \quad \frac{\partial^2 u}{\partial x_1 \partial x_3} = \frac{x_1 x_3}{r^5}, \quad \frac{\partial^2 u}{\partial x_2 \partial x_3} = \frac{x_2 x_3}{r^5}.$$

由轮换对称性和奇偶性可知

$$\oiint_S \frac{\partial^2 u}{\partial x_i \partial x_j} \mathrm{d}s = \frac{1}{3} \oiint_S \left(\frac{\partial^2 u}{\partial x_1 \partial x_2} + \frac{\partial^2 u}{\partial x_1 \partial x_3} + \frac{\partial^2 u}{\partial x_2 \partial x_3} \right) \mathrm{d}s$$

$$= \frac{1}{3} \oiint_S \frac{x_1 x_2 + x_1 x_3 + x_2 x_3}{R^5} \mathrm{d}s = 0.$$

例22 计算：$I = \iint_\Sigma x^3 \mathrm{d}y \mathrm{d}z$，其中 Σ 取锥面 $z^2 = x^2 + y^2 (0 \leqslant z \leqslant 1)$ 的下侧.

解 **方法一** 曲面 Σ 的方程可表示为 $z = \sqrt{x^2 + y^2}$，则 $z_x = \dfrac{x}{\sqrt{x^2 + y^2}}$. 因为曲面 Σ 在 xOy 平面上的投影区域为 $D:x^2 + y^2 \leqslant 1$，故根据坐标面转换法，得

$$I = \iint_\Sigma x^3 \mathrm{d}y \mathrm{d}z = \iint_\Sigma \frac{-x^4}{\sqrt{x^2+y^2}} \mathrm{d}x \mathrm{d}y = \iint_D \frac{x^4}{\sqrt{x^2+y^2}} \mathrm{d}x \mathrm{d}y$$

$$= \int_0^{2\pi} \mathrm{d}\theta \int_0^1 r^4 \cos^4\theta \mathrm{d}r = \frac{4}{5} \int_0^{\frac{\pi}{2}} \cos^4\theta \mathrm{d}\theta = \frac{3\pi}{20}.$$

方法二 曲面 Σ 在 yOz 平面上的投影区域为 $D:0 \leqslant |y| \leqslant z \leqslant 1$，则

$$I = \iint_\Sigma x^3 \mathrm{d}y \mathrm{d}z = 2\iint_D \sqrt{(z^2-y^2)^3} \mathrm{d}y \mathrm{d}z$$

$$= 4\int_0^1 \mathrm{d}z \int_0^z \sqrt{(z^2-y^2)^3} \mathrm{d}y = 4\int_0^1 z^4 \mathrm{d}z \int_0^{\frac{\pi}{2}} \cos^4\theta \mathrm{d}\theta$$

$$= 4 \times \frac{1}{5} \times \frac{3}{4} \times \frac{1}{2} \times \frac{\pi}{2} = \frac{3\pi}{20}.$$

(三) Gauss 公式法

例23 (厦门大学 2023) 计算曲面积分 $I = \iint_S (x+y^2+z^2)\mathrm{d}y\mathrm{d}z - z\mathrm{d}x\mathrm{d}y$，其中 S 为旋转抛物面 $z = x^2 + y^2$ 被 $z=0, z=2$ 所截部分.

【分析】 本题并没有什么难度，利用 Gauss 公式可以很简单地给出答案，这也是方法一. 主要是方法二，将非熟悉的坐标面上的积分转化到熟悉的坐标面上的积分. 对此题来说，方法二在此题中完全不可取，复杂很多. 在后面的例题中，可以看见，有些第二类曲面积分必须使用方法二来解决，因为这是唯一可行的方法，没有其他选择. 这个方法就是所谓的投影法，也是在本小节后面所称的坐标面转换法.

解 **方法一** Gauss 公式将曲面补成封闭曲面，添加面 $S_1: z = 0$ 下侧, $S_2: z = 2$ 上侧. 它们围成的区域为 D，则由 Gauss 公式可得

$$\iint_{S \cup S_1 \cup S_2} [(x+y^2+z^2)\mathrm{d}y\mathrm{d}z - z\mathrm{d}x\mathrm{d}y] = \iiint_D (1-1)\mathrm{d}x\mathrm{d}y\mathrm{d}z = 0.$$

计算添加面上的积分：

$$\iint_{S_1} (x+y^2+z^2)\mathrm{d}y\mathrm{d}z - z\mathrm{d}x\mathrm{d}y \xrightarrow{z=0} 0,$$

$$\iint_{S_2} (x+y^2+z^2)\mathrm{d}y\mathrm{d}z - z\mathrm{d}x\mathrm{d}y \xrightarrow{z=2} \iint_{S_2} -2\mathrm{d}x\mathrm{d}y = -4\pi.$$

于是，$I = 4\pi$.

方法二 采用直接法. 由两类曲面积分之间的联系有

$$\iint_S (x + y^2 + z^2)\,\mathrm{d}y\,\mathrm{d}z = \iint_S (x + y^2 + z^2)\cos(\vec{n}, x)\,\mathrm{d}s$$

$$= \iint_S (x + y^2 + z^2)\frac{\cos(\vec{n}, x)}{\cos(\vec{n}, z)}\,\mathrm{d}x\,\mathrm{d}y.$$

在曲面 $z = x^2 + y^2$ 上有

$$\cos(\vec{n}, x) = \frac{2x}{\sqrt{1 + 4x^2 + 4y^2}}, \quad \cos(\vec{n}, z) = \frac{-1}{\sqrt{1 + 4x^2 + 4y^2}},$$

代入积分中可得

$$\iint_S (x + y^2 + z^2)\,\mathrm{d}y\,\mathrm{d}z = \iint_S (x + y^2 + z^2)\frac{\cos(\vec{n}, x)}{\cos(\vec{n}, z)}\,\mathrm{d}x\,\mathrm{d}y$$

$$= -2\iint_S x(x + y^2 + z^2)\,\mathrm{d}x\,\mathrm{d}y.$$

于是我们有

$$I = -2\iint_S x(x + y^2 + z^2)\,\mathrm{d}x\,\mathrm{d}y - z\,\mathrm{d}x\,\mathrm{d}y = -2\iint_S [x(x + y^2 + z^2) + z]\,\mathrm{d}x\,\mathrm{d}y$$

$$= \iint_{D_{xy}} [x^2 + xy^2 + x(x^2 + y^2)^2 + x^2 + y^2]\,\mathrm{d}x\,\mathrm{d}y$$

$$\xlongequal{\text{对称性}} \iint_{D_{xy}} (2x^2 + y^2)\,\mathrm{d}x\,\mathrm{d}y = \iint_{D_{xy}} (2r^2\sin^2\theta + r^2)r\,\mathrm{d}r\,\mathrm{d}\theta = 4\pi.$$

（四）坐标面转换法

将其他坐标面上的积分转换到某个坐标面上进行积分，此时需要利用不同坐标面的投影面积元之间的关系 $\dfrac{\mathrm{d}y\,\mathrm{d}z}{\cos\alpha} = \dfrac{\mathrm{d}z\,\mathrm{d}x}{\cos\beta} = \dfrac{\mathrm{d}x\,\mathrm{d}y}{\cos\gamma}$ 进行转换.

例24 （江苏 2022）设 Σ 为 $z = x^2 + y^2, 0 \leqslant z \leqslant 1$ 上侧，求

$$I = \iint_\Sigma [x^3 + x\sin(x - y)^2 - y\cos z^2]\,\mathrm{d}y\,\mathrm{d}z + [y^3 + y\sin(x - y)^2 - x\cos z^2]\,\mathrm{d}x\,\mathrm{d}z$$

$$+ [z + 2z\sin(x - y)^2 - \cos(x^2 + y^2)]\,\mathrm{d}x\,\mathrm{d}y.$$

【分析】 此题非常容易让人误用 Gauss 公式，但一旦使用了它，就会发现所得到的被积函数非常古怪，根本不可能进行三重积分的计算. 因此，此方法行不通. 无法使用 Gauss 公式后，很多人会考虑转向坐标面投影的方法，但一看到题目就可能会感到犹豫不决，为什么会这样？因为会被题目给出的三个坐标面上的积分给吓住. 仔细想想，Gauss 公式不能用，也只剩下往坐标面投影的方法可以使用. 那就放心大胆地往前冲，俗话说得好，撑死胆大的，饿死胆小的. 现在需要解决的问题是往哪个坐标面投影可以算出来或者往哪个坐标面投影计算会简单些. 这个标准是根据题目中被积函数和积分区域共同确定的. 此题根据所给的积分曲面，应该是往大家熟悉的 xOy 坐标面投影可能比较好. 那么剩下需要我们解决的问题就是，曲面在不同的坐标面下的面积元之间的关系如何求出来？也即 $\dfrac{\mathrm{d}y\,\mathrm{d}z}{\cos\alpha} = \dfrac{\mathrm{d}z\,\mathrm{d}x}{\cos\beta} = \dfrac{\mathrm{d}x\,\mathrm{d}y}{\cos\gamma}.$

解 曲面 Σ 的法向量的方向余弦是
$$(\cos\alpha,\cos\beta,\cos\gamma)=\frac{(-2x,-2y,1)}{\sqrt{4x^2+4y^2+1}}.$$

另一方面,不同坐标面上的面积元之间的关系为 $\dfrac{\cos\alpha}{\mathrm{d}y\mathrm{d}z}=\dfrac{\cos\beta}{\mathrm{d}x\mathrm{d}z}=\dfrac{\cos\gamma}{\mathrm{d}x\mathrm{d}y}$. 于是,我们有

$$\mathrm{d}y\mathrm{d}z=\frac{\cos\alpha}{\cos\gamma}\mathrm{d}x\mathrm{d}y,\quad \mathrm{d}z\mathrm{d}x=\frac{\cos\beta}{\cos\gamma}\mathrm{d}x\mathrm{d}y,\quad 即\quad \mathrm{d}y\mathrm{d}z=-2x\mathrm{d}x\mathrm{d}y,\quad \mathrm{d}x\mathrm{d}z=-2y\mathrm{d}x\mathrm{d}y.$$

记 Σ 在 xOy 面上的投影区域为 $D:x^2+y^2\leqslant 1$,故运用对坐标的曲面积分的直接法,并运用二重积分的偶倍奇零的计算性质以及极坐标,有

$$\begin{aligned}
I&=\iint_\Sigma [x^3+x\sin(x-y)^2-y\cos^2 z]\cdot(-2x)\mathrm{d}x\mathrm{d}y\\
&\quad +[y^3+y\sin(x-y)^2-x\cos z^2]\cdot(-2y)\mathrm{d}x\mathrm{d}y\\
&\quad +[z+2z\sin(x-y)^2-\cos(x^2+y^2)]\mathrm{d}x\mathrm{d}y\\
&=\iint_{x^2+y^2\leqslant 1}[-2x^4+2xy\cos^2(x^2+y^2)-2y^4+2xy\cos(x^2+y^2)^2\\
&\quad +x^2+y^2-\cos(x^2+y^2)]\mathrm{d}x\mathrm{d}y\\
&\xlongequal{\text{由奇偶性}}\iint_{x^2+y^2\leqslant 1}[-2x^4-2y^4+x^2+y^2-\cos(x^2+y^2)]\mathrm{d}x\mathrm{d}y\\
&=\int_0^{2\pi}\mathrm{d}\theta\int_0^1 (r^2-2r^4\cos^4\theta-2r^4\sin^4\theta-\cos r^2)r\mathrm{d}r=-\pi\sin 1.
\end{aligned}$$

(五) 两类面积分关系法

当直接求解曲面积分存在困难时,可以将其转化成另外一类积分,此时用到两类面积分之间的关系:

$$\oiint_S (P\cos\alpha+Q\cos\beta+R\cos\gamma)\mathrm{d}s=\oiint_S P\mathrm{d}y\mathrm{d}z+Q\mathrm{d}x\mathrm{d}z+R\mathrm{d}x\mathrm{d}y,$$

其中 $(\cos\alpha,\cos\beta,\cos\gamma)=\vec{n}$ 为曲面 S 的外法线方向的单位向量.

例25 计算: $I=\iint_\Sigma xy\mathrm{d}y\mathrm{d}z+y^2\mathrm{d}z\mathrm{d}x+z^2\mathrm{d}x\mathrm{d}y$, Σ 为上半球面 $(x-1)^2+y^2+z^2=1$, $z\geqslant 0$ 被锥面 $z^2=x^2+y^2$ 所截得的部分, Σ 的法线方向向上.

【分析】 与例24类似,但又与例24有所区别,例24是因为被积函数的原因不能使用 Gauss 公式,而此题是因为积分区域的原因.题干中的两个曲面的交线不在一个平面上,无法找到一个简单的曲面(一般是平面居多)把它补成一个封闭区域,而且还要求在平面上的积分相对简单.故此题不适合使用 Gauss 公式.那么使用什么方法呢? 还有坐标变换法(球面坐标)、坐标面积分转换法以及两类曲面积分之间的关系法.尽管此题的两个曲面非常规则,但球心不在原点造成的偏移使得坐标变换法变换后的积分变量的上下限有些复杂,而且坐标面积分转换法的计算量很大.于是坐标变换法和坐标面积分转换法不是合适的选择,那么只能选择两类积分之间的关系了.

解 对于所给曲面，$ds = \sqrt{1+z_x^2+z_y^2}\,dx\,dy = \dfrac{1}{z}dx\,dy$，且其上任意点 (x,y,z) 处的单位法向量为

$$\vec{n} = (\cos\alpha,\cos\beta,\cos\gamma) = \dfrac{1}{\sqrt{1+z_x^2+z_y^2}}(-z_x,-z_y,1) = (x-1,y,z).$$

联立 $(x-1)^2+y^2+z^2=1$ 与 $z^2=x^2+y^2$，消去 z，得到 Σ 的边界在 xOy 平面上的投影曲线为 $x^2+y^2=x$，于是 Σ 在 xOy 平面上的投影区域为 $D: x^2+y^2 \leqslant x$. 故

$$\begin{aligned}
I &= \iint_D (xy,y^2,z^2)\cdot\vec{n}\,ds = \iint_D [xy(x-1)+y^3+z^3]ds \\
&= \iint_D \left[\dfrac{xy(x-1)+y^3}{\sqrt{1-(x-1)^2-y^2}} + 1-(x-1)^2-y^2\right]dx\,dy \\
&= \iint_D [1-(x-1)^2-y^2]dx\,dy \quad (\text{这里利用了重积分的奇偶性}) \\
&= \dfrac{\pi}{4} - \int_0^{2\pi}d\theta\int_0^{\frac{1}{2}} r(r^2+\dfrac{1}{4}-r\cos\theta)dr \\
&= \dfrac{\pi}{4} - \dfrac{3\pi}{32} = \dfrac{5\pi}{32}.
\end{aligned}$$

例26 （中国科学院大学 2023）证明：$\oiint_S \cos(\vec{r},\vec{n})ds = 2\iiint_V \dfrac{1}{r}dx\,dy\,dz$，其中 S 是包围 V 的曲面，$\vec{n}$ 为 Ω 的外法线方向，且 $r = \sqrt{x^2+y^2+z^2}$，$\vec{r}=(x,y,z)$.

【分析】 本题的难点在于，如何表示和理解左边的被积函数 $\cos(\vec{r},\vec{n})$. 它可理解为两个向量 $\vec{r},\vec{n}$ 夹角的余弦，于是，问题转化为如何用坐标表示这两个向量，其中题干中已经给出了向量 $\vec{r}$ 的坐标表示，只剩法向量了，即 $\vec{n}=(\cos(\vec{n},x),\cos(\vec{n},y),\cos(\vec{n},z))$，由此可以表示为

$$\cos(\vec{n},\vec{r}) = \dfrac{\vec{n}\cdot\vec{r}}{r} = \dfrac{x}{r}\cos(\vec{n},x) + \dfrac{y}{r}\cos(\vec{n},y) + \dfrac{z}{r}\cos(\vec{n},z).$$

同学们熟悉的 Gauss 公式的形态出现了.

证明 因为 $\vec{n}=(\cos(\vec{n},x),\cos(\vec{n},y),\cos(\vec{n},z))$，则

$$\cos(\vec{n},\vec{r}) = \dfrac{\vec{n}\cdot\vec{r}}{r} = \dfrac{x}{r}\cos(\vec{n},x) + \dfrac{y}{r}\cos(\vec{n},y) + \dfrac{z}{r}\cos(\vec{n},z).$$

由两类曲面积分之间的关系可得

$$\begin{aligned}
\oiint_S \cos(\vec{r},\vec{n})ds &= \oiint_S \left[\dfrac{x}{r}\cos(\vec{n},x) + \dfrac{y}{r}\cos(\vec{n},y) + \dfrac{z}{r}\cos(\vec{n},z)\right]ds \\
&= \oiint_S \dfrac{x}{r}dy\,dz + \dfrac{y}{r}dx\,dz + \dfrac{z}{r}dx\,dy \\
&\xlongequal{\text{Gauss 公式}} \iiint_V \left(\dfrac{3}{r} - \dfrac{x^2+y^2+z^2}{r^3}\right)dx\,dy\,dz \\
&= 2\iiint_V \dfrac{1}{r}dx\,dy\,dz.
\end{aligned}$$

例27 (中国科技大学 2023) 设 $\Sigma: (x-a)^2 + (y-b)^2 + (z-c)^2 = 1$,其中 a, b, c 均大于 1. 若 $\vec{n}$ 为 Σ 的外法向量,$\vec{r} = (x, y, z)$,$f(x)$ 在 $[0, +\infty)$ 上连续可微且 $xf'(x) + 2f(x) = x$. 求曲面积分

$$I = \iint_\Sigma f(\sqrt{x^2+y^2+z^2}) \cos(\vec{r}, \vec{n}) \mathrm{d}s.$$

【分析】 与例 26 类似,只是需要解一个常微分方程.

证明 由 f 连续且 $xf'(x) + 2f(x) = x$ 知 $f(0) = 0$,由一阶线性微分方程的通解公式,可得 $f(x) = \dfrac{C}{x^2} + \dfrac{x}{3}$,即 $f(x) = \dfrac{x}{3}$. 又曲面的单位法向量为

$$\vec{n} = (x-a, y-b, z-c) = (\cos\alpha, \cos\beta, \cos\beta),$$

代入积分式,记 Σ 围成的立体区域为 Ω,则由 Gauss 公式,得

$$\begin{aligned}
I &= \iint_\Sigma \frac{\sqrt{x^2+y^2+z^2}}{3} \frac{(x,y,z) \cdot \vec{n}}{\sqrt{x^2+y^2+z^2}} \mathrm{d}s \\
&= \frac{1}{3} \iint_\Sigma (x,y,z) \cdot \vec{n} \mathrm{d}s = \frac{1}{3} \iint_\Sigma x\,\mathrm{d}y\mathrm{d}z + y\,\mathrm{d}x\mathrm{d}z + z\,\mathrm{d}x\mathrm{d}y \\
&= \iiint_\Omega \mathrm{d}v = \frac{4\pi}{3}.
\end{aligned}$$

例28 设函数 $u(x,y,z)$ 和 $v(x,y,z)$ 在闭区域 Ω 上具有一阶及二阶连续偏导数,证明:

$$\iiint_\Omega u \Delta v \mathrm{d}v = \iint_\Sigma u \frac{\partial v}{\partial \vec{n}} \mathrm{d}s - \iiint_\Omega \left(\frac{\partial u}{\partial x} \frac{\partial v}{\partial x} + \frac{\partial u}{\partial y} \frac{\partial v}{\partial y} + \frac{\partial u}{\partial z} \frac{\partial v}{\partial z} \right) \mathrm{d}v,$$

其中 Σ 是闭区域 Ω 的整个边界曲面,$\dfrac{\partial v}{\partial \vec{n}}$ 为函数 $v(x,y,z)$ 沿 Σ 的外法线方向的方向导数,符号 $\Delta = \dfrac{\partial^2}{\partial x^2} + \dfrac{\partial^2}{\partial y^2} + \dfrac{\partial^2}{\partial z^2}$ 称为 Laplace 算子. 这个公式叫作 Green 第一公式.

【分析】 此结论是著名的 Green 第一公式,也可以看作 Gauss 公式的特殊形式,令 Gauss 公式中的三个被积函数分别是 $P = u\dfrac{\partial v}{\partial x}, Q = u\dfrac{\partial v}{\partial y}, R = u\dfrac{\partial v}{\partial z}$ 即可.

对不熟悉此题的读者该如何证明呢?其实思路很简单,由于题干中的条件都是无关痛痒的,所以从结论出发,结论中涉及两个三重积分和第一类曲面积分.绝大多数读者对 Gauss 公式很熟,但微积分教材中给出的是第二类曲面积分的公式,由此,为了使用 Gauss 公式,必须用到这两类积分之间的关系以及方向导数的计算方法,先将第一类曲面积分化为第二类曲面积分,再使用大家熟悉的 Gauss 公式,结论就被证明了.

证明 由题设可知 v 可微,故方向导数为

$$\frac{\partial v}{\partial \vec{n}} = \frac{\partial v}{\partial x} \cos\alpha + \frac{\partial v}{\partial y} \cos\beta + \frac{\partial v}{\partial z} \cos\gamma$$

其中 $\cos\alpha, \cos\beta, \cos\gamma$ 是 Σ 在点 (x, y, z) 处的外法向量的方向余弦,则代入所要证明的等式中,并由 Gauss 公式得

$$\iint_\Sigma u \frac{\partial v}{\partial \vec{n}} ds = \iint_\Sigma u\left(\frac{\partial v}{\partial x}\cos\alpha + \frac{\partial v}{\partial y}\cos\beta + \frac{\partial v}{\partial z}\cos\gamma\right) ds$$

$$= \iint_\Sigma \left(u\frac{\partial v}{\partial x}\right) dydz + \left(u\frac{\partial v}{\partial y}\right) dzdx + \left(u\frac{\partial v}{\partial z}\right) dxdy$$

$$= \iiint_\Omega \left[\frac{\partial}{\partial x}\left(u\frac{\partial v}{\partial x}\right) + \frac{\partial}{\partial y}\left(u\frac{\partial v}{\partial y}\right) + \frac{\partial}{\partial z}\left(u\frac{\partial v}{\partial z}\right)\right] dv$$

$$= \iiint_\Omega u\Delta v\, dv + \iiint_\Omega \left(\frac{\partial u}{\partial x}\frac{\partial v}{\partial x} + \frac{\partial u}{\partial y}\frac{\partial v}{\partial y} + \frac{\partial u}{\partial z}\frac{\partial v}{\partial z}\right) dv,$$

移项即得.

(六) 挖补法

被积函数在曲面所围成的区域里存在不可导点,此时,为了应用 Gauss 公式,就必须挖掉不可导点所在的某个小区域.有时候,曲面不是封闭曲面,为了应用 Gauss 公式需要将其补成封闭曲面.

例29 (武汉大学) 求曲面积分 $\iint_S z\left(\frac{\alpha x}{a^2} + \frac{\beta y}{b^2} + \frac{\gamma z}{c^2}\right) ds$,其中 S 为

$$\frac{x^2}{a^2} + \frac{y^2}{b^2} + \frac{z^2}{c^2} = 1$$

的上半部分 $(z \geqslant 0)$, α, β, γ 为 S 的外法向量的方向余弦.

【分析】 α, β, γ 为 S 的外法向量的方向余弦表明,尽管要求计算的是第一类曲面积分,但实际上是计算第二类曲面积分.利用两类曲面积分之间的关系,可以很快地将第一类转化为第二类,然后就是运用 Gauss 公式,采用将非封闭曲面补成封闭曲面的老套路.

解 用 S_1 表示平面 $z=0$ 与椭球体 $\frac{x^2}{a^2} + \frac{y^2}{b^2} + \frac{z^2}{c^2} \leqslant 1$ 相交的那部分平面,取下侧, V 表示上半椭球体,则

$$\iint_S z\left(\frac{\alpha x}{a^2} + \frac{\beta y}{b^2} + \frac{\gamma z}{c^2}\right) ds = \iint_S \left(\frac{\alpha zx}{a^2} ds + \frac{\beta zy}{b^2} ds + \frac{\gamma z^2}{c^2} ds\right)$$

$$= \iint_S \left(\frac{zx}{a^2} dydz + \frac{zy}{b^2} dzdx + \frac{z^2}{c^2} dxdy\right)$$

$$= \iint_{S+S_1} \left(\frac{zx}{a^2} dydz + \frac{zy}{b^2} dzdx + \frac{z^2}{c^2} dxdy\right) - \iint_{S_1} \left(\frac{zx}{a^2} dydz + \frac{zy}{b^2} dzdx + \frac{z^2}{c^2} dxdy\right)$$

$$= \iint_{S+S_1} \left(\frac{zx}{a^2} dydz + \frac{zy}{b^2} dzdx + \frac{z^2}{c^2} dxdy\right).$$

由 Gauss 公式以及球坐标公式可知,

$$\iint_S z\left(\frac{\alpha x}{a^2} + \frac{\beta y}{b^2} + \frac{\gamma z}{c^2}\right) ds = \iint_{S+S_1} \left(\frac{zx}{a^2} dydz + \frac{zy}{b^2} dzdx + \frac{z^2}{c^2} dxdy\right)$$

$$= \iiint_V \left(\frac{z}{a^2} + \frac{z}{b^2} + \frac{2z}{c^2}\right) dxdydz = \iiint_V z\left(\frac{1}{a^2} + \frac{1}{b^2} + \frac{2}{c^2}\right) dxdydz$$

$$= \left(\frac{1}{a^2} + \frac{1}{b^2} + \frac{2}{c^2}\right)\iiint_V z\, dxdydz = \frac{1}{4}\left(\frac{1}{a^2} + \frac{1}{b^2} + \frac{2}{c^2}\right) abc^2\pi.$$

例30 设 Σ 曲面:$1 - \dfrac{z}{5} = \dfrac{(x-2)^2}{16} + \dfrac{(y-1)^2}{9}, z \geqslant 0$,取上侧,计算:

$$I = \iint_{\Sigma} \dfrac{x\,\mathrm{d}y\,\mathrm{d}z + y\,\mathrm{d}z\,\mathrm{d}x + z\,\mathrm{d}x\,\mathrm{d}y}{(x^2+y^2+z^2)^{3/2}}.$$

【分析】 这样的题目就像是纸老虎,它们通过复杂的曲面积分来试图吓唬我们.实际上,它的积分与所给曲面关系并不大.和 Green 公式中的例题类似,被积函数不满足 Gauss 公式的条件,由于在某点的连续偏导数不存在,于是,需要挖走不可导点所在的区域,基于被积函数中分母的情况,选择挖走一个小半球(为了计算简单).另外,由于不是封闭区域,需要添加平面使其成为封闭区域.然后积分就转移到半球面上和所添加区域上了.这是 Gauss 公式和 Green 公式的套路题.解题步骤是:

(1) 判断出被积函数的不可导点,一般就是分母等于 0 的点.

(2) 挖走不可导点所在的区域,如何挖? 挖什么形状? 由被积函数来决定,一般来说由引起不可导点的部分决定.挖的区域一般有两个作用:一是,使剩下部分可以用 Gauss 公式或者 Green 公式来简化计算;二是,使剩下的积分也容易计算.比如本题,因为分母含有 $x^2+y^2+z^2$ 项,所以,我们挖走一个小半球.6.2 节中例 16,因为分母是 x^2+y^2,所以挖走的是一个小圆.

(3) 区域一般不封闭,需要添加部分曲面使其变成封闭区域,于是可以运用这两大公式.

(4) 运用两大公式后,将原始看起来很复杂的积分成功地将其转移到所添加的曲面上的积分进行计算.

解 取足够小的球面 $\Sigma_1: z = \sqrt{\varepsilon^2 - x^2 - y^2}$,取下侧,使其包含在 Σ 内,Σ_2 为 xOy 平面上夹在 Σ, Σ_1 之间的部分,取下侧,如图 6.4 所示.

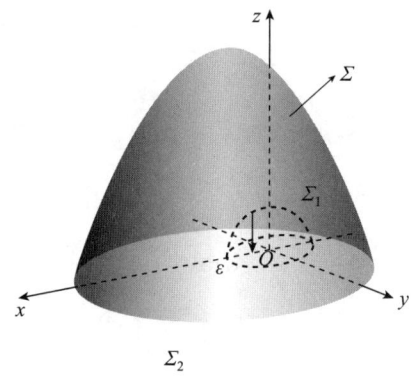

图 6.4

由 Gauss 公式有

$$I = \oiint_{\Sigma+\Sigma_1+\Sigma_2} - \iint_{\Sigma_1} - \iint_{\Sigma_2} \dfrac{x\,\mathrm{d}y\,\mathrm{d}z + y\,\mathrm{d}z\,\mathrm{d}x + z\,\mathrm{d}x\,\mathrm{d}y}{(x^2+y^2+z^2)^{3/2}}$$

$$= \iiint_{\Omega} 0 \cdot \mathrm{d}v - \dfrac{1}{\varepsilon^3}\iint_{\Sigma_1} x\,\mathrm{d}y\,\mathrm{d}z + y\,\mathrm{d}z\,\mathrm{d}x + z\,\mathrm{d}x\,\mathrm{d}y - \iint_{\Sigma_2} \dfrac{0 \cdot \mathrm{d}x\,\mathrm{d}y}{(x^2+y^2)^{3/2}}.$$

上式右边第二项添加辅助面,再利用 Gauss 公式,得

$$I = -\dfrac{1}{\varepsilon^3}(-2\pi\varepsilon^3) = 2\pi.$$

例31 计算 Gauss 积分 $I(x,y,z) = \oiint_{\Sigma^+} \dfrac{\cos(\vec{r},\vec{n})}{|\vec{r}|^2} \mathrm{d}s$，其中 Σ 为不经过点 $P(x,y,z)$ 的光滑曲面，$\vec{n}$ 为曲面 Σ 上任一点 $M(\xi,\eta,\zeta)$ 处的单位外法向量，$\vec{r} = |\overrightarrow{MP}| = |(x-\xi, y-\eta, z-\zeta)|$.

【分析】 此题可以被认为是 6.2 节例 12 的推广，解题方案完全一样，不同的是，这里并没有告诉我们曲面的具体位置，需要分情况讨论：情况 1，曲面所围区域不包含点 $P(x,y,z)$；情况 2，包含此点。此外，从被积函数的不可导角度来说，它和例 30 是类似的。

解 因为 $\cos(\vec{r},\vec{n}) = \dfrac{\vec{r}\cdot\vec{n}}{|\vec{r}|}$，所以
$$I = \oiint_{\Sigma^+} \dfrac{\vec{r}\cdot\vec{n}}{|\vec{r}|^3} \mathrm{d}s = \oiint_{\Sigma^+} \dfrac{\vec{r}}{|\vec{r}|^3}\cdot\vec{n}\mathrm{d}s.$$

(1) 若 Σ 不含点 P，由 Gauss 公式，有
$$I = \oiint_{\Sigma^+} \dfrac{\vec{r}}{|\vec{r}|^3}\cdot\vec{n}\mathrm{d}s = \iiint_{\Omega} \mathrm{div}\dfrac{\vec{r}}{|\vec{r}|^3}\mathrm{d}v,$$

其中 Ω 为 Σ 所围成的有界闭区域。由于
$$\mathrm{div}\dfrac{\vec{r}}{|\vec{r}|^3} = \dfrac{\partial}{\partial\xi}\left(\dfrac{x-\xi}{|\vec{r}|^3}\right) + \dfrac{\partial}{\partial\eta}\left(\dfrac{y-\eta}{|\vec{r}|^3}\right) + \dfrac{\partial}{\partial\zeta}\left(\dfrac{z-\zeta}{|\vec{r}|^3}\right)$$
$$= \dfrac{-|\vec{r}|^2 + 3(x-\xi)^2}{|\vec{r}|^5} + \dfrac{-|\vec{r}|^2 + 3(y-\eta)^2}{|\vec{r}|^5} + \dfrac{-|\vec{r}|^2 + 3(z-\zeta)^2}{|\vec{r}|^5}$$
$$= \dfrac{-3|\vec{r}|^2 + 3[(x-\xi)^2 + (y-\eta)^2 + (z-\zeta)^2]}{|\vec{r}|^5} = 0.$$

因此，$I = \iiint_{\Omega} \mathrm{div}\dfrac{\vec{r}}{|\vec{r}|^3}\mathrm{d}v = \iiint_{\Omega} 0\mathrm{d}v = 0.$

(2) 若 Σ 包含 P 点，作以 P 为心、ρ 为半径的小球 Σ_ρ，使 Σ_ρ 含于 Σ 内。由于 $\mathrm{div}\dfrac{\vec{r}}{|\vec{r}|^3} = 0$，故有
$$I = \oiint_{\Sigma^+} \dfrac{\vec{r}}{|\vec{r}|^3}\cdot\vec{n}\mathrm{d}s = \oiint_{\Sigma_\rho^+} \dfrac{\vec{r}}{|\vec{r}|^3}\cdot\vec{n}\mathrm{d}s = \dfrac{1}{\rho^3}\oiint_{\Sigma_\rho^+} \vec{r}\cdot\vec{n}\mathrm{d}s = -\dfrac{1}{\rho^3}\oiint_{\Sigma_\rho^+} |\vec{r}|\mathrm{d}s$$
$$= -\dfrac{1}{\rho^2}\oiint_{\Sigma_\rho^+} \mathrm{d}s = -\dfrac{1}{\rho^2}\cdot 4\pi\rho^2 = -4\pi.$$

这里用到 $|\vec{r}| = \overrightarrow{MP}$ 与 $\vec{n}$ 在 P 处方向正好相反的性质，因此有
$$\vec{r}\cdot\vec{n} = |\vec{r}|\cos(\vec{r},\vec{n}) = -|\vec{r}|.$$

6.4 Gauss 公式的应用

例32 (中国科学技术大学 2012) 设 D 是 $\mathbf{R}^3$ 中的有界闭区域，f 在 D 上连续且有偏导数，如果 D 上有

$$\frac{\partial f}{\partial x}+\frac{\partial f}{\partial y}+\frac{\partial f}{\partial z}=f, \quad f\mid_{\partial D}=0,$$

证明：f 在 D 上恒为 0.

【分析】 要证明函数恒为 0，即证 $\iiint_D f^2 \mathrm{d}x\,\mathrm{d}y\,\mathrm{d}z=0$，可通过已知条件和 Gauss 公式，将其转化为面积分.

证明 由已知边界条件 $f\mid_{\partial D}=0$，我们有
$$0=\iint_{\partial D} f^2\mathrm{d}x\,\mathrm{d}y+f^2\mathrm{d}y\,\mathrm{d}z+f^2\mathrm{d}x\,\mathrm{d}z$$
$$=\iiint_D 2f\left(\frac{\partial f}{\partial x}+\frac{\partial f}{\partial y}+\frac{\partial f}{\partial z}\right)\mathrm{d}x\,\mathrm{d}y\,\mathrm{d}z=\iiint_D 2f^2\mathrm{d}x\,\mathrm{d}y\,\mathrm{d}z.$$
于是得证结论.

例33 （武汉大学）设 $F=ax^4+by^4+cz^4+3dx^2y^2+3ey^2z^2+3fx^2z^2$ 为四次齐次函数，利用齐次函数的性质：
$$x\frac{\partial F}{\partial x}+y\frac{\partial F}{\partial y}+z\frac{\partial F}{\partial z}=4F,$$
求曲面积分 $\oiint_\Sigma F(x,y,z)\mathrm{d}s$ 的值，其中 Σ 是以坐标原点为球心的单位球面.

【分析】 大部分同学看到此题，可能都会挠头，感到思绪纷乱，但我们要从无序中寻找有序.如果问同学们此题最关键的条件是什么，相信绝大部分的同学会说是那个不知所以然的等式，回答很正确.可能有些同学会问为什么不是函数表达式.其实这道题确实可以除掉此等式，但需要发现这个齐次函数的性质以便于计算.既然认识到此等式的重要性，那自然要将等式代入积分中.后面该怎么处理呢？代入后，代入表达式求导吗？这就掉进出题人设的陷阱了.当求导后，会很快发现，好像代入求导前和代入求导后的被积函数几乎没有区别，好像在迷宫中又回到了起点.等式这么给，肯定不是用来求导的.那如何运用此等式或者说如果认识此等式？需要我们深思熟虑.既然三个偏导数暂时不能随便处理，那就看看前面三个系数 x,y,z 到底隐藏了什么.不要认为它们就是三个字母、三个变量或者三个函数等，一定要剖析背后隐藏的内容.在重积分中，我们一直强调，积分区域比被积函数重要.在这里也不例外.这里的积分区域是球面.球面有什么重要性质呢？结合三个系数，应该可以想到 (x,y,z) 是球面上的法向量.既然如此，第一类曲面积分与第二类曲面积分之间的关系是不是撞进我们的脑海呢？那么 Gauss 公式是不是自然就该派上用场了吗？被积函数是多项式，被积区域是球体，那么各种对称性是不是也应该当作开胃菜呢？

解 由于单位球面 Σ 上任意一点 (x,y,z) 处的单位外法向量的方向余弦就是该点的坐标，即
$$\cos(\vec{n},x)=x, \quad \cos(\vec{n},y)=y, \quad \cos(\vec{n},z)=z,$$
故由两类曲面积分之间的关系与 Gauss 公式，得

$$\oiint_\Sigma F(x,y,z)\mathrm{d}s = \frac{1}{4}\oiint_\Sigma \left(x\frac{\partial F}{\partial x} + y\frac{\partial F}{\partial y} + z\frac{\partial F}{\partial z}\right)\mathrm{d}s$$

$$= \frac{1}{4}\oiint_\Sigma \frac{\partial F}{\partial x}\mathrm{d}y\mathrm{d}z + \frac{\partial F}{\partial y}\mathrm{d}z\mathrm{d}x + \frac{\partial F}{\partial z}\mathrm{d}x\mathrm{d}y$$

$$= \frac{1}{4}\iiint_{x^2+y^2+z^2\leqslant 1}\left(\frac{\partial^2 F}{\partial x^2} + \frac{\partial^2 F}{\partial y^2} + \frac{\partial^2 F}{\partial z^2}\right)\mathrm{d}x\mathrm{d}y\mathrm{d}z$$

$$= \frac{1}{4}\iiint_{x^2+y^2+z^2\leqslant 1} 6[(2a+d+f)x^2 + (2b+d+e)y^2$$
$$+ (2d+e+f)z^2]\mathrm{d}x\mathrm{d}y\mathrm{d}z.$$

利用球坐标 $x = r\cos\theta\sin\varphi, y = r\sin\theta\sin\varphi, z = r\cos\varphi$,且 $0 \leqslant r \leqslant 1, 0 \leqslant \theta \leqslant 2\pi, 0 \leqslant \varphi \leqslant \pi$. 故由三重积分球坐标计算公式,得

$$\iiint_{x^2+y^2+z^2\leqslant 1} z^2 \mathrm{d}x\mathrm{d}y\mathrm{d}z = \int_0^1 \mathrm{d}r \int_0^{2\pi}\mathrm{d}\theta \int_0^\pi r^4\cos^2\varphi\sin^4\varphi\mathrm{d}\varphi$$

$$= \left(\int_0^1 r^4\mathrm{d}r\right)\left(\int_0^{2\pi}\mathrm{d}\theta\right)\left(\int_0^\pi \cos^2\varphi\sin^4\varphi\mathrm{d}\varphi\right)$$

$$= -\frac{1}{5}\cdot 2\pi \cdot \int_0^\pi \cos^2\varphi\mathrm{d}\cos\varphi = -\frac{1}{5}\cdot 2\pi \cdot \frac{1}{3}\cos^3\varphi\Big|_0^\pi = \frac{4}{15}\pi.$$

由对称性可知,

$$\iiint_{x^2+y^2+z^2\leqslant 1} x^2 \mathrm{d}x\mathrm{d}y\mathrm{d}z = \iiint_{x^2+y^2+z^2\leqslant 1} y^2 \mathrm{d}x\mathrm{d}y\mathrm{d}z = \frac{4}{15}\pi.$$

综合以上结果,得

$$\oiint_\Sigma F(x,y,z)\mathrm{d}s = \frac{3}{2}(2a+d+f)\iiint_{x^2+y^2+z^2\leqslant 1} x^2 \mathrm{d}x\mathrm{d}y\mathrm{d}z$$
$$+ \frac{3}{2}(2b+d+e)\iiint_{x^2+y^2+z^2\leqslant 1} y^2 \mathrm{d}x\mathrm{d}y\mathrm{d}z$$
$$+ \frac{3}{2}(2d+e+f)\iiint_{x^2+y^2+z^2\leqslant 1} z^2 \mathrm{d}x\mathrm{d}y\mathrm{d}z$$
$$= \frac{3}{2}\cdot\frac{4}{15}\pi(2a+2b+2c+2d+2e+2f)$$
$$= \frac{4}{5}\pi(a+b+c+d+e+f).$$

例34 (**武汉大学**) 设 S 是以 L 为边界的光滑曲面,试求可微函数 $\varphi(x)$,使曲面积分

$$\iint_S (1-x^2)\varphi(x)\mathrm{d}y\mathrm{d}z + 4xy\varphi(x)\mathrm{d}z\mathrm{d}x + 4xz\mathrm{d}x\mathrm{d}y$$

与曲面 S 的形状无关.

【分析】 题干中的"与曲面 S 的形状无关"直接表明了积分与路径无关,那么第二类曲面积分的被积函数满足 $\frac{\partial P}{\partial x} + \frac{\partial Q}{\partial y} + \frac{\partial R}{\partial z} = 0$. 剩下的任务是验证题干中的条件是否满足 Gauss 定理的条件即可.

解 以 L 为边界任作两个光滑曲面 S_1, S_2，它们的法向量指向同一侧，则有 $\iint_{S_1} = \iint_{S_2}$。

记 $S*$ 为 S_1 与 S_2 所围成的闭曲面，取外侧，所围立体为 Ω，则

$$\oiint_{S*} = \iint_{S_1} + \iint_{S_2^-} = 0.$$

由 Gauss 公式得 $\iiint_{\Omega}\left(\dfrac{\partial P}{\partial x} + \dfrac{\partial Q}{\partial y} + \dfrac{\partial R}{\partial z}\right)\mathrm{d}v = 0$。由 Ω 的任意性，得 $\dfrac{\partial P}{\partial x} + \dfrac{\partial Q}{\partial y} + \dfrac{\partial R}{\partial z} = 0$，即

$$-2x\varphi(x) + (1-x^2)\varphi'(x) + 4x\varphi(x) + 4x = 0.$$

整理得

$$(1-x^2)\varphi'(x) + 2x\varphi(x) + 4x = 0.$$

解线性非齐次方程，通解为 $\varphi(x) = -Cx^2 + C - 2$。

例35 （华中科技大学 2022）若四次齐次函数 $f(x,y,z)$ 满足

$$f_{xx} + f_{yy} + f_{zz} = x^2 + y^2 + z^2,$$

计算：$I = \oiint_{\Sigma} f(x,y,z)\mathrm{d}s$，其中 $\Sigma: x^2 + y^2 + z^2 = 1$。

【分析】 本题承接例33，要求曲面积分，就必须知道被积函数。题干中关于被积函数的信息有两条：一条是它是四次齐次函数，另一条是它满足等式 $f_{xx} + f_{yy} + f_{zz} = x^2 + y^2 + z^2$。信息二暗示我们，要想方设法将被积函数转化为二阶导数。为什么要这样做呢？因为信息二中有具体函数表达式，可我们如何将被积函数转化为二阶导数呢？那就要看信息一了。信息二提示了解题思路，而信息一用于操作具体细节。这样一来，就必须清楚齐次函数具有什么样的性质，还必须是与导数相关的性质。由此想到 Euler 公式：

$$xf_x + yf_y + zf_z = 4f.$$

于是被积函数恒等变形为含有一阶导数的被积函数。由于信息二是二阶导，结合所求的是曲面积分，现在可以直截了当地告诉大家：应使用 Gauss 公式。

解 四次齐次函数 $f(x,y,z)$ 满足 Euler 公式：

$$xf_x + yf_y + zf_z = 4f.$$

曲面 $\Sigma: x^2 + y^2 + z^2 = 1$ 的单位外法向量为 $\vec{n} = (x,y,z)$。所以，

$$I = \oiint_{\Sigma} f(x,y,z)\mathrm{d}s = \frac{1}{4}\oiint_{\Sigma}(xf_x + yf_y + zf_z)\mathrm{d}s$$

$$= \frac{1}{4}\oiint_{\Sigma}(f_x, f_y, f_z)\cdot \vec{n}\,\mathrm{d}s.$$

记 Ω 为 $\Sigma: x^2 + y^2 + z^2 = 1$ 围成的区域，由 Gauss 公式可知，

$$\oiint_{\Sigma}(f_x, f_y, f_z)\cdot \vec{n}\,\mathrm{d}s = \iiint_{\Omega}(f_{xx} + f_{yy} + f_{zz})\mathrm{d}x\,\mathrm{d}y\,\mathrm{d}z$$

$$= \iiint_{\Omega}(x^2 + y^2 + z^2)\mathrm{d}x\,\mathrm{d}y\,\mathrm{d}z.$$

作球变换：令 $x = r\sin\varphi\cos\theta, y = r\sin\varphi\sin\theta, z = r\cos\varphi$，则

$$\iiint_\Omega (x^2+y^2+z^2)\,\mathrm{d}x\,\mathrm{d}y\,\mathrm{d}z = \iiint_\Omega r^2 \cdot r^2 \sin\varphi\,\mathrm{d}r\,\mathrm{d}\varphi\,\mathrm{d}\theta$$

$$= \int_0^{2\pi}\mathrm{d}\theta \int_0^{\pi}\sin\varphi\,\mathrm{d}\varphi \int_0^1 r^4\,\mathrm{d}r = 2\pi \cdot 2 \cdot \frac{1}{5} = \frac{4\pi}{5}.$$

所以 $I = \oiint_\Sigma f(x,y,z)\,\mathrm{d}s = \frac{1}{4}\cdot\frac{4\pi}{5} = \frac{\pi}{5}.$

例36 （南京大学 2023）设曲面 S 是半径为 R 的球面，光滑向量场 $\vec{F}(x,y,z)=f(|\vec{r}|)\cdot\vec{r}$，$\vec{r}=(x,y,z)$，$f(x)$ 只依赖于 $|\vec{r}|$. $\vec{n}$ 为 S 上单位外法向量. 若曲面积分 $\int_S \vec{F}\cdot\vec{n}\,\mathrm{d}s$ 不依赖于 R，求证：存在常数 C，使得 $f(|\vec{r}|)=C|\vec{r}|^{-3}$.

【分析】 题干中的条件 $\int_S \vec{F}\cdot\vec{n}\,\mathrm{d}s$ 告诉我们，此题要运用 Gauss 公式. 接下来的问题就是如何运用，因为它还不是我们熟悉的模式，需要换成 $P=?\ Q=?\ R=?$ 当然，一个 Gauss 公示肯定解决不了此题，因为还有条件没有用呢. 数学题，所给的条件没有多余的. 可能有些同学不注意，都选择性地忽视了本题中的一个重要条件——"不依赖于 R". 如何理解一个积分不依赖于 R？在这里同学们千万不要展开丰富的小宇宙——进行三体式的幻想：与积分路径无关，与积分曲面无关等. 其实这个条件很单纯，$\int_S \vec{F}\cdot\vec{n}\,\mathrm{d}s$ 就是积分值（是球半径的函数），这个值与球面半径无关，或者说相对于半径 R，它是常数，又或者说，积分值对 R 求导为 0. 到此，难点都顺利地被一一拿下了.

证明 记 $r=|\vec{r}|$，则

$$\frac{\partial r}{\partial x}=\frac{x}{r},\quad \frac{\partial r}{\partial y}=\frac{y}{r},\quad \frac{\partial r}{\partial z}=\frac{z}{r}.$$

简单计算可得

$$x\frac{\partial r}{\partial x}+y\frac{\partial r}{\partial y}+z\frac{\partial r}{\partial z}=r.$$

改向量场为分量形式

$$\vec{F}(x,y,z)=f(|\vec{r}|)\cdot\vec{r}=(f(r)x,f(r)y,f(r)z),$$

计算向量场的散度

$$\mathrm{div}\vec{F}=\frac{\partial}{\partial x}(f(r)x)+\frac{\partial}{\partial y}(f(r)y)+\frac{\partial}{\partial z}(f(r)z)$$

$$=3f(r)+\left(x\frac{\partial r}{\partial x}+y\frac{\partial r}{\partial y}+z\frac{\partial r}{\partial z}\right)f'(r)=3f(r)+rf'(r).$$

由已知条件和 Gauss 公式可得

$$0=\frac{\mathrm{d}}{\mathrm{d}R}\int_S \vec{F}\cdot\vec{n}\,\mathrm{d}s=\frac{\mathrm{d}}{\mathrm{d}R}\int_S \mathrm{div}\vec{F}\,\mathrm{d}x\,\mathrm{d}y\,\mathrm{d}z$$

$$=\frac{\mathrm{d}}{\mathrm{d}R}\int_V[3f(r)+rf'(r)]\,\mathrm{d}x\,\mathrm{d}y\,\mathrm{d}z=\frac{\mathrm{d}}{\mathrm{d}R}\int_0^R[3f(r)+rf'(r)]4\pi r^2\,\mathrm{d}r$$

$$=[3f(R)+Rf'(R)]4\pi R^2.$$

因为 $4\pi R^2 \neq 0$,于是 $3f(R)+Rf'(R)=0$,即
$$\frac{f'(R)}{f(R)}=-\frac{3}{R}.$$
求解上述微分方程可得
$$\ln f(R)=-3\ln R+\ln C \Rightarrow f(R)=\frac{C}{R^3}.$$
结论成立.

例37 （河南 2022）设 $f(x)$ 一阶连续可导,令函数
$$R(x,y,z)=\int_0^{x^2+y^2}f(z-t)\mathrm{d}t.$$
曲面 Σ 为抛物面 $z=x^2+y^2$ 被平面 $y+z=1$ 所截的下面部分的内侧,L 为 Σ 的正向边界,求
$$I=\oint_L 2xzf(z-x^2-y^2)\mathrm{d}x+[x^3+2yzf(z-x^2-y^2)]\mathrm{d}y+R(x,y,z)\mathrm{d}z.$$

【分析】 这是一道考察内容比较多的题,从题目所求来看,可能会应用 Stokes 公式,但用它之前需要函数 R 的导函数,用到变上限积分的求导公式.运用 Stokes 公式后,由于得到的第二类曲面积分不好求,这时,考虑补全封闭区域,使用 Gauss 公式来简化计算,这是本题的一大亮点.这样的题目虽然不常见,但并不意味着它就比较难.

解 令 $P(x,y,z)=2xzf(z-x^2-y^2)$,$Q(x,y,z)=x^3+2yzf(z-x^2-y^2)$,则
$$\frac{\partial P}{\partial y}=-4xyzf'(z-x^2-y^2),$$
$$\frac{\partial P}{\partial z}=2x[f(z-x^2-y^2)+zf'(z-x^2-y^2)],$$
$$\frac{\partial Q}{\partial x}=3x^2+2yzf'(z-x^2-y^2)\cdot(-2x),$$
$$\frac{\partial Q}{\partial z}=2y[f(z-x^2-y^2)+zf'(z-x^2-y^2)].$$
令 $u=z-t$,则
$$R(x,y,z)=-\int_z^{z-x^2-y^2}f(u)\mathrm{d}u=\int_{z-x^2-y^2}^z f(u)\mathrm{d}u,$$
$$\frac{\partial R}{\partial y}=-f(z-x^2-y^2)\cdot(-2y)=2yf(z-x^2-y^2),$$
$$\frac{\partial R}{\partial x}=-f(z-x^2-y^2)\cdot(-2x)=2xf(z-x^2-y^2).$$
由 Stokes 公式:
$$I=\iint_\Sigma \left(\frac{\partial R}{\partial y}-\frac{\partial Q}{\partial z}\right)\mathrm{d}y\mathrm{d}z+\left(\frac{\partial P}{\partial z}-\frac{\partial R}{\partial x}\right)\mathrm{d}z\mathrm{d}x+\left(\frac{\partial Q}{\partial x}-\frac{\partial P}{\partial y}\right)\mathrm{d}x\mathrm{d}y,$$
这里

$$\frac{\partial R}{\partial y} - \frac{\partial Q}{\partial z} = -2yzf'(z-x^2-y^2) = -2yzf'(0),$$

$$\frac{\partial P}{\partial z} - \frac{\partial R}{\partial x} = 2xzf'(z-x^2-y^2) = 2xzf'(0),$$

$$\frac{\partial Q}{\partial x} - \frac{\partial P}{\partial y} = 3x^2,$$

所以

$$I = \iint_{\Sigma} -2yzf'(0)\mathrm{d}y\mathrm{d}z + 2xzf'(0)\mathrm{d}z\mathrm{d}x + 3x^2\mathrm{d}x\mathrm{d}y.$$

补平面$\Sigma_1: y+z=1$,方向取向下,由 Gauss 公式可知

$$I = \left(\oiint_{\Sigma+\Sigma_1} - \iint_{\Sigma_1} \right) -2yzf'(0)\mathrm{d}y\mathrm{d}z + 2xzf'(0)\mathrm{d}z\mathrm{d}x + 3x^2\mathrm{d}x\mathrm{d}y$$

$$= -\iint_{\Sigma_1} -2yzf'(0)\mathrm{d}y\mathrm{d}z + 2xzf'(0)\mathrm{d}z\mathrm{d}x + 3x^2\mathrm{d}x\mathrm{d}y$$

$$= 3\iint_{x^2+(y+\frac{1}{2})^2 \leqslant \frac{5}{4}} x^2 \mathrm{d}x\mathrm{d}y.$$

设 $x = \frac{\sqrt{5}}{2}r\cos\theta, y = -\frac{1}{2} + \frac{\sqrt{5}}{2}r\sin\theta$,则 $\mathrm{d}x\mathrm{d}y = \frac{5}{4}r\mathrm{d}r\mathrm{d}\theta$.所以,

$$I = 3\int_0^{2\pi} \mathrm{d}\theta \int_0^1 \left(\frac{5}{4}r^2 \cos^2\theta \right) \frac{5}{4}r\mathrm{d}r = \frac{75\pi}{64}.$$

例38 (武汉大学) 分别计算积分 $I = \oiint_{\Sigma} \frac{x\mathrm{d}y\mathrm{d}z + y\mathrm{d}z\mathrm{d}x + z\mathrm{d}x\mathrm{d}y}{(x^2+y^2+z^2)^{\frac{3}{2}}}$,其中

(1) Σ 是球面 $x^2+y^2+z^2 = R^2$ 外侧;
(2) Σ 是不包含有原点在其内部的光滑闭曲面 $(x-1)^2+(y-2)^2+(z-3)^2 = 1$ 的外侧;
(3) Σ 是包含有原点在其内部的光滑闭曲面 $2x^2+3y^2+4z^2 = 1$ 的外侧.

【分析】 与例 37 类似.

解 (1) 将球面方程直接代入被积函数中消除分母,然后直接由 Gauss 公式,得

$$I = \frac{1}{R^3} \oiint_{\Sigma} x\mathrm{d}y\mathrm{d}z + y\mathrm{d}z\mathrm{d}x + z\mathrm{d}x\mathrm{d}y = \frac{3}{R^3} \iiint_{\Omega} \mathrm{d}x\mathrm{d}y\mathrm{d}z = \frac{3}{R^3} \times \frac{4}{3}\pi R^3 = 4\pi.$$

(2) 设 $r = \sqrt{x^2+y^2+z^2}, P = \frac{x}{r^3}, Q = \frac{y}{r^3}, R = \frac{z}{r^3}$,则

$$\frac{\partial P}{\partial x} = \frac{1}{r^3} - \frac{3x^2}{r^5}, \quad \frac{\partial Q}{\partial y} = \frac{1}{r^3} - \frac{3y^2}{r^5}, \quad \frac{\partial R}{\partial z} = \frac{1}{r^3} - \frac{3z^2}{r^5}.$$

又 Σ 不包含原点在其内部,故可用 Gauss 公式,得

$$I = \iiint_{\Omega} \left(\frac{\partial P}{\partial x} + \frac{\partial Q}{\partial y} + \frac{\partial R}{\partial z} \right) \mathrm{d}x\mathrm{d}y\mathrm{d}z = 0.$$

(3) 作小球面 $\Sigma_\varepsilon: x^2+y^2+z^2 = \varepsilon^2, \varepsilon$ 充分小,取其内侧,则

$$I = \left(\oiint_{\Sigma+\Sigma_\varepsilon} - \oiint_{\Sigma_\varepsilon} \right) \frac{x\mathrm{d}y\mathrm{d}z + y\mathrm{d}z\mathrm{d}x + z\mathrm{d}x\mathrm{d}y}{(x^2+y^2+z^2)^{\frac{3}{2}}} = 0 + \iint_{-\Sigma_\varepsilon} \frac{x\mathrm{d}y\mathrm{d}z + y\mathrm{d}z\mathrm{d}x + z\mathrm{d}x\mathrm{d}y}{(x^2+y^2+z^2)^{\frac{3}{2}}}$$

$$= \frac{1}{\varepsilon^3} \iint_{-\Sigma_\varepsilon} x\mathrm{d}y\mathrm{d}z + y\mathrm{d}z\mathrm{d}x + z\mathrm{d}x\mathrm{d}y = \frac{1}{\varepsilon^3} \times \frac{4}{3}\pi\varepsilon^3 = 4\pi.$$

6.5 物理应用

第一类线面积分的物理应用主要集中在求几何体的质量、重心、转动惯量、压力和对质点的引力等. 第二类线面积分的物理应用主要集中在求做功、流量、环流量和电通量等. 这类题主要考察读者是否会使用微元法进行分析以及对物理概念的基本含义的理解. 总的来说, 物理应用题目难度不算大, 可能是因为大多数读者平时对这类题有所忽视, 导致在处理时不太熟悉.

例39 设半圆 $L: x^2+y^2=1, y\geqslant 0$ 形状的曲线在 (x,y) 处的密度为 $\mu=|xy|$, 求曲线的质量 M、质心 $(\overline{x},\overline{y})$、关于 y 轴的转动惯量及圆弧对原点处的引力.

解 (1) 曲线 L 的参数方程为
$$L: x=\cos t, y=\sin t, \quad 0\leqslant t\leqslant \pi.$$
于是由积分的直接参数方程代入法, 得
$$M=\int_L \mu \, \mathrm{d}s = \int_L |xy| \, \mathrm{d}s = \int_0^\pi |\cos t \cdot \sin t| \sqrt{(\cos t)'^2+(\sin t)'^2} \, \mathrm{d}t$$
$$= \int_0^{\frac{\pi}{2}} \cos t \sin t \, \mathrm{d}t - \int_{\frac{\pi}{2}}^{\pi} \cos t \sin t \, \mathrm{d}t = 1.$$

(2) 曲线的质心坐标公式为
$$\overline{x}=\frac{\int_L x\mu \, \mathrm{d}s}{M}, \quad \overline{y}=\frac{\int_L y\mu \, \mathrm{d}s}{M}.$$
由 (1) 知 $M=1$, 又
$$M_x = \int_L |xy| \, y \, \mathrm{d}s = \int_0^\pi |\cos t \sin t| \sin t \, \mathrm{d}t = \int_0^{\frac{\pi}{2}} \sin^2 t \cos t \, \mathrm{d}t - \int_{\frac{\pi}{2}}^{\pi} \sin^2 t \cos t \, \mathrm{d}t$$
$$= \left.\frac{\sin^3 t}{3}\right|_0^{\frac{\pi}{2}} - \left.\frac{\sin^3 t}{3}\right|_{\frac{\pi}{2}}^{\pi} = \frac{2}{3},$$
$$M_y = \int_L |xy| \, x \, \mathrm{d}s = \int_0^\pi |\cos t \sin t| \cos t \, \mathrm{d}t = \int_0^{\frac{\pi}{2}} \sin t \cos^2 t \, \mathrm{d}t - \int_{\frac{\pi}{2}}^{\pi} \sin t \cos^2 t \, \mathrm{d}t$$
$$= \frac{1}{3}-\frac{1}{3}=0.$$
故质心坐标为 $\left(0, \dfrac{2}{3}\right)$.

(3) 曲线关于 y 轴的转动惯量为
$$I_y = \int_L \mu x^2 \, \mathrm{d}s = \int_0^\pi |\cos t \sin t| \cos^2 t \, \mathrm{d}t$$
$$= \int_0^{\frac{\pi}{2}} \sin t \cos^3 t \, \mathrm{d}t - \int_{\frac{\pi}{2}}^{\pi} \sin t \cos^3 t \, \mathrm{d}t = \frac{1}{2}.$$

(4) 设引力常数为 G，将力分解为 x,y 轴两个方向，得

$$F_x = \int_L G \frac{m \cdot \mu \mathrm{d}s}{r^2} \frac{x}{r} = G \int_L x \ |xy| \ \mathrm{d}s.$$

由于曲线关于 y 轴对称，函数关于 x 为奇函数，故

$$F_x = 0, \quad F_y = \int_L G \frac{m \cdot \mu \mathrm{d}s}{r^2} \frac{y}{r} = G \int_L y \ |xy| \ \mathrm{d}s = G \int_L y \ |xy| \ \mathrm{d}s = \frac{2}{3} G.$$

因此，圆弧物体对原点处单位质点的引力为 $\vec{F} = \left(0, \dfrac{2}{3} G\right)$.

例 40 分别计算向量场

$$\vec{v_1}(x,y) = (x,y) \quad \text{和} \quad \vec{v_2}(x,y) = (-y,x)$$

沿场中单位圆 $L: x^2 + y^2 = 1$ 的环量和通过 L 的流量，其中 L 为逆时针方向.

解 (1) 对于向量场 $\vec{v_1}$，曲线 L 的向量方程为

$$\vec{r}(t) = (\cos t, \sin t), \quad 0 \leqslant t \leqslant 2\pi.$$

由此，$\vec{r}'(t) = (-\sin t, \cos t)$，于是环量为

$$\oint_L P(x,y)\mathrm{d}x + Q(x,y)\mathrm{d}y = \oint_L x\,\mathrm{d}x + y\,\mathrm{d}y = \int_0^{2\pi} (\cos t, \sin t) \cdot (-\sin t, \cos t)\mathrm{d}t = 0.$$

流量为

$$\oint_L -Q(x,y)\mathrm{d}x + P(x,y)\mathrm{d}y = \oint_L -y\,\mathrm{d}x + x\,\mathrm{d}y$$

$$= \int_0^{2\pi} (-\sin t, \cos t) \cdot (-\sin t, \cos t)\mathrm{d}t = 2\pi.$$

(2) 对于向量场 $\vec{v_2}$，由 (1) 的结论，所求环量为

$$\oint_L P(x,y)\mathrm{d}x + Q(x,y)\mathrm{d}y = \oint_L -y\,\mathrm{d}x + x\,\mathrm{d}y = 2\pi.$$

所求流量为

$$\oint_L -Q(x,y)\mathrm{d}x + P(x,y)\mathrm{d}y = \oint_L -x\,\mathrm{d}x - y\,\mathrm{d}y = 0.$$

例 41 流速场 $\vec{v}(x,y) = \left(\dfrac{x}{x^2+y^2}, \dfrac{y}{x^2+y^2}\right)$，$x^2+y^2 \neq 0$，求通过场中正向闭曲线 L 的流量，其中 L 分别为：

(1) 不过原点且不包含原点的任一条光滑正向闭曲线；
(2) 圆周 $x^2 + y^2 = R^2$；
(3) 椭圆周 $x^2 + xy + y^2 = 1$.

解 向量场 $\vec{v} = (P(x,y), Q(x,y))$ 通过场中闭曲线 L 的流量为

$$\Phi = \oint_L -Q(x,y)\mathrm{d}x + P(x,y)\mathrm{d}y.$$

因此，所求流量可以表示为

$$\Phi = \oint_L \frac{-y}{x^2+y^2}\mathrm{d}x + \frac{x}{x^2+y^2}\mathrm{d}y.$$

下面就 L 的不同情形计算 Φ.

(1) 设 L 所围成的闭区域为 D,则 D 不包含原点,因此函数
$$P(x,y)=-\frac{y}{x^2+y^2}, \quad Q(x,y)=\frac{x}{x^2+y^2}$$
在 D 上有连续的偏导数,且
$$\frac{\partial Q}{\partial x}=\frac{\partial P}{\partial y}=\frac{y^2-x^2}{(x^2+y^2)^2}, \quad (x,y)\in D.$$
由 Green 公式,有
$$\Phi=\iint_D\left(\frac{\partial Q}{\partial x}-\frac{\partial P}{\partial y}\right)dxdy=\iint_D 0 dx dy=0.$$

(2) **方法一** 由于 L 所围成的区域 D 包含原点,而 $P(x,y),Q(x,y)$ 在原点没有定义,因此不能利用 Green 公式计算 Φ,下面直接将 Φ 转化为定积分计算. 由于 L 的参数方程为
$$x=R\cos t, \quad y=R\sin t, \quad t:0\to 2\pi,$$
直接代入积分表达式,得
$$\Phi=\frac{1}{R^2}\int_0^{2\pi}(-R\sin t, R\cos t)\cdot(-R\sin t, R\cos t)dt=2\pi.$$

方法二 由于被积函数定义在积分曲线上,将 $x^2+y^2=R^2$ 代入被积函数,得
$$\Phi=\frac{1}{R^2}\oint_L -y dx+x dy,$$
则函数 $P=-y,Q=x$ 在圆上具有一阶偏导数.故由 Green 公式,得
$$\Phi=\frac{1}{R^2}\iint_D\left(\frac{\partial(x)}{\partial x}-\frac{\partial(-y)}{\partial y}\right)dxdy=\frac{2}{R^2}\iint_D dxdy=2\pi.$$

(3) 对椭圆 $x^2+xy+y^2=1$,此时不好计算,于是先作小圆
$$L_\varepsilon:x^2+y^2=\varepsilon^2, \quad \varepsilon>0,$$
使 L_ε 包含在 L 的内部,方向也取为顺时针方向. 设介于 L 和 L_ε 之间的闭区域为 D,则 $P(x,y),Q(x,y)$ 在 D 上有一阶连续偏导数. 因此,在区域 D 上应用 Green 公式,有
$$\oint_{L+L_\varepsilon}P(x,y)dx+Q(x,y)dy=\iint_D\left(\frac{\partial Q}{\partial x}-\frac{\partial P}{\partial y}\right)dxdy=0,$$
即 $\oint_{L+L_\varepsilon}=\oint_L+\oint_{L_\varepsilon}=0$,得
$$\oint_L=-\oint_{L_\varepsilon}=\oint_{L_\varepsilon^-}.$$
由此及 (2) 的结果,有
$$\oint_L P(x,y)dx+Q(x,y)dy=\oint_{L_\varepsilon^-}=2\pi.$$

例42 验证向量场 $F=(4x^3y^3-3y^2+5, 3x^4y^2-6xy-4)$ 为 xOy 平面上的保守场,并求 F 的势函数和 F 沿以 $(0,1)$ 为起点、$(1,2)$ 为终点的路径所做的功.

解 令 $P(x,y)=4x^3y^3-3y^2+5, Q(x,y)=3x^4y^2-6xy-4$,则在 xOy 平面上有

$$\frac{\partial Q}{\partial x} = 12x^3y^2 - 6y = \frac{\partial P}{\partial y}.$$

因此向量场 F 为 xOy 平面上的保守场. 势函数为

$$\begin{aligned}u(x,y) &= \int_{(0,1)}^{(x,y)} P(x,y)\mathrm{d}x + Q(x,y)\mathrm{d}y \\ &= \int_0^x (4x^3+2)\mathrm{d}x + \int_1^y (3x^4y^2 - 6xy - 4)\mathrm{d}y \\ &= x^4 + 2x + x^4y^3 - x^4 - 3xy^2 + 3x - 4y + 4 \\ &= x^4y^3 - 3xy^2 + 5x - 4y + 4.\end{aligned}$$

故由曲线积分基本定理,有

$$W = \int_{(0,1)}^{(1,2)} P(x,y)\mathrm{d}x + Q(x,y)\mathrm{d}y = u(1,2) - u(0,1) = -3 - 0 = -3.$$

注:如果直接计算,则只需把原函数的计算上限改成 $(1,2)$ 即可.

例43 将半径为 R 的球体置于水中,球与水面相切,求球的上半部分所受水的压力.

解 以球心为原点建立空间直角坐标系,在球面上点 $M(x,y,z)$ 处取曲面微元 $\mathrm{d}s$,则 $\mathrm{d}s$ 所受水的压力为

$$\mathrm{d}F = \mu g(R-z)\mathrm{d}s,$$

其中 μ 为水的比重,g 为重力加速度. 由对称性,球面上半部分所受压力的水平方向的分量的合力为 0,因此我们只需考虑压力的垂直分量.

设 Σ 在 M 处的单位外法向量为 $\vec{n}=(\cos\alpha,\cos\beta,\cos\gamma)$,则 $\mathrm{d}F$ 的垂直分量为 $\mathrm{d}F_z = \rho g(R-z)\cos\gamma\,\mathrm{d}s$. 因此,上半球面所受压力的垂直分量为 $F_z = \iint_\Sigma \mu g(R-z)\cos\gamma\,\mathrm{d}s$,其中 Σ 为上半球面:

$$\Sigma: z = \sqrt{R^2 - x^2 - y^2}, \quad (x,y) \in D_{xy} = \{(x,y): x^2 + y^2 \leqslant R^2\}.$$

由于 $\cos\gamma\,\mathrm{d}s = \mathrm{d}\sigma$,所以有

$$\begin{aligned}F_z &= \mu g \iint_{D_{xy}} (R - \sqrt{R^2 - x^2 - y^2})\mathrm{d}\sigma = \mu g \int_0^{2\pi} \mathrm{d}\theta \int_0^R (R - \sqrt{R^2 - \rho^2})\rho\,\mathrm{d}\rho \\ &= \mu g 2\pi \frac{R^3}{6} = \frac{1}{3}\mu g \pi R^3.\end{aligned}$$

例44 设位于原点、电量为 q 的点电荷产生的场强为

$$\vec{E} = \frac{q}{r^3}\vec{r} = \frac{q}{r^3}(x,y,z), \quad \vec{r} \neq \vec{0}.$$

求 $\vec{E}$ 的散度和通过不过原点的外向封闭曲面的电通量 N,其中 $r = \sqrt{x^2+y^2+z^2}$.

解 由散度计算公式,记

$$P = q\frac{x}{r^3}, \quad Q = q\frac{y}{r^3}, \quad R = q\frac{z}{r^3}.$$

对这三个函数求偏导数,得

$$\frac{\partial P}{\partial x} = q\frac{r^2 - 3x^2}{r^5}, \quad \frac{\partial Q}{\partial y} = q\frac{r^2 - 3y^2}{r^5}, \quad \frac{\partial R}{\partial z} = q\frac{r^2 - 3z^2}{r^5}.$$

故由散度计算公式,直接可得
$$\operatorname{div}\vec{E} = \frac{\partial P}{\partial x} + \frac{\partial Q}{\partial y} + \frac{\partial R}{\partial z} = 0.$$

记题目中不过原点的外向封闭曲面围成的区域为 Ω,对于电通量的计算分为两种情况:闭曲面所围区域包含原点的情况和不包含原点的情况.如图 6.5 所示.

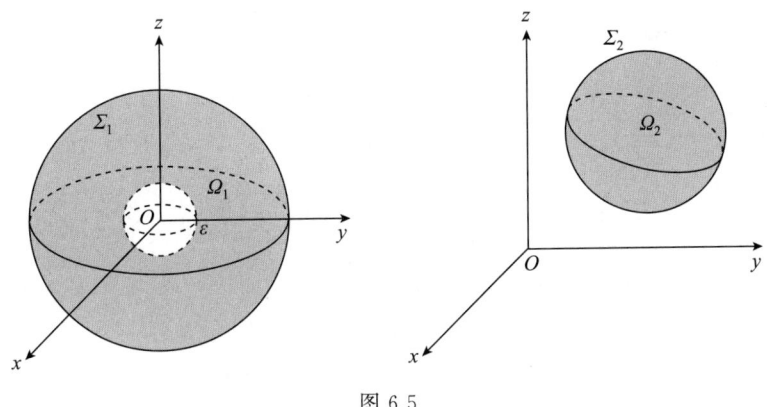

图 6.5

记不包含原点的封闭曲面为 Σ_2,其包围的区域为 Ω_2;包含原点的封闭曲面为 Σ_1,其包围的区域为 Ω_1.

(1) 如果曲面不包含原点,则由 $\operatorname{div}\vec{E} = 0$,故积分与曲面无关,通过 Gauss 公式,可知对于任意封闭曲面,积分为零,即所求电通量为
$$N = \oiint_{\Sigma} \frac{qx}{r^3} \mathrm{d}y\mathrm{d}z + \frac{qy}{r^3} \mathrm{d}z\mathrm{d}x + \frac{qz}{r^3} \mathrm{d}x\mathrm{d}y = \iiint_{\Omega} \operatorname{div}\vec{E}\,\mathrm{d}v = 0.$$

(2) 如果曲面包含原点,由于函数
$$P = q\frac{x}{r^3}, \quad Q = q\frac{y}{r^3}, \quad R = q\frac{z}{r^3}$$

在原点没有定义,因此不能用 Gauss 公式. 作小球面
$$\Sigma_{\varepsilon}: x^2 + y^2 + z^2 = \varepsilon^2,$$

使 Σ_ε 含于 Σ_1 中,方向也取向外侧,则由 Gauss 公式,或者积分与曲面无关,得
$$N = \oiint_{\Sigma} \frac{qx}{r^3} \mathrm{d}y\mathrm{d}z + \frac{qy}{r^3} \mathrm{d}z\mathrm{d}x + \frac{qz}{r^3} \mathrm{d}x\mathrm{d}y$$
$$= \oiint_{\Sigma_\varepsilon} \frac{qx}{r^3} \mathrm{d}y\mathrm{d}z + \frac{qy}{r^3} \mathrm{d}z\mathrm{d}x + \frac{qz}{r^3} \mathrm{d}x\mathrm{d}y.$$

由于被积函数定义在积分曲面上,故 $r = \varepsilon$,积分得
$$N = \frac{q}{\varepsilon^3} \oiint_{\Sigma_\varepsilon} x\,\mathrm{d}y\mathrm{d}z + y\,\mathrm{d}z\mathrm{d}x + z\,\mathrm{d}x\mathrm{d}y.$$

记 Σ_ε 所围区域为 Ω_ε,则由 Gauss 公式得
$$N = \frac{q}{\varepsilon^3} \iiint_{\Omega_\varepsilon} 3\,\mathrm{d}v = 3\frac{q}{\varepsilon^3} \cdot \frac{4\pi\varepsilon^3}{3} = 4\pi q.$$

注:该例为静电学中 Gauss 定理的简单情形.不难发现,当 Σ 为包含原点的简单曲面时,上述结果依然成立. 由于电场为点电荷产生的静电场,其电力线是从原点出发的射线,所以

穿过一般曲面 Σ 和球面 Σ_{ε} 的电力线的条数相等,因此通过 Σ 和 Σ_{ε} 的电通量相等.

例45 已知 $\vec{a},\vec{b}$ 为常向量,$\vec{a}\times\vec{b}=(1,1,1),\vec{r}=(x,y,z).$

(1) 证明:$\mathrm{rot}\,(\vec{a}\cdot\vec{r})\vec{b}=\vec{a}\times\vec{b}.$

(2) 求向量场 $\vec{a}=(\vec{a}\cdot\vec{r})\vec{b}$ 沿闭曲线 $\Gamma:\begin{cases}x^2+y^2+z^2=1\\x+y+z=0\end{cases}$(从 z 轴正向看依逆时针方向) 的环流量.

解 (1) 令 $\vec{a}=(a_1,a_2,a_3),\vec{b}=(b_1,b_2,b_3)$,则
$$\vec{a}\cdot\vec{r}=a_1x+a_2y+a_3z,$$
$$(\vec{a}\cdot\vec{r})\vec{b}=(a_1x+a_2y+a_3z)\cdot(b_1,b_2,b_3)$$
$$=((a_1x+a_2y+a_3z)b_1,(a_1x+a_2y+a_3z)b_2,(a_1x+a_2y+a_3z)b_3)$$
$$=(P,Q,R).$$

于是可得

$$\mathrm{rot}\,(\vec{a}\cdot\vec{r})\vec{b}=\begin{vmatrix}\vec{i}&\vec{j}&\vec{k}\\\frac{\partial}{\partial x}&\frac{\partial}{\partial y}&\frac{\partial}{\partial z}\\P&Q&R\end{vmatrix}=(a_2b_3-a_3b_2,a_3b_1-a_1b_3,a_1b_2-a_2b_1)=\vec{a}\times\vec{b}.$$

(2) 令 $\Sigma:x+y+z=0,x^2+y^2+z^2\leqslant 1$,取上侧,曲面的单位法向量为 $\vec{n}=(1,1,1)=\left(\frac{1}{\sqrt{3}},\frac{1}{\sqrt{3}},\frac{1}{\sqrt{3}}\right)$,则由流量计算公式,得

$$\Phi=\oint_{\Gamma}(\vec{a}\cdot\vec{r})\vec{b}\cdot\mathrm{d}\vec{r}=\iint_{\Sigma}(\vec{a}\times\vec{b})\cdot\vec{n}\mathrm{d}s$$
$$=\iint_{\Sigma}(\cos\alpha+\cos\beta+\cos\gamma)\mathrm{d}s$$
$$=\iint_{\Sigma}\left(\frac{1}{\sqrt{3}}+\frac{1}{\sqrt{3}}+\frac{1}{\sqrt{3}}\right)\mathrm{d}s=\sqrt{3}\iint_{\Sigma}\mathrm{d}s=\sqrt{3}\pi.$$

第 6 章习题

1. 设曲面 Σ 是由一段空间曲线 $C:x=t,y=2t,z=t^2,0\leqslant t\leqslant 1$ 绕 z 轴旋转一周所成,其法向量指向与 z 轴正向成钝角,已知连续函数 $f(x,y,z)$ 满足

$$f(x,y,z)=(x+y+z)^2+\int_{\Sigma}f(x,y,z)\mathrm{d}y\mathrm{d}z+x^2\mathrm{d}x\mathrm{d}y.$$

求 $f(1,1,1)$ 的值.

提示:令 $\int_{\Sigma}f(x,y,z)\mathrm{d}y\mathrm{d}z+x^2\mathrm{d}x\mathrm{d}y=A$,则 $f(x,y,z)=(x+y+z)^2+A$,其中曲面 Σ 的方程是

$$\Sigma: x^2 + y^2 = 5z^2, \quad 0 \leqslant z \leqslant 1.$$

2. 设 $u(x,y)$ 于圆盘 $D = \left\{(x,y): x^2 + y^2 \leqslant \dfrac{\pi}{2}\right\}$ 内有二阶连续的偏导数,并且满足:

$$\frac{\partial^2 u}{\partial x^2} + \frac{\partial^2 u}{\partial y^2} = (x^2 + y^2)\sin^6(x^2 + y^2).$$

记 D 的正向边界曲线为 ∂D,∂D 的外法向量为 $\vec{n}$,求 $\oint_{\partial D} \dfrac{\partial u}{\partial \vec{n}} \mathrm{d}s$.

提示:利用两类曲线积分之间的关系将其转化为第二类曲线积分,再利用 Green 公式转化为二重积分.答案:$\pi\left(\dfrac{17}{72} + \dfrac{5\pi^2}{128}\right)$.

3.(浙江 2022)计算 $\oint_L \dfrac{y\mathrm{d}x - x\mathrm{d}y}{2x^2 + y^2}$,其中 $L: x^4 + y^4 = 16$,取逆时针方向.

提示:应用 Green 公式.答案:$-\sqrt{2}\pi$.

注:此种类型的题在竞赛中特别常见,处理技巧大同小异,变形的是被积函数的分母或者积分曲线方程.比如,给出不常见或者有些怪异的积分曲线或者积分曲面方程,以试图让同学们感到困惑,就像本题这样;或者是改变被积函数,像这样:$\oint_L \dfrac{y\mathrm{d}x - x\mathrm{d}y}{x^2 + xy + y^2} = -\dfrac{4\sqrt{3}\pi}{3}$,积分曲线是以原点为圆心、半径大于等于 $\sqrt{2}$ 的任意圆周即可.

4.(厦门大学 2021)存在 $\varphi(x), f(x)$,使得任意封闭曲线 L 上的积分

$$\oint_L \left[\frac{1}{2}\varphi(x)y^2 + x^2y - f(x)y\right]\mathrm{d}x + [f(x)y + \varphi(x)]\mathrm{d}y + z\mathrm{d}z$$

都为 0,若 $\varphi(0) = 0, f(0) = -1$,求下面的积分:

$$\int_{(0,1,0)}^{\left(\frac{\pi}{2},0,1\right)} \left[\frac{1}{2}\varphi(x)y^2 + x^2y - f(x)y\right]\mathrm{d}x + [f(x)y + \varphi(x)]\mathrm{d}y + z\mathrm{d}z.$$

提示:选择积分路径.答案:1.

5.(华中科技大学)设 Γ 是两球 $x^2 + y^2 + z^2 = 1$ 与 $x^2 + y^2 + z^2 = 2z$ 的交线,其方向是与 z 轴的正向满足右手法则,求

$$I = \oint_\Gamma |y - x|\mathrm{d}y + z\mathrm{d}z.$$

提示:采用参数方程法.答案:0.

6. 设函数 $f(x,y)$ 满足 $\dfrac{\partial f(x,y)}{\partial x} = (2x+1)\mathrm{e}^{2x-y}$,且 $f(0,y) = y+1$,L_t 是从点 $(0,0)$ 到点 $(1,t)$ 的光滑曲线,计算曲线积分

$$I(t) = \int_{L_t} \frac{\partial f(x,y)}{\partial x}\mathrm{d}x + \frac{\partial f(x,y)}{\partial y}\mathrm{d}y,$$

并求 $I(t)$ 的最小值.

提示:求 $f(x,y) = x\mathrm{e}^{2x-y} + \varphi(y)$,积分路径无关.

7. 证明:若 L 为平面上的封闭曲线,$\vec{m}$ 为任意方向的向量,则 $I = \oint_L \cos(\vec{m},\vec{n})\mathrm{d}s = 0$,其中 $\vec{n}$ 为曲线 L 的外法线方向.

提示：参见例 12 或者例 26 或者例 31 或者表示 $\cos(\vec{m},\vec{n})$，再应用 Green 公式．

8.（华南理工大学 2023）设 Σ 是球面 $\dfrac{x^2}{a^2}+\dfrac{y^2}{b^2}+\dfrac{z^2}{c^2}=1$ 的上半部分$(z\geqslant 0)$，它的单位外法向量 $\vec{n}=(u,v,w)$，求曲面积分 $I=\iint_{\Sigma}z\left(\dfrac{ux}{a^2}+\dfrac{vy}{b^2}+\dfrac{wz}{c^2}\right)\mathrm{d}s$.

答案：$\dfrac{abc^2\pi}{4}\left(\dfrac{1}{a^2}+\dfrac{1}{b^2}+\dfrac{2}{c^2}\right)$.

9.（四川大学 2023）设平面有界闭区域 D 的正向边界线 ∂D 是分段光滑的，函数 $f(x,y)$ 和函数 $g(x,y)$ 的一阶偏导数在 D 上都连续.

(1) 证明：二重积分的分部积分公式

$$\iint_D f'_x(x,y)g(x,y)\mathrm{d}x\mathrm{d}y=\oint_{\partial D}f(x,y)g(x,y)\mathrm{d}y-\iint_D f(x,y)g'_x(x,y)\mathrm{d}x\mathrm{d}y,$$

$$\iint_D f'_y(x,y)g(x,y)\mathrm{d}x\mathrm{d}y=-\oint_{\partial D}f(x,y)g(x,y)\mathrm{d}x-\iint_D f(x,y)g'_y(x,y)\mathrm{d}x\mathrm{d}y.$$

(2) 设 $D=\{(x,y):x^2+y^2\leqslant 1\}$，$\iint_D xyf(x,y)\mathrm{d}x\mathrm{d}y=2023$，函数 $f(x,y)$ 在 D 上有二阶连续偏导数，求

$$I=\iint_D (x^2+y^2-1)^2 f''_{xy}(x,y)\mathrm{d}x\mathrm{d}y=16184.$$

提示：首先证明 Green 公式的另外一种形式：$\iint_D \dfrac{\partial F}{\partial x}\mathrm{d}x\mathrm{d}y=\oint_{\partial D}F\mathrm{d}y$，其中 $D=\{(x,y):a(y)\leqslant x\leqslant b(y),c\leqslant y\leqslant d\}$. 如图 6.6 所示.

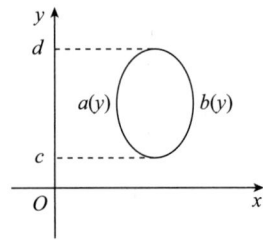

图 6.6

$$\iint_D \dfrac{\partial F}{\partial x}\mathrm{d}x\mathrm{d}y=\int_c^d\int_{a(y)}^{b(y)}\dfrac{\partial F}{\partial x}\mathrm{d}x\mathrm{d}y=\int_c^d F(x,y)\Big|_{x=a(y)}^{x=b(y)}\mathrm{d}x\mathrm{d}y$$

$$=\int_c^d F(b(y),y)\mathrm{d}y-\int_c^d F(a(y),y)\mathrm{d}y=\oint_{\partial D}F\mathrm{d}y.$$

在上述公式中令 $F=fg$ 即可得到结论．

第二问利用第一问的结论进行计算．

10.（四川大学 2023）设立体有界闭区域 Ω 的正向边界面 $\partial\Omega$ 是分段光滑的，函数 $f(x,y,z)$ 和函数 $g(x,y,z)$ 的一阶偏导数在 Ω 上都连续.

(1) 证明：三重积分的分部积分公式

$$\iiint_\Omega f'_x(x,y,z)g(x,y,z)\mathrm{d}x\mathrm{d}y\mathrm{d}z=\oiint_{\partial\Omega}f(x,y,z)g(x,y,z)\mathrm{d}y\mathrm{d}z$$

$$-\iiint_\Omega f(x,y,z)g'_x(x,y,z)\mathrm{d}x\mathrm{d}y\mathrm{d}z,$$

$$\iiint_\Omega f'_y(x,y,z)g(x,y,z)\,dx\,dy\,dz = \oiint_{\partial\Omega} f(x,y,z)g(x,y,z)\,dx\,dz$$
$$- \iiint_\Omega f(x,y,z)g'_y(x,y,z)\,dx\,dy\,dz,$$
$$\iiint_\Omega f'_z(x,y,z)g(x,y,z)\,dx\,dy\,dz = \oiint_{\partial\Omega} f(x,y,z)g(x,y,z)\,dx\,dy$$
$$- \iiint_\Omega f(x,y,z)g'_z(x,y,z)\,dx\,dy\,dz.$$

11. 设球体 $(x-1)^2+(y-1)^2+(z-1)^2 \leqslant 12$ 被平面 $P: x+y+z=6$ 所截得小球缺为 Ω. 记球缺上的球冠为 Σ, 方向指向球外, 计算曲面积分
$$I = \iint_\Sigma x\,dy\,dz + y\,dz\,dx + z\,dx\,dy.$$
提示: 应用 Gauss 公式和两类曲面积分之间的关系. 答案: $33\sqrt{3}\pi$.

12. 设 S 是圆柱面 $x^2+y^2=1$ 和平面 $z=-1, z=1$ 所围成的立体的表面外侧, 求曲面积分
$$\iint_S \frac{x\,dy\,dz + z^4\,dx\,dy}{x^2+y^2+z^2}.$$
提示: 不能使用 Gauss 公式, 按照曲面积分的计算方法进行计算. 答案: $\dfrac{\pi^2}{2}$.

13. (安徽大学 2021) 设 $f(x)$ 是连续函数, 证明:
$$\int_0^{\frac{\pi}{2}} dx \int_0^{\frac{\pi}{2}} \sin x \cdot f(\sin x \cdot \sin y)\,dy = \frac{\pi}{2} \int_0^{\frac{\pi}{2}} \sin u \cdot f(\cos u)\,du.$$
提示: 将恒等式的左边看成在球面上的球坐标下的曲面积分的累次积分, 故有
$$\text{左端} = \int_0^{\frac{\pi}{2}} d\varphi \int_0^{\frac{\pi}{2}} \sin\varphi f(\sin\varphi \sin\theta)\,d\theta = \iint_{\substack{x^2+y^2+z^2=1\\x,y,z\geqslant 0}} f(y)\,ds = \iint_{\substack{x^2+y^2+z^2=1\\x,y,z\geqslant 0}} f(z)\,ds.$$

14. (华中科技大学) 设 Ω 是不含原点的有界区域, 其体积为 V, 边界为光滑的闭曲面 Σ, $\vec{n}$ 是 Σ 的外法线的单位向量, $\vec{r}=(x,y,z)$, $f(x)$ 是全体实数上的连续可微函数, 它满足微分方程 $tf'(t)+2f(t)-t=0$. 求曲面积分 $I = \iint_\Sigma f(\sqrt{x^2+y^2+z^2})\cos(\vec{n},\vec{r})\,ds$.
提示: 参考例 26 如何处理 $\cos(\vec{n},\vec{r})$. 应用 Gauss 公式. 答案: V.

15. (华中科技大学) 设 S 为椭球面 $\dfrac{x^2}{2}+\dfrac{y^2}{2}+z^2=1$ 的上半部分, $P(x,y,z)\in S$, π 为 S 在 P 点处的切平面. $\rho(x,y,z)$ 为 $O(0,0,0)$ 到 π 平面的距离, 求 $I = \iint_S \dfrac{z}{\rho(x,y,z)}\,ds$.
提示: $\rho(x,y,z) = \left(\dfrac{x^2}{4}+\dfrac{y^2}{4}+z^2\right)^{-\frac{1}{2}} = \dfrac{1}{2}(4-x^2-y^2)^{-\frac{1}{2}}$. 答案: $I = \dfrac{3}{2}\pi$.

16. (北京理工大学 1988) 计算曲面积分 $\iint_\Sigma 2z\,dy\,dz - 2y\,dz\,dx + (5z-z^2)\,dx\,dy$, 其中 Σ 为曲线 $\begin{cases} z=e^y, \\ x=0, \end{cases} 1\leqslant y\leqslant 2$ 绕 z 轴旋转一周所成曲面的外侧.
提示: 旋转曲面: $\Sigma: z = e^{\pm\sqrt{x^2+y^2}}$. 应用 Gauss 公式和截面法. 答案: $\dfrac{\pi}{2}e(-6-17e+e^3)$.

17. 设曲面积分 $A = \dfrac{1}{a^5}\iint_S (x^2 z\,dy\,dz + y^2 z\,dz\,dx + z^2 x\,dx\,dy)$, 其中 S 是曲面 $x^2+y^2=$

$az, 0 \leqslant z \leqslant a, a > 0$ 在第一卦限部分的外侧,求三阶可导函数 f,使其满足下面两个条件:

(1) $f(0) = A, f'(0) = -A, f''(0) = A$;

(2) 使得 $y[f'(x) + 3\mathrm{e}^{2x}]\mathrm{d}x + f''(x)\mathrm{d}y$ 是某个函数的全微分.

提示:应用 Gauss 公式或者曲面积分求法,求得 $A = \dfrac{1}{a^5}\left(\dfrac{4a^5}{7} - \dfrac{a^5}{3}\right) = \dfrac{5}{21}, f'''(x) - f'(x) = 3\mathrm{e}^{2x}$. 答案:$f(x) = \dfrac{1}{2}\mathrm{e}^{2x} - \dfrac{3}{2}\mathrm{e}^{x} - \dfrac{11}{42}\mathrm{e}^{-x} + \dfrac{3}{2}$.

第7章

积分不等式

积分不等式的证明题是竞赛出题人的心头好.它为什么能成为心头好呢？原因无非有如下三点：(1) 积分不等式证明题看似以积分为主,实际上,它涉及的内容可以横跨整个微积分；(2) 由于涉及的内容广泛,因而题目的难度可以从简单一直发展到极难,可以在整个试卷上就难度进行适当的分配；(3) 同样因为此类证明题涉及的内容广泛,导致证明技巧复杂多变,没有统一的处理方法,适合竞赛试卷的内容调配.

尽管如此,在这类证明题中大部分题目还是存在可以遵循的解题路径的,下面通过一些例题来说明这类证明题的几类证明技巧.

7.1 计算积分法

这类题目从形式上看是证明题,实际上却带有很大的计算成分,也即需要通过计算的手段来证明结论.在这样的情况下,求积分的方法自然成为整个证明题的起始点.定积分的计算方法中,换元法和分部积分法毋庸置疑是"头牌".一般的作法是：以换元法或者分部积分法作为整个证明的起点,结合其他知识,通过恒等变形将要证明的结论转换为等价的结论进行证明.

（一）换元法

例1 （河南 2022）证明：$\int_0^{\sqrt{2\pi}} \sin x^2 \, dx > \dfrac{2-\sqrt{2}}{2\sqrt{\pi}}$.

【分析】 本题一看就知道首先使用换元法（或者坐标变换法）,将被积函数简化为新的被积函数.由于被积函数是三角函数,三角函数区别其他诸多函数的特性就是周期性和对称性,由此,在恒等变形被积函数时使用这些特性.由于本题在三角函数的一个周期上进行积分,所以周期性被排除,只剩下对称性了.函数 $\sin x$ 在一个周期上是关于某点中心对称的,因此,利用此对称性,使其不在整个周期上进行积分,转化为在半周期或者 1/4 周期上积分（注意这是涉及三角函数积分的基本套路）.最后,再次使用换元法.由此,积分不等式证明的问题很顺利地被转化为求函数最小值的问题了.

证明 方法一 令 $x^2 = t$, $dx = \dfrac{1}{2\sqrt{t}} dt$,所以

$$\int_0^{\sqrt{2\pi}} \sin x^2 \, dx = \int_0^{2\pi} \frac{\sin t}{2\sqrt{t}} dt = \int_0^{\pi} \frac{\sin t}{2\sqrt{t}} dt + \int_{\pi}^{2\pi} \frac{\sin t}{2\sqrt{t}} dt$$

$$\xlongequal{u=t-\pi} \int_0^{\pi} \frac{\sin t}{2\sqrt{t}} dt - \int_0^{\pi} \frac{\sin u}{2\sqrt{u+\pi}} du = \frac{1}{2} \int_0^{\pi} \left(\frac{1}{\sqrt{t}} - \frac{1}{\sqrt{t+\pi}} \right) \sin t \, dt.$$

令 $f(t) = \dfrac{1}{\sqrt{t}} - \dfrac{1}{\sqrt{t+\pi}}$, $t = (0, \pi)$，则

$$f'(t) = \frac{1}{2} \left(\frac{1}{\sqrt{(t+\pi)^3}} - \frac{1}{\sqrt{t^3}} \right) < 0,$$

可知 $f(t)$ 单调递减，所以

$$f(t) = \frac{1}{\sqrt{t}} - \frac{1}{\sqrt{t+\pi}} > \frac{1}{\sqrt{\pi}} - \frac{1}{\sqrt{2\pi}}.$$

于是可得

$$\int_0^{\sqrt{2\pi}} \sin x^2 \, dx > \frac{1}{2} \left(\frac{1}{\sqrt{\pi}} - \frac{1}{\sqrt{2\pi}} \right) \int_0^{\pi} \sin t \, dt = \frac{1}{\sqrt{\pi}} - \frac{1}{\sqrt{2\pi}}$$

$$= \frac{\sqrt{2}-1}{\sqrt{2\pi}} = \frac{2-\sqrt{2}}{2\sqrt{\pi}}.$$

方法二　令 $x^2 = t, x = \sqrt{t}, dx = \dfrac{1}{2} t^{-\frac{1}{2}} dt = \dfrac{1}{2\sqrt{t}} dt$，则

$$\int_0^{\sqrt{2\pi}} \sin x^2 \, dx = \int_0^{2\pi} \frac{\sin t}{2\sqrt{t}} dt = \int_0^{\pi} \frac{\sin t}{2\sqrt{t}} dt + \int_{\pi}^{2\pi} \frac{\sin t}{2\sqrt{t}} dt$$

$$\xlongequal{u=t-\pi} \int_0^{\pi} \frac{\sin t}{2\sqrt{t}} dt - \int_0^{\pi} \frac{\sin u}{2\sqrt{u+\pi}} du = \frac{1}{2} \int_0^{\pi} \left(\frac{1}{\sqrt{t}} - \frac{1}{\sqrt{t+\pi}} \right) \sin t \, dt$$

$$= \frac{1}{2} \left[\int_0^{\frac{\pi}{2}} \left(\frac{1}{\sqrt{t}} - \frac{1}{\sqrt{t+\pi}} \right) \sin t \, dt + \int_{\frac{\pi}{2}}^{\pi} \left(\frac{1}{\sqrt{t}} - \frac{1}{\sqrt{t+\pi}} \right) \sin t \, dt \right].$$

由于当 $t \in \left(0, \dfrac{\pi}{2}\right)$ 时，$\sin t \geqslant \dfrac{2}{\pi} t$；当 $t \in \left(\dfrac{\pi}{2}, \pi\right)$ 时，$\sin t \geqslant -\dfrac{2}{\pi}(t-\pi)$. 代入上式，得

$$\frac{1}{2} \left[\int_0^{\frac{\pi}{2}} \left(\frac{1}{\sqrt{t}} - \frac{1}{\sqrt{t+\pi}} \right) \sin t \, dt + \int_{\frac{\pi}{2}}^{\pi} \left(\frac{1}{\sqrt{t}} - \frac{1}{\sqrt{t+\pi}} \right) \sin t \, dt \right]$$

$$> \frac{1}{\pi} \left[\int_0^{\frac{\pi}{2}} t \left(\frac{1}{\sqrt{t}} - \frac{1}{\sqrt{t+\pi}} \right) dt - \int_{\frac{\pi}{2}}^{\pi} (t-\pi) \left(\frac{1}{\sqrt{t}} - \frac{1}{\sqrt{t+\pi}} \right) dt \right]$$

$$= \frac{1}{\pi} \left[\frac{1}{6} \left(-8 + \sqrt{2} + 3\sqrt{6} \right) \pi^{\frac{3}{2}} - \int_{\frac{\pi}{2}}^{\pi} (t-\pi) \left(\frac{1}{\sqrt{t}} - \frac{1}{\sqrt{t+\pi}} \right) dt \right]$$

$$= \frac{2}{3} \left(-3\sqrt{\pi} - 2\sqrt{2}\sqrt{\pi} + \frac{6}{\sqrt{2}} \sqrt{3\pi} \right) > \frac{2-\sqrt{2}}{2\sqrt{\pi}}.$$

例2　(天津 2005) 证明：$\int_0^{\frac{\pi}{2}} \dfrac{\sin x}{1+x^2} dx \leqslant \int_0^{\frac{\pi}{2}} \dfrac{\cos x}{1+x^2} dx$.

【分析】 此题与例1属于一个类型,都是通过换元法将问题转化为等价问题.等价问题的问题有多种不同的处理方法,比如求最大或者最小值和积分中值定理等.

证明 **方法一** 求最值法.令

$$I = \int_0^{\frac{\pi}{2}} \frac{\sin x - \cos x}{1+x^2} dx = \int_0^{\frac{\pi}{4}} \frac{\sin x - \cos x}{1+x^2} dx + \int_{\frac{\pi}{4}}^{\frac{\pi}{2}} \frac{\sin x - \cos x}{1+x^2} dx,$$

对上式右端的第二个积分取变换 $t = \frac{\pi}{2} - x$,则 $dx = -dt$,于是

$$I = \int_0^{\frac{\pi}{4}} \frac{\sin x - \cos x}{1+x^2} dx + \int_{\frac{\pi}{4}}^{\frac{\pi}{2}} \frac{\sin x - \cos x}{1+x^2} dx$$

$$= \int_0^{\frac{\pi}{4}} \frac{\sin x - \cos x}{1+x^2} dx + \int_0^{\frac{\pi}{4}} \frac{\cos x - \sin x}{1+\left(x-\frac{\pi}{2}\right)^2} dx$$

$$= \int_0^{\frac{\pi}{4}} (\sin x - \cos x) \left[\frac{1}{1+x^2} - \frac{1}{1+\left(x-\frac{\pi}{2}\right)^2} \right] dx$$

$$= \int_0^{\frac{\pi}{4}} (\sin x - \cos x) \cdot \frac{\frac{\pi^2}{4} - \pi x}{(1+x^2)\left[1+\left(x-\frac{\pi}{2}\right)^2\right]} dx.$$

注意到,被积函数的两个因子在区间 $\left[0, \frac{\pi}{4}\right]$ 上异号,也就是 $\sin x - \cos x \leqslant 0$,

$$\frac{\frac{\pi^2}{4} - \pi x}{(1+x^2)\left[1+\left(x-\frac{\pi}{2}\right)^2\right]} \geqslant 0,$$ 由积分保序性得知必有 $I \leqslant 0$,即知原不等式成立.

方法二 利用积分中值定理.令

$$I = \int_0^{\frac{\pi}{2}} \frac{\sin x - \cos x}{1+x^2} dx = \int_0^{\frac{\pi}{4}} \frac{\sin x - \cos x}{1+x^2} dx + \int_{\frac{\pi}{4}}^{\frac{\pi}{2}} \frac{\sin x - \cos x}{1+x^2} dx.$$

由积分中值定理,并在区间 $\left[\frac{\pi}{4}, \frac{\pi}{2}\right]$ 上取变换 $t = \frac{\pi}{2} - x$,同时注意到 $\xi_1 < \xi_2$,得

$$I = \frac{1}{1+\xi_1^2} \int_0^{\frac{\pi}{4}} (\sin x - \cos x) dx + \frac{1}{1+\xi_2^2} \int_{\frac{\pi}{4}}^{\frac{\pi}{2}} (\sin x - \cos x) dx$$

$$= \frac{1}{1+\xi_1^2} \int_0^{\frac{\pi}{4}} (\sin x - \cos x) dx + \frac{1}{1+\xi_2^2} \int_0^{\frac{\pi}{4}} (\cos x - \sin x) dx$$

$$= \left(\frac{1}{1+\xi_2^2} - \frac{1}{1+\xi_1^2} \right) \int_0^{\frac{\pi}{4}} (\cos x - \sin x) dx \leqslant 0.$$

例3 (北京1990) 设函数 $f(x)$ 在 $[a,b]$ 上连续,且对于 $t \in [0,1]$ 和 $x_1, x_2 \in [a,b]$,满足 $f(tx_1 + (1-t)x_2) \leqslant tf(x_1) + (1-t)f(x_2)$,证明:

$$f\left(\frac{a+b}{2}\right) \leqslant \frac{1}{b-a}\int_a^b f(x)\mathrm{d}x \leqslant \frac{f(a)+f(b)}{2}.$$

【分析】 已知条件 $f(tx_1+(1-t)x_2) \leqslant tf(x_1)+(1-t)f(x_2)$ 是凸函数的另外一种定义.根据凸函数的图像,从数形结合的几何直观,上面的结论显然成立,因为 $f\left(\frac{a+b}{2}\right)(b-a)$, $\int_a^b f(x)\mathrm{d}x$ 和 $\frac{f(a)+f(b)}{2}(b-a)$ 分别表示如下图形的面积:以 $b-a$ 为长,区间中点的函数值为宽的矩形面积;曲边梯形的面积;直边梯形的面积,如图 7.1 所示.下面的任务是如何将几何直观转化为逻辑证明.那么,我们只能利用唯一"有用"的条件,也即凸函数的定义,我们如何运用它呢?根据条件 $f(tx_1+(1-t)x_2) \leqslant tf(x_1)+(1-t)f(x_2)$,以及证明的结论中有定积分,它们强烈地暗示我们需要进行"换元"构造出满足条件的变量形式.如何换元?

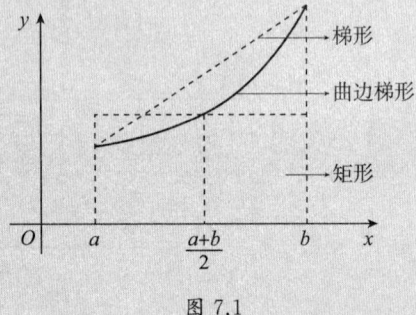

图 7.1

对于右边的不等式,需要构造已知条件左边的形式,也即 $f(tx_1+(1-t)x_2)$,结合证明的结论,只要令 $x_1=a, x_2=b, ta+(1-t)b$ 刚好能把区间 $[a,b]$ 中所有的点表示出来,于是换元法就有了,令 $x=ta+(1-t)b$.

对于左边的不等式,需要构造出已知条件右边的函数值组合形式,也即 $tf(x_1)+(1-t) \cdot f(x_2)$.用它来代替积分函数 $f(x)$,也即暗示我们如下等式

$$\int_a^b (tf(x_1)+(1-t)f(x_2))\mathrm{d}x = \int_a^b f(x)\mathrm{d}x.$$

根据要证明的结论,很显然参数 $t=\frac{1}{2}$,剩下的任务是如何确定 $x_1=?$ $x_2=?$ 注意,结论中间是函数的定积分,于是不能将 x_1, x_2 取固定常数,应该与量 x 相关,由此用对称性令 $x_1=x, x_2=a+b-x$.

证明 对于积分 $\int_a^b f(x)\mathrm{d}x$ 作换元,令 $x=ta+(1-t)b$,则积分

$$\int_a^b f(x)\mathrm{d}x = \int_0^1 f(ta+(1-t)b)(b-a)\mathrm{d}t \leqslant (b-a)\int_0^1 [tf(a)+(1-t)f(b)]\mathrm{d}t$$
$$=\frac{b-a}{2}[f(a)+f(b)].$$

由此可得不等式的右边.

下面证明不等式的左边.提供两种不同方法.第一种方法是利用对称性,先将函数关于积分区间的中点作对称图形,得到 $f(a+b-x)=f(x)$,再进行定积分,于是可以得到 $\int_a^b f(a+$

$b-x)\mathrm{d}x = \int_a^b f(x)\mathrm{d}x$. 这个等式的严格证明来自换元法. 另外一种方法, 先将积分区域分成相等的两部分, 积分化成两部分积分, 然后通过换元, 将不同区间的积分变成相同区间上的积分.

方法一 利用换元法可以证明 $\int_a^b f(a+b-x)\mathrm{d}x = \int_a^b f(x)\mathrm{d}x$, 于是,

$$2\int_a^b f(x)\mathrm{d}x = \int_a^b f(a+b-x)\mathrm{d}x + \int_a^b f(x)\mathrm{d}x = \int_a^b [f(a+b-x) + f(x)]\mathrm{d}x$$
$$\geqslant 2\int_a^b f\left(\frac{a+b-x}{2} + \frac{x}{2}\right)\mathrm{d}x = 2f\left(\frac{a+b}{2}\right)(b-a),$$

也即证明了左边的不等式.

方法二 把积分分成两部分, 有

$$\int_a^b f(x)\mathrm{d}x = \int_a^{\frac{a+b}{2}} f(x)\mathrm{d}x + \int_{\frac{a+b}{2}}^b f(x)\mathrm{d}x = \int_{\frac{a+b}{2}}^b f(a+b-x)\mathrm{d}x + \int_{\frac{a+b}{2}}^b f(x)\mathrm{d}x$$
$$= \int_{\frac{a+b}{2}}^b [f(a+b-x) + f(x)]\mathrm{d}x$$
$$\geqslant 2\int_{\frac{a+b}{2}}^b \left[f\left(\frac{a+b-x}{2} + \frac{x}{2}\right)\right]\mathrm{d}x$$
$$= 2\int_{\frac{a+b}{2}}^b f\left(\frac{a+b}{2}\right)\mathrm{d}x = (b-a)f\left(\frac{a+b}{2}\right).$$

于是证明了左边的不等式.

(二) 分部积分法

例 4 设 $f(x)$ 是 $[0,1]$ 上的 n 阶连续可微函数, 满足 $f\left(\dfrac{1}{2}\right) = f^{(i)}\left(\dfrac{1}{2}\right) = 0$, i 是不超过 n 的正整数, 证明:

$$\left(\int_0^1 f(x)\mathrm{d}x\right)^2 \leqslant \frac{1}{(2n+1)\,4^n\,(n!)^2}\int_0^1 [f^{(n)}(x)]^2\mathrm{d}x.$$

【分析】 看到这个结论, 很多同学可能会感到茫然, 不知所措, 不清楚它表达的是什么, 只见其复杂. 其实, 大家被右边系数忽悠住了, 从而选择性忽略了积分的主题. 它是函数的积分值与导数的积分值之间的比较, 再结合题目的已知条件, 是不是可以运用 Taylor 公式呢? 尽管我们一再重申, 已知高阶导数的条件是 Taylor 公式的标签, 但那一般只涉及特殊点的高阶导数值, 而本题结论涉及所有点的高阶导数值, 故 Taylor 公式在此题中并不适用. 那还有什么方法能把函数和导数联系在一起呢? 那就是分部积分了. 又因为题干中给出了 $\dfrac{1}{2}$ 点处的函数值及其导数值, 由此告诉我们, 积分区间必须只能在 $\left[0,\dfrac{1}{2}\right]$ 或者 $\left[\dfrac{1}{2},1\right]$ 上, 结合证明的结论可得到积分区间肯定是前者. 可能有同学要问, 另外一半区间上的积分怎么办? 可以采用换元法, 再加放缩法啊.

证明 由已知 $f(x)$ 是 $[0,1]$ 上的 n 阶连续可微函数,利用分部积分和已知条件,可得

$$\int_0^{\frac{1}{2}} f(x)\mathrm{d}x = \sum_{i=0}^{n-1} \frac{(-1)^i f^{(i)}\left(\frac{1}{2}\right)}{2^{i+1}(i+1)!} + \frac{(-1)^n}{n!} \int_0^{\frac{1}{2}} x^n f^{(n)}(x)\mathrm{d}x = \frac{(-1)^n}{n!} \int_0^{\frac{1}{2}} x^n f^{(n)}(x)\mathrm{d}x,$$

上面等式两边同时平方,且右边使用 Cauchy 不等式,可得

$$\left(\int_0^{\frac{1}{2}} f(x)\mathrm{d}x\right)^2 = \left[\frac{(-1)^n}{n!} \int_0^{\frac{1}{2}} x^n f^{(n)}(x)\mathrm{d}x\right]^2$$

$$\leqslant \frac{1}{(n!)^2} \int_0^{\frac{1}{2}} x^{2n} \mathrm{d}x \int_0^{\frac{1}{2}} [f^{(n)}(x)]^2 \mathrm{d}x$$

$$= \frac{1}{(2n+1)(n!)^2 2^{2n+1}} \int_0^{\frac{1}{2}} [f^{(n)}(x)]^2 \mathrm{d}x.$$

利用换元法,以及与上面相同的技巧,可得

$$\int_{\frac{1}{2}}^1 f(x)\mathrm{d}x = \int_0^{\frac{1}{2}} f(1-x)\mathrm{d}x = \frac{1}{n!} \int_0^{\frac{1}{2}} x^n f^{(n)}(1-x)\mathrm{d}x,$$

$$\left(\int_{\frac{1}{2}}^1 f(x)\mathrm{d}x\right)^2 \leqslant \frac{1}{(2n+1)(n!)^2 2^{2n+1}} \int_0^{\frac{1}{2}} [f^{(n)}(1-x)]^2 \mathrm{d}x$$

$$= \frac{1}{(2n+1)(n!)^2 2^{2n+1}} \int_{\frac{1}{2}}^1 [f^{(n)}(x)]^2 \mathrm{d}x.$$

再由重要不等式 $(a+b)^2 \leqslant 2(a^2+b^2)$ 以及上面两个不等式得到结论.

例 5 (南京大学 1996) 设函数 $f(x)$ 在 $[0,+\infty)$ 上连续,且严格递增,$f(0)=0$,f^{-1} 是 f 的反函数,证明:对任意 $a>0$, $b>0$,恒有 $ab \leqslant \int_0^a f(x)\mathrm{d}x + \int_0^b f^{-1}(y)\mathrm{d}y$.

【分析】 这是一道看起来显然,但实际上难以着手证明的不等式.证明题应先从结论出发,分析结论的内涵,至于已知条件,在审题完毕时就会发现它们平淡无奇,也就是说,这些条件并未隐含任何解题的线索,线索还是在结论中.结论是估计两个定积分的和,两个被积函数互为反函数,积分变量分别是自变量和因变量.由此可得,在同一坐标系下,互为反函数的 $f(x)$ 和 $f^{-1}(y)$ 所对应的图形是同一个图形.再看不等式的左边是两个正常数相乘 ab,可以看成矩形的面积,由此提示,不等式的右边也应该是面积,也即定积分的几何意义.是否能运用这一几何意义呢?观察已知条件,函数值非负,因此,回答应该是肯定的.既然从几何意义出发,那么可以画简图来辅助说明,如图 7.2 所示,假设函数 $f(x)$ 的图形曲线为 Γ,那么 $\int_0^a f(x)\mathrm{d}x$ 就表示曲线 Γ,x 轴和 $x=a$ 三线所围成区域的面积,$\int_0^b f^{-1}(y)\mathrm{d}y$ 就表示曲线 Γ,y 轴和 $y=b$ 三线所围成区域的面积,根据结论,只需证明矩形被包含在两者面积之和所对应的区域中即可.首先考虑最简单的情况,即 $f(a)=b$,然后推广到复杂的情况.简单情况如何开始呢?注意到,$ab = af(a) = xf(x)\Big|_0^a$,它是什么?分部积分公式中的一项啊,所以就从分部积分公式开始.

第7章 积分不等式   257

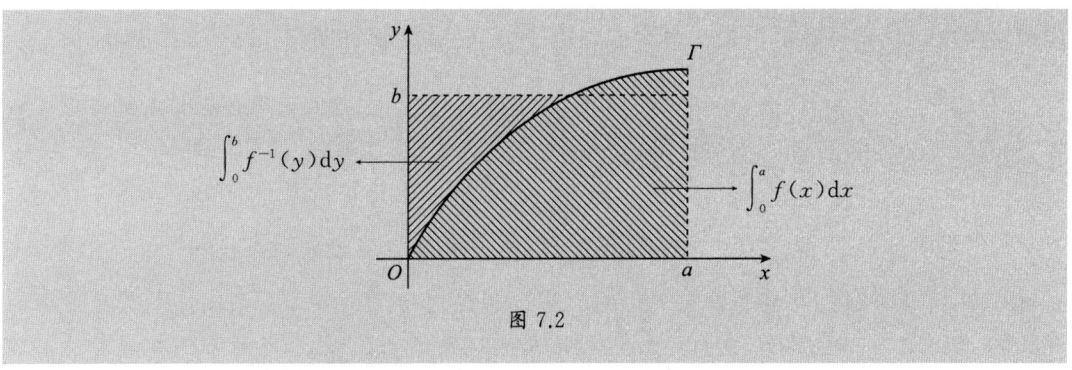

图 7.2

证明 (1) 假设 $f(a)=b$.
$$\int_0^b f^{-1}(y)\mathrm{d}y = \int_0^a x\,\mathrm{d}f(x) = xf(x)\Big|_0^a - \int_0^a f(x)\mathrm{d}x = ab - \int_0^a f(x)\mathrm{d}x.$$
由此可知结论成立.

(2) 假设 $f(a) \leqslant b$. 由函数严格递增可得
$$\int_0^b f^{-1}(y)\mathrm{d}y = \int_0^{f(a)} f^{-1}(y)\mathrm{d}y + \int_{f(a)}^b f^{-1}(y)\mathrm{d}y$$
$$= \int_0^a x\,\mathrm{d}f(x) + \int_a^{f^{-1}(b)} x\,\mathrm{d}f(x)$$
$$\geqslant xf(x)\Big|_0^a - \int_0^a f(x)\mathrm{d}x + \int_a^{f^{-1}(b)} a\,\mathrm{d}f(x)$$
$$= xf(x)\Big|_0^a - \int_0^a f(x)\mathrm{d}x + af(x)\Big|_a^{f^{-1}(b)}$$
$$= ab - \int_0^a f(x)\mathrm{d}x.$$
由上式可知结论成立.

(3) 假设 $f(a) \geqslant b$. 由函数严格递增可得
$$\int_0^a f(x)\mathrm{d}x = \int_0^{f^{-1}(b)} f(x)\mathrm{d}x + \int_{f^{-1}(b)}^a f(x)\mathrm{d}x$$
$$= \int_0^b y\,\mathrm{d}f^{-1}(y) + \int_{f^{-1}(b)}^a f(x)\mathrm{d}x$$
$$\geqslant yf^{-1}(y)\Big|_0^b - \int_0^b f^{-1}(y)\mathrm{d}y + \int_{f^{-1}(b)}^a b\,\mathrm{d}x$$
$$= bf^{-1}(b) - \int_0^b f^{-1}(y)\mathrm{d}y + bx\Big|_{f^{-1}(b)}^a$$
$$= ab - \int_0^b f^{-1}(y)\mathrm{d}y.$$
由此可得结论成立.

综合上述,可知结论成立.

例 6 (**广东 1991**) 设二元函数 $f(x,y)$ 在区域 $D=\{0 \leqslant x \leqslant 1, 0 \leqslant y \leqslant 1\}$ 上具有四阶

连续偏导数,$f(x,y)$ 在区域边界恒为零,且 $\left|\dfrac{\partial^4 f}{\partial x^2 \partial y^2}\right| \leqslant 3$.试证明:$\left|\iint_D f(x,y)\mathrm{d}x\mathrm{d}y\right| \leqslant \dfrac{1}{48}$.

【分析】 同学们看到这个题目的时候,是不是觉得眼前一黑,觉得自己肯定做不出来?提供的条件实属少见:四阶连续偏导数,$f(x,y)$ 在区域边界恒为零,且 $\left|\dfrac{\partial^4 f}{\partial x^2 \partial y^2}\right| \leqslant 3$.根本不知如何运用它们.下面我们来抽丝剥茧.首先,我们要关注结论中给出的数字 $\dfrac{1}{48}$,考虑它是从何而来,可能是通过对某个函数进行重积分计算得到的.接下来,去寻找符合这些条件的函数,如何寻找呢?看题干,我们会发现其中的奥秘.关于自变量 x,y 的条件都是对称出现的,那么我们要找的函数也应该关于自变量具有轮换对称性.函数 $f(x,y)$ 在区域边界恒为零,是不是提醒我们,这样的函数是不是也应该在边界上恒为 0 呢?再次,题目要求 $f(x,y)$ 四阶可导,那我们要找的函数也应该如此.最终,我们所寻找的函数应该是最简单的那一种,因此,我们不应该做无用功,去搬起石头砸自己的脚.哪种函数最简单呢?当然是多项式函数.

综合上述,我们要找的函数已经呼之欲出了,那就是 $xy(1-x)(1-y)$.通过简单的计算可以得到 $\left|\iint_D xy(1-x)(1-y)\mathrm{d}x\mathrm{d}y\right| = \dfrac{1}{36}$.尽管不是所需的 $\dfrac{1}{48}$,但它们很接近,只相差倍数关系.

下面要考虑的是条件 $\left|\dfrac{\partial^4 f}{\partial x^2 \partial y^2}\right| \leqslant 3$ 如何运用.高阶导数的问题,难道要用 Taylor 公式吗?显然,这种方法并不可行,Taylor 展开式的导数和项数众多,而且还有很多其他条件尚未明确.结论是估算函数的重积分范围.大家认为,应该如何进行估算呢?或许我们可以从问题中寻找线索,就像侦探追踪罪犯留下的蛛丝马迹一样.第一,考虑到这三个数字 $\dfrac{1}{48},\dfrac{1}{36},3$,推测可能存在 $\dfrac{1}{36} \times 3$ 这样的式子来描述它们之间的联系.第二,已知条件中唯一与函数估算相关的就是 $\left|\dfrac{\partial^4 f}{\partial x^2 \partial y^2}\right| \leqslant 3$.第三,导数和积分是逆运算,于是对偏导数积分可以得到函数本身.鉴于之前提到的现实困境,我们不得不做这样的事情:计算 $\iint_D xy(1-x)(1-y)\dfrac{\partial^4 f}{\partial x^2 \partial y^2}\mathrm{d}x\mathrm{d}y$.那大家不妨计算看看,很可能会出现柳暗花明又一村的转机.如何算?当然用分部积分啊.

证明 先将重积分化为累次积分,再进行四次分部积分,有

$$\iint_D xy(1-x)(1-y)\dfrac{\partial^4 f}{\partial x^2 \partial y^2}\mathrm{d}x\mathrm{d}y = \int_0^1 x(1-x)\int_0^1 y(1-y)\mathrm{d}\left(\dfrac{\partial^3 f}{\partial x^2 \partial y}\right)\mathrm{d}x$$

$$= \int_0^1 x(1-x)\left[y(1-y)\dfrac{\partial^3 f}{\partial x^2 \partial y}\bigg|_0^1 - \int_0^1 (1-2y)\dfrac{\partial^3 f}{\partial x^2 \partial y}\mathrm{d}y\right]\mathrm{d}x$$

$$= -\int_0^1 x(1-x)\int_0^1 (1-2y)\dfrac{\partial^3 f}{\partial x^2 \partial y}\mathrm{d}y\mathrm{d}x = -\int_0^1 x(1-x)\int_0^1 (1-2y)\mathrm{d}\left(\dfrac{\partial^2 f}{\partial x^2}\right)\mathrm{d}x$$

$$= -\int_0^1 x(1-x)\left[(1-2y)\dfrac{\partial^2 f}{\partial x^2}\bigg|_0^1 + 2\int_0^1 \dfrac{\partial^2 f}{\partial x^2}\mathrm{d}y\right]\mathrm{d}x$$

$$= -2\int_0^1 x(1-x)\int_0^1 \dfrac{\partial^2 f}{\partial x^2}\mathrm{d}y\mathrm{d}x = -2\int_0^1 \int_0^1 x(1-x)\dfrac{\partial^2 f}{\partial x^2}\mathrm{d}x\mathrm{d}y = \cdots = 4\int_0^1 \int_0^1 f(x,y)\mathrm{d}x\mathrm{d}y.$$

由题干中的条件,有

$$\iint_D xy(1-x)(1-y)\frac{\partial^4 f}{\partial x^2 \partial y^2}\mathrm{d}x\mathrm{d}y \leqslant 3\iint_D xy(1-x)(1-y)\mathrm{d}x\mathrm{d}y = 3\times\frac{1}{36} = \frac{1}{12}.$$

综合上面两个式子可得 $\left|\iint_D f(x,y)\mathrm{d}x\mathrm{d}y\right| \leqslant \frac{1}{48}.$

注:本题也可以直接从结论出发,也即本题证明方法的逆过程.从 $\iint_D f(x,y)\mathrm{d}x\mathrm{d}y$ 进行分部积分计算.建议同学们亲自动手实践,这会有助于同学们更深入地理解此类题目.正如俗话所说:"好记性不如烂笔头."

7.2 微分法

这类题目是典型的"挂羊头卖狗肉",表面上看起来是定积分的问题,实际上处理的方法完全是微分的.此时,题干中一定有"连续""可微",或者"几阶可导"等条件.此时,前面第 2 章和第 3 章微分学中的关键知识点将逐一呈现,随时准备被运用在解题过程中.

例 7 (武汉大学) 设 $f(x)$ 是定义在闭区间 $[0,1]$ 上的可微函数,满足 $|f'(x)|\leqslant M, 0<x<1$,试证:

$$\left|\int_0^1 f(x)\mathrm{d}x - \frac{1}{n}\sum_{k=1}^n f\left(\frac{k}{n}\right)\right| \leqslant \frac{M}{n}.$$

【分析】 积分与求和虽然表面上看差异显著,但实际上它们有着紧密的联系,宛如一对密不可分的伙伴.因为积分就是带有极限的求和,求和也可以转换为积分.既然如此,那就努力地对其进行变形,让积分项减求和项能真正的相减而融为一体,成为相亲相爱的一家人,也即二者差的积分.积分变为求和:通过拆分积分区间,变成若干区间上的积分,此时可以使用积分中值定理来去掉积分号,也可以不使用,看后面求和项如何变化.如果求和不变,那就使用积分中值定理这个武器;如果求和变积分,此时就可以不使用此武器.求和变成积分:将求和中的每一项看成分段函数的每一段,$\frac{1}{n}$ 自然就是区间长度了,求和自然也是积分了.这样,看起来形式不同的两项相减,就可以融合成一项:同名函数相减.它不就是微分中值定理的代名词吗? 题干中刚好也给出了"可微"的条件.

证明 令 $E_k = \int_{\frac{k-1}{n}}^{\frac{k}{n}}f(x)\mathrm{d}x - \frac{1}{n}f\left(\frac{k}{n}\right), k=1,2,\cdots,n.$ 因 $f(x)$ 可微,故其连续,于是由积分中值定理可知:$\exists \eta_k \in \left(\frac{k-1}{n}, \frac{k}{n}\right)$,使得 $\int_{\frac{k-1}{n}}^{\frac{k}{n}}f(x)\mathrm{d}x = \frac{1}{n}f(\eta_k).$

由 Lagrange 中值定理又知:$\exists \xi_k \in \left(\eta_k, \frac{k}{n}\right)$,使得 $f(\eta_k) - f\left(\frac{k}{n}\right) = \left(\eta_k - \frac{k}{n}\right)f'(\xi_k).$

从而有

$$|E_k| = \frac{1}{n}\left|f(\eta_k) - f\left(\frac{k}{n}\right)\right| = \frac{1}{n}\left|\eta_k - \frac{k}{n}\right|\cdot|f'(\xi_k)| < \frac{1}{n^2}M.$$

于是可得

$$\left|\int_0^1 f(x)\mathrm{d}x - \frac{1}{n}\sum_{k=1}^n f\left(\frac{k}{n}\right)\right| = \left|\sum_{k=1}^n E_k\right| \leqslant \frac{M}{n}.$$

例 8 （南开大学 2016）设 $f: \mathbf{R} \to \mathbf{R}$ 为连续函数,证明:f 为下凸函数当且仅当对任意区间 $[a,b] \in \mathbf{R}$,均有 $f\left(\dfrac{a+b}{2}\right) \leqslant \dfrac{1}{b-a}\int_a^b f(x)\mathrm{d}x$.

【分析】 必要性的证明,实际上,在换元法的例 3 中已经给出,只是条件上有细微的区别而已,利用凸函数的常见定义以及换元法可以得到结果.主要是充分性的证明.如何利用 $f\left(\dfrac{a+b}{2}\right) \leqslant \dfrac{1}{b-a}\int_a^b f(x)\mathrm{d}x$,推导出 $f\left(\dfrac{a+b}{2}\right) \leqslant \dfrac{f(a)+f(b)}{2}$,也即推导出下凸函数的定义.既然是基本定义的证明,反证法是很好的选择.另外,需要注意的是,$f\left(\dfrac{a+b}{2}\right)$,$\dfrac{1}{b-a}\int_a^b f(x)\mathrm{d}x$ 和 $\dfrac{f(a)+f(b)}{2}$,这几个式子有明确的几何含义,如果将这三个值分别作为长方形的宽,而以 $b-a$ 作为长方形的长,那么这三个值的大小顺序实际上代表的是三个矩形面积的大小顺序,其中第三个矩形的面积实际上是以弦为腰的直角梯形的面积.既然它具有如此明显的几何意义,那么我们就从几何图形入手进行分析吧.设辅助函数:用曲线 f 减去弦,即 $g(x)=f(x)-f(a)-\dfrac{f(b)-f(a)}{b-a}(x-a)$.题目等价于证明辅助函数在给定区间上恒负,即 $g(x) < 0, x \in (a,b)$. 反证法,假设 $f\left(\dfrac{a+b}{2}\right) \geqslant \dfrac{f(a)+f(b)}{2}$,可以推导出 $g\left(\dfrac{a+b}{2}\right) \geqslant 0$,得到辅助函数在区间上有正的最大值,通过这个结果去推导矛盾.

解 **充分性** 反证法,假设 $f\left(\dfrac{a+b}{2}\right) \geqslant \dfrac{f(a)+f(b)}{2}$.不妨设

$$g(x) = f(x) - f(a) - \frac{f(b)-f(a)}{b-a}(x-a),$$

则 $g(x)$ 在 $[a,b]$ 上连续,$g(a)=g(b)=0$,且

$$g\left(\frac{a+b}{2}\right) = f\left(\frac{a+b}{2}\right) - f(a) - \frac{f(b)-f(a)}{b-a}\left(\frac{a+b}{2}-a\right)$$

$$= f\left(\frac{a+b}{2}\right) - \frac{f(b)+f(a)}{2} \geqslant 0.$$

对于任意的 $c < d$,有

$$g\left(\frac{c+d}{2}\right) = f\left(\frac{c+d}{2}\right) - f(a) - \frac{f(b)-f(a)}{b-a}\left(\frac{c+d}{2}-a\right)$$

$$\leqslant \frac{1}{d-c}\int_c^d f(x)\mathrm{d}x - f(a) - \frac{f(b)-f(a)}{b-a}\left(\frac{c+d}{2}-a\right).$$

另外一方面,在 $[c,d]$ 上积分 $g(x)$ 有

$$\frac{1}{d-c}\int_c^d g(x)\mathrm{d}x = \frac{1}{d-c}\int_c^d \left[f(x)-f(a)-\frac{f(b)-f(a)}{b-a}(x-a)\right]\mathrm{d}x$$
$$= \frac{1}{d-c}\int_c^d f(x)\mathrm{d}x - f(a) - \frac{f(b)-f(a)}{2(d-c)(b-a)}\left[(d-a)^2-(c-a)^2\right]$$
$$= \frac{1}{d-c}\int_c^d f(x)\mathrm{d}x - f(a) - \frac{f(b)-f(a)}{b-a}\left(\frac{d+c}{2}-a\right),$$

即 $g\left(\dfrac{c+d}{2}\right) \leqslant \dfrac{1}{d-c}\int_c^d g(x)\mathrm{d}x$.

由于 $g(x)$ 在 $[a,b]$ 上连续,故 $g(x)$ 在 $[a,b]$ 上必有最大值. 又因为 $g(a)=g(b)=0$, $g\left(\dfrac{a+b}{2}\right)>0$, 故最大值一定在 $[a,b]$ 内部取得, 不妨设在 x_0 处取得最大值.

若 $x_0 \in \left(a, \dfrac{a+b}{2}\right)$, 由于在 $[a, 2x_0-a]$ 上, $g(x) \leqslant g(x_0)$, 但 $g(x)=g(x_0)$ 不恒成立, 故

$$g(x) \leqslant \frac{1}{2(x_0-a)}\int_a^{2x_0-a} g(x)\mathrm{d}x < \frac{1}{2(x_0-a)}\int_a^{2x_0-a} g(x_0)\mathrm{d}x = g(x_0).$$

由此可得,在区间 $[a, 2x_0-a]$ 上, $g(x)$ 没有最大值点 x_0, 矛盾.

若 $x_0 \in \left(\dfrac{a+b}{2}, b\right)$, 由于在 $[2x_0-b, b]$ 上, $g(x) \leqslant g(x_0)$, 但 $g(x)=g(x_0)$ 不恒成立, 故

$$g(x) \leqslant \frac{1}{2(b-x_0)}\int_{2x_0-b}^b g(x)\mathrm{d}x < \frac{1}{2(b-x_0)}\int_{2x_0-b}^b g(x_0)\mathrm{d}x = g(x_0).$$

由此可得,在区间 $[2x_0-b, b]$ 上, $g(x)$ 没有最大值点 x_0, 矛盾. 所以, $f\left(\dfrac{a+b}{2}\right) \leqslant \dfrac{f(a)+f(b)}{2}$, f 为凸函数.

必要性 若 f 为凸函数, 则对于任意的 $x_1, x_2 \in \mathbf{R}$, 有
$$f\left(\frac{x_1+x_2}{2}\right) \leqslant \frac{f(x_1)+f(x_2)}{2}.$$

从而有
$$\int_a^b f(x)\mathrm{d}x = \int_a^b f(a+b-x)\mathrm{d}x = \int_a^b \frac{f(x)+f(a+b-x)}{2}\mathrm{d}x$$
$$\geqslant \int_a^b f\left(\frac{x+a+b-x}{2}\right)\mathrm{d}x = (b-a)f\left(\frac{a+b}{2}\right).$$

故 $f\left(\dfrac{a+b}{2}\right) \leqslant \dfrac{1}{b-a}\int_a^b f(x)\mathrm{d}x$ 成立. 综上即证出命题成立.

巩固练习 (北京理工大学 1990) 设函数 $f(x)$ 在 $[a,b]$ 上有二阶连续导数, 且 $f''(x) \leqslant 0$. 证明:
$$\frac{1}{b-a}\int_a^b f(x)\mathrm{d}x \geqslant \frac{f(a)+f(b)}{2}.$$

例9 (北京1991) 设函数 $f(x)$ 在 $[a,b]$ 上不恒为零,且其导数 f' 连续,并有 $f(a)=f(b)=0$. 证明:存在点 $\xi\in[a,b]$,使得 $|f'(\xi)|>\dfrac{1}{(b-a)^2}\displaystyle\int_a^b f(x)\mathrm{d}x$.

【分析】 题干中的条件是普适性的,它们不会直接提供解题钥匙,而解题的钥匙依然隐藏在结论中,需要解决两个问题:特殊点 ξ 指的是什么? $\dfrac{1}{(b-a)^2}$ 这个表达式是如何得出的?首先,存在点 $\xi\in[a,b]$,那么这个点,你认为它代表什么?结论是特殊点的导数值大于其他点的导数值,由此可以认为,此特殊点 ξ 是导函数的最大值点. 何以判定该点是导函数的最大值点? 如果最大值都不大于其他值,那么此题结论还成立吗? 所以只要证明该点确实就是最大值点即可.

下面考虑 $\dfrac{1}{(b-a)^2}$ 从何而来,如果想清楚了它的来源,解答方法也就找到了. 既然涉及定积分,我们自然会考虑它是否源自某个简单函数的积分,根据经验有 $\displaystyle\int_a^b(x-a)\mathrm{d}x=\dfrac{(b-a)^2}{2}=\int_a^b(b-x)\mathrm{d}x$. 这个等式也强烈提示我们应用 Lagrange 中值定理,这是因为我们需要构造出 $x-a$ 或者 $b-x$.

证明 若 $\displaystyle\int_a^b f(x)\mathrm{d}x\leqslant 0$,结论显然成立. 下面讨论 $\displaystyle\int_a^b f(x)\mathrm{d}x>0$ 的情况. 因为 f' 在 $[a,b]$ 上连续,设 $M=\max\limits_{a\leqslant x\leqslant b}|f'(x)|$,由 Lagrange 中值定理:当 $a\leqslant x\leqslant\dfrac{a+b}{2}$,有
$$f(x)=f(a)+f'(t)(x-a)\leqslant M(x-a),\quad a<t<x;$$
当 $\dfrac{a+b}{2}\leqslant x\leqslant b$,有
$$f(x)=f(b)+f'(s)(x-b)\leqslant M(b-x),\quad x<s<b.$$
且知 $f(a)=f(b)=0$,所以
$$\int_a^b f(x)\mathrm{d}x=\int_a^{\frac{a+b}{2}}f(x)\mathrm{d}x+\int_{\frac{a+b}{2}}^b f(x)\mathrm{d}x$$
$$\leqslant M\int_a^{\frac{a+b}{2}}(x-a)\mathrm{d}x+M\int_{\frac{a+b}{2}}^b(b-x)\mathrm{d}x=\dfrac{M}{4}(b-a)^2.$$
于是有
$$M\geqslant\dfrac{4}{(b-a)^2}\int_a^b f(x)\mathrm{d}x>\dfrac{1}{(b-a)^2}\int_a^b f(x)\mathrm{d}x.$$
因为 $M=\max\limits_{a\leqslant x\leqslant b}|f'(x)|$,$f'$ 在 $[a,b]$ 上连续,故 f' 的最大值点在闭区间 $[a,b]$ 上可以取到,也即存在点 $\xi\in[a,b]$,使得 $M=\max\limits_{a\leqslant x\leqslant b}|f'(x)|=f'(\xi)$. 由此结论成立.

例10 (北京1998) 设函数 $f(x)$ 具有二阶导数,且 $f''(x)\geqslant 0, x\in\mathbf{R}$,函数 $g(x)$ 在区间 $[0,a]$ 上连续,证明: $\dfrac{1}{a}\displaystyle\int_0^a f[g(x)]\mathrm{d}x\geqslant f\left[\dfrac{1}{a}\int_0^a g(t)\mathrm{d}t\right]$.

【分析】 初看此题,感觉颇为复杂,涉及复合函数的定积分,以及函数的自变量为定积分.题干中除了常见条件 $f''(x) \geqslant 0, x \in \mathbf{R}$ 外,没有提供其他有用的信息了,然而此条件虽然经常被用来判断函数的凸凹性,但其判断思路并不明确.同学们是否有这样的感受:再狡猾的狐狸也有露出尾巴的时候.那么这道题目中狡猾的"狐狸的尾巴"实意是啥呢?就是我们常见的条件 $f''(x) \geqslant 0, x \in \mathbf{R}$,难道我们要用凸凹性吗?再回到结论,它的含义不就是:函数的平均值大于自变量取平均值的函数值.大家回想看看,我们是如何来证明函数的凸凹性的?是不是利用了 Taylor 公式来进行证明的呢?另外一方面,我们可以得出如下结论:如果题干提供了函数的高阶可导性,为了充分利用此条件,我们必须考虑使用 Taylor 公式.因为只有 Taylor 公式能够将所有阶数的导数包含在内.综合上述,解决本题的灵丹妙药就是 Taylor 公式.下面就是要确定在哪里展开?以及在哪里被展开?这些问题可以在结论中找到答案.具体来说就是,被展开的点为 $g(t)$,而展开的点是 $\dfrac{1}{a}\int_0^a g(t)\mathrm{d}t$.

证明 由 Taylor 公式,
$$f(x) = f(x_0) + f'(x_0)(x-x_0) + \frac{1}{2}f''(\xi)(x-x_0)^2, \quad \xi \in (x, x_0).$$
由 $f''(x) \geqslant 0, x \in \mathbf{R}$ 可知
$$f(x) \geqslant f(x_0) + f'(x_0)(x-x_0).$$
令 $x = g(t), x_0 = \dfrac{1}{a}\int_0^a g(t)\mathrm{d}t$,则
$$f(g(t)) \geqslant f(x_0) + f'(x_0)(g(t) - x_0),$$
两边积分,有
$$\int_0^a f(g(t))\mathrm{d}t \geqslant \int_0^a f(x_0)\mathrm{d}t + \int_0^a f'(x_0)(g(t)-x_0)\mathrm{d}t$$
$$= af(x_0) + f'(x_0)\int_0^a g(t)\mathrm{d}t - ax_0 f'(x_0) = af(x_0).$$
于是有 $\dfrac{1}{a}\int_0^a f(g(x))\mathrm{d}x \geqslant f\left(\dfrac{1}{a}\int_0^a g(t)\mathrm{d}t\right).$

例11 (天津 2008) 设函数 $f(x)$ 在闭区间 $[0,1]$ 上连续,在开区间 $(0,1)$ 内具有二阶导数,且 $f''(x) > 0$.证明: $\int_0^1 f(x^n)\mathrm{d}x \geqslant f\left(\dfrac{1}{n+1}\right)$, n 为正整数.

【分析】 此题可以认为是例10的特殊形式,即 $g(x) = x^n$.二阶可导以及二阶导 $f''(x) > 0$,这都是使用 Taylor 公式的标签.哪个点被展开,以及在哪里进行展开,当然从结论中寻找,因为结论中不是有 x^n 和 $\dfrac{1}{n+1}$ 吗?前者是被展开点,后者是展开点.通过例9和例10,同学们可以尝试用一些简单的凸凹性函数进行练习,这样能衍生出许多题目.你会发现,自己其实也能创造题目了!

证明 设 $x_0 \in (0,1), t \in [0,1]$,有 Taylor 展开式:

$$f(t) = f(x_0) + f'(x_0)(t-x_0) + \frac{1}{2}f''(\xi)(t-x_0)^2,$$

其中 ξ 位于 t 与 x_0 之间. 令 $t = x^n$, 得

$$f(x^n) = f(x_0) + f'(x_0)(x^n - x_0) + \frac{1}{2}f''(\xi)(x^n - x_0)^2.$$

注意到, 当 $x \in (0,1)$ 时, $f''(x) > 0$, 所以

$$f(x^n) \geqslant f(x_0) + f'(x_0)(x^n - x_0),$$

$$\int_0^1 f(x^n)\,\mathrm{d}x \geqslant f(x_0) + f'(x_0)\int_0^1 (x^n - x_0)\,\mathrm{d}x = f(x_0) + f'(x_0)\left(\frac{1}{n+1} - x_0\right),$$

取 $x_0 = \dfrac{1}{n+1}$, 得到

$$\int_0^1 f(x^n)\,\mathrm{d}x \geqslant f\left(\frac{1}{n+1}\right).$$

例12 (**广东 1991**) 设区域 D 是单位圆盘, 证明: $\dfrac{61\pi}{165} \leqslant \iint_D \sin\sqrt{(x^2+y^2)^3}\,\mathrm{d}x\,\mathrm{d}y \leqslant \dfrac{2\pi}{5}.$

【分析】 积分区域为单位圆盘的重积分, 是使用极坐标的标签. 此外, 不等式两边的 π 以及被积函数的形式, 都在明显地提示我们应该采用极坐标换元. 换元后, 再如何具体操作呢? 在不等式的证明中, 通常需要对被积函数进行放缩. 放缩的方法通常是利用微分法中的定理与公式, 比如, Taylor 公式.

证明 对重积分作极坐标变换

$$\iint_D \sin\sqrt{(x^2+y^2)^3}\,\mathrm{d}x\,\mathrm{d}y = \int_0^{2\pi}\mathrm{d}\theta\int_0^1 r\sin r^3\,\mathrm{d}r = 2\pi\int_0^1 r\sin r^3\,\mathrm{d}r.$$

考虑正弦函数 $\sin x$ 的 Taylor 公式, 即 $\sin r^3 = r^3 - \dfrac{1}{6}r^9 + \cdots$, 则有

$$\frac{61}{330} \leqslant \int_0^1 r\left(r^3 - \frac{1}{6}r^9\right)\mathrm{d}r \leqslant \int_0^1 r\sin r^3\,\mathrm{d}r \leqslant \int_0^1 r \cdot r^3\,\mathrm{d}r \leqslant \frac{1}{5}.$$

从而结论成立.

例13 设 $f(x)$ 在区间 $[0,2]$ 上的二阶导函数连续, $f(0) = f(2) = 0$, 证明:

$$\left|\int_0^2 f(x)\,\mathrm{d}x\right| \leqslant \frac{2M}{3}, \quad \text{其中 } M = \max_{0 \leqslant x \leqslant 2}|f''(x)|.$$

【分析】 结论是证明函数的二阶导数的最大值和函数的积分之间的关系, 而题干中的条件是二阶导数存在且连续, 这基本上是使用 Taylor 公式的标签了. 由于结论涉及函数的积分, 展开点可以是区间上的任意一点. 为了简化计算, 减少不必要的变量, 在已知条件的情况下, 选择被展开点 —— 0 或者 2 是自然而然的.

证明 选择任意点 $x \in [0,2]$ 处展开:

$$f(0) = f(x) + f'(x)(0-x) + \frac{f''(\xi)}{2}(0-x)^2,$$

则
$$f(x) = f'(x)x - \frac{f''(\xi)}{2}x^2.$$

上式两边同时积分
$$\int_0^2 f(x)\,dx = \int_0^2 f'(x)x\,dx - \frac{1}{2}\int_0^2 f''(\xi)x^2\,dx.$$

另外一方面,上式右边第一项由分部积分可得
$$\int_0^2 f'(x)x\,dx = \int_0^2 x\,df(x) = xf(x)\Big|_0^2 - \int_0^2 f(x)\,dx = -\int_0^2 f(x)\,dx.$$

综上两式有
$$\int_0^2 f(x)\,dx = -\frac{1}{4}\int_0^2 f''(\xi)x^2\,dx.$$

取绝对值后放大积分,得
$$\left|\int_0^2 f(x)\,dx\right| \leqslant \frac{1}{4}M\int_0^2 x^2\,dx = \frac{2}{3}M.$$

例14 设 $f(x)$ 在 $[0,a]$ 上二阶可导,$f''(x) > 0$,求证:$\int_0^a f(x)\,dx \geqslant af\left(\frac{a}{2}\right)$.

【分析】 从题干中的已知条件来看,本题是使用 Taylor 公式的标签.展开点和被展开点由证明的结论提示我们,应该位于 $\frac{a}{2}$ 和任意点 x.这是标准套路之一.

如果仅从证明结论的表象来看,我们会发现结论中字母 a 被多次使用.此外,结论是关于积分值和函数值的大小比较,由此,构造辅助函数,并利用该辅助函数的单调性来讨论它们之间的大小关系,这也是此题的标准套路之一.

如果换个视角来看结论,或者对结论稍微变形:
$$\frac{\int_0^a f(x)\,dx}{a} \geqslant f\left(\frac{a}{2}\right),$$
我们就可以发现此不等式的左边是均值,右边是区间中点的函数值,也即均值大于区间中点的函数值,这不是凸凹性吗?已知条件恰好符合凸凹性的定义,因此,此题也可以利用函数的凸凹性进行处理.这也是此题的标准套路之一,也是例 9 和例 10 的特殊形式.

证明 **方法一** 构造辅助函数 $F(x) = \int_0^x f(t)\,dt - xf\left(\frac{x}{2}\right)$,则有
$$F'(x) = f(x) - f\left(\frac{x}{2}\right) - \frac{x}{2}f'\left(\frac{x}{2}\right) = \frac{x}{2}f'\left(\frac{\xi}{2}\right) - \frac{x}{2}f'\left(\frac{x}{2}\right), \quad \frac{\xi}{2} \in \left(\frac{x}{2}, x\right).$$

因为 $f''(x) \geqslant 0$,于是 $f'\left(\frac{\xi}{2}\right) > f'\left(\frac{x}{2}\right)$,则 $F'(x) > 0$,可得 $F(x)$ 是单调递增的,故有
$$F(a) > F(0), \quad 即 \quad \int_0^a f(x)\,dx - af\left(\frac{a}{2}\right) > 0.$$

方法二 使用 Taylor 公式.

$$f(x) = f\left(\frac{a}{2}\right) + f'\left(\frac{a}{2}\right)\left(x - \frac{a}{2}\right) + \frac{1}{2}f''(\xi)\left(x - \frac{a}{2}\right)^2 > f\left(\frac{a}{2}\right) + f'\left(\frac{a}{2}\right)\left(x - \frac{a}{2}\right).$$

两边积分可得

$$\int_0^a f(x)\,\mathrm{d}x > af\left(\frac{a}{2}\right) + \int_0^a f'\left(\frac{a}{2}\right)\left(x - \frac{a}{2}\right)\mathrm{d}x = af\left(\frac{a}{2}\right).$$

方法三 因为 $f''(x) > 0$,于是 $f(x)$ 是凹函数,即

$$\frac{f(x) + f(a-x)}{2} \geqslant f\left(\frac{a}{2}\right).$$

两边积分可得

$$\int_0^a \frac{f(x) + f(a-x)}{2}\mathrm{d}x \geqslant \int_0^a f\left(\frac{a}{2}\right)\mathrm{d}x = af\left(\frac{a}{2}\right).$$

而不等式左边

$$\int_0^a \frac{f(x) + f(a-x)}{2}\mathrm{d}x = \int_0^a \frac{f(x)}{2}\mathrm{d}x + \int_0^a \frac{f(a-x)}{2}\mathrm{d}x = \int_0^a f(x)\,\mathrm{d}x.$$

7.3 将定积分变为变限积分辅助函数法

由于证明的结论中经常含有积分区间的上限或者下限,它会诱导我们将结论中的上(下)限换成变量,于是构造出辅助函数,如例 15 的方法一,本节主要讨论这个技巧.

例 15 (1) 设 $f(x)$ 在区间 $[a,b]$ 上有连续的二阶导数,且 $f''(x) < 0$,证明:

$$\int_a^b f(x)\,\mathrm{d}x \leqslant f\left(\frac{a+b}{2}\right)(b-a).$$

(2) 设 $f(x)$ 在区间 $[a,b]$ 上是单调递减的连续函数,证明:

$$\int_a^b (x-a)^3 f(x)\,\mathrm{d}x \leqslant \frac{(b-a)^3}{4}\int_a^b f(x)\,\mathrm{d}x.$$

【分析】 本例的这两题放在一起的原因是它们的证明方法完全相同.第一问实际上是例 14 的一般形式,只是将积分区间一般化了,技巧和例 14 完全相同.这里我们仅讨论函数法,而不涉及其他方法,主要有以下两个原因:第一,积分区间一般化后,题目的难度会略有增加;第二,我们希望通过这个方法引出第二问的证明思路,同时这种方法相较于第二问的复杂性来说更为简单.

证明 (1) **方法一** 令 $F(t) = \int_a^t f(x)\,\mathrm{d}x - f\left(\frac{a+t}{2}\right)(t-a)$,则有 $F(a) = 0$.当 $t > a$ 时,

$$F'(t) = f(t) - f\left(\frac{a+t}{2}\right) - f'\left(\frac{a+t}{2}\right)\frac{t-a}{2}$$

$$= \frac{1}{2}(t-a)\left[f'(\xi) - f'\left(\frac{a+t}{2}\right)\right], \quad \xi \in \left(\frac{a+t}{2}, t\right).$$

因 $f''(x) < 0$,所以 $f'(x)$ 单调递减.故由上式可知 $F(t)$ 单调递减,则 $F(b) \leqslant F(a)$.

方法二 记 $c = \frac{a+b}{2}$,则

$$f(x)=f(c)+f'(c)(x-c)+\frac{1}{2}f''(\xi)(x-c)^2 \leqslant f(c)+f'(c)(x-c),$$

故

$$\int_a^b f(x)\,\mathrm{d}x \leqslant \int_a^b [f(c)+f'(c)(x-c)]\,\mathrm{d}x = f(c)(b-a).$$

(2) 令 $F(t)=\dfrac{(t-a)^3}{4}\int_a^t f(x)\,\mathrm{d}x - \int_a^t (x-a)^3 f(x)\,\mathrm{d}x$，则有

$$F'(t)=\frac{3}{4}(t-a)^2 \int_a^t f(x)\,\mathrm{d}x + \frac{(t-a)^3}{4}f(t) - (t-a)^3 f(t)$$

$$=\frac{3}{4}(t-a)^2 \left[\int_a^t f(x)\,\mathrm{d}x - (t-a)f(t)\right]$$

$$>\frac{3}{4}(t-a)^3 (f(a)-f(t)) > 0,$$

其中最后两个不等号是因为 $f(x)$ 单调递减.

故 $F(b) \geqslant F(a) = 0$.

例16 （**北京 1996**）设函数 $f(x)$ 在 $[0,1]$ 上连续可微，且当 $x \in [0,1]$ 时，$0 < f'(x) < 1$，$f(0)=0$，证明：

$$\int_0^1 f^2(x)\,\mathrm{d}x > \left[\int_0^1 f(x)\,\mathrm{d}x\right]^2 > \int_0^1 f^3(x)\,\mathrm{d}x.$$

【**分析**】 此题在第2章讲解Cauchy中值定理时已经出现过，即例33. 由于它是积分不等式中非常经典的例题，涉及多个重要知识点，因此在此再次呈现，以供深入学习. 结论中的左边不等式可以采用很明显的方法——Cauchy不等式来证明. 而右边不等式，根据题干中给出的已知条件 $0 < f'(x) < 1$，似乎暗示我们可以考虑使用函数的单调性来进行证明. 于是就需要设辅助函数 $F(x)=\left[\int_0^x f(t)\,\mathrm{d}t\right]^2 - \int_0^x f^3(t)\,\mathrm{d}t$.

证明 由 Cauchy 不等式

$$\int_a^b f^2(x)\,\mathrm{d}x \int_a^b g^2(x)\,\mathrm{d}x \geqslant \left(\int_a^b f(x)g(x)\,\mathrm{d}x\right)^2,$$

只要令 $g(x)=1$，可得左边不等式. 因为 $f(x)$ 在 $[0,1]$ 上单调递增，不恒为1，于是等号不成立. 下面证明右边不等式.

方法一 设辅助函数 $F(x)=\left[\int_0^x f(t)\,\mathrm{d}t\right]^2 - \int_0^x f^3(t)\,\mathrm{d}t$，则 $F(0)=0$，且

$$F'(x)=2f(x)\int_0^x f(t)\,\mathrm{d}t - f^3(x) = f(x)\left[2\int_0^x f(t)\,\mathrm{d}t - f^2(x)\right]. \tag{1}$$

再设辅助函数 $G(x)=2\int_0^x f(t)\,\mathrm{d}t - f^2(x)$，则 $G(0)=0$，且

$$G'(x)=2f(x)-2f(x)f'(x)=2f(x)(1-f'(x)).$$

由已知条件，当 $x \in [0,1]$ 时，$0 < f'(x) < 1$，$f(0)=0$，可得函数 $f(x)$ 在 $[0,1]$ 上是非负单增函数，并由此可得 $G'(x)$ 在 $[0,1]$ 上大于零，即 $G'(x) > 0$，于是辅助函数 $G(x)$ 也是非

负单增函数.再由(1)式可得 $F'(x)>0$,即辅助函数 $F(x)$ 是非负单增函数,从而 $F(x)>0$,$x\in(0,1)$.从而得到结论.

方法二 运用 Cauchy 中值定理.设辅助函数
$$F(x)=\left[\int_0^x f(t)\mathrm{d}t\right]^2,\quad G(x)=\int_0^x f^3(t)\mathrm{d}t.$$

显然有 $F(0)=0$ 和 $G(0)=0$.由 Cauchy 中值定理有
$$\frac{F(x)}{G(x)}=\frac{F(x)-F(0)}{G(x)-G(0)}=\frac{F'(\xi)}{G'(\xi)}=\frac{2f(\xi)\int_0^\xi f(t)\mathrm{d}t}{f^3(\xi)}=\frac{2\int_0^\xi f(t)\mathrm{d}t}{f^2(\xi)}=\frac{S(\xi)}{T(\xi)}. \tag{2}$$

再设辅助函数
$$S(\xi)=2\int_0^\xi f(t)\mathrm{d}t,\quad T(\xi)=f^2(\xi),$$

显然有 $S(0)=0$ 和 $T(0)=0$.再次由 Cauchy 中值定理有
$$\frac{S(\xi)}{T(\xi)}=\frac{S(\xi)-S(0)}{T(\xi)-T(0)}=\frac{S'(\eta)}{T'(\eta)}=\frac{2f(\eta)}{2f(\eta)f'(\eta)}=\frac{1}{f'(\eta)}>1. \tag{3}$$

综合(2),(3)两式可得结论成立.

例17 (**数三 2004**) 设函数 $f(x),g(x)$ 在 $[a,b]$ 上连续,且满足
$$\int_a^x f(t)\mathrm{d}t\geqslant\int_a^x g(t)\mathrm{d}t,\quad x\in[a,b];\quad \int_a^b f(t)\mathrm{d}t=\int_a^b g(t)\mathrm{d}t.$$

证明: $\int_a^b xf(x)\mathrm{d}x\leqslant\int_a^b xg(x)\mathrm{d}x$.

【分析】 本题的结论似乎有些出乎意料.从题干来看,我们可能会直觉地认为结论中的不等号应该是反向的,但这是我们的直觉错误.其实此题有很好的物理意义.如果 $f(x)$,$g(x)$ 分别看成两根棒 l_1 和 l_2 的密度,那么条件中的两个条件告诉我们如下事实:如果两根棒不包含右端一点,说明 l_1 棒的质量大于 l_2 的质量;如果包含右端 $x=b$,则两根棒的质量相等.这说明在 $x=b$ 处,l_1 棒的密度 $f(b)$ 小于 l_2 棒的密度 $g(b)$.那么自然就有:l_1 棒的重心应该靠左边,而 l_2 棒的质心应该靠右边.也就是我们要证明的结论.由此在考虑本题时,如果我们仅仅关注结论或者只看题干,就很难找到合适的解决方法.我们应该将三个积分等式或者不等式视为一个整体来分析,这样更容易找到解题的线索.可以看出,本题实际上是讨论函数 $f(x)-g(x)$ 在区间 $[a,b]$ 上的性质.

根据前面的物理意义,以及题干的积分不等式和等式,会诱导我们设辅助函数
$$G(x)=\int_0^x(f(t)-g(t))\mathrm{d}t=\int_0^x F(t)\mathrm{d}t,$$

其中 $F(t)=f(t)-g(t)$,则 $G'(x)=F(x)$.再回到结论并结合上面引进的符号,则结论改写为
$$\int_a^b xF(x)\mathrm{d}x=\int_a^b x\mathrm{d}G(x).$$

由此分部积分就呼之欲出了.

证明 设 $F(x)=f(x)-g(x)$,$G(x)=\int_a^x F(t)\mathrm{d}t$,则由题设可得

$$G(x) \geqslant 0, \quad G(a) = G(b) = 0, \quad G'(x) = F(x).$$

由分部积分

$$\int_a^b x F(x) \mathrm{d}x = x G(x) \Big|_a^b - \int_a^b G(x) \mathrm{d}x = -\int_a^b G(x) \mathrm{d}x \leqslant 0.$$

从而结论成立.

例18 设函数 $f(x)$ 是区间 $[0,1]$ 上的非负连续上凸函数,并且 $f(0)=1$,证明:

$$\int_0^1 x f(x) \mathrm{d}x \leqslant \frac{2}{3} \left(\int_0^1 f(x) \mathrm{d}x \right)^2.$$

【分析】 大部分人初看此题时,可能会认为它和前面的几道例题相似,从而使用辅助函数和单调性来解决问题.但当你打算如此操作时,请注意审题,题目条件中是否提供了关于单调性的信息? 比如,是否提到了函数的可导性、导函数是否恒正或者恒负等.题干中只有非负凸函数的信息.值得注意的是,仅凭上凸的条件,我们不能直接得出二阶导函数的正负号,因为题干中并未提及函数的可导性.所以,只能运用上凸函数的基本定义 $f(ux+(1-u)y) \geqslant uf(x)+(1-u)f(y)$(或者等价定义 $\dfrac{f(t)-f(0)}{t} \geqslant \dfrac{f(x)-f(0)}{x}, \forall t \in (0,x)$).不同定义得到不同的方法,两种方法的细节虽有一定差异,但整体思路是一致的,但如何利用呢? 以前者定义为例,结合所证明的结论,它提示我们: (1) 如何从积分 $\int f(x) \mathrm{d}x$ 中提炼出 $xf(x)$; (2) 仔细观察凸函数的定义,不等式的左边,当 $y=0$ 时,凸函数的定义变为

$$f(ux) \geqslant uf(x)+(1-u).$$

综上两点,对上式两边关于 u 积分,即

$$\int_0^x f(ux) \mathrm{d}u \geqslant \int_0^x uf(x) \mathrm{d}u + \int_0^x (1-u) \mathrm{d}u.$$

于是自然出现辅助函数 $F(x) = \int_0^x f(t) \mathrm{d}t$.

证明 方法一 设 $F(x) = \int_0^x f(t) \mathrm{d}t$,由凸函数的性质可得

$$F(x) = \int_0^x f(t) \mathrm{d}t = x \int_0^1 f(ux+(1-u) \cdot 0) \mathrm{d}u$$

$$\geqslant x \int_0^1 [uf(x)+(1-u) \cdot f(0)] \mathrm{d}u = \frac{xf(x)+x}{2}.$$

设 $I = \int_0^1 xf(x) \mathrm{d}x$, $U = \int_0^1 f(x) \mathrm{d}x$,于是结论变为 $2U^2 - 3I \geqslant 0$.下面证明这个结论:

$$I = \int_0^1 xf(x) \mathrm{d}x = \int_0^1 x \mathrm{d}F(x) = F(1) - \int_0^1 F(x) \mathrm{d}x$$

$$\leqslant U - \int_0^1 \frac{xf(x)+x}{2} \mathrm{d}x = U - \frac{1}{2}I - \frac{1}{4},$$

于是有 $3I \leqslant 2U - \dfrac{1}{2}$,故

$$2U^2 - 3I \geqslant 2U^2 - \left(2U - \frac{1}{2}\right) = 2\left(U - \frac{1}{2}\right)^2 \geqslant 0.$$

因此结论得证.

方法二 设 $F(x) = \int_0^x f(t)\mathrm{d}t$，利用凸函数的性质有
$$\frac{f(t) - f(0)}{t} \geqslant \frac{f(x) - f(0)}{x}, \quad \forall t \in (0, x),$$
则
$$\int_0^1 F(x)\mathrm{d}x = \int_0^1 \int_0^x f(t)\mathrm{d}t\mathrm{d}x \geqslant \int_0^1 \int_0^x \left(\frac{f(x) - f(0)}{x}t + f(0)\right) \mathrm{d}t\mathrm{d}x$$
$$\geqslant \int_0^1 \int_0^x \left(\frac{f(x) - f(0)}{x}t + 1\right) \mathrm{d}t\mathrm{d}x = \frac{1}{2}\int_0^1 (xf(x) + x)\mathrm{d}x.$$
因此，
$$\int_0^1 xf(x)\mathrm{d}x = \int_0^1 x\,\mathrm{d}F(x) = F(1) - \int_0^1 F(x)\mathrm{d}x \leqslant \int_0^1 f(x)\mathrm{d}x - \int_0^1 \frac{xf(x) + x}{2}\mathrm{d}x.$$
于是结论得证.

推广　Favard 不等式：若函数 $f(x) : [0,1] \to \mathbf{R}$ 是一个非负的上凸函数，则有
$$\int_0^1 f^p(x)\mathrm{d}x \leqslant \frac{2^p}{p+1}\left(\int_0^1 f(x)\mathrm{d}x\right)^p.$$

7.4　定积分的性质

比较定理　若 $f(x) \leqslant g(x), \forall x \in (a,b)$，则
$$\int_a^b f(x)\mathrm{d}x \leqslant \int_a^b g(x)\mathrm{d}x.$$
特别地，$\int_a^b f(x)\mathrm{d}x \leqslant \int_a^b |f(x)|\,\mathrm{d}x$.

积分可加性　若函数 $f(x) \geqslant (或 \leqslant) 0$，且 $[c,d] \subset [a,b]$，则
$$\int_c^d f(x)\mathrm{d}x \leqslant (或 \geqslant) \int_a^b f(x)\mathrm{d}x.$$

积分中值定理　若函数 $f(x)$ 连续，则存在 $\xi \in (a,b)$，使得 $\int_a^b f(x)\mathrm{d}x = f(\xi)(b-a)$.

对于比较定理来说，实际上将定积分不等式的证明问题转化为比较被积函数的大小. 因此，这个时候，被积函数的扩大或者缩小是非常有必要的.

对于积分可加性来说，当被积函数恒正或者恒负时，根据需要，对积分区间进行相应的扩大或者缩小，以便达到证明某个特定性质或结论的目的.

（一）被积函数放缩法

例19 （清华大学 1985）求证：$\dfrac{1}{2} < \int_0^1 \dfrac{\mathrm{d}x}{\sqrt{4 - x^2 + x^3}} < \dfrac{\pi}{6}$.

【分析】 对被积函数适当地放缩即可. 基于不等式两边的数字是被特殊函数积分得到的，于是，很容易发现对被积函数的分母进行放大和缩小.

证明 因为 $x \in [0,1]$,所以 $x^2 > x^3 > 0$,于是 $\sqrt{4-x^2} < \sqrt{4-x^2+x^3} < 2$,则

$$\int_0^1 \frac{\mathrm{d}x}{\sqrt{4-x^2+x^3}} > \int_0^1 \frac{1}{2}\mathrm{d}x = \frac{1}{2},$$

$$\int_0^1 \frac{\mathrm{d}x}{\sqrt{4-x^2+x^3}} < \int_0^1 \frac{\mathrm{d}x}{\sqrt{4-x^2}} = \arcsin\frac{1}{2} = \frac{\pi}{6}.$$

由此可得结论.

例20 (北京 1999) 证明:

$$\frac{\pi(R^2-r^2)}{R+K} \leqslant \iint_D \frac{\mathrm{d}x\,\mathrm{d}y}{\sqrt{(x-a)^2+(y-b)^2}} \leqslant \frac{\pi(R^2-r^2)}{r-K},$$

其中 $0 < K = \sqrt{a^2+b^2} < r < R, D: r^2 \leqslant x^2+y^2 \leqslant R^2$.

【分析】 由证明的结论,不等式的左右两边都有 $\pi(R^2-r^2)$,恰好是圆环的面积,而左右两边的分母恰好是圆环 D 上的点到点 (a,b) 的最大值和最小值.

证明 由几何图形,显然有 $r-K \leqslant \sqrt{(x-a)^2+(y-b)^2} \leqslant R+K$.因此,

$$\frac{\pi(R^2-r^2)}{R+K} \leqslant \iint_D \frac{\mathrm{d}x\,\mathrm{d}y}{R+K} \leqslant \iint_D \frac{\mathrm{d}x\,\mathrm{d}y}{\sqrt{(x-a)^2+(y-b)^2}}$$

$$\leqslant \iint_D \frac{\mathrm{d}x\,\mathrm{d}y}{r-K} \leqslant \frac{\pi(R^2-r^2)}{r-K}.$$

巩固练习 (北京 2004) 设 $\Omega: x^2+y^2+z^2 \leqslant 1$,证明:

$$\frac{4\sqrt[3]{2}\pi}{3} \leqslant \iiint_\Omega \sqrt[3]{x+2y-2z+5}\,\mathrm{d}x\,\mathrm{d}y\,\mathrm{d}z \leqslant \frac{8\pi}{3}.$$

(二) 积分区间的放缩

例21 (北京信息工程学院 1998) 设函数 $f(x)$ 在 $[0,1]$ 上连续,证明:

$$\int_0^1 |f(x)|\,\mathrm{d}x \leqslant \max\left\{\int_0^1 |f'(x)|\,\mathrm{d}x, \left|\int_0^1 f(x)\mathrm{d}x\right|\right\}.$$

【分析】 同学们一拿到此题,第一反应是好简单的,但在看第二眼的时候,马上由喜转悲,像是老虎啃刺猬,无从下口了.觉得很简单不是没有理由的,因为从结论中可以看出,当函数 $f(x)$ 在特殊情况下是显然成立的.特殊情况是指 $f(x)$ 在 $[0,1]$ 上恒正或者恒负时,

$$\int_0^1 |f(x)|\,\mathrm{d}x = \left|\int_0^1 f(x)\mathrm{d}x\right|.$$

但是,如果函数 $f(x)$ 不符合上述特殊情况,我们可能就会感到束手无策了,这也是我们由喜转悲的原因.同学们不必着急,因为每件事情都有它的两面性.如果函数 $f(x)$ 在区间上正负号发生变化,那么显然有 $\int_0^1 |f(x)|\,\mathrm{d}x > \left|\int_0^1 f(x)\mathrm{d}x\right|$.于是我们的证明结论转化为如下情况:

$$\int_0^1 |f(x)|\,\mathrm{d}x \leqslant \int_0^1 |f'(x)|\,\mathrm{d}x,$$

即讨论函数与导数之间的关系,也即如下关系:$f(x) = \int_a^x f'(x) \mathrm{d}x + f(a), a \in [0,1]$. 利用此关系和适当地放缩,就可以得到所需要证明的结论.

证明 假设函数 $f(x)$ 在 $[0,1]$ 上恒正或者恒负,结论显然成立,因为
$$\int_0^1 |f(x)| \mathrm{d}x = \left| \int_0^1 f(x) \mathrm{d}x \right|.$$

若上述假设不成立,则必有零点 $c \in (0,1)$,使得 $f(c) = 0$,则 $f(x) = \int_c^x f'(x) \mathrm{d}x$. 于是,
$$\int_0^1 |f(x)| \mathrm{d}x = \int_0^1 \left| \int_c^x f'(t) \mathrm{d}t \right| \mathrm{d}x \leqslant \int_0^1 \int_c^x |f'(t)| \mathrm{d}t \mathrm{d}x$$
$$\leqslant \int_0^1 \int_0^1 |f'(t)| \mathrm{d}t \mathrm{d}x = \int_0^1 |f'(t)| \mathrm{d}t.$$

例22 (**上海交通大学 1991**) 设函数 $f(x)$ 在 $[a,b]$ 上具有连续导数. 求证:
$$\left| \frac{1}{b-a} \int_a^b f(x) \mathrm{d}x \right| + \int_a^b |f'(x)| \mathrm{d}x \geqslant \max_{a \leqslant x \leqslant b} |f(x)|.$$

【**分析**】从题目来看,可以得知结论由三项组成:
$$\frac{1}{b-a} \int_a^b f(x) \mathrm{d}x, \quad \int_a^b |f'(x)| \mathrm{d}x, \quad \max_{a \leqslant x \leqslant b} |f(x)|.$$

一般说来,第一项和第三项是无法处理的,而第二项是较容易处理的. 此题的重点是,如何操作此项 $\int_a^b |f'(x)| \mathrm{d}x$. 我们可能会自然地考虑将被积函数的绝对值转化为积分的绝对值 $\left| \int_a^b f'(x) \mathrm{d}x \right|$,但这样的粗略处理,无法证明所要的结论. 然而结论提示我们需要缩小积分区间. 那么,我们应该将其缩小至何处?可以考虑将区间的一个界限设为函数的某个特定点,比如最大值点,即 $M = \max_{a \leqslant x \leqslant b} |f(x)| = |f(\xi)|, \xi \in [a,b]$,于是
$$\int_a^b |f'(x)| \mathrm{d}x \geqslant \int_a^\xi |f'(x)| \mathrm{d}x \geqslant |f(\xi) - f(a)|.$$

尽管如此,我们依然无法得到结论,但上面的式子提示我们,如果 $\frac{1}{b-a} \int_a^b f(x) \mathrm{d}x$ 与 $f(a)$ 相等,那么结论也就得到了证明. 然而,在一般情况下,这两个式子并不相等. 因此,我们需要再次对积分区间进行处理,将下限改为 η,使得 $\frac{1}{b-a} \int_a^b f(x) \mathrm{d}x = f(\eta)$ 即可.

证明 设 $M = \max_{a \leqslant x \leqslant b} |f(x)| = |f(\xi)|, \xi \in [a,b]$. 根据积分中值定理有
$$\frac{1}{b-a} \int_a^b f(x) \mathrm{d}x = f(\eta), \quad \eta \in (a,b),$$
则
$$\left| \frac{1}{b-a} \int_a^b f(x) \mathrm{d}x \right| + \int_a^b |f'(x)| \mathrm{d}x \geqslant |f(\eta)| + \int_\eta^\xi |f'(x)| \mathrm{d}x$$
$$\geqslant |f(\eta)| + \left| \int_\eta^\xi f'(x) \mathrm{d}x \right|$$

$$= |f(\eta)| + |f(\xi) - f(\eta)|$$
$$\geqslant |f(\xi)| = \max_{a \leqslant x \leqslant b} |f(x)|.$$

7.5 定积分转化重积分法

在不等式的证明中,经常出现相同积分区间上的两个定积分相乘的情况.这种情况的出现基本是使用重积分的标签.怎么是重积分呢?不是一个积分变量吗?很简单,只需要改变其中一个定积分的积分变量,就可以将其转化为重积分的问题了.因此,将问题转化为重积分的方法,也是积分不等式证明的重要手段之一.

例23 (北京 1991) 设函数 $f(x), g(x)$ 在 $[a,b]$ 上连续增,$a,b > 0$,证明:
$$\int_a^b f(x)\mathrm{d}x \int_a^b g(x)\mathrm{d}x \leqslant (b-a)\int_a^b f(x)g(x)\mathrm{d}x.$$

【分析】 很多同学看到这类题目时会感到茫然,不知怎么下手.但实际上,这类题目具有很强的暗示性.题干虽然简单,只告诉我们是连续增函数,并没有提供过多的直接提示,真正的提示其实隐藏在结论之中.其一,不等式左边是两个定积分相乘,它实际上是一个累次积分,只需将其中一个积分变量换个字母而已.其二,不等式右边的区间长度 $b-a$ 是如何得出的?这应该是通过积分得到的,也即被积函数等于1而已.基于上面两点,很自然地转化为重积分不等式比较大小了,这个时候,题干中的单调性就派上用场了.另外,在将问题转化为重积分之后,我们应注意被积函数的形式,它强烈暗示我们应该考虑对称性.

证明 因为 $f(x), g(x)$ 在 $[a,b]$ 上连续增,则
$$[f(x) - f(y)][g(x) - g(y)] \geqslant 0.$$
于是对上面不等式在 $D = [a,b] \times [a,b]$ 上进行重积分,即
$$I = \iint_D [f(x) - f(y)][g(x) - g(y)] \mathrm{d}x\mathrm{d}y$$
$$= \iint_D [f(x)g(x) - f(x)g(y) - f(y)g(x) + f(y)g(y)] \mathrm{d}x\mathrm{d}y$$
$$= 2\iint_D f(x)g(x)\mathrm{d}x\mathrm{d}y - 2\iint_D f(x)g(y)\mathrm{d}x\mathrm{d}y$$
$$= 2(b-a)\int_a^b f(x)g(x)\mathrm{d}x - 2\iint_D f(x)g(y)\mathrm{d}x\mathrm{d}y \geqslant 0.$$
由此可以证明结论.

注:此题的条件可以进一步推广为两个函数具有相同的单调性,结论依然成立.不等式 $\int_a^b f(x)\mathrm{d}x \int_a^b g(x)\mathrm{d}x \leqslant (b-a)\int_a^b f(x)g(x)\mathrm{d}x$ 被称为 Chebyshev 不等式.

例24 (中国人民大学 2023) 设 $p(x)$ 是定义在 $[a,b]$ 上的非负连续函数,$f(x), g(x)$ 是

定义在$[a,b]$上的连续单调递增函数,证明:

$$\int_a^b p(x)f(x)\mathrm{d}x \int_a^b p(x)g(x)\mathrm{d}x \leqslant \int_a^b p(x)\mathrm{d}x \int_a^b p(x)f(x)g(x)\mathrm{d}x.$$

【分析】 此题是例23的推广,只要函数$p(x)=1$,就成为上道题了.两个定积分相乘几乎是重积分应用的标识符.既然是重积分,那么就需要两个不同的积分变量,由此必须将两个相乘定积分中的一个定积分的积分变量进行变量替换,例如将积分变量x替换为y,即不等式左边的被积函数为$p(x)f(x)p(y)g(y)$,右边的被积函数为$p(x)p(y)f(y)g(y)$.然后比较被积函数的大小,在此过程中一般会用到轮换对称.在此题的被积函数中,左边的被积函数是对称的,而右边是非对称的.然而,在本题中,积分区域为正方形,积分变量进行互换不会改变积分值,所以用到轮换对称性,右边的被积函数也可以写为$p(y) \cdot p(x)f(x)g(x)$.由此左边的被积函数写为$2p(x)f(x)p(y)g(y)$,右边为$p(x)p(y)f(y)g(y)+p(y)p(x)f(x)g(x)$,最后比较它们的大小即可.

证明 对任意的$x,y \in [a,b]$,都有

$$p(x)p(y)[f(x)-f(y)][g(x)-g(y)] \geqslant 0,$$

也即

$$p(x)p(y)f(x)g(x)+p(x)p(y)f(y)g(y)-p(x)p(y)f(x)g(y)$$
$$-p(x)p(y)f(y)g(x) \geqslant 0.$$

对上式在$D=[a,b]\times[a,b]$上进行积分可得

$$\iint_D [p(x)p(y)f(x)g(x)+p(x)p(y)f(y)g(y)]\mathrm{d}x\mathrm{d}y$$
$$\geqslant \iint_D [p(x)p(y)f(x)g(y)+p(x)p(y)f(y)g(x)]\mathrm{d}x\mathrm{d}y.$$

上面不等式的左边化简为

$$\iint_D [p(x)p(y)f(x)g(x)+p(x)p(y)f(y)g(y)]\mathrm{d}x\mathrm{d}y$$
$$=2\int_a^b p(x)\mathrm{d}x \int_a^b p(x)f(x)g(x)\mathrm{d}x;$$

右边化简为

$$\iint_D [p(x)p(y)f(x)g(y)+p(x)p(y)f(y)g(x)]\mathrm{d}x\mathrm{d}y$$
$$=2\int_a^b p(x)f(x)\mathrm{d}x \int_a^b p(x)g(x)\mathrm{d}x.$$

综合上面三个公式可得结论.

例25 (上海1991) 证明不等式:

$$\frac{\pi}{4}\left(1-\frac{1}{\mathrm{e}}\right) < \left(\int_0^1 \mathrm{e}^{-x^2}\mathrm{d}x\right)^2 < \frac{16}{25}.$$

【分析】 此题要求证明两个不等式,实际上,它是要求估计定积分的范围.因为e^{-x^2}是不能找到原函数的,所以,我们不可能通过求积分的值得到结论.

首先，不等式右边是有理数 $\left(\dfrac{4}{5}\right)^2$，可以由多项式积分给出，所以，我们寻找相关的多项式与被积函数 e^{x^2} 比较大小，那自然想到 Taylor 多项式.

其次，不等式的左边就很复杂了，既含有 π 又含有 e. 这两个数在定积分或者重积分的值中是很常见的数. 我们不可能像右边的不等式，通过多项式积分得到. 但是积分的平方可以看成累次积分，于是将定积分转化为重积分，即有

$$\left(\int_0^1 e^{-x^2} dx\right)^2 = \int_0^1 e^{-x^2} dx \int_0^1 e^{-x^2} dx = \int_0^1 e^{-x^2} dx \int_0^1 e^{-y^2} dy.$$

证明　首先运用 Taylor 公式证明右边不等式. 考虑函数 e^{-x^2} 的 Taylor 公式，即 $e^{-x^2} = 1 - x^2 + \dfrac{x^4}{2} - \dfrac{e^{\xi}}{3!}x^6$，则

$$\int_0^1 e^{-x^2} dx = \int_0^1 \left(1 - x^2 + \dfrac{x^4}{2} - \dfrac{e^{\xi}}{3!}x^6\right) dx \leqslant \int_0^1 \left(1 - x^2 + \dfrac{x^4}{2}\right) dx = \dfrac{23}{30} < \dfrac{24}{30} = \dfrac{4}{5}.$$

于是右边结论成立. 接下来，将定积分转化为重积分，证明左边不等式. 于是有

$$\left(\int_0^1 e^{-x^2} dx\right)^2 = \int_0^1 e^{-x^2} dx \int_0^1 e^{-x^2} dx = \int_0^1 e^{-x^2} dx \int_0^1 e^{-y^2} dy = \iint_D e^{-x^2-y^2} dx dy,$$

其中 $D = [0,1] \times [0,1]$. 考虑区域 $\Omega : x^2 + y^2 \leqslant 1, x \geqslant 0, y \geqslant 0$，也即位于第一象限的单位圆盘，则有

$$\iint_D e^{-x^2-y^2} dx dy > \iint_\Omega e^{-x^2-y^2} dx dy = \iint_\Omega e^{-r^2} r dr d\theta = \int_0^{\frac{\pi}{2}} d\theta \int_0^1 e^{-r^2} r dr = \dfrac{\pi}{4}(1 - e^{-1}).$$

巩固练习　（北京 1993）求证：$\dfrac{5\pi}{2} < \int_0^{2\pi} e^{\sin x} dx < 2\pi e^{\frac{1}{4}}.$

例26　（天津 2008）求证：$\sqrt{1 - e^{-1}} < \dfrac{1}{\sqrt{\pi}} \int_{-1}^1 e^{-x^2} dx < \sqrt{1 - e^{-2}}.$

【分析】　不等式的两边都有固定常数的平方根，这表明这个不等式可能是经过化简得到的. 在化简前，应该是对此不等式的三部分同时进行平方得到的原始形式. 中间是定积分的平方，那说明可以转化成重积分，利用重积分的技巧进行证明，则积分转为

$$\left(\int_0^1 e^{-x^2} dx\right)^2 = \left(\int_{-1}^1 e^{-y^2} dy\right)\left(\int_{-1}^1 e^{-x^2} dx\right) = \int_{-1}^1 \int_{-1}^1 e^{-(x^2+y^2)} dx dy.$$

被积函数中含有 $x^2 + y^2$，提示积分使用极坐标，但积分区域是边长为 2 的正方形，为了能计算出具体值，以及出现不等式两边含有的数字 e，将积分区域放大为正方形的外接圆或者缩小为内切圆. 是放大还是缩小，具体情况视证明结论中的不等式符号来确定.

证明　记 $I = \int_{-1}^1 e^{-x^2} dx$，则

$$I^2 = \left(\int_{-1}^1 e^{-y^2} dy\right)\left(\int_{-1}^1 e^{-x^2} dx\right) = \int_{-1}^1 dy \int_{-1}^1 e^{-(x^2+y^2)} dx.$$

注意到，$e^{-(x^2+y^2)} > 0$，故

$$I^2 < \iint_{x^2+y^2 \leqslant 2} e^{-(x^2+y^2)} dx dy = \int_0^{2\pi} d\theta \int_0^{\sqrt{2}} r e^{-r^2} dr = \pi(1 - e^{-2}).$$

同理，
$$I^2 > \iint_{x^2+y^2 \leqslant 1} e^{-(x^2+y^2)} dx dy = \int_0^{2\pi} d\theta \int_0^1 r e^{-r^2} dr = \pi(1-e^{-1}) > 0,$$
开方得
$$\sqrt{\pi} \cdot \sqrt{1-e^{-1}} < I < \sqrt{\pi} \cdot \sqrt{1-e^{-2}},$$
即
$$\sqrt{1-e^{-1}} < \frac{1}{\sqrt{\pi}} \int_{-1}^1 e^{-x^2} dx < \sqrt{1-e^{-2}}.$$

例27 **(清华大学 1985)** 设函数 $f(x)$ 在 $[0,1]$ 上连续单调减少，且 $f(1) > 0$，求证：
$$\frac{\int_0^1 xf^2(x)dx}{\int_0^1 xf(x)dx} \leqslant \frac{\int_0^1 f^2(x)dx}{\int_0^1 f(x)dx}.$$
并给予物理解释.

【分析】 类似这样的分式，通常第一步就是将其转化为乘积的形式，即两个定积分相乘，也即累次积分，于是我们可以考虑使用重积分了. 与此同时，考虑对称性，因为它与重积分是伴生的. 通常情况下，含有重积分的题目往往伴随着轮换对称.

证明 记 $I_1 = \int_0^1 f(x)dx \int_0^1 xf^2(x)dx$ 和 $I_2 = \int_0^1 f^2(x)dx \int_0^1 xf(x)dx$，则有
$$I_1 = \int_0^1 f(x)dx \int_0^1 xf^2(x)dx = \int_0^1 f(x)dx \int_0^1 yf^2(y)dy = \int_0^1\int_0^1 yf(x)f^2(y)dx dy,$$
$$I_2 = \int_0^1 f^2(x)dx \int_0^1 xf(x)dx = \int_0^1 f^2(x)dx \int_0^1 yf(y)dy = \int_0^1\int_0^1 yf^2(x)f(y)dx dy.$$
于是，
$$I_1 - I_2 = \int_0^1\int_0^1 yf(x)f(y)[f(y)-f(x)]dx dy. \tag{1}$$
对(1)式，交换积分变量的位置，不改变积分值，也即
$$I_1 - I_2 = \int_0^1\int_0^1 xf(y)f(x)[f(x)-f(y)]dx dy. \tag{2}$$
(1)+(2) 可得
$$2(I_1 - I_2) = \int_0^1\int_0^1 (y-x)f(x)f(y)[f(y)-f(x)]dx dy. \tag{3}$$
由于函数 $f(x)$ 在 $[0,1]$ 上连续单调减少，并且非负，则
$$(y-x)f(x)f(y)[f(y)-f(x)] \leqslant 0.$$
故
$$2(I_1 - I_2) = \int_0^1\int_0^1 (y-x)f(x)f(y)(f(y)-f(x))dx dy < 0,$$
也即 $I_1 < I_2$. 结论得证.

物理解释：长度为1、线密度为 $f^2(x)$ 的细杆的重心坐标小于或者等于长度为1、线密度为 $f(x)$ 的细杆的重心坐标.

7.6 利用重要不等式法

运用常见的重要不等式来证明其他不等式是一种关键的技巧,它不仅重要,而且需要较强的技巧性。在这里,列举三种常用的重要不等式.

重要不等式 $a^2+b^2 \geqslant 2ab$,或 $a+b \geqslant 2\sqrt{ab}$,$|a| \geqslant a$.

Cauchy-Schwartz 不等式 $\left(\int_a^b f(x)g(x)\mathrm{d}x\right)^2 \leqslant \int_a^b g^2(x)\mathrm{d}x \int_a^b f^2(x)\mathrm{d}x$.

Jensen 不等式 分离散情况和连续情况两种.

首先是离散情况,分为凸(或者上凸)函数和凹(或者下凸)函数的情况:

(1) 当函数 $f(x)$ 是凹(或者下凸)函数,则对任意的 $x_i,i=1,2,3,\cdots,n$,有

$$f\left(\sum_{i=1}^n \lambda_i x_i\right) \leqslant \sum_{i=1}^n \lambda_i f(x_i);$$

(2) 当函数 $f(x)$ 是凸(或者上凸)函数,则对任意的 $x_i,i=1,2,3,\cdots,n$,有

$$f\left(\sum_{i=1}^n \lambda_i x_i\right) \geqslant \sum_{i=1}^n \lambda_i f(x_i),$$

其中 $\lambda_i \geqslant 0$,且 $\sum_{i=1}^n \lambda_i = 1$.

然后是连续情况:

(1) 当函数 $f(x)$ 是凹(或者下凸)函数,则对任意正值函数 $p(x) \geqslant 0$,且 $\int_a^b p(x)\mathrm{d}x = 1$,有

$$f\left(\int_a^b x p(x)\mathrm{d}x\right) \leqslant \int_a^b p(x)f(x)\mathrm{d}x;$$

(2) 当函数 $f(x)$ 是凸(或者上凸)函数,则对任意正值函数 $p(x) \geqslant 0$,且 $\int_a^b p(x)\mathrm{d}x = 1$,有

$$f\left(\int_a^b x p(x)\mathrm{d}x\right) \geqslant \int_a^b p(x)f(x)\mathrm{d}x.$$

Chebyshev 不等式 若两个函数 $f(x),g(x)$ 具有相同的单调性,则

$$\int_a^b f(x)\mathrm{d}x \int_a^b g(x)\mathrm{d}x \leqslant (b-a)\int_a^b f(x)g(x)\mathrm{d}x.$$

(一) 重要不等式

例28 证明 Cauchy-Schwartz 不等式:

$$\left(\int_a^b f(x)g(x)\mathrm{d}x\right)^2 \leqslant \int_a^b g^2(x)\mathrm{d}x \int_a^b f^2(x)\mathrm{d}x.$$

【分析】 定积分的平方和定积分的乘积都是重积分的标签.此时,一般都会利用变量替换,将定积分的乘积恒等变形为重积分,然后采用类似轮换对称的技巧继续恒等变形.最后,使用重要不等式进行放缩.

证明 通过变量替换将不等式左边改写为重积分,然后再由重要不等式有

$$\left(\int_a^b f(x)g(x)\mathrm{d}x\right)^2 = \int_a^b f(x)g(x)\mathrm{d}x \int_a^b f(y)g(y)\mathrm{d}y$$
$$= \int_a^b \mathrm{d}x \int_a^b f(x)g(y)f(y)g(x)\mathrm{d}y$$
$$\leqslant \frac{1}{2}\int_a^b \mathrm{d}x \int_a^b \left[\left(f(x)g(y)\right)^2 + \left(f(y)g(x)\right)^2\right]\mathrm{d}y$$
$$= \int_a^b \mathrm{d}x \int_a^b f^2(y)g^2(x)\mathrm{d}y$$
$$= \int_a^b g^2(x)\mathrm{d}x \int_a^b f^2(x)\mathrm{d}x.$$

例29 (南京大学 1996) 设函数 $f(x)$ 在 $[a,b]$ 上连续，且 $f(x)>0$，D 为区域 $a\leqslant x\leqslant b$，$a\leqslant y\leqslant b$. 证明：$\iint_D \dfrac{f(x)}{f(y)}\mathrm{d}x\mathrm{d}y \geqslant (b-a)^2$.

【分析】 很容易注意到积分区域的对称性，再看被积函数，它是由同一个一元函数经过变量替换相除得到的，因此，被积函数应该具有轮换对称性。

证明 由轮换对称可知
$$\iint_D \frac{f(x)}{f(y)}\mathrm{d}x\mathrm{d}y = \iint_D \frac{f(y)}{f(x)}\mathrm{d}x\mathrm{d}y,$$

于是
$$\iint_D \frac{f(x)}{f(y)}\mathrm{d}x\mathrm{d}y + \iint_D \frac{f(y)}{f(x)}\mathrm{d}x\mathrm{d}y = \iint_D \left[\frac{f(x)}{f(y)} + \frac{f(y)}{f(x)}\right]\mathrm{d}x\mathrm{d}y$$
$$= \iint_D \frac{f^2(x)+f^2(y)}{f(x)f(y)}\mathrm{d}x\mathrm{d}y$$
$$\geqslant \iint_D \frac{2f(x)f(y)}{f(x)f(y)}\mathrm{d}x\mathrm{d}y$$
$$= 2\iint_D \mathrm{d}x\mathrm{d}y = 2(b-a)^2.$$

由此可得 $\iint_D \dfrac{f(x)}{f(y)}\mathrm{d}x\mathrm{d}y \geqslant (b-a)^2$.

例30 (北京 1990) 设函数 $f(x)$ 在 $[0,1]$ 上连续，且 $0<m\leqslant f(x)\leqslant M$，对于 $x\in[0,1]$，证明：
$$\int_0^1 \frac{\mathrm{d}x}{f(x)} \int_0^1 f(x)\mathrm{d}x \leqslant \frac{(m+M)^2}{4mM}.$$

【分析】 从证明的结论出发，不等式的左边看起来很眼熟。通常情况下，同学们可能会从不等式的左边开始证明，并尝试运用 Cauchy 不等式，但很快会发现，这种方法行不通，因为不等号的方向与预期相反。也有同学们考虑使用重要不等式 $4ab\leqslant(a+b)^2$，尽管这种方法也已经很接近解题的正确途径了，但仍然无法完成证明。这是因为仅依靠不等式的左边，我们无法顺利推导出结论。因此，我们必须关注不等式的右边，特别是其中的平方项 $(M+m)^2$ 和 $4=2^2$. 平方项应该是同时平方不等式两边得到的，因此我们可以反推，将平方后的形式反推回去,进行开方,得到 $\sqrt{ab}$ 的形式.这样,自然就会考虑到重要不等式 $2\sqrt{ab} \leqslant a+b$.至此,结论可以恒等变形为

$$\sqrt{\int_0^1 \frac{\mathrm{d}x}{f(x)} \int_0^1 f(x)\mathrm{d}x} \leqslant \frac{m+M}{2\sqrt{mM}} \Rightarrow 2\sqrt{mM}\sqrt{\int_0^1 \frac{\mathrm{d}x}{f(x)} \int_0^1 f(x)\mathrm{d}x} \leqslant m+M.$$

左边再由重要不等式可得

$$2\sqrt{mM}\sqrt{\int_0^1 \frac{\mathrm{d}x}{f(x)} \int_0^1 f(x)\mathrm{d}x} \leqslant \int_0^1 \frac{\mathrm{d}x}{f(x)} + mM\int_0^1 f(x)\mathrm{d}x.$$

由此只要证明 $mM\int_0^1 \frac{\mathrm{d}x}{f(x)} + \int_0^1 f(x)\mathrm{d}x \leqslant \int_0^1 (m+M)\mathrm{d}x$ 即可.

证明 因为 $\dfrac{(f(x)-m)(f(x)-M)}{f(x)} \leqslant 0$,于是可得 $f(x)-m-M-\dfrac{mM}{f(x)} \leqslant 0$.

对上面不等式在区间 $[0,1]$ 上积分,也即

$$0 \geqslant \int_0^1 \left[f(x)-m-M-\frac{mM}{f(x)}\right]\mathrm{d}x = \int_0^1 f(x)\mathrm{d}x - m - M + mM\int_0^1 \frac{1}{f(x)}\mathrm{d}x,$$

则

$$\int_0^1 f(x)\mathrm{d}x + mM\int_0^1 \frac{1}{f(x)}\mathrm{d}x \leqslant m+M. \tag{1}$$

再由重要不等式 $2\sqrt{ab} \leqslant a+b$,可得

$$\int_0^1 f(x)\mathrm{d}x + mM\int_0^1 \frac{1}{f(x)}\mathrm{d}x \geqslant 2\sqrt{mM\int_0^1 f(x)\mathrm{d}x \int_0^1 \frac{1}{f(x)}\mathrm{d}x}. \tag{2}$$

由(1),(2)可得

$$2\sqrt{mM\int_0^1 f(x)\mathrm{d}x \int_0^1 \frac{1}{f(x)}\mathrm{d}x} \leqslant m+M,$$

也即

$$\int_0^1 \frac{\mathrm{d}x}{f(x)} \int_0^1 f(x)\mathrm{d}x \leqslant \frac{(m+M)^2}{4mM}.$$

巩固练习 (北京 2003) 设函数 $f(x)$ 在 $[0,1]$ 上连续,且 $1 \leqslant f(x) \leqslant 3$,对于 $x \in [0,1]$,证明:

$$1 \leqslant \int_0^1 \frac{\mathrm{d}x}{f(x)} \int_0^1 f(x)\mathrm{d}x \leqslant \frac{4}{3}.$$

(二)Cauchy-Schwartz 不等式

例31 (北京信息工程学院 1998) 设函数 $f(x)$ 在 $[a,b]$ 上连续且非负,$\int_a^b f(x)\mathrm{d}x = 1$.求证:对任意实数 k,有 $\left(\int_a^b f(x)\cos kx\,\mathrm{d}x\right)^2 + \left(\int_a^b f(x)\sin kx\,\mathrm{d}x\right)^2 \leqslant 1$.

【分析】 从题目的结论出发,可以大致得到解决的方案——Cauchy 不等式.如何运用呢?需要我们仔细地斟酌一番.同时,我们还必须兼顾题干中给出的条件 $\int_a^b f(x)\mathrm{d}x = 1$,这

是解题的关键,也就是说,在解题过程中,必须构造出 $\int_a^b f(x)\mathrm{d}x = 1$. 综合以上分析,孙悟空的 72 变就出现了,即 $f(x)\cos kx = \sqrt{f(x)}\sqrt{f(x)}\cos kx$.

证明 由 Cauchy 不等式有
$$\left(\int_a^b f(x)\cos kx \,\mathrm{d}x\right)^2 = \left(\int_a^b \sqrt{f(x)}\sqrt{f(x)}\cos kx \,\mathrm{d}x\right)^2$$
$$\leqslant \int_a^b f(x)\mathrm{d}x \int_a^b f(x)\cos^2 kx \,\mathrm{d}x$$
$$= \int_a^b f(x)\cos^2 kx \,\mathrm{d}x.$$

同理可得
$$\left(\int_a^b f(x)\sin kx \,\mathrm{d}x\right)^2 \leqslant \int_a^b f(x)\sin^2 kx \,\mathrm{d}x.$$

上面两式相加可得
$$\left(\int_a^b f(x)\cos kx \,\mathrm{d}x\right)^2 + \left(\int_a^b f(x)\sin kx \,\mathrm{d}x\right)^2 \leqslant 1.$$

例32 (华南理工大学 2020) 设函数 $f(x)$ 在 $[a,b]$ 上连续可导,$f(a)=0$,证明:
$$M^2 \leqslant (b-a)\int_a^b (f'(x))^2 \mathrm{d}x,$$
其中 $M = \max\limits_{x \in [a,b]} |f(x)|$.

【分析】 本题结论的含义是函数值被导数值控制,即函数与导函数之间的关系.涉及此类关系的知识点有:微分中值定理、积分中值定理和 Newton-Leibniz 公式.因为结论中涉及积分,那应该是后面两者,又因为还涉及函数的最大值,那么应该就是 Newton-Leibniz 公式.重要的话说三遍,在处理积分不等式时,每个常数都至关重要,需要我们引起高度重视,弄清楚它们是怎么来的,这是解题思路的关键.区间长度 $b-a$ 在微分中一般由中值定理推导出来,而在积分中一般对常数 1 积分得出来的,即 $b-a = \int_a^b 1\mathrm{d}x$. 于是不等式的右边化为 $\int_a^b 1\mathrm{d}x \int_a^b (f'(x))^2 \mathrm{d}x$. 根据证明的结论,应用 Cauchy-Schwartz 不等式便顺理成章了.

证明 函数 $f(x)$ 在 $[a,b]$ 上连续,则存在 $c \in [a,b]$,使得
$$f(c) = \max_{x \in [a,b]} |f(x)| = M.$$
于是,
$$M^2 = [f(c) - f(a)]^2 = \left(\int_a^c f'(x)\mathrm{d}x\right)^2$$
$$\leqslant \left(\int_a^c 1\mathrm{d}x\right)\left(\int_a^c (f'(x))^2 \mathrm{d}x\right)$$
$$= (c-a)\left(\int_a^c (f'(x))^2 \mathrm{d}x\right)$$
$$\leqslant (b-a)\int_a^b (f'(x))^2 \mathrm{d}x.$$

例33 (北京 1994) 设函数 $f(x)$ 在 $[a,b]$ 上具有连续导数,且 $f(a)=0$,求证:
$$\int_a^b f^2(x)\mathrm{d}x \leqslant \frac{(b-a)^2}{2}\int_a^b [f'(x)]^2\mathrm{d}x.$$

【分析】 此题可以认为是例 32 的延续,给出了更深入或更精细的结论.相当于把例 32 的结论两边都再积分一次,得出的就是本题的结论.这就像是家乡的老味道,仍旧熟悉而亲切.既然如此,那么大体思路应该相同,只是细节可能有些区别.首先,考虑结论中的常数是如何得到的,也即 $\frac{(b-a)^2}{2}$ 如何得到.由于题目是关于定积分的内容,自然会想到它应该由积分给出,即 $\int_a^b (x-a)\mathrm{d}x = \frac{(b-a)^2}{2}$.此外,结论也探讨了函数与导数之间的关系,也即 $f(x)=\int_a^x f'(t)\mathrm{d}t + f(a) = \int_a^x f'(t)\mathrm{d}t$.接下来,根据要证明的结论,需要平方就平方,需要积分就积分,剩下的任务就和例 32 差不多了.

证明 由 Newton-Leibniz 公式以及已知条件 $f(a)=0$,有
$$f(x) = f(a) + \int_a^x f'(t)\mathrm{d}t = \int_a^x f'(t)\mathrm{d}t, \quad x \in [a,b].$$
上式两边平方后,再由 Cauchy-Schwartz 不等式,得
$$f^2(x) = \left[\int_a^x f'(t)\mathrm{d}t\right]^2 \leqslant \int_a^x 1\mathrm{d}t \int_a^x [f'(t)]^2\mathrm{d}t = (x-a)\int_a^x [f'(t)]^2\mathrm{d}t,$$
对不等式两边积分可得
$$\int_a^b f^2(x)\mathrm{d}x = \int_a^b (x-a)\int_a^x [f'(t)]^2\mathrm{d}t\mathrm{d}x \leqslant \int_a^b (x-a)\int_a^b [f'(t)]^2\mathrm{d}t\mathrm{d}x$$
$$\leqslant \int_a^b (x-a)\mathrm{d}x \int_a^b [f'(t)]^2\mathrm{d}t = \frac{(b-a)^2}{2}\int_a^b [f'(x)]^2\mathrm{d}x.$$

例34 设 $f(x)$ 是 $[a,b]$ 上的连续可微函数,且满足 $\int_a^b f(x)\mathrm{d}x = 0$,证明:
$$\int_a^b f^2(x)\mathrm{d}x \leqslant \frac{(b-a)^2}{4}\int_a^b [f'(x)]^2\mathrm{d}x.$$

【分析】 本题和例 33 非常相似,只是改变了一个条件,把函数在左端点的值为 0 变更为函数在整个闭区间上的均值为 0.这一条件的变化使得结论右端项的估值更加精确.尽管题目相似,解题思路也有共通之处,但在细节处理上存在显著差异.

例 33 中,因为有 $f(a)=0$,通过 Newton-Leibniz 公式建立了函数 $f(x)$ 和导函数 $f'(x)$ 之间的联系.本题可以用例 33 中相同的方法进行"拷贝"吗?回答是否定的,因为如果按照相同的方法进行证明,我们无法得到系数 $\frac{1}{4}$,而只能得到系数 $\frac{1}{2}$.如果使用例 33 中的方法,首先通过积分中值定理得到 $c \in (a,b)$,使得 $f(c)=0$.用 c 代替上式中的 a 进行证明,于是得到 $f^2(x) \leqslant (x-c)\int_a^b [f'(x)]^2\mathrm{d}x$,后续的思路完全相同.此时,我们无法知道 c 的准确

位置，对于 $\int_a^b (x-c)\mathrm{d}x$ 的值并不能给出结论中想要的结果，如果对此积分进行放大，自然放大为 $\int_a^b (x-a)\mathrm{d}x$，那就是例33中的结果了。所以，不能完全复制粘贴例33中的思路，需要作出改变。要作出改变的也就是如何更好地利用已知条件 $\int_a^b f(x)\mathrm{d}x = 0$，而不是简单地使用。由此可以说明，本题的解题思路需要在细节上进行相应的调整。具体来说，由于两题的已知条件发生变化，那么调整应该发生在应用这些条件的关键步骤上。例33的证明细节说明函数在端点的值为0，即 $f(a)=0$ 起到了至关重要的作用，而本题给出的条件是积分均值为0。那么调整就从这里开始，依然从 Newton-Leibniz 公式出发，但需要作一点点修正：由于两个端点对我们来说完全是相同的，说明我们需要使用两次它，即

$$f(x) - f(a) = \int_a^x f'(t)\mathrm{d}t, \quad f(b) - f(x) = \int_x^b f'(t)\mathrm{d}t.$$

因为 $f(a) \neq 0, f(b) \neq 0$，所以不能像例33那样两边同时平方后再积分。这就是需要调整的细节：结合已知条件和要证明的结论提示我们，上面两式两边同时乘以 $f(x)$ 并积分后相加得到

$$\int_a^b f^2(x)\mathrm{d}x = \frac{1}{2}\int_a^b f(x)\left(\int_a^x f'(t)\mathrm{d}t - \int_x^b f'(t)\mathrm{d}t\right)\mathrm{d}x.$$

剩下的证明就和例33证明的细节相同了。

证明 由已知条件 $\int_a^b f(x)\mathrm{d}x = 0$ 和 Newton-Leibniz 公式有

$$\int_a^b f^2(x)\mathrm{d}x = \frac{1}{2}\int_a^b f(x)[2f(x) - f(a) - f(b)]\mathrm{d}x$$

$$= \frac{1}{2}\int_a^b f(x)\left(\int_a^x f'(t)\mathrm{d}t - \int_x^b f'(t)\mathrm{d}t\right)\mathrm{d}x.$$

于是

$$\int_a^b f^2(x)\mathrm{d}x \leqslant \frac{1}{2}\int_a^b |f(x)|\left(\int_a^x |f'(t)|\,\mathrm{d}t + \int_x^b |f'(t)|\,\mathrm{d}t\right)\mathrm{d}x$$

$$= \frac{1}{2}\int_a^b |f(x)|\left(\int_a^b |f'(x)|\,\mathrm{d}x\right)\mathrm{d}x,$$

即

$$\int_a^b f^2(x)\mathrm{d}x \leqslant \frac{1}{2}\int_a^b |f(x)|\,\mathrm{d}x \int_a^b |f'(x)|\,\mathrm{d}x.$$

由 Cauchy-Schwartz 不等式，

$$\int_a^b f^2(x)\mathrm{d}x \leqslant \frac{b-a}{2}\left(\int_a^b f^2(x)\mathrm{d}x\right)^{\frac{1}{2}}\left(\int_a^b [f'(x)]^2\mathrm{d}x\right)^{\frac{1}{2}}.$$

由此证明结论。

例35 设 $f(x)$ 是 $[a,b]$ 上的二阶连续可微函数，且满足 $f(a)=0, f(b)=0, f'(a)=1, f'(b)=0$，证明：$\int_a^b [f''(x)]^2\mathrm{d}x \geqslant \dfrac{4}{b-a}$。

【分析】 结论恒等变形为 $(b-a)\int_a^b [f''(x)]^2 \mathrm{d}x \geqslant 4$. 根据经验 $b-a = \int_a^b 1 \mathrm{d}x$. 由此, 不等式左边由 Cauchy-Schwartz 有

$$(b-a)\int_a^b [f''(x)]^2 \mathrm{d}x \geqslant \left(\int_a^b 1 \times f''(x) \mathrm{d}x\right)^2 = (f'(b) - f'(a))^2 = 1.$$

但结论是 4, 显然不符合要求. 这个证明思路就完全放弃了吗? 非也, 失败乃成功之母. 从中分析, 我们就会发现得到 1 的原因: 在上述放缩的过程中, 我们使用 $\int_a^b 1 \mathrm{d}x$ 导致了 $\int_a^b 1 \times f''(x) \mathrm{d}x$, 这个结果不够精细, 如果此式等于 2 的话, 不就证明了吗? 同时也说明 1 作为被积函数不合适, 为了得到 2, 必须更改被积函数中的 "1", 将其用一个函数来代替, 构造一个尽可能简单的正值函数. 当然最简单的函数可能就是一次多项式的平方, 即 $(x-c)^2$, 其中 c 为待定常数, 于是问题就转化为

$$\int_a^b (x-c)^2 \mathrm{d}x \int_a^b [f''(x)]^2 \mathrm{d}x \geqslant \left(\int_a^b (x-c) f''(x) \mathrm{d}x\right)^2,$$

用待定系数法求出未知量 c, 整个证明完成.

证明 取 $c \in [a,b]$, 由分部积分有

$$\int_a^b (x-c) f''(x) \mathrm{d}x = c - a \Rightarrow \left(\int_a^b (x-c) f''(x) \mathrm{d}x\right)^2 = (c-a)^2.$$

等式左边使用 Cauchy-Schwartz 不等式有

$$\left(\int_a^b (x-c) f''(x) \mathrm{d}x\right)^2 \leqslant \int_a^b (x-c)^2 \mathrm{d}x \int_a^b [f''(x)]^2 \mathrm{d}x$$

$$= \frac{1}{3}(b-a)(c-a)^2 \left[1 - \frac{b-c}{c-a} + \left(\frac{b-c}{c-a}\right)^2\right] \int_a^b [f''(x)]^2 \mathrm{d}x.$$

化简得 $\int_a^b [f''(x)]^2 \mathrm{d}x \geqslant \dfrac{3}{b-a} \dfrac{1}{1 - \dfrac{b-c}{c-a} + \left(\dfrac{b-c}{c-a}\right)^2}$, 于是选择 c, 使得

$$1 - \frac{b-c}{c-a} + \left(\frac{b-c}{c-a}\right)^2 = \frac{3}{4} \Rightarrow \frac{b-c}{c-a} = \frac{1}{2} \Rightarrow c = \frac{a+2b}{3}.$$

(三) Jessen 不等式

例36 (北京大学 2020 期末) 设 $f(x): [0,1] \to (0,\infty)$ 为连续递增函数, 记 $s = \dfrac{\int_0^1 x f(x) \mathrm{d}x}{\int_0^1 f(x) \mathrm{d}x}$, 求最小的 s, 并证明 $\int_0^s f(x) \mathrm{d}x \leqslant \int_s^1 f(x) \mathrm{d}x \leqslant \dfrac{s}{1-s} \int_0^s f(x) \mathrm{d}x$.

【分析】 从 s 的定义来看, 其物理意义非常明确. 如果将函数 f 看成线密度函数, 那么 s 实际上是重心的坐标. 由于 f 是递增函数, 那么说明在端点 1 这边的密度较大, 重心会偏向于 1 这边. 只有当函数 f 是均匀的或者递减的时候, 重心才会偏向 1/2 或者接近 0, 所以最小值应该就是 1/2. 虽然这个结论直观上容易理解, 但严谨的逻辑证明还是需要用到 Jessen 不等式的.

下面分析不等式的证明, 首先看左边不等式, 其物理意义非常明显. 具体来说, 这个不等式两边的物理意思分别是什么呢? 如果将函数 $f(x)$ 看成密度函数, 则 $\int_0^s f(x) \mathrm{d}x$ 表示 $[0,s]$

上的质量, $\int_s^1 f(x)\mathrm{d}x$ 表示$[s,1]$上的质量. 那么不等式 $\int_0^s f(x)\mathrm{d}x \leqslant \int_s^1 f(x)\mathrm{d}x$ 的物理意义就是重心前面的质量不大于重心后面的质量. 直观上看, 这不是显而易见的吗? 因为 $f(x)$ 单调递增, 这意味着前面的重量小于后面的重量. 直观上, 非常显然, 但如何证明呢?

既然是质量大小的比较, 在数学上, 它就是原函数, 因此设 $F(x) = \int_0^x f(t)\mathrm{d}t$. 于是左边的不等式使用原函数符号就转化为 $F(s) \leqslant F(1) - F(s)$, 化简有 $F(s) \leqslant \frac{1}{2}F(1)$. 现在, 我们的注意力应该聚焦到 s 上, 实际上, 我们也不可能关注其他地方, 因为在当前的讨论范围内, 除了 s 这唯一的关注点, 其他部分就像荒漠一样, 没有太多值得关注的内容. 那么, 我们应该如何深入地关注呢? 改写它, 即

$$s = \int_0^1 x \frac{f(x)}{\int_0^1 f(x)\mathrm{d}x}\mathrm{d}x.$$

令 $p(x) = \dfrac{f(x)}{\int_0^1 f(x)\mathrm{d}x}$, 且 $\int_0^1 p(x)\mathrm{d}x = 1$. 于是 $s = \int_0^1 x p(x)\mathrm{d}x$, 则 $F(s) = F\left(\int_0^1 x p(x)\mathrm{d}x\right)$.

由此, Jensen 不等式在向我们招手.

最后, 我们来分析右边不等式的证明. 由于这个不等式没有直接的物理或者几何意义, 且给定的条件有限, 因此, 我们可以尝试使用倒推法来进行推导, 通过对不等式进行恒等变形得到等价形式. 所以, 接下来的首要任务是化简或者恒等变形要证明的不等式.

不等式变形为

$$(1-s)\int_s^1 f(x)\mathrm{d}x = \left(1 - \frac{\int_0^1 x f(x)\mathrm{d}x}{\int_0^1 f(x)\mathrm{d}x}\right)\left(\int_0^1 f(x)\mathrm{d}x - \int_0^s f(x)\mathrm{d}x\right)$$

$$\leqslant \frac{\int_0^1 x f(x)\mathrm{d}x}{\int_0^1 f(x)\mathrm{d}x}\int_0^s f(x)\mathrm{d}x.$$

继续化简可得

$$\int_0^1 f(x)\mathrm{d}x - \int_0^1 x f(x)\mathrm{d}x = \int_0^1 (1-x)f(x)\mathrm{d}x \leqslant \int_0^s f(x)\mathrm{d}x = F(s).$$

上面不等式的左边通过分部积分以及 $F(0) = 0$ 可得

$$\int_0^1 (1-x)f(x)\mathrm{d}x = \int_0^1 (1-x)\mathrm{d}F(x) \xrightarrow{\text{通过分部积分}} \int_0^1 F(x)\mathrm{d}x.$$

故原始不等式的证明转化为证明不等式 $\int_0^1 F(x)\mathrm{d}x \leqslant F(s)$. 在此不等式中, 左边没有参数 s, 而右边有, 那么我们必须在左边添加 s, 加在哪里? 和右边匹配, 加在积分的上下限, 于是 $\int_0^1 F(x)\mathrm{d}x = \int_0^s F(x)\mathrm{d}x + \int_s^1 F(x)\mathrm{d}x$. 现在该如何办? 当然要关注函数 $F(x)$ 的性质, 到目前, 我们还没有使用任何已知条件, 条件告诉我们 $F(x)$ 的导函数 $f(x)$ 递增, 那说明 $F(x)$ 是凹函数. 结合不等式符号——小于等于, 以及凹函数的定义, 我们必须从上面的两项积分

中通过放大得到需要的 $F(s)$. 为了达到这个目的, 自然通过换元法将上面的两个积分的积分区间变换到 $[0,1]$. 在此情况下, 凹函数的放大性质就派上场了. 至此, 分析结束.

证明　由 x 和 $f(x)$ 递增, 以及 Chebyshev 不等式知
$$\int_0^1 xf(x)\mathrm{d}x \geqslant \int_0^1 x\mathrm{d}x \int_0^1 f(x)\mathrm{d}x = \frac{1}{2}\int_0^1 f(x)\mathrm{d}x,$$
即有 $s \geqslant \frac{1}{2}$, 于是 $s \in \left[\frac{1}{2}, 1\right)$. 令
$$F(x) = \int_0^x f(t)\mathrm{d}t, \quad p(x) = \frac{f(x)}{\int_0^1 f(x)\mathrm{d}x}.$$

$f(x)$ 递增可知它的原函数是 $[0,1]$ 上的递增凹函数, 利用积分形式的 Jensen 不等式,
$$F(s) = F\left(\frac{\int_0^1 xf(x)\mathrm{d}x}{\int_0^1 f(x)\mathrm{d}x}\right) = F\left(\int_0^1 xp(x)\mathrm{d}x\right)$$
$$\leqslant \int_0^1 p(x)F(x)\mathrm{d}x$$
$$= \frac{\int_0^1 f(x)F(x)\mathrm{d}x}{\int_0^1 f(x)\mathrm{d}x}.$$

上式右端的分子进行分部积分可得
$$\int_0^1 f(x)F(x)\mathrm{d}x = \int_0^1 F'(x)F(x)\mathrm{d}x = \frac{1}{2}F^2.$$
于是
$$F(s) \leqslant \frac{1}{2}\int_0^1 f(x)\mathrm{d}x = \frac{1}{2}\left(\int_0^s f(x)\mathrm{d}x + \int_s^1 f(x)\mathrm{d}x\right).$$
因此结论中的左边不等式成立. 下面证明结论中的右边不等式. 通过分部积分可得
$$\int_0^1 F(x)\mathrm{d}x = xF(x)\Big|_0^1 - \int_0^1 xf(x)\mathrm{d}x = (1-s)\int_0^1 f(x)\mathrm{d}x = (1-s)F(1).$$
利用换元法和凹函数的性质有
$$\int_0^1 F(x)\mathrm{d}x = \int_0^s F(x)\mathrm{d}x + \int_s^1 F(x)\mathrm{d}x$$
$$= s\int_0^1 F(st)\mathrm{d}t + (1-s)\int_0^1 F(t+(1-t)s)\mathrm{d}t$$
$$\leqslant s\int_0^1 [(1-t)F(0) + tF(s)]\mathrm{d}t + (1-s)\int_0^1 [tF(1) + (1-t)F(s)]\mathrm{d}t$$
$$= \frac{s}{2}F(s) + \frac{(1-s)[F(s) + F(1)]}{2}$$
$$= \frac{F(s) + (1-s)F(1)}{2},$$
则
$$(1-s)F(1) \leqslant F(s).$$

从而推出
$$(1-s)\int_0^s f(x)\,dx + (1-s)\int_s^1 f(x)\,dx \leqslant \int_0^s f(x)\,dx.$$
于是
$$(1-s)\int_s^1 f(x)\,dx \leqslant s\int_0^s f(x)\,dx,$$
结论得证.

注:也可以利用离散形式的 Jensen 不等式,将积分用定义的形式表达出来,如
$$F\left(\frac{\frac{1}{n}\sum_{i=1}^n \frac{i}{n}f\left(\frac{i}{n}\right)}{\frac{1}{n}\sum_{i=1}^n f\left(\frac{i}{n}\right)}\right) = F\left(\sum_{i=1}^n \frac{f\left(\frac{i}{n}\right)}{\sum_{i=1}^n f\left(\frac{i}{n}\right)} \frac{i}{n}\right) \leqslant \sum_{i=1}^n \frac{f\left(\frac{i}{n}\right)}{\sum_{i=1}^n f\left(\frac{i}{n}\right)} F\left(\frac{i}{n}\right).$$

令 $n \to \infty$ 可得
$$F(s) = F\left(\frac{\int_0^1 xf(x)\,dx}{\int_0^1 f(x)\,dx}\right) = F\left(\int_0^1 xp(x)\,dx\right)$$
$$\leqslant \int_0^1 p(x)F(x)\,dx = \frac{\int_0^1 f(x)F(x)\,dx}{\int_0^1 f(x)\,dx}.$$

7.7 其他

例37 (**国赛 2022**) 设函数 $f(x)$ 在区间 $[0,1]$ 上是下凸函数,即
$$f(\lambda x_1 + (1-\lambda)x_2) \leqslant \lambda f(x_1) + (1-\lambda)f(x_2).$$
证明: $\int_0^1 x(1-x)f(x)\,dx \leqslant \frac{1}{3}\int_0^1 [x^3 + (1-x)^3]f(x)\,dx.$

【**分析**】 结论中不等式的右边实际上是两项的积分,对比题干中不等式的右边,我们可猜测:结论中的 x 和 $1-x$ 应该是条件中的 λ 和 $1-\lambda$. 由此提示我们,需要将题干中不等式左边函数 $f(x)$ 中的自变量 x 进行拆分,分成两部分的和. 根据结论中的提示, $\lambda = x$ 或者 $1-x$. 下面主要的问题是如何凑出题干中的 x_1 和 x_2. 它们应该与结论中的 x^3 和 $(1-x)^3$ 这两项有关. 根据结论的提示,不等式右边的常数 $\frac{1}{3}$,应当是通过积分得到的,而且是对 x^2 和 $(1-x)^2$ 进行积分推导的结果. 由于积分后结论中仍然包含积分,这表明存在另外一个变量(记为 t),而非仅仅是变量 x. 因此,在 x_1 和 x_2 中一定引入另外一个积分变量 t. 由于结论中的表达式都是多项式,那么关于变量 t 的表达式也应该是多项式. 为了简化问题,我们可以从最简单的情况开始猜测,例如假设 $x_1 = tx$,然后计算出 x_2 ,最后试试是否能得到结论.

证明 设 $x \in [0,1]$,则有 $x = (1-x)tx + x(1-t+tx)$. 于是由条件可知

$$f(x) \leqslant (1-x)f(tx) + xf(1-t+tx).$$

对上式两边关于变量 t 积分得

$$f(x) \leqslant (1-x)\int_0^1 f(tx)\,\mathrm{d}t + x\int_0^1 f(1-t+tx)\,\mathrm{d}t$$

$$= \frac{(1-x)}{x}\int_0^x f(u)\,\mathrm{d}u + \frac{x}{1-x}\int_x^1 f(u)\,\mathrm{d}u.$$

于是

$$x(1-x)f(x) \leqslant (1-x)^2\int_0^x f(u)\,\mathrm{d}u + x^2\int_x^1 f(u)\,\mathrm{d}u.$$

对上式积分可得

$$\int_0^1 x(1-x)f(x)\,\mathrm{d}x \leqslant \int_0^1 (1-x)^2 \int_0^x f(u)\,\mathrm{d}u\,\mathrm{d}x + \int_0^1 x^2 \int_x^1 f(u)\,\mathrm{d}u\,\mathrm{d}x$$

$$= \int_0^1 f(u) \int_u^1 (1-x)^2\,\mathrm{d}x\,\mathrm{d}u + \int_0^1 f(u)\,\mathrm{d}u \int_0^u x^2\,\mathrm{d}x$$

$$= \frac{1}{3}\left[\int_0^1 (1-u)^3 f(u)\,\mathrm{d}u + \int_0^1 u^3 f(u)\,\mathrm{d}u\right].$$

整理上面公式,结论得证.

7.8 一题多法或多法一题

不等式的证明技巧多种多样,一题往往有多种解法,而这些解法的知识点又各不相同,都是常用的证明手段.同时,即便是简单的证明,也可能融合了多种技巧.本节将提供相关例题,帮助读者拓展思路.

例38 (北京 2001) 设函数 $f(x)$ 是 $[0,1]$ 上的连续函数,证明:$\int_0^1 \mathrm{e}^{f(x)}\,\mathrm{d}x \int_0^1 \mathrm{e}^{-f(y)}\,\mathrm{d}y \geqslant 1$.

【分析】 两个定积分相乘通常是使用重积分的标志,因此我们可以将不等式左边的两个定积分的乘积转化为重积分.接下来的关键在于放缩技巧.下面介绍三种不同的放缩方法:前两种方法是在转化为重积分后,对重积分的被积函数进行放缩;第三种方法则直接对不等式左边的乘积进行放缩.其中,如何将两个定积分的被积函数融合到一个积分中,Cauchy 不等式是一个很好的工具.

证明 方法一 设正方形区域为 $D=[0,1]\times[0,1]$.由不等式 $\mathrm{e}^x > 1+x$,可得

$$\int_0^1 \mathrm{e}^{f(x)}\,\mathrm{d}x \int_0^1 \mathrm{e}^{-f(y)}\,\mathrm{d}y = \iint_D \mathrm{e}^{f(x)-f(y)}\,\mathrm{d}x\,\mathrm{d}y \geqslant \iint_D [1+f(x)-f(y)]\,\mathrm{d}x\,\mathrm{d}y$$

$$= 1 + \iint_D f(x)\,\mathrm{d}x\,\mathrm{d}y - \iint_D f(y)\,\mathrm{d}x\,\mathrm{d}y = 1.$$

方法二 由重要不等式 $a+b \geqslant 2\sqrt{ab}$ 以及轮换对称性,有

$$\int_0^1 \mathrm{e}^{f(x)}\,\mathrm{d}x \int_0^1 \mathrm{e}^{-f(y)}\,\mathrm{d}y = \iint_D \mathrm{e}^{f(x)-f(y)}\,\mathrm{d}x\,\mathrm{d}y$$

$$= \frac{1}{2}\left(\iint_D \mathrm{e}^{f(x)-f(y)}\,\mathrm{d}x\,\mathrm{d}y + \iint_D \mathrm{e}^{f(y)-f(x)}\,\mathrm{d}x\,\mathrm{d}y\right)$$

$$= \frac{1}{2}\iint_D [e^{f(x)-f(y)} + e^{f(y)-f(x)}] dx\, dy \geq \frac{1}{2}\iint_D 2 dx\, dy = 1.$$

方法三 由Cauchy不等式 $\int_a^b h^2(x)dx \int_a^b l^2(x)dx \geq \left(\int_a^b h(x)l(x)dx\right)^2$，同时恒等变形结论中的不等式左边有

$$\int_0^1 e^{f(x)} dx \int_0^1 e^{-f(y)} dy = \int_0^1 e^{f(x)} dx \int_0^1 e^{-f(x)} dx,$$

只要取 $h(x) = \sqrt{e^{f(x)}}, l(x) = \sqrt{e^{-f(x)}}$，直接运用Cauchy不等式可以得到结论.

巩固练习 （北京2004）设 $f(x)$ 在 $[0,1]$ 上连续，且 $1 \leq f(x) \leq 3$，证明：

$$1 \leq \left(\int_0^1 f(x)dx\right)\left(\int_0^1 \frac{1}{f(x)}dx\right) \leq \frac{4}{3}.$$

（提示：不等式左边使用例38的方法即可，不等式右边需要使用重要不等式.）

例39 （北京2005）$f(x)$ 在 $[0,1]$ 上连续且单调增加，证明：
$$\int_0^1 f(x)dx \leq 2\int_0^1 xf(x)dx.$$

【分析】 本题是一个典型的例题，可以用多种方法求解.有些方法的思路非常简单，比如方法二；而有些方法使用的工具则显得高大上，比如方法六——Chebyshev不等式.

方法一.题干条件较为常见：函数连续且单调递增.我们可以从结论出发，寻找证明思路.只要不忽略关键点，很容易发现，当 $x \in \left[0, \frac{1}{2}\right]$ 时，$2xf(x) \leq f(x)$，因此显然有

$$\int_0^{\frac{1}{2}} 2xf(x)dx \leq \int_0^{\frac{1}{2}} f(x)dx.$$

而当 $x \in \left[\frac{1}{2}, 1\right]$ 时，$2xf(x) \geq f(x)$，因此有

$$\int_{\frac{1}{2}}^1 f(x)dx \leq \int_{\frac{1}{2}}^1 2xf(x)dx.$$

于是，需要证明的结论自然转化为以下形式：

$$2\int_{\frac{1}{2}}^1 xf(x)dx - \int_{\frac{1}{2}}^1 f(x)dx \geq \int_0^{\frac{1}{2}} f(x)dx - 2\int_0^{\frac{1}{2}} xf(x)dx,$$

也即下面的不等式

$$\int_{\frac{1}{2}}^1 (2x-1)f(x)dx \geq \int_0^{\frac{1}{2}} (1-2x)f(x)dx.$$

根据上述不等式两边的被积函数，可以观察到 $1-2x$ 和 $2x-1$ 关于 $x = \frac{1}{2}$ 对称.结合函数单调递增的条件，可以得出 $(2x-1)f(x)$ 在区间 $\left[\frac{1}{2}, 1\right]$ 上的函数值显然大于 $(1-2x)f(x)$ 在区间 $\left[0, \frac{1}{2}\right]$ 上的函数值.因此，相应的积分值也更大.那么，如何用严谨的数学语言表达这一直观结论呢？为了比较大小，必须将积分区间变换为相同的积分区间，于是很自然地用到自变量换元.

证明 在 $\left[\dfrac{1}{2}, 1\right]$ 上作变量变换 $x = 1 - t$，则

$$\int_{\frac{1}{2}}^{1} [2xf(x) - f(x)] \mathrm{d}x = \int_{0}^{\frac{1}{2}} [f(1-x) - 2xf(1-x)] \mathrm{d}x.$$

于是

$$\int_{0}^{\frac{1}{2}} [f(1-x) - 2xf(1-x)] \mathrm{d}x - \int_{0}^{\frac{1}{2}} [f(x) - 2xf(x)] \mathrm{d}x$$

$$= \int_{0}^{\frac{1}{2}} [f(1-x) - 2xf(1-x) - f(x) + 2xf(x)] \mathrm{d}x$$

$$= \int_{0}^{\frac{1}{2}} (1 - 2x)[f(1-x) - f(x)] \mathrm{d}x.$$

当 $x \in \left[0, \dfrac{1}{2}\right]$ 时，$1 - 2x \geqslant 0$，$f(1-x) - f(x) \geqslant 0$，则结论成立.

方法二. 从方法一的证明过程，容易联想到以点 $x = \dfrac{1}{2}$ 作为区间和函数值的分界点，那么可以考虑非正函数：$(1-2x)\left[f(x) - f\left(\dfrac{1}{2}\right)\right]$ 的定积分，从而得到结果.

方法三. 方法二的特殊形式，取特殊函数值，不妨取 $f\left(\dfrac{1}{2}\right) = 0$，因为即使有 $f\left(\dfrac{1}{2}\right) \neq 0$，也存在下面两个不等式之间：

$$\int_{0}^{1} f(x) \mathrm{d}x \leqslant 2 \int_{0}^{1} xf(x) \mathrm{d}x \quad \text{与} \quad \int_{0}^{1} (f(x) + c) \mathrm{d}x \leqslant 2 \int_{0}^{1} x(f(x) + c) \mathrm{d}x.$$

所以可以设 $f\left(\dfrac{1}{2}\right) = 0$，得 $(1-2x)f(x) \leqslant 0$.

方法四. 将定积分的不等式证明转化为重积分的问题，这在数学题目中是常见的现象，本题也不例外. 既然涉及重积分，自然会有两个变量. 那么，如何引入这个额外的变量呢？从结论出发分析，对于不等式中的两个定积分，可以将其分别视为两个二重积分各自对一个积分变量进行积分后得到的结果，即累次积分中已完成一次定积分的部分.

$$\int_{0}^{1} f(x) \mathrm{d}x = 2 \int_{0}^{1} y \mathrm{d}y \int_{0}^{1} f(x) \mathrm{d}x = 2 \int_{0}^{1} \int_{0}^{1} y f(x) \mathrm{d}x \mathrm{d}y.$$

由于积分变量在我们看来具有同等的重要性，即它们处于对称的地位，于是我们可以得到：

$$\int_{0}^{1} f(y) \mathrm{d}y = 2 \int_{0}^{1} x \mathrm{d}x \int_{0}^{1} f(y) \mathrm{d}y = 2 \int_{0}^{1} \int_{0}^{1} x f(y) \mathrm{d}x \mathrm{d}y.$$

由此可得

$$\int_{0}^{1} f(x) \mathrm{d}x = \int_{0}^{1} \int_{0}^{1} (yf(x) + xf(y)) \mathrm{d}x \mathrm{d}y.$$

结论中不等式的右边自然就是下面这样来处理：

$$\int_{0}^{1} xf(x) \mathrm{d}x = \int_{0}^{1} \mathrm{d}y \int_{0}^{1} xf(x) \mathrm{d}x = \int_{0}^{1} \int_{0}^{1} xf(x) \mathrm{d}x \mathrm{d}y,$$

$$\int_{0}^{1} yf(y) \mathrm{d}y = \int_{0}^{1} \int_{0}^{1} yf(y) \mathrm{d}x \mathrm{d}y.$$

由此可得
$$\int_0^1 2xf(x)\mathrm{d}x = \int_0^1\int_0^1 (xf(x)+yf(y))\mathrm{d}x\mathrm{d}y.$$
再联系我们要证明的结论,考虑非负函数$(x-y)[f(x)-f(y)]$的重积分.

证明 考虑$(x-y)[f(x)-f(y)]$在单位正方形上的重积分,也即
$$0 \leqslant \iint_D (x-y)(f(x)-f(y))\mathrm{d}x\mathrm{d}y$$
$$= 2\int_0^1 xf(x)\mathrm{d}x - \int_0^1 f(x)\mathrm{d}x, \quad D: 0 \leqslant x, y \leqslant 1.$$

方法五.设$f(x)$一阶连续可导,因为它单调递增,则$f'(x) > 0$.通过分部积分有
$$\int_0^1 f(x)\mathrm{d}x - 2\int_0^1 xf(x)\mathrm{d}x = \int_0^1 f(x)\mathrm{d}(x-x^2) = -\int_0^1 (x-x^2)\mathrm{d}f(x) \leqslant 0.$$
当$f(x)$不满足一阶连续可导,可以用逼近法或用定积分定义证明:
$$\int_0^1 f(x)\mathrm{d}(x-x^2) = -\int_0^1 (x-x^2)\mathrm{d}f(x) \leqslant 0.$$

方法六.例 36 的特殊形式,利用 Chebyshev 不等式马上得到结果.

例40 (**天津 2005**) 设正值函数$f(x)$在闭区间$[a,b]$上连续,$\int_a^b f(x)\mathrm{d}x = A$,证明:
$$\int_a^b f(x)\mathrm{e}^{f(x)}\mathrm{d}x \int_a^b \frac{1}{f(x)}\mathrm{d}x \geqslant (b-a)(b-a+A).$$

【分析】 在处理定积分乘积问题时,我们很容易想到重积分.重积分的积分区域是正方形,且满足轮换对称性,那么积分变量可以互换位置,这就是所谓的轮换对称性.这使得我们可以应用重要不等式.题干中的条件进一步引导我们使用 Taylor 公式或者由它得到的不等式$\mathrm{e}^x \geqslant 1+x$.

证明 化为二重积分证明.记$D = \{(x,y): a \leqslant x \leqslant b, a \leqslant y \leqslant b\}$,则
$$\text{左边} = \int_a^b f(x)\mathrm{e}^{f(x)}\mathrm{d}x \int_a^b \frac{1}{f(y)}\mathrm{d}y = \iint_D \frac{f(x)}{f(y)}\mathrm{e}^{f(x)}\mathrm{d}x\mathrm{d}y = \iint_D \frac{f(y)}{f(x)}\mathrm{e}^{f(y)}\mathrm{d}x\mathrm{d}y$$
$$= \frac{1}{2}\iint_D \left(\frac{f(y)}{f(x)}\mathrm{e}^{f(y)} + \frac{f(x)}{f(y)}\mathrm{e}^{f(x)}\right)\mathrm{d}x\mathrm{d}y$$
$$\geqslant \iint_D \mathrm{e}^{\frac{f(x)+f(y)}{2}}\mathrm{d}x\mathrm{d}y \geqslant \iint_D \left(1 + \frac{f(x)}{2} + \frac{f(y)}{2}\right)\mathrm{d}x\mathrm{d}y$$
$$= (b-a)^2 + \int_a^b \mathrm{d}y \int_a^b f(x)\mathrm{d}x = (b-a)(b-a+A).$$

第7章习题

1.(北京 2001) 设$f(x)$是$[0,1]$上的连续函数,证明:$\int_0^1 \mathrm{e}^{f(x)}\mathrm{d}x \int_0^1 \mathrm{e}^{-f(y)}\mathrm{d}y \geqslant 1.$
提示:采用重积分和轮换对称.

2.(南京航空航天大学 2023)设 $f(x)$ 在 $[0,1]$ 上连续且单调增加,证明:
$$\int_0^1 x^k f(x) \mathrm{d}x \geqslant \frac{1}{k+1} \int_0^1 f(x) \mathrm{d}x,$$
其中 k 为正整数.

提示:需要分割区间并利用积分中值定理,令 $c = \dfrac{1}{\sqrt[k]{k+1}} \in (0,1)$,则有
$$\int_0^1 \left(x^k - \frac{1}{k+1}\right) f(x) \mathrm{d}x = \int_0^c \left(x^k - \frac{1}{k+1}\right) f(x) \mathrm{d}x + \int_c^1 \left(x^k - \frac{1}{k+1}\right) f(x) \mathrm{d}x.$$

3.(中国石油大学 2019)设 D 是由直线 $x+y=1$ 和坐标轴围成的平面闭区域,证明:
$$\frac{27}{2\sqrt{745}} \leqslant \iint_D \frac{\mathrm{d}s}{\sqrt{1+x^4 y^2}} \leqslant \frac{1}{2}.$$

提示:右边不等式直接放大,左边不等式求 $x^4 y^2$ 的最大值.

4.(中国石油大学 2017)设函数 $f(x)$ 是 $(0,+\infty)$ 上单调增加的连续函数,证明:对任何 $b > a > 0$,有 $\int_a^b x f(x) \mathrm{d}x \geqslant \dfrac{1}{2}\left[b \int_0^b f(x)\mathrm{d}x - a \int_0^a f(x)\mathrm{d}x\right]$.

提示:作辅助函数 $F(x) = x \int_0^x f(t) \mathrm{d}t$ 并运用 Newton-Leibniz 公式.

5. 设函数 $f(x)$ 在 $[0,1]$ 上具有连续的二阶导数,且 $f(0) = f(1) = 0$,证明:
$$\int_0^1 [f(x)]^2 \mathrm{d}x \leqslant \frac{1}{8} \int_0^1 [f'(x)]^2 \mathrm{d}x.$$

提示:将区间分割为两个,然后运用 Newton-Leibniz 公式和 Cauchy 不等式.

6. 设函数 $f(x)$ 在 $[0,1]$ 上具有连续可微,且 $f(0) = f(1) = 0$,证明:
$$\int_0^1 |f'(x)|^2 \mathrm{d}x - 4 \int_0^1 |f(x) f'(x)| \mathrm{d}x \geqslant 0.$$

提示:利用如下公式:
$$|f(x)| = \left|\int_0^x f'(t) \mathrm{d}t\right| \leqslant \int_0^x |f'(t)| \mathrm{d}t = g(x),$$
$$|f(x)| = \left|\int_x^1 f'(t) \mathrm{d}t\right| \leqslant \int_x^1 |f'(t)| \mathrm{d}t = h(x).$$

积分区间分两部分进行验证并运用 Cauchy 不等式.

7. 设二元函数 $f(x,y)$ 在区域 $G = \{(x,y) : |x-1| \leqslant 2, |y-1| \leqslant 2\}$ 上具有二阶连续偏导数,$f(1,1) = 0$,且在 $(1,1)$ 达到极值,又
$$\left|\frac{\partial^2 f(x,y)}{\partial x^l \partial y^{2-l}}\right| \leqslant M, \quad (x,y) \in G, \text{其中 } 0 \leqslant l \leqslant 2.$$

取区域 $D = \{(x,y) : 0 \leqslant x \leqslant 1, 0 \leqslant y \leqslant 1\}$,证明:
$$I = \iint_D f(x,y) \mathrm{d}x \mathrm{d}y \leqslant \frac{7}{12} M.$$

提示:采用 Taylor 公式.

8. 证明:$\left|\int_a^{a+1} \sin(t^2) \mathrm{d}t\right| \leqslant \dfrac{1}{a}, a > 0.$

提示:采用第二积分中值定理:函数 $f(x)$ 在 $[a,b]$ 上单调,则存在

$$\int_a^b f(x)g(x)\mathrm{d}x = f(a)\int_a^\xi g(x)\mathrm{d}x + f(b)\int_\xi^b g(x)\mathrm{d}x.$$

9. (武汉大学) 证明: $\oint_L xf(y)\mathrm{d}y - \dfrac{y}{f(x)}\mathrm{d}x \geqslant 2\pi$, 其中 L 为圆周曲线 $(x-a)^2 + (y-a)^2 = 1, a > 0$, 取正向, $f(x)$ 为连续正值函数.

提示: 运用 Green 公式, 并利用对称性.

10. (西南交通大学 2023) 设 $D = \{(x,y): 0 \leqslant x \leqslant 1, 0 \leqslant y \leqslant 1\}$, $I = \iint_D f(x,y)\mathrm{d}x\mathrm{d}y$, 其中 $f(x,y)$ 在 D 上有连续偏导数, 若对任何 x, y, 有

$$f(0,y) = f(x,0) = 0 \quad \text{且} \quad \dfrac{\partial^2 f}{\partial x \partial y} \leqslant A.$$

证明: $I \leqslant \dfrac{A}{4}$.

提示: 使用分部积分公式. 恒等式 $I = \int_0^1 \mathrm{d}y \int_0^1 f(x,y)\mathrm{d}x = -\int_0^1 \mathrm{d}y \int_0^1 f(x,y)\mathrm{d}(1-x)$, 以及 $\int_0^1 f(x,y)\mathrm{d}(1-x) = -\int_0^1 (1-x)\dfrac{\partial f(x,y)}{\partial x}\mathrm{d}x$.

11. (华中科技大学 2022) 设 D 是由简单光滑曲线 L 围成的区域, $f(x,y)$ 在 D 及其边界 L 上有连续偏导数, 且边界 L 上有 $f(x,y) = 0$. 证明:

$$\iint_D f^2(x,y)\mathrm{d}x\mathrm{d}y \leqslant \max_{(x,y)\in D}\{x^2+y^2\}\iint_D (f_x^2 + f_y^2)\mathrm{d}x\mathrm{d}y.$$

提示: 首先利用 Green 公式证明恒等式, 有

$$\iint_D f^2(x,y)\mathrm{d}x\mathrm{d}y = -\iint_D (xf \cdot f_x + yf \cdot f_y)\mathrm{d}x\mathrm{d}y.$$

再两次利用 Cauchy 不等式凑出所证结论.

12. (华中科技大学) 设二元函数 $f(x,y) \geqslant 0$ 在区域 $D = \{(x,y): x^2+y^2 \leqslant a^2\}$ 上有连续的一阶偏导数, 边界上取值为 0. 证明:

$$\left|\iint_D f(x,y)\mathrm{d}x\mathrm{d}y\right| \leqslant \dfrac{\pi a^3}{3}\max_{(x,y)\in D}\sqrt{\left(\dfrac{\partial f}{\partial x}\right)^2 + \left(\dfrac{\partial f}{\partial y}\right)^2}.$$

提示: 运用 Taylor 公式.

13. (北京 2006) 证明: $\iint_\Sigma (1-x^2-y^2)\mathrm{d}s \leqslant \dfrac{2\pi}{15}(8\sqrt{2}-7)$, 其中 Σ 为抛物面 $z = \dfrac{x^2+y^2}{2}$ 夹在平面 $z = 0$ 和 $z = \dfrac{t}{2}, t > 0$ 之间的部分.

提示: 计算曲面积分, 再化为定积分得 $I(t) = 2\pi \int_0^{\sqrt{t}} (1-r^2)\sqrt{1+r^2} \cdot r\mathrm{d}r$, 求最大值.

14. (北京 2006) 设函数 $f(x)$ 在 $[0,1]$ 上连续, 且 $|f(x)| < 1, \int_0^1 f(x)\mathrm{d}x = 0$. 证明: 对任意的 $a, b \in [0,1]$, 都有 $\left|\int_a^b f(x)\mathrm{d}x\right| \leqslant \dfrac{1}{2}$.

提示: 采用积分中值定理. 对 $b-a \leqslant \dfrac{1}{2}, b-a \geqslant \dfrac{1}{2}$ 分别进行讨论.

15. 设 $f(x)$ 在区间 $[0,1]$ 上一阶连续可导且 $\int_0^{\frac{1}{2}} f(x) \mathrm{d}x = 0$，证明：
$$\left(\int_0^1 f(x) \mathrm{d}x\right)^2 \leqslant \frac{1}{12} \int_0^1 [f'(x)]^2 \mathrm{d}x.$$

提示：证明 $\int_0^1 f(x) \mathrm{d}x = \int_{\frac{1}{2}}^1 (1-x) f'(x) \mathrm{d}x + \int_0^{\frac{1}{2}} x f'(x) \mathrm{d}x$，并利用 Cauchy 不等式.

16. 证明：$\int_0^{+\infty} \frac{\sin x}{x} \mathrm{d}x < \int_0^{\pi} \frac{\sin x}{x} \mathrm{d}x.$

提示：对区间分割，并利用换元法 $u = x - k\pi$.

17. 设全体实数范围内的连续正值函数 $f(x)$，对 $\forall t \in \mathbf{R}$，有 $\int_{-\infty}^{+\infty} \mathrm{e}^{-|t-x|} f(x) \mathrm{d}x \leqslant 1$. 证明：$\forall a, b (a < b)$，
$$\int_a^b f(x) \mathrm{d}x \leqslant \frac{b-a}{2} + 1.$$

提示：放缩区间，并交换积分次序.

18. 设 $M = \max \sqrt{P^2 + Q^2}$，$P(x, y), Q(x, y)$ 在 L 上连续，曲线段 L 的长度为 s，证明：
$$\left| \int_L P \mathrm{d}x + Q \mathrm{d}y \right| \leqslant Ms.$$

提示：利用两类曲线积分之间的关系以及 $a \sin \alpha + b \cos \alpha \leqslant \sqrt{a^2 + b^2}$ 或者 Cauchy 不等式.

注： 此题可以类似地推广到三维曲线上的积分.

19. 证明：$\left| \int_{100}^{200} \frac{x^3}{x^4 + x - 1} \mathrm{d}x - \ln 2 \right| < \frac{1}{3} \cdot 10^{-6}.$

提示：利用 $\ln 2 = \int_{100}^{200} \frac{1}{x} \mathrm{d}x$ 和放缩.

20. 设 $f(x)$ 在区间 $[0,1]$ 上连续，且 $\forall x \in [0,1]$ 有 $\int_x^1 f(t) \mathrm{d}t \geqslant \frac{1-x^2}{2}$，证明：
$$\int_0^1 f^2(t) \mathrm{d}t \geqslant \frac{1}{3}.$$

提示：利用交换积分次序，并考虑 $\int_0^1 (f(x) - x)^2 \mathrm{d}x$.

21. (1) 设 $f(x)$ 是 $[a, b]$ 上的连续可微函数，且满足 $f(a) = 0, f(b) = 0$，证明：
$$\int_a^b f^2(x) \mathrm{d}x \leqslant \frac{(b-a)^2}{4} \int_a^b [f'(x)]^2 \mathrm{d}x.$$

(2) 设 $f(x)$ 是 $[0,1]$ 上的连续可微函数，且满足 $f(0) = 0, f(1) = 0$，证明：
$$\left(\int_0^1 f(x) \mathrm{d}x\right)^2 \leqslant \frac{1}{12} \int_0^1 [f'(x)]^2 \mathrm{d}x.$$

提示：利用例 34 的证明过程.

第8章

级　　数

　　级数是数学竞赛中不可或缺的内容,"级数"的竞赛范围主要涉及级数的敛散性讨论,以及级数的展开和求和,其中重点和难点集中在级数的敛散性讨论上.

　　尽管在平时的教学中,我们已经大量涉及了级数的展开(幂级数和 Fourier 级数展开)、收敛区间、收敛域以及幂级数求和等方面的内容,但它们整体上相对简单,题型中可考核和发掘的深度与广度有限,因此竞赛对这方面的关注相对较少,本书对这方面也不作过多的探讨,读者需要自行学习此内容,本章主要关注级数的敛散性讨论.常数项级数的收敛判别方法有:比值判别法、根值判别法、积分判别法、Leibniz 定理、级数收敛定义或者级数部分和法,以及比较判别法.对于竞赛来说,上面提到的方法,是被重视的程度应当逐级提高,特别是最后提到的两个最基础的方法,是竞赛命题者的"挚爱".级数收敛的定义此处不再详述,下面将介绍比较判别法.在介绍比较判别法前,我们先介绍两个用于比较大小并判断级数敛散性的级数.

　　(1) 调和级数:$\sum_{n=1}^{\infty} \dfrac{1}{n}$,发散.

　　(2) p-级数:$\sum_{n=1}^{\infty} \dfrac{1}{n^p}$,当 $p \leqslant 1$ 时发散,当 $p > 1$ 时收敛.特别地,当 $p = 2$ 时,在判断收敛性时应用较多.

　　大小比较判别法　　设正项级数的通项 a_n, b_n, c_n 满足 $c_n \leqslant a_n \leqslant b_n$,则当级数 $\sum_{n=1}^{\infty} b_n$ 收敛时,级数 $\sum_{n=1}^{\infty} a_n$ 也收敛;当级数 $\sum_{n=1}^{\infty} c_n$ 发散时,级数 $\sum_{n=1}^{\infty} a_n$ 也发散.

　　商式比较判别法　　设正项级数的通项 a_n 和 b_n 满足 $\lim\limits_{n \to \infty} \dfrac{a_n}{b_n} = \rho$,则当 $0 < \rho < \infty$ 时,级数 $\sum_{n=1}^{\infty} a_n$ 和 $\sum_{n=1}^{\infty} b_n$ 的敛散性一致;当 $\rho = 0$ 时,若级数 $\sum_{n=1}^{\infty} b_n$ 收敛,则级数 $\sum_{n=1}^{\infty} a_n$ 也收敛;而当 $\rho = \infty$ 时,若级数 $\sum_{n=1}^{\infty} b_n$ 发散,则级数 $\sum_{n=1}^{\infty} a_n$ 也发散.

　　上面提到的两种比较判别法,第一种在竞赛题中更常见.除此之外,还有两种常用的判别法——Abel 判别法和 Dirichlet 判别法.

　　Abel 判别法　　数列 $\{a_n\}$ 单调有界,级数 $\sum_{n=1}^{\infty} b_n$ 收敛,则级数 $\sum_{n=1}^{\infty} a_n b_n$ 收敛.

　　Dirichlet 判别法　　数列 $\{a_n\}$ 单调递减至 0,级数 $\sum_{k=1}^{n} b_k$ 有界,则级数 $\sum_{n=1}^{\infty} a_n b_n$ 收敛.

第8章 级 数

8.1 幂级数求和与收敛区间

例1 设函数 $f(x)$ 的一个原函数为 $F(x)$,且 $F(0)=1, F(x)f(x)=\cos 2x$,

$$a_n = \int_0^{n\pi} |f(x)| \, dx, \quad n=1,2,\cdots.$$

求幂级数 $\sum_{n=2}^{\infty} \dfrac{a_n}{n^2-1} x^n$ 的收敛域与和函数.

【分析】 尽管此题考察的知识点众多,但只要我们按部就班地解答,还是能够顺利完成的.首先,解微分方程;其次,求定积分;再次,求收敛半径;最后,讨论端点的收敛性.(此题更适合作为考研题目,而不太适合作为竞赛题目.)

解 由题设有 $\int_0^x F(t)f(t)dt = \int_0^x \cos 2t \, dt$,解得

$$F^2(x) - F^2(0) = \sin 2x.$$

由此可得 $|F(x)| = \sqrt{1+\sin 2x} = |\cos x + \sin x|$,则

$$|f(x)| = \left|\frac{\cos 2x}{\cos x + \sin x}\right| = |\cos x - \sin x| = \sqrt{2}\left|\cos\left(\frac{\pi}{4}+x\right)\right|.$$

因 $|f(x)|$ 是一个周期为 π 的周期函数,故有

$$a_n = \int_0^{n\pi} |f(x)| \, dx = \sqrt{2}\, n \int_{\frac{\pi}{4}}^{\frac{\pi}{4}+\pi} \left|\cos\left(x-\frac{\pi}{4}\right)\right| dx = 2\sqrt{2}\, n \int_0^{\frac{\pi}{2}} \cos x \, dx = 2\sqrt{2}\, n.$$

所以原级数为

$$\sum_{n=2}^{\infty} \frac{a_n}{n^2-1} x^n = 2\sqrt{2} \sum_{n=2}^{\infty} \frac{n}{n^2-1} x^n.$$

由幂级数收敛域的计算方法,有

$$R = \lim_{n\to\infty} \frac{\dfrac{n}{n^2-1}}{\dfrac{n+1}{(n+1)^2-1}} = \lim_{n\to\infty} \frac{n[(n+1)^2-1]}{(n^2-1)(n+1)} = 1.$$

当 $x=1$ 时,幂级数为 $2\sqrt{2} \sum_{n=2}^{\infty} \dfrac{n}{n^2-1}$,与调和级数 $\sum_{n=2}^{\infty} \dfrac{1}{n}$ 比较,可知其发散.

当 $x=-1$ 时,幂级数为 $2\sqrt{2} \sum_{n=2}^{\infty} \dfrac{(-1)^n n}{n^2-1}$,为交错级数,收敛,所以收敛域为 $[-1,1)$.

当 $x \neq 0$ 时,和函数为

$$S(x) = \sum_{n=2}^{\infty} \frac{a_n}{n^2-1} x^n = 2\sqrt{2} \sum_{n=2}^{\infty} \frac{n}{n^2-1} x^n = 2\sqrt{2} \sum_{n=2}^{\infty} \left[\frac{1}{2(n+1)} + \frac{1}{2(n-1)}\right] x^n$$

$$= \sqrt{2} \sum_{n=2}^{\infty} \frac{x^n}{n+1} + \sqrt{2} \sum_{n=2}^{\infty} \frac{x^n}{n-1} = \frac{\sqrt{2}}{x} \sum_{n=2}^{\infty} \frac{x^{n+1}}{n+1} + \sqrt{2}\, x \sum_{n=2}^{\infty} \frac{x^{n-1}}{n-1}$$

$$= \frac{\sqrt{2}}{x} \sum_{n=2}^{\infty} \int_0^x t^n \, dt + \sqrt{2} x \sum_{n=2}^{\infty} \int_0^x t^{n-2} \, dt$$

$$= \frac{\sqrt{2}}{x} \int_0^x \left(\frac{1}{1-t} - 1 - t \right) dt + \sqrt{2} x \int_0^x \frac{1}{1-t} dt$$

$$= \frac{\sqrt{2}}{x} \left[-\ln(1-x) - x - \frac{x^2}{2} \right] + \sqrt{2} x \left[-\ln(1-x) \right]$$

$$= \frac{-(2x^2+2)\ln(1-x) - x^2 - 2x}{\sqrt{2} x}.$$

当 $x = 0$ 时,幂级数

$$2\sqrt{2} \sum_{n=2}^{\infty} \frac{n}{n^2-1} x^n = 0.$$

虽然以上积分过程在收敛区间内执行运算,但是由于和函数在收敛域内连续,所以

$$S(x) = \begin{cases} \dfrac{-(2x^2+2)\ln(1-x) - x^2 - 2x}{\sqrt{2} x}, & -1 \leqslant x < 1 \text{ 且 } x \neq 0, \\ 0, & x = 0. \end{cases}$$

例 2 设函数 $z(k) = \dfrac{1}{e} \sum_{n=0}^{\infty} \dfrac{n^k}{n!}$.

(1) 求 $z(0), z(1), z(2)$ 的值;(2) 证明:当 k 为正整数时,$z(k)$ 为正整数.

【分析】 第一问,利用基本函数的幂级数展开进行求和.第二问的证明方法,很明显应当使用数学归纳法.

解 (1) 根据 $z(k)$ 的定义,有

$$z(0) = \sum_{n=0}^{\infty} \frac{1}{e \cdot n!} = \frac{1}{e} \sum_{n=0}^{\infty} \frac{1}{n!} = 1,$$

$$z(1) = \frac{1}{e} \sum_{n=0}^{\infty} \frac{n}{n!} = \frac{1}{e} \sum_{n=1}^{\infty} \frac{1}{(n-1)!} = 1,$$

$$z(2) = \frac{1}{e} \sum_{n=0}^{\infty} \frac{n^2}{n!} = \frac{1}{e} \sum_{n=1}^{\infty} \frac{n}{(n-1)!}$$

$$= \frac{1}{e} \sum_{n=1}^{\infty} \frac{n-1+1}{(n-1)!} = \frac{1}{e}(e+e) = 2.$$

(2) 由(1)得到的结论,假设当 $k \geqslant 2$ 时,$z(k-1)$ 都为正整数,则有

$$z(k) = \frac{1}{e} \sum_{n=0}^{\infty} \frac{n^k}{n!} = \frac{1}{e} \sum_{n=1}^{\infty} \frac{n^{k-1}}{(n-1)!} = \frac{1}{e} \sum_{n=0}^{\infty} \frac{(n+1)^{k-1}}{n!}$$

$$= \frac{1}{e} \sum_{n=0}^{\infty} \frac{\sum_{i=0}^{k-1} C_{k-1}^i n^i}{n!} = \frac{1}{e} \sum_{i=0}^{k-1} C_{k-1}^i \sum_{n=0}^{\infty} \frac{n^i}{n!} = \sum_{i=0}^{k-1} C_{k-1}^i z(i).$$

由于 C_{k-1}^i 都为正整数,$z(i)(i=0,1,2,\cdots,k-1)$ 也都为正整数,所以 $z(k)$ 为正整数.

例 3 求幂级数 $\sum_{n=1}^{\infty} \dfrac{1}{(2n-1)!!} x^{2n-1}$ 的和函数 $S(x)$，并确定收敛域，其中 $(2n-1)!! = 1 \cdot 3 \cdot 5 \cdots (2n-3) \cdot (2n-1)$.

【分析】 幂级数方法是求解微分方程的方法之一，反过来，求解微分方程也可以视为幂级数求和的方法之一。通过对幂级数进行求导，寻找导函数和原函数之间的关系，建立微分方程，然后求解微分方程，得到和函数.

解 展开级数表达式，有

$$S(x) = x + \dfrac{x^3}{1 \cdot 3} + \dfrac{x^5}{1 \cdot 3 \cdot 5} + \cdots + \dfrac{x^{2n-1}}{1 \cdot 3 \cdots (2n-1)} + \cdots,$$

对其求导，有

$$S'(x) = 1 + \dfrac{x^2}{1} + \dfrac{x^4}{1 \cdot 3} + \cdots + \dfrac{x^{2n-2}}{1 \cdot 3 \cdots (2n-3)} + \cdots = 1 + x S(x),$$

即 $S'(x) - x S(x) = 1$，且 $S(0) = 0$，所以

$$S(x) = e^{\frac{x^2}{2}} \int_0^x e^{-\frac{t^2}{2}} \, \mathrm{d}t, \quad x \in (-\infty, +\infty).$$

例 4（武汉大学）设 $f_0(x) = e^x$，$f_{n+1}(x) = x f_n'(x)$，$n = 0, 1, 2, \cdots$，证明：$\sum_{n=0}^{\infty} \dfrac{f_n(1)}{n!} = e^e$.

【分析】 从需要证明的结论看，我们应该很快就能发现结论是基于幂级数展开求和。只要我们能根据递推公式正确表示出 $f_n(1)$，那么结论的证明就基本完成了。由于本题的解题思路看起来很直接，我们可能会不假思索地想通过递推式归纳法求 $f_n(x)$，即先求 $f_1(x)$，再求 $f_2(x), f_3(x), \cdots$，以此类推地寻找规律。然而，尽管前面两项相对简单，但当尝试求解 $f_3(x)$ 时，我们会发现它不仅很难求，而且几乎找不到任何明显的规律。这时候需要转变思路，采取一种更迂回的方法。尝试一下对幂级数求导，我们会发现幂级数的求导过程很简单，所以解题方向就是 e^x 的幂级数展开.

解 由 $f_0(x) = e^x = \sum_{k=0}^{\infty} \dfrac{x^k}{k!}$，有

$$f_1(x) = x f_0'(x) = x \sum_{k=1}^{\infty} \dfrac{k x^{k-1}}{k!} = \sum_{k=1}^{\infty} \dfrac{k x^k}{k!} = \sum_{k=0}^{\infty} \dfrac{k x^k}{k!}.$$

设 $f_{n-1}(x) = x \sum_{k=0}^{\infty} \dfrac{k^{n-1} x^k}{k!}$，则

$$f_n(x) = x f_{n-1}'(x) = x \sum_{k=1}^{\infty} \dfrac{k^n x^{k-1}}{k!} = \sum_{k=1}^{\infty} \dfrac{k^n x^k}{k!} = \sum_{k=0}^{\infty} \dfrac{k^n x^k}{k!}.$$

因此 $f_n(1) = \sum_{k=0}^{\infty} \dfrac{k^n}{k!}$，所以

$$\sum_{n=0}^{\infty} \dfrac{f_n(1)}{n!} = \sum_{n=0}^{\infty} \dfrac{1}{n!} \sum_{k=0}^{\infty} \dfrac{k^n}{k!} = \sum_{k=0}^{\infty} \dfrac{1}{k!} \sum_{n=0}^{\infty} \dfrac{k^n}{n!} = \sum_{k=0}^{\infty} \dfrac{e^k}{k!} = e^e.$$

例5 (安徽2023) 计算极限 $\lim\limits_{n\to\infty}\sum\limits_{k=n^2}^{(n+1)^2}\dfrac{1}{\sqrt{k}}$, 并求级数 $\sum\limits_{n=0}^{\infty}\left(-\dfrac{1}{3}\right)^{[\sqrt{n}]}$ 的和,其中 $[\cdot]$ 表示不超过 x 的最大整数.

【分析】 此类题初次见,表面上看可能让人感到害怕,实际上它们却是外强中干的"纸老虎".题目令人畏惧的地方在于根号和取整运算,但这些都经不起仔细分析和推敲,只要耐心地在草稿纸上将求和的每一项展开,规律自然出现在眼前.这时候我们会发现,原先那些看似吓人的根号,突然都变得不再复杂,反而转化成了我们熟悉的求和或者级数问题.

解 易得

$$2=\dfrac{2(n+1)}{n+1}=\sum\limits_{k=n^2}^{(n+1)^2}\dfrac{1}{n+1}<\sum\limits_{k=n^2}^{(n+1)^2}\dfrac{1}{\sqrt{k}}<\sum\limits_{k=n^2}^{(n+1)^2}\dfrac{1}{n}=\dfrac{2n+2}{n}.$$

直接可得 $\lim\limits_{n\to+\infty}\sum\limits_{k=n^2}^{(n+1)^2}\dfrac{1}{\sqrt{k}}=2$. 易知 $\sum\limits_{n=0}^{\infty}\left(-\dfrac{1}{3}\right)^{[\sqrt{n}]}$ 绝对收敛,从而有

$$\sum\limits_{n=0}^{\infty}\left(-\dfrac{1}{3}\right)^{[\sqrt{n}]}=\sum\limits_{k=0}^{\infty}\left(\sum\limits_{n=k^2}^{k^2+2k}\left(-\dfrac{1}{3}\right)^{[\sqrt{n}]}\right)=\sum\limits_{k=0}^{\infty}\left(\sum\limits_{n=k^2}^{k^2+2k}\left(-\dfrac{1}{3}\right)^k\right)=\sum\limits_{k=0}^{\infty}(2k+1)\left(-\dfrac{1}{3}\right)^k.$$

考虑幂级数求和 $S(x)=\sum\limits_{k=0}^{\infty}(2k+1)x^k, x\in(-1,1)$,改写通项表达式,得

$$S(x)=2x\sum\limits_{k=1}^{\infty}kx^{k-1}+\sum\limits_{k=0}^{\infty}x^k=2x\sum\limits_{k=1}^{\infty}(x^k)'+\dfrac{1}{1-x}$$

$$=2x\left(\sum\limits_{k=1}^{\infty}x^k\right)'+\dfrac{1}{1-x}=\dfrac{1+x}{(1-x)^2}, \quad x\in(-1,1).$$

例6 (电子科技大学) 设函数 $f_0(x)$ 在区间 $(-\infty,+\infty)$ 内连续, $f_n(x)=\int_0^x f_{n-1}(t)\mathrm{d}t$, $n=1,2,\cdots$.证明:

(1) $f_n(x)=\dfrac{1}{(n-1)!}\int_0^x f_0(t)(x-t)^{n-1}\mathrm{d}t, n=1,2,\cdots$;

(2) 对于区间 $(-\infty,+\infty)$ 内的任意一点 x,级数 $\sum\limits_{n=0}^{\infty}f_n(x)$ 绝对收敛.

【分析】 第一问是关于自然数的证明题,首选数学归纳法.另外,结论是寻找第 n 项与初值关系,我们自然地将第 $n-1$ 项的递推式代入已知条件的递推式中,从而得到两个积分,在基于要证明结论中的 $(x-t)^{n-1}$,我们很快意识到需要使用分部积分法.运用此法后,规律迅速显现,第一问的证明顺利完成.基于第一问的结论,第二问直接对和函数求和,结论自然得证.

证明 (1) 方法一 用归纳法证明.当 $n=1$ 时,

$$f_1(x)=\int_0^x f_0(t)\mathrm{d}t,$$

由定义,显然成立.假设当 $n=k$ 时成立,即

$$f_k(x) = \frac{1}{(k-1)!} \int_0^x f_0(t)(x-t)^{k-1} \, dt,$$

则当 $n = k+1$ 时,

$$f_{k+1}(x) = \int_0^x f_k(s) \, ds = \frac{1}{(k-1)!} \int_0^x ds \int_0^s f_0(t)(s-t)^{k-1} \, dt.$$

交换积分次序,得

$$f_{k+1}(x) = \frac{1}{(k-1)!} \int_0^x f_0(t) \, dt \int_t^x (s-t)^{k-1} \, ds = \frac{1}{k!} \int_0^x f_0(t)(x-t)^k \, dt.$$

结论成立. 故由归纳法,表达式对一切 n 都成立.

方法二 用分部积分法证明,得

$$\begin{aligned} f_n(x) &= \int_0^x f_{n-1}(t) \, dt = \int_0^x \left(\int_0^t f_{n-2}(u) \, du \right) dt \\ &= \left(t \int_0^t f_{n-2}(u) \, du \right) \Big|_0^x - \int_0^x t f_{n-2}(t) \, dt = \int_0^x (x-t) f_{n-2}(t) \, dt \\ &= \int_0^x (x-t) \left(\int_0^t f_{n-3}(u) \, du \right) dt \\ &= -\frac{1}{2} \int_0^x \left(\int_0^t f_{n-3}(u) \, du \right) d(x-t)^2 \\ &= \frac{1}{2!} \int_0^x (x-t)^2 f_{n-3}(t) \, dt. \end{aligned}$$

运用 $n-1$ 次分部积分,得 $f_n(x) = \dfrac{1}{(n-1)!} \int_0^x (x-t)^n f_0(t) \, dt$.

(2) 由第一问结论以及 e^x 的幂级数展开式有

$$\begin{aligned} \sum_{n=0}^{\infty} f_n(x) &= \sum_{n=1}^{\infty} \frac{1}{(n-1)!} \int_0^x f_0(t)(x-t)^{n-1} \, dt = \int_0^x f_0(t) \sum_{n=1}^{\infty} \frac{(x-t)^{n-1}}{(n-1)!} \, dt \\ &= \int_0^x f_0(t) e^{x-t} \, dt = e^x \int_0^x f_0(t) e^{-t} \, dt. \end{aligned}$$

因此对区间内的任意点 x,$\sum\limits_{n=0}^{\infty} f_n(x)$ 绝对收敛,且收敛于 $e^x \int_0^x f_0(t) e^{-t} \, dt$.

例7 求 $\sum\limits_{n=1}^{\infty} \left(e - 1 - \dfrac{1}{1!} - \cdots - \dfrac{1}{n!} \right) \dfrac{n!}{2^n + (-1)^n} (x+1)^n$ 的收敛区间.

【分析】 如果我们知道此题主要考察的是什么,问题就会迎刃而解. 它主要考察的是 Taylor 公式或者级数,也即 e 的展开式. 由此得到 $e - 1 - \dfrac{1}{1!} - \cdots - \dfrac{1}{n!}$ 与 $\dfrac{1}{(n+1)!}$ 等价.

解 由 $e = 1 + 1 + \dfrac{1}{2!} + \cdots + \dfrac{1}{n!} + \dfrac{1}{(n+1)!} + \cdots$,有

$$\begin{aligned} & \left[e - \left(1 + 1 + \frac{1}{2!} + \frac{1}{3!} + \cdots + \frac{1}{n!} \right) \right] n! \\ &= \left[\frac{1}{(n+1)!} + \cdots \right] n! = \frac{1}{n+1} + \frac{1}{(n+1)(n+2)} + \cdots. \end{aligned}$$

从而可得

$$\frac{1}{n+1} \leqslant \left[e - \left(1 + 1 + \frac{1}{2!} + \frac{1}{3!} + \cdots + \frac{1}{n!}\right)\right]n!$$
$$\leqslant \frac{1}{n+1} + \frac{1}{(n+1)^2} + \frac{1}{(n+1)^3} + \cdots = \frac{1}{n},$$

即当 $n \to \infty$ 时,

$$\left[e - \left(1 + 1 + \frac{1}{2!} + \frac{1}{3!} + \cdots + \frac{1}{n!}\right)\right]n! \sim \frac{1}{n}.$$

于是

$$R = \lim_{n\to\infty}\left|\frac{u_n}{u_{n+1}}\right| = \lim_{n\to\infty} \frac{\left(e - 1 - \frac{1}{1!} - \cdots - \frac{1}{n!}\right)\frac{n!}{2^n + (-1)^n}}{\left(e - 1 - \frac{1}{1!} - \cdots - \frac{1}{n!} - \frac{1}{(n+1)!}\right)\frac{(n+1)!}{2^{n+1} + (-1)^{n+1}}}$$

$$= \lim_{n\to\infty} \frac{\frac{1}{n} \cdot \frac{1}{2^n + (-1)^n}}{\frac{1}{n+1} \cdot \frac{1}{2^{n+1} + (-1)^{n+1}}} = 2.$$

故 $-2 < x + 1 < 2$,根据前面的讨论容易得到,当 $x = -3$ 和 1 时,级数发散.所以收敛区间为 $(-3, 1)$.

例 8 设函数 $f(x)$ 二阶可导,并且满足 $f''(0) > 0$ 和 $\lim\limits_{x \to 0} \frac{f(x)}{x} = 0$,令 $a_n = f\left(\frac{1}{n}\right)$.求级数 $\sum\limits_{n=1}^{\infty} a_n x^n$ 的收敛域.

【分析】 这道题目看似在讨论级数的收敛域,但本质上涉及的是函数的一系列性质:函数极限的求法、导数的定义和 Taylor 公式等.由这些性质可以得到 a_n 的等价量.

解 由条件可知 $f(0) = 0, f'(0) = 0$,于是

$$\lim_{n\to\infty} \frac{a_n}{\frac{1}{n^2}} = \lim_{n\to\infty} \frac{f\left(\frac{1}{n}\right)}{\frac{1}{n^2}} = \lim_{x\to 0+} \frac{f(x)}{x^2} = \lim_{x\to 0+} \frac{f'(x)}{2x}$$

$$= \lim_{x\to 0+} \frac{f'(x) - f'(0)}{2x} = \frac{f''(0)}{2}.$$

注:这个等式,Taylor 公式可以直接得到,即

$$a_n = f\left(\frac{1}{n}\right) = \frac{f''(\xi)}{2}\frac{1}{n^2}.$$

由级数的比较判别法可知,级数 $\sum\limits_{n=1}^{\infty} a_n$ 收敛.

由于 $f''(0) > 0$,所以由极限的保号性,存在 $N \in \mathbf{Z}^+$,当 $n > N$ 时,有

$$\frac{f''(0)}{4} < \frac{a_n}{\frac{1}{n^2}} < f''(0) \Rightarrow \frac{f''(0)}{4n^2} < a_n < \frac{f''(0)}{n^2}.$$

由此可知，$\lim_{n\to\infty}\sqrt[n]{a_n}=1$，即级数 $\sum_{n=1}^{\infty}a_n x^n$ 的收敛半径为 1，并且从以上比较法取极限可知，a_n 取绝对值时，极限也成立，所以 $\sum_{n=1}^{\infty}a_n$ 绝对收敛，即当 $x=\pm 1$ 时，级数 $\sum_{n=1}^{\infty}a_n x^n$ 也收敛，因此 $\sum_{n=1}^{\infty}a_n x^n$ 的收敛域为 $[-1,1]$.

8.2 常数项级数的收敛性

例 9 （河南 2023）讨论级数 $\sum_{n=1}^{\infty}\dfrac{\cos\left(n+\dfrac{1}{n}\right)}{\sqrt{n}}$ 的敛散性（包括条件收敛和绝对收敛）.

【分析】 级数的收敛判别法中，除了常见的比较判别法、比值判别法、根值判别法和积分判别法之外，还包括 Abel 判别法以及 Dirichlet 判别法．使用 Abel 判别法和 Dirichlet 判别法的特点是，所讨论的级数由两个级数相乘构成，其中，一个数列是单调的，而另一个级数既不是交错级数也不是正项级数．此题就完美地契合这两种判别法.

当然，我们首先需要做的是对分子进行一个小小的"美容手术"，即使用中学所学的公式将其展开，进而将级数分成两部分的和．之后便可以利用这两种判别法对这两部分进行讨论了.

解 考虑 $\sum_{n=1}^{\infty}\dfrac{\cos n\cos\dfrac{1}{n}}{\sqrt{n}}$ 和 $\sum_{n=1}^{\infty}\dfrac{\sin n\sin\dfrac{1}{n}}{\sqrt{n}}$，注意到

$$\left|\sum_{k=1}^{n}\cos k\right|=\left|\dfrac{\sin\dfrac{2n+1}{2}-\sin\dfrac{1}{2}}{2\sin\dfrac{1}{2}}\right|\leqslant\dfrac{1}{\sin\dfrac{1}{2}},$$

则 $\sum_{k=1}^{n}\cos k$ 有界，又 $\dfrac{1}{\sqrt{n}}$ 单调递减趋于 0，由 Dirichlet 判别法，$\sum_{n=1}^{\infty}\dfrac{\cos n}{\sqrt{n}}$ 收敛.

由于 $\cos\dfrac{1}{n}$ 单调有界，由 Abel 判别法，$\sum_{n=1}^{\infty}\dfrac{\cos n\cos\dfrac{1}{n}}{\sqrt{n}}$ 收敛．注意到，

$$\left|\sum_{k=1}^{n}\sin k\right|=\left|\dfrac{\cos\dfrac{1}{2}-\cos\dfrac{2n+1}{2}}{2\sin\dfrac{1}{2}}\right|\leqslant\dfrac{1}{\sin\dfrac{1}{2}},$$

则 $\sum_{k=1}^{n}\sin k$ 有界，又 $\dfrac{1}{\sqrt{n}}$ 单调递减趋于 0，由 Dirichlet 判别法，$\sum_{n=1}^{\infty}\dfrac{\sin n}{\sqrt{n}}$ 收敛．又 $\sin\dfrac{1}{n}$ 单调有界，由 Abel 判别法，$\sum_{n=1}^{\infty}\dfrac{\sin n\sin\dfrac{1}{n}}{\sqrt{n}}$ 收敛，所以

$$\sum_{n=1}^{\infty} \frac{\cos\left(n+\frac{1}{n}\right)}{\sqrt{n}} = \sum_{n=1}^{\infty} \frac{\cos n \cos \frac{1}{n}}{\sqrt{n}} - \sum_{n=1}^{\infty} \frac{\sin n \sin \frac{1}{n}}{\sqrt{n}}$$

收敛. 因 $\left|\dfrac{\sin n \sin \frac{1}{n}}{\sqrt{n}}\right| \leqslant \dfrac{1}{n\sqrt{n}}$, 由比较判别法, $\sum_{n=1}^{\infty} \dfrac{\sin n \sin \frac{1}{n}}{\sqrt{n}}$ 绝对收敛. 又

$$\left|\frac{\cos n \cos \frac{1}{n}}{\sqrt{n}}\right| \geqslant \frac{|\cos n|}{\sqrt{n}} \cos 1 \geqslant \frac{\cos^2 n}{\sqrt{n}} \cos 1 = \frac{1+\cos 2n}{2\sqrt{n}} \cos 1 = \left(\frac{1}{2\sqrt{n}} + \frac{\cos 2n}{2\sqrt{n}}\right) \cos 1,$$

其中 $\sum_{n=1}^{\infty} \dfrac{1}{\sqrt{n}}$ 发散, $\sum_{n=1}^{\infty} \dfrac{\cos(2n)}{\sqrt{n}}$ 收敛, 所以 $\sum_{n=1}^{\infty} \left|\dfrac{\cos n \cos \frac{1}{n}}{\sqrt{n}}\right|$ 发散. 故 $\sum_{n=1}^{\infty} \dfrac{\cos n \cos \frac{1}{n}}{\sqrt{n}}$ 条件收敛, 所以 $\sum_{n=1}^{\infty} \dfrac{\cos\left(n+\frac{1}{n}\right)}{\sqrt{n}}$ 条件收敛.

例10 (华中科技大学 2022) 设 $a_n = \int_0^{\frac{\pi}{2}} t \left|\dfrac{\sin nt}{\sin t}\right|^3 \mathrm{d}t$, 证明: $\sum_{n=1}^{\infty} \dfrac{1}{a_n}$ 发散.

【分析】 讨论级数的发散性, 通常采用比较判别法, 将题目中的级数与已知的发散级数进行比较. 大家最熟悉的发散级数莫过于调和级数. 因此, 接下来的任务就是求出级数的通项, 也即如何积分. 由于积分中带有绝对值, 我们自然会考虑去掉绝对值符号, 因此需要将积分区间进行划分. 需要注意的是, 我们并不需要求出级数的通项表达式, 只需要确定通项的上界或者下界就可以了. 根据前面的分析, 要证明级数发散, 并与调和级数比较大小, 因此进行猜测, 我们需要的结论应该是 $a_n \leqslant cn$, 其中 c 为常数. 由此, 被积函数必须被放大, 也即 $0 < \sin nt \leqslant n \sin t$ 和 $\sin t > \dfrac{2}{\pi} t$ (此不等式可以通过观察函数图像很容易地得到).

解 对 a_n 的积分区间进行划分:

$$\int_0^{\frac{\pi}{2}} t \left|\frac{\sin nt}{\sin t}\right|^3 \mathrm{d}t = \int_0^{\frac{\pi}{n}} t \left|\frac{\sin nt}{\sin t}\right|^3 \mathrm{d}t + \int_{\frac{\pi}{n}}^{\frac{\pi}{2}} t \left|\frac{\sin nt}{\sin t}\right|^3 \mathrm{d}t = I_1 + I_2.$$

易知 $\sin nt \leqslant n \sin t, t \in \left[0, \dfrac{\pi}{n}\right]$, 所以,

$$I_1 = \int_0^{\frac{\pi}{n}} t \left|\frac{\sin nt}{\sin t}\right|^3 \mathrm{d}t \leqslant \int_0^{\frac{\pi}{n}} t \left|\frac{n \sin t}{\sin t}\right|^3 \mathrm{d}t = n^3 \int_0^{\frac{\pi}{n}} t \, \mathrm{d}t = \frac{\pi^2 n}{2}.$$

易知 $\dfrac{1}{\sin t} < \dfrac{\pi}{2t}, t \in \left[\dfrac{\pi}{n}, \dfrac{\pi}{2}\right]$, 所以,

$$I_2 = \int_{\frac{\pi}{n}}^{\frac{\pi}{2}} t \left|\frac{\sin nt}{\sin t}\right|^3 \mathrm{d}t \leqslant \int_{\frac{\pi}{n}}^{\frac{\pi}{2}} t \left|\frac{1}{\sin t}\right|^3 \mathrm{d}t < \int_{\frac{\pi}{n}}^{\frac{\pi}{2}} t \left(\frac{\pi}{2t}\right)^3 \mathrm{d}t < \frac{\pi^2 n}{8}.$$

所以 $a_n < \dfrac{\pi^2 n}{2} + \dfrac{\pi^2 n}{8} = \dfrac{5\pi^2 n}{8}$, 即 $\dfrac{1}{a_n} > \dfrac{8}{5\pi^2 n}$. 又因 $\sum_{n=1}^{\infty} \dfrac{8}{5\pi^2 n}$ 发散, 所以级数 $\sum_{n=1}^{\infty} \dfrac{1}{a_n}$ 发散.

例11 （辽宁 2022）级数求和：$\sum_{n=1}^{\infty} \arctan \dfrac{1}{2n^2}$．

【分析】 此题判断级数的收敛性相对容易，但是求和则有一定难度．这类级数求和通常采用以下方法：裂项法、利用常见正项级数求和法与 Fourier 级数展开法．显然，此题不适合使用后两种方法求解，那么我们可以试试使用裂项法．对反正切求和，既然选择裂项法，那么，角 $\arctan \dfrac{1}{2n^2}$ 要分成两个角 α,β $(\alpha=\arctan x,\beta=\arctan y)$ 相减 $\alpha-\beta$，还要保证能错位相消．注意到

$$\tan(\alpha-\beta)=\frac{\tan\alpha-\tan\beta}{1+\tan\alpha\tan\beta}\Rightarrow\arctan x-\arctan y=\arctan\frac{x-y}{1+xy}.$$

寻找合适的正整数 x,y，使得 $\dfrac{x-y}{1+xy}=\dfrac{1}{2n^2}$，根据这个等式可以猜测 x,y 在 $n-1,n,n+1$ 中选取，使其满足上面的等式．计算之后我们很快就能发现其中的规律，通过调整就可以轻松解决问题．

解 方法一 由 $\arctan x+\arctan y=\arctan\dfrac{x+y}{1-xy}$，取 $y=2n-1,x=2n+1$，有

$$\arctan \frac{1}{2n^2}=\arctan\frac{2n+1-(2n-1)}{1+(2n+1)(2n-1)}=\arctan(2n+1)-\arctan(2n-1).$$

于是有

$$\sum_{n=1}^{\infty}\arctan\frac{1}{2n^2}=\lim_{n\to\infty}\sum_{k=1}^{n}\arctan\frac{1}{2k^2}=\lim_{n\to\infty}\sum_{k=1}^{n}[\arctan(2k+1)-\arctan(2k-1)]$$

$$=\lim_{n\to\infty}\arctan(2n+1)-\lim_{n\to\infty}\arctan 1=\frac{\pi}{4}.$$

方法二 x,y 还有另外一种选法，$x=\dfrac{1}{2n-1},y=\dfrac{1}{2n+1}$．于是，

$$\arctan\frac{1}{2n^2}=\arctan\frac{\dfrac{1}{2n-1}-\dfrac{1}{2n+1}}{1+\dfrac{1}{2n-1}\dfrac{1}{2n+1}}=\arctan\frac{1}{2n-1}-\arctan\frac{1}{2n+1}.$$

所以

$$\sum_{n=1}^{\infty}\arctan\frac{1}{2n^2}=\lim_{n\to\infty}\sum_{k=1}^{n}\arctan\frac{1}{2k^2}$$

$$=\lim_{n\to\infty}\sum_{k=1}^{n}\left(\arctan\frac{1}{2k-1}-\arctan\frac{1}{2k+1}\right)$$

$$=\arctan 1-\lim_{n\to\infty}\arctan\frac{1}{2n+1}=\frac{\pi}{4}.$$

例12 （四川大学 2023）讨论级数 $\sum_{n=1}^{\infty}\dfrac{1}{n}\left[e-\left(1+\dfrac{1}{n}\right)^n\right]^p$ 的敛散性．

【分析】 本题属于常见类型,一看便知需使用比较级数方法,但如何找到比较的"参照物",就涉及其他内容了.本题是一道具有迷惑性的题,就像是"缎子被面麻布里",表面上看起来是考察"缎子"——敛散性,但实际上却是考察"麻布"——寻找 $e-\left(1+\dfrac{1}{n}\right)^n$ 的等价无穷小.如何寻找? 常用的解题方法就是对幂指函数取对数.

解 因为 $\left(1+\dfrac{1}{n}\right)^n$ 单调递增趋于 e,所以 $\dfrac{1}{n}\left[e-\left(1+\dfrac{1}{n}\right)^n\right]^p$ 是一个正项级数. 由 Taylor 公式有

$$n\ln\left(1+\dfrac{1}{n}\right)-1=-\dfrac{1}{2n}+\dfrac{1}{3n^2}+o\left(\dfrac{1}{n^2}\right).$$

使用上式并再次使用 Taylor 公式,有

$$\begin{aligned}e-\left(1+\dfrac{1}{n}\right)^n &= e\left[1-\exp\left(n\ln\left(1+\dfrac{1}{n}\right)-1\right)\right]\\ &= -e\left[\left(-\dfrac{1}{2n}-\dfrac{1}{3n^2}+o\left(\dfrac{1}{n^2}\right)\right)+\dfrac{1}{2}\left(-\dfrac{1}{2n}+\dfrac{1}{3n^2}+o\left(\dfrac{1}{n^2}\right)\right)^2+o\left(\dfrac{1}{n^2}\right)\right]\\ &= e\left(\dfrac{1}{2n}-\dfrac{11}{24n^2}+o\left(\dfrac{1}{n^2}\right)\right),\end{aligned}$$

则

$$\dfrac{1}{n}\left[e-\left(1+\dfrac{1}{n}\right)^n\right]^p=\dfrac{e^p}{n}\left(\dfrac{1}{2n}-\dfrac{11}{24n^2}+o\left(\dfrac{1}{n^2}\right)\right)^p\sim\left(\dfrac{e}{2}\right)^p\dfrac{1}{n^{1+p}}.$$

由此可知级数 $\dfrac{1}{n}\left[e-\left(1+\dfrac{1}{n}\right)^n\right]^p$ 与级数 $\left(\dfrac{e}{2}\right)^p\dfrac{1}{n^{1+p}}$ 等价.当 $p>0$ 时,级数收敛;当 $p\leqslant 0$ 时,级数发散.

例13 若 $x\in(0,\pi)$,证明:级数 $x-\sin x+\sin\sin x-\sin\sin\sin x+\cdots$ 条件收敛.

【分析】 由于这是一个交错级数,我们自然而然地会考虑单调性,然后可根据 Leibniz 定理证明这个交错级数的收敛性.而要证明绝对不收敛,我们可以通过找一个不收敛的级数来进行比较,以证明原级数的发散性.证明思路依然是熟悉的"老味道"——采用发散级数 $\sum\limits_{n=1}^{\infty}\dfrac{C}{n}$.接下来,利用放缩法证明 $\underbrace{\sin\sin\cdots\sin}_{n\uparrow} x\geqslant\dfrac{C}{n}$.因为 $\sin$ 下界是估算的主菜,那么 Taylor 公式一定是开胃菜.此不等式是与自然数 n 相关的不等式,采用数学归纳法是最佳拍档.

解 记 $a_0=x, a_1=\sin x, a_n=\underbrace{\sin\sin\cdots\sin}_{n\uparrow} x$,则 $a_{n+1}=\sin a_n, n\geqslant 1, a_1\in(0,1)$. 由 $\sin t<t, t\in(0,1)$ 知,当 $n>1$ 时, $a_{n+1}=\sin a_n<a_n$,故数列 $\{a_n\}$ 单调递减有下界,故收敛. 由递推式易知 $\lim\limits_{n\to\infty}a_n=0$,所以由交错级数的 Leibniz 判别法知原级数收敛.

下证其非绝对收敛. 记 $a_1=\sin x=r\in(0,1)$,则

$$a_2=\sin r>r-\dfrac{r^3}{6}>\dfrac{r}{2}.$$

用归纳法可以证得 $a_n > \dfrac{r}{n}$. 事实上,

$$a_n = \sin a_{n-1} > \sin\dfrac{r}{n-1} > \dfrac{r}{n-1} - \dfrac{1}{6}\left(\dfrac{r}{n-1}\right)^3$$

$$= \dfrac{r}{n} + \dfrac{r}{n(n-1)}\left(1 - \dfrac{nr^2}{6(n-1)^2}\right) > \dfrac{r}{n}.$$

故由调和级数 $\displaystyle\sum_{n=1}^{\infty}\dfrac{1}{n}$ 发散可知级数 $\displaystyle\sum_{n=1}^{\infty}a_n$ 发散. 综上可知原级数条件收敛.

例14 证明:级数 $\displaystyle\sum_{n=1}^{\infty} n^{\beta}(\cos 1 \cdot \cos 2 \cdots \cdot \cos n)^{\alpha}$ 绝对收敛,其中 $\alpha > 0, \beta \geqslant 0$.

【分析】 虽然此题看起来有些复杂,但实际上并不可怕,就像"纸老虎"一样,它其实是 $\displaystyle\sum_{n=1}^{\infty} n^{\beta}q^{n\alpha}(q<1)$ 的变形,只是将这里的 q^n 换成了 n 个不同的小于 1 的数相乘. 如果我们能知道这 n 个数中最大者是谁,通过放大,就可以完成证明了. 但非常遗憾,我们无法判断 $\cos 1, \cos 2, \cdots, \cos n$ 中谁最大,因此,需要找新的路径进行放大. 对于 n 个数,一定是"它们的几何平均值小于等于它们的算术平均值". 于是只要证明 $\dfrac{\cos 1 + \cos 2 + \cdots + \cos n}{n} < 1 - \delta < 1$,就可以证明结论了. 如何证明呢? 如果求积对我们来说有些困难,那么求和应该不在话下吧? 利用中学知识就可以搞定,即利用公式

$$\cos n \sin\dfrac{1}{2} = \dfrac{1}{2}\left[\sin\left(n+\dfrac{1}{2}\right) - \sin\left(n-\dfrac{1}{2}\right)\right].$$

证明 **方法一** 注意到

$$\cos 2 + \cos 4 + \cdots + \cos(2n) = \dfrac{\sin(2n+1) - \sin 1}{2\sin 1}, \quad n \in \mathbf{N}^+.$$

令 $x_n = \displaystyle\prod_{k=1}^{n}\cos k$,由均值不等式可知

$$x_n^2 = \left(\prod_{k=1}^{n}\cos k\right)^2 \leqslant \left(\dfrac{1}{n} \cdot \sum_{k=1}^{n}\cos^2 k\right)^n$$

$$= \left(\dfrac{1}{n} \cdot \sum_{k=1}^{n}\dfrac{1+\cos(2k)}{2}\right)^n = \left[\dfrac{1}{2n}\left(n + \sum_{k=1}^{n}\cos(2k)\right)\right]^n$$

$$= \left(\dfrac{1}{2} + \dfrac{\sin(2n+1) - \sin 1}{4n\sin 1}\right)^n < \left(\dfrac{1}{2} + \dfrac{1}{2n\sin 1}\right)^n.$$

因为 $\sin 1 > \sin\dfrac{\pi}{4} = \dfrac{\sqrt{2}}{2}$,所以 $\dfrac{2}{n\sin 1} < \dfrac{4}{n\sqrt{2}}$. 于是当 $n > 4$ 时,

$$\dfrac{1}{2} + \dfrac{1}{2n\sin 1} < \dfrac{1}{2} + \dfrac{1}{4\sqrt{2}} < \dfrac{7}{8}.$$

故 $\forall n \geqslant 4$,有

$$0 < |\cos 1 \cdot \cos 2 \cdot \cdots \cdot \cos n| \leqslant \left(\dfrac{7}{8}\right)^n.$$

由根值判别法可知,当 $\alpha>0, \beta \geqslant 0$ 时,级数 $\sum_{n=12}^{\infty}\left(\dfrac{7}{8}\right)^n$ 收敛.所以由比较判别法可知级数 $\sum_{n=1}^{\infty} n^{\beta}(\cos 1 \cdot \cos 2 \cdot \cdots \cdot \cos n)^{\alpha}$ 绝对收敛.

方法二 方法一的思路有些冗余,需要简单调整一下.按照分析中的公式可以证明:

$$\frac{\cos 1+\cos 2+\cdots+\cos n}{n}=\frac{\sin\left(n+\dfrac{1}{2}\right)-\sin\dfrac{1}{2}}{2n\sin\dfrac{1}{2}} \leqslant \frac{1}{n\sin\dfrac{1}{2}}.$$

由 Taylor 公式可得 $\sin\dfrac{1}{2}>\dfrac{1}{2}-\dfrac{1}{3!}\left(\dfrac{1}{2}\right)^3=\dfrac{23}{48}$. 故当 $n \geqslant 8$ 时,$\dfrac{1}{n\sin\dfrac{1}{2}}<\dfrac{12}{23}$. 由中学所学的重要不等式有

$$\cos 1 \cdot \cos 2 \cdot \cdots \cdot \cos n \leqslant \left(\frac{\cos 1+\cos 2+\cdots+\cos n}{n}\right)^n \leqslant \left(\frac{2}{n\sin\dfrac{1}{2}}\right)^n.$$

当 $n \geqslant 8$ 时,$\cos 1 \cdot \cos 2 \cdot \cdots \cdot \cos n \leqslant \left(\dfrac{12}{23}\right)^n$. 由根值判别法可知,当 $\alpha>0, \beta \geqslant 0$ 时,级数 $\sum_{n=1}^{\infty}\left(\dfrac{12}{23}\right)^n$ 收敛. 所以由比较判别法可知级数 $\sum_{n=1}^{\infty} n^{\beta}(\cos 1 \cdot \cos 2 \cdot \cdots \cdot \cos n)^{\alpha}$ 绝对收敛.

例15 讨论 $\sum_{n=3}^{\infty} \dfrac{1}{n(\ln n)^p(\ln \ln n)^q}$ 的敛散性.

【分析】 这是一道属于带参数讨论的级数敛散性分析的题型.根据级数的表达式,采用非常典型的积分判别法.对于这样的参数讨论题,应先从参数的常见情况开始讨论,比如,当 $p=1$ 时,此题就是一道基本常见题了.所以先讨论它的情况,然后再讨论其他情况.

解 容易知道,当 $p, q \leqslant 0$ 时,级数显然是发散的.下面只讨论 p, q 为正数的情况,对于任意的正实数 p, q,当 $x \geqslant 3$ 时,函数 $f(x)=\dfrac{1}{x(\ln x)^p(\ln \ln x)^q}$ 的导数是负的,即 $f(x)$ 是非负递减函数.

若 $p=1$,则

$$\int_3^{+\infty} \frac{\mathrm{d}x}{x\ln x(\ln\ln x)^q} = \begin{cases} \left.\dfrac{1}{(1-q)(\ln\ln x)^{q-1}}\right|_3^{+\infty}, & q \neq 1, \\ \left.\ln\ln\ln x\right|_3^{+\infty}, & q=1. \end{cases}$$

当 $q>1$ 时,积分收敛;当 $q \leqslant 1$ 时,积分发散.所以由积分判别法可知,当 $p=1, q>1$ 时,原级数收敛;当 $p=1, q \leqslant 1$ 时,原级数发散.

若 $p \neq 1$,作变换 $\ln x=t$,则

$$\int_3^{+\infty} \frac{\mathrm{d}x}{x(\ln x)^p(\ln \ln x)^q} = \int_3^{+\infty} \frac{\mathrm{d}t}{t^p(\ln t)^q}.$$

当 $p>1$ 时,取 $\eta>0$,使得 $p-\eta>1$,不论 q 为何实数,因为

$$\lim_{t\to+\infty} t^{p-\eta} \frac{1}{t^p (\ln t)^q} = \lim_{t\to+\infty} \frac{1}{t^\eta (\ln t)^q} = 0,$$

所以积分 $\int_{\ln 3}^{+\infty} \frac{\mathrm{d}t}{t^p (\ln t)^q}$ 收敛,从而原级数收敛.

当 $p < 1$ 时,取 $\eta > 0$,使得 $p + \eta < 1$,由于

$$\lim_{t\to+\infty} t^{p+\eta} \frac{1}{t^p (\ln t)^q} = \lim_{t\to+\infty} \frac{t^\eta}{(\ln t)^q} = +\infty,$$

所以积分 $\int_{\ln 3}^{+\infty} \frac{\mathrm{d}t}{t^p (\ln t)^q}$ 发散,从而原级数发散.

综上,当 $p > 1$ 时,原级数收敛;当 $p = 1, q > 1$ 时,原级数收敛;当 $p = 1, q \leqslant 1$ 时,原级数发散;当 $p < 1$ 时,原级数发散.

8.3 一般级数敛散性证明

(一) 利用函数性质讨论

例16 (**南京理工大学 2020**) 已知函数 $f(x)$ 在 $x = 0$ 的某个邻域内连续可导,且 $\lim_{x\to 0} \frac{f(x)}{x} = a, a > 0$. 讨论级数 $\sum_{n=1}^{\infty} (-1)^n f\left(\frac{1}{n}\right)$ 的敛散性,若收敛,说明是条件收敛还是绝对收敛.

【分析】 讨论的级数表面上看是交错的,而是否是交错级数,要看其各项正负号是否交替出现. 如果是交错级数,肯定与 Leibniz 定理有关,那就需要探讨级数是否是单调的. 这两个判断都需要用到函数 $f(x)$ 的性质. 此时,我们会注意到题干中的条件 $\lim_{x\to 0} \frac{f(x)}{x} = a, a > 0$. 在第 1 章和第 2 章的相关内容中,这个条件提供了非常丰富的结论:(1) $f(0) = 0$;(2) $f'(0) = a > 0$;(3) 当 x 充分小时,$f(x)$ 与 x 等价,也即当 n 充分大时,$f\left(\frac{1}{n}\right)$ 与 $\frac{1}{n}$ 等价. 另外,题干中给出的条件"在 $x = 0$ 的某个邻域内连续可导"不是来"打酱油"的,结合 $f'(0) = a > 0$,很快得到:函数 $f'(x)$ 在某邻域内恒正,也就是说函数 $f(x)$ 在此邻域内单调上升的,于是,得到开头所讨论的:级数为交错级数和单调递减. 由此可判断,级数收敛. 是否绝对收敛呢? 由等价性和比较判别法,因为 $\sum_{n=1}^{\infty} (-1)^n \frac{1}{n}$ 条件收敛,所以 $\sum_{n=1}^{\infty} (-1)^n f\left(\frac{1}{n}\right)$ 也条件收敛.

证明 由已知条件 $\lim_{x\to 0} \frac{f(x)}{x} = a, a > 0$ 和导数定义,有

$$\lim_{x\to 0} \frac{f(x)}{x} = f'(0) = a > 0.$$

又由函数 $f(x)$ 在 $x=0$ 的某个邻域内连续可导有：存在 δ，使得在 $(0,\delta)$ 上，$f'(x)>0$. 于是函数 $f(x)$ 在 $(0,\delta)$ 上单调递增，则当 $N>\dfrac{1}{\delta}$，$n>N$ 时，有

$$f\left(\dfrac{1}{n}\right)>0, \quad \text{且} \quad f\left(\dfrac{1}{n+1}\right)<f\left(\dfrac{1}{n}\right).$$

因为 $\lim\limits_{x\to 0}f(x)=0 \Rightarrow \lim\limits_{n\to\infty}f\left(\dfrac{1}{n}\right)=0$. 又因为级数的收敛性不受级数前面若干有限项的影响，不妨去掉前 N 项，于是级数 $\sum\limits_{n=N+1}^{\infty}(-1)^n f\left(\dfrac{1}{n}\right)$ 是交错级数，由 Leibniz 定理可知，级数收敛，且是条件收敛的.

例17 （南京大学 2023）幂级数 $f(x)=\sum\limits_{n=1}^{\infty}a_n x^n$ 在 $[0,1]$ 上收敛，$a_1\neq 0$，若 $f(x)$ 满足 $0\leqslant f(x)\leqslant x$，且 $f(x)-x$ 不恒等于 0.

(1) 证明：$a_1\leqslant 1$.

(2) 设 $0<x_0<1$，令 $x_n=f(x_{n-1})$，$n>1$，证明：存在 $\delta>0$，当 $x_0<\delta$ 时，有 $\lim\limits_{n\to\infty}x_n=0$.

(3) 设 $a_2\neq 0$，令 $x_n=f(x_{n-1})$，且 $x_0<\delta$，证明：级数 $\sum\limits_{n=1}^{\infty}x_n$ 收敛当且仅当 $a_1<1$.

【**分析**】 不知道同学们看到此题时，感觉如何？是简单，还是难，或者不知道难易？为什么要问大家的感受，因为个人的感觉也是解题的关键.尤其是在题目看起来既难又不难的时候，找出难点与易点，然后"抽丝剥茧"，就能逐渐理清解题思路.比如本题，觉得简单，是因为它的条件看起来平淡无奇，第二问是常见题，比如讨论数列 $\{x_n=\sin x_{n-1}\}$ 不就是此题的一个特殊形式吗？相信很多读者都做过此题或者类似的题.觉得难或者难以描述的原因是，条件很简单，为什么讨论幂级数的第二项的系数 a_1 的范围，可能让大部分同学感到茫然，不知道从何下手.第三问，更是觉得莫名其妙，因为一个级数的收敛居然完全由幂级数的系数决定，如何建立起它们之间的关系呢？这些都是令人头疼的问题.让我们带着疑问一步步进行"抽丝剥茧".

首先，在讨论 a_1 的范围之前，我们首先要明确 a_1 的含义是什么.它仅仅是指表象幂级数的第二项的系数吗？给一个函数，如何得到此函数的幂级数展开公式？它告诉我们 a_1 实质上是函数在 0 点的一阶导数值.于是第一问，只需要根据已知条件探讨函数在 0 点的导数值即可.

第二问是比较常见的题，通过递推公式定义了数列.紧接着，根据已知条件推导出数列的单调性和有界性，从而得出数列的收敛性.虽然极限值看似显然为 0，但如果通过严格的逻辑推理来证明这一点呢？注意，这不是算出来的.设 $\lim\limits_{n\to\infty}x_n=A$，则 $f(A)=A$. 重要的事说三遍，看似明显却不知道如何"突破"时，反证法是一个很好的选择.反设 $A\neq 0$，则任意给定 $\delta\in(0,1)$，存在 x_δ，使得 $f(x_\delta)=x_\delta$. 于是能得到 $f(x)\equiv x$，矛盾.另外，$f(A)=A$ 意味着函数有不动点，由此需要证明函数 $f(x)$ 是压缩映射以及 $f(x)<x$. 两者结合得到结论.第三问，既然要证明级数收敛，那就回顾一下所有可以用的关于级数收敛的结论.常用的比较判别法、比值判别法和根值判别法.鉴于递推式是由函数定义的，对于充分性的证明，使用比值

判别法就很明显了.对于必要性,根据第一问,只要证明 $a_1=1$ 不成立即可,这相当于"非常嚣张"地告诉我们应当使用反证法了.那就证明 $a_1=1$ 时,级数发散,矛盾自然就显现出来.证明发散,考虑比较判别法的可能性比较大,那就需要最熟悉的发散级数 $\dfrac{C}{n}$,证明 $x_n \geqslant \dfrac{C}{n}$.

证明 (1) 由于 $0 \leqslant f(x) \leqslant x$,所以 $\lim\limits_{x \to 0+} f(x) = 0$,则 $f(x)$ 连续,故 $f(0)=0$.又因为 $f'(x) = \sum\limits_{n=1}^{\infty} n a_n x^{n-1}$,所以

$$f'(0) = \sum_{n=1}^{\infty} n a_n x^{n-1} \Big|_{x=0} = a_1.$$

由导数定义和已知条件,

$$a_1 = f'(0) = \lim_{x \to 0} \frac{f(x) - f(0)}{x} = \lim_{x \to 0} \frac{f(x)}{x} \leqslant 1.$$

(2) **方法一** 由于 $x_n = f(x_{n-1}) \leqslant x_{n-1}$,可得数列 $\{x_n\}$ 单调递减且大于 0.由单调有界原理可得 $\lim\limits_{n \to \infty} x_n = A$ 存在,且 $f(A) = A$.使用反证法.假设 $A \neq 0$,那么 $\forall\, 0 < \delta < 1$,一定存在 $0 < x' < \delta$,使得 $f(x') = x'$.所以存在数列 $\{x_k\} \downarrow 0$,使得 $f(x_k) = x_k$.另外一方面,设辅助函数

$$g(x) = f(x) - x \Rightarrow g(x_k) = 0.$$

由 Rolle 中值定理,

$$y_k \downarrow 0, \quad g'(y_k) = 0,$$

再次使用 Rolle 中值定理,

$$z_k \downarrow 0, \quad g''(z_k) = 0.$$

以此类推,可得 $g^{(k)}(z_k) = 0, \forall k \geqslant 0$.于是 $g(x) \equiv 0$,即 $f(x) \equiv x$,这与假设矛盾,所以存在 $\delta > 0$,当 $x_0 < \delta$ 时,有 $\lim\limits_{n \to \infty} x_n = 0$.

方法二 若 $a_1 = 1$.因为 $f(x) \leqslant x$,所以 $a_2 \leqslant 0$,则存在 $\delta > 0$,使得当 $0 < x < \delta$ 时,有 $|f'(x)| < 1$.若 $0 < a_1 < 1$ 时,则存在 $0 < \delta < 1$,使得当 $0 < x < \delta$ 时,有 $0 < f'(x) < 1$,且 $f(x) < x$.由 Lagrange 中值定理有

$$|x_{n+1} - x_n| = |f'(\xi_x)(x_n - x_{n-1})| < |x_n - x_{n-1}|.$$

由此可知函数 $f(x)$ 是压缩映射,则数列一定收敛.又因为 $f(x) < x$,所以当 $0 < x_0 < \delta$ 时,数列一定收敛于 0,即 $A = 0$.

(3) **充分性** $\lim\limits_{n \to \infty} \dfrac{x_{n+1}}{x_n} = \lim\limits_{x \to 0} \dfrac{f(x)}{x} = a_1 < 1$,因此级数收敛.

必要性 **方法一** 若 $a_1 = 1$,则

$$f(x) = x + \sum_{n=2}^{\infty} a_n x^n \leqslant x \Rightarrow 1 + a_2 + a_3 + \cdots \leqslant 1.$$

当 $x \to 0$ 时,$a_2 \leqslant 0$.又因为 $a_2 \neq 0$,则 $a_2 < 0$.因此,

$$f(x) = x + \sum_{n=2}^{\infty} a_n x^n \geqslant x + \frac{3}{2} a_2 x^2, \quad x \in (0, \delta).$$

若 $x_{n-1} \geqslant \dfrac{c}{n}$ 时,则由上面的不等式可得,当 $0 < x < \delta$ 时,

$$x_n = f(x_{n-1}) \geqslant \frac{c}{n} + \frac{3a_2}{2n^2}.$$

不妨设 $\frac{c}{n} + \frac{3a_2}{2n^2} > \frac{c}{n+1}$,则

$$\frac{c}{n(n+1)} \geqslant -\frac{3a_2}{2n^2} \Rightarrow \frac{c}{-3a_2} \geqslant -\frac{n+1}{2n}.$$

取 $c = -3a_2$,由数学归纳法可证 $x_n \geqslant \frac{c}{n}$.由此可得 $\sum_{n=1}^{\infty} x_n$ 发散,矛盾,假设不成立,也即 $a_1 < 1$ 得证.

注:这里的 $\frac{3}{2}$ 可以换成比 1 大的任意常数,后面 c 的选取,根据需要进行调整即可.

方法二 若 $a_1 = 1$,有

$$\lim_{x \to 0} \left(\frac{1}{f(x)} - \frac{1}{x} \right) = \lim_{x \to 0} \frac{x - f(x)}{xf(x)} = \lim_{x \to 0} \frac{1 - f'(x)}{f(x) + xf'(x)} = \lim_{x \to 0} \frac{f''(x)}{2f'(x) + xf''(x)} = \frac{a_2}{2a_1}.$$

由递推式,有

$$\lim_{n \to \infty} \left(\frac{1}{x_{n+1}} - \frac{1}{x_n} \right) = \frac{a_2}{2a_1}.$$

进而由 Stolz 定理有

$$\lim_{n \to \infty} \frac{1}{nx_n} = \lim_{n \to \infty} \frac{\frac{1}{x_n}}{n} = \lim_{n \to \infty} \frac{\frac{1}{x_{n+1}} - \frac{1}{x_n}}{(n+1) - n} = \lim_{n \to \infty} \left(\frac{1}{x_{n+1}} - \frac{1}{x_n} \right) = \frac{a_2}{2a_1}.$$

这说明 x_n 和 $\frac{1}{n}$ 是同阶无穷小,因此级数发散,矛盾.

例18 设 $f(x)$ 是全体实数上的可导的正值函数,且 $|f'(x)| \leqslant m \cdot f(x), 0 < m < 1$,任取 a_0,定义 $a_n = \ln f(a_{n-1}), n = 1, 2, \cdots$.证明:级数 $\sum_{n=1}^{\infty}(a_n - a_{n-1})$ 绝对收敛.

【分析】 数列的通项由函数给出,因此该函数的性质决定了由该数列项构成的级数的收敛性.所以,表象是证明级数收敛,实质是函数性质 $|f'(x)| \leqslant m \cdot f(x)$ 如何被运用.根据数列递推式的表示形式,很快发现 $(\ln f(x))' = \frac{f'(x)}{f(x)}$.基于所讨论的级数 $\sum_{n=1}^{\infty}(a_n - a_{n-1})$ 和递推式 $a_n = \ln f(a_{n-1})$,Lagrange 中值定理的使用是"不可或缺"的.

证明 由 Lagrange 中值定理,有

$$|a_{n+1} - a_n| = |\ln f(a_n) - \ln f(a_{n-1})| = \left| \frac{f'(\xi_n)}{f(\xi_n)}(a_n - a_{n-1}) \right| \leqslant m|a_n - a_{n-1}|,$$

其中 ξ_n 在 a_{n-1}, a_n 之间,则有

$$\frac{|a_{n+1} - a_n|}{|a_n - a_{n-1}|} \leqslant m < 1.$$

由比较判别法可知,级数 $\sum_{n=1}^{\infty}(a_n - a_{n-1})$ 绝对收敛.

例19 （中国科学技术大学 2023）设 $f(x)$ 是在 $(-\infty,+\infty)$ 上可微的（下）凸函数，且 $f(x_0)=0$，当 $x\neq x_0$ 时，$f'(x_0)\neq 0$. 取 $x_1\neq x_0$，记
$$x_{n+1}=x_n-\frac{f(x_n)}{f'(x_n)}, \quad n=1,2,\cdots, \quad I_n=f(x_n).$$
若 $\{x_n\}$ 单调递减且非负，证明 $\sum_{n=0}^{\infty}4^n I_n^2$ 收敛.

【分析】 讨论级数的收敛性，首先想想熟悉的判断方法，有哪些方法与此题题干中的条件相一致. 比如此题中的"关键"条件——$\{x_n\}$ 单调递减且非负，此条件表明数列 $\{x_n\}$ 是收敛的. 由题干条件得到的结论能给我们带来什么启发？是不是可以用"比较判别法"？这样可能直接导致我们"理所当然"地去探讨 $4^n I_n^2$ 与 x_n 之间的大小关系. 真是这样吗？很显然不是，这里容易被忽视的因素是数列 $\{x_n\}$ 是收敛的，而不是级数 $\sum_{n=1}^{\infty}x_n$ 是收敛的. 此因素直接决定了我们探讨 $4^n I_n^2$ 与 x_n 之间的大小关系是不对的，只有探讨 $4^n I_n^2$ 与 x_n-x_{n-1} 之间的大小关系才能利用数列 $\{x_n\}$ 是收敛的条件得证结论. 这是关键点之一. 思路确定后，剩下的任务就是如何根据题干中的条件通过各种变形的方式得到两者之间的大小关系. 在得到两者之间的大小关系的过程中，如何利用不等式，这是关键点之二. 同学们可能一头雾水，不等式在哪里啊？它就藏在"（下）凸函数"中，即"函数值大于切线值"，也即
$$f(x)\geqslant f'(x_n)(x-x_n)+f(x_n).$$
此不等式不仅是整个证明思路的开始，也连接了我们所探讨比较大小中的两个比较对象：$I_n=f(x_n)$ 与 x_n-x_{n-1}. 由此，整个结论的证明也就"水到渠成"了.

证明 由 $f(x)$ 是在 $(-\infty,+\infty)$ 上可微的（下）凸函数，故对任意 x,x_n，有
$$f(x)\geqslant f'(x_n)(x-x_n)+f(x_n).$$
代入 $x=x_{n-1}$，有
$$f(x_{n-1})\geqslant f'(x_n)(x_{n-1}-x_n)+f(x_n).$$
由 $x_{n+1}=x_n-\frac{f(x_n)}{f'(x_n)}$ 得 $f'(x_n)=\frac{f(x_n)}{x_n-x_{n+1}}$，故有
$$f(x_{n-1})\geqslant \frac{f(x_n)}{x_n-x_{n+1}}(x_{n-1}-x_n)+f(x_n),$$
即 $I_{n-1}\geqslant I_n\cdot\left(\frac{x_{n-1}-x_n}{x_n-x_{n+1}}+1\right)$. 于是
$$\frac{I_n}{I_{n-1}}\leqslant\frac{1}{\frac{x_{n-1}-x_n}{x_n-x_{n+1}}+1}\leqslant\frac{1}{2}\sqrt{\frac{x_n-x_{n+1}}{x_{n-1}-x_n}},$$
类似可得
$$\frac{I_{n-1}}{I_{n-2}}\leqslant\frac{1}{2}\sqrt{\frac{x_{n-1}-x_n}{x_{n-2}-x_{n-1}}}, \quad\cdots,\quad \frac{I_2}{I_1}\leqslant\frac{1}{2}\sqrt{\frac{x_2-x_3}{x_1-x_2}}.$$
这些式子两端相乘，得
$$\frac{I_n}{I_1}\leqslant\frac{1}{2^{n-1}}\sqrt{\frac{x_n-x_{n+1}}{x_1-x_2}},$$

进一步可得 $I_n \cdot 2^n \leqslant 2f(x_1) \cdot \sqrt{\dfrac{x_n - x_{n+1}}{x_1 - x_2}}$,即

$$(2^n I_n)^2 \leqslant \dfrac{4f^2(x_1)}{x_1 - x_2} \cdot (x_n - x_{n+1}).$$

由于 $\{x_n\}$ 单调递减且非负,故 $\{x_n\}$ 收敛,从而可知级数 $\sum\limits_{n=1}^{\infty}(x_n - x_{n+1})$ 收敛,即以上不等式右侧项构成的级数收敛. 于是由正项级数的比较判别法知,级数 $\sum\limits_{n=0}^{\infty} 4^n I_n^2$ 收敛.

(二) 积分法

例20 设 $f(x)$ 是在 $(a, \infty), a > 0$ 上单调递增的正的连续函数,$\{a_n\}$ 是正的单调递增的数列,且 $a_1 = a$. 证明:若 $\int_a^{\infty} \dfrac{1}{xf(x)} \mathrm{d}x$ 存在,则级数 $\sum\limits_{n=1}^{\infty} \left(1 - \dfrac{a_n}{a_{n+1}}\right) \dfrac{1}{f(a_{n+1})}$ 收敛.

【分析】 本题还是采用比较判别法,但这次不是和级数比,而是和已知条件中的积分比. 所以将级数求和转化成广义积分.

证明 变形可得

$$\left(1 - \dfrac{a_n}{a_{n+1}}\right) \dfrac{1}{f(a_{n+1})} = \dfrac{a_{n+1} - a_n}{a_{n+1}} \dfrac{1}{f(a_{n+1})} = \int_{a_n}^{a_{n+1}} \dfrac{1}{a_{n+1} f(a_{n+1})} \mathrm{d}x \leqslant \int_{a_n}^{a_{n+1}} \dfrac{1}{xf(x)} \mathrm{d}x.$$

于是

$$\sum_{n=1}^{\infty} \left(1 - \dfrac{a_n}{a_{n+1}}\right) \dfrac{1}{f(a_{n+1})} \leqslant \sum_{n=1}^{\infty} \int_{a_n}^{a_{n+1}} \dfrac{1}{xf(x)} \mathrm{d}x \leqslant \int_a^{\infty} \dfrac{1}{xf(x)} \mathrm{d}x.$$

结论得证.

例21 (中国科学技术大学 2017) 设 $a > 0, \{a_n\}$ 是递增趋于无穷的正数列,求证:

(1) $\dfrac{a_{k+1} - a_k}{a_{k+1}^{a+1}} \leqslant \int_{a_k}^{a_{k+1}} \dfrac{1}{x^{a+1}} \mathrm{d}x$; (2) $\sum\limits_{k=1}^{\infty} \dfrac{a_{k+1} - a_k}{a_{k+1} a_k^a}$ 收敛.

【分析】 第一问很简单,我们可以尝试从左到右和从右到左两个方向来证明,但很快就会发现,从右到左的证明显然容易得多. 第二问,有参数在其中,需要讨论参数的取值,先从容易入手的情况开始证明. 比如此题,$a \geqslant 1$ 的情况,就非常容易证明. 至于 $a < 1$ 的情况,别忘了第一问的设置是有其深意的,一般就是为后面几问的解答提供了提示.

证明 (1) $\int_{a_k}^{a_{k+1}} \dfrac{1}{x^{a+1}} \mathrm{d}x \geqslant \int_{a_k}^{a_{k+1}} \dfrac{1}{a_{k+1}^{a+1}} \mathrm{d}x = \dfrac{a_{k+1} - a_k}{a_{k+1}^{a+1}}$.

(2) 由题意可知,存在 $N > 0$,当 $k > N$ 时,$a_k \geqslant 1$. 前面若干项取值不影响收敛性,故可以假设 $a_1 \geqslant 1$,对所有 k 成立. 当 $a \geqslant 1$ 时,有

$$\sum_{k=1}^{\infty} \dfrac{a_{k+1} - a_k}{a_{k+1} a_k^a} \leqslant \sum_{k=1}^{\infty} \dfrac{a_{k+1} - a_k}{a_{k+1} a_k} = \sum_{k=1}^{\infty} \left(\dfrac{1}{a_k} - \dfrac{1}{a_{k+1}}\right) \leqslant \dfrac{1}{a_1}.$$

于是级数收敛. 当 $a < 1$ 时,有

$$\sum_{k=1}^{\infty}\frac{a_{k+1}-a_k}{a_k a_k^a}=\sum_{k=1}^{\infty}\frac{\dfrac{1}{a_k}-\dfrac{1}{a_{k+1}}}{\left(\dfrac{1}{a_k}\right)^{1-a}}\leqslant \sum_{k=1}^{\infty}\int_{\frac{1}{a_{k+1}}}^{\frac{1}{a_k}}\left(\frac{1}{x}\right)^{1-a}\mathrm{d}x=\int_{0}^{\frac{1}{a_1}}x^{a-1}\mathrm{d}x=\frac{1}{a}\left(\frac{1}{a_1}\right)^a.$$

于是级数收敛.

(三) 部分和方法

例22 设 $\{\lambda_n\}$ 是严格单调递增趋于无穷大的正数列. 证明: 若级数 $\sum_{n=1}^{\infty}\lambda_n a_n$ 收敛, 则 $\sum_{n=1}^{\infty}a_n$ 收敛.

【方法一的分析】 首先要确定使用什么方法来证明级数的收敛性. 从已知条件来看, 比较判别法显然不合适, 因此被排除了. 虽然题干给了 $\sum_{n=1}^{\infty}\lambda_n a_n$ 的收敛性, 但我们还是无法得到 a_n 与 $\lambda_n a_n$ 之间的大小关系(题干中没有说明 a_n 的正负性). 这样我们就只能采用部分和方法了. 在使用部分和方法时, 级数的通项必须由已知级数和数列的"相关信息"表示出来, 此题的"相关信息"是数列单调递增趋于无穷以及级数收敛. 这里不能直接用, 需要找出"转换"的关键点, 即无穷大的倒数(无穷大与收敛虽然是对立的, 但是无穷大的倒数与收敛却是"一家人"). 此时级数收敛意味着部分和的极限存在, 所以部分和法即可得证. 因此, 设 $A_n = \sum_{k=1}^{n}\lambda_k a_k$, 则 a_n 可以表示为 $\dfrac{A_n - A_{n-1}}{\lambda_n}, n\geqslant 1$, 然后开始求部分和 $\sum_{k=1}^{\infty}\dfrac{A_k - A_{k-1}}{\lambda_k}$. 运用 Dirichlet 判别法可以得到它的收敛性.

证明 记 $A_n = \sum_{k=1}^{n}\lambda_k a_k, A_0 = 0, B_n = \sum_{k=1}^{n}a_k$, 其中 $n\geqslant 1$, 则有

$$a_k = \frac{A_k - A_{k-1}}{\lambda_k}, \quad k\geqslant 1.$$

因为正数列 $\{\lambda_n\}$ 严格单调递增趋于无穷大, 所以数列 $\left\{\dfrac{1}{\lambda_n}\right\}$ 单调递减趋于 0. 另外一方面, 级数 $\sum_{n=1}^{\infty}\lambda_n a_n$ 收敛, 则 A_n 有界, 于是 $\sum_{k=1}^{n}(A_k - A_{k-1}) = A_n - A_1$ 有界. 由 Dirichlet 判别法可以得到级数 $\sum_{n=1}^{\infty}\dfrac{A_n - A_{n-1}}{\lambda_n}$ 收敛, 也即级数 $\sum_{n=1}^{\infty}a_n$ 收敛.

【方法二的分析】 由于方法一使用了大家不熟悉的 Dirichlet 判别法, 是否还有其他方法呢? 还是从 $\dfrac{A_k - A_{k-1}}{\lambda_k}$ 说起, 假设 $\{A_k\}$ 单调, 那么由 $\left\{\dfrac{1}{\lambda_k}\right\}$ 的有界性和部分和可以得到级数收敛. 非常遗憾, $\{A_k\}$ 不是单调的. 但 $\left\{\dfrac{1}{\lambda_k}\right\}$ 单调, $\{A_k\}$ 有界. 我们能否考虑数列 $\{A_k\}$ 的两项相减转化为数列 $\left\{\dfrac{1}{\lambda_k}\right\}$ 的两项相减, 如果能, 那么就证明了结论. 通过简单的移位就可以得到上面的猜测. 如下:

$$\sum_{k=1}^{n}\frac{A_k-A_{k-1}}{\lambda_k}=\frac{A_1-A_0}{\lambda_1}+\frac{A_2-A_1}{\lambda_2}+\frac{A_3-A_2}{\lambda_3}+\cdots+\frac{A_{n-1}-A_{n-2}}{\lambda_{n-1}}+\frac{A_n-A_{n-1}}{\lambda_n}$$

$$=\frac{A_1}{\lambda_1}-\frac{A_1}{\lambda_2}+\frac{A_2}{\lambda_2}-\frac{A_2}{\lambda_3}+\frac{A_3}{\lambda_3}+\cdots+\frac{A_{n-1}}{\lambda_{n-1}}-\frac{A_{n-1}}{\lambda_n}+\frac{A_n}{\lambda_n}$$

$$=\sum_{k=1}^{n}\left(\frac{1}{\lambda_k}-\frac{1}{\lambda_{k+1}}\right)A_k+\frac{A_n}{\lambda_n}.$$

由于 $\sum_{n=1}^{\infty}\left(\frac{1}{\lambda_n}-\frac{1}{\lambda_{n+1}}\right)$ 恒正且收敛,$\{A_n\}$ 有界,所以可得 $\sum_{k=1}^{n}\left(\frac{1}{\lambda_k}-\frac{1}{\lambda_{k+1}}\right)A_k$ 收敛.

证明 由方法一,可知

$$B_n=\sum_{k=1}^{n}a_k=\sum_{k=1}^{n}\frac{A_k-A_{k-1}}{\lambda_k}=\sum_{k=1}^{n}\left(\frac{1}{\lambda_k}-\frac{1}{\lambda_{k+1}}\right)A_k+\frac{A_n}{\lambda_n}.$$

由于 $\sum_{n=1}^{\infty}\lambda_n a_n$ 收敛,所以 A_n 有界,并且有

$$\sum_{n=1}^{\infty}\left(\frac{1}{\lambda_n}-\frac{1}{\lambda_{n+1}}\right)=\frac{1}{\lambda_1},$$

由此可得 $\sum_{n=1}^{\infty}\left(\frac{1}{\lambda_n}-\frac{1}{\lambda_{n+1}}\right)A_n$ 收敛.另外由已知条件可得 $\lambda_n\to+\infty$,当 $n\to\infty$,所以有

$$\sum_{n=1}^{\infty}a_n=\lim_{n\to\infty}\left[\sum_{k=1}^{n}\left(\frac{1}{\lambda_k}-\frac{1}{\lambda_{k+1}}\right)A_k+\frac{A_n}{\lambda_n}\right]$$

$$=\lim_{n\to\infty}\sum_{k=1}^{n}\left(\frac{1}{\lambda_k}-\frac{1}{\lambda_{k+1}}\right)A_k=\sum_{n=1}^{\infty}\left(\frac{1}{\lambda_n}-\frac{1}{\lambda_{n+1}}\right)A_n,$$

故 $\sum_{n=1}^{\infty}a_n$ 收敛.

例23 (山东大学 2018) 设 $\sum_{n=1}^{\infty}(a_n-a_{n-1})$ 绝对收敛,$\sum_{n=1}^{\infty}b_n$ 收敛,证明:$\sum_{n=1}^{\infty}a_n b_n$ 收敛.

【分析】 已知条件给了两个收敛的级数,要证明与这两个级数相关的第三个级数收敛.那么,这类题目的解题"套路"就是通过恒等变形将第三个级数"转换"成两个已知级数的线性组合.可能很多同学会通过加项减项手段实现,如

$$\sum_{n=1}^{\infty}a_n b_n=\sum_{n=1}^{\infty}\left[(a_n-a_{n-1})b_n+a_{n-1}b_n\right]$$

$$=\sum_{n=1}^{\infty}(a_n-a_{n-1})b_n+\sum_{n=1}^{\infty}a_{n-1}b_n.$$

但第二个等号是不成立的,虽然级数 $\sum_{n=1}^{\infty}(a_n-a_{n-1})$ 绝对收敛,$b_n\to 0$,可以得到等号右边第一项 $\sum_{n=1}^{\infty}(a_n-a_{n-1})b_n$ 收敛,但是第二项 $\sum_{n=1}^{\infty}a_{n-1}b_n$ 本身也是要讨论的级数.尽管 a_n 也存在,

但级数 $\sum_{n=1}^{\infty} b_n$ 只是收敛,不是绝对收敛.

上面的论述已经说明通过简单的加项减项是无法证明结论的,需要调整思路"另辟蹊径".由于从 $\sum_{n=1}^{\infty} a_n b_n$ 中变形出 $a_n - a_{n-1}$,那么也要从原级数中变形出"减号",这个至关重要.用同学们在中学学过的技巧: $S_n - S_{n-1} = b_n$,然后通过移位将此"减号"移到数列 $\{a_n\}$ 上.此技巧类似分部积分,实际上这是离散的分部积分.

证明 令 $B_N = \sum_{n=1}^{N} b_n, B_0 = 0$. 考虑部分和

$$S_N = \sum_{n=1}^{N} a_n b_n = \sum_{n=1}^{N} a_n(B_n - B_{n-1}) = \sum_{n=1}^{N} a_n B_n - \sum_{n=1}^{N} a_n B_{n-1}$$

$$= \sum_{n=1}^{N} a_n B_n - \sum_{n=1}^{N} a_{n+1} B_n - a_{N+1} B_N = \sum_{n=1}^{N} (a_n - a_{n+1}) B_n - a_{N+1} B_N.$$

已知 $\sum_{n=1}^{\infty} (a_n - a_{n-1})$ 绝对收敛,则 $\lim_{N \to \infty} \sum_{n=1}^{N} (a_n - a_{n-1}) = \lim_{N \to \infty} a_N - a_1$ 存在. 又已知 $\sum_{n=1}^{\infty} b_n$ 收敛,则 $\lim_{N \to \infty} B_N$ 存在,并且对所有 N,B_N 有一个与 N 无关的上界.由比较判别法可得,$\sum_{n=1}^{\infty} (a_n - a_{n+1}) B_n$ 收敛,于是 S_N 收敛.

例24 设 $a_n > 0, n = 1, 2, \cdots,$ 且 $\sum_{n=1}^{\infty} a_n$ 收敛,令 $R_n = \sum_{k=n+1}^{\infty} a_k$.

(1) 证明:级数 $\sum_{n=1}^{\infty} \dfrac{a_n}{\sqrt[3]{R_n^2} + \sqrt[3]{R_n R_{n-1}} + \sqrt[3]{R_{n-1}^2}}$ 收敛.(太原理工大学数学分析考研题2023)

(2) 证明:级数 $\sum_{n=1}^{\infty} \dfrac{a_n}{R_n + R_{n-1}}$ 发散.(太原理工大学数学分析考研题2023)

(3) 证明:$\sum_{n=1}^{\infty} \dfrac{a_n}{R_n}$ 发散.(上海交通大学数学分析考研题2023)

(4) 证明:$\sum_{n=1}^{\infty} \dfrac{a_n}{\sqrt{R_{n-1}}}$ 收敛.(上海交通大学数学分析考研题2023)

(5) 证明:存在收敛的正项级数 $\sum_{n=1}^{\infty} b_n$,使得 $\lim_{n \to \infty} \dfrac{a_n}{b_n} = 0$.(第十四届全国大学生数学竞赛非数学类初赛真题,云南大学数学分析考研题)

【分析】 表面上看,除了第五个问题与级数的余项无关,前面四个都与级数的余项有关系.事实上,第五个问题的证明也与余项紧密相关.这样一来,所有问题基本上都是余项与 a_n 的关系.首先,要注意的是余项是什么?很明显它是指剩下的数列项之和,不过绝大多数人会对它"视而不见".同学们眼中的焦点是通项 a_n 与前 n 项的和 S_n,为什么会厚此薄彼呢?因为通项 a_n 与和 S_n 是大家中学知识的焦点.数列题中同时出现了通项 a_n 与和 S_n,中学时代的处理技巧是,使用公式 $a_n = S_n - S_{n-1}$.现在同样如此,$a_n = R_{n-1} - R_n$.它是这五个问题的第

一步,也是最关键的一步.讨论的问题都是收敛或者发散的证明,方法比较类似,收敛的证明一般采用比较法与部分和的极限存在;发散一般也采用比较法或者余项中的部分和不等于0.既然都涉及计算部分和,对于这样的抽象数列,部分和如何求呢?因为此公式 $a_n = R_n - R_{n-1}$,极大概率应该是使用"错位相消"的技巧.具体到五个问题,就属于"龙生九子,各个不同",于是针对它们的具体细节也就不同.

问题一:级数通项 $\dfrac{a_n}{\sqrt[3]{R_n^2} + \sqrt[3]{R_n R_{n-1}} + \sqrt[3]{R_{n-1}^2}}$ 和 $a_n = R_{n-1} - R_n$,分子与分母的表达式是不是提醒我们应该进行因式分解呢?利用初中公式 $a^3 - b^3 = (a-b)(a^2 + ab + b^2)$,其中 $a = R_{n-1}^{\frac{1}{3}}$.

问题二和三:为了利用错位相消,并证明发散的结论,这些信息是不是明显提示我们放大分母吗?

问题四:与问题一类似,因式分解是必需的,$a_n = R_{n-1} - R_n = (\sqrt{R_{n-1}} - \sqrt{R_n})(\sqrt{R_{n-1}} + \sqrt{R_n})$,它提示我们需要对通项 $\dfrac{a_n}{\sqrt{R_{n-1}}}$ 的分母"整容",如何做呢?收敛性提示分母需要缩小,因式分解的因子和错位相消提示分母应该含有 $\sqrt{R_{n-1}} + \sqrt{R_n}$.因此通项被整容为

$$\frac{a_n}{\sqrt{R_{n-1}}} < \frac{2a_n}{\sqrt{R_{n-1}} + \sqrt{R_n}} < 2(\sqrt{R_{n-1}} - \sqrt{R_n}).$$

问题五:从条件 $\lim\limits_{n\to\infty}\dfrac{a_n}{b_n} = \lim\limits_{n\to\infty}\dfrac{R_{n-1} - R_n}{b_n} = 0$,告诉我们,分子是分母的高阶无穷小量,由此通过降低分子的"次数",使其成为分子的无穷大量,比如 $b_n = \sqrt{R_{n-1} - R_n} = \sqrt{a_n}$,但很多例子可以说明级数 $\sqrt{a_n}$ 好像不收敛,所以不合适.要得到收敛的级数,错位相消法依然是最佳思路,结合上面两点,级数通项很快就转化为 $b_n = \sqrt{R_{n-1}} - \sqrt{R_n}$.

证明 由于正项级数 $\sum\limits_{n=1}^{\infty} a_n$ 收敛,故 $R_n = \sum\limits_{k=n+1}^{\infty} a_k$ 单调递减趋于 0,且 $a_n = R_{n-1} - R_n$.

(1) 由正项级数 $\sum\limits_{n=1}^{\infty} a_n$ 收敛,可知它的余项构成的数列 $\{R_n\}$ 单调递减趋于 0,即

$$\lim_{n\to\infty} R_n = \sum_{k=n+1}^{\infty} a_k = 0, \quad \text{且} \quad a_n = R_{n-1} - R_n.$$

记 $A_n = \dfrac{a_n}{\sqrt[3]{R_n^2} + \sqrt[3]{R_n R_{n-1}} + \sqrt[3]{R_{n-1}^2}}$,由立方差公式,有

$$A_n = \frac{\left(\sqrt[3]{R_{n-1}}\right)^3 - \left(\sqrt[3]{R_n}\right)^3}{\sqrt[3]{R_n^2} + \sqrt[3]{R_n R_{n-1}} + \sqrt[3]{R_{n-1}^2}} = \sqrt[3]{R_{n-1}} - \sqrt[3]{R_n}.$$

故

$$\sum_{n=1}^{\infty} A_n = \sum_{n=1}^{\infty} \left(\sqrt[3]{R_{n-1}} - \sqrt[3]{R_n}\right) = \lim_{n\to\infty} \sum_{k=1}^{n} \left(\sqrt[3]{R_{k-1}} - \sqrt[3]{R_k}\right)$$

$$= \lim_{n\to\infty}(\sqrt[3]{R_0} - \sqrt[3]{R_n}) = \sqrt[3]{R_0} = \sqrt[3]{\sum_{k=1}^{\infty} a_k}.$$

(2) 对于任意的正整数 $p \in \mathbf{Z}^+$,由 $\{R_n\}$ 单调递减,有

$$\sum_{k=n+1}^{n+p} \frac{a_k}{R_k + R_{k-1}} \geqslant \sum_{k=n+1}^{n+p} \frac{R_{k-1} - R_k}{R_k + R_{k-1}}$$

$$\geqslant \frac{1}{2R_n} \sum_{k=n+1}^{n+p} (R_{k-1} - R_k)$$

$$= \frac{1}{2R_n}(R_n - R_{n+p}) = \frac{1}{2} - \frac{R_{n+p}}{2R_n}.$$

由于 $\lim\limits_{n \to \infty} R_n = 0$,所以对于任意的 n,存在 $N \in \mathbf{Z}^+$,任取 $p > N$,有

$$R_{n+p} \leqslant \frac{R_n}{2}, \quad \text{即} \quad \frac{R_{n+p}}{R_n} \leqslant \frac{1}{2},$$

则当 $p > N$ 时,

$$\sum_{k=n+1}^{n+p} \frac{a_k}{R_k + R_{k-1}} \geqslant \frac{1}{4}.$$

故由 Cauchy 收敛准则可知级数 $\sum\limits_{n=1}^{\infty} \frac{a_n}{R_n + R_{n-1}}$ 发散.

(3) 易知 $\lim\limits_{p \to \infty} \sum\limits_{k=n+1}^{n+p} \frac{a_k}{R_k} \geqslant \lim\limits_{p \to \infty} \frac{1}{R_n} \sum\limits_{k=n+1}^{n+p} a_k = 1$,故存在 $p \in \mathbf{N}$,使得

$$\sum_{k=n+1}^{n+p} \frac{a_k}{R_k} \geqslant \frac{1}{2}.$$

由 Cauchy 收敛准则可知级数 $\sum\limits_{n=1}^{\infty} \frac{a_n}{R_n}$ 发散.

(4) 注意到 Lagrange 中值定理,$\dfrac{\sqrt{R_n} - \sqrt{R_{n+1}}}{R_n - R_{n+1}} = \dfrac{1}{2\sqrt{\xi_n}}$,所以

$$\sqrt{R_n} - \sqrt{R_{n+1}} = \frac{1}{2\sqrt{\xi_n}}(R_n - R_{n+1}) = \frac{a_{n+1}}{2\sqrt{\xi_n}} \geqslant \frac{a_{n+1}}{2\sqrt{R_n}},$$

其中 $R_{n+1} < \xi_{n-1} < R_n$. 又 $R_n = \sum\limits_{k=n+1}^{\infty} a_k$ 单调递减趋于 0,所以

$$\sum_{k=1}^{n} (\sqrt{R_k} - \sqrt{R_{k+1}}) = \sqrt{R_1} - \sqrt{R_{n+1}}$$

单调递增趋于 $\sqrt{R_1}$,故 $\sum\limits_{n=1}^{\infty} \dfrac{a_n}{\sqrt{R_n}}$ 收敛.

(5) 由正项级数 $\sum\limits_{n=1}^{\infty} a_n$ 收敛知,余项 $R_n > 0$ 且单调递减趋于 0,又 $a_n = R_{n-1} - R_n$,记 $R_0 = \sum\limits_{n=1}^{\infty} a_n$,$b_n = \sqrt{R_{n-1}} - \sqrt{R_n} > 0$,则

$$\frac{a_n}{b_n} = \frac{R_{n-1} - R_n}{\sqrt{R_{n-1}} - \sqrt{R_n}} = \sqrt{R_{n-1}} + \sqrt{R_n} \to 0.$$

$$S_n = \sum_{k=1}^{n} b_k = \sqrt{R_0} - \sqrt{R_k} \leqslant \sqrt{R_0}.$$

因此，$\{S_n\}$ 单调递增有上界，故 $\sum_{n=1}^{\infty} b_n$ 收敛，也就为满足要求的收敛级数.

（四）比较级数判别法

例25 （东南大学 2007）已知当 $x > 0$ 时，有
$$(1+x^2)f'(x) + (1+x)f(x) = 1,$$
$$g'(x) = f(x), \quad f(0) = g(0) = 0.$$

证明：$\dfrac{1}{4} < \sum_{n=1}^{\infty} g\left(\dfrac{1}{n}\right) < 1$.

【分析】 这是直抒胸臆的题，先解方程，求出函数 $f(x)$，再对 $f(x)$ 积分求出 $g(x)$. 证明结论，无非是适当地放大或者缩小 $f(x)$. 如何做呢？要基于函数本身所具有的特点以及相关性质.

证明 **方法一** 求初值问题：
$$\begin{cases} f'(x) + \dfrac{1+x}{1+x^2} f(x) = \dfrac{1}{1+x^2}, \\ f(0) = 0. \end{cases}$$

由一阶线性微分方程通解公式，可得特解为
$$f(x) = \dfrac{e^{-\arctan x}}{\sqrt{1+x^2}} \int_0^x \dfrac{e^{\arctan t}}{\sqrt{1+t^2}} \, dt.$$

注意到 $g\left(\dfrac{1}{n}\right) = \int_0^{\frac{1}{n}} f(x) \, dx$，并限制 $0 < x \leqslant 1$，则有
$$f(x) = \int_0^x \dfrac{e^{\arctan t - \arctan x}}{\sqrt{1+x^2} \cdot \sqrt{1+t^2}} \, dt < \int_0^x \dfrac{dt}{1+t^2} = \arctan x < x.$$

于是，有
$$g\left(\dfrac{1}{n}\right) = \int_0^{\frac{1}{n}} f(x) \, dx < \int_0^{\frac{1}{n}} x \, dx = \dfrac{1}{2n^2}.$$

故
$$\sum_{n=1}^{\infty} g\left(\dfrac{1}{n}\right) < \dfrac{1}{2} \sum_{n=1}^{\infty} \dfrac{1}{n^2} < \dfrac{1}{2}\left[1 + \sum_{n=2}^{\infty} \dfrac{1}{n(n-1)}\right] < \dfrac{1}{2} \cdot 2 = 1.$$

另一方面，利用 $e^x > 1+x, x \neq 0$ 和 Lagrange 中值定理，有
$$f(x) = \dfrac{e^{-\arctan x}}{\sqrt{1+x^2}} \int_0^x \dfrac{e^{\arctan t}}{\sqrt{1+t^2}} \, dt \geqslant \dfrac{1}{1+x^2} \int_0^x e^{\arctan t - \arctan x} \, dt$$
$$\geqslant \dfrac{1}{1+x^2} \int_0^x [1 + (\arctan t - \arctan x)] \, dt \quad (\text{由于 } e^x > 1+x, \forall x \neq 0)$$
$$= \dfrac{1}{1+x^2} \int_0^x \left[1 + \dfrac{1}{1+\xi^2}(t-x)\right] dt \quad (\text{由 Lagrange 中值定理})$$
$$\geqslant \dfrac{1}{1+x^2} \int_0^x [1 + (t-x)] \, dt \quad (\text{因为 } t-x \leqslant 0)$$
$$= \dfrac{1}{1+x^2}\left(x - \dfrac{1}{2}x^2\right).$$

于是有
$$g\left(\frac{1}{n}\right) = \int_0^{\frac{1}{n}} f(x)\,dx \geq \int_0^{\frac{1}{n}} \frac{1}{1+x^2}\left(x - \frac{1}{2}x^2\right)dx \geq \frac{1}{1+\frac{1}{n^2}} \int_0^{\frac{1}{n}} \left(x - \frac{1}{2}x^2\right)dx$$
$$= \frac{1}{2(n^2+1)}\left(1 - \frac{1}{3n}\right).$$

故
$$\sum_{n=1}^{\infty} g\left(\frac{1}{n}\right) \geq \frac{1}{2}\sum_{n=1}^{\infty} \frac{1}{n^2+1}\left(1 - \frac{1}{3n}\right) \geq \frac{1}{2}\sum_{n=1}^{\infty} \frac{1}{n^2+1} \cdot \frac{2}{3} \geq \frac{1}{3}\sum_{n=1}^{\infty} \frac{1}{n(n+1)}$$
$$= \frac{1}{3} > \frac{1}{4}.$$

方法二 先建立不等式:
$$x - x^2 \leq f(x) \leq x, \quad x \in [0,1].$$
事实上,令 $u(x) = x - f(x)$,则 $u(x)$ 在 $[0,1]$ 上具有连续导数,$u(0) = 0$,且
$$(1+x^2)u'(x) + (1+x)u(x) = x + 2x^2 \geq 0, \quad x \in [0,1].$$
利用常微分方程的通解公式,并注意到 $u(0) = 0$,可知
$$u(x) \geq 0, \quad x \in [0,1],$$
即 $f(x) \leq x, x \in [0,1]$. 再令
$$v(x) = f(x) - x + x^2.$$
类似于上面的作法,有
$$(1+x^2)v'(x) + (1+x)v(x) = x(1 - x + 3x^2) \geq 0, \quad x \in [0,1].$$
进而有 $v(x) \geq 0, x \in [0,1]$,即
$$f(x) \geq x - x^2, \quad x \in [0,1].$$
由 $g(0) = 0, g'(x) = f(x)$ 得
$$\frac{1}{2}x^2 \geq g(x) \geq \frac{1}{2}x^2 - \frac{1}{3}x^3 \geq \frac{1}{2}x^2 - \frac{1}{3}x^2 = \frac{1}{6}x^2, \quad x \in [0,1].$$
于是,有
$$\frac{1}{6}\sum_{n=1}^{\infty} \frac{1}{n^2} \leq \sum_{n=1}^{\infty} g\left(\frac{1}{n}\right) \leq \frac{1}{2}\sum_{n=1}^{\infty} \frac{1}{n^2}, \tag{1}$$
又有
$$\sum_{n=1}^{\infty} \frac{1}{n^2} < 1 + \sum_{n=2}^{\infty} \frac{1}{n(n-1)} = 2,$$
$$\sum_{n=1}^{\infty} \frac{1}{n^2} > 1 + \sum_{n=2}^{\infty} \frac{1}{n(n+1)} = \frac{3}{2}.$$
将这两式与 (1) 式结合,可得 $\dfrac{1}{4} < \displaystyle\sum_{n=1}^{\infty} g\left(\frac{1}{n}\right) < 1.$

例26 (东南大学) 设级数 $\displaystyle\sum_{n=0}^{\infty} a_n$ 收敛,同时 $\displaystyle\lim_{n\to\infty} b_n = 1.$

(1) 若 $a_n \geqslant 0$，证明：级数 $\sum_{n=1}^{\infty} a_n b_n$ 收敛.

(2) 级数 $\sum_{n=1}^{\infty} a_n b_n$ 是否一定收敛？若是，给出证明；若不是，给出反例.

【分析】 级数的证明题无论难易，总是让人心存恐惧.对于本题的第一问是一道结论显而易见成立的题，但同学们可能觉得无话可说，就好比在写作文，明明觉得不是很难的作文题，但就是不知从何开始.如果同学们有上述感觉，首先，要清楚这种显而易见的感觉来自哪里，应该来自数列 $\{b_n\}$ 的极限是1，觉得 n 很大时，$a_n b_n$ 不就是 a_n 吗？那当然是收敛的啊.这样的感觉是对的，但需要用合适的数学语言将它表达出来.什么样的数学语言呢？极限啊.为什么是极限呢？因为我们不是说了"觉得 n 很大时"么，所以是极限啊.注意到的是，极限是1，我们并不知道数列本身每项是大于1还是小于1，但肯定不恒等于1.这表明它在1附近非常小的范围波动，由此可确定数列 $\{b_n\}$ 是有上下界的.由此，比较判别法就在向我们招手呢.

对于第二问，当我们正确地完成第一问的证明后，会意识到数列 $\{b_n\}$ 不应该只有单调这样的情况，应该还有围绕某点上下波动的情况，那么我们应该找的反例就应在1上下波动的数列中寻找.两个数列都应该如此寻找，那么 $\sum_{n=1}^{\infty} a_n$ 应该是交错级数比较合理了.$\sum_{n=1}^{\infty}(b_n-1)$ 也应该是交错级数，甚至可以和 $\sum_{n=1}^{\infty} a_n$ 相同.

证明 (1) 由 $\lim_{n \to \infty} b_n = 1$ 可知，存在 $N > 0$，使得 $\forall n > N$，有 $\frac{1}{2} < b_n < 2$.若 $a_n \geqslant 0$，则

$$\frac{1}{2}(a_m + a_{m-1} + \cdots + a_l) < a_m b_m + a_{m-1} b_{m-1} + \cdots + a_l b_l$$
$$< 2(a_m + a_{m-1} + \cdots + a_l).$$

由此可知级数收敛.

(2) 不一定收敛.取 $a_n = \frac{(-1)^n}{\sqrt{n}}, b_n = 1 - \frac{(-1)^n}{\sqrt{n}}$.很显然 $\sum_{n=0}^{\infty} a_n$ 收敛和 $\lim_{n \to \infty} b_n = 1$.但是，

$$\sum_{n=1}^{\infty} a_n b_n = \sum_{n=1}^{\infty} \frac{(-1)^n}{\sqrt{n}} - \frac{1}{n} \to \infty,$$

也即发散.

例27 (**重庆大学2018**) 正数列 $\{a_n\}$ 单调上升，证明：

(1) 如果数列 $\{a_n\}$ 有界，则级数 $\sum_{n=1}^{\infty}\left(1 - \frac{a_n}{a_{n+1}}\right)$ 收敛；

(2) 如果数列 $\{a_n\}$ 无界，则级数 $\sum_{n=1}^{\infty}\left(1 - \frac{a_n}{a_{n+1}}\right)$ 发散.

【分析】 第一问,在微积分的课程中,证明级数收敛最重要的方法就是比较判别法,何况此题的已知条件还给了单调性,单调性潜在的含义就是利用比较判别法.那么剩下的任务就是去寻找一个比要证明的级数大且收敛的级数,那用来比较的级数如何寻找呢? 当然来自题目的条件或者结论.对于此题,条件中不蕴含任何收敛的级数,那就从结论中寻找.结论中所给的式子一定要恒等变形,我们才能发现所需要的元素.比如,此题级数的通项通分变形为 $\dfrac{a_{n+1}-a_n}{a_{n+1}}$. 稍加思考会发现级数 $\sum_{n=1}^{\infty}(a_{n+1}-a_n)$ 是收敛的.既然是比较判别法,那就开始将变形后的通项进行适当地放缩.

第二问,在微积分的课程中,证明级数发散的方法和证明收敛相同.比如,利用部分和、比较判别法和收敛的必要条件(通项的极限不等于 0).对于第二问来说,这三个工具显然不能用,无法求出部分和.尽管题目有单调递增,但无法找到缩小且发散的级数.通项的极限通过举例特殊数列,既可以得到极限等于 0,也可以得到极限等于 ∞.下面讲述专门针对级数发散的证明方法.

当我们利用部分和来证明级数收敛的时候,其实心中想到的是另外一层隐藏的本质——级数余项的极限等于 0.那么对于发散级数来说,余项的极限要么不存在,要么等于 ∞.但级数余项的极限一般是无法表示出来的,那我们该怎么证明发散呢? 余项是什么,是从某充分大的项数之后所有项数的和,既然这个无法求,那么,针对余项中的有限项,我们只要能说明,从某充分大的项数之后,总能从中任选若干项求和,此和数大于一个正常数,就说明级数发散了.所以这里我们用类似比较判别法,进行缩小,只求有限项数的和即可.

证明 (1) 数列 $\{a_n\}$ 有界,且单调,则 $\lim\limits_{n\to\infty}a_n=l$. 从而级数 $\sum_{n=1}^{\infty}(a_{n+1}-a_n)$ 收敛.另外,

$$0\leqslant 1-\dfrac{a_n}{a_{n+1}}=\dfrac{a_{n+1}-a_n}{a_{n+1}}\leqslant \dfrac{a_{n+1}-a_n}{a_1}.$$

于是由比较级数判别法可知级数 $\sum_{n=1}^{\infty}\left(1-\dfrac{a_n}{a_{n+1}}\right)$ 收敛.

(2) 数列 $\{a_n\}$ 无界,且单调上升,则 $\lim\limits_{n\to\infty}a_n=\infty$,且

$$\sum_{k=n}^{n+p}\left(1-\dfrac{a_k}{a_{k+1}}\right)=\sum_{k=n}^{n+p}\dfrac{a_{k+1}-a_k}{a_{k+1}}\geqslant \sum_{k=n}^{n+p}\dfrac{a_{k+1}-a_k}{a_{n+p+1}}=\dfrac{a_{n+p+1}-a_n}{a_{n+p+1}}.$$

对于固定的 n,因为 $\lim\limits_{n\to\infty}a_n=\infty$,一定存在 $p(n)$ 充分大时,使得 $\dfrac{a_{n+p+1}-a_n}{a_{n+p+1}}>\dfrac{1}{2}$,也即

$$\sum_{k=n}^{n+p(n)}\left(1-\dfrac{a_k}{a_{k+1}}\right)>\dfrac{1}{2},$$

故可得级数 $\sum_{n=1}^{\infty}\left(1-\dfrac{a_n}{a_{n+1}}\right)$ 发散.

例28 (四川大学 2018) 设正数列 $\{a_n\}$ 单调增加,求证:级数 $\sum_{n=1}^{\infty}\dfrac{n}{a_1+a_2+\cdots+a_n}$ 收敛的充要条件是级数 $\sum_{n=1}^{\infty}\dfrac{1}{a_n}$ 收敛.

【分析】 因为数列 $\{a_n\}$ 单调递增,所以有 $\dfrac{n}{a_1+a_2+\cdots+a_n} > \dfrac{n}{na_n} = \dfrac{1}{a_n}$,必要性非常容易证明. 充分性: $\sum\limits_{n=1}^{\infty} \dfrac{1}{a_n}$ 收敛推出 $\sum\limits_{n=1}^{\infty} \dfrac{n}{a_1+a_2+\cdots+a_n}$ 收敛. 一定是寻找这样的不等式

$$\sum_{n=1}^{\infty} \frac{n}{a_1+a_2+\cdots+a_n} < C \sum_{n=1}^{\infty} \frac{1}{a_n}.$$

在比较级数的大小时,同学们常常有一个很固定的思维模式,总认为应该比较对应项的大小,即 $a_n > b_n$. 然而,实际上并非如此,也可以 $a_{n+p} > b_n$,即错开一些项比较也是可行的,这是在于级数有无穷多项的原因. 可能不存在这样的 C,使得 $\dfrac{n}{a_1+a_2+\cdots+a_n} < \dfrac{C}{a_n}, n=1,2,3,\cdots$. 但找到这样错位的项进行对比还是可以的,即 $\dfrac{m}{a_1+a_2+\cdots+a_m} < \dfrac{m}{a_n}$. 事实上,若正数列 $\{a_n\}$ 单调增加,则有

$$\frac{m}{a_1+a_2+\cdots+a_m} < \frac{m}{a_n+a_{n+1}+\cdots+a_m} < \frac{m}{(m-n)a_n}.$$

只要选 $m=2n$ 或者其他的常数倍数就可以.

证明 **充分性** 因为 $\dfrac{n}{a_1+a_2+\cdots+a_n} > \dfrac{n}{na_n} = \dfrac{1}{a_n}$,故由比较判别法知级数 $\sum\limits_{n=1}^{\infty} \dfrac{1}{a_n}$ 收敛.

必要性 设 $u_n = \dfrac{n}{a_1+a_2+\cdots+a_n}$,则有

$$u_{2n} = \frac{2n}{a_1+a_2+\cdots+a_{2n}} < \frac{2n}{a_{n+1}+a_{n+2}+\cdots+a_{2n}} < \frac{2n}{na_n} = \frac{2}{a_n},$$

$$u_{2n-1} = \frac{2n-1}{a_1+a_2+\cdots+a_{2n-1}} < \frac{2n-1}{a_n+a_{n+1}+\cdots+a_{2n-1}} < \frac{2n-1}{na_n} < \frac{2}{a_n}.$$

由比较判别法知 $\sum\limits_{n=1}^{\infty} u_{2n}$ 与 $\sum\limits_{n=1}^{\infty} u_{2n-1}$ 均收敛,从而级数 $\sum\limits_{n=1}^{\infty}(u_{2n}+u_{2n-1})$ 收敛. 因此,$\sum\limits_{n=1}^{\infty} u_n = \sum\limits_{n=1}^{\infty} \dfrac{n}{a_1+a_2+\cdots+a_n}$ 收敛.

例29 设 $\{u_n\}$ 是单调增加的正项数列,证明:级数 $\sum\limits_{n=1}^{\infty}\left(1-\dfrac{u_n}{u_{n+1}}\right)\dfrac{1}{\sqrt{u_{n+1}}}$ 收敛.

【分析】 此题类似例27,但是比那道题变形得要多,也即难度大那么一点. 既然证明级数收敛,那么需要找一个比此级数大的收敛级数. 于是,需要对级数的通项进行放大. 一般来说,都要首先恒等变形通项,使其适合放大或者缩小. 通项变形为下面的式子:

$$\left(1-\frac{u_n}{u_{n+1}}\right)\frac{1}{\sqrt{u_{n+1}}} = \frac{u_{n+1}-u_n}{u_{n+1}\sqrt{u_{n+1}}}.$$

很多同学此时停止继续变形,开始放大分子或者缩小分母,但分子 $u_{n+1}-u_n$ 无法进行有意义地放大. 于是很自然选择缩小分母,将部分 u_{n+1} 用 u_n 缩小,但得到的级数依然无法证明收敛性. 此时要说明两点:上述变形不够,单纯缩小分母可能也不够. 因此需要继续变形,因为

分母上有根式,所以分子因式分解变出根式$(\sqrt{u_{n+1}}-\sqrt{u_n})(\sqrt{u_{n+1}}+\sqrt{u_n})$,进行此步后,然后进行放缩就可以得到想要的结果了.

证明 采用比较级数法,有

$$\left(1-\frac{u_n}{u_{n+1}}\right)\frac{1}{\sqrt{u_{n+1}}}=\frac{\sqrt{u_{n+1}}-\sqrt{u_n}}{u_{n+1}}\cdot\frac{\sqrt{u_{n+1}}+\sqrt{u_n}}{\sqrt{u_{n+1}}}$$

$$\leqslant\frac{\sqrt{u_{n+1}}-\sqrt{u_n}}{u_{n+1}}\cdot 2\leqslant\frac{\sqrt{u_{n+1}}-\sqrt{u_n}}{\sqrt{u_n}\sqrt{u_{n+1}}}\cdot 2$$

$$=2\left(\frac{1}{\sqrt{u_n}}-\frac{1}{\sqrt{u_{n+1}}}\right).$$

很显然级数$\sum\limits_{n=1}^{\infty}2\left(\dfrac{1}{\sqrt{u_n}}-\dfrac{1}{\sqrt{u_{n+1}}}\right)$通过部分和能推导出是收敛的.由此,原级数是收敛的.

例30 (武汉大学) 设函数$\varphi(x)$在$(-\infty,+\infty)$上连续,周期为1,且$\int_0^1\varphi(x)\mathrm{d}x=0$,函数$f(x)$在$[0,1]$上有连续导数,设$a_n=\int_0^1 f(x)\varphi(nx)\mathrm{d}x$,求证:级数$\sum\limits_{n=1}^{\infty}a_n^2$收敛.

【分析】 此题已经给了a_n的表达式,要探讨$\sum\limits_{n=1}^{\infty}a_n^2$的收敛性,结合两点自然想到比较级数判别法,找到一个收敛级数.最熟悉的收敛级数莫过于$\sum\limits_{n=1}^{\infty}\dfrac{1}{n^2}$,由此证明$a_n^2\leqslant\dfrac{C}{n^2}$.如何得到这个结果呢?下面从不同角度给两种方法.

方法一.为了达到目标$a_n^2\leqslant\dfrac{C}{n^2}$,结合级数通项表达式,需要我们运用一切脑力资源,从积分表达式中魔术般地变出$\dfrac{1}{n}$.似乎换元法是最直接的手段,那就从换元开始,换元可得下式:

$$a_n=\int_0^1 f(x)\varphi(nx)\mathrm{d}x\xrightarrow{t=nx}\frac{1}{n}\int_0^n f\left(\frac{t}{n}\right)\varphi(t)\mathrm{d}t.$$

是否可以用连续性说明被积函数有界,得到

$$|a_n|=\frac{1}{n}\left|\int_0^n f\left(\frac{t}{n}\right)\varphi(t)\mathrm{d}t\right|\leqslant\frac{M}{n}?$$

肯定不可以,原因有二:一是,许多已知条件并未被利用,请注意,在数学中不允许有任何资源浪费,每一个条件都应当有其存在的价值;二是,被积函数的界与n有关,如果$M=n$,怎么办?那么就从已知条件中寻找答案.周期性和$\int_0^1\varphi(x)\mathrm{d}x=0$到底如何利用?利用周期性将积分区间$[0,n]$变回到$[0,1]$上,解决界$M$与$n$有关的问题.在第1,2章也出现$\int_0^1\varphi(x)\mathrm{d}x=0$的情况,这样的结果有什么用途呢? 可作原函数或者变上限函数,因此设$\Phi(x)=\int_0^x\varphi(t)\mathrm{d}t$,则有$\Phi(0)=\Phi(n)=0$和$\Phi'(x)=\varphi(x)$.由此,由分部积分和周期性有

$$a_n = \frac{1}{n}\int_0^n f\left(\frac{t}{n}\right)\varphi(t)\,dt = \sum_{k=0}^{n-1}\int_k^{k+1} f\left(\frac{t}{n}\right)\varphi(t)\,dt$$

$$\xrightarrow{t=u+k} \sum_{k=0}^{n-1}\int_0^1 f\left(\frac{u+k}{n}\right)\varphi(u)\,du$$

$$= -\frac{1}{n^2}\int_0^1 \sum_{k=0}^{n-1} f'\left(\frac{u+k}{n}\right)\Phi(u)\,du$$

$$= -\frac{1}{n}\int_0^1 \left(\frac{1}{n}\sum_{k=0}^{n-1} f'\left(\frac{u+k}{n}\right)\right)\Phi(u)\,du$$

$$\xrightarrow{\text{介值定理}} -\frac{1}{n}\int_0^1 f'(\xi)\Phi(u)\,du.$$

由此再利用闭区间上的连续函数的有界性,结论得到.

证明 设 $\Phi(x) = \int_0^x \varphi(t)\,dt$,因为 $\int_0^1 \varphi(x)\,dx = 0$ 和 $\varphi(x)$ 的周期为 1,于是得到

$$\Phi(0) = \Phi(n) = 0 \quad \text{和} \quad \Phi'(x) = \varphi(x).$$

先后通过两次分部积分和两次换元法,$\Phi(0) = \Phi(n) = 0$ 和周期为 1,可以得到

$$a_n = \int_0^1 f(x)\varphi(nx)\,dx \xrightarrow{t=nx} \frac{1}{n}\int_0^n f\left(\frac{t}{n}\right)\varphi(t)\,dt = \sum_{k=0}^{n-1}\int_k^{k+1} f\left(\frac{t}{n}\right)\varphi(t)\,dt$$

$$\xrightarrow{t=u+k} \sum_{k=0}^{n-1}\int_0^1 f\left(\frac{u+k}{n}\right)\varphi(u)\,du = -\frac{1}{n^2}\int_0^1 \sum_{k=0}^{n-1} f'\left(\frac{u+k}{n}\right)\Phi(u)\,du$$

$$= -\frac{1}{n}\int_0^1 \left(\frac{1}{n}\sum_{k=0}^{n-1} f'\left(\frac{u+k}{n}\right)\right)\Phi(u)\,du.$$

因为函数 $f(x)$ 在 $[0,1]$ 上有连续导数,于是由介值定理,即存在 $\xi \in [0,1]$,使得

$$\frac{1}{n}\sum_{k=0}^{n-1} f'\left(\frac{u+k}{n}\right) = f'(\xi).$$

于是

$$a_n = -\frac{1}{n}\int_0^1 f'(\xi)\Phi(u)\,du.$$

又因为函数 $f(x)$ 和 $\Phi(x)$ 都在 $[0,1]$ 上连续,则由最值定理,存在 $M = \max_{x\in[0,1]}\{f'(x)\Phi(x)\}$. 因此得到

$$|a_n| = \left|-\frac{1}{n}\int_0^1 f'(\xi)\Phi(u)\,du\right| \leqslant \frac{M}{n} \Rightarrow a_n^2 \leqslant \frac{M^2}{n^2}.$$

因为级数 $\sum_{n=1}^{\infty}\frac{1}{n^2}$ 收敛,由正项级数比较判别法可知,级数 $\sum_{n=1}^{\infty} a_n^2$ 收敛.

方法二. 不知道同学们对定义 $a_n = \int_0^1 f(x)\varphi(nx)\,dx$ 是不是非常熟悉,熟悉的原因来自: 令 $\varphi(nx) = \sin nx$,它就是 Fourier 系数.类似的定义就有类似的处理方式,如果意识到这点, 那么就是求 Fourier 系数,如何求? 不就是采用分部积分的方法吗? 结合方法一对条件 $\int_0^1 \varphi(x)\,dx = 0$ 的分析,通过分部积分估算 a_n.

证明 由已知条件可得
$$\int_0^1 \varphi(u)\mathrm{d}u = \int_1^2 \varphi(u)\mathrm{d}u = \cdots = \int_{n-1}^n \varphi(u)\mathrm{d}u = 0.$$

令 $\Phi(x) = \int_0^x \varphi(t)\mathrm{d}t$，则 $F(x)$ 为周期为 1 的函数，且 $F'(nx) = \varphi(nx)$，$F(0) = F(n) = 0$. 因此由分部积分法，得

$$a_n = \int_0^1 f(x)F'(nx)\mathrm{d}x = \frac{1}{n}\int_0^1 f(x)\mathrm{d}F(nx) = \frac{1}{n}f(x)F(nx)\Big|_0^1 - \frac{1}{n}\int_0^1 f'(x)F(nx)\mathrm{d}x$$
$$= \frac{1}{n}f(1)F(n) - \frac{1}{n}f(0)F(0) - \frac{1}{n}\int_0^1 f'(x)F(nx)\mathrm{d}x = -\int_0^1 \frac{1}{n}f'(x)F(nx)\mathrm{d}x.$$

因为 $F(x)$ 是连续周期函数，故 $F(x)$ 有界，也就是：$\exists M_1 > 0$，使得 $\forall x \in (-\infty, +\infty)$，总有 $|F(x)| \leqslant M_1$，即 $|F(nx)| \leqslant M_1$. 又因为 $f'(x)$ 在 $[0,1]$ 上连续，因此，$\exists M_2 > 0$，使 $\forall x \in (0,1)$，总有 $|f'(x)| \leqslant M_2$. 于是可得

$$|a_n| \leqslant \frac{1}{n}\int_0^1 |f'(x)F(nx)|\,\mathrm{d}x \leqslant \frac{1}{n}M_1M_2,$$

即 $a_n^2 \leqslant \frac{1}{n^2}M_1^2M_2^2$. 级数 $\sum_{n=1}^\infty \frac{1}{n^2}$ 收敛，由正项级数比较判别法可知：级数 $\sum_{n=1}^\infty a_n^2$ 收敛.

例31 （陕西 2023）设 $f'(x)$ 在 $[0, +\infty]$ 上单调减少，且 $\lim_{x \to +\infty} f(x) = 1$.

(1) 证明：级数 $\sum_{n=1}^\infty [f(n) - f(n-1)]$ 收敛，并求其和.

(2) 证明：级数 $\sum_{n=1}^\infty f'(n)$ 收敛，且

$$1 - f(1) \leqslant \sum_{n=1}^\infty f'(n) \leqslant 1 - f(0).$$

【分析】 第一问，显然是采用部分和方法. 第二问，讨论导函数定义的级数的收敛性. 基于第一问的级数，同名函数作差很明显提示我们使用 Lagrange 中值定理，然后利用单调性，确定级数通项的上下界恰好是第一问的级数或者移位级数. 所以收敛和上下界都得到了.

证明 (1) 因 $\lim_{x \to +\infty} f(x) = 1$，故 $\lim_{n \to +\infty} f(n) = 1$. 又

$$\sum_{n=1}^\infty [f(n) - f(n-1)] = \lim_{n \to \infty}\sum_{k=1}^n [f(k) - f(k-1)] = \lim_{n \to \infty} f(n) - f(0) = 1 - f(0).$$

故级数 $\sum_{n=1}^\infty [f(n) - f(n-1)]$ 不仅收敛且其和为 $1 - f(0)$.

(2) 由 $f'(x)$ 在 $[0, +\infty]$ 上单调减少可知 $\lim_{x \to +\infty} f'(x) = -\infty$ 或 $\lim_{x \to +\infty} f'(x) = a$ 为有限数. 假设 $\lim_{x \to +\infty} f'(x) = -\infty$，则由 Lagrange 中值定理，有

$$f(x+1) - f(x) = f'(\xi), \quad x < \xi < x+1. \tag{1}$$

又 $\lim_{x \to +\infty} f(x) = 1$，故可得

$$\lim_{x \to +\infty} f'(\xi) = \lim_{x \to +\infty} [f(x+1) - f(x)] = \lim_{x \to +\infty} f(x+1) - \lim_{x \to +\infty} f(x) = 0.$$

与假设矛盾,故 $\lim_{x \to +\infty} f(x) = a$. 再由(1)式可得

$$\lim_{x \to +\infty} f'(x) = \lim_{x \to +\infty} f'(\xi) = 0.$$

由此可得 $f'(x) \geqslant 0, f(x)$ 为不减函数,于是 $\sum_{n=1}^{\infty} f'(n)$ 和 $\sum_{n=1}^{\infty} [f(n) - f(n-1)]$ 都是正项级数. 由 $f'(x)$ 单调递减和(1)式,得

$$f'(n) < f'(\xi_n) = f(n) - f(n-1) < f'(n-1), \quad n = 1, 2, \cdots, \tag{2}$$

其中 $n-1 < \xi_n < n$. 由于 $\sum_{n=1}^{\infty} [f(n) - f(n-1)]$ 收敛,故 $\sum_{n=1}^{\infty} f'(n)$ 收敛. 由(2)式可得

$$f(k+1) - f(k) < f'(k) < f(k) - f(k-1), \quad k = 1, 2, \cdots.$$

两端求和,得

$$\sum_{k=1}^{n} [f(k+1) - f(k)] < \sum_{k=1}^{n} f'(k) < \sum_{k=1}^{n} [f(k) - f(k-1)],$$

即 $f(n+1) - f(1) < \sum_{k=1}^{n} f'(k) < f(n) - f(0)$. 两端取极限,即得

$$1 - f(1) \leqslant \sum_{n=1}^{\infty} f'(n) \leqslant 1 - f(0).$$

(五)级数的分组法

例32 (南开大学 2013) 设数列 $\{a_n\}$ 单调递减趋于 0,证明: $\sum_{n=1}^{\infty} a_n$ 收敛,当且仅当 $\sum_{k=1}^{\infty} 3^k a_{3^k}$ 收敛.

【分析】 这道题目可能有一半的同学觉得难,而另一半同学则认为不难.为什么对同一道题目,同学们的看法会有如此大的差异呢.认为难的同学,可能过于关注证明的结论,对这个级数 $\sum_{k=1}^{\infty} 3^k a_{3^k}$ 则感到茫然,不知道该如何下手.认为不难的同学,关注的重心也在这里,他们认为,抽取原数列的子列所形成的级数和,其收敛性必然与原级数相关.既然假设了原级数 $\sum_{n=1}^{\infty} a_n$ 收敛,极大概率使用比较判别法,也即证明找一个常数 C,使得 $\sum_{k=1}^{\infty} 3^k a_{3^k} \leqslant C \sum_{n=1}^{\infty} a_n$ 成立. 如何找到这个常数呢? 条件中的单调递减以及证明的结论,难道不是在引导我们对原级数进行适当的分组或者添加括号吗?

解 取级数 $\sum_{n=1}^{\infty} a_n$ 的部分和 $S_n = a_1 + a_2 + a_3 + \cdots + a_n$,与级数 $\sum_{k=1}^{\infty} 3^k a_{3^k}$ 的部分和

$$T_n = 3^1 a_{3^1} + 3^2 a_{3^2} + 3^3 a_{3^3} + \cdots + 3^n a_{3^n} = b_1 + b_2 + b_3 + \cdots + b_n.$$

按照结论的要求进行分组,也即按照 $3^n (n = 1, 2, 3, \cdots)$ 进行分组加括号,如下:

$$2S_n = 2(a_1 + a_2 + a_3) + 2(a_4 + a_5 + a_6 + a_7 + a_8 + a_9) + 2(a_{10} + \cdots) + \cdots$$
$$\geqslant b_1 + b_2 + b_3 + \cdots + b_m = T_m,$$

其中 $3^m \leqslant n < 3^{m+1}$. 于是得到 $\sum\limits_{n=1}^{\infty} 3^k a_{3^k}$ 能被 $\sum\limits_{n=1}^{\infty} a_n$ 的部分和控制.

下面讨论反过来的结论. 另外一方面,
$$S_n = (a_1 + a_2) + (a_3 + a_4 + a_5 + a_6 + a_7 + a_8) + (a_9 + \cdots) + \cdots$$
$$\leqslant a_1 + a_2 + 2b_1 + 2b_2 + \cdots + 2b_{m+1} = a_1 + a_2 + 2T_{m+1},$$

其中 $3^m \leqslant n < 3^{m+1}$.

由比较判别法可知: $\sum\limits_{n=1}^{\infty} a_n$ 收敛, 当且仅当 $\sum\limits_{k=1}^{\infty} 3^k a_{3^k}$ 收敛.

例33 （南开大学 2014）已知正项级数 $\sum\limits_{n=1}^{\infty} a_n$ 收敛, 证明: 存在发散于正无穷的数列 $\{b_n\}$, 使得级数 $\sum\limits_{n=1}^{\infty} a_n b_n$ 仍然是收敛的.

【分析】 初看此题, 绝大多数同学可能的反应是, 放弃此题, 不再浪费时间. 这说明同学们对收敛级数的本质还不太了解. 要证明存在这样的数列, 那么此数列一定依赖收敛的正项级数. 既然如此, 那就需要同学们知道收敛级数的本质是什么.

那就是, 级数的收敛与前面若干有限项无关. 此外, 从项数充分大的某项后面开始, 任给一个充分小的数, 总能从其中选出连续若干项的和小于给定数, 并且越是级数后面(项数越大), 给定数可以越小, 求和项数可能越多.

基于这个本质, 将按照我们给的一列充分小的数, 比如 $\dfrac{1}{k^m}$ ($k \geqslant \delta > 1$ 任意常数), 将收敛的级数进行分组, 按照分组的顺序, 每组给一个对应的自然数, 这些自然数构成一个数列, 也就是我们要寻找的数列.

证明 因为正项级数 $\sum\limits_{n=1}^{\infty} a_n$ 收敛, 则对 $\varepsilon > 0$, $\exists N$, 使得 $\forall n > N$, 对任意的 $p > 0$, 有
$$\sum_{k=n}^{n+p} a_k < \varepsilon.$$

于是我们有

$\varepsilon = 1, \exists N_1$, 使得 $\forall n > N_1$, 对任意的 $p > 0$, 有 $0 < \sum\limits_{k=N_1}^{N_1+p} a_k < 1$,

$\varepsilon = \dfrac{1}{2^3}, \exists N_2$, 使得 $\forall n > N_2$, 对任意的 $p > 0$, 有 $0 < \sum\limits_{k=N_2}^{N_2+p} a_k < \dfrac{1}{2^3}$,

……

$\varepsilon = \dfrac{1}{2^m}, \exists N_m$, 使得 $\forall n > N_m$, 对任意的 $p > 0$, 有 $0 < \sum\limits_{k=N_m}^{N_m+p} a_k < \dfrac{1}{2^m}$.

于是取
$$b_k = \begin{cases} 0, & k \leqslant N_1, \\ m, & N_m \leqslant k \leqslant N_{m+1}, m = 1, 2, 3 \cdots. \end{cases}$$

可得

$$\sum_{n=1}^{\infty} a_n b_n = \sum_{m=1}^{\infty} m \sum_{k=N_m}^{N_{m+1}} a_n \leqslant \sum_{m=1}^{\infty} m \cdot \frac{1}{2^m} < \infty,$$

则结论得证.

8.4 Fourier 级数

例34 (中国科学技术大学 2010) 设函数 $f(x)$ 是定义在实数上的、以 2π 为周期的奇函数,连续可导,且满足 $f'(x) = f\left(\dfrac{\pi}{2} - x\right)$, 求 $f(x)$.

【分析】 对于以 2π 为周期的奇函数,大家脑海中马上浮现出正弦函数 $\sin x$. 到底是不是它,再看条件 $f'(x) = f\left(\dfrac{\pi}{2} - x\right)$, 而我们已知 $\sin' x = \cos x = \sin\left(\dfrac{\pi}{2} - x\right)$, 这个函数不就是正弦函数吗?但如何求呢?可以从条件中寻找,而 $f'(x) = f\left(\dfrac{\pi}{2} - x\right)$ 是微分方程,但方程两边的变量不同,不能直接求解. 然而,这个表达式表明,函数 $f(x)$ 具有任意阶导数,再求导一次,方程两边的变量就一致了,解方程即可.

如果我们没有想到微分方程这些,也不用担心. 以 2π 为周期的奇函数可以表示为正弦函数 ($\sin nx, n = 1, 2, \cdots$) 的线性组合,也就是 Fourier 级数正弦展开,即 $f(x) = \sum\limits_{n=1}^{\infty} c_n \sin nx$. 也就是说,我们首先得到函数的形式,然后由给定的条件来确定相应的系数.

解 方法一 由 $f'(x) = f\left(\dfrac{\pi}{2} - x\right)$ 可得

$$f''(x) = -f'\left(\frac{\pi}{2} - x\right) = -f\left(\frac{\pi}{2} - \left(\frac{\pi}{2} - x\right)\right) = -f(x).$$

于是解常微分方程 $f''(x) + f(x) = 0$, 得 $f(x) = c_1 \sin x + c_2 \cos x$. 又因为 $f(x)$ 是奇函数, 于是

$$f(x) = c_1 \sin x.$$

方法二 Fourier 级数法. 由已知条件 $f'(x) = f\left(\dfrac{\pi}{2} - x\right)$, 可知函数 $f(x)$ 具有任意阶导数,于是它的 Fourier 级数收敛到它自身. 另外, 它又是奇函数, 于是它的 Fourier 展开式为

$$f(x) = \sum_{n=1}^{\infty} c_n \sin nx,$$

且可导, 即 $f'(x) = \sum\limits_{n=1}^{\infty} n c_n \cos nx$. 另外一方面,

$$f\left(\frac{\pi}{2} - x\right) = \sum_{n=1}^{\infty} c_n \sin n\left(\frac{\pi}{2} - x\right) = \sum_{n=1}^{\infty} c_n \left(\sin \frac{n\pi}{2} \cos nx - \cos \frac{n\pi}{2} \sin nx\right).$$

由已知条件可得

$$\sum_{n=1}^{\infty} c_n \left(\sin\frac{n\pi}{2} \cos nx - \cos\frac{n\pi}{2} \sin nx \right) = \sum_{n=1}^{\infty} n c_n \cos nx, \quad \forall x \in \mathbf{R}.$$

由此推导出 c_1 为任意数,$c_n = 0, n \geq 2$. 故得到所求函数.

例35 (南京大学 2013) 设 f 为 $\mathbf{R}$ 上周期为 1 的连续可微函数,如果 f 满足条件:
$$f(x) + f\left(x + \frac{1}{2}\right) = f(2x), \quad \forall x \in \mathbf{R}.$$
证明:f 恒等于 0.

【分析】 证明一个函数恒为 0 的方法一般有以下两种.第一种,反证法,但从此题来看,假设函数不恒为 0,我们发现已知条件并不能提供任何有用的线索,反而使得问题显得更加复杂和难以捉摸.因此基本可以否决反证法了.第二种,先证明导函数恒为 0,再找特殊点的函数值为 0.题干中几乎没有关于可导(除了可微)的信息或者由条件得到关于导函数有价值的信息.因此,这个方法也否决了.除了上述两种常用的方法外,还有第三种方法,即证明 $|f(x)|$ 的最大值为 0.此题只有恒等式,基本与最值无缘,所以放弃.第四种,级数展开的方法,此方法虽然相对比较少见,但确实是非常高效的方法.这种方法一般是先得到展开系数之间的关系,再通过此关系得到系数都为 0,从而证明结论.由于题目涉及周期函数,我们可以推断出需要使用 Fourier 级数展开该函数.

解 设 $f(x) = \dfrac{a_0}{2} + \sum_{n=1}^{\infty} [a_n \cos(2n\pi x) + b_n \sin(2n\pi x)]$. 由于 f 为 $\mathbf{R}$ 上周期为 1 的连续可微函数,所以

$$\begin{aligned}
f(x) + f\left(x + \frac{1}{2}\right) &= \frac{a_0}{2} + \sum_{n=1}^{\infty} [a_n \cos(2n\pi x) + b_n \sin(2n\pi x)] \\
&\quad + \frac{a_0}{2} + \sum_{n=1}^{\infty} \left[a_n \cos\left(2n\pi\left(x + \frac{1}{2}\right)\right) + b_n \sin\left(2n\pi\left(x + \frac{1}{2}\right)\right)\right] \\
&= a_0 + \sum_{n=1}^{\infty} [a_n \cos(2n\pi x) + b_n \sin(2n\pi x)] \\
&\quad + \sum_{n=1}^{\infty} [a_n (-1)^n \cos(2n\pi x) + b_n (-1)^n \sin(2n\pi x)] \\
&= a_0 + \sum_{n=1}^{\infty} [1 + (-1)^n][a_n \cos(2n\pi x) + b_n \sin(2n\pi x)] \\
&= a_0 + \sum_{n=1}^{\infty} 2[a_{2n} \cos(4n\pi x) + b_{2n} \sin(4n\pi x)],
\end{aligned}$$

且
$$f(2x) = \frac{a_0}{2} + \sum_{n=1}^{\infty} [a_n \cos(4n\pi x) + b_n \sin(4n\pi x)].$$

由 Fourier 级数的唯一性,可知
$$a_0 = \frac{a_0}{2}, \quad 2a_{2n} = a_n, \quad 2b_{2n} = b_n, \quad n = 1, 2, \cdots.$$

又因为
$$a_n = 2a_{2n} = 2^2 a_{2^2 n} = \cdots = 2^k a_{2^k n} \to 0, \quad n \to \infty.$$
同理可得 $b_n \to 0$. 因此证得 $f \equiv 0$, 这里利用了 Riemann-Lebesgue 引理.

例36 设函数 $f(x)$ 是以 $2L$ 为周期的连续函数, 且其 Fourier 系数为 $a_n, b_n, n = 0, 1, 2, \cdots$.

(1) 求 $f(x+h)$ 的 Fourier 系数, 其中 h 为常数.

(2) 求 $F(x) = \dfrac{1}{L}\displaystyle\int_{-L}^{L} f(t) f(x+t) \mathrm{d}t$ 的 Fourier 系数, 且以此推证
$$\frac{1}{L}\int_{-L}^{L} f^2(x) \mathrm{d}x = \frac{a_0^2}{2} + \sum_{n=1}^{\infty}(a_n^2 + b_n^2).$$

【分析】 此题的第一问并不复杂, 只需按照相关公式和积分进行计算即可. 对于第二问, 可能很多同学会被所给函数难住, 但实际上, 只要大胆地按照公式进行计算, 就能找到解决之道.

解 (1) 根据 Fourier 系数的计算公式可得 $f(x+h)$ 的 Fourier 展开系数:
$$\begin{aligned}
A_n &= \frac{1}{L}\int_{-L}^{L} f(x+h)\cos\frac{n\pi x}{L}\mathrm{d}x = \frac{1}{L}\int_{-L+h}^{L+h} f(t)\cos\frac{n\pi(t-h)}{L}\mathrm{d}t\\
&= \frac{1}{L}\int_{-L}^{L} f(t)\cos\frac{n\pi(t-h)}{L}\mathrm{d}t\\
&= \cos\frac{n\pi h}{L}\cdot\frac{1}{L}\int_{-L}^{L} f(t)\cos\frac{n\pi t}{L}\mathrm{d}t + \sin\frac{n\pi h}{L}\cdot\frac{1}{L}\int_{-L}^{L} f(t)\sin\frac{n\pi t}{L}\mathrm{d}t\\
&= \cos\frac{n\pi h}{L}a_n + \sin\frac{n\pi h}{L}b_n.
\end{aligned}$$

类似的计算可得
$$B_n = \cos\frac{n\pi h}{L}b_n - \sin\frac{n\pi h}{L}a_n.$$

(2) 根据 Fourier 系数的计算公式可得 $F(x)$ 的 Fourier 展开系数:
$$\begin{aligned}
\mathring{A}_0 &= \frac{1}{L}\int_{-L}^{L}\frac{1}{L}\int_{-L}^{L} f(t)f(x+t)\mathrm{d}t\,\mathrm{d}x = \frac{1}{L}\int_{-L}^{L} f(t)\mathrm{d}t\cdot\frac{1}{L}\int_{-L}^{L} f(x+t)\mathrm{d}x\\
&= \frac{1}{L}\int_{-L}^{L} f(t)\mathrm{d}t\cdot\frac{1}{L}\int_{-L+t}^{L+t} f(u)\mathrm{d}u\\
&= \frac{1}{L}\int_{-L}^{L} f(t)\mathrm{d}t\cdot\frac{1}{L}\int_{-L}^{L} f(u)\mathrm{d}u = a_0^2,\\
\mathring{A}_n &= \frac{1}{L}\int_{-L}^{L}\frac{1}{L}\int_{-L}^{L} f(t)f(x+t)\cos\frac{n\pi x}{L}\mathrm{d}t\,\mathrm{d}x\\
&= \frac{1}{L}\int_{-L}^{L} f(t)\mathrm{d}t\cdot\frac{1}{L}\int_{-L}^{L} f(x+t)\cos\frac{n\pi x}{L}\mathrm{d}x\\
&= \frac{1}{L}\int_{-L}^{L} f(t)\left(\cos\frac{n\pi t}{L}a_n + \sin\frac{n\pi t}{L}b_n\right)\mathrm{d}t\\
&= a_n^2 + b_n^2.
\end{aligned}$$

函数 $F(x)$ 是偶函数, 事实上, 我们有

$$F(-x) = \frac{1}{L}\int_{-L}^{L} f(t)f(-x+t)\mathrm{d}t = \frac{1}{L}\int_{-L-x}^{L-x} f(x+u)f(u)\mathrm{d}u$$

$$= \frac{1}{L}\int_{-L}^{L} f(x+u)f(u)\mathrm{d}u = F(x).$$

由此可得 $B_n = 0$. 于是它的展开式为

$$F(x) = \frac{a_0^2}{2} + \sum_{n=1}^{\infty}(a_n^2 + b_n^2)\cos\frac{n\pi x}{L}.$$

当 $x = 0$ 时,即得

$$F(0) = \frac{1}{L}\int_{-L}^{L} f(t)f(t)\mathrm{d}t = \frac{1}{L}\int_{-L}^{L} f^2(x)\mathrm{d}x = \frac{a_0^2}{2} + \sum_{n=1}^{\infty}(a_n^2 + b_n^2)\cos\frac{n\pi \cdot 0}{L}$$

$$= \frac{a_0^2}{2} + \sum_{n=1}^{\infty}(a_n^2 + b_n^2).$$

例37（**南京大学 2023**）设幂级数 $\sum_{n=1}^{\infty} c_n x^n$ 的收敛半径为 R,其和函数 $f(x)$ 是周期为 2π 的奇函数,$f(x)$ 的 Fourier 级数为 $\sum_{n=1}^{\infty} b_n \sin(nx)$. 证明:

(1) $c_{2k} = 0, \forall k \in \mathbf{N}$;

(2) $\forall k \in \mathbf{N}, \sum_{n=1}^{\infty} n^k |b_n|$ 收敛,并用幂级数的系数表示 $\sum_{n=1}^{\infty} n^{2k-1} b_n$.

【分析】 第一问考虑到 $f(x)$ 是奇函数,这一结论显然成立. 注意到第二问是探讨 Fourier 级数的系数与幂级数之间的关系,这里要提示大家 Fourier 级数中的函数也需要幂级数展开,利用展开的唯一性得到答案.

解 (1) 由已知条件,$f(x) = \sum_{n=1}^{\infty} c_n x^n$ 是奇函数,可得

$$\sum_{n=1}^{\infty} c_n(-x)^n = f(-x) = -f(x) = -\sum_{n=1}^{\infty} c_n x^n,$$

所以

$$\sum_{k=1}^{\infty} c_{2k} x^{2k} = -\sum_{k=1}^{\infty} c_{2k} x^{2k} \Rightarrow 2\sum_{k=1}^{\infty} c_{2k} x^{2k} = 0 \Rightarrow c_{2k} = 0, \forall k \in \mathbf{N}.$$

(2) 由第一问的结论,并对 $\sin(nx)$ 作幂级数展开得

$$\sum_{k=0}^{\infty} c_{2k+1} x^{2k+1} = f(x) = \sum_{n=1}^{\infty} b_n \sin(nx) = \sum_{n=1}^{\infty} b_n \sum_{k=0}^{\infty} \frac{(-1)^k}{(2k+1)!}(nx)^{2k+1}$$

$$= \sum_{k=0}^{\infty} \sum_{n=1}^{\infty} b_n n^{2k+1} \frac{(-1)^k}{(2k+1)!} x^{2k+1}.$$

比较上式两边的系数可得

$$c_{2k+1} = \sum_{n=1}^{\infty} b_n n^{2k+1} \frac{(-1)^k}{(2k+1)!} \Rightarrow (-1)^k (2k+1)! \, c_{2k+1} = \sum_{n=1}^{\infty} b_n n^{2k+1}.$$

上式表示级数 $\sum_{n=1}^{\infty} b_n n^{2k+1}$ 收敛,由级数收敛的必要条件可得

$$\lim_{n\to\infty} b_n n^{2k+1} = 0 \Rightarrow \lim_{n\to\infty} \frac{b_n n^k}{\frac{1}{n^{k+1}}} = 0.$$

由比较判别法可得 $\sum\limits_{n=1}^{\infty} n^k |b_n| < \infty$ 收敛.

例38 设函数 $f(x)$ 是 $[-\pi, \pi]$ 上的连续函数, 且 Fourier 展开式为 $\dfrac{a_0}{2} + \sum\limits_{n=1}^{\infty}(a_n \cos nx + b_n \sin nx)$. 证明: 级数 $\sum\limits_{n=1}^{\infty} \dfrac{b_n}{n}$ 收敛.

【分析】 由于 b_n 是 Fourier 展开系数, 那么 $\dfrac{b_n}{n}$ 也应该是某个函数的展开系数. 那么是哪个函数的展开系数呢? 那就要看 $\dfrac{1}{n}$ 是怎么得到的. 基于幂级数求和的经验, 它应该是 $\sin nx$ 积分得到的. 那就说明, 这个函数应该是 $f(x)$ 的原函数, 那么求原函数的 Fourier 展开式的系数与函数展开式的系数之间的关系即可.

解 构造一个函数, 使得它的 Fourier 展开的系数为 $\dfrac{b_n}{n}$. 考察函数

$$F(x) = \int_0^x \left(f(t) - \frac{a_0}{2}\right) dt, \quad x \in [-\pi, \pi],$$

则 $F(x)$ 为连续可微函数, 在 $[-\pi, \pi]$ 上可展开为 Fourier 级数. 设其在区间 $(-\pi, \pi)$ 内周期为 2π 的 Fourier 级数展开式为

$$F(x) = \frac{A_0}{2} + \sum_{n=1}^{\infty}(A_n \cos nx + B_n \sin nx),$$

则

$$A_n = \frac{1}{\pi}\int_{-\pi}^{\pi} F(x) \cos nx \, dx = \frac{1}{n\pi}\int_{-\pi}^{\pi}\left[\int_0^x \left(f(t) - \frac{a_0}{2}\right) dt\right] d(\sin nx)$$

$$= \frac{1}{n\pi}\left[\left(\int_0^x \left(f(t) - \frac{a_0}{2}\right) dt\right)\sin nx \Big|_{-\pi}^{\pi} - \frac{1}{n\pi}\int_{-\pi}^{\pi}\left(f(x) - \frac{a_0}{2}\right)\sin nx \, dx\right]$$

$$= -\frac{1}{n\pi}\int_{-\pi}^{\pi} f(x) \sin nx \, dx - \frac{1}{n\pi}\int_{-\pi}^{\pi} \frac{a_0}{2} \sin nx \, dx = -\frac{b_n}{n}.$$

于是由 Fourier 级数在连续点处收敛于函数值, 有

$$F(0) = \frac{A_0}{2} + \sum_{n=1}^{\infty} A_n = \frac{A_0}{2} - \sum_{n=1}^{\infty} \frac{b_n}{n} = 0 \Rightarrow \sum_{n=1}^{\infty} \frac{b_n}{n} = \frac{A_0}{2},$$

即级数 $\sum\limits_{n=1}^{\infty} \dfrac{b_n}{n}$ 收敛.

注: 类似可以推出 a_n 与 B_n 之间的关系.

8.5 级数的应用

例39 (武汉大学) 求 c, 使得不等式 $\dfrac{e^x + e^{-x}}{2} \leqslant e^{cx^2}$ 对一切 x 成立.

【分析】 此题对很多人来说, 是既熟悉又陌生, 为什么? 因为很多同学在中学时就已经接触过大量类似的题型——参变分离, 这题也不落俗套, 我们可以按照这种方法进行讨论, 将参数 c 和变量 x 分离开, 即不等式可以变形为

$$c \geqslant \frac{\ln \dfrac{e^x + e^{-x}}{2}}{x^2}.$$

由此设辅助函数

$$\frac{\ln \dfrac{e^x + e^{-x}}{2}}{x^2} = f(x),$$

基于变形的新不等式, 要得到参数的取值范围, 只要求辅助函数的最大值即可. 因此, 这个问题自然地引导我们去考虑函数 $f(x)$ 的极值. 但当我们按照经典思路求极值的时候, 发现此辅助函数的导函数的相关性质很难得到, 比如零点的个数? 导数小于0吗? 等等与极值相关的信息并不能得到, 所以这里我们需要通过其他方法(级数展开)来放缩辅助函数, 以确定其上界.

解 方法一 原始不等式等价于下面不等式:

$$c \geqslant \frac{\ln \dfrac{e^x + e^{-x}}{2}}{x^2} = f(x).$$

因为 $(2n)! \geqslant 2^n n!$, $n = 0, 1, 2, \cdots$, 故对一切 x 有

$$\frac{e^x + e^{-x}}{2} = \sum_{n=0}^{\infty} \frac{x^{2n}}{(2n)!} \leqslant \sum_{n=0}^{\infty} \frac{x^{2n}}{2^n n!} = e^{\frac{x^2}{2}}.$$

由此有

$$\frac{\ln \dfrac{e^x + e^{-x}}{2}}{x^2} \leqslant \frac{\ln e^{\frac{x^2}{2}}}{x^2} = \frac{1}{2}.$$

于是可得 $c \geqslant \dfrac{1}{2}$.

方法二 反过来, 若对一切实数 x, 不等式 $\dfrac{e^x + e^{-x}}{2} \leqslant e^{cx^2}$ 成立, 则由

$$\lim_{x \to 0} \frac{e^{cx^2} - \dfrac{e^x + e^{-x}}{2}}{x^2} = \lim_{x \to 0} \frac{(1 + cx^2 + \cdots) - \left(1 + \dfrac{1}{2}x^2 + \cdots\right)}{x^2}$$

$$= \lim_{x \to 0} \frac{\left(c - \dfrac{1}{2}\right)x^2 + \cdots}{x^2} = c - \frac{1}{2} \geqslant 0,$$

可以得到 $c \geqslant \dfrac{1}{2}$.

例40 证明以下常值不等式：(1) $2\ln 2 > \arctan 3$；(2) $e^{-\frac{\pi}{4}} + e^{-\arctan\frac{1}{2}} > 1$.

【分析】 对于第一个不等式，初次遇到，感到困惑是正常的，但我们不能着急. 在比较常数大小时，我们用得最多的方法可能是考察函数的单调性或者极值，但应用这些方法一般有显著的特征，比如函数是同类型的. 但这里是不同类型的函数. 此时，我们可能更多地考虑积分法或者级数法. 然后化为不同函数的积分或者级数进行比较，即比较被积函数的大小或者比较级数通项. 比如 $\ln 2 = \int_1^2 \dfrac{dx}{x}$，$\arctan 3 = \int_0^3 \dfrac{dx}{x^2+1}$. 最后进行换元，将其转换到同一个区间上进行比较.

对于第二个不等式，证明的关键点是什么呢？是两个不同类型的指数，一个是常数 $\dfrac{\pi}{4}$，另外一个是函数值 $\arctan\dfrac{1}{2}$. $\dfrac{\pi}{4}$ 真的只是常数吗？它应该也是函数值 $\arctan 1$. 因为不等式左边是同型函数在不同点的函数值之和，这一特点以及前面的分析，都非常明显地提示我们使用重要不等式 $a + b \geqslant 2\sqrt{ab}$. 由此不等式会得到 $\arctan 1 + \arctan\dfrac{1}{2}$. 它告诉我们会用到三角函数的求和公式.

解 (1) **方法一** 采用级数法，将常数转换为幂级数来讨论. 由正切函数的恒等式关系

$$\arctan 3 + \arctan\dfrac{1}{3} = \dfrac{\pi}{2},$$

可将 $2\ln 2 > \arctan 3$ 的证明转换为证明

$$2\ln 2 > \dfrac{\pi}{2} - \arctan\dfrac{1}{3},$$

即 $4\ln 2 + 2\arctan\dfrac{1}{3} > \pi$. 从而由

$$\ln\left(\dfrac{1+x}{1-x}\right) = 2\sum_{n=0}^{\infty} \dfrac{x^{2n+1}}{2n+1}, \quad |x| < 1,$$

$$\arctan x = \sum_{n=0}^{\infty} \dfrac{(-1)^n x^{2n+1}}{2n+1}, \quad |x| \leqslant 1,$$

取 $x = \dfrac{1}{3}$，对第一个级数取第 1 项，第二个级数取前两项，可得

$$4\ln 2 + 2\arctan\dfrac{1}{3} > \left(8x + 2x - \dfrac{2x^3}{3}\right)\bigg|_{x=\frac{1}{3}} = \dfrac{268}{81} \approx 3.3 > \pi,$$

即所证不等式成立.

方法二 采用积分法. 由于

$$\ln 2 = \int_1^2 \dfrac{dx}{x}, \quad \arctan 3 = \int_0^3 \dfrac{dx}{x^2+1}.$$

记 $A = 2\ln 2 - \arctan 3$，故得
$$A = 2\int_1^2 \frac{dx}{x} - \int_0^3 \frac{dx}{x^2+1}.$$
对上式右端的第一个积分，令 $x = t+1$，故有
$$2\int_1^2 \frac{dx}{x} = \int_0^1 \frac{2}{t+1} dt = \int_0^1 \frac{2}{x+1} dx;$$
对第二个积分，由积分对区间的可加性，得
$$\begin{aligned}\int_0^3 \frac{dx}{x^2+1} &= \int_0^1 \frac{dx}{x^2+1} + \int_1^3 \frac{dx}{x^2+1}\\ &= \int_0^1 \frac{dx}{x^2+1} + \int_0^1 \frac{2dt}{(2t+1)^2+1}\\ &= \int_0^1 \left(\frac{1}{x^2+1} + \frac{1}{2x^2+2x+1}\right) dx.\end{aligned}$$
于是，由定积分的线性运算性质，得
$$A = \int_0^1 \left(\frac{2}{x+1} - \frac{1}{x^2+1} - \frac{1}{2x^2+2x+1}\right) dx = \int_0^1 \frac{x^2(4x^2+x+1)}{(x+1)(x^2+1)(2x^2+2x+1)} dx.$$
由于 $4x^2+x+1 > 0, x \in [0,1]$，故以上积分的被积函数大于 0 且不恒为 0，故由积分的保号性，得
$$A = 2\ln 2 - \arctan 3 > 0,$$
即 $2\ln 2 > \arctan 3$.

(2) 由(1) 和反正切恒等式变换公式
$$\arctan x + \arctan y = \arctan \frac{x+y}{1-xy},$$
代入 $x = 1, y = \frac{1}{2}$，得
$$\arctan 1 + \arctan \frac{1}{2} = \arctan \frac{1+\frac{1}{2}}{1-1\times\frac{1}{2}} = \arctan 3.$$

由于 $\frac{\pi}{4} = \arctan 1$，故由均值不等式，得
$$e^{-\frac{\pi}{4}} + e^{-\arctan \frac{1}{2}} \geq 2\sqrt{e^{-\left(\arctan 1 + \arctan \frac{1}{2}\right)}} = 2\sqrt{e^{-\arctan 3}} > 2\sqrt{e^{\ln \frac{1}{4}}} = 1.$$
即所证不等式成立.

例41 设 $f(x)$ 是 $[a, +\infty]$ 上递减的正函数. 证明：广义积分 $\int_a^{+\infty} f(x) dx$ 和 $\int_a^{+\infty} f(x) \sin^2 x dx$ 同时收敛或发散.

【分析】 因为 $0 \leq f(x)\sin^2 x \leq f(x)$，所以
$$\int_a^{+\infty} f(x) dx \text{ 收敛} \Rightarrow \int_a^{+\infty} f(x)\sin^2 x dx \text{ 收敛},$$

$$\int_a^{+\infty} f(x)\sin^2 x\,dx \text{ 发散} \Rightarrow \int_a^{+\infty} f(x)\,dx \text{ 发散}.$$

由此,还要证明

$$\int_a^{+\infty} f(x)\,dx \text{ 发散} \Rightarrow \int_a^{+\infty} f(x)\sin^2 x\,dx \text{ 发散}.$$

那么我们得到这样的不等式:存在常数 C,使得 $\int_a^{+\infty} f(x)\sin^2 x\,dx > C\int_a^{+\infty} f(x)\,dx$ 成立.在无界区域上找这个 C 不容易,可利用三角函数的周期性,在半个周期上找,即

$$\int_{a+n\pi}^{a+(n+1)\pi} f(x)\sin^2 x\,dx > C\int_{a+n\pi}^{a+(n+1)\pi} f(x)\,dx.$$

利用 $f(x)$ 的单调性有

$$\int_{a+n\pi}^{a+(n+1)\pi} f(x)\sin^2 x\,dx > f(a+(n+1)\pi)\int_{a+n\pi}^{a+(n+1)\pi} \sin^2 x\,dx = \frac{\pi}{2}f(a+(n+1)\pi).$$

$$\int_{a+n\pi}^{a+(n+1)\pi} dx < f(a+n\pi).$$

于是这个 C 就是 $\frac{\pi}{2}$.需要我们将广义积分转化为无穷级数进行讨论.

证明 (1) 收敛性.如果 $\int_a^{+\infty} f(x)\,dx$ 收敛,由于 $0 \leqslant f(x)\sin^2 x \leqslant f(x)$,所以由无穷限广义积分收敛的比较判定法,可知 $\int_a^{+\infty} f(x)\sin^2 x\,dx$ 收敛.

(2) 发散性.如果广义积分 $\int_a^{+\infty} f(x)\,dx$ 发散,由于 $f(x) > 0$,所以积分 $\int_a^{+\infty} f(x)\,dx$ 与级数 $\sum_{n=0}^{\infty} \int_{a+n\pi}^{a+(n+1)\pi} f(x)\,dx$ 具有相同的敛散性,并且和相同.对级数中的积分进行换元,令 $x = a + n\pi + t$,则 $dx = dt$,且

$$x = \begin{cases} a+n\pi, & \text{当 } t=0, \\ a+(n+1)\pi, & \text{当 } t=\pi. \end{cases}$$

于是有

$$\int_a^{+\infty} f(x)\,dx = \sum_{n=0}^{\infty} \int_{a+n\pi}^{a+(n+1)\pi} f(x)\,dx$$

$$= \sum_{n=0}^{\infty} \int_0^{\pi} f(a+n\pi+t)\,dt.$$

由于 $f(x) > 0$ 且递减,所以有 $f(a+n\pi+t) \leqslant f(a+n\pi)$,则由上面的等式可得

$$\int_a^{+\infty} f(x)\,dx \leqslant \sum_{n=0}^{\infty} \pi f(a+n\pi).$$

由于广义积分 $\int_a^{+\infty} f(x)\,dx$ 发散,所以级数 $\sum_{n=0}^{\infty} f(a+n\pi)$ 发散.

同样依据无穷限广义积分与级数之间的关系,由于要判定积分发散,所以对积分进行缩小处理,只要证明小的发散,大的就一定发散,利用上面步骤中同样的定积分换元法,有

$$\int_a^{+\infty} f(x)\sin^2 x \, dx = \sum_{n=0}^{\infty} \int_{a+n\pi}^{a+(n+1)\pi} f(x)\sin^2 x \, dx$$

$$\geqslant \sum_{n=0}^{\infty} f(a+(n+1)\pi) \int_{a+n\pi}^{a+(n+1)\pi} \sin^2 x \, dx$$

$$= \sum_{n=0}^{\infty} f(a+(n+1)\pi) \int_0^{\pi} \sin^2 x \, dx$$

$$= \sum_{n=0}^{\infty} f(a+(n+1)\pi) \int_0^{\pi} \left(\frac{1-\cos x}{2}\right) dx$$

$$= \frac{\pi}{2} \sum_{n=0}^{\infty} f(a+(n+1)\pi).$$

由于级数 $\sum_{n=1}^{\infty} f(a+n\pi)$ 发散,所以由无穷限广义积分发散的比较判定法,可知广义积分 $\int_a^{+\infty} f(x)\sin^2 x \, dx$ 发散.

例42 求 $\sum_{n=1}^{10^9} n^{-\frac{2}{3}}$ 的整数部分.

【分析】 虽然表面上是求部分和,但实际上仍然是级数求和,只是这个无穷级数是发散的,所以就是求部分和.既然如此,求部分和与无穷求和的方法肯定一样了.求和变量均匀增加,那么我们可以应用积分收敛判别法.题目要求求出部分和的整数部分,实际上就是要确定部分和的上下界,也就是其范围,那么我们可以通过对积分区间进行放大和缩小来确定部分和的范围,即 $\int_{n-1}^{n} x^{-\frac{2}{3}} dx < n^{-\frac{2}{3}} < \int_{n}^{n+1} x^{-\frac{2}{3}} dx$.

解 记 $I = \sum_{n=1}^{10^9} n^{-\frac{2}{3}}$,则由积分与级数之间的关系,有

$$I > \int_1^{10^9+1} x^{-\frac{2}{3}} dx = 3(\sqrt[3]{1+10^9} - 1) > 3(10^3 - 1).$$

又有

$$I - 1 = \sum_{n=2}^{10^9} n^{-\frac{2}{3}} < \int_1^{10^9} x^{-\frac{2}{3}} dx = 3x^{\frac{1}{3}} \bigg|_1^{10^9} = 3(10^3 - 1),$$

即 $I < 3(10^3 - 1) + 1$. 所以,有

$$[I] = 3(10^3 - 1) = 2997.$$

例43 计算积分 $\int_0^1 (-x^2+x)^{2017}[2017x] dx$,其中$[\cdot]$ 表示取整函数.

【分析】 从$[\cdot]$表示取整函数开始,就意味着对积分区间进行适当的分割,以去掉取整符号.

解 $\int_0^1 (-x^2+x)^{2017}[2017x] dx$

$$
\begin{aligned}
&= \sum_{k=0}^{2016} k \int_{\frac{k}{2017}}^{\frac{k+1}{2017}} x^{2017}(1-x)^{2017}\,\mathrm{d}x \\
&= \sum_{i=1}^{2016}\sum_{k=1}^{2016}\int_{\frac{k}{2017}}^{\frac{k+1}{2017}} x^{2017}(1-x)^{2017}\,\mathrm{d}x = \sum_{i=1}^{2016}\sum_{k=i}^{2016}\int_{\frac{k}{2017}}^{\frac{k+1}{2017}} x^{2017}(1-x)^{2017}\,\mathrm{d}x \\
&= \sum_{i=1}^{2016}\int_{\frac{i}{2017}}^{1} x^{2017}(1-x)^{2017}\,\mathrm{d}x = \sum_{i=1}^{2016}\int_{0}^{\frac{i}{2017}} x^{2017}(1-x)^{2017}\,\mathrm{d}x \\
&= \frac{1}{2}\sum_{i=1}^{2016}\int_{0}^{1} x^{2017}(1-x)^{2017}\,\mathrm{d}x = 1008 B(2018,2018) \\
&= 1008\,\frac{(2017!)^2}{4035!},
\end{aligned}
$$

这里 $B(\cdot,\cdot)$ 是 Beta 函数,有递推式

$$B(p,q) = \frac{q-1}{p+q-1} B(p,q-1), \quad B(p,q) = \frac{p-1}{p+q-1} B(p-1,q).$$

第 8 章习题

1.(南京航空航天大学 2023) 设 $a>0$,若级数 $\sum_{n=1}^{\infty}\frac{a^n n!}{n^n}$ 发散,求 a 的范围.

提示:记 $u_n = \frac{a^n n!}{n^n}$,由比值判别法,令

$$\lim_{n\to\infty}\frac{u_{n+1}}{u_n} = \lim_{n\to\infty}\frac{\frac{a^{n+1}(n+1)!}{(n+1)^{n+1}}}{\frac{a^n n!}{n^n}} = \lim_{n\to\infty} a\,\frac{n^n}{(n+1)^n} = \frac{a}{\mathrm{e}} > 1.$$

故 $a > \mathrm{e}$. 又 $a = \mathrm{e}$ 时,由

$$\left(1+\frac{1}{n}\right)^n < \mathrm{e}, \quad n=1,2,\cdots,$$

有

$$\frac{u_{n+1}}{u_n} = \frac{\frac{\mathrm{e}^{n+1}(n+1)!}{(n+1)^{n+1}}}{\frac{\mathrm{e}^n n!}{n^n}} = \mathrm{e}\cdot\frac{1}{\left(1+\frac{1}{n}\right)^n} > 1.$$

答案: $a \geqslant \mathrm{e}$.

2.(电子科技大学) 求级数 $\sum_{n=1}^{\infty}\frac{1}{(1+x^2)(1+x^4)\cdots(1+x^{2^n})}$ 的收敛域.

提示:采用比值法. 答案:收敛域为 $(-\infty,-1] \cup [1,+\infty)$.

3.(武汉大学) 求级数 $\sum_{m=1}^{\infty}\sum_{n=1}^{\infty}\frac{m^2 n}{3^m(n3^m + m3^n)}$ 的和.

提示:利用轮换对称性,变形级数

$$\sum_{m=1}^{\infty}\sum_{n=1}^{\infty}\frac{m^2 n}{3^m(n3^m+m3^n)} = \sum_{m=1}^{\infty}\sum_{n=1}^{\infty}\frac{mn}{3^m 3^n} - \sum_{m=1}^{\infty}\sum_{n=1}^{\infty}\frac{mn^2}{3^n(n3^m+m3^n)}.$$

答案：$\dfrac{9}{32}$.

4. (武汉大学) 已知 $\sum\limits_{n=1}^{\infty}na_nx^{n-1}-\sum\limits_{n=1}^{\infty}na_nx^{n+1}-\sum\limits_{n=1}^{\infty}a_nx^{n+1}-1=0$，求级数 $\sum\limits_{n=1}^{\infty}a_nx^n$.

提示：采用微分方程法. 设 $f(x)=\sum\limits_{n=1}^{\infty}a_nx^n$，则 $f'(x)-x^2f'(x)-xf(x)-1=0$，且 $f(0)=0$. 答案：

$$f(x)=\dfrac{\arcsin x}{\sqrt{1-x^2}}=x+\dfrac{2}{3}x^3+\dfrac{2\cdot 4}{3\cdot 5}x^5+\dfrac{2\cdot 4\cdot 6}{3\cdot 5\cdot 7}x^7+\cdots+\dfrac{(2n)!!}{(2n+1)!!}x^{2n+1}+\cdots.$$

5. (华中科技大学) 计算反常积分 $I=\int_0^{+\infty}f(x)g(x)\mathrm{d}x$，其中

$$f(x)=x-\dfrac{x^3}{2}+\dfrac{x^5}{2\cdot 4}-\dfrac{x^7}{2\cdot 4\cdot 6}+\cdots,$$

$$g(x)=1+\dfrac{x^2}{2^2}+\dfrac{x^4}{2^2\cdot 4^2}+\dfrac{x^6}{2^2\cdot 4^2\cdot 6^2}+\cdots.$$

提示：注意到恒等式 $f(x)\mathrm{d}x=\mathrm{e}^{-\frac{x^2}{2}}\mathrm{d}\dfrac{x^2}{2}$ 和 $g(x)=\sum\limits_{n=0}^{\infty}\dfrac{\left(\dfrac{x^2}{2}\right)^n}{2^n(n!)^2}$. 答案：$\mathrm{e}^{\frac{1}{2}}$.

6. 求级数 $1-\dfrac{1}{4}+\dfrac{1}{6}-\dfrac{1}{9}+\dfrac{1}{11}-\dfrac{1}{14}+\cdots$ 的和.

提示：利用 $\int_0^1 x^n\mathrm{d}x=\dfrac{1}{n+1}$，将其转化为幂级数求和和定积分. 答案：$\dfrac{\pi}{50}(3\sqrt{10+2\sqrt{5}}+\sqrt{10-2\sqrt{5}})$.

7. (安徽工业大学 2023) 证明：$\prod\limits_{n=1}^{\infty}\left(1-\dfrac{1}{(2n)^2}\right)=\dfrac{2}{\pi}$.

提示：$\prod\limits_{n=1}^{\infty}\left[1-\dfrac{1}{(2n)^2}\right]=\prod\limits_{n=1}^{\infty}\dfrac{(2n-1)(2n+1)}{(2n)^2}=\lim\limits_{n\to\infty}\dfrac{[(2n-1)!!]^2}{[(2n)!!]^2}\cdot(2n+1)$.

另外一方面，

$$\int_0^{\frac{\pi}{2}}\sin^n x\,\mathrm{d}x=\begin{cases}\dfrac{(n-1)!!}{n!!}\dfrac{\pi}{2}, & n\text{ 为偶数}, \\ \dfrac{(n-1)!!}{n!!}, & n\text{ 为奇数}.\end{cases}$$

$$\int_0^{\frac{\pi}{2}}\sin^{2n+1}x\,\mathrm{d}x<\int_0^{\frac{\pi}{2}}\sin^{2n}x\,\mathrm{d}x<\int_0^{\frac{\pi}{2}}\sin^{2n-1}x\,\mathrm{d}x.$$

$$\dfrac{(2n)!!}{(2n+1)!!}<\dfrac{(2n-1)!!}{(2n)!!}\dfrac{\pi}{2}<\dfrac{(2n-2)!!}{(2n-1)!!}$$

$$\Rightarrow\left[\dfrac{(2n)!!}{(2n-1)!!}\right]^2\dfrac{1}{2n+1}<\dfrac{\pi}{2}<\left[\dfrac{(2n)!!}{(2n-1)!!}\right]^2\dfrac{1}{2n}.$$

$$\left[\dfrac{(2n)!!}{(2n-1)!!}\right]^2\dfrac{1}{2n}-\left[\dfrac{2n!!}{(2n-1)!!}\right]^2\dfrac{1}{2n+1}=\left[\dfrac{(2n)!!}{(2n-1)!!}\right]^2\dfrac{1}{2n+1}\cdot\dfrac{1}{2n}$$

$$\leqslant\dfrac{\pi}{2}\cdot\dfrac{1}{2n}\to 0,\quad n\to\infty.$$

故 $\lim\limits_{n\to\infty}\left(\dfrac{2n!!}{(2n-1)!!}\right)^2\dfrac{1}{2n+1}=\dfrac{\pi}{2}$.

8. 判断级数 $\sum\limits_{n=1}^{\infty}\ln\left(1+\dfrac{(-1)^n}{n^p}\right)$，$p>0$ 的敛散性.

提示：$\ln\left(1+\dfrac{(-1)^n}{n^p}\right)=\dfrac{(-1)^n}{n^p}-\dfrac{1}{2n^{2p}}+o\left(\dfrac{1}{n^{2p}}\right)$，然后讨论前两项级数的敛散性.

9. 判断级数 $\sum\limits_{n=1}^{\infty}(-1)^{n-1}\dfrac{1+\dfrac{1}{2}+\cdots+\dfrac{1}{n}}{n}$ 的敛散性，如果收敛，判断是绝对收敛还是条件收敛，并求级数和.

提示：利用交错级数的 Leibniz 判别法、条件收敛和幂级数求和法，注意到等式
$$-\dfrac{\ln(1-x)}{1-x}=\left(\sum_{n=1}^{\infty}\dfrac{1}{n}x^n\right)\left(\sum_{n=0}^{\infty}x^n\right)=\sum_{n=1}^{\infty}\left(1+\dfrac{1}{2}+\cdots+\dfrac{1}{n}\right)x^n=\sum_{n=1}^{\infty}a_n x^n.$$

答案：$\dfrac{\pi^2}{12}-\dfrac{\ln^2 2}{2}$.

10. (武汉大学 2017) 设 $f(x)$ 在全体实数上连续可导，且恒有 $f(x)=f(x+1)=f(x+\pi)$. 求证：函数恒为常数.

提示：利用 Fourier 级数展开.

11. 证明：恒等式 $\pi\sum\limits_{n=-\infty}^{+\infty}\mathrm{e}^{-2\pi|n|}=\sum\limits_{n=-\infty}^{+\infty}\dfrac{1}{1+n^2}$.

提示：考虑 e^{-x} 在 $[0,2\pi]$ 上展开为 Fourier 级数.

12. (北京 2001)(1) 构造一正项级数，使得可用根值收敛法判定其敛散性，而不能用比值收敛法判定其敛散性.

(2) 构造级数 $\sum\limits_{n=1}^{\infty}u_n$ 和 $\sum\limits_{n=1}^{\infty}v_n$，使得 $\lim\limits_{n\to\infty}\dfrac{u_n}{v_n}=l$ 且 $0<|l|<+\infty$，但两个级数的敛散性不同.

提示：(1) 考虑级数 $\sum\limits_{n=1}^{\infty}\dfrac{3+(-1)^n}{2^{n+1}}$；(2) 分别取级数为 $\sum\limits_{n=2}^{\infty}\dfrac{(-1)^n}{\sqrt{n}}$，$\sum\limits_{n=2}^{\infty}\dfrac{(-1)^n}{\sqrt{n}+(-1)^n}$.

13. (安徽工业大学 2023) 设 $\sum\limits_{n=1}^{\infty}a_n$ 和 $\sum\limits_{n=1}^{\infty}b_n$ 为正项级数，证明：

(1) 若 $\lim\limits_{n\to\infty}\left(\dfrac{a_n}{a_{n+1}b_n}-\dfrac{1}{b_{n+1}}\right)>0$，则 $\sum\limits_{n=1}^{\infty}a_n$ 收敛.

(2) 若 $\lim\limits_{n\to\infty}\left(\dfrac{a_n}{a_{n+1}b_n}-\dfrac{1}{b_{n+1}}\right)<0$，且 $\sum\limits_{n=1}^{\infty}b_n$ 发散，则 $\sum\limits_{n=1}^{\infty}a_n$ 发散.

提示：(1) 采用比较级数法和部分和法；(2) 采用比较级数法.

14. (北京交通大学 2016) 设数列 $v_1=1,v_2,v_3,\cdots$ 由 $2v_{n+1}=v_n+\sqrt{v_n^2+u_n}$ 确定，其中 $\sum\limits_{n=1}^{\infty}u_n$ 是正项级数，证明：级数 $\sum\limits_{n=1}^{\infty}u_n$ 收敛的充要条件是数列 $\{v_n\}$ 收敛.

提示：通过递推式推导出关系式 $0<v_{n+1}-v_n<\dfrac{u_n}{4}<v_{n+1}^2-v_n^2$.

15. 设数列 $\{a_n\}$ 是单调递减的正项数列,证明:正项级数 $\sum\limits_{n=1}^{\infty}a_n$ 收敛的充要条件是级数 $\sum\limits_{n=0}^{\infty}2^n a_{2^n}$ 收敛.

提示:参见例 32 和例 33.

16. 设有交错级数 $\sum\limits_{n=1}^{\infty}(-1)^n u_n, u_n>0, n=1,2,\cdots$. 如果存在常数 $\mu,\lambda>0, 0<p<1$ 且 $\lim\limits_{n\to\infty} n^p\left(\dfrac{u_n}{u_{n+1}}-\lambda\right)=\mu$,证明:当 $\lambda>1$ 时,级数收敛;当 $\lambda<1$ 时,级数发散.

提示:由极限可得 $n^p\left(\dfrac{u_n}{u_{n+1}}-\lambda\right)=\mu+\alpha(n), \lim\limits_{n\to\infty}\alpha(n)=0$.

17. 若数列 $\{a_n\}$ 是正实数的序列,证明:如果级数 $\sum\limits_{n=1}^{\infty}\dfrac{1}{a_n}$ 收敛,则级数 $\sum\limits_{n=1}^{\infty}\dfrac{n^2}{(a_1+a_2+\cdots+a_n)^2}a_n$ 也收敛.

提示:采用部分和法、比较级数法和裂项法.令 $A_k=a_1+a_2+\cdots+a_k, A_k^2\geqslant A_k A_{k-1}$.

18. (上海交通大学 2022) 已知 $\lim\limits_{n\to\infty}a_n=0$,且级数 $\sum\limits_{n=1}^{\infty}b_n$ 绝对收敛,证明: $a_n b_1+a_{n-1}b_2+\cdots+a_1 b_n$ 是无穷小量.

提示:运用极限定义、级数收敛的有界性和无穷小定义.

19. 假设 $a_n>0, b_n>0, n=1,2,\cdots$,若存在 $\alpha>0$,使得 $\dfrac{b_n}{b_{n+1}}a_n-a_{n+1}\geqslant\alpha, n=1,2,\cdots$,证明:级数 $\sum\limits_{n=1}^{\infty}b_n$ 收敛.

提示:运用单调有界性、部分和法和比较判别法.

注:此题还可以变形为:将已知条件不等式的右边 α 变为极限为正或者无穷大的数列.

20. 设 $\sum\limits_{k=1}^{\infty}\dfrac{\sin k}{k}$ 的部分和分成两项,即 $S_n=\sum\limits_{k=1}^{n}\dfrac{\sin k}{k}=S_n^{+}+S_n^{-}$,其中 S_n^{+} 和 S_n^{-} 分别为正项之和与负项之和.

(1) 讨论级数 $\sum\limits_{k=1}^{\infty}\dfrac{\sin k}{k}$ 的敛散性,如果级数收敛,判断是条件收敛还是绝对收敛?

(2) 证明 $\lim\limits_{n\to\infty}\dfrac{S_n^{+}}{S_n^{-}}$ 存在并求其值.

提示:(1) 采用积化和差公式和 Dirichlet 判别法;由比较判别法得到条件收敛.(2) 利用第一问的结论证明级数的正项之和或者负项之和都是发散的.

21. 设 $\sum\limits_{n=1}^{\infty}a_n$ 为发散的正项级数, $s_n=\sum\limits_{k=1}^{n}a_k, \varphi(x)$ 是 $(0,+\infty)$ 上的单调递增的正值函数,级数 $\sum\limits_{n=1}^{\infty}\dfrac{1}{n\varphi(n)}$ 收敛,证明: $\sum\limits_{n=1}^{\infty}\dfrac{a_n}{s_n\varphi(s_n)}$ 收敛.

提示:采用积分法.利用 $\dfrac{a_n}{s_n\varphi(s_n)}=\dfrac{s_n-s_{n-1}}{s_n\varphi(s_n)}\leqslant\int_{s_{n-1}}^{s_n}\dfrac{1}{x\varphi(x)}\mathrm{d}x$.